“十四五”时期国家重点出版物出版专项规划·重大出版工程规划项目

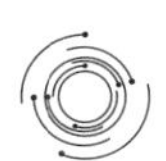

变革性光科学与技术丛书

Polarization Optics
in Optical Fiber Communication Systems

光纤通信系统中的偏振光学

张晓光　席丽霞　崔　楠
张　虎　肖晓晟　唐先锋　著

清华大学出版社
北京

内容简介

偏振复用技术(也称为偏分复用技术)是光纤通信系统中的一项重要复用技术,应用偏振复用技术能够使光纤通信容量加倍。光纤通信系统中应用到许多偏振器件。另外,光信号在光纤和光器件中传输时会因偏振效应引起偏振损伤,这些偏振效应主要包括光纤偏振模色散、偏振相关损耗和偏振旋转等。因此从事光纤通信研究的科学家、业界工程师以及学通信工程的大学生都需要具备较系统的光偏振知识。本书以光纤通信系统为应用背景,系统介绍了偏振光学的相关理论、数学描述语言和偏振物理机理。在光偏振的理论基础上,本书还介绍了光通信常用的偏振器件、偏振旋转、偏振模色散和偏振相关损耗的物理机理,偏振效应的测量方法,光纤通信系统中的偏振效应建模以及偏振损伤的均衡方法。

本书适合于光纤通信领域的研究人员、工程师阅读,也可以作为通信专业、电子专业高年级本科生和研究生相应课程的教材。

图书在版编目(CIP)数据

光纤通信系统中的偏振光学/张晓光等著.—北京:清华大学出版社,2023.1
(变革性光科学与技术丛书)
ISBN 978-7-302-61661-0

Ⅰ.①光… Ⅱ.①张… Ⅲ.①光纤通信—偏振光 Ⅳ.①TN929.11

中国版本图书馆 CIP 数据核字(2022)第 145433 号

责任编辑:鲁永芳
封面设计:意匠文化·丁奔亮
责任校对:欧 洋
责任印制:曹婉颖

出版发行:清华大学出版社
网　　址:http://www.tup.com.cn,http://www.wqbook.com
地　　址:北京清华大学学研大厦 A 座　　**邮　　编**:100084
社 总 机:010-83470000　　**邮　　购**:010-62786544
投稿与读者服务:010-62776969,c-service@tup.tsinghua.edu.cn
质量反馈:010-62772015,zhiliang@tup.tsinghua.edu.cn
印 装 者:小森印刷(北京)有限公司
经　　销:全国新华书店
开　　本:170mm×240mm　　**印　　张**:25.25　　**字　　数**:507 千字
版　　次:2023 年 1 月第 1 版　　**印　　次**:2023 年 1 月第1 次印刷
定　　价:219.00 元

产品编号:093116-01

丛书编委会

丛书序

光是生命能量的重要来源，也是现代信息社会的基础。早在几千年前人类便已开始了对光的研究，然而，真正的光学技术直到400年前才诞生，斯涅耳、牛顿、费马、惠更斯、菲涅耳、麦克斯韦、爱因斯坦等学者相继从不同角度研究了光的本性。从基础理论的角度看，光学经历了几何光学、波动光学、电磁光学、量子光学等阶段，每一阶段的变革都极大地促进了科学和技术的发展。例如，波动光学的出现使得调制光的手段不再限于折射和反射，利用光栅、菲涅耳波带片等简单的衍射型微结构即可实现分光、聚焦等功能；电磁光学的出现，促进了微波和光波技术的融合，催生了微波光子学等新的学科；量子光学则为新型光源和探测器的出现奠定了基础。

伴随着理论突破，20世纪见证了诸多变革性光学技术的诞生和发展，它们在一定程度上使得过去100年成为人类历史长河中发展最为迅速、变革最为剧烈的一个阶段。典型的变革性光学技术包括激光技术、光纤通信技术、CCD成像技术、LED照明技术、全息显示技术等。激光作为美国20世纪的四大发明之一(另外三项为原子能、计算机和半导体)，是光学技术上的重大里程碑。由于其极高的亮度、相干性和单色性，激光在光通信、先进制造、生物医疗、精密测量、激光武器乃至激光核聚变等技术中均发挥了至关重要的作用。

光通信技术是近年来另一项快速发展的光学技术，与微波无线通信一起极大地改变了世界的格局，使“地球村”成为现实。光学通信的变革起源于20世纪60年代，高琨提出用光代替电流，用玻璃纤维代替金属导线实现信号传输的设想。1970年，美国康宁公司研制出损耗为20 dB/km的光纤，使光纤中的远距离光传输成为可能，高琨也因此获得了2009年的诺贝尔物理学奖。

除了激光和光纤之外，光学技术还改变了沿用数百年的照明、成像等技术。以最常见的照明技术为例，自1879年爱迪生发明白炽灯以来，钨丝的热辐射一直是最常见的照明光源。然而，受制于其极低的能量转化效率，替代性的照明技术一直是人们不断追求的目标。从水银灯的发明到荧光灯的广泛使用，再到获得2014年诺贝尔物理学奖的蓝光LED，新型节能光源已经使得地球上的夜晚不再黑暗。另外，CCD的出现为便携式相机的推广打通了最后一个障碍，使得信息社会更加丰富多彩。

20世纪末以来，光学技术虽然仍在快速发展，但其速度已经大幅减慢，以至于很多学者认为光学技术已经发展到瓶颈期。以大口径望远镜为例，虽然早在1993年美国就建造出10 m口径的“凯克望远镜”，但迄今为止望远镜的口径仍然没有得到大幅增加。美国的30 m望远镜仍在规划之中，而欧洲的OWL百米望远镜则由于经费不足而取消。在光学光刻方面，受到衍射极限的限制，光刻分辨率取决于波长和数值孔径，导致传统i线（波长为365 nm）光刻机单次曝光分辨率在200 nm以上，而每台高精度的193光刻机成本达到数亿元人民币，且单次曝光分辨率也仅为38 nm。

在上述所有光学技术中，光波调制的物理基础都在于光与物质（包括增益介质、透镜、反射镜、光刻胶等）的相互作用。随着光学技术从宏观走向微观，近年来的研究表明：在小于波长的尺度上（即亚波长尺度），规则排列的微结构可作为人造“原子”和“分子”，分别对入射光波的电场和磁场产生响应。在这些微观结构中，光与物质的相互作用变得比传统理论中预言的更强，从而突破了诸多理论上的瓶颈难题，包括折反射定律、衍射极限、吸收厚度-带宽极限等，在大口径望远镜、超分辨成像、太阳能、隐身和反隐身等技术中具有重要应用前景。譬如，基于梯度渐变的表面微结构，人们研制了多种平面的光学透镜，能够将几乎全部入射光波聚集到焦点，且焦斑的尺寸可突破经典的瑞利衍射极限，这一技术为新型大口径、多功能成像透镜的研制奠定了基础。

此外，具有潜在变革性的光学技术还包括量子保密通信、太赫兹技术、涡旋光束、纳米激光器、单光子和单像元成像技术、超快成像、多维度光学存储、柔性光学、三维彩色显示技术等。它们从时间、空间、量子态等不同维度对光波进行操控，形成了覆盖光源、传输模式、探测器的全链条创新技术格局。

值此技术变革的肇始期，清华大学出版社组织出版“变革性光科学与技术丛书”，是本领域的一大幸事。本丛书的作者均为长期活跃在科研第一线，对相关科学和技术的历史、现状和发展趋势具有深刻理解的国内外知名学者。相信通过本丛书的出版，将会更为系统地梳理本领域的技术发展脉络，促进相关技术的更快速发展，为高校教师、学生以及科学爱好者提供沟通和交流平台。

是为序。

罗先刚

2018年7月

序言

光的偏振是光波的自然属性，是证明光为横波的必然结果。光纤通信利用光纤承载光信号进行远程传递信息，光纤通信系统已成为当今通信传送网的重要组成部分，承担着城市间的远程骨干网通信、城市内城域网通信以及数据中心光互连的重要任务。光的偏振在光纤通信系统中起着重要作用。偏分复用技术就是利用两个正交的偏振信号理论上没有相互串扰的机制，用正交的双偏振信号在一根光纤中传输，使通信容量加倍。光纤通信系统还采用两个偏振组合进行编码，即偏振编码。这些是偏振在光纤通信系统中的正面作用。同时，偏振在光纤通信系统中也有其负面作用，比如快速的偏振旋转会造成偏分解复用的困难；偏振旋转与偏振模色散联合效应不仅造成偏分解复用的难题，还会引起偏振信号的符号间串扰；偏振相关损耗会造成双偏的两路信号之间的信噪比不同。不论光的偏振给光纤通信系统带来正面作用，还是负面作用，作为光纤通信的从业者，都要系统地了解和学习光纤通信系统中的偏振光学。这也是笔者撰写本书的目的。

然而笔者发现，光纤通信的从业者往往疏忽对于光偏振的掌握。这是由于：第一，理解光偏振效应往往需要比较复杂的数学与物理知识，让人望而却步；第二，2000 年以前的光纤通信系统传输的码率较低，且是单偏振的强度调制-直接检测系统，偏振效应引起的信号偏振损伤对于光纤通信系统影响不大。因此人们都倾向于回避和忽略光纤中的偏振效应。但是 2000 年以后，光纤通信系统的单波信道码率达到 10Gbit/s，并很快提升到 40Gbit/s 乃至 100Gbit/s，2010 年以后的相干光纤通信系统普遍采用了偏振复用技术，且信号的波特率高达 200Gbaud，偏振效应的影响非常显著，人们再也无法回避偏振效应。近年来人们发现，雷雨天气会造成光纤通信系统频繁中断业务，深入分析得知是雷电造成光纤中的光信号快速变化，超出了系统中偏分解复用算法的能力，造成通信中断。因此目前光纤偏振效应原理和均衡方法已经成为光纤通信从业人员必须掌握的技术。

笔者自 2001 年承接国家“863”高技术发展计划重点项目“光纤偏振模色散自适应补偿技术”开始投身于光纤偏振领域的研究，一直坚持研究到今天，可谓“二十年磨一剑”，取得了许多相关科研成果。笔者主持的 2 项“863”计划项目、2 项国家自然科学基金项目、5 项华为委托研发项目都与光纤偏振相关。2008 年在华为委托研发项目的资助下带领研究组研制成功国内第一台光纤偏振模色散自适应补偿样机，性能表现优异。另外研究组还于 2017 年帮助天津市德力电子仪器有限公司研制了偏振模色散测量样机。笔者与研究组成员分别于 2005 年和 2015 年获得中国通信学会科学技术三等奖和教育部科学技术进步二等奖。本书作者都多年在光纤偏振领域辛勤耕耘，掌握了扎实的偏振系统知识，积累了丰富的研究经验，撰写本书可谓水到渠成。

本书除绪论之外，以三篇的形式组织全书内容。

第一篇是偏振光学的基础知识，包含第 2～4 章。第 2 章介绍了偏振态的基本形态，描述偏振态的琼斯矢量和斯托克斯矢量描述方法，以及这两种偏振态描述方法之间的转换；其中借用量子力学的表象理论，提出了描写偏振态的偏振表象概念以及表象变换方法。第 3 章作为光信号在偏振器件以及双折射光纤中传输的基本理论，介绍了光在各向异性介质中传输的双折射现象，分类介绍了线双折射和圆双折射，最后讨论了本征偏振模式的物理意义。第 4 章介绍了偏振器件的矩阵描述，包括琼斯矩阵和米勒矩阵描述，以及这两种描述的转换。

第二篇讲述光纤通信中出现的偏振现象以及它们的应用，包括第 5～9 章。第 5 章介绍偏振分束器、光隔离器、光环形器、偏振控制器等偏振器件的工作机理。第 6 章介绍光纤中的双折射现象以及保偏光纤，介绍如何用数学描述光信号在双折射光纤中的传播，实际上就是光纤偏振旋转的产生机理。第 7 章是本书的重点章节，介绍光纤偏振模色散的物理机理和数学描述。为了更深入理解光纤偏振效应，第 8 章介绍近几年来发展起来的基于自旋矢量的偏振数学运算方法。第 9 章介绍偏振相关损耗的物理机理和数学描述。

第三篇为光纤中偏振效应的测量方法、建模方法以及光纤通信系统中偏振效应的均衡技术，包括第 10～12 章。第 10 章介绍偏振模色散和偏振相关损耗的典型测量方法。第 11 章给出了光纤通信系统中偏振效应的建模方法，用以考察偏振效应对光纤通信系统的影响。第 12 章描述了光纤通信直接检测系统和相干检测系统中偏振效应的相应均衡技术，特别是详细讲述了研究组研制的偏振模色散补偿样机的工作机理，以及相干检测系统中基于卡尔曼滤波器的偏振解复用方法。

本书在撰写过程中，研究组的研究生张斌、张奇、刘梦溶、陆庆敏、吉晨曦等同学阅读了初稿，找出文字、公式和图表中的错误。在此表示感谢！

感谢清华大学出版社将本书列入其策划的“变革性光科学与技术丛书”！感谢国家出版基金对本书的资助！感谢“十四五”时期国家重点出版物出版专项规划将本书列入重大出版工程规划！

受作者学识水平所限，书中肯定存在一些不妥和错误，恳请各位读者批评指正。

张晓光

2022 年 7 月于北京

目　录

第一篇　偏振光学基础

第三篇　光纤中偏振效应的测量、建模与均衡

第1章

绪　论

1.1　光纤通信系统中研究光偏振的重要性

光通信系统是以光为载体，将信息加载在光束上进行传输的通信系统。在经典光学范畴，光被描述成遵从麦克斯韦方程组的电磁波。

波动的最大特性是其表现出干涉和衍射现象。光不但可以表现出干涉和衍射现象；与声波表现出纵波特性不同，光表现出横波特性。这种横波特性使光在传输过程中，其横向电场(磁场)的运动形式不同，这就是光的偏振现象。

我们的眼睛对于光的亮度、颜色是敏感的，当光的干涉和衍射现象发生时，我们可以通过强度的明暗条纹以及色彩的分布条纹来感知光的干涉和衍射属性。然而，虽然偏振也是光的属性之一，但是我们的眼睛唯独对于光的偏振是不敏感的。我们需要借助一些偏振器件(比如通过晶体或者利用偏振片)才能感受到光的偏振属性。

光纤通信技术的发展是惊人的。光纤通信系统从20世纪70年代发展到今天，传输信息的速率(传输容量)已经从最初的45Mbit/s达到了目前的几十拍比特每秒。为了提高传输容量，目前的光纤通信系统采用时分复用、波分复用、偏分复用、空分复用、幅相高阶调制等技术。这些技术是考虑分别在光波信号的不同维度上进行的应用，光波信号可以加以变化的维度有时间维度、频率(波长)维度、偏振维度、空间维度以及振幅与相位维度等，如图1-1-1所示。

早期，光纤通信界很少谈及光信号的偏振问题，在2000年以后人们关注光信号的偏振问题却越来越多。这是因为早期的光纤通信系统，传输码速率不高，信号调制和接收的维度只是光波的振幅，因而此时偏振并不会影响低码率光信号的振

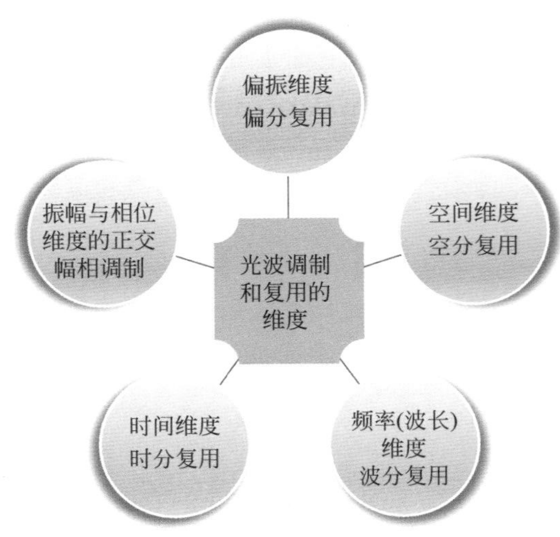

图 1-1-1　光波信号的调制和复用的维度

幅传输和接收。随着人们对通信容量需求的提高，光偏振效应在光纤通信系统中扮演的角色越来越重要。偏振在光纤通信系统中可以扮演正面角色，也可以扮演负面角色。其扮演的正面角色：偏振可以用作通信复用技术的一种方式——偏分复用，利用正交偏振信号之间互不干扰的特性，将独立的两路信息加载到光的两个正交偏振态上，使之分别在光纤中独立传输，从而使系统传输容量加倍。偏振扮演的负面角色：光纤的偏振效应将导致光纤中传输的光信号产生畸变（或称为偏振损伤），使接收端接收的信息产生误码，从而限制光纤通信系统的容量。这些偏振效应主要包括偏振旋转、偏振模色散和偏振相关损耗。

光纤是二氧化硅（SiO_2）材料在熔融状态下拉制而成的。完美拉制的光纤，其光纤芯截面应该是完美的圆形，拉制过程中也不存在残余应力，其内部是光学各向同性的。当光波以单模形式在完美拉制的光纤中传输时，偏振态不会发生改变。然而光纤芯非常细，直径大约为 $10\mu m$，在拉制过程中难免造成截面偏离圆形而成椭圆形，也难免在成纤或者成缆过程中使光纤内部产生应力，从而产生随机双折射。光纤中由随机双折射引发的偏振效应可以归类为不同的偏振损伤。如果忽略双折射随频率的变化，该偏振损伤归类于偏振旋转（实际上是偏振态的改变），该损伤随时间的变化会造成偏分复用系统接收端提取两路偏振信号失败。如果考虑双折射随频率的变化，该偏振损伤归类于偏振模色散，它会在两路偏振信号之间产生差分群时延，造成信号展宽和符号间的混叠。另外，光纤通信系统中大量采用的光器件（比如耦合器、隔离器、环形器和光纤放大器）均存在偏振二向色性，该偏振损伤归类于偏振相关损耗，会造成两路偏振信号功率失衡，引起信噪比的不同。上述由偏振造成的信号损伤统称为偏振效应损伤，或偏振损伤。

光纤通信系统发展到今天，主要追求高码速率和长距离传输两项指标，其主要信号损伤机制包括色度色散、偏振效应和非线性效应。其中对色度色散的产生机制与补偿方法的研究趋于成熟，尤其在目前普遍采用的相干检测光纤通信系统中，利用数字信号处理(DSP)技术可以很容易消除色度色散的影响。非线性效应造成信号的损伤机理比较复杂，补偿方法有待进一步研究和发展，但是它和色度色散可以一起归类于静态损伤，不需要接收机进行自适应变化。而对于偏振效应，不论其产生机理上的复杂性，还是统计上的随机性，都给光纤通信界的科学家和工程师提出了许多难题和挑战。

过去，光纤通信的从业者不太关注光纤通信系统中的偏振效应，而是倾向于绕开它。这是由于：第一，理解偏振效应需要比较复杂系统的数学和物理知识，让人望而却步；第二，2000 年以前的光纤通信系统码速率较低，偏振效应引起的光信号损伤对于光纤通信系统的影响并不严重。随着 2000 年前后光纤通信系统的单信道码速率达到 10Gbit/s 以上，偏振效应的影响开始变得显著，特别是普遍采用偏分复用技术以及单信道码速率达到 800Gbit/s 以后，偏振效应已经是绕不开的问题，必须正面面对。对于光纤通信从业者来说，无论是对偏振效应造成信号损伤的机理研究，还是对偏振效应的均衡技术研究，具备一定的偏振光学知识和研究能力至关重要。

1.2 光纤通信中偏振光学的数学描述体系

现代偏振光学(只限于经典光学)的数学描述主要有两大体系：琼斯空间的描述体系——琼斯运算体系(Jones calculus 或者 Jones formalism)和斯托克斯空间的描述体系——斯托克斯-米勒运算体系(Stokes-Mueller calculus 或者 Stokes-Mueller formalism)。琼斯空间的偏振光描述体系将垂直于光传输方向上的电场矢量分解为两正交的偏振态，并处理为二维矢量，光器件对于偏振光的作用处理成 2×2 的琼斯矩阵，以二维矢量描述的输入偏振态经过琼斯矩阵作用(左乘)得到二维矢量描述的输出偏振态。斯托克斯空间的偏振光描述体系将偏振态处理成四维的斯托克斯矢量，其四个分量称为斯托克斯参量，其中第一个参量表示偏振光的光强，用其余三个参量可以区分不同的偏振态。光器件对于偏振光的作用处理成 4×4 的米勒矩阵，四维矢量的输入偏振态经过米勒矩阵的作用(左乘)得到四维矢量描述的输出偏振态。斯托克斯参量既能描述完全偏振光，也能描述非偏振光(自然光)和部分偏振光。对于完全偏振光，其四个斯托克斯参量之间满足确定的关系，可以将描述光强的第一个参量摘出来，只用后三个参量描述偏振态，即将斯托克斯矢量处理成三维的矢量,相应的光器件的作用处理成 3×3 的米勒矩阵,形成三维矢量空间,即斯托克斯空间。庞加莱适时地引入庞加莱球,使庞加莱球上的每一点可以与任意完全偏振态一一对应,光器件改变偏振态的过程也可以处理成庞加莱球上的一个旋转(旋转轴和旋转角均确定)。

琼斯空间对于偏振态的描述与偏振光电场矢量直接相关,包含了光信号振幅和相位的改变信息,更贴近了解偏振光的传输行为。斯托克斯空间将偏振态处理成庞加莱球上的一点,将光器件对于偏振光的作用处理成庞加莱球上绕轴旋转的过程,具有几何直观性。另外,所有斯托克斯参量均可以由不同的步骤测量光强获得,具有可测量性,十分实用。

至于二维琼斯空间和三维斯托克斯空间之间的转换,可以借助基于泡利矩阵的自旋矢量运算法(spin-vector calculus),它是琼斯空间描述和斯托克斯空间描述之间的桥梁。电子自旋在自身的内禀空间(二维)不是朝上就是朝下的,而与自旋相联系的自旋角动量又是在三维空间定义的,泡利矩阵在这两个空间之间建立了联系。自旋矢量描述可以将光信号传输信道中的双折射或者偏振二向色性在斯托克斯空间定义成矢量,讨论其在实验室空间沿 z 方向的传输演化,在一些场景描述偏振光传输时有其方便性。

有趣的是,乔治·斯托克斯(Sir George Gabriel Stokes,图 1-2-1)提出用斯托克斯参量描述偏振光是在 1852 年(记录在他的论文《关于来自不同光源偏振光束的组成和分辨率》中[1]),这甚至早于 1865 年麦克斯韦建立电磁理论(1865 年麦克斯韦完成他的论文《电磁场的动力学理论》[2])。有学者评价说现代偏振光学描述的起始时间可以从斯托克斯的文章发表时间算起,虽然人们真正开始关注到斯托克斯的工作是在几十年以后[3]。

图 1-2-1 乔治·斯托克斯像

1892 年，法国数学家和物理学家亨利・庞加莱（Henri Poincaré，图 1-2-2）在他的《光的数学理论》（*Théorie Mathématique de la Lumière*）中引入了偏振光的庞加莱球的描述法[4]。

图 1-2-2　亨利・庞加莱像

对偏振光琼斯空间描述法的建立以及斯托克斯空间描述法的完善做出重要贡献的几位科学家包括保罗・索累（Paul Soleillet，图 1-2-3）、罗伯特・克拉克・琼斯（Robert Clark Jones，图 1-2-4）、弗朗西斯・佩林（Francis Perrin）和汉斯・米勒（Hans Mueller，图 1-2-5）。索累于 1929 年在他的博士学位论文《荧光现象中光偏振的参数表征》中第一次提出在偏振光经过光器件时如何建立输出偏振态的斯托克斯参量与输入偏振态斯托克斯参量之间的关系[5]。由于当时索累并不是著名科学家，他的工作并没有被大家注意。从 1941 年到 1956 年，琼斯发表了 8 篇系列文章，较完整地阐述了偏振光的琼斯空间描述法[6-13]，其中 1941 年到 1942 年是他的密集发表期。麻省理工学院的米勒利用 4×4 的米勒矩阵将输出偏振态的斯托克斯参量和输入偏振态斯托克斯参量联系起来，建立了较完整的偏振光描述的所谓斯托克斯-米勒运算体系。他于 1945 年到 1948 年在麻省理工学院的光学课中应用这种形式讲授光的偏振，但是他从来没有以这种偏振光描述的体系发表过正式的论文。当然，在米勒之前索累就研究了如何用斯托克斯参量描述偏振光，并建立了偏振光的斯托克斯空间描述，但是据说米勒在提出斯托克斯-米勒运算体系时并没有看过索累的论文[3]。索累的工作可以看成米勒矩阵偏振描述的奠基性工作。必须指出的是，索累的朋友弗朗西斯・佩林也对米勒矩阵偏振描述做出了重要贡献[14]。

图 1-2-3　保罗·索累像

图 1-2-4　罗伯特·克拉克·琼斯像

图 1-2-5　汉斯·米勒像

当光纤通信界的研究者开始关注光信号在光纤中传输的偏振问题后，基于泡利矩阵的自旋矢量偏振光描述法被提出，并逐步完善。对这一描述法有重要贡献的有麻生太郎（O. Aso）[15]、弗里戈（N. Frigo）[16]、吉辛（N. Gisin）[17]、戈登（J. P. Gordon）和科格尔尼克（H. Kogelnik）[18]。达马斯克（J. N. Damask）在他 2004 年的著作《远程通信的偏振光学》中第一次通篇采用自旋矢量偏振光描述法作为数学框架分析光偏振问题[19]。

参考文献

[1] STOKES G G. On the composition and resolution of streams of polarized light from different sources [J]. Tran. Cambridge Phil. Soc., 1852, 9: 399-416.

[2] MAXWELL J C. A dynamical theory of the electromagnetic field[J]. Phil. Trans. of the Royal Soc. of London, 1865, 155: 459-512.

[3] BROSSEAU C. Polarization and coherence optics: historical perspective, status, and future directions, in progress in optics [M]. Amsterdam: Elsevier, 2009.

[4] POINCARÉ H. Théorie mathématique de la lumière [M]. 2nd ed. Paris: Georges Carré, 1892.

[5] SOLEILLET P. Sur les paramètres caractérisant la poarisation partielle de la lumière dans les phénomènes de fluorescence [J]. Annales de Physique, 1929(12): 23-59.

[6] JONES R C. A new calculus for the treatment of optical systems Ⅰ: Description and discussion of the calculus [J]. J. Opt. Soc. Am., 1941, 31(7): 488-493.

[7] JONES R C. A new calculus for the treatment of optical systems Ⅱ: Proof of three general equivalence theorems [J]. J. Opt. Soc. Am., 1941,31(7): 493-499.

[8] JONES R C. A new calculus for the treatment of optical systems Ⅲ: The Sohncke theory of optical activity [J]. J. Opt. Soc. Am., 1941, 31(7): 500-503.

[9] JONES R C. A new calculus for the treatment of optical systems Ⅳ[J]. J. Opt. Soc. Am., 1942, 32(8): 486-493.

[10] JONES R C. A new calculus for the treatment of optical systems Ⅴ: A more general formulation, and description of another calculus [J]. J. Opt. Soc. Am., 1947, 37(2): 107-110.

[11] JONES R C. A new calculus for the treatment of optical systems Ⅵ: Experimental determination of matrix [J]. J. Opt. Soc. Am., 1947, 37(2): 110-112.

[12] JONES R C. A new calculus for the treatment of optical systems Ⅶ: Properties of the N-matrices[J]. J. Opt. Soc. Am., 1948, 38(8): 671-685.

[13] JONES R C. A new calculus for the treatment of optical systems Ⅷ: Electromagnetic theory [J]. J. Opt. Soc. Am., 1956, 46(2): 126-131.

[14] PERRIN F. Polarization of light scattered by isotropic opalescent media [J]. J. Chem. Phys., 1942, 10: 415-427.

[15] ASO O, OHSHIMA I, OGOSHI H. Unitary-conserving construction of the Jones matrix and its applications to polarization-mode dispersion [J]. J. Opt. Soc. Am. A, 1997, 14(8): 1988-2005.

[16] FRIGO N. A generalized geometric representation of coupled mode theory [J]. IEEE J. Quantum Electron., 1986, 22(11): 2131-2140.

[17] GISIN N, HUTTNER B. Combined effects of polarization mode dispersion and polarization dependent losses in optical fibers [J]. Opt. Commun., 1997, 142: 119-125.

[18] GORDON J P, KOGELNIK H. PMD fundamentals: Polarization mode dispersion in optical fibers [J]. Proc. Natl. Acad. Sci., 2000, 97(9): 4541-4550.

[19] DAMASK J N. Polarization optics in telecommunications [M]. New York: Springer, 2005.

第一篇

偏振光学基础

本篇包含 3 章，本篇内容为整部书打下偏振光学的基础，主要包括：

- 第 2 章介绍偏振光的基本概念，以及偏振光的琼斯矢量描述和斯托克斯矢量描述，并讨论了偏振光两种描述之间的转换。另外引入了偏振表象的概念，讨论偏振态如何在不同的偏振表象进行表述，表象之间如何变换。
- 第 3 章分别从普通光学和高等光学的角度讨论了各向异性介质中偏振光的传输特性，并分别讨论了各向异性介质中的线双折射和圆双折射。
- 第 4 章介绍偏振器件分别在琼斯空间中的琼斯矩阵表示和在斯托克斯空间中的米勒矩阵表示，并讨论了二者之间的相互转换。

第2章

偏振光的描述

读者开始接触光的偏振概念，应该是在学习“大学物理”的课程中。该课程是以一种最简单明了的方式介绍偏振最基本的一些概念，本着尽量少用数学，多用物理直观图像来介绍偏振。然而笔者认为，需要将一定难度的数学与物理直观图像恰当地结合在一起，才能深入地理解偏振现象，以便能更有效地研究渗透到各个领域中的偏振问题。因此，本章先采用大学物理中的偏振描述手段，然后提升到较为抽象偏振数学描述的方法，给读者一个由浅入深、物理直观与抽象数学结合的光的偏振的描述。

2.1 偏振态的基本描述

2.1.1 光的五种偏振态

大学物理课中将光的偏振态分成五种[1]：线偏振光、圆偏振光、椭圆偏振光、非偏振光(自然光)和部分偏振光，如图 2-1-1 所示。

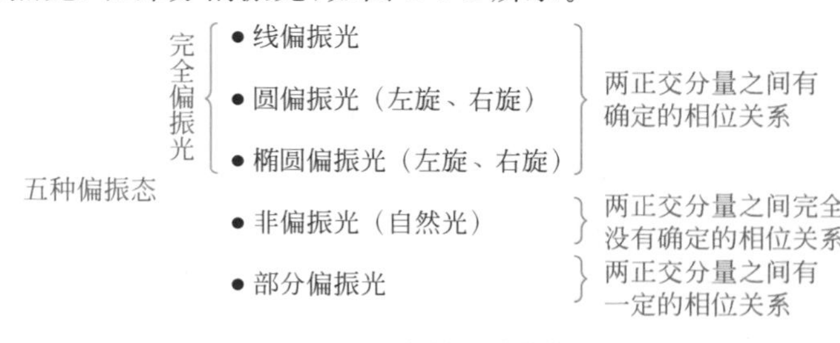

图 2-1-1 光的五种偏振态

2.1.2 线偏振光

一束沿着 z 方向传播的偏振光,其电矢量只沿着一个方向振动,这种光叫作线偏振光(linearly polarized light, LP),如图 2-1-2 所示。其特点是光波电矢量始终在一个平面上振动,所以也叫作平面偏振光。

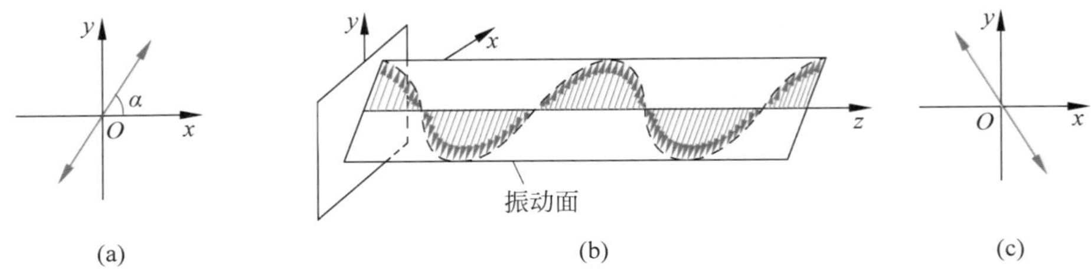

图 2-1-2 线偏振光

(a) Ⅰ-Ⅲ象限振动的线偏振光;(b) 线偏振光的振动面;(c) Ⅱ-Ⅳ象限振动的线偏振光

偏振光的电矢量可以分解为 x 方向的振动 E_x 与 y 方向的振动 E_y,记为

$$E_x = A_x \cos(\omega t - kz + \phi_x) \tag{2.1.1}$$

$$E_y = A_y \cos(\omega t - kz + \phi_y) \tag{2.1.2}$$

其中,A_x 与 A_y 分别是 x 和 y 方向上电矢量分量的振幅,$\omega t - kz$ 是传播因子,ϕ_x 和 ϕ_y 分别是 x 和 y 分量的固定相位。决定偏振态的是分量振幅的比值 $\tan\alpha = A_y/A_x$ 和相位差 $\delta = \phi_y - \phi_x$,α 是偏振振动面与 x 轴的夹角。

线偏振光的分量相位差 $\delta = 0$ 或者 π。$\delta = 0$ 时,是Ⅰ-Ⅲ象限振动的线偏振光,如图 2-1-2(a)所示;$\delta = \pi$ 时,是Ⅱ-Ⅳ象限振动的线偏振光,如图 2-1-2(c)所示。

2.1.3 圆偏振光

圆偏振光(circularly polarized light, CP)的偏振形态如图 2-1-3 所示,逆着 z 轴看去其电矢量端点旋转画出一个圆。右旋圆偏振光(也叫作右圆光,right-handed circularly polarized light,RCP)是顺时针旋转;左旋圆偏振光(也叫作左圆光,left-handed circularly polarized light,LCP)是逆时针旋转,如图 2-1-3(a)所示。图 2-1-3(b)显示了固定某时刻,圆偏振光电矢量在空间的分布情况,注意上下游的电矢量关系(从上游到下游,电矢量依次落后),上面和下面的图分别对应右旋和左旋圆偏振光电矢量的分布。

可以证明,当振幅 $A_x = A_y = A$,相位差 $\delta = \pm\pi/2$ 时,式(2.1.1)和式(2.1.2)得到圆偏振光的表达式为

$$E_x = A\cos(\omega t - kz) \tag{2.1.3}$$

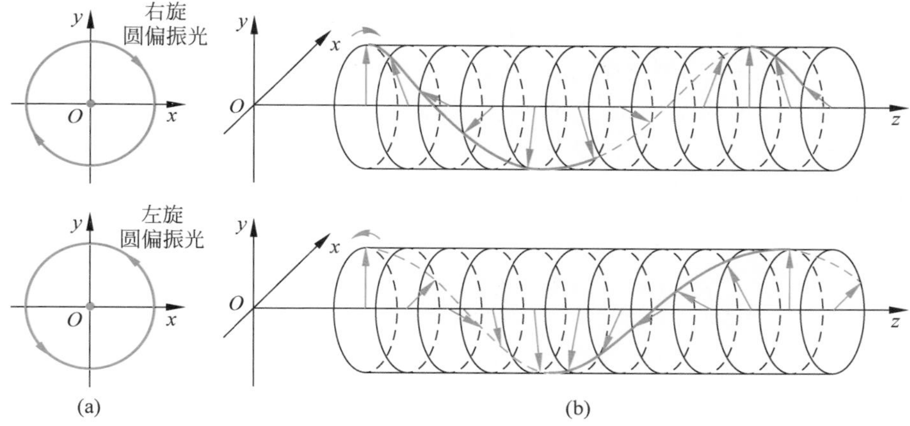

图 2-1-3　圆偏振光

(a) 逆着 z 轴看去，右旋圆偏振光与左旋圆偏振光电矢量末端在 x-y 平面画出的轨迹；
(b) 右旋圆偏振光与左旋圆偏振光电矢量某一时刻在空间中的分布(虚线表示被遮挡的部分)

$$E_y = A\cos\left(\omega t - kz \pm \frac{\pi}{2}\right) \tag{2.1.4}$$

其中，“+”号对应右圆光，“−”号对应左圆光。

2.1.4　椭圆偏振光

椭圆偏振光(elliptically polarized light，EP)的偏振形态如图 2-1-4 所示，逆着 z 轴看去其电矢量端点旋转画出一个椭圆。椭圆偏振光也分为右旋椭圆偏振光(right-handed elliptically polarized light，REP)和左旋椭圆偏振光(left-handed elliptically polarized light，LEP)。

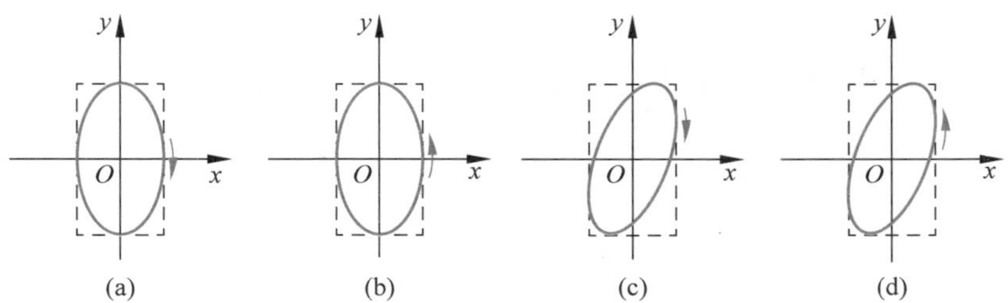

图 2-1-4　椭圆偏振光

(a) $\delta=\frac{\pi}{2}$；(b) $\delta=-\frac{\pi}{2}$或$\frac{3\pi}{2}$；(c) $0<\delta<\frac{\pi}{2}$；(d) $\frac{\pi}{2}<\delta<\pi$

可以证明，当 $A_x \neq A_y$、$\delta \neq 0$、$\delta \neq \pi$ 时，以及 $A_x = A_y$、$\delta \neq 0$、$\delta \neq \pi$、$\delta \neq \pm\pi/2$ 时，都形成椭圆偏振光。如图 2-1-4(a)和(b)所示，属于 $A_x \neq A_y$、$\delta = \pm\pi/2$ 的情

况，显示出是正椭圆，“+”和“−”分别对应右旋椭圆偏振光和左旋椭圆偏振光。当 $\delta \neq \pm\pi/2$ 时，椭圆会向侧方倾斜，如图 2-1-4(c)和(d)所示。

上面所描述的线偏振光、圆偏振光、椭圆偏振光，都是由振幅比角 α 和相位差角 δ 决定的，这两个参数决定了各种偏振光的形态。表 2-1-1 给出了 α 和 δ 为不同值时光的偏振态，其中将相位差角限定在 $-\pi<\delta\leqslant\pi$ 内(也可以限定在 $0\leqslant\delta<2\pi$)。

表 2-1-1　α、δ 参数取不同值时对应的光的偏振态

Ⅰ-Ⅲ象限线偏振	右旋椭圆			Ⅱ-Ⅳ象限线偏振	左旋椭圆		
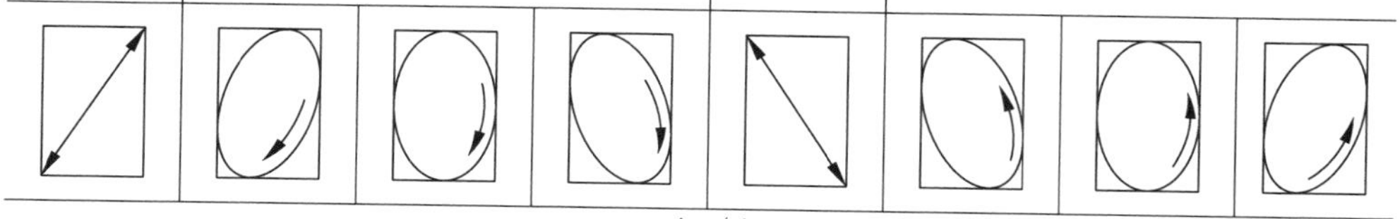							
$\tan\alpha = A_y/A_x \neq 1$							
$\delta=0$	$0<\delta<\pi/2$	$\delta=\pi/2$	$\pi/2<\delta<\pi$	$\delta=\pi$	$-\pi<\delta<-\pi/2$	$\delta=-\pi/2$	$-\pi/2<\delta<0$
45°线偏振	右旋椭圆	右旋圆	右旋椭圆	−45°线偏振	左旋椭圆	左旋圆	左旋椭圆
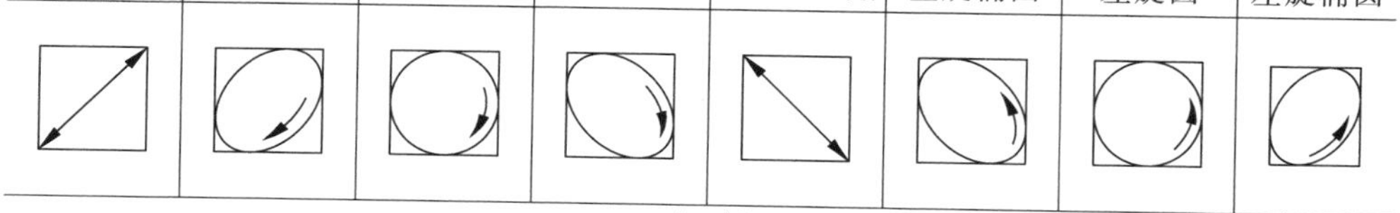							
$\tan\alpha = A_y/A_x = 1$							
$\delta=0$	$0<\delta<\pi/2$	$\delta=\pi/2$	$\pi/2<\delta<\pi$	$\delta=\pi$	$-\pi<\delta<-\pi/2$	$\delta=-\pi/2$	$-\pi/2<\delta<0$

2.1.5　自然光(非偏振光)

上面所描述的这些偏振态，不管是线偏振光、圆偏振光还是椭圆偏振光，都有一个特点：它们的 x 和 y 分量之间的相位差是确定的。比如线偏振光($\delta=0$ 或 π)，圆偏振光($\delta=\pm\pi/2$)，椭圆偏振光(δ 取其他值)，这些相位差值都是确定的。

自然界普通光源发出的光一般是自然光，也叫作非偏振光(unploarized light，UP)。任何一个普通发光体，从微观上看，都是由大量的原子或分子分别发光而形成的总体发光。如果假定每个原子或分子每次所发射的是线偏振光，发光时长一般为 $\tau\sim10^{-9}$s，它是一个有限长度的波列，而且各个发出的波列是彼此独立的。它们的振动方向是无规的，各个方向都有，是对称分布的，并没有在某一个方向具有优势，而且各个独立的无规线偏振光之间没有固定的相位关系，如图 2-1-5(a)所示。

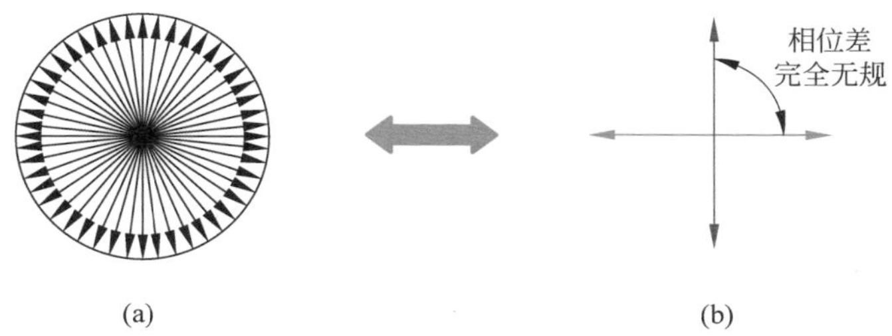

图 2-1-5　对自然光的处理

(a) 自然光的电矢量各个方向都有，没有在某一个方向占优势；
(b) 自然光的等价表示

对于自然光，任意取一个电矢量 $\boldsymbol{E}$ 都可以分解为两个相互垂直方向的分量，由于电矢量在各个方向上的分布是对称的，则从统计上来说，将所有电矢量在每一个垂直分量上求和，有 $A_x = \sum_i a_{ix} = A_y = \sum_i a_{iy}$，其中 a_{ix} 和 a_{iy} 是第 i 个电矢量在两个垂直方向上的投影。因此自然光可以看成两个振幅相同、振动方向相互垂直（任意相互垂直的方向均可）的非相干的线偏振光的合成。但是需注意的是，其相互垂直的两个线偏振光之间的相位差是完全无规的，绝不能再叠加成一个单独的电矢量。

2.1.6　部分偏振光

前面讲到，完全偏振光的垂直分量之间有确定的相位差关系，而非偏振光的垂直分量之间相位差完全无规。介于完全偏振光与非偏振光之间的是部分偏振光(partially polarized light)，其垂直分量之间有一定的相位关系。

部分偏振光一般是这样产生的：自然光在传播过程中，由于外界的作用（如反射、折射、散射等），造成各个振动方向上的振幅吸收不同，使某一方向的振动比其他方向占有优势，如图 2-1-6(a)所示。

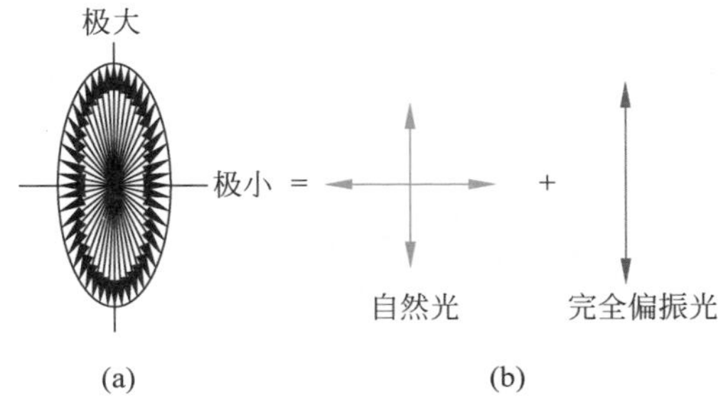

图 2-1-6　部分偏振光

(a) 部分偏振光在某一方向上振动占优势；
(b) 部分偏振光可以看成由自然光与完全偏振光组合而成

对于部分偏振光的处理一般是将它分解为一个自然光和一个完全偏振光的组合。如图 2-1-6(b)所示，是一个非偏振光与一个线偏振光的组合(UP+LP)。实际上还有可能是一个非偏振光与圆偏振光的组合(UP+CP)，以及一个非偏振光与椭圆偏振光的组合。

一束自然光经过一介质表面反射会产生部分偏振光，如图 2-1-7(a)所示。太阳所发射的是自然光，自然光照射在湖面，经反射后进入人眼的是部分偏振光，其垂直的分量要比水平的分量弱，当入射角满足布儒斯特定律时，反射后其垂直分量为零。布儒斯特定律为

$$\tan\theta_B = \frac{n_2}{n_1} \tag{2.1.5}$$

其中，θ_B 是布儒斯特角，也叫作起偏角，当光线沿此入射角入射，反射光为线偏振光。这种现象叫作反射起偏。

如图 2-1-7(b)所示是偏振太阳镜，可以过滤掉入射光的水平分量。渔民出海戴上它可以避免太阳光因水面反射引起的眩目强光进入眼睛。

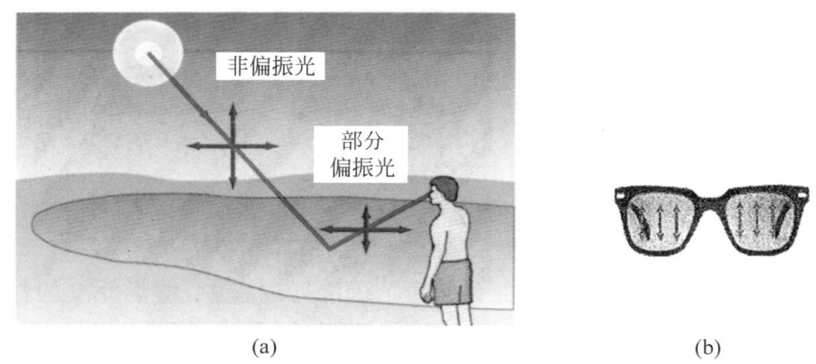

(a)　　(b)

图 2-1-7　光经过界面反射偏振态的变化

(a) 自然光经过湖面形成部分偏振光；

(b) 渔民戴上透光方向垂直的偏振太阳镜，可以阻挡湖面反射形成的炫光

2.2 偏振态的琼斯矢量描述

2.2.1 偏振态的一般数学描述

大学物理课中将光的偏振态分成五种：线偏振光、圆偏振光、椭圆偏振光、非偏振光(自然光)和部分偏振光，如图 2-1-1 所示。对于完全偏振光，比较数学化的描述如下：将式(2.1.1)和式(2.1.2)描述的电场在 x 和 y 方向的分量进行消除时

间 t 和距离 z 的处理，可以得到如下方程：

$$\left(\frac{E_x}{A_x}\right)^2+\left(\frac{E_y}{A_y}\right)^2-2\left(\frac{E_x}{A_x}\right)\left(\frac{E_y}{A_y}\right)\cos\delta=\sin^2\delta,\quad 0\leqslant\delta<2\pi \tag{2.2.1}$$

可以看到这是一个椭圆方程，其中电场的端点在这个椭圆上移动，如图 2-2-1 所示。其外框是长度分别为 $2A_x$ 和 $2A_y$ 的长方形，A_y 和 A_x 的比值恰好是外框对角线与 x 轴夹角 α 的正切

$$\tan\alpha=A_y/A_x,\quad 0°\leqslant\alpha\leqslant 90° \tag{2.2.2}$$

δ 是 y 方向相对于 x 方向电场的相位差，δ 在这个图上无法直接表示和体现。

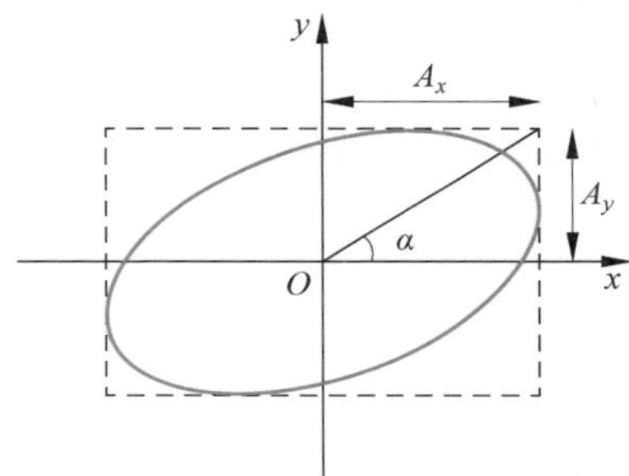

图 2-2-1　椭圆方程(2.2.1)表示的偏振态图示

在椭圆方程(2.2.1)里，有几个特殊的相位差 δ，当 $\delta=0$ 或 $\delta=\pi$ 时，则椭圆方程退化为直线方程

$$\frac{E_x}{A_x}=\pm\frac{E_y}{A_y} \tag{2.2.3}$$

其中，“＋”号对应Ⅰ-Ⅲ象限振动的线偏振光，如图 2-1-2(a)所示；“－”号对应Ⅱ-Ⅳ象限振动的线偏振光，如图 2-1-2(c)所示。

当 $\delta=\pi/2$ 或 $\delta=-\pi/2$ 时，方程(2.2.1)退化为正椭圆

$$\left(\frac{E_x}{A_x}\right)^2+\left(\frac{E_y}{A_y}\right)^2=1 \tag{2.2.4}$$

其偏振形态如图 2-1-4(a)和(b)所示。

可见，可以用两个独立参量 α 和 δ 描述一个偏振态，称为偏振态的 (α,δ) 描述。

如果在图 2-2-1 中建立一个与椭圆长短轴一致的坐标系（也叫作主轴坐标系，可以将 x-y 坐标系称为实验室坐标系）ξ-η 坐标系，也可以清楚地描写偏振态，如图 2-2-2 所示。在 ξ-η 坐标系里可以定义椭圆的取向角 θ，即 ξ 轴与 x 轴之间的夹角。还可以定义椭圆的椭圆率角 β，显然它的正切是主轴坐标系中正椭圆外框 $2B_\eta$ 和 $2B_\xi$ 的比值

$$\tan\beta=\pm\frac{B_\eta}{B_\xi},\quad -45°\leqslant\beta\leqslant 45° \tag{2.2.5}$$

可以证明，"+"号代表右旋的椭圆偏振光，"−"号代表左旋的椭圆偏振光。

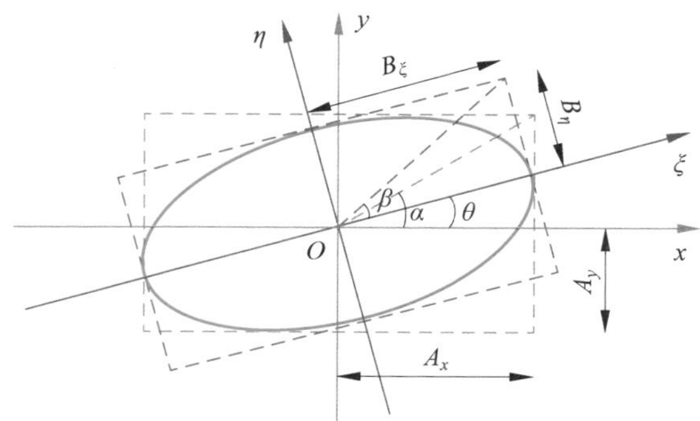

图 2-2-2　在实验室坐标系 x-y 和主轴坐标系 ξ-η 表示的椭圆偏振态

显然，利用 θ 与 β 这两个独立参量也可以描述偏振态，称为偏振态的(θ,β)描述。可以证明(α,δ)描述的两参量与(θ,β)两参量之间有如下关系：

$$\begin{cases}\tan 2\theta = \tan 2\alpha \cos\delta \\ \sin 2\beta = \sin 2\alpha \sin\delta \\ B_\xi^2 + B_\eta^2 = A_x^2 + A_y^2\end{cases} \tag{2.2.6}$$

关于偏振态的(θ,β)描述将在下面介绍。

2.2.2　偏振态的琼斯矢量描述

在本书绪论中提到过，从 1941 年开始，琼斯连续发表了八篇论文，奠定了偏振光的琼斯空间描述法[2-9]，他把垂直于传输方向的电场矢量处理成 2×1 维的矢量。

我们习惯于用复数描述光场。将式(2.1.1)和式(2.1.2)表示的电场用复数表示

$$E_x = A_x e^{j(\omega t - kz + \phi_x)} \tag{2.2.7}$$

$$E_y = A_y e^{j(\omega t - kz + \phi_y)} \tag{2.2.8}$$

可以将 x 和 y 方向的电场用一个 2×1 的矢量描述成

$$\begin{pmatrix} E_x \\ E_y \end{pmatrix} = \begin{pmatrix} A_x e^{j(\omega t - kz + \phi_x)} \\ A_y e^{j(\omega t - kz + \phi_y)} \end{pmatrix} \tag{2.2.9}$$

实际上能够描述偏振态的是振幅比角 α 和相位差角 δ，所以可以将矩阵(2.2.9)写成一个归一化的形式(也是一个无量纲的形式)

$$\begin{pmatrix} E_x \\ E_y \end{pmatrix} = \begin{pmatrix} \cos\alpha \\ \sin\alpha \ e^{j\delta} \end{pmatrix} \tag{2.2.10}$$

其中，$\cos\alpha = A_x/\sqrt{A_x^2+A_y^2}$，$\sin\alpha = A_y/\sqrt{A_x^2+A_y^2}$，$\delta=\phi_y-\phi_x$。矩阵中公共的相因子对偏振态描述没有实质影响，所以舍去了。

用矩阵(2.2.10)表示偏振态的方式称为偏振态的琼斯矢量描述。一些文献习惯上利用狄拉克符号来表示琼斯矢量，用右矢符号$|E\rangle$表示列矢量(2.2.10)，用左矢符号表示列矢量的转置再共轭。

$$|E\rangle = \begin{pmatrix} E_x \\ E_y \end{pmatrix},\quad \langle E| = (E_x \quad E_y)^* = (E_x^* \quad E_y^*) \tag{2.2.11}$$

比如利用式(2.2.10)描述偏振态是所谓(α,δ)的描述方法，利用了独立参量α和δ，可以写成

$$|E(\alpha,\delta)\rangle = \begin{pmatrix} \cos\alpha \\ \sin\alpha \ \ \mathrm{e}^{\mathrm{j}\delta} \end{pmatrix} \tag{2.2.12}$$

表 2-2-1 列出了几种典型的偏振态的琼斯矢量表示。其中水平线偏振光$\alpha=0°$，$\delta=0$；45°方向的线偏振光$\alpha=45°$，$\delta=0$；右旋圆偏振光$\alpha=45°$，$\delta=\pi/2$。

表 2-2-1　典型偏振态的琼斯矢量

水平方向线偏振	垂直方向线偏振	45°方向线偏振	−45°方向线偏振	右旋圆偏振	左旋圆偏振
$\begin{pmatrix}1\\0\end{pmatrix}$	$\begin{pmatrix}0\\1\end{pmatrix}$	$\frac{1}{\sqrt{2}}\begin{pmatrix}1\\1\end{pmatrix}$	$\frac{1}{\sqrt{2}}\begin{pmatrix}1\\-1\end{pmatrix}$	$\frac{1}{\sqrt{2}}\begin{pmatrix}1\\\mathrm{j}\end{pmatrix}$	$\frac{1}{\sqrt{2}}\begin{pmatrix}1\\-\mathrm{j}\end{pmatrix}$
⟷	↕	⤢	⤡	○	○

再来看如何用参量(θ,β)描述偏振态。如图 2-2-3 所示，可以从一个任意椭圆率β的正椭圆开始得到任意取向θ的椭圆。

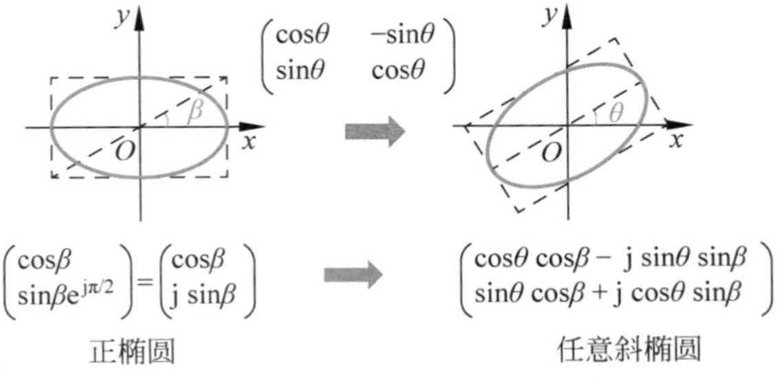

图 2-2-3　从任意正椭圆旋转得到任意取向的椭圆

椭圆率为 β 的正椭圆偏振态由如下矢量表示：

$$\begin{pmatrix}\cos\beta\\ \sin\beta e^{j\pi/2}\end{pmatrix}=\begin{pmatrix}\cos\beta\\ j\sin\beta\end{pmatrix} \tag{2.2.13}$$

将上述正椭圆旋转 θ，就得到了(θ,β)描述的椭圆偏振态

$$|E(\theta,\beta)\rangle=\begin{pmatrix}\cos\theta & -\sin\theta\\ \sin\theta & \cos\theta\end{pmatrix}\begin{pmatrix}\cos\beta\\ j\sin\beta\end{pmatrix}=\begin{pmatrix}\cos\theta\cos\beta-j\sin\theta\sin\beta\\ \sin\theta\cos\beta+j\cos\theta\sin\beta\end{pmatrix} \tag{2.2.14}$$

2.3 偏振表象

2.3.1 偏振态的正交

从式(2.2.9)中可以看出，任意偏振态可以向 x 方向和 y 方向的线偏振进行分解，或者说，任意偏振态可以用 x 线偏振与 y 线偏振这样一对相互垂直的偏振基展开，在 x 线偏振基上的投影为 E_x，在 y 线偏振基上的投影为 E_y。

实际上任意偏振态可以用琼斯空间任意一组正交偏振态基展开，相互垂直的线偏振基只是正交偏振态基的特殊情景。下面定义一对偏振态$|E_1\rangle$与$|E_2\rangle$之间的正交，当$|E_1\rangle$与$|E_2\rangle$在下面定义的内积运算中为零，就称$|E_1\rangle$与$|E_2\rangle$正交。$|E_1\rangle$与$|E_2\rangle$的内积定义为

$$\langle E_2|E_1\rangle=(E_{2x}^* \quad E_{2y}^*)\begin{pmatrix}E_{1x}\\ E_{1y}\end{pmatrix}=E_{1x}E_{2x}^*+E_{1y}E_{2y}^* \tag{2.3.1}$$

如果$\langle E_2|E_1\rangle=0$，则称$|E_1\rangle$与$|E_2\rangle$是正交的，任意偏振态可以用正交的$|E_1\rangle$与$|E_2\rangle$作为偏振态基展开。

读者可以验证一下表 2-2-1 中的水平与垂直的线偏振态之间、45°线偏振与−45°线偏振之间、右旋圆偏振与左旋圆偏振之间都是正交的。

一般来讲，与$\begin{pmatrix}a\\ b\end{pmatrix}$正交的偏振态是$\begin{pmatrix}-b^*\\ a^*\end{pmatrix}$或者是$\begin{pmatrix}b^*\\ -a^*\end{pmatrix}$。所以用$(\alpha,\delta)$描述的椭圆偏振态$\begin{pmatrix}\cos\alpha\\ \sin\alpha e^{j\delta}\end{pmatrix}$与偏振态$\begin{pmatrix}-\sin\alpha e^{-j\delta}\\ \cos\alpha\end{pmatrix}$或者偏振态$\begin{pmatrix}\sin\alpha e^{-j\delta}\\ -\cos\alpha\end{pmatrix}$是正交的。图 2-3-1 画出了用$(\alpha,\delta)$描述的一对正交椭圆偏振基的大致形状。

同理，用(θ,β)描述的椭圆偏振态$\begin{pmatrix}\cos\beta\\ j\sin\beta\end{pmatrix}$与偏振态$\begin{pmatrix}j\sin\beta\\ \cos\beta\end{pmatrix}$是正交的，$\begin{pmatrix}\cos\theta\cos\beta-j\sin\theta\sin\beta\\ \sin\theta\cos\beta+j\cos\theta\sin\beta\end{pmatrix}$与偏振态$\begin{pmatrix}-\sin\theta\cos\beta+j\cos\theta\sin\beta\\ \cos\theta\cos\beta+j\sin\theta\sin\beta\end{pmatrix}$或者偏振态

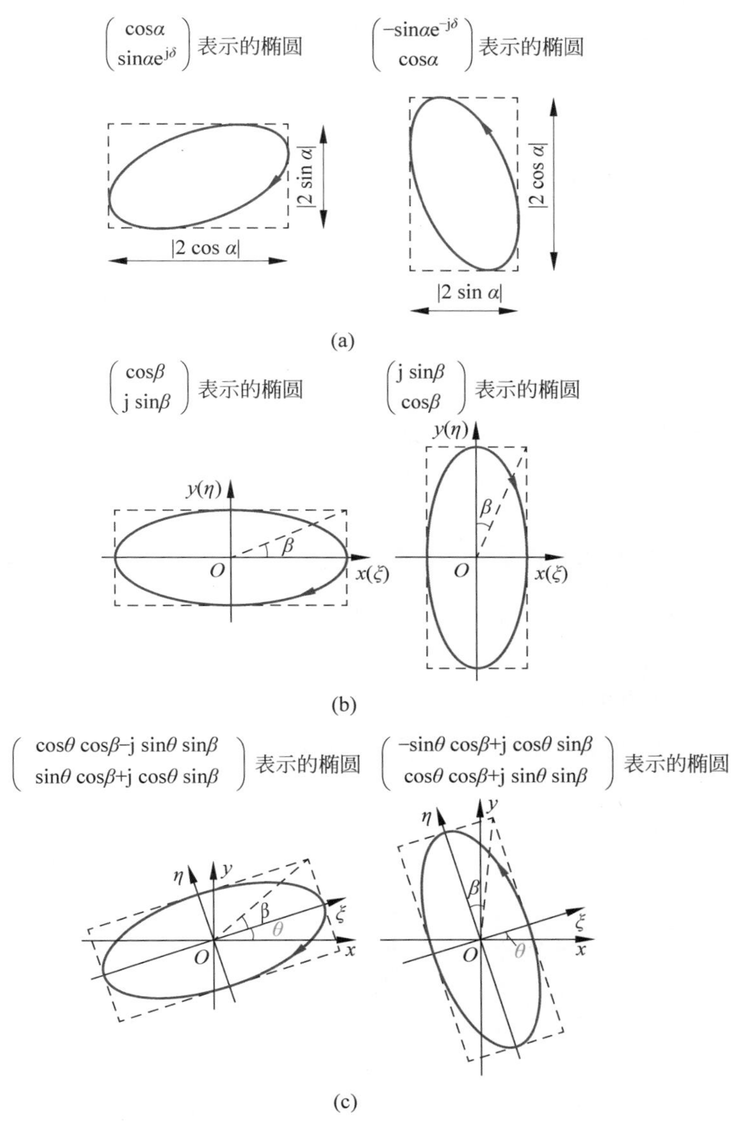

图 2-3-1　几对典型的正交偏振基举例

(a) 用(α,δ)描述的一对正交椭圆偏振基的大致形状；

(b) 用(θ,β)描述的正交正椭圆；(c) 用(θ,β)描述的正交椭圆

$\begin{pmatrix}\sin\theta\cos\beta-j\cos\theta\sin\beta\\ -\cos\theta\cos\beta-j\sin\theta\sin\beta\end{pmatrix}$也是正交的。

图 2-3-2 画出了一些典型的正交偏振基对。

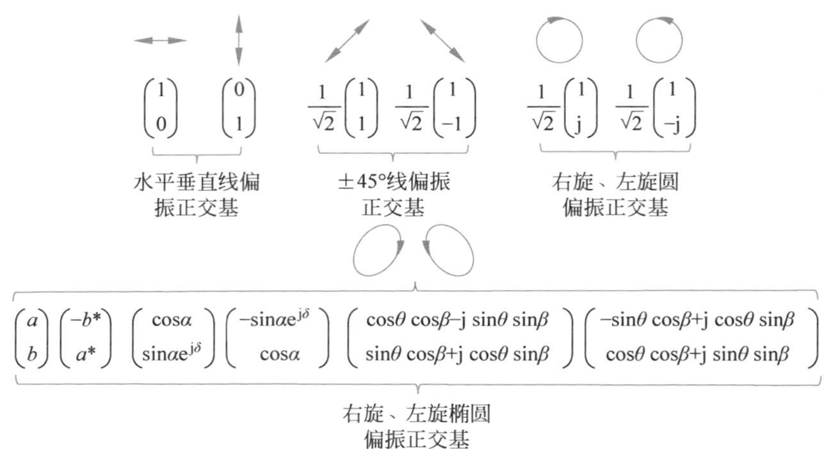

图 2-3-2　几种典型的正交偏振基对

2.3.2　偏振态在不同正交偏振基下的表示——偏振表象

从上面的分析我们知道，同一个偏振态可以在琼斯空间不同的偏振基下进行表示（展开），而且在不同的偏振基下表示是不同的，这就引入了一个偏振表象的概念（笔者在这里借用了量子力学中表象变换的概念[10]）：偏振态可以在琼斯空间的一组正交完备偏振基下展开（或表示），这样的一组正交完备偏振基构成一个偏振表象。

比如某一偏振态$|E\rangle$可以在 x-y 线偏振基下展开，称为$|E\rangle$在 x-y 表象的表示，写为

$$|E\rangle = E_x\hat{e}_x + E_y\hat{e}_y \tag{2.3.2}$$

其中，$\hat{e}_x$ 和 $\hat{e}_y$ 是 x-y 表象的正交偏振基，E_x 和 E_y 是偏振态$|E\rangle$在偏振基 $\hat{e}_x$ 和 $\hat{e}_y$ 上的分量（投影）。在 x-y 表象里，偏振态展开式(2.3.2)还可以写成

$$\begin{pmatrix} E_x \\ E_y \end{pmatrix} = E_x\begin{pmatrix} 1 \\ 0 \end{pmatrix} + E_y\begin{pmatrix} 0 \\ 1 \end{pmatrix} \tag{2.3.3}$$

此时$\begin{pmatrix} 1 \\ 0 \end{pmatrix}$代表 x 方向线偏振，$\begin{pmatrix} 0 \\ 1 \end{pmatrix}$代表 y 方向线偏振，它们是 x-y 表象的两正交偏振基 $\hat{e}_x$ 和 $\hat{e}_y$。

同样，$|E\rangle$也可以在正交的 θ 线偏振 $\theta+90°$线偏振的偏振基（简称 θ-$\theta+90°$偏振表象）下展开，如图 2-3-3 所示。$|E\rangle$在 θ-$\theta+90°$偏振表象的展开式可以写成

$$|E\rangle = E_\theta\hat{e}_\theta + E_{\theta+90°}\hat{e}_{\theta+90°} \tag{2.3.4}$$

其中，$\hat{e}_\theta$ 和 $\hat{e}_{\theta+90°}$是 θ-$\theta+90°$偏振表象的正交偏振基，E_θ 和 $E_{\theta+90°}$是偏振态$|E\rangle$在

偏振基 $\hat{e}_\theta$ 和 $\hat{e}_{\theta+90°}$ 上的分量(投影)。在 θ-$\theta+90°$ 偏振表象下,偏振态展开式(2.3.4)还可以写成

$$\begin{pmatrix} E_\theta \\ E_{\theta+90°} \end{pmatrix} = E_\theta \begin{pmatrix} 1 \\ 0 \end{pmatrix} + E_{\theta+90°} \begin{pmatrix} 0 \\ 1 \end{pmatrix} \tag{2.3.5}$$

此时 $\begin{pmatrix} 1 \\ 0 \end{pmatrix}$ 是 θ 方向线偏振在自身表象中的表示,$\begin{pmatrix} 0 \\ 1 \end{pmatrix}$ 是 $\theta+90°$ 方向线偏振在自身表象中的表示。

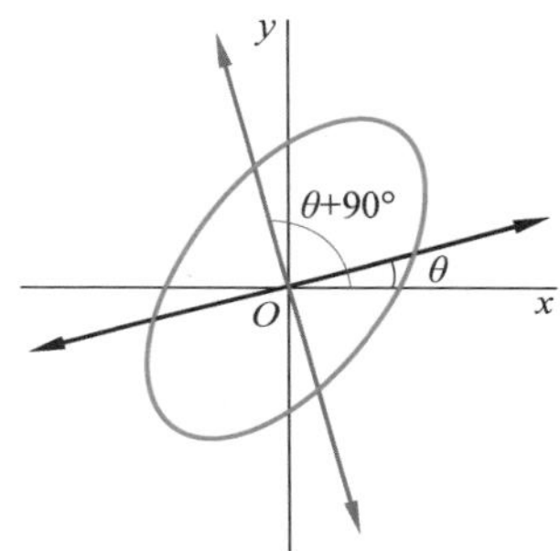

图 2-3-3　任意偏振态在 x-y 偏振表象和 θ-$\theta+90°$ 偏振表象的表示

2.3.3　偏振态的表象变换

可见,同一偏振态 $|E\rangle$ 在不同的偏振表象下表示不同,造成 $\begin{pmatrix} 1 \\ 0 \end{pmatrix}$ 和 $\begin{pmatrix} 0 \\ 1 \end{pmatrix}$ 这两个基本矢量在不同表象下含义也不同。同一偏振态 $|E\rangle$ 在不同表象下的表示之间可以进行表示的变换,称为偏振态的表象变换。

比如同一偏振态 $|E\rangle$ 在 x-y 表象的表示和在 θ-$\theta+90°$ 表象的表示都是偏振态 $|E\rangle$ 本身,所以有

$$|E\rangle = E_x\hat{e}_x + E_y\hat{e}_y = E_\theta\hat{e}_\theta + E_{\theta+90°}\hat{e}_{\theta+90°} \tag{2.3.6}$$

用 $\hat{e}_x$ 与式(2.3.6)两端做内积,得

$$E_x = E_\theta\hat{e}_x \cdot \hat{e}_\theta + E_{\theta+90°}\hat{e}_x \cdot \hat{e}_{\theta+90°} = E_\theta\cos\theta - E_{\theta+90°}\sin\theta \tag{2.3.7}$$

同理,用 $\hat{e}_y$ 与式(2.3.6)两端做内积,得

$$E_y = E_\theta\hat{e}_y \cdot \hat{e}_\theta + E_{\theta+90°}\hat{e}_y \cdot \hat{e}_{\theta+90°} = E_\theta\sin\theta + E_{\theta+90°}\cos\theta \tag{2.3.8}$$

这样,得到 $|E\rangle$ 在 x-y 表象的表示 $\begin{pmatrix} E_x \\ E_y \end{pmatrix}$ 和在 θ-$\theta+90°$ 表象的表示 $\begin{pmatrix} E_\theta \\ E_{\theta+90°} \end{pmatrix}$ 之间的变换

$$\begin{pmatrix} E_x \\ E_y \end{pmatrix} = \begin{pmatrix} \cos\theta & -\sin\theta \\ \sin\theta & \cos\theta \end{pmatrix} \begin{pmatrix} E_\theta \\ E_{\theta+90°} \end{pmatrix} = \boldsymbol{J}_{x\text{-}y\text{表象}\leftarrow\theta\text{-}\theta+90°\text{表象}} \begin{pmatrix} E_\theta \\ E_{\theta+90°} \end{pmatrix} \tag{2.3.9}$$

其中，$\boldsymbol{J}_{x\text{-}y\text{表象}\leftarrow\theta\text{-}\theta+90°\text{表象}}=\begin{pmatrix}\cos\theta & -\sin\theta\\ \sin\theta & \cos\theta\end{pmatrix}$是表象变换矩阵。

注意这个变换矩阵中的两列$\begin{pmatrix}\cos\theta\\ \sin\theta\end{pmatrix}$和$\begin{pmatrix}-\sin\theta\\ \cos\theta\end{pmatrix}$描述的矢量恰好是$\theta$-$\theta+90°$表象的两正交偏振基在 x-y 表象中的表示。所以我们不加证明地给出一个推论：从某一正交偏振表象(不妨称为 $\boldsymbol{e}$ 表象，由两正交偏振基 $\hat{\boldsymbol{e}}'$ 和 $\hat{\boldsymbol{e}}''$构成)到 x-y 表象进行表象变换时，其变换矩阵由两个矢量拼接而成，这两个矢量恰为 $\hat{\boldsymbol{e}}'$ 和 $\hat{\boldsymbol{e}}''$在 x-y 表象下的矢量表示，即表象变换矩阵为

$$\boldsymbol{J}_{x\text{-}y\text{表象}\leftarrow e\text{表象}}=(\hat{\boldsymbol{e}}'\quad\hat{\boldsymbol{e}}'')=\begin{pmatrix}e'_x & e''_x\\ e'_y & e''_y\end{pmatrix}\tag{2.3.10}$$

我们知道，任意偏振态$|E\rangle$可以用左旋圆偏振态和右旋圆偏振态正交基展开，则有

$$|E\rangle=E_{\mathrm{LCP}}\hat{\boldsymbol{e}}_{\mathrm{LCP}}+E_{\mathrm{RCP}}\hat{\boldsymbol{e}}_{\mathrm{RCP}}$$

$$\hat{\boldsymbol{e}}_{\mathrm{LCP}}=\frac{1}{\sqrt{2}}\begin{pmatrix}1\\ -\mathrm{j}\end{pmatrix},\quad \hat{\boldsymbol{e}}_{\mathrm{RCP}}=\frac{1}{\sqrt{2}}\begin{pmatrix}1\\ \mathrm{j}\end{pmatrix}\tag{2.3.11}$$

其中，用式(2.3.11)表示的 $\hat{\boldsymbol{e}}_{\mathrm{LCP}}$ 和 $\hat{\boldsymbol{e}}_{\mathrm{RCP}}$ 是左旋圆偏振基和右旋圆偏振基在 x-y 表象中的描述，且有

$$\begin{pmatrix}E_x\\ E_y\end{pmatrix}=\boldsymbol{J}_{x\text{-}y\text{表象}\leftarrow\text{圆表象}}\begin{pmatrix}\boldsymbol{E}_{\mathrm{LCP}}\\ \boldsymbol{E}_{\mathrm{RCP}}\end{pmatrix}=\frac{1}{\sqrt{2}}\begin{pmatrix}1 & 1\\ -\mathrm{j} & \mathrm{j}\end{pmatrix}\begin{pmatrix}\boldsymbol{E}_{\mathrm{LCP}}\\ \boldsymbol{E}_{\mathrm{RCP}}\end{pmatrix}\tag{2.3.12}$$

同理，任意偏振态$|E\rangle$可以用左旋椭圆偏振态和右旋椭圆偏振态正交基展开，则有

$$|E\rangle=\boldsymbol{E}_{\mathrm{LEP}}\hat{\boldsymbol{e}}_{\mathrm{LEP}}+\boldsymbol{E}_{\mathrm{REP}}\hat{\boldsymbol{e}}_{\mathrm{REP}}$$

$$\hat{\boldsymbol{e}}_{\mathrm{LEP}}=\begin{pmatrix}\cos\alpha\\ \sin\alpha\ \mathrm{e}^{\mathrm{j}\delta}\end{pmatrix},\quad \hat{\boldsymbol{e}}_{\mathrm{REP}}=\begin{pmatrix}-\sin\alpha\ \mathrm{e}^{-\mathrm{j}\delta}\\ \cos\alpha\end{pmatrix}\tag{2.3.13}$$

其中，用式(2.3.13)表示的 $\hat{\boldsymbol{e}}_{\mathrm{LEP}}$ 和 $\hat{\boldsymbol{e}}_{\mathrm{REP}}$ 是左旋椭圆偏振基和右旋椭圆偏振基在 x-y 表象中的描述，且有

$$\begin{aligned}\begin{pmatrix}E_x\\ E_y\end{pmatrix}&=\boldsymbol{J}_{x\text{-}y\text{表象}\leftarrow\text{椭圆表象}}\begin{pmatrix}\boldsymbol{E}_{\mathrm{LEP}}\\ \boldsymbol{E}_{\mathrm{REP}}\end{pmatrix}\\&=\begin{pmatrix}\cos\alpha & -\sin\alpha\ \mathrm{e}^{-\mathrm{j}\delta}\\ \sin\alpha\ \mathrm{e}^{\mathrm{j}\delta} & \cos\alpha\end{pmatrix}\begin{pmatrix}\boldsymbol{E}_{\mathrm{LEP}}\\ \boldsymbol{E}_{\mathrm{REP}}\end{pmatrix}\end{aligned}\tag{2.3.14}$$

2.4 偏振态的斯托克斯矢量描述

2.3 节讨论了偏振态的琼斯矢量描述。琼斯矢量是用振幅比角 α 与相位差角 δ 来描述，然而大家知道，对于光波振幅的测量是容易的，因为测量光强是方便的，而

光波振幅的平方正比于光强。但是光波的相位的直接测量是困难的。如果有一种描述偏振态的方法只与光波测量的光强相关，则这样的偏振态描述方法就是建立在光强测量之上的，偏振态的描述与偏振态的测量就是一致的了。

在本书绪论中提到，早在1852年斯托克斯就提出了用四个可测量的斯托克斯参量来描述偏振光，叫作偏振光的斯托克斯描述法[11]。斯托克斯参量与光强的测量密切相关。

2.4.1　斯托克斯参量的引入——偏振态的斯托克斯矢量

大家知道，光强是能流密度（坡印廷矢量的绝对值）平均值的概念，测量光强意味着在仪器的响应时间 τ 内的能流密度时间平均值，能流密度正比于电场强度的平方。

从描述偏振态的椭圆方程(2.2.1)出发，将方程两边进行时间平均，得[12]

$$\frac{\langle E_x^2\rangle}{A_x^2}+\frac{\langle E_y^2\rangle}{A_y^2}-2\frac{\langle E_xE_y\rangle}{A_xA_y}\cos\delta=\sin^2\delta \tag{2.4.1}$$

其中，$\langle\cdot\rangle=\frac{1}{\tau}\int_0^\tau(\cdot)\mathrm{d}t$ 为测量响应时间 τ 内的时间平均值，一般将响应时间内的时间平均值统一为一个振荡周期 T 内的时间平均值 $\langle\cdot\rangle=\frac{1}{T}\int_0^T(\cdot)\mathrm{d}t$。将式(2.4.1)改写为

$$4A_y^2\langle E_x^2\rangle+4A_x^2\langle E_y^2\rangle-8A_xA_y\langle E_xE_y\rangle\cos\delta=4A_x^2A_y^2\sin^2\delta \tag{2.4.2}$$

其中，

$$\begin{aligned}\langle E_iE_j\rangle&=\frac{1}{T}\int_0^T A_iA_j\cos\varphi_i\cos\varphi_j\,\mathrm{d}t\\&=\frac{1}{2}A_iA_j\ \frac{1}{T}\int_0^T[\cos(\varphi_i+\varphi_j)+\cos(\varphi_i-\varphi_j)]\mathrm{d}t,\\ i,j&=x,y\end{aligned} \tag{2.4.3}$$

另外，

$$\varphi_{i,j}=\omega t-kz+\phi_{i,j} \tag{2.4.4}$$

式(2.4.3)中积分中的第一项余弦的变量里包含 $2\omega t$，则一个周期 T 内的积分为零，而积分中的第二项 $\cos(\varphi_i-\varphi_j)=\cos\delta$。这样有

$$\langle E_iE_j\rangle=\begin{cases}\frac{1}{2}A_x^2, & i=j=x\\ \frac{1}{2}A_y^2, & i=j=y\\ \frac{1}{2}A_xA_y\cos\delta, & \begin{cases}i=x, & j=y\\ i=y, & j=x\end{cases}\end{cases} \tag{2.4.5}$$

这样式(2.4.2) 变为

$$2A_x^2A_y^2+2A_x^2A_y^2-(2A_xA_y\cos\delta)^2=(2A_xA_y\sin\delta)^2 \tag{2.4.6}$$

经过整理，得

$$\frac{1}{4}(A_x^2+A_y^2)^2-\frac{1}{4}(A_x^2-A_y^2)^2-(A_xA_y\cos\delta)^2=(A_xA_y\sin\delta)^2 \tag{2.4.7}$$

参考式(2.4.5)，将式(2.4.7)改写为

$$(\langle|E_x|^2\rangle+\langle|E_y|^2\rangle)^2-(\langle|E_x|^2\rangle-\langle|E_y|^2\rangle)^2-(\langle 2E_xE_y\cos\delta\rangle)^2=(\langle 2E_xE_y\sin\delta\rangle)^2 \tag{2.4.8}$$

式(2.4.7)是以偏振光的实数表示式(2.1.1)和式(2.1.2)为基础推导出来的，改成式(2.4.8)，则也适用于以偏振光的复数式(2.2.7)和式(2.2.8)为基础的表示。

如果引入如下的四个参量，名为四个斯托克斯参量：

$$\begin{cases} S_0=\langle|E_x|^2+|E_y|^2\rangle \\ S_1=\langle|E_x|^2-|E_y|^2\rangle \\ S_2=\langle 2E_xE_y\cos\delta\rangle \\ S_3=\langle 2E_xE_y\sin\delta\rangle \end{cases} \tag{2.4.9}$$

考察一下式(2.4.9)可知，S_0、S_1、S_2、S_3 中，如果用 S_0 归一化另外三个参量，包含了振幅比角 α 和相位差角 δ，从 2.5 节的讨论可知，用斯托克斯参量可以描述包括完全偏振光、自然光和部分偏振光的所有偏振态，且 S_0 代表了偏振光的光强本身。定义斯托克斯空间中的矢量(四维矢量)

$$\boldsymbol{S}=\begin{pmatrix} S_0 \\ S_1 \\ S_2 \\ S_3 \end{pmatrix} \tag{2.4.10}$$

用这个四维矢量来描述偏振态。注意斯托克斯空间描述偏振态的矢量我们用黑体方式，就是用 $\boldsymbol{S}$ 表示，而琼斯空间描述偏振态的二维矢量用狄拉克符号 $|E\rangle$ 来表示。

对于完全偏振光，相位差角 δ 是一个固定的角度，不像自然光那样是随时间随机变化的，因此式(2.4.9)中表示时间的平均值角括号可以省略，利用复数的表示形式，式(2.4.9)可以写成

$$\begin{cases} S_0=E_xE_x^*+E_yE_y^* \\ S_1=E_xE_x^*-E_yE_y^* \\ S_2=E_xE_y^*+E_x^*E_y \\ S_3=\mathrm{j}(E_xE_y^*-E_x^*E_y) \end{cases} \tag{2.4.11}$$

2.4.2　斯托克斯矢量各分量的物理意义

下面通过分析几种场景下光强的测量来说明斯托克斯矢量各个参量的物理意义。下面的场景牵涉偏振片和四分之一波片，将在第3章讲解，这里先承认它们作用的结果。

场景1：光通过0°透振的偏振片测光强，

$$I_{0^\circ}=I_x=\langle|E_x|^2\rangle \tag{2.4.12}$$

场景2：光通过90°透振的偏振片测光强，

$$I_{90^\circ}=I_y=\langle|E_y|^2\rangle \tag{2.4.13}$$

可见

$$S_0=\langle|E_x|^2\rangle+\langle|E_y|^2\rangle=I_{0^\circ}+I_{90^\circ} \tag{2.4.14}$$

$$S_1=\langle|E_x|^2\rangle-\langle|E_y|^2\rangle=I_{0^\circ}-I_{90^\circ} \tag{2.4.15}$$

场景3：光通过45°透振的偏振片测光强。

将偏振光按照 x 方向和 y 方向分解，分别得到 E_x 和 E_y，则参照图2-4-1(a)得

$$\begin{aligned}I_{45^\circ}&=\left\langle\left|\frac{1}{\sqrt{2}}E_x+\frac{1}{\sqrt{2}}E_y\right|^2\right\rangle=\frac{1}{2}\langle(E_x+E_y)(E_x^*+E_y^*)\rangle\\&=\frac{1}{2}\langle|E_x|^2+|E_y|^2+E_xE_y^*+E_x^*E_y\rangle\\&=\frac{1}{2}(I_{0^\circ}+I_{90^\circ})+\frac{1}{2}S_2\end{aligned} \tag{2.4.16}$$

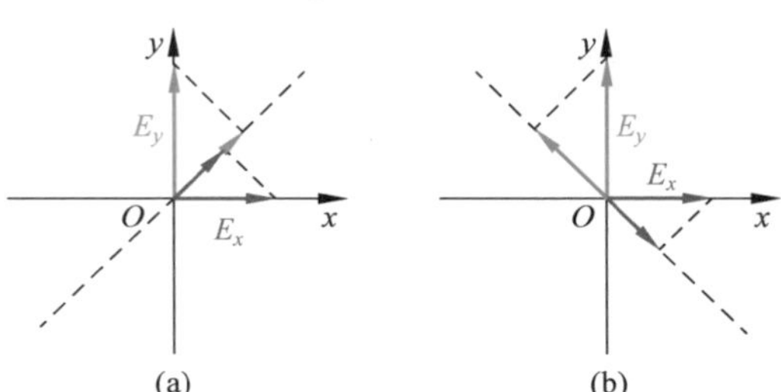

图2-4-1　光通过45°(a)和−45°(b)透振的偏振片测光强的示意图

场景4：光通过−45°透振的偏振片测光强。

参照图2-4-1(b)得

$$\begin{aligned}I_{-45^\circ}&=\left\langle\left|\frac{1}{\sqrt{2}}E_x-\frac{1}{\sqrt{2}}E_y\right|^2\right\rangle=\frac{1}{2}\langle(E_x-E_y)(E_x^*-E_y^*)\rangle\\&=\frac{1}{2}\langle|E_x|^2+|E_y|^2-(E_xE_y^*+E_x^*E_y)\rangle\\&=\frac{1}{2}(I_{0^\circ}+I_{90^\circ})-\frac{1}{2}S_2\end{aligned} \tag{2.4.17}$$

将式(2.4.16)减去式(2.4.17)，得

$$S_2 = I_{45^\circ} - I_{-45^\circ} \tag{2.4.18}$$

场景5：光先通过快轴平行于 x 轴的四分之一波片，再经过 45°透振的偏振片测光强。

参照图 2-4-2(a)，光通过快轴平行于 x 轴的四分之一波片后，在 x 分量上多加了一个 π/2 相位，则

$$\begin{aligned} I_{Q,45^\circ} &= \left\langle \left| \frac{1}{\sqrt{2}} E_x \mathrm{e}^{\mathrm{j}\pi/2} + \frac{1}{\sqrt{2}} E_y \right|^2 \right\rangle = \frac{1}{2} \langle (\mathrm{j}E_x + E_y)(-\mathrm{j}E_x^* + E_y^*) \rangle \\ &= \frac{1}{2} \langle | E_x |^2 + | E_y |^2 + \mathrm{j}(E_x E_y^* - E_x^* E_y) \rangle \\ &= \frac{1}{2}(I_{0^\circ} + I_{90^\circ}) + \frac{1}{2} S_3 \end{aligned} \tag{2.4.19}$$

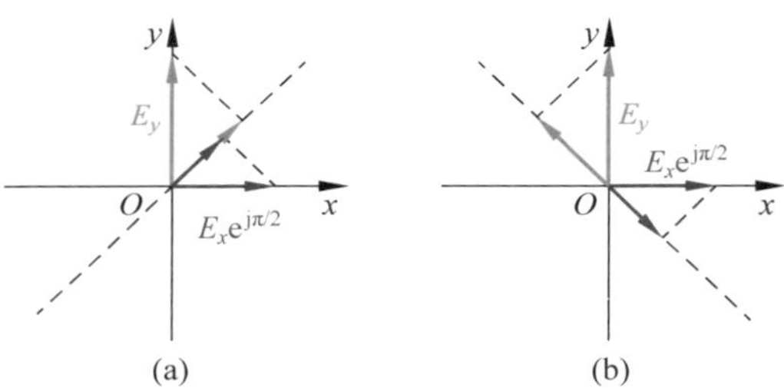

图 2-4-2　光先通过快轴平行于 x 轴的四分之一波片，再通过 45°(a)和 −45°(b)透振的偏振片测光强的示意图

场景6：光先通过快轴平行于 x 轴的四分之一波片，再经过 −45°透振的偏振片测光强。

参照图 2-4-2(b)，光通过快轴平行于 x 轴的四分之一波片后，在 x 分量上多加了一个 π/2 相位，则

$$\begin{aligned} I_{Q,-45^\circ} &= \left\langle \left| \frac{1}{\sqrt{2}} E_x \mathrm{e}^{\mathrm{j}\pi/2} - \frac{1}{\sqrt{2}} E_y \right|^2 \right\rangle = \frac{1}{2} \langle (\mathrm{j}E_x - E_y)(-\mathrm{j}E_x^* - E_y^*) \rangle \\ &= \frac{1}{2} \langle | E_x |^2 + | E_y |^2 - \mathrm{j}(E_x E_y^* - E_x^* E_y) \rangle \\ &= \frac{1}{2}(I_{0^\circ} + I_{90^\circ}) - \frac{1}{2} S_3 \end{aligned} \tag{2.4.20}$$

将式(2.4.19)减去式(2.4.20)，得

$$S_3 = I_{Q,45^\circ} - I_{Q,-45^\circ} \tag{2.4.21}$$

2.4.3　斯托克斯矢量各分量的测量方法(偏振态测试仪)

把上述斯托克斯参量与测量关系的公式总结在一起,得

$$\begin{cases} S_0 = I_{0^\circ} + I_{90^\circ} \\ S_1 = I_{0^\circ} - I_{90^\circ} \\ S_2 = I_{45^\circ} - I_{-45^\circ} \\ S_3 = I_{Q,45^\circ} - I_{Q,-45^\circ} \end{cases} \tag{2.4.22}$$

根据式(2.4.22)可以构造一种偏振态测试仪,其结构如图 2-4-3 所示。

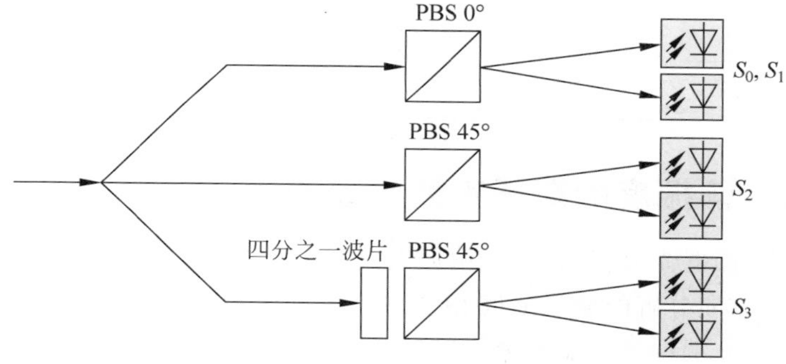

图 2-4-3　偏振态测试仪结构图

如图 2-4-3 所示,输入光通过耦合器按光强三等分地变为三路光。第一路光经过 0°放置的偏振分束器,将光束分为 x 偏振(0°偏振)输出和 y 偏振(90°偏振)输出两部分,用两个光电探测器分别得到 x 偏振光和 y 偏振光的光强 I_{0° 和 I_{90°,将它们分别相加和相减得到 S_0 和 S_1。第二路光经过 45°放置的偏振分束器,将光束分为 45°偏振和 −45°偏振两个偏振输出,经过两个光电探测器分别得到 I_{45° 和 I_{-45°,相减得到 S_2。第三路先经过一个四分之一波片,再经过 45°放置的偏振分束器,用两个光电探测器分别得到 $I_{Q,45^\circ}$ 和 $I_{Q,-45^\circ}$,相减得到 S_3。这样如图 2-4-3 所示结构的偏振测试仪得到了输入光路中光的偏振态。

表 2-4-1 列出了几种典型偏振光的斯托克斯矢量描述。第一列是自然光,归一化后光强用 1 表示,自然光不论是按 0°和 90°方向分解,还是按 45°和 −45°方向分解得到的分光强都是一样的,因此显然 S_1 和 S_2 都为零。另外,自然光按照任意垂直方向分解,两个方向的线偏振光之间是没有相位关系的。一个四分之一波片的功能是加入一个固定的相位差,没有相位关系的自然光经过它后仍然是没有相位关系的自然光,因此再按照 45°和 −45°方向分解,分解得到的分束光强是相等的,得到的 S_3 也为零。因此自然光的斯托克斯矢量为 $(1\quad 0\quad 0\quad 0)^{\mathrm{T}}$。读者可以自己考察水平、垂直、45°、−45°的线偏振光,以及右旋、左旋的圆偏振光的斯托克

斯矢量是不是表 2-4-1 的情况。

表 2-4-1　典型偏振光的斯托克斯矢量描述

自然光	线偏振光				圆偏振光	
	水平	垂直	45°	−45°	右旋	左旋
$\begin{pmatrix}1\\0\\0\\0\end{pmatrix}$	$\begin{pmatrix}1\\1\\0\\0\end{pmatrix}$	$\begin{pmatrix}1\\-1\\0\\0\end{pmatrix}$	$\begin{pmatrix}1\\0\\1\\0\end{pmatrix}$	$\begin{pmatrix}1\\0\\-1\\0\end{pmatrix}$	$\begin{pmatrix}1\\0\\0\\1\end{pmatrix}$	$\begin{pmatrix}1\\0\\0\\-1\end{pmatrix}$

2.4.4 偏振度的斯托克斯参量表示

我们知道,偏振光分自然光(非偏振光)、完全偏振光和部分偏振光。完全偏振光在两个正交方向分解的分量之间相位差完全确定,自然光则分量之间的相位差完全无规,而部分偏振光介于完全偏振光与非偏振光之间,可以看成由完全偏振光与非偏振光混合而成。可以考察偏振光中完全偏振光所占的比例,这个完全偏振光的比例叫作光的偏振度。

从表 2-4-1 中可见,完全偏振光的斯托克斯参量之间满足

$$S_1^2+S_2^2+S_3^2=S_0^2 \tag{2.4.23}$$

这个关系也可以利用式(2.4.11)来证明。另外对于自然光,有关系

$$S_1^2+S_2^2+S_3^2=0 \tag{2.4.24}$$

可以推测,对于部分偏振光,$S_1^2+S_2^2+S_3^2$ 在 0 与 S_0^2 之间,这里不加证明地给予肯定,有

$$0<S_1^2+S_2^2+S_3^2<S_0^2 \tag{2.4.25}$$

S_0 代表光强,则偏振度$\mathcal{P}$定义为光束中完全偏振光的光强占总光强的比例,写成

$$\mathcal{P}=\frac{I_{偏振}}{I_{总}}=\frac{\sqrt{S_1^2+S_2^2+S_3^2}}{S_0},\quad 0\leqslant\mathcal{P}\leqslant 1 \tag{2.4.26}$$

当$\mathcal{P}=1$ 时,是完全偏振光;当$\mathcal{P}=0$ 时,是自然光。

一个部分偏振光 $\boldsymbol{S}=(S_0\quad S_1\quad S_2\quad S_3)^{\mathrm{T}}$ 可以认为是一个非偏振光($\boldsymbol{S}^{(u)}$)和完全偏振光($\boldsymbol{S}^{(p)}$)之和

$$\boldsymbol{S}=\boldsymbol{S}^{(u)}+\boldsymbol{S}^{(p)} \tag{2.4.27}$$

其中,

$$\begin{cases} \boldsymbol{S}^{(u)}=\begin{pmatrix} S_0-\sqrt{S_1^2+S_2^2+S_3^2} \\ 0 \\ 0 \\ 0 \end{pmatrix}=\begin{pmatrix} (1-\mathcal{P})S_0 \\ 0 \\ 0 \\ 0 \end{pmatrix} \\ \boldsymbol{S}^{(p)}=\begin{pmatrix} \sqrt{S_1^2+S_2^2+S_3^2} \\ S_1 \\ S_2 \\ S_3 \end{pmatrix}=\begin{pmatrix} \mathcal{P}S_0 \\ S_1 \\ S_2 \\ S_3 \end{pmatrix} \end{cases} \tag{2.4.28}$$

既然完全偏振光有关系式(2.4.23)，则描述完全偏振光的斯托克斯参量只有三个独立的，可以用三维矢量(而不是四维矢量)描述，即

$$\boldsymbol{S}=\begin{pmatrix} S_1 \\ S_2 \\ S_3 \end{pmatrix} \tag{2.4.29}$$

由三个分量 S_1、S_2、S_3 构成的三维空间称为斯托克斯空间。2.5 节将引入斯托克斯空间偏振态的几何球的描述。

2.5　偏振态描述的庞加莱球和可视偏振态球

引入了三维斯托克斯空间后，就可以引入偏振态的几何空间描述——庞加莱球和可视偏振态球。

2.5.1　偏振态的庞加莱球描述

前面介绍了偏振态的(α,δ)与(θ,β)描述之间的角度关系式(2.2.6)，其中

$$\begin{cases} \tan 2\theta=\tan 2\alpha\cos\delta \\ \sin 2\beta=\sin 2\alpha\sin\delta \end{cases} \tag{2.5.1}$$

假定输入光为完全偏振光，则利用光场的实表示，有

$$\begin{cases} S_0=A_x^2+A_y^2 \\ S_1=A_x^2-A_y^2 \\ S_2=2A_xA_y\cos\delta \\ S_3=2A_xA_y\sin\delta \end{cases} \tag{2.5.2}$$

将式(2.5.1)的第二式代入式(2.5.2)的第四式，则有

$$S_3=2A_xA_y\,\frac{\sin 2\beta}{\sin 2\alpha}=\frac{A_xA_y}{\sin\alpha\cos\alpha}\sin 2\beta \tag{2.5.3}$$

因为有

$$\sin\alpha = \frac{A_y}{\sqrt{A_x^2 + A_y^2}}, \quad \cos\alpha = \frac{A_x}{\sqrt{A_x^2 + A_y^2}} \tag{2.5.4}$$

将式(2.5.4)代入式(2.5.3),得

$$S_3 = (A_x^2 + A_y^2)\sin 2\beta = S_0 \sin 2\beta \tag{2.5.5}$$

同理可得

$$S_2 = (A_x^2 - A_y^2)\tan 2\theta = S_1 \tan 2\theta \tag{2.5.6}$$

又有

$$\begin{aligned} S_1^2 &= S_0^2 - S_2^2 - S_3^2 = S_0^2 - S_1^2 \tan^2 2\theta - S_0^2 \sin^2 2\beta \\ &= S_0^2 \cos^2 2\beta - S_1^2 \tan^2 2\theta \end{aligned} \tag{2.5.7}$$

整理,得

$$S_1^2 = \frac{S_0^2 \cos^2 2\beta}{1 + \tan^2 2\theta} = S_0^2 \cos^2 2\beta \cos^2 2\theta \tag{2.5.8}$$

即

$$S_1 = S_0 \cos 2\beta \cos 2\theta \tag{2.5.9}$$

将式(2.5.9)代入式(2.5.6),得

$$S_2 = S_0 \cos 2\beta \sin 2\theta \tag{2.5.10}$$

总结一下:

$$\begin{cases} S_1 = S_0 \cos 2\beta \cos 2\theta \\ S_2 = S_0 \cos 2\beta \sin 2\theta \\ S_3 = S_0 \sin 2\beta \end{cases} \tag{2.5.11}$$

式(2.5.11)恰好满足一个直角坐标系与一个球坐标系之间的对应关系,即以 S_1、S_2、S_3 为三维空间的三个垂直轴构成直角坐标系,以 S_0 为半径、2θ 为经度角、2β 为纬度角构成的球坐标系,如图 2-5-1 所示。

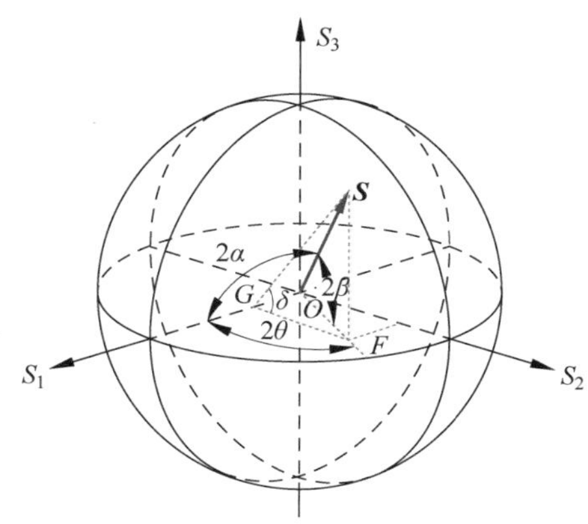

图 2-5-1 偏振光的庞加莱球表示

研究图 2-5-1，在庞加莱球上各种参数表示如下：

(1) 纬度角 2β 与椭圆率相对应，经度角 2θ 与椭圆主轴坐标的方位相对应；

(2) $\tan(\angle FGS)=S_3/S_2=\tan\delta$，$\cos(\angle GOS)=S_1/S_0=\cos 2\alpha$。两个角度分别与偏振光两正交分量之间的相位差以及偏振光在 x-y 轴分量的振幅比相对应。

各种偏振态在庞加莱球上的位置如下：

(1) 赤道上的各点，椭圆率 $\beta=0$，代表各种线偏振光。S_1 轴的正方向(1 0 0)和负方向(−1 0 0)分别代表水平和垂直的线偏振光，S_2 轴的正方向(0 1 0)和负方向(0 −1 0)分别代表 45°和−45°的线偏振光。

(2) 上半球各点 $0<\beta<45°$，表示右旋椭圆偏振光，北极点(0 0 1)，$\beta=45°$，表示右旋圆偏振光；下半球各点 $-45°<\beta<0$，表示左旋椭圆偏振光，南极点(0 0 −1)，$\beta=-45°$，表示左旋圆偏振光。

(3) 庞加莱球面上相对于中心对称的两点代表一对正交偏振光，可以构成一对偏振正交基。

(4) 完全偏振光位于庞加莱球的表面(满足关系 $S_1^2+S_2^2+S_3^2=S_0^2$)，部分偏振光位于庞加莱球的内部(满足关系 $S_1^2+S_2^2+S_3^2<S_0^2$)，自然光位于球心。

如果将庞加莱球用光强 S_0 归一化，则庞加莱球上的完全偏振态唯一地由角坐标$\{2\theta,2\beta\}$决定，非常直观，因此琼斯空间的$|E(\theta,\beta)\rangle$描述的偏振态在对应到庞加莱球上时非常直观。椭圆偏振琼斯表示的参数(θ,β)与斯托克斯参量的关系为

$$\begin{cases}\tan 2\theta=\dfrac{S_2}{S_1}, & 0\leqslant\theta\leqslant 180° \\ \sin 2\beta=\dfrac{S_3}{S_0}, & -45°\leqslant\beta\leqslant 45°\end{cases} \tag{2.5.12}$$

即通过庞加莱球上的斯托克斯参量(θ,β)可以求得琼斯空间的$|E(\theta,\beta)\rangle$偏振态描述式(2.2.14)。

2.5.2　偏振态的可视偏振态球描述

从图 2-5-1 中可以看出，庞加莱球直观地给出了以参量(θ,β)表示的偏振态$|E(\theta,\beta)\rangle$，即斯托克斯空间中庞加莱球上的一点直接对应琼斯空间的偏振态$|E(\theta,\beta)\rangle$。但是以参量(α,δ)表示的偏振态$|E(\alpha,\delta)\rangle$在斯托克斯空间的普通庞加莱球里体现得并不直观。

科莱特(Collett)提议，再引入一个可视偏振态球，就可以在斯托克斯空间直观地表现以参量(α,δ)表示的偏振态$|E(\alpha,\delta)\rangle$。通过下面的处理，可以在斯托克斯空间引入可视偏振态球[12]。

根据式(2.5.2)和式(2.5.4)，可得

$$S_1 = A_x^2 - A_y^2 = (A_x^2 + A_y^2)\cos^2\alpha - (A_x^2 + A_y^2)\sin^2\alpha$$
$$= (A_x^2 + A_y^2)\cos 2\alpha = S_0\cos 2\alpha \tag{2.5.13}$$

$$S_2 = 2A_xA_y\cos\delta = 2(A_x^2 + A_y^2)\sin\alpha\cos\alpha\cos\delta$$
$$= (A_x^2 + A_y^2)\sin 2\alpha\cos\delta = S_0\sin 2\alpha\cos\delta \tag{2.5.14}$$

$$S_3 = 2A_xA_y\sin\delta = 2(A_x^2 + A_y^2)\sin\alpha\cos\alpha\sin\delta$$
$$= (A_x^2 + A_y^2)\sin 2\alpha\sin\delta = S_0\sin 2\alpha\sin\delta \tag{2.5.15}$$

将上面三个公式整合在一起，并进行重新排列

$$\begin{cases} S_1 = S_0\cos 2\alpha \\ S_2 = S_0\sin 2\alpha\cos\delta \\ S_3 = S_0\sin 2\alpha\sin\delta \end{cases} \Rightarrow \begin{cases} S_2 = S_0\sin 2\alpha\cos\delta \\ S_3 = S_0\sin 2\alpha\sin\delta \\ S_1 = S_0\cos 2\alpha \end{cases} \tag{2.5.16}$$

发现，按照式(2.5.16)，如果以 S_2—S_3—S_1 的顺序构建斯托克斯空间的坐标轴(还是原来的斯托克斯空间，只是旋转了方位)，可以得到所谓可视偏振态球[12](observable polarization sphere)，如图 2-5-2 所示。可视偏振态球很好地将琼斯空间的偏振态 $|E(\alpha,\delta)\rangle$ 映射到斯托克斯空间。2α(α 是振幅比角)是斯托克斯矢量 $\boldsymbol{S}$ 与 z 轴(S_1 轴)之间的夹角，δ(相位差角)是斯托克斯矢量 $\boldsymbol{S}$ 在赤道平面内投影与 x 轴(S_2 轴)之间的夹角。参量(α,δ)与斯托克斯参量关系为

$$\begin{cases} \cos 2\alpha = \dfrac{S_1}{S_0}, & 0 \leqslant \alpha \leqslant 90^\circ \\ \tan\delta = \dfrac{S_3}{S_2}, & 0 \leqslant \delta \leqslant 2\pi \end{cases} \tag{2.5.17}$$

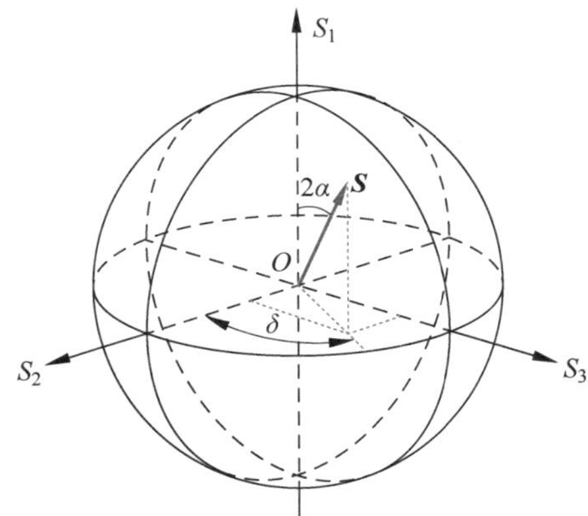

图 2-5-2　偏振光的可视偏振态球表示

因此，将偏振态的琼斯矢量映射到斯托克斯空间时，用庞加莱球可以直观地表示琼斯空间的$|E(\theta,\beta)\rangle$偏振态，而用可视偏振态球可以直观地表示琼斯空间的$|E(\alpha,\delta)\rangle$偏振态。

由式(2.5.17)可知

$$\begin{cases}\cos\alpha=\sqrt{\dfrac{1}{2}(1+\cos2\alpha)}=\sqrt{\dfrac{1}{2}\left(1+\dfrac{S_1}{S_0}\right)}\\ \sin\alpha=\sqrt{\dfrac{1}{2}(1-\cos2\alpha)}=\sqrt{\dfrac{1}{2}\left(1-\dfrac{S_1}{S_0}\right)}\\ \delta=\arctan\dfrac{S_3}{S_2}\end{cases}\tag{2.5.18}$$

2.6 偏振态在琼斯空间和斯托克斯空间之间的转换

从前面几节得知，偏振态可以在琼斯空间用琼斯矢量$|E\rangle$进行描述，也可以在斯托克斯空间用斯托克斯矢量 $\boldsymbol{S}$ 进行描述。本节讨论偏振态如何在两个空间描述之间进行转换。

2.6.1 琼斯矢量到斯托克斯矢量的变换

式(2.4.11)可以看成完全偏振光从偏振态的琼斯矢量表示到斯托克斯矢量表示的变换。为了方便，不妨再次写在这里

$$\begin{cases}S_1=E_xE_x^*-E_yE_y^*\\ S_2=E_xE_y^*+E_x^*E_y\\ S_3=\mathrm{j}(E_xE_y^*-E_x^*E_y)\end{cases}\tag{2.6.1}$$

我们往往还需要更加直观的变换式，即一目了然地显示琼斯矢量$|E\rangle$到斯托克斯矢量 $\boldsymbol{S}$ 的变换式。为了达到这个目的，需要引入泡利(Pauli)矩阵。泡利矩阵是量子力学为了描述电子自旋引入的三个正交矩阵[13]①

$$\boldsymbol{\sigma}_1=\begin{pmatrix}1&0\\0&-1\end{pmatrix},\quad \boldsymbol{\sigma}_2=\begin{pmatrix}0&1\\1&0\end{pmatrix},\quad \boldsymbol{\sigma}_3=\begin{pmatrix}0&-\mathrm{j}\\ \mathrm{j}&0\end{pmatrix}\tag{2.6.2}$$

①泡利在创建泡利矩阵时，其三个矩阵的顺序与式(2.6.2)是不同的。贝尔实验室的戈登(Gordon)与科格尔尼克(Kogelnik)为了研究偏振将泡利的三个矩阵重新排序，式(2.6.2)就是戈登和科格尔尼克重新排序后的泡利矩阵，以便在下面的式(2.6.5)中让新定义的泡利矩阵的排序与斯托克斯参量排序一致。而泡利最早定义的矩阵顺序是$\boldsymbol{\sigma}_1$ 定义为式(2.6.2)中的第二式，$\boldsymbol{\sigma}_2$ 定义为其中的第三式，$\boldsymbol{\sigma}_3$ 定义为其中的第一式。关于泡利矩阵的最初定义请参阅任意一本量子力学教科书。

泡利矩阵是研究电子自旋用到的数学方法。泡利矩阵是厄米矩阵和幺正矩阵，满足

$$\boldsymbol{\sigma}_i^{\dagger}=\boldsymbol{\sigma}_i \quad 以及 \quad \boldsymbol{\sigma}_i^{\dagger}\boldsymbol{\sigma}_i=\boldsymbol{\sigma}_i\boldsymbol{\sigma}_i^{\dagger}=\boldsymbol{I}, \quad i=1,2,3 \tag{2.6.3}$$

泡利矩阵还满足

$$\boldsymbol{\sigma}_i\boldsymbol{\sigma}_j=\begin{cases}\boldsymbol{I}, & i=j\\ -\boldsymbol{\sigma}_j\boldsymbol{\sigma}_i=\mathrm{j}\boldsymbol{\sigma}_k, & i\neq j\neq k\end{cases} \tag{2.6.4}$$

其中(i,j,k)满足$(1\to2\to3)$的轮换关系。比如$i=1,j=2$，则$k=3$；而如果$i=2$，$j=3$，则$k=1$。

借助泡利矩阵，式(2.6.1)可以写成如下的形式：

$$S_i=\langle E\mid\sigma_i\mid E\rangle=(E_x,E_y)^*\sigma_i\begin{pmatrix}E_x\\E_y\end{pmatrix} \tag{2.6.5}$$

比如$\langle E|\sigma_1|E\rangle=(E_x^*,E_y^*)\begin{pmatrix}1 & 0\\0 & -1\end{pmatrix}\begin{pmatrix}E_x\\E_y\end{pmatrix}=E_xE_x^*-E_yE_y^*=S_1$。定义矢量$\boldsymbol{\sigma}=(\sigma_1,\sigma_2,\sigma_3)^{\mathrm{T}}$，则式(2.6.5)可以写成矢量形式：

$$\boldsymbol{S}=\langle E\mid\boldsymbol{\sigma}\mid E\rangle \tag{2.6.6}$$

式(2.6.5)和式(2.6.6)是偏振光从琼斯矢量表示法到斯托克斯矢量表示法的变换式。

2.6.2 斯托克斯矢量到琼斯矢量的变换

同样，由偏振光的斯托克斯矢量表示也可以求其琼斯矢量表示。

变换方法1：

可以证明(证明见8.4节)，当一偏振光的斯托克斯矢量$\boldsymbol{S}$已知，则相应的琼斯偏振态矢量为下面本征方程的本征矢量：

$$(\boldsymbol{S}\cdot\boldsymbol{\sigma})\mid E\rangle=\sum_{i=1}^{3}S_i\sigma_i\mid E\rangle=\lambda\mid E\rangle \tag{2.6.7}$$

其中，算符$\boldsymbol{S}\cdot\boldsymbol{\sigma}$(矩阵)定义为

$$\begin{aligned}\boldsymbol{S}\cdot\boldsymbol{\sigma}&=S_1\sigma_1+S_2\sigma_2+S_3\sigma_3\\&=S_1\begin{pmatrix}1&0\\0&-1\end{pmatrix}+S_2\begin{pmatrix}0&1\\1&0\end{pmatrix}+S_3\begin{pmatrix}0&-\mathrm{j}\\\mathrm{j}&0\end{pmatrix}\\&=\begin{pmatrix}S_1 & S_2-\mathrm{j}S_3\\S_2+\mathrm{j}S_3 & -S_1\end{pmatrix}\end{aligned} \tag{2.6.8}$$

式(2.6.7)表示：琼斯矢量$|E\rangle$是矩阵$\boldsymbol{S}\cdot\boldsymbol{\sigma}$的本征矢量，对应的本征值是$\lambda=+|\boldsymbol{S}|$。即当已知斯托克斯矢量$\boldsymbol{S}$时，通过式(2.6.7)求本征矢量，对应本征

值$+|\boldsymbol{S}|$的本征矢量就是$|E\rangle$。

变换方法 2：

还可以由下面的转换式(2.6.9)从偏振光的斯托克斯矢量$(S_0\quad S_1\quad S_2\quad S_3)^{\mathrm{T}}$表示得到琼斯矢量表示。

$$|E\rangle=C\begin{pmatrix}\cos\alpha\\ \sin\alpha\,\mathrm{e}^{\mathrm{j}\delta}\end{pmatrix}=C\begin{pmatrix}\sqrt{\dfrac{1}{2}\left(1+\dfrac{S_1}{S_0}\right)}\\ \sqrt{\dfrac{1}{2}\left(1-\dfrac{S_1}{S_0}\right)}\exp\left[\mathrm{j}\arctan\left(\dfrac{S_3}{S_2}\right)\right]\end{pmatrix}\tag{2.6.9}$$

其中用到了式(2.5.18)，上式有一个复常数C可变化。

另外，由式(2.6.1)，并且考虑$S_0=E_xE_x^*+E_yE_y^*$，可得

$$\begin{cases}2E_xE_x^*=S_0+S_1\\ 2E_yE_y^*=S_0-S_1\\ 2E_xE_y^*=S_2-\mathrm{j}S_3\\ 2E_x^*E_y=S_2+\mathrm{j}S_3\end{cases}\tag{2.6.10}$$

则

$$|E\rangle=\begin{pmatrix}E_x\\ E_y\end{pmatrix}=\frac{1}{2E_x^*}\begin{pmatrix}2E_xE_x^*\\ 2E_yE_x^*\end{pmatrix}=\frac{E_x}{\sqrt{2}\,|E_x|}\frac{1}{\sqrt{2\,|E_x|^2}}\begin{pmatrix}S_0+S_1\\ S_2+\mathrm{j}S_3\end{pmatrix}$$

$$=\frac{\mathrm{e}^{\mathrm{j}\arg(E_x)}}{\sqrt{2(S_0+S_1)}}\begin{pmatrix}S_0+S_1\\ S_2+\mathrm{j}S_3\end{pmatrix}=\frac{C}{\sqrt{2(S_0+S_1)}}\begin{pmatrix}S_0+S_1\\ S_2+\mathrm{j}S_3\end{pmatrix}\tag{2.6.11}$$

读者自己证明一下，式(2.6.11)就是式(2.6.9)。

参考文献

[1] 赵凯华. 新概念物理学教程：光学[M]. 北京：高等教育出版社，2004.

[2] JONES R C. A new calculus for the treatment of optical systems Ⅰ: Description and discussion of the calculus [J]. J. Opt. Soc. Am., 1941, 31(7): 488-493.

[3] JONES R C. A new calculus for the treatment of optical systems Ⅱ: Proof of three general equivalence theorems [J]. J. Opt. Soc. Am., 1941, 31(7): 493-499.

[4] JONES R C. A new calculus for the treatment of optical systems Ⅲ: The Sohncke theory of optical activity [J]. J. Opt. Soc. Am., 1941, 31(7): 500-503.

[5] JONES R C. A new calculus for the treatment of optical systems Ⅳ [J]. J. Opt. Soc. Am., 1942, 32(8): 486-493.

[6] JONES R C. A new calculus for the treatment of optical systems Ⅴ: A more general

formulation, and description of another calculus [J]. J. Opt. Soc. Am., 1947, 37(2): 107-110.

[7] JONES R C. A new calculus for the treatment of optical systems Ⅵ: Experimental determination of matrix [J]. J. Opt. Soc. Am., 1947, 37(2): 110-112.

[8] JONES R C. A new calculus for the treatment of optical systems Ⅶ: Properties of the N-matrices[J]. J. Opt. Soc. Am., 1948, 38(8): 671-685.

[9] JONES R C. A new calculus for the treatment of optical systems Ⅷ: Electromagnetic theory [J]. J. Opt. Soc. Am., 1956, 46(2): 126-131.

[10] 曾谨言. 量子力学导论[M]. 2 版. 北京:北京大学出版社,1998.

[11] STOKES G G. On the composition and resolution of streams of polarized light from different sources [J]. Tran. Cambridge Phil. Soc., 1852, 9: 399-416.

[12] COLLETT E. Polarized light in fiber optics [M]. Lincroft: The PolaWave Group, 2003.

[13] CORDON J P, KOGELNIK H. PMD fundamentals: polarization mode dispersion in optical fibers [J]. Proc. Natl. Acad. Sci., 2000, 97(9): 4541-4550.

第 3 章

各向异性介质中的双折射

偏振器件大多由各向异性介质制成，光在各向异性介质中传输会表现出双折射性质，因而可以用来制造偏振器件。因此本章介绍光波在各向异性介质中传输表现出双折射的物理机制，以便更好地理解后续各章里的双折射现象。

光学晶体是典型的各向异性介质，因此本章主要介绍晶体中的双折射。读者开始接触光在晶体中的传输，也应该是在“大学物理”课程中偏振的章节(属于普通光学范畴)。该课程介绍晶体双折射时利用的是比较容易理解的惠更斯“双波面”理论，这是一种简单形象的唯象理论，用到非常少的数学[1-3]。为了使读者更好地理解双折射，本书首先介绍普通光学对于晶体双折射的描述，然后介绍基于电磁场理论的高等光学的双折射理论[4-5]，使读者有一个过渡过程，以便进一步将数学与物理现象进行对照研究。

3.1 普通光学中对于晶体双折射的描述

3.1.1 方解石中的双折射现象

将一块方解石晶体(也称冰洲石晶体，化学结构为 $CaCO_3$)放在一张写有字迹的纸上，会看到两个影像，这就是双折射现象，如图 3-1-1 所示。是伊拉斯谟斯·巴托莱纳斯(拉丁文为 Erasmus Bartholinus，英文为 Rasmus Bartholin)于 1969 年最早利用方解石晶体观察到双折射现象的。

图 3-1-1　方解石晶体放在一张写有字迹的纸上形成的两个影像[3]

3.1.2　普通光学对于双折射的描述

普通光学对于双折射的描述如下[1-3]。

（1）一束非偏振光进入晶体会出现两束折射光：一束遵从折射定律，与在各向同性介质中一样，因此称为寻常光(ordinary ray)，也称为 o 光；另一束不遵从折射定律，与在各向同性介质中表现不一样，称为非寻常光(extra-ordinary ray)，也称为 e 光。

如图 3-1-2(a)所示，一束光正入射到如图所示的方解石晶体，分成两束光。一束光按照折射定律沿着原方向传输直至出射晶体，这就是 o 光；另一束光没有按照折射定律，而是向斜上方传输，出射晶体后也不是按照折射定律的方向传输，而是垂直于晶体表面，在晶体外沿着与 o 光平行的方向、离开一定间隔地向前传输，这就是 e 光，如图 3-1-2 所示。

（2）o 光与 e 光均为线偏振光，且在适当的入射方向，o 光与 e 光偏振方向相互垂直。

如图 3-1-2(b)所示，当入射的是自然光(非偏振光)，o 光和 e 光均为线偏振光，o 光偏振方向垂直于晶体的光轴，e 光偏振方向与光轴处于同一个平面。如果用一个偏振片放置在晶体后面，让 o 光和 e 光同时经过偏振片，并旋转偏振片的方位 360°，发现在旋转过程中 o 光与 e 光都会出现两次透射消光的偏振片位置，两次透射极大的偏振片位置，且 o 光出现消光时，e 光出现透射极大，o 光出现透射极大时，e 光出现消光。这证明了 o 光与 e 光均为线偏振光，且偏振方向相互垂直。

（3）在晶体中存在某个方向，当光在晶体内沿着这个方向传输时不存在双折射，这个方向称为晶体的光轴方向。o 光与 e 光的偏振方向与光轴之间的关系在上面已经介绍了。

图 3-1-3 显示了方解石晶体内光轴的方向。方解石的几个自然解理面，边角呈现两种角度：一是 78°的锐角，一是 102°的钝角，如图 3-1-3 所示。方解石有八个顶

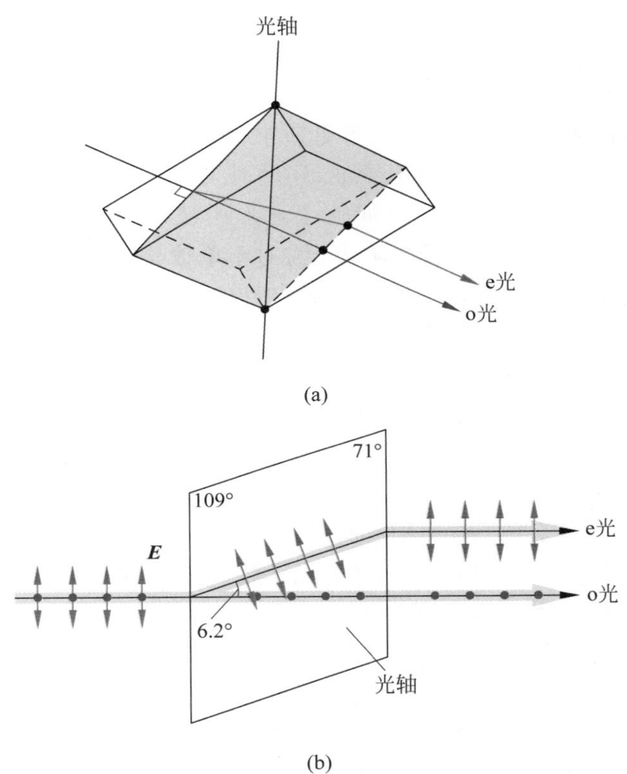

图 3-1-2　一束非偏振光正入射方解石晶体分成两束光

(a) 立体图；(b) 平面图

角。方解石晶体光轴的方向是通过三个 102°钝角组成的钝顶角，并与三个棱边成相等角度的方向。注意光轴是方向，而不是一条特定的直线。

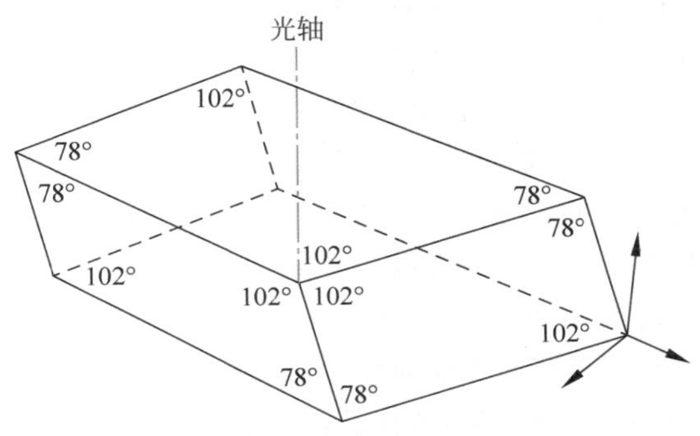

图 3-1-3　方解石晶体的光轴方向

(4) 大家熟知惠更斯原理。惠更斯(Christian Huygens)描述波动在各向同性介质中传输时建立了惠更斯原理,称在波动的波前上的每一点都可以当作一个新的子波源,这些子波源向前发射球形子波,波动的下一个波面是这些子波的包络。当描述方解石晶体中光波的传播时,惠更斯丰富了他的子波理论。在晶体中的一个子波源向周围不仅发射一个球形子波,还同时发射一个椭球形子波。那个球形子波就是 o 光的子波,经过单位时间这个球形子波的半径是 o 光的波速 v_o,如图 3-1-4 中的球面。同时发射的椭球形子波对于单轴晶体来说是一个旋转椭球,为 e 光的子波面。其中对于负单轴晶体,这个旋转椭球是绕光轴的扁椭球,如图 3-1-4(a)中的旋转椭球,这个椭球在光轴方向与 o 光子波面相切。沿着此方向传输,e 光的速度也是 v_o,说明在光轴方向没有双折射。沿着与光轴垂直的方向,e 光子波面距离子波源的长度为 v_e,在这个方向,o 光与 e 光速度差别最大。在其他方向传输的 o 光与 e 光速度由该方向的子波面距离子波源点的长度决定。还可以定义主折射率 $n_o=c/v_o$ 和 $n_e=c/v_e$ 与 v_o 和 v_e 相联系。对于负单轴晶体,$n_o>n_e$,$v_o<v_e$,如图 3-1-4(a)所示,其 e 光子波面构成的旋转椭球是一个扁椭球;对于正单轴晶体,$n_o<n_e$,$v_o>v_e$,如图 3-1-4(b)所示;其 e 光子波面构成的旋转椭球是一个长椭球。对于双轴晶体存在两个光轴,如图 3-1-4(c)所示。光波在这两个光轴方向传播,o 光子波面(球面)与 e 光子波面(椭球面)相切,传播速度相同,不发生双折射。

了解了惠更斯的双子波面法(利用该法作图确定晶体中发生的双折射叫作惠更斯作图法),可以用来分析光进入晶体的双折射现象。下面举两个例子,一个例子是如图 3-1-2 所示的光正入射到方解石晶体的情况。

例 3-1-1 一个方解石晶体如图 3-1-2 所示,方解石的光轴如图 3-1-2(b)所示。一束非偏振光正入射这块晶体,试确定入射晶体后 o 光与 e 光的传播方向与偏振方向。

解 我们分别对 o 光与 e 光进行分析。

对于 o 光的分析如图 3-1-5(a)所示,根据惠更斯原理,当 o 光正入射到晶体表面时,波前的每一点可以作为新的子波源,发射球形子波,经过单位时间后这些球形子波半径为 v_o,由图中浅蓝色的粗直线表示所有子波的包络面,从子波源到包络的切点引连线就是 o 光传播的方向。显然 o 光按照原来的传播方向传播(正入射按照折射定律传播),此时 o 光的偏振方向垂直于光轴。

对于 e 光的分析如图 3-1-5(b)所示,e 光正入射到晶体表面,晶体表面上的每一点都可以作为新的子波源,发射的子波均为旋转椭球面,旋转轴在光轴的方向。方解石为负单轴晶体,$v_e>v_o$,子波面为扁椭球,半长轴为 v_e。单位时间形成的各个子波面如图 3-1-5(b)所示,浅绿色粗直线表示它们的包络。连接子波源与包络切点的连线为 e 光传播方向,此时显然偏离了正入射的方向,这与图 3-1-2 是一致的。出射晶体后又按照原来正入射方向传播了。另外,e 光的偏振方向与光轴是处于同一平面的。

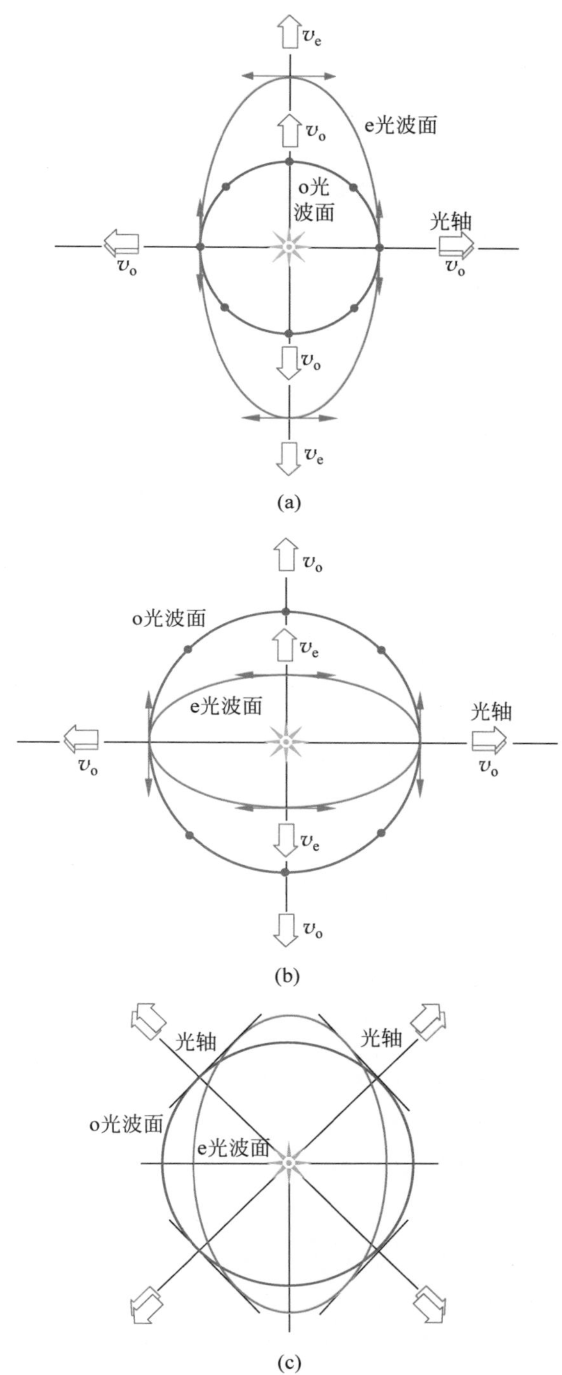

图 3-1-4　晶体中的惠更斯波面

(a) 负单轴晶体($n_o > n_e, v_o < v_e$)；(b) 正单轴晶体($n_o < n_e, v_o > v_e$)；(c) 双轴晶体

在晶体表面子波源发出的 o 光波面与 e 光波面如图 3-1-5(c)所示。

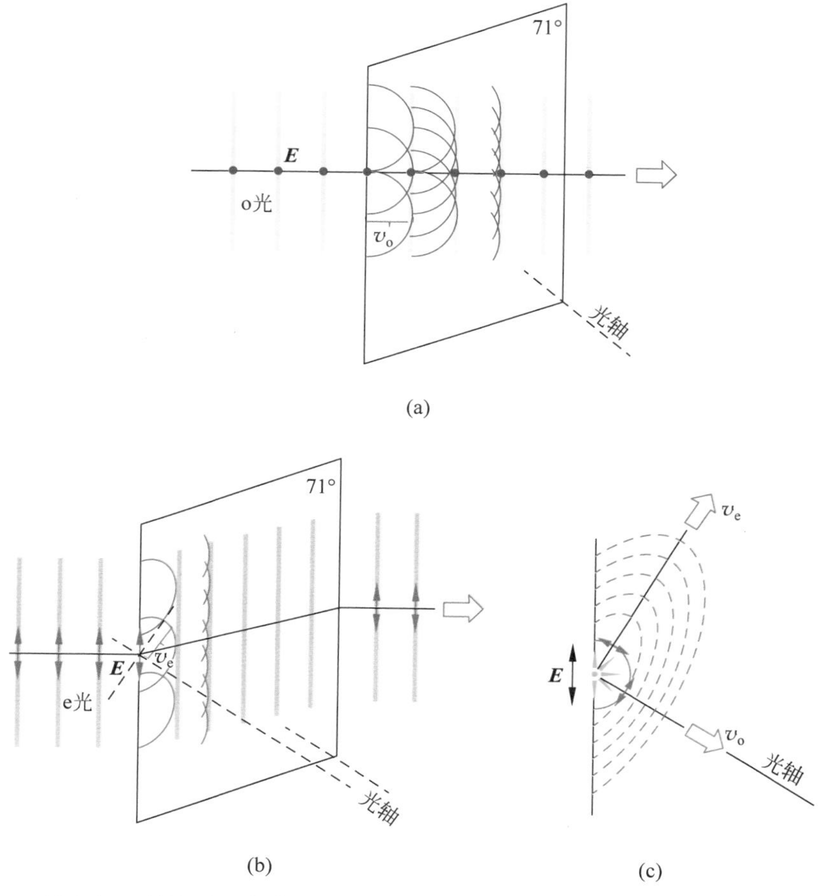

图 3-1-5　利用惠更斯作图法分析非偏振光正入射方解石晶体的双折射

例 3-1-2　将方解石切割成如图 3-1-6 所示的样子，光轴恰好与表面平行。光波正入射晶体表面，将发生怎样的双折射？

解　光波正入射到方解石晶体表面，各子波源发出 o 光波面（球面）与 e 光波面（旋转椭球面），o 光波球面与 e 光波椭球面在光轴方向相切，而在光轴垂直的方向形成的 o 光波包络落后于 e 光波包络，因此 o 光波速度落后于 e 光波速度，$v_o < v_e$。但是 o 光与 e 光传播方向相同，只是传播速度不同。o 光偏振垂直于纸面，e 光偏振在纸面之内。本例题所示的双折射是下面将要讨论的相位延迟器件的工作机理。

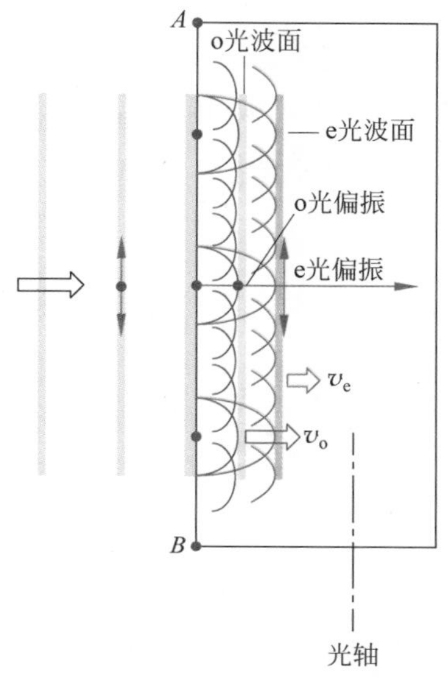

图 3-1-6　光波正入射方解石晶体,光轴平行于表面

3.1.3　线偏振起偏器

由非偏振光提取线偏振光的器件叫作线偏振起偏器。一般可以用器件的二向色性起偏、反射起偏和双折射棱镜起偏等,下面分别进行介绍。

1. 二向色性起偏

最简单的二向色性器件是平行导线栅,也叫作线栅起偏器,可以将非偏振的微波变成线偏振波(图 3-1-7)。线栅起偏器由一系列平行细导线构成,当非偏振电磁波经过如图所示的线栅时,竖直偏振的电磁波作用在导线中的自由电子上,驱动电子形成竖直的电流,将竖直偏振的电磁波能量转化为焦耳热;而水平偏振的电磁波无法驱动电子在水平方向产生电流,这样穿过线栅的电磁波就只剩下水平偏振的电磁波了。

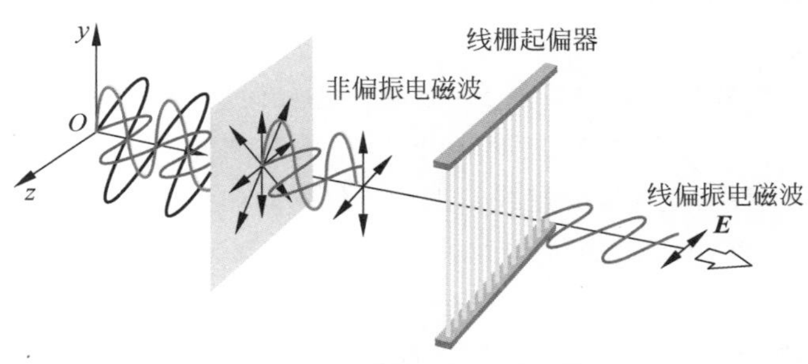

图 3-1-7　线栅电磁波起偏原理

光波的波长非常短，制作间隔为波长尺度的线栅是不现实的。然而有一类晶体，比如电气石晶体(成分为硅酸硼化物)，其结构具有二向色性，存在一个光轴，光入射时，晶体对于这个方向的电场分量吸收很微弱，而对于垂直于这个方向的电场分量强烈吸收，这样非偏振光经过晶体后，就只剩下光轴方向的偏振分量了，如图 3-1-8 所示。

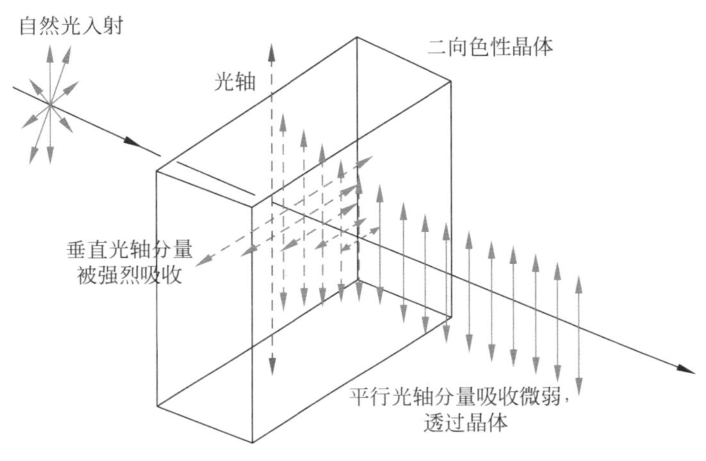

图 3-1-8　利用二向色性晶体起偏

2. 反射起偏

在 2.1.6 节讲过，当非偏振光经过介质分界面反射时，如果入射角为布儒斯特角 θ_B 时，$\tan\theta_B = n_2/n_1$，反射光将只剩下偏振方向与入射面垂直的线偏振光。这就是布儒斯特定律。如图 3-1-9(a)所示，一束非偏振光(用等距的“点子”与“短线箭头”表示垂直于入射面的分量(称为 s 分量偏振光)与平行于入射面的分量(称为 p 分量偏振光))入射介质分界面，一般来说，反射后是部分偏振光，且垂直于入射面的分量强于平行于入射面的分量(显示“点子”多于“短线箭头”，s 分量强于 p 分量)。折射光也是部分偏振光，折射光中 p 分量强于 s 分量。但是当入射光以布儒斯特角入射时，反射光只剩下 s 分量线偏振光，如图 3-1-9(b)所示，这种现象叫作反射起偏现象。

设计一个玻璃片堆，由一些平行的玻璃片叠合而成，如图 3-1-9(c)所示。如果从空气到玻璃(空气为介质 1、玻璃为介质 2)的入射角为布儒斯特角 $\theta_{B,1\to 2}$，有 $\tan\theta_{B,1\to 2} = n_2/n_1$，反射光为 s 分量线偏振光。如果此时折射光继续从玻璃到空气折射，此时入射角应该仍为从玻璃到空气的布儒斯特角 $\theta_{B,2\to 1}$，有关系 $\tan\theta_{B,2\to 1} = n_1/n_2$，反射光仍为 s 分量线偏振光。因为每一个界面，不论是空气到玻璃，还是玻璃到空气，均以布儒斯特角入射，因此每一个界面的反射光均为 s 分量线偏振光。这样，自然光以布儒斯特角入射玻璃片堆，总的反射光为 s 分量线偏振光，透射玻璃片堆的透射光应该为部分偏振光。但是由于 s 分量被一层一层的玻璃片反射，剩给透射光的 s 分量就越来越少，只要玻璃片足够多，透射光就变为 p 分量线偏振光了。因此总的来看，一束非偏振光以布儒斯特角入射一个玻璃片堆，反射光为 s 分量线偏振光，强度为入射光的一半；透射光为 p 分量线偏振光，强度也为入射光的一半。

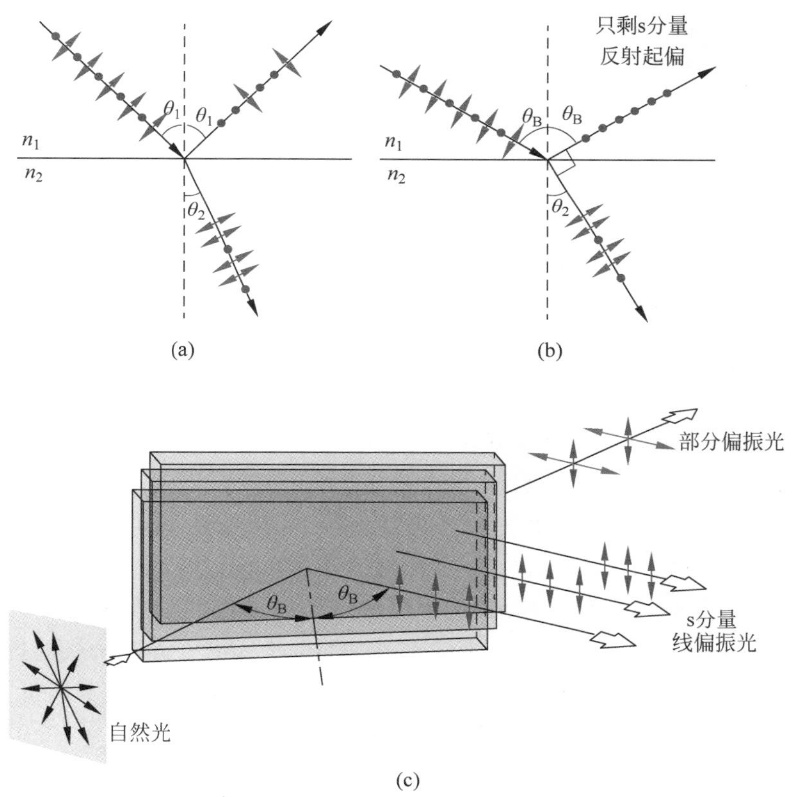

图 3-1-9　反射起偏

(a) 一般入射角，反射光是垂直分量大的部分偏振光；(b) 恰好以布儒斯特角入射时，反射光是 s 分量线偏振光，也叫作反射起偏；(c) 利用玻璃片堆进行反射起偏，光强反射率可以达到 50%

一种实用的将非偏振光分成偏振相互垂直的 s 分量和 p 分量两束线偏振光的分光镜如图 3-1-10 所示。在两块玻璃三角块之间夹有由高低折射率周期性叠合的多层介质膜，三角块的角度设计成对于多层介质膜来说成布儒斯特角入射，达到如图 3-1-9(c)所示的玻璃片堆的分光效果，且将每层介质膜设计成四分之一波长的厚度，可以造成干涉加强的分光效果。更细节的讨论将在 5.1 节进行。

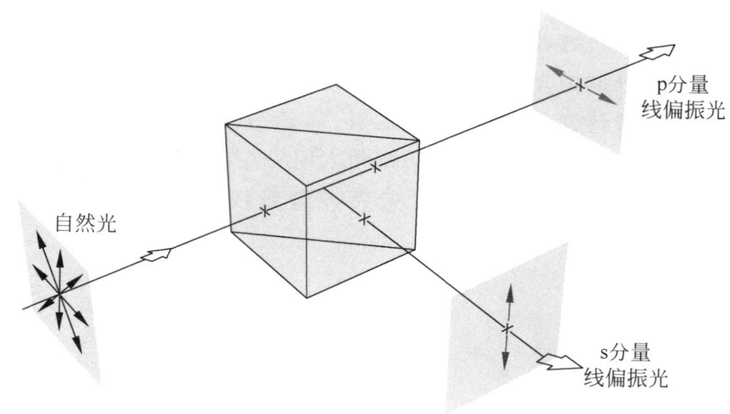

图 3-1-10　多层介质膜分光镜

3. 双折射棱镜起偏

产生线偏振光还有一种方法，就是利用双折射晶体棱镜进行分光。在晶体中 o 光与 e 光的折射率不同，可以设计棱镜中的角度，使 o 光与 e 光之一发生全反射而不能按照原方向出射，这样剩下一束线偏振的光束出射。

图 3-1-11 显示了沃拉斯顿棱镜的分光原理。沃拉斯顿棱镜由两块直角方解石晶体粘合而成，它们之间的光轴互相垂直。图 3-1-11 中，(a)是三维立体图，图(b)是原理图。一束非偏振光经左侧入射，进入左半边晶体，光轴是竖直的，所以图中“点子”代表 o 光的偏振方向，“短线箭头”代表 e 光的偏振方向。经过边界进入右半边晶体，光轴是水平的，因此“点子”此时变成了 e 光，“短线箭头”变成了 o 光。“点子”偏振光从左侧入射到右侧，经历两块方解石晶体的分界面折射，折射率从 n_o 变成了 n_e，且 $n_o>n_e$，属于“光密进光疏”折射，是远离分界面法线的折射，光线向上偏折。同理，“短线箭头”偏振光在分界面是近法线的折射，向下偏折。这样非偏振光经过沃拉斯顿棱镜分成两束线偏振光。

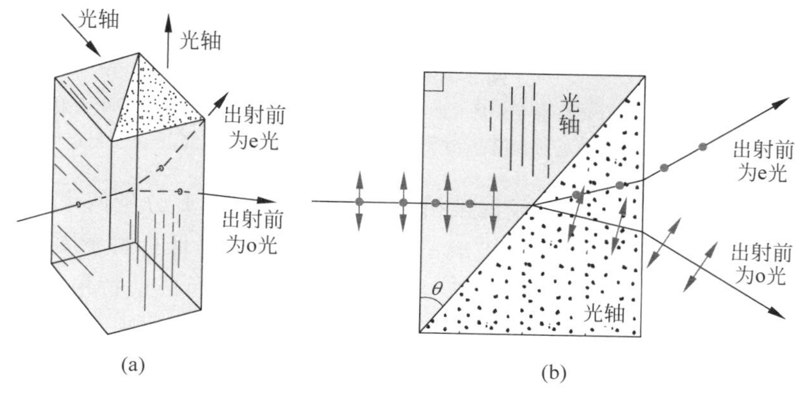

图 3-1-11　沃拉斯顿棱镜分光原理

图 3-1-12 显示了格兰-傅科棱镜的分光原理。格兰-傅科棱镜由两块方解石晶体构成，在中间分界面处留有一个空气隙。非偏振光进入左侧晶体分成 o 光和 e 光，其折射率 n_o 和 n_e 均大于空气隙的折射率 1，但是由于 $n_o>n_e$，可以设计两块晶体的楔形角，使在边界面射入空气隙时，$1/n_e>\sin\theta_{入}>1/n_o$（$n_e<1/\sin\theta_{入}<n_o$），这样 o 光在界面处发生全反射，e 光仍然能够透射过去，实现分光。给出方解石 o 光与 e 光折射率的典型值：$n_o=1.6584$，$n_e=1.4864$，而 $1/\sin 38.5°=1.6064$ 介于二者之间，可以实现分光。

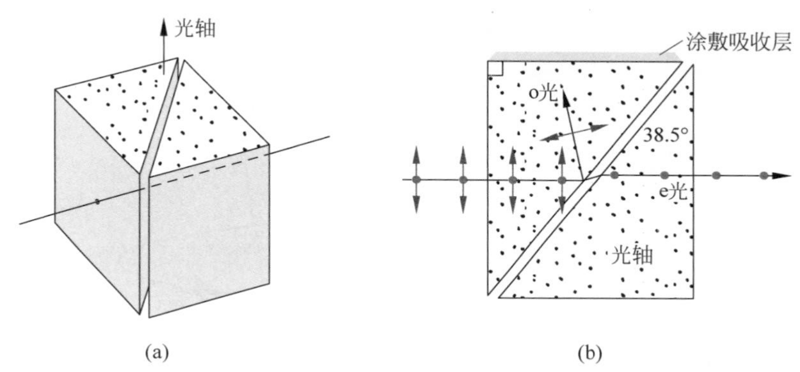

图 3-1-12　格兰-傅科棱镜分光原理

3.1.4　相位延迟器

相位延迟器是偏振光学中常用的器件，用来在两个垂直偏振方向形成相位延迟（相位差），其原理就是例题 3-1-2 中的双折射现象。将方解石晶体等单轴晶体切割成如图 3-1-13 所示的样子，让光轴平行于入射表面。当入射的偏振光正入射时，偏振光会在光轴方向（不妨称为 e 方向）和垂直光轴方向（称为 o 方向）分解为 e 光和 o 光。

$$\begin{cases}E_o=A_o\cos(\omega t+\phi_{o入}) \\ E_e=A_e\cos(\omega t+\phi_{e入})=A_e\cos(\omega t+\phi_{o入}+\delta_{入})\end{cases}$$

$$\delta_{入}=\phi_{e入}-\phi_{o入} \tag{3.1.1}$$

其中，A_o 和 A_e 分别是入射偏振光在 o 方向和 e 方向的分量，$\phi_{o入}$ 和 $\phi_{e入}$ 分别是两个分量刚进入晶体时的初相位，$\delta_{入}$ 是刚进入晶体时两个分量之间的相位差。

假定晶体厚度为 d。进入晶体后偏振光分成了 o 光和 e 光，两个分量光的传播速度 v_o 和 v_e 不同，即折射率 n_o 和 n_e 不同。o 光在晶体中经历的相位延迟是 $-2\pi d/\lambda_o=-2\pi n_o d/\lambda$，e 光在晶体中经历的相位延迟是 $-2\pi d/\lambda_e=-2\pi n_e d/\lambda$，其中 λ_o 和 λ_e 分别为 o 光和 e 光在晶体中的波长，$\lambda_o=\lambda/n_o$，$\lambda_e=\lambda/n_e$，λ 是真空中的波长。在晶体中两个分量之间产生的相位差是

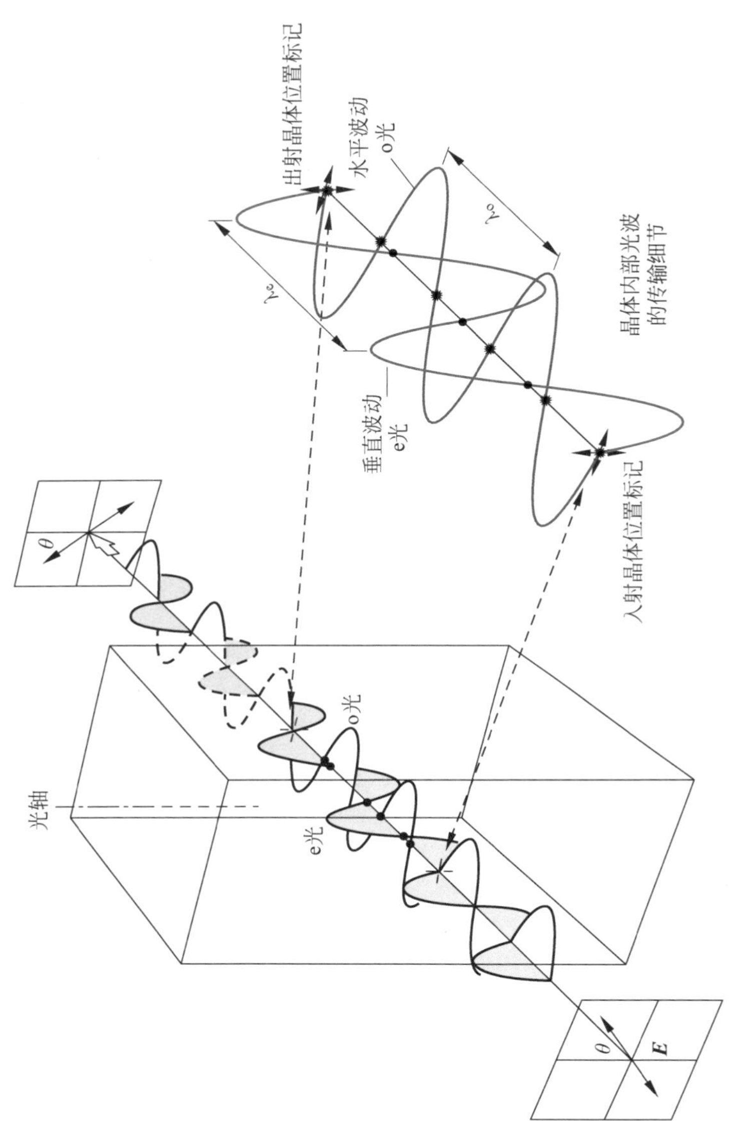

图 3-1-13　相位延迟器工作原理

$$\delta_{晶体}=\left(-\frac{2\pi}{\lambda}n_{e}d\right)-\left(-\frac{2\pi}{\lambda}n_{o}d\right)=\frac{2\pi}{\lambda}(n_{o}-n_{e})d \tag{3.1.2}$$

出射晶体后，两分量之间的总相位差变成

$$\delta_{出}=\delta_{入}+\delta_{晶体}=\delta_{入}+\frac{2\pi}{\lambda}(n_{o}-n_{e})d \tag{3.1.3}$$

(1) 半波片。

当作为相位延迟器的晶体满足

$$\delta_{晶体}=\frac{2\pi}{\lambda}(n_{o}-n_{e})d=(2m+1)\pi$$

或者

$$d=\frac{(m+1/2)\lambda}{|n_{o}-n_{e}|},\ m=0,\ 1,\ 2,\ \cdots \tag{3.1.4}$$

时，该相位延迟器叫作半波片(有时简写为二分之一波片，half-wave plate，HWP)，即该器件可以引起奇数倍 π 的相位差(对应光程差是 $\lambda/2$ 的奇数倍，略去整数倍的波长，起作用的是多出的 $\lambda/2$)。

如图 3-1-13 所示就是一个半波片。当一个Ⅱ-Ⅳ象限线偏振光(逆着光传播方向看)，振动面与快轴(负单轴晶体沿光轴方向偏振光(e 光)的速度 $v_e>v_o$，所以称光轴方向为快轴)成 θ 角，$\delta_{入}=\pi$。在晶体内，o 光分量传播了两个半的波长(涵盖 $5\lambda_o/2$)，相当于相位延迟了 5π，而 e 光分量传播了两个整波长(涵盖 $2\lambda_e$)，相当于相位延迟了 4π，所以 $\delta_{晶体}=\pi$(此时 $m=0$)，则出射光的相位差 $\delta_{出}=\delta_{入}+\delta_{晶体}=\pi+\pi=2\pi$，等价为 $\delta_{出}=0$，是Ⅰ-Ⅲ象限的线偏振光，相比入射的线偏振光，振动面转过了 2θ，如图 3-1-13 所示。

(2) 四分之一波片。

另一种常用的相位延迟器是四分之一波片(有时简写为 $\lambda/4$ 波片，quarter-wave plate，QWP)，它可以引起 $(2m+1)\pi/2$ 的相位差(对应的光程差起作用的是多出的 $\lambda/4$)

$$\delta_{晶体}=\frac{2\pi}{\lambda}(n_{o}-n_{e})d=(2m+1)\ \frac{\pi}{2}$$

或者

$$d=\frac{(2m+1)}{|n_{o}-n_{e}|}\ \frac{\lambda}{4},\quad m=0,\ 1,\ 2,\ \cdots \tag{3.1.5}$$

可以利用四分之一波片产生圆偏振光。图 3-1-14 显示了产生右旋圆偏振光的过程，一个Ⅰ-Ⅲ象限的线偏振光入射，振动面与四分之一波片快轴夹角成 45°，在晶体内 o 光与 e 光振幅分量相等，$A_o=A_e$，$\delta_{入}=0$，经过四分之一波片，引入了 $\pi/2$ 的相位差，$\delta_{晶体}=\pi/2$，这样出射光 $\delta_{出}=\delta_{入}+\delta_{晶体}=\pi/2$，因此出射光为右旋圆偏振光。

可知，如果入射线偏振光的振动面与快轴夹角为−45°，则出射光为左旋圆偏振光。

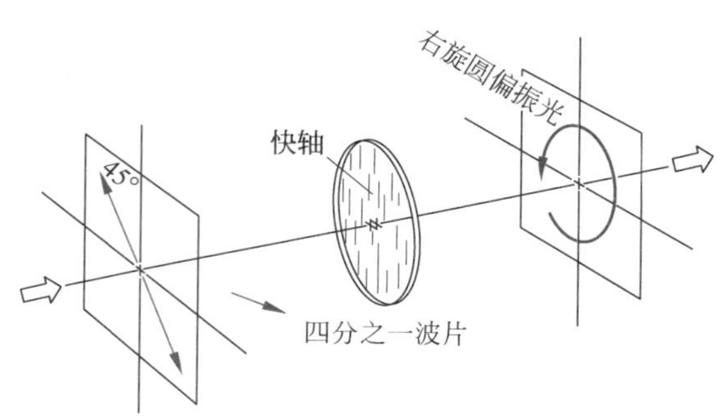

图 3-1-14　线偏振光经过四分之一波片产生圆偏振光的过程

3.1.5　晶体旋光的普通光学描述

1811 年,法国物理学家阿喇果(Dominique Francois Jean Arago)观察到石英晶体中的旋光现象(optical activity)。他发现当一束线偏振光沿着石英晶体的光轴方向传输时,振动面会随着传播连续地旋转,如图 3-1-15 所示。大约在同一时期,毕奥(Jean-Baptiste Biot)也在一些自然物质(如松节油)中发现旋光现象。人们本来认为光沿着石英晶体的光轴传播,不会发生双折射现象,然而旋光实际上也是一种特殊的双折射现象。实际上所谓旋光是偏振光整体的旋转,并不是只针对线偏振光旋转,比如可以使椭圆偏振光整体旋转,而不影响椭圆的椭圆率和左旋或者右旋的方向。毕奥还发现,旋光分为右旋和左旋两种(注意区别旋光的方向和圆偏振光的旋转方向,二者不是一个概念)。当光的传播方向与振动面的旋转方向满足右手关系时,即右手拇指指向光传播方向,蜷曲的四指指向振动面的旋转方向时,称为右旋;反之,满足左手关系时称为左旋①。

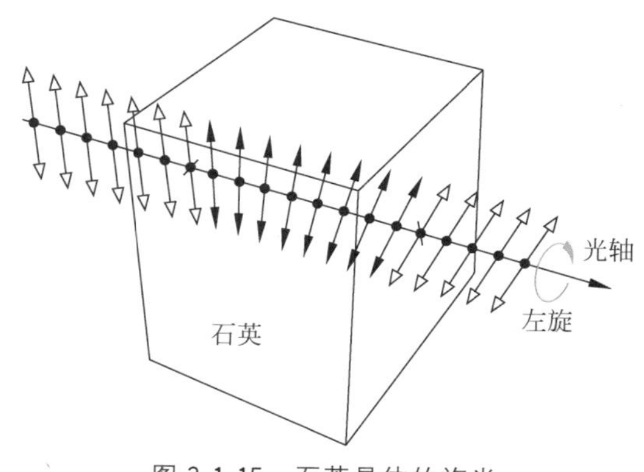

图 3-1-15　石英晶体的旋光

①这里的右旋与左旋的规定与某些书中的规定(比如参考文献[3]中的规定)刚好相反,这是为了与后面法拉第旋转方向的规定相一致(3.1.6 节),以及与一般旋转矩阵中的符号习惯规定相一致(4.1.3 节)。

旋光现象由下式描述[3]，实验表明，偏振振动面旋转角度与石英晶体的厚度成正比

$$\theta = \alpha d \tag{3.1.6}$$

比例系数 α 叫作石英的旋光率。经过测量，对于钠黄光 589.3nm，$\alpha = 21.7°/\text{mm}$。则当石英晶体厚度为 3mm 时，可以引起 $\theta = 21.7°/\text{mm} \times 3\text{mm} = 65°$ 的振动面旋转。

1825 年，菲涅耳(Auguistin Jean Fresnel)首次提出旋光的唯象简单理论[4]，这个理论可以称为圆双折射理论。在前面讨论的单轴晶体双折射，光在晶体内部分解为 o 光与 e 光，o 光与 e 光均为线偏振光，这两个线偏振光的传播速度 v_o 和 v_e（或者折射率 n_o 和 n_e）不一样，这种可以分解为两个垂直线偏振光的双折射可以称为线双折射。

在介绍圆双折射之前，先要铺垫一个概念。前面介绍过，任意一个偏振态可以分解为两个相互垂直的线偏振态（比如 x、y 线偏振态）的叠加，这两个相互垂直的线偏振态组成一对偏振基，用以分解任意偏振态。实际上任意一个偏振态也可以分解为左旋圆偏振态和右旋圆偏振态的叠加，也就是说，左旋圆偏振态和右旋圆偏振态也可以组成一对偏振基。比如一个水平振动的线偏振光可以分解为左旋圆偏振光和右旋圆偏振光之和，下面将加以证明。首先将左旋圆偏振光和右旋圆偏振光分别分解为水平 x 线偏振光与竖直 y 线偏振光的叠加

$$\boldsymbol{E}_\text{L} = E_0\cos(\omega t - kz)\hat{\boldsymbol{e}}_x + E_0\cos(\omega t - kz - \pi/2)\hat{\boldsymbol{e}}_y \tag{3.1.7}$$

$$\boldsymbol{E}_\text{R} = E_0\cos(\omega t - kz)\hat{\boldsymbol{e}}_x + E_0\cos(\omega t - kz + \pi/2)\hat{\boldsymbol{e}}_y \tag{3.1.8}$$

其中，角标 L 和 R 分别代表左旋和右旋，$\hat{\boldsymbol{e}}_x$ 和 $\hat{\boldsymbol{e}}_y$ 分别是 x 方向和 y 方向的单位矢量。式(3.1.7)和式(3.1.8)中第二项的“负号”和“正号”分别表示 y 方向偏振的相位相对于 x 方向的“落后”和“超前”，左旋圆偏振光相位落后 x 方向 $\pi/2$，右旋圆偏振光相位超前 x 方向 $\pi/2$。将上面两式相加，得

$$\boldsymbol{E}_\text{L} + \boldsymbol{E}_\text{R} = 2E_0\cos(\omega t - kz)\hat{\boldsymbol{e}}_x \tag{3.1.9}$$

可见左旋圆偏振光和右旋圆偏振光可以叠加成一个线偏振光，或者反过来说，一个线偏振光可以分解为左旋圆偏振光和右旋圆偏振光的叠加。图 3-1-16 显示了三个不同时刻一个左旋圆偏振光（用空心箭头表示）和一个右旋圆偏振光（用实心箭头表示）叠加合成为一个线偏振光的情况。

由于需要讨论圆双折射，下面考察一下圆偏振光在某一时刻，沿着光的传输方向，圆偏振光电场矢量的分布情况。图 3-1-17 是一个右旋圆偏振光某一时刻，沿着传播方向 z 电场矢量和磁场矢量的分布情况。如果假设此时刻，位于 $z=0$ 处的电场矢量恰好沿着 x 方向，由于沿着传播方向，相位是依次落后的，则在 $z>0$ 处的电场矢量将偏离 x 轴方向，电场矢量与 x 轴成角度 kz，这是由于传播因子是$(\omega t - kz)$

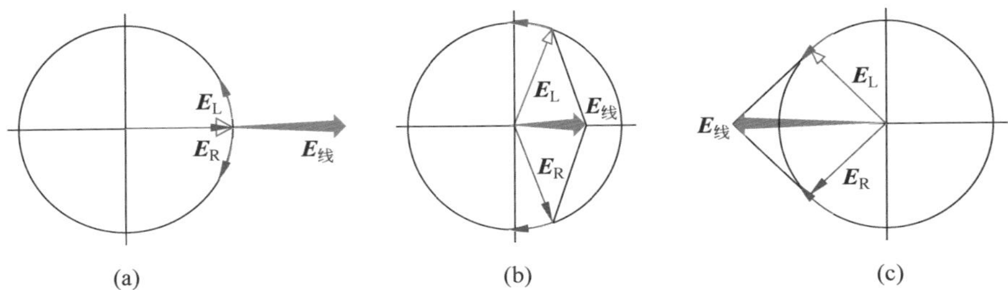

图 3-1-16　三个不同时刻左旋圆偏振光和右旋圆偏振光叠加合成线偏振光的情况

(a) $t=t_1$；(b) $t=t_2$；(c) $t=t_3$

的缘故。注意此时空间所有电场与磁场矢量都在顺时针旋转，而沿着 z 方向，电场与磁场矢量依次落后于旋转方向。

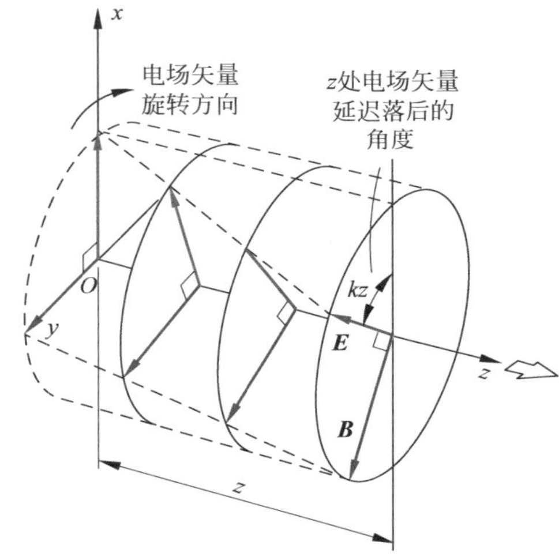

图 3-1-17　右旋圆偏振光某一时刻电场矢量与磁场矢量在空间的分布情况

菲涅耳的圆双折射理论指出：当线偏振光入射石英晶体后，分解为左旋和右旋的圆偏振光，在向前传输时，左旋圆偏振光和右旋圆偏振光传播速度 v_{L} 和 v_{R} 不同（相应的折射率为 n_{L} 和 n_{R}），它们各自的传播常数也不同，分别为

$$k_{\mathrm{L}}=\frac{\omega}{v_{\mathrm{L}}}=\frac{\omega}{c}n_{\mathrm{L}},\quad k_{\mathrm{R}}=\frac{\omega}{v_{\mathrm{R}}}=\frac{\omega}{c}n_{\mathrm{R}} \tag{3.1.10}$$

设入射的线偏振光分解为左旋圆偏振光和右旋圆偏振光

$$\begin{aligned}E_0\cos\omega t\,\hat{\boldsymbol{e}}_x&=\boldsymbol{E}_{\mathrm{L}}(t,z=0)+\boldsymbol{E}_{\mathrm{R}}(t,z=0)\\&=\frac{E_0}{2}\left[\hat{\boldsymbol{e}}_x\cos\omega t+\hat{\boldsymbol{e}}_y\cos\left(\omega t-\frac{\pi}{2}\right)\right]+\end{aligned}$$

$$\frac{E_0}{2}\left[\hat{\boldsymbol{e}}_x\cos\omega t+\hat{\boldsymbol{e}}_y\cos\left(\omega t+\frac{\pi}{2}\right)\right] \tag{3.1.11}$$

这个 $z=0$ 处的线偏振光沿着 x 方向振动，如图 3-1-16 所示。随后左旋圆偏振光和右旋圆偏振光分别以传播常数 k_L 和 k_R 传播

$$\boldsymbol{E}_L(t,z)=\frac{E_0}{2}\left[\hat{\boldsymbol{e}}_x\cos(\omega t-k_Lz)+\hat{\boldsymbol{e}}_y\cos\left(\omega t-k_Lz-\frac{\pi}{2}\right)\right] \tag{3.1.12}$$

$$\boldsymbol{E}_R(t,z)=\frac{E_0}{2}\left[\hat{\boldsymbol{e}}_x\cos(\omega t-k_Rz)+\hat{\boldsymbol{e}}_y\cos\left(\omega t-k_Rz+\frac{\pi}{2}\right)\right] \tag{3.1.13}$$

当它们传播到 $z=d$ 处，合成为

$$\begin{aligned}\boldsymbol{E}(t,d)&=\boldsymbol{E}_L(t,d)+\boldsymbol{E}_R(t,d)\\&=E_0\cos\left(\omega t-\frac{k_L+k_R}{2}d\right)\times\\&\quad\left[\hat{\boldsymbol{e}}_x\cos\left(\frac{k_L-k_R}{2}d\right)-\hat{\boldsymbol{e}}_y\sin\left(\frac{k_L-k_R}{2}d\right)\right]\\&=E_0\cos\left(\omega t-\frac{k_L+k_R}{2}d\right)(\hat{\boldsymbol{e}}_x\cos\theta-\hat{\boldsymbol{e}}_y\sin\theta)\end{aligned} \tag{3.1.14}$$

式(3.1.14)合成的仍然是一个线偏振光，偏振方向由($\hat{\boldsymbol{e}}_x\cos\theta-\hat{\boldsymbol{e}}_y\sin\theta$)决定，如图 3-1-18 所示。这个线偏振光的振动面相对于 $z=0$ 处的线偏振光右旋(如果 $k_L>k_R$，$\hat{\boldsymbol{e}}_y$ 前的“负号”显示左旋)一个角度 θ

$$\theta=-\frac{k_L-k_R}{2}d=\frac{\omega d}{2c}(n_R-n_L)=\frac{\pi d}{\lambda}(n_R-n_L) \tag{3.1.15}$$

其中规定振动面右旋角度为正。显然，与式(3.1.6)相比，旋光率 $\alpha=\omega(n_R-n_L)/2c=\pi(n_R-n_L)/\lambda$。对于石英晶体，当入射钠黄光 589.3nm 时，$\alpha=21.7°/\text{mm}$，则 $|n_R-n_L|=7.1\times10^{-5}$。

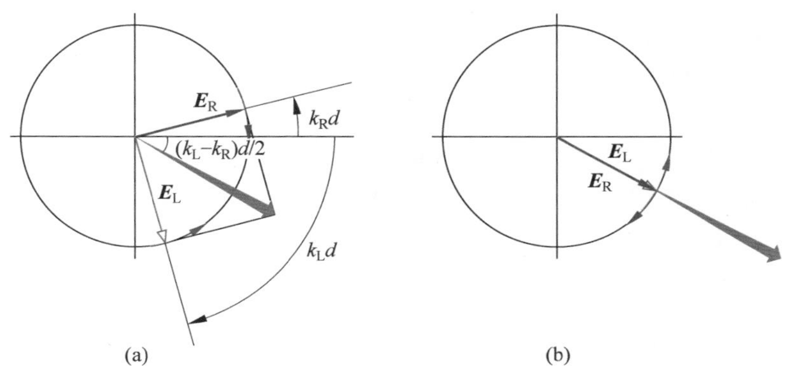

图 3-1-18　$z=d$ 处左旋圆偏振光与右旋圆偏振光组成转过 $\theta=(k_L-k_R)d/2$ 的线偏振光

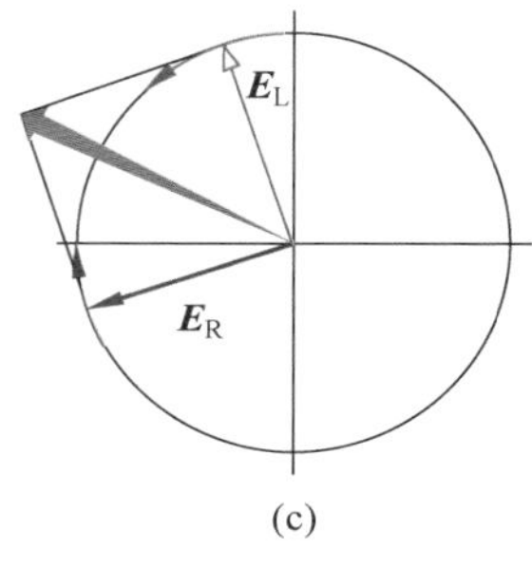

(c)

图 3-1-18 （续）

除了可以利用数学公式(3.1.14)看出，线偏振光在旋光晶体里左旋（如果 $k_L>k_R$）了一个角度 $\theta=|k_L-k_R|d/2$，还可以借助图 3-1-16、图 3-1-17 和图 3-1-18 得出上述结论。

由图 3-1-17 可知，一个右旋圆偏振光在同一时刻，位于 z 处的电矢量比位于 $z=0$ 处的电矢量逆时针落后了 kz 的角度；同理，一个左旋圆偏振光会顺时针落后 kz 的角度。有了这样的图像，如果一水平线偏振光入射旋光晶体（$z=0$）如图 3-1-16 所示，分解为左旋圆偏振光和右旋圆偏振光，它们在旋光晶体中的传播常数分别为 k_L 和 k_R。如图 3-1-16 所示，当 $t=t_1$ 时，假定 $z=0$ 处的左旋圆偏振光和右旋圆偏振光的电矢量均位于 x 正轴，且分别逆时针和顺时针旋转。那么，如图 3-1-18(a)所示，仍然在 $t=t_1$，位于 $z=d$ 处的左旋圆偏振光相对于 x 正轴顺时针落后 k_Ld 的角度，右旋圆偏振光相对于 x 正轴逆时针落后 k_Rd 的角度。这样，如果 $k_L>k_R$，合成的线偏振光振动面将相对于 x 轴左旋 $\theta=|k_L-k_R|d/2$ 的角度。

3.1.6 法拉第旋光的普通光学描述

1845 年，法拉第（Michael Faraday）发现，当线偏振光在玻璃中传播时，如果在光束传播方向上加上强磁场，线偏振光的振动面将发生旋转，后来人们称之为法拉第旋光效应，或者磁致旋光效应（是磁光效应的一种）。法拉第效应造成振动面旋转的角度正比于所施加的磁场强度[2-3]

$$\theta_F=VBd \tag{3.1.16}$$

其中比例系数 V 称为韦尔代常量（Verdet constant，也有翻译为费尔德常量），B 是磁场在光束传播方向上的分量，d 是传输距离。韦尔代常量的单位是 rad/(T・m)。比如对于二氧化硅，$V=3.7$ rad/(T・m)；对于铽镓石榴石（terbium gallium garnet，TGG），$V=-40$ rad/(T・m)。韦尔代常量 V 可正可负，正的 V 对应于：当光的传播方向平行于所加磁场方向时，振动面旋转方向是右旋的，如果此时伸出右手，拇指指向磁场方向，四指蜷曲方向是偏振光振动面的旋转方向，如图 3-1-19(a)所示。如果光的传播方向与磁场方向相反时，四指蜷曲方向仍然指向偏振光振动

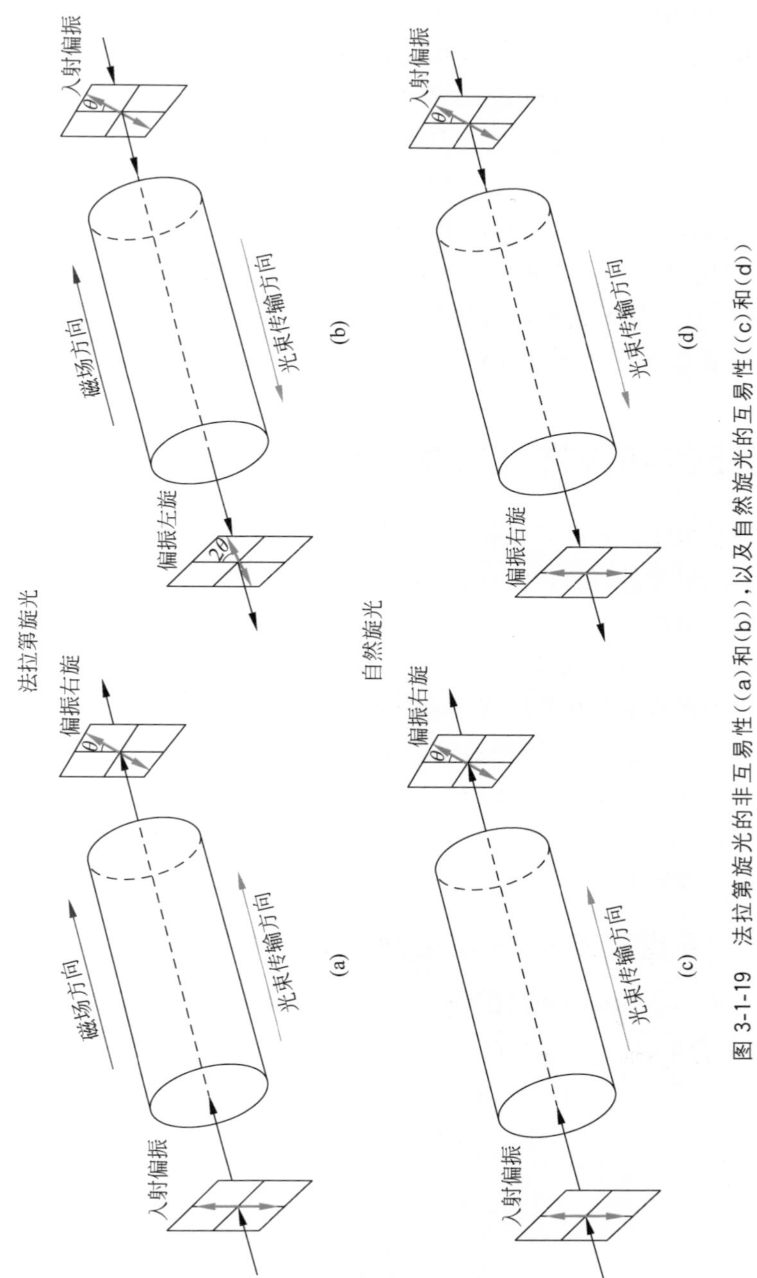

图 3-1-19　法拉第旋光的非互易性((a)和(b)),以及自然旋光的互易性((c)和(d))

面的旋转方向。此时相对于光束传播方向而言，偏振光振动面旋转方向是左旋的，如图 3-1-19(b)所示，因此经过一个往返，偏振振动面总共旋转了 2θ。V 为负时，用左手可以判断旋光的方向(左手拇指指向磁场方向，左手四指蜷区方向为旋光方向)。比较材料自然旋光现象(比如石英晶体的旋光现象)，法拉第旋光现象没有互易性(non-reciprocal)，其引起的旋光只由磁场的方向和韦尔代常量 V 的正负决定，与光的传播方向无关，图 3-1-19(a)和(b)图解了这一性质。而自然光学旋光有互易性，旋光方向由光传播方向和左旋材料和右旋材料决定，如图 3-1-19(c)和(d)所示。图 3-1-19(c)显示一线偏振光自左向右穿过右旋材料，振动面右旋一个角度 θ；如果反过来，这一线偏振光自右向左反向穿过材料，则(相对于传播方向)同样右旋角度 θ，振动面恢复到原来的位置，如图 3-1-19(d)所示。

3.2 光在各向异性介质中传输的数学描述

为了给介绍偏振器件打下基础，3.1 节介绍了一些双折射现象，这些介绍都是按照普通光学的程度进行的，其目的就是少利用数学、多利用物理图像，便于入门的理解。但是本书所牵涉的偏振知识是要运用到光纤通信系统里的，是要解决问题的，是面向研究光纤通信的研究生以及工程师的，是需要一定程度的数学来建立表述的。本书的宗旨是尽量将物理机制与描述的数学形成对应，尽量融会贯通，使读者能够在入门时轻松一些，但是最终必须进入到能够运用较抽象的数学理解偏振现象的较高层次上。本节内容建立在麦克斯韦电磁理论和各向异性介质极化的基础之上，试图利用本征偏振模式的观点对应 3.1 节所述各种双折射的物理图像，在更高的层次上理解双折射。

3.2.1 麦克斯韦电磁理论回顾

光传输介质一般是透明的，属于电介质，光在其间传输时不存在自由电荷与传导电流，在此条件下，描述电磁场的麦克斯韦方程组为

$$\nabla\cdot \boldsymbol{D}=0 \tag{3.2.1}$$

$$\nabla\cdot \boldsymbol{B}=0 \tag{3.2.2}$$

$$\nabla\times \boldsymbol{E}=-\frac{\partial \boldsymbol{B}}{\partial t} \tag{3.2.3}$$

$$\nabla\times \boldsymbol{H}=\frac{\partial \boldsymbol{D}}{\partial t} \tag{3.2.4}$$

其中，$\boldsymbol{D}$、$\boldsymbol{B}$、$\boldsymbol{E}$ 和 $\boldsymbol{H}$ 分别是电位移矢量、磁感应强度、电场强度和磁场强度，$\boldsymbol{D}$ 和

$\boldsymbol{E}$、$\boldsymbol{B}$ 和 $\boldsymbol{H}$ 之间的关系用极化强度 $\boldsymbol{P}$ 以及磁化强度 $\boldsymbol{M}$ 相联系

$$\boldsymbol{D}=\varepsilon_0\boldsymbol{E}+\boldsymbol{P} \tag{3.2.5}$$

$$\boldsymbol{B}=\mu_0\boldsymbol{H}+\mu_0\boldsymbol{M} \tag{3.2.6}$$

其中，ε_0 是真空中的介电常数，μ_0 是真空中的磁导率。

3.2.2　各向异性介质中的极化特点

光在介质中传输的特性取决于光场与介质的相互作用。麦克斯韦预言光场实际上就是一种电磁波，由电场与磁场相互激励在空中传播。描述电磁波的是由麦克斯韦方程组（式(3.2.1)～式(3.2.4)）导出的电磁波动方程，而麦克斯韦方程组（式(3.2.1)～式(3.2.4)）的表现形式在任意介质中是相同的，但是不同介质对于电磁场的响应方式是不同的。各向同性介质在光场强度不大时体现出简单的正比关系

$$\boldsymbol{D}=\varepsilon_0\varepsilon_{\mathrm{r}}\boldsymbol{E}=\varepsilon\boldsymbol{E} \tag{3.2.7}$$

$$\boldsymbol{B}=\mu_0\mu_{\mathrm{r}}\boldsymbol{H}=\mu\boldsymbol{H} \tag{3.2.8}$$

其中，$\varepsilon=\varepsilon_0\varepsilon_{\mathrm{r}}$ 为介质的介电常数，$\varepsilon_{\mathrm{r}}=\varepsilon/\varepsilon_0$ 是相对介电常数；$\mu=\mu_0\mu_{\mathrm{r}}$ 为介质的磁导率，$\mu_{\mathrm{r}}=\mu/\mu_0$ 是相对磁导率。

介质中 $\boldsymbol{D}$ 和 $\boldsymbol{E}$ 的关系以及 $\boldsymbol{B}$ 和 $\boldsymbol{H}$ 的关系称为介质的物质方程，也叫作本构关系(constitutive relation)，这种电磁场与介质的关系表述来源于介质对电场的极化响应以及对磁场的磁化响应，这种极化和磁化响应的不同决定了光场在该介质中传播特性的不同。比如各向同性介质之所以对光波体现出各向同性，原因是介质对电场的极化和对磁场的磁化是各向同性的，表现在

$$\boldsymbol{P}=\varepsilon_0\chi_{\mathrm{e}}\boldsymbol{E}\quad\Rightarrow\quad\boldsymbol{D}=\varepsilon_0\boldsymbol{E}+\varepsilon_0\chi_{\mathrm{e}}\boldsymbol{E}=\varepsilon_0(1+\chi_{\mathrm{e}})\boldsymbol{E}=\varepsilon_0\varepsilon_{\mathrm{r}}\boldsymbol{E} \tag{3.2.9}$$

$$\boldsymbol{M}=\chi_{\mathrm{m}}\boldsymbol{H}\quad\Rightarrow\quad\boldsymbol{B}=\mu_0\boldsymbol{H}+\mu_0\chi_{\mathrm{m}}\boldsymbol{H}=\mu_0(1+\chi_{\mathrm{m}})\boldsymbol{H}=\mu_0\mu_{\mathrm{r}}\boldsymbol{H} \tag{3.2.10}$$

其中，χ_{e} 和 χ_{m} 分别是介质的极化率和磁化率。可见，正是由于介质极化和磁化的各向同性（所谓的各向同性在这里可以理解为在任何方向加电场，介质的极化表现都一样，都用公式 $\boldsymbol{P}=\varepsilon_0\chi_{\mathrm{e}}\boldsymbol{E}$ 描述。而所谓磁化的各向同性也是类似的理解），且 $\varepsilon_{\mathrm{r}}=1+\chi_{\mathrm{e}}$、$\mu_{\mathrm{r}}=1+\chi_{\mathrm{m}}$，它们都体现为标量。

对于一般透明介质，磁化比较弱，$\chi_{\mathrm{m}}\approx0$，$\mu_{\mathrm{r}}\approx1$，$\boldsymbol{B}\approx\mu_0\boldsymbol{H}$，光与介质的相互作用主要体现为极化，且 ε_{r} 不同，导致介质中的光速 $v=c/\sqrt{\varepsilon_{\mathrm{r}}\mu_{\mathrm{r}}}\approx c/\sqrt{\varepsilon_{\mathrm{r}}}$ 也有所不同。

双折射介质属于各向异性介质，晶体是最常见的双折射介质。在讨论晶体对于电磁场响应的各向异性时，首先要讨论晶体对于电磁场的本构关系（也叫作物质方程），该本构关系显然与各向同性介质的本构关系式(3.2.7)和式(3.2.8)不同。

晶体的磁化仍然可以认为很弱，有 $\mu_{\mathrm{r}}\approx1$，$\boldsymbol{B}\approx\mu_0\boldsymbol{H}$（这个关系与真空中的相同）。而介质在电场作用下的极化是各向异性的，即在不同方向上加电场，体现的

极化是不同的，将极化率 χ_e 写成二阶张量的形式 $\overleftrightarrow{\chi}_e$，称为极化张量。有了极化张量 $\overleftrightarrow{\chi}_e$，介质在电场 $\boldsymbol{E}$ 下的极化强度表示为[5-7]

$$\boldsymbol{P}=\overleftrightarrow{\chi}_e\cdot\boldsymbol{E}=\varepsilon_0\begin{pmatrix}\chi_{e11} & \chi_{e12} & \chi_{e13}\\ \chi_{e21} & \chi_{e22} & \chi_{e23}\\ \chi_{e31} & \chi_{e32} & \chi_{e33}\end{pmatrix}\begin{pmatrix}E_1\\ E_2\\ E_3\end{pmatrix}=\varepsilon_0\begin{pmatrix}\chi_{e11}E_1+\chi_{e12}E_2+\chi_{e13}E_3\\ \chi_{e21}E_1+\chi_{e22}E_2+\chi_{e23}E_3\\ \chi_{e31}E_1+\chi_{e32}E_2+\chi_{e33}E_3\end{pmatrix}\tag{3.2.11}$$

极化张量 $\overleftrightarrow{\chi}_e$ 有 9 个分量 χ_{eij}，$i,j=1,2,3$。χ_{eij} 表示施加电场 j 分量 E_j 对 i 方向的极化强度 P_i 有贡献。显然，在 x 方向施加电场 E_1 对 y 方向极化的贡献由 χ_{e21} 决定，而在 y 方向施加电场 E_2 对 x 方向极化的贡献由 χ_{e12} 决定，这在一定程度上体现了各向异性的极化。不像式(3.2.9)中的极化 $\boldsymbol{P}=\varepsilon_0\chi_e\boldsymbol{E}$，在 x 方向施加电场就只在 x 方向上产生极化，在其他方向施加电场情况完全类似。并且不论在哪个方向施加电场，极化的比例系数同样是 χ_e，没有区别，这就是各向同性的极化。

对于各向异性的极化式(3.2.11)，显然有

$$\begin{aligned}\boldsymbol{D}&=\varepsilon_0\boldsymbol{E}+\boldsymbol{P}=\varepsilon_0(\overleftrightarrow{\boldsymbol{I}}+\overleftrightarrow{\chi}_e)\cdot\boldsymbol{E}=\varepsilon_0\overleftrightarrow{\boldsymbol{\varepsilon}}_r\cdot\boldsymbol{E}\\ &=\varepsilon_0\begin{pmatrix}\varepsilon_{r11} & \varepsilon_{r12} & \varepsilon_{r13}\\ \varepsilon_{r21} & \varepsilon_{r22} & \varepsilon_{r23}\\ \varepsilon_{r31} & \varepsilon_{r32} & \varepsilon_{r33}\end{pmatrix}\begin{pmatrix}E_1\\ E_2\\ E_3\end{pmatrix}\end{aligned}\tag{3.2.12}$$

其中，$\overleftrightarrow{\boldsymbol{I}}$ 是 3×3 的单位矩阵，

$$\overleftrightarrow{\boldsymbol{\varepsilon}}_r=\begin{pmatrix}\varepsilon_{r11} & \varepsilon_{r12} & \varepsilon_{r13}\\ \varepsilon_{r21} & \varepsilon_{r22} & \varepsilon_{r23}\\ \varepsilon_{r31} & \varepsilon_{r32} & \varepsilon_{r33}\end{pmatrix}\tag{3.2.13}$$

称为相对介电张量，它也有 9 个分量。可以定义介质的介电张量

$$\overleftrightarrow{\boldsymbol{\varepsilon}}=\varepsilon_0\overleftrightarrow{\boldsymbol{\varepsilon}}_r=\varepsilon_0\begin{pmatrix}\varepsilon_{r11} & \varepsilon_{r12} & \varepsilon_{r13}\\ \varepsilon_{r21} & \varepsilon_{r22} & \varepsilon_{r23}\\ \varepsilon_{r31} & \varepsilon_{r32} & \varepsilon_{r33}\end{pmatrix}=\begin{pmatrix}\varepsilon_{11} & \varepsilon_{12} & \varepsilon_{13}\\ \varepsilon_{21} & \varepsilon_{22} & \varepsilon_{23}\\ \varepsilon_{31} & \varepsilon_{32} & \varepsilon_{33}\end{pmatrix}\tag{3.2.14}$$

这样

$$\boldsymbol{D}=\overleftrightarrow{\boldsymbol{\varepsilon}}\cdot\boldsymbol{E}=\begin{pmatrix}\varepsilon_{11} & \varepsilon_{12} & \varepsilon_{13}\\ \varepsilon_{21} & \varepsilon_{22} & \varepsilon_{23}\\ \varepsilon_{31} & \varepsilon_{32} & \varepsilon_{33}\end{pmatrix}\begin{pmatrix}E_1\\ E_2\\ E_3\end{pmatrix}\tag{3.2.15}$$

式(3.2.15)和关系 $\boldsymbol{B}\approx\mu_0\boldsymbol{H}$ 联合起来是各向异性介质的本构关系，这个本构关系决定了介质对电磁场的响应关系以及电磁场在这种各向异性介质中传输的

特点。

对于大多数双折射晶体，$\overleftrightarrow{\boldsymbol{\varepsilon}}$ 是对称张量，其分量有关系

$$\varepsilon_{ij}=\varepsilon_{ji} \tag{3.2.16}$$

显然，这种对称张量的9个分量当中只有6个是独立的。

晶体的介电张量 $\overleftrightarrow{\boldsymbol{\varepsilon}}$ 在不同坐标系中的表示不同，也就是说式(3.2.14)在不同的坐标系中的9个分量 ε_{ij} 也不同。对于对称张量，总是存在一个坐标系，$\overleftrightarrow{\boldsymbol{\varepsilon}}$ 在其中的表示是对角化的，该坐标系称为该晶体的主轴坐标系。在主轴坐标系中，$\overleftrightarrow{\boldsymbol{\varepsilon}}$ 是对角化的

$$\overleftrightarrow{\boldsymbol{\varepsilon}}=\begin{pmatrix}\varepsilon_1 & 0 & 0\\ 0 & \varepsilon_2 & 0\\ 0 & 0 & \varepsilon_3\end{pmatrix}=\varepsilon_0\begin{pmatrix}\varepsilon_{\mathrm{r1}} & 0 & 0\\ 0 & \varepsilon_{\mathrm{r2}} & 0\\ 0 & 0 & \varepsilon_{\mathrm{r3}}\end{pmatrix} \tag{3.2.17}$$

其中，ε_1、ε_2、ε_3 称为主介电常数，$\varepsilon_{\mathrm{r1}}$、$\varepsilon_{\mathrm{r2}}$、$\varepsilon_{\mathrm{r3}}$ 称为相对主介电常数。定义

$$n_1=\sqrt{\varepsilon_{\mathrm{r1}}},\quad n_2=\sqrt{\varepsilon_{\mathrm{r2}}},\quad n_3=\sqrt{\varepsilon_{\mathrm{r3}}} \tag{3.2.18}$$

为主折射率，在后面将解释三个主折射率的物理意义。

一般晶体可以用主轴坐标系里主介电常数 ε_1、ε_2、ε_3 的特性进行分类。

$\varepsilon_1=\varepsilon_2=\varepsilon_3=\varepsilon$ 的晶体极化是各向同性的，也叫作光学各向同性，这类晶体具有立方对称性，比如氯化钠、砷化镓等。光在这类晶体中传输与在玻璃中的传输类似，在各个方向传输，其传输速度 v 均一样，折射率 $n=c/v$ 也一样。光在这类晶体中传输，介电张量退化为一个常数 ε。

$\varepsilon_1=\varepsilon_2\neq\varepsilon_3$ 的晶体是单轴晶体，这类晶体相对于主轴的 z 轴具有三次、四次或者六次的旋转对称性，即晶体绕 z 轴旋转三次、四次或者六次晶体复原。光波在这类晶体中传输，分为o光与e光，与其相连的折射率分别为 $n_{\mathrm{o}}=\sqrt{\varepsilon_1/\varepsilon_0}=\sqrt{\varepsilon_2/\varepsilon_0}$ 与 $n_{\mathrm{e}}=\sqrt{\varepsilon_3/\varepsilon_0}$，对应主轴 x 和 y 以及 z 方向上的主折射率。另外，这类晶体主轴的 z 轴是光轴，光波沿着这个方向传输没有双折射。

$\varepsilon_1\neq\varepsilon_2\neq\varepsilon_3$ 的晶体是双轴晶体，这类晶体不具有前两类晶体的对称性，其主轴坐标系的主折射率均不相等，由式(3.2.18)决定。双轴晶体有两个光轴，这两个光轴的取向相对于主轴的 z 轴对称。

3.3 晶体双折射——线双折射

3.3.1 光波在晶体中的传输特点

本节讨论光在各向异性晶体中传播时表现出来的特点。

电磁波在各向异性晶体中的传播行为与在各向同性介质中的传播行为不同。

当一平面电磁波在各向同性媒质中传播时，在各个方向上传播速度都是相同的，这意味着在各个方向传播时，折射率是相同的。我们对于折射率的最初了解来源于光的折射现象，如果讨论局限在各向同性介质中，从来不会想到折射率会与传输方向乃至偏振方向有关，不会想到平面电磁波在各向异性媒质中传输时，其传输速度，或者等价地说其传输折射率与传输方向和偏振方向都有关[7]。

假设有一平面光波在晶体中传播，传播方向用传播的波矢量 $\boldsymbol{k}$ 描述，则此光波的电位移矢量、电场强度和磁场强度的波表示可写成

$$\boldsymbol{D}=\boldsymbol{D}_0\exp[\mathrm{j}(\omega t-\boldsymbol{k}\cdot\boldsymbol{r})] \tag{3.3.1}$$

$$\boldsymbol{E}=\boldsymbol{E}_0\exp[\mathrm{j}(\omega t-\boldsymbol{k}\cdot\boldsymbol{r})] \tag{3.3.2}$$

$$\boldsymbol{H}=\boldsymbol{H}_0\exp[\mathrm{j}(\omega t-\boldsymbol{k}\cdot\boldsymbol{r})] \tag{3.3.3}$$

其中，$\boldsymbol{D}_0$、$\boldsymbol{E}_0$ 和 $\boldsymbol{H}_0$ 分别为电位移矢量、电场强度和磁场强度的振幅。在上面的平面光波中，介质的电极化是各向异性的，所以光波电位移矢量和电场强度矢量的平面波需要分别独立表示。而介质的磁化如前一样，假定是弱磁化，磁感应强度与磁场强度的关系近似为 $\boldsymbol{B}=\mu_0\boldsymbol{H}$，因此光波只写出磁场强度矢量就行了。

将式(3.3.1)～式(3.3.3)代入麦克斯韦方程组(3.2.1)～方程组(3.2.4)，同时注意到，对于平面波有下面的运算对应关系：

$$\frac{\partial}{\partial t}(\cdot)\leftrightarrow \mathrm{j}\omega(\cdot),\quad \nabla\cdot(\cdot)\leftrightarrow -\mathrm{j}\boldsymbol{k}\cdot(\cdot),\quad \nabla\times(\cdot)\leftrightarrow -\mathrm{j}\boldsymbol{k}\times(\cdot) \tag{3.3.4}$$

其中第一个对应关系表示对上述矢量的平面波矢量进行对时间的偏导数运算“等价为”在该矢量上乘以“jω”的运算，其他依此类推。麦克斯韦方程组(3.2.1)～(3.2.4)变为

$$-\mathrm{j}\boldsymbol{k}\cdot\boldsymbol{D}=0,\quad \text{得到 } \boldsymbol{k}\perp\boldsymbol{D} \tag{3.3.5}$$

$$-\mathrm{j}\boldsymbol{k}\cdot\boldsymbol{B}=-\mathrm{j}\mu_0\boldsymbol{k}\cdot\boldsymbol{H}=0,\quad \text{得到 } \boldsymbol{k}\perp\boldsymbol{H} \tag{3.3.6}$$

$$-\mathrm{j}\boldsymbol{k}\times\boldsymbol{E}=-\mathrm{j}\omega\boldsymbol{B}=-\mathrm{j}\omega\mu_0\boldsymbol{H},\quad \text{得到 } \boldsymbol{E}\perp\boldsymbol{H} \tag{3.3.7}$$

$$-\mathrm{j}\boldsymbol{k}\times\boldsymbol{H}=\mathrm{j}\omega\boldsymbol{D},\quad \text{得到 } \boldsymbol{D}\perp\boldsymbol{H} \tag{3.3.8}$$

读者知道，$\boldsymbol{E}$ 和 $\boldsymbol{H}$ 的方向决定了坡印廷矢量 $\boldsymbol{s}$ 的方向，即光波能流密度的传播方向，也是光线的方向、波射线方向

$$\boldsymbol{E}\times\boldsymbol{H}=\boldsymbol{s} \tag{3.3.9}$$

下面考察 $\boldsymbol{D}\times\boldsymbol{H}$ 决定的方向，由式(3.3.8)得

$$\begin{aligned}\boldsymbol{D}\times\boldsymbol{H}&=-\frac{1}{\omega}(\boldsymbol{k}\times\boldsymbol{H})\times\boldsymbol{H}=\frac{1}{\omega}\boldsymbol{H}\times(\boldsymbol{k}\times\boldsymbol{H})\\&=\frac{1}{\omega}[(\boldsymbol{H}\cdot\boldsymbol{H})\boldsymbol{k}-(\boldsymbol{H}\cdot\boldsymbol{k})\boldsymbol{H}]=\frac{H^2}{\omega}\boldsymbol{k}\end{aligned} \tag{3.3.10}$$

其中用到了矢量运算公式 $\boldsymbol{A}\times(\boldsymbol{B}\times\boldsymbol{C})=(\boldsymbol{A}\cdot\boldsymbol{C})\boldsymbol{B}-(\boldsymbol{A}\cdot\boldsymbol{B})\boldsymbol{C}$，以及 $\boldsymbol{k}\perp\boldsymbol{H}$。

可见，$\boldsymbol{E}\times\boldsymbol{H}$ 决定了光波波射线 $\boldsymbol{s}$ 方向，而 $\boldsymbol{D}\times\boldsymbol{H}$ 决定了光波 $\boldsymbol{k}$ 的方向，$\boldsymbol{k}$ 垂直于波阵面方向，也叫作波法线方向。

根据式(3.3.5)～式(3.3.10)，可以得到在各向异性介质中在 $\boldsymbol{k}$ 方向传播的平面光波各个传播矢量以及电和磁矢量之间的关系，如图 3-3-1 所示。当传播方向 $\boldsymbol{k}$ 确定后，$\boldsymbol{D}\perp\boldsymbol{k}$、$\boldsymbol{H}$，$\boldsymbol{B}\perp\boldsymbol{k}$、$\boldsymbol{D}\perp\boldsymbol{H}$、$\boldsymbol{D}\times\boldsymbol{H}$ 是 $\boldsymbol{k}$ 的方向，因此将相互垂直的三个矢量 $\boldsymbol{D}$、$\boldsymbol{H}$、$\boldsymbol{k}$ 画出。由于式(3.3.7)，$\boldsymbol{E}\perp\boldsymbol{H}$，因此 $\boldsymbol{E}$ 位于 $\boldsymbol{D}$ 和 $\boldsymbol{k}$ 组成的平面内，$\boldsymbol{E}$ 和 $\boldsymbol{D}$ 的夹角 α 由物质方程(3.2.15)决定。由于 $\boldsymbol{E}\times\boldsymbol{H}=\boldsymbol{s}$，则坡印廷矢量 $\boldsymbol{s}$ 也位于 $\boldsymbol{D}$、$\boldsymbol{E}$ 和 $\boldsymbol{k}$ 组成的平面内，$\boldsymbol{s}$ 与 $\boldsymbol{k}$ 的夹角也为 α。可见在各向异性介质中传播的平面光波，其波法线 $\boldsymbol{k}$ 方向和代表光线方向(光波能量传播的方向)的 $\boldsymbol{s}$ 之间有一个夹角 α，称为光波的走离角。图 3-1-5(b)反映的就是光波的这种传输性质。在图 3-1-5(b)中，e 光的波阵面平行于晶体的表面，因此其波法线方向 $\boldsymbol{k}$ 是垂直于波阵面朝右的，而光线的方向 $\boldsymbol{s}$ 却是斜着向上偏离的，它们之间有一个走离角 α。

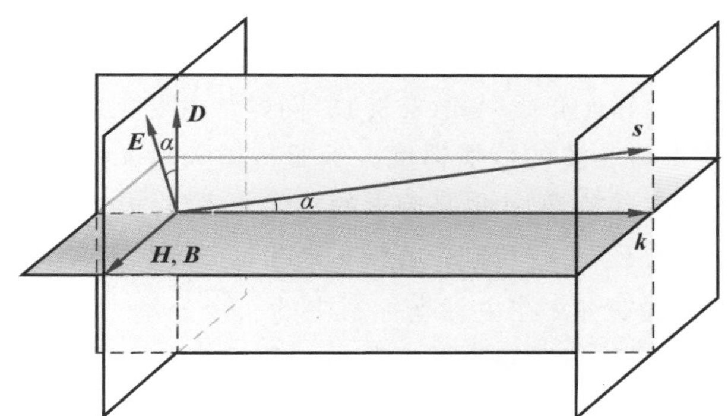

图 3-3-1　各向异性介质中平面光波各个矢量方向的相互关系

3.3.2　光波在晶体中传输的本征偏振模式

我们假设读者熟悉光波在各向同性介质中的传输，其在各个方向上的传输速度均为 $v=c/n$，其中 n 为折射率。那时大家一般不会问下列问题：光波沿不同方向传输，速度(或者折射率)会不同吗？这个传输速度(或者折射率)会与光波的偏振态有关吗？然而在各向异性介质中，这两个问题都成了很大的问题。下面讨论这两个问题。

假如一平面光波的传播方向 $\boldsymbol{k}$(实际上应该是 $\boldsymbol{k}$ 方向上的单位矢量 $\hat{\boldsymbol{\kappa}}=\boldsymbol{k}/|\boldsymbol{k}|$)已经给定，由式(3.3.7)和式(3.3.8)可得

$$\omega^2\mu_0\boldsymbol{D}=-\boldsymbol{k}\times(\boldsymbol{k}\times\boldsymbol{E})=-[(\boldsymbol{k}\cdot\boldsymbol{E})\boldsymbol{k}-(\boldsymbol{k}\cdot\boldsymbol{k})\boldsymbol{E}] \tag{3.3.11}$$

在主轴坐标中讨论这个方程。在主轴坐标中有关系(这个关系反映了极化在主轴坐标中的表示)

$$D_i=\varepsilon_0\varepsilon_{ri}E_i=\varepsilon_0 n_i^2 E_i,\quad i=1,2,3 \tag{3.3.12}$$

其中,$n_i=\sqrt{\varepsilon_{ri}}$ 是式(3.2.18)中定义的三个主折射率。将式(3.3.12)代入式(3.3.11),得

$$\omega^2\varepsilon_0\mu_0 n_i^2 E_i=-[(\boldsymbol{k}\cdot\boldsymbol{E})k_i-k^2E_i] \tag{3.3.13}$$

按照传播矢量 $\boldsymbol{k}$ 的定义写出其表达式

$$\boldsymbol{k}=\frac{\omega}{v}\hat{\boldsymbol{\kappa}}=\frac{\omega}{c}n\hat{\boldsymbol{\kappa}}=\frac{2\pi}{\lambda}n\hat{\boldsymbol{\kappa}} \tag{3.3.14}$$

大家注意,光波在各向同性介质中传输,传播速度是由下式给出的:

$$v=\frac{1}{\sqrt{\varepsilon\mu}}=\frac{1}{\sqrt{\varepsilon_0\mu_0}}\frac{1}{\sqrt{\varepsilon_r\mu_r}}=\frac{c}{\sqrt{\varepsilon_r\mu_r}}\overset{\mu_r\approx1}{\approx}\frac{c}{\sqrt{\varepsilon_r}}=\frac{c}{n} \tag{3.3.15}$$

在各向同性介质中,ε 和 ε_r 都是标量,这样光速 v 和折射率 n 有严格的定义。而在各向异性介质中 $\overleftrightarrow{\boldsymbol{\varepsilon}}$ 和 $\overleftrightarrow{\boldsymbol{\varepsilon}}_r$ 是二阶张量,那么如何求得光波在各向异性介质中的光波速度和折射率呢?大家知道,光波速度是由麦克斯韦方程组推导得到波动方程时同时得到的,而在各向异性介质中式(3.3.13)同样是由麦克斯韦方程组推导而来,也可以由这个方程求得光波的传播速度。保留传播矢量 $\boldsymbol{k}=(\omega n/c)\hat{\boldsymbol{\kappa}}$ 的形式,其中 n 是待求的折射率(等价地,v 也是待求的),代入式(3.3.13),得到

$$n_i^2E_i=n^2[E_i-\kappa_i(\hat{\boldsymbol{\kappa}}\cdot\boldsymbol{E})],\quad i=1,2,3 \tag{3.3.16}$$

其中,κ_1、κ_2、κ_3 是单位矢量 $\hat{\boldsymbol{\kappa}}$ 在主轴坐标系中的三个分量。这个方程组可以看成在各向异性介质中的平面波传播方程。将这方程组中三个方程展开,并表示成矩阵形式,得

$$\begin{pmatrix}\dfrac{n_1^2}{n^2}-\kappa_2^2-\kappa_3^2 & \kappa_1\kappa_2 & \kappa_1\kappa_3\\ \kappa_2\kappa_1 & \dfrac{n_2^2}{n^2}-\kappa_3^2-\kappa_1^2 & \kappa_2\kappa_3\\ \kappa_3\kappa_1 & \kappa_3\kappa_2 & \dfrac{n_3^2}{n^2}-\kappa_1^2-\kappa_2^2\end{pmatrix}\begin{pmatrix}E_1\\E_2\\E_3\end{pmatrix}=0 \tag{3.3.17}$$

显然,当传输方向 $\hat{\boldsymbol{\kappa}}=(\kappa_1\quad\kappa_2\quad\kappa_3)^{\mathrm{T}}$ 确定后,这个方程是一个本征方程(也叫作特征方程),其中本征值就是光波传输的折射率 n。n 是一个待求的量(接着就可以由折射率求得传输速度 v),对应每一个本征值 n,会有一个本征的偏振方向(或者叫作偏振模式)$\boldsymbol{E}=(E_1\quad E_2\quad E_3)^{\mathrm{T}}$ 与其对应。

当方程(3.3.17)有非零解时,其系数行列式为零

$$\begin{vmatrix} \dfrac{n_1^2}{n^2}-\kappa_2^2-\kappa_3^2 & \kappa_1\kappa_2 & \kappa_1\kappa_3 \\ \kappa_2\kappa_1 & \dfrac{n_2^2}{n^2}-\kappa_3^2-\kappa_1^2 & \kappa_2\kappa_3 \\ \kappa_3\kappa_1 & \kappa_3\kappa_2 & \dfrac{n_3^2}{n^2}-\kappa_1^2-\kappa_2^2 \end{vmatrix}=0 \tag{3.3.18}$$

整理得到一个关于 n^2 的一元二次方程

$$n^4(n_1^2\kappa_1^2+n_2^2\kappa_2^2+n_3^2\kappa_3^2)-n^2[n_2^2n_3^2(\kappa_2^2+\kappa_3^2)+n_3^2n_1^2(\kappa_3^2+\kappa_1^2)+ n_1^2n_2^2(\kappa_1^2+\kappa_2^2)]+n_1^2n_2^2n_3^2=0 \tag{3.3.19}$$

通常还会将方程(3.3.19)写成下面的形式：

$$\sum_{i=1}^{3}\frac{\kappa_i^2}{n^2-n_i^2}=\frac{1}{n^2},\quad 或\quad \sum_{i=1}^{3}\frac{\kappa_i^2}{\dfrac{1}{n^2}-\dfrac{1}{n_i^2}}=0 \tag{3.3.20}$$

上面的方程叫作菲涅耳方程，是用来计算本征方程(3.3.17)的本征值的。

按照 $v=c/n$，定义 $v_i=c/n_i$ 为主相速度，由式(3.3.20)可以得到菲涅耳方程的另一个形式

$$\sum_{i=1}^{3}\frac{\kappa_i^2}{v^2-v_i^2}=0 \tag{3.3.21}$$

解方程(3.3.19)或者方程(3.3.20)，得到两个本征值的解 n' 和 n''(折射率为正值才有意义，因此本征值解是 2 个值，而不是 4 个值)，代入本征方程(3.3.17)后，可以得到对应两个本征值 n' 和 n'' 的两个本征偏振矢量 $\boldsymbol{E}'=(E_1'\quad E_2'\quad E_3')^{\mathrm{T}}$ 和 $\boldsymbol{E}''=(E_1''\quad E_2''\quad E_3'')^{\mathrm{T}}$。相应地，可以由式(3.3.12)求出对应 $\boldsymbol{E}'$ 和 $\boldsymbol{E}''$ 的 $\boldsymbol{D}'$ 和 $\boldsymbol{D}''$。可以证明 $\boldsymbol{E}'$ 和 $\boldsymbol{E}''$ 之间以及 $\boldsymbol{D}'$ 和 $\boldsymbol{D}''$ 之间是相互垂直的。这样，光波在晶体里的传播问题就得到了解决，其逻辑是：当光波在晶体里沿着某一方向 $\hat{\boldsymbol{\kappa}}=(\kappa_1\quad \kappa_2\quad \kappa_3)^{\mathrm{T}}$ 传播时(即传播方向给定)，必然存在两个独立且相互垂直的偏振状态(也叫作偏振模式)$\boldsymbol{D}'$ 和 $\boldsymbol{D}''$，这两个偏振模式的折射率是 n' 和 n''，或者说传输速度 $v'=c/n'$ 和 $v''=c/n''$ 可以通过本征值方程(3.3.19)或方程(3.3.20)得到。这就是 3.1 节讨论的晶体双折射现象的数学描述：光波在晶体中传输时，存在两个相互垂直的本征偏振模式(线偏振模式)。当一个光波在晶体中沿着 $\hat{\boldsymbol{\kappa}}$ 传播时，可以将光波矢量按照本征偏振模式 $\boldsymbol{D}'$ 和 $\boldsymbol{D}''$ 进行分解，分解的两个偏振模式分别以 v' 和 v'' 传播。传播到晶体的某处，将传播到该处的两个偏振态进行叠加，得到想要知道的光合成后的偏振态情况。

当已知光波在晶体中的传播方向 $\hat{\boldsymbol{\kappa}}$ 时，求解光波如何在晶体中传播的逻辑流

程如下：

$$\hat{\boldsymbol{\kappa}} \begin{cases} \nearrow n' \rightarrow \text{偏振态}(E'_1, E'_2, E'_3) \rightarrow (D'_1, D'_2, D'_3)\text{：按照 } v' = c/n' \text{ 传播} \\ \searrow n'' \rightarrow \text{偏振态}(E''_1, E''_2, E''_3) \rightarrow (D''_1, D''_2, D''_3)\text{：按照 } v'' = c/n'' \text{ 传播} \end{cases} \tag{3.3.22}$$

例 3-3-1 证明给定传播方向后，得到的本征偏振模式 $\boldsymbol{D}'$ 和 $\boldsymbol{D}''$ 是相互垂直的。

解 由式(3.3.11)，得

$$\omega^2 \mu_0 \boldsymbol{D} = [(\boldsymbol{k} \cdot \boldsymbol{k})\boldsymbol{E} - (\boldsymbol{k} \cdot \boldsymbol{E})\boldsymbol{k}] = k^2[\boldsymbol{E} - (\hat{\boldsymbol{\kappa}} \cdot \boldsymbol{E})\hat{\boldsymbol{\kappa}}]$$
$$= \omega^2 \varepsilon_0 \mu_0 n^2 [\boldsymbol{E} - (\hat{\boldsymbol{\kappa}} \cdot \boldsymbol{E})\hat{\boldsymbol{\kappa}}]$$

得

$$\boldsymbol{D} = \varepsilon_0 n^2 [\boldsymbol{E} - (\hat{\boldsymbol{\kappa}} \cdot \boldsymbol{E})\hat{\boldsymbol{\kappa}}] \tag{3.3.23}$$

这个方程称为晶体光学的第一基本方程[8]。

上式写成分量形式，并考虑主轴坐标系中的式(3.3.12)，得

$$D_i = \frac{\varepsilon_0 (\hat{\boldsymbol{\kappa}} \cdot \boldsymbol{E})\kappa_i}{\dfrac{1}{n_i^2} - \dfrac{1}{n^2}} \tag{3.3.24}$$

做下列点乘

$$\begin{aligned} \boldsymbol{D}' \cdot \boldsymbol{D}'' &= \sum_{i=1}^{3} D'_i D''_i = \sum_{i=1}^{3} \frac{\varepsilon_0 (\hat{\boldsymbol{\kappa}} \cdot \boldsymbol{E}')\kappa_i}{\left(\dfrac{1}{n_i^2} - \dfrac{1}{n'^2}\right)} \frac{\varepsilon_0 (\hat{\boldsymbol{\kappa}} \cdot \boldsymbol{E}'')\kappa_i}{\left(\dfrac{1}{n_i^2} - \dfrac{1}{n''^2}\right)} \\ &= \varepsilon_0^2 (\hat{\boldsymbol{\kappa}} \cdot \boldsymbol{E}')(\hat{\boldsymbol{\kappa}} \cdot \boldsymbol{E}'') \frac{n'^2 n''^2}{n''^2 - n'^2} \left(\sum_{i=1}^{3} \frac{\kappa_i^2}{\dfrac{1}{n_i^2} - \dfrac{1}{n'^2}} - \sum_{i=1}^{3} \frac{\kappa_i^2}{\dfrac{1}{n_i^2} - \dfrac{1}{n''^2}} \right) \\ &= 0 \end{aligned} \tag{3.3.25}$$

其中用到了菲涅耳公式(3.3.20)，得到 $\boldsymbol{D}' \perp \boldsymbol{D}''$。

例 3-3-2 利用本节的分析方法，讨论例 3-1-1 中的 o 光和 e 光的传输特性。

解 求解将在主轴坐标系中进行。方解石为单轴晶体，将光轴方向设为 x_3 轴，选 x_1、x_2 轴方向，使波法线方向 $\boldsymbol{k}$ 位于 x_1-x_3 平面，设 $\boldsymbol{k}$ 与 x_3 轴夹 θ 角，则 $\hat{\boldsymbol{\kappa}} = (\sin\theta \quad 0 \quad \cos\theta)^{\mathrm{T}}$，代入菲涅耳方程

$$\frac{\sin^2\theta}{n^2 - n_o^2} + \frac{0}{n^2 - n_o^2} + \frac{\cos^2\theta}{n^2 - n_e^2} = \frac{1}{n^2} \tag{3.3.26}$$

求解得折射率的两个本征值

$$n'^2 = n_o^2 \quad \text{和} \quad \frac{1}{n''^2} = \frac{\cos^2\theta}{n_o^2} + \frac{\sin^2\theta}{n_e^2} \tag{3.3.27}$$

(1) 寻常光

将 $n'=n_o$ 代入式(3.3.17),得

$$\begin{cases}\sin^2\theta E'_1+\sin\theta\cos\theta E'_3=0\\ \left(\dfrac{n_o^2}{n_o^2}-\cos^2\theta-\sin^2\theta\right)E'_2=0\\ \sin\theta\cos\theta E'_1+\left(\dfrac{n_e^2}{n_o^2}-\sin^2\theta\right)E'_3=0\end{cases}\tag{3.3.28}$$

由上面第二个方程可得 $E'_2\neq0$。第一式和第三式是一对不相容的齐次方程,只有 $E'_1=0$ 和 $E'_3=0$。得到 $\boldsymbol{E}'=(0\quad E'_2\quad 0)^{\mathrm{T}}$ 沿着 x_2 轴,因此 $\boldsymbol{D}=(0\quad \varepsilon_0 n_o^2E'_2\quad 0)^{\mathrm{T}}$ 也沿着 x_2 轴,即垂直于光轴,是寻常光。其波射线方向 $\boldsymbol{s}_o$ 与波法线方向 $\boldsymbol{k}_o$ 一致,均与 x_3 轴夹 θ 角,如图 3-3-2(a)所示。

(2) 非寻常光

将 $1/n''^2=\cos^2\theta/n_o^2+\sin^2\theta/n_e^2$ 代入式(3.3.17),得

$$\begin{cases}\dfrac{n_o^2}{n_e^2}\sin^2\theta E''_1+\sin\theta\cos\theta E''_3=0\\ \left(\dfrac{n_o^2}{n_e^2}\sin^2\theta-\sin^2\theta\right)E''_2=0\\ \sin\theta\cos\theta E''_1+\dfrac{n_e^2}{n_o^2}\cos^2\theta E''_3=0\end{cases}\tag{3.3.29}$$

上面第二个方程得出 $E''_2=0$。第一个方程和第三个方程是等价方程,得

$$\tan\theta''=-\frac{E''_3}{E''_1}=\frac{n_o^2}{n_e^2}\tan\theta\tag{3.3.30}$$

这样,$\boldsymbol{E}''=(1\quad 0\quad -\tan\theta'')^{\mathrm{T}}E''_1$,$\boldsymbol{D}''=(1\quad 0\quad -\tan\theta)^{\mathrm{T}}\varepsilon_0 n_o^2E''_1$。波射线 $\boldsymbol{s}_e$ 和波法线 $\boldsymbol{k}_e$ 之间,以及 $\boldsymbol{E}''$和 $\boldsymbol{D}''$之间的走离角 $\alpha=\theta''-\theta$,

$$\begin{aligned}\tan\alpha&=\tan(\theta''-\theta)=\frac{\tan\theta''-\tan\theta}{1+\tan\theta''\tan\theta}\\&=\frac{1}{2}\frac{n_o^2-n_e^2}{n_o^2\sin^2\theta+n_e^2\cos^2\theta}\sin2\theta\end{aligned}\tag{3.3.31}$$

非寻常光的特性如图 3-3-2(b)所示。

下面讨论几种特殊情况:①当 $\theta=0$($\hat{\boldsymbol{\kappa}}$ 平行于光轴),或者当 $\theta=90°$($\hat{\boldsymbol{\kappa}}$ 垂直于光轴),$\alpha=0$,即波射线与波法线重合。特别是 $\hat{\boldsymbol{\kappa}}$ 平行于光轴时,是没有双折射的。当 $\hat{\boldsymbol{\kappa}}$ 垂直于光轴时(此时光轴平行于入射表面),o 光与 e 光的波法线与波射线都重

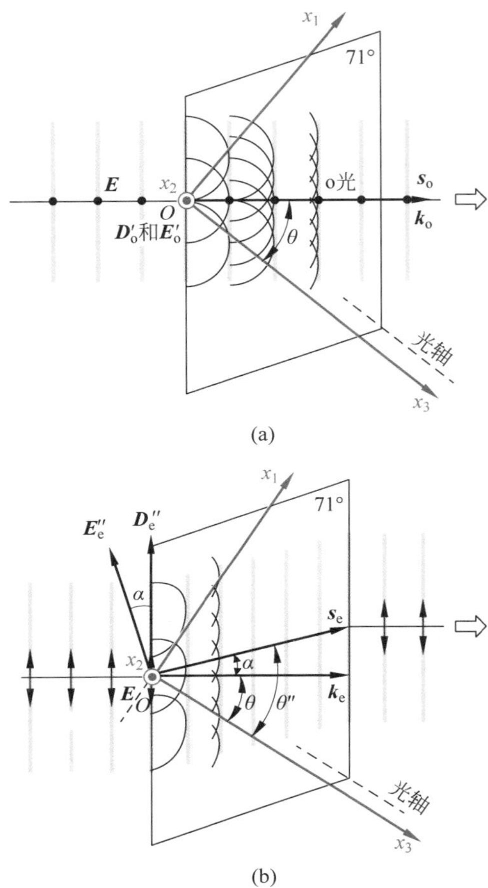

图 3-3-2　利用本节分析方法讨论例 3-1-1

(a) o 光的情况；(b) e 光的情况

合，即 $\boldsymbol{k}\parallel \boldsymbol{s}_o\parallel \boldsymbol{s}_e$，此时 $\boldsymbol{D}_o$ 与 $\boldsymbol{E}_o$ 以及 $\boldsymbol{D}_e$ 与 $\boldsymbol{E}_e$ 相互平行，$\boldsymbol{D}_o$ 与 $\boldsymbol{D}_e$ 以及 $\boldsymbol{E}_o$ 与 $\boldsymbol{E}_e$ 相互垂直，且 o 光与 e 光传播速度 v_o 和 v_e 不相同，这种物理机制是制作相位延迟器的基础。②对于负单轴晶体有 $n_o>n_e$，此时 $\alpha=(\theta''-\theta)>0$，e 光光线 $\boldsymbol{s}_e$ 较 o 光光线 $\boldsymbol{s}_o$ 更加远离光轴；对于正单轴晶体 $n_o<n_e$，此时 $\alpha=(\theta''-\theta)<0$，e 光光线 $\boldsymbol{s}_e$ 较 o 光光线 $\boldsymbol{s}_o$ 更加靠近光轴。③可以证明当 $\tan\theta=n_e/n_o$ 时，走离角 α 取最大值

$$\tan\alpha_{\max}=\frac{1}{2}\frac{n_o^2-n_e^2}{n_o n_e} \tag{3.3.32}$$

方解石为负单轴晶体，钠黄光 $\lambda=589.3\text{nm}$ 下，$n_o=1.65836$，$n_e=1.48641$，$\alpha\approx6.26°$。

对比例 3-1-1 的分析方法与例 3-3-2 的分析方法，显然普通光学的分析方法作

为定性讨论的方法还是不错的，物理图像清晰；然而高等光学的分析方法可以定量给出 o 光和 e 光准确的光线传输方向和偏振方向。

3.3.3 光波在晶体中传输的折射率椭球描述

通过前面的讨论可知，讨论光波在晶体中的传播就是寻找给定传播方向后的两个本征偏振模式 $\boldsymbol{D}'$ 和 $\boldsymbol{D}''$，以及对应这两个偏振模式的本征折射率 n' 和 n''。然而上面的分析方法太数学化了，稍显复杂。人们都倾向于利用更加形象的几何方法寻求更直接的解法，折射率椭球法就是这样一种几何法。

在主轴坐标系下，电场的能量密度可以表示为

$$\begin{aligned} w_e &= \frac{1}{2}\boldsymbol{E}\cdot\boldsymbol{D} = \frac{1}{2}\sum_{i=1}^{3}E_iD_i \\ &= \frac{1}{2}\sum_{i=1}^{3}\frac{D_i^2}{\varepsilon_0\varepsilon_{ri}} = \frac{1}{2}\sum_{i=1}^{3}\frac{D_i^2}{\varepsilon_0 n_i^2} \end{aligned} \tag{3.3.33}$$

整理得

$$\frac{D_1^2}{n_1^2}+\frac{D_2^2}{n_2^2}+\frac{D_3^2}{n_3^2}=2w_e\varepsilon_0 \tag{3.3.34}$$

将上面的方程归一化，引入与 $\boldsymbol{D}$ 同方向的归一化矢量 $\boldsymbol{r}$

$$\boldsymbol{r}=\frac{\boldsymbol{D}}{\sqrt{2w_e\varepsilon_0}},\quad r=\sqrt{x_1^2+x_2^2+x_3^2} \tag{3.3.35}$$

方程(3.3.34)变成归一化形式，得

$$\frac{x_1^2}{n_1^2}+\frac{x_2^2}{n_2^2}+\frac{x_3^2}{n_3^2}=1 \tag{3.3.36}$$

这是一个椭球方程，称为折射率椭球，它的三个半轴长度分别为 n_1、n_2、n_3。

对于具有立方对称性的晶体，其三个主轴方向的折射率相同，$n_1=n_2=n_3=n$，这样折射率椭球退化为球形

$$\frac{x_1^2+x_2^2+x_3^2}{n^2}=1 \tag{3.3.37}$$

对于单轴晶体，其在 x、y 主轴方向的折射率相同，$n_1=n_2=n_o$，$n_3=n_e$，这样一般的折射率椭球退化为旋转椭球

$$\frac{x_1^2+x_2^2}{n_o^2}+\frac{x_3^2}{n_e^2}=1 \tag{3.3.38}$$

对于 $n_o>n_e$ 的晶体称为负单轴晶体，$n_o<n_e$ 的晶体称为正单轴晶体，它们的折射率椭球如图 3-3-3(a)和(b)所示。

对于双轴晶体，其三个主轴方向的折射率都不相同，其折射率椭球形式就是由

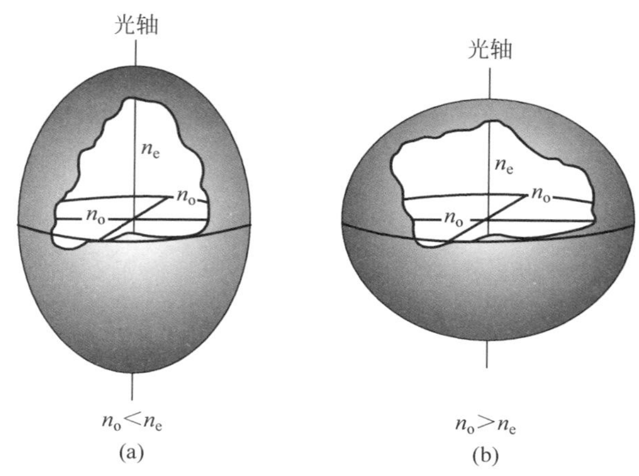

图 3-3-3 单轴晶体的折射率椭球

(a) 正单轴晶体；(b) 负单轴晶体

式(3.3.36)来描述的。

下面介绍如何由晶体介质的折射率椭球来确定本征偏振模式和相应的本征折射率。当光波在晶体中的传播方向$\hat{\boldsymbol{\kappa}}$给定时，可以用折射率椭球确定两个独立的本征偏振模式$\boldsymbol{D}'$和$\boldsymbol{D}''$的方向，以及相应的本征折射率n'和n''。其方法如下：作通过椭球中心与传播方向$\hat{\boldsymbol{\kappa}}$垂直的平面，该平面与折射率椭球相交为一椭圆，此“相交椭圆”的长轴和短轴长度的一半分别是本征折射率n'和n''，长轴和短轴的方向即本征偏振模式$\boldsymbol{D}'$和$\boldsymbol{D}''$的方向(图 3-3-4)。

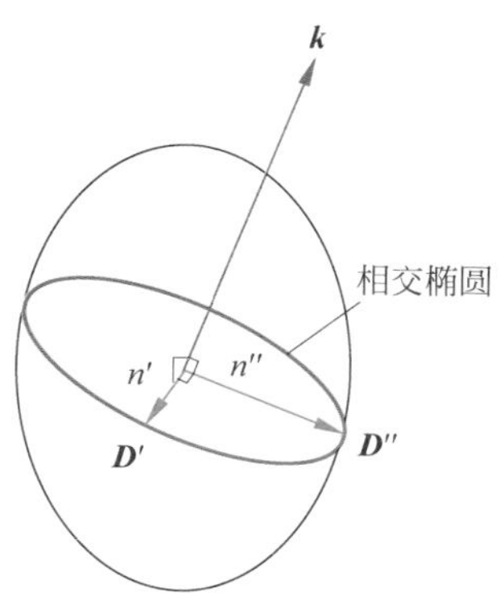

图 3-3-4 利用折射率椭球确定本征偏振模式以及相应的本征折射率

折射率椭球的意义在于：当知道晶体在主轴坐标系下的介电张量后，就可以作出折射率椭球，然后用作图法得到与传播方向$\hat{\boldsymbol{\kappa}}$对应的本征偏振模式$\boldsymbol{D}'$和$\boldsymbol{D}''$以及相应的本征折射率$n'$和$n''$。比起纯数学地用菲涅耳方程求解，既方便，又直观。

对于立方晶系的晶体，其折射率椭球为球形。对于任意的传播方向$\hat{\kappa}$，通过中心与$\hat{\kappa}$垂直的平面截得的“相交椭圆”永远是圆，没有特征的“长短轴”，因此具有立方对称性的晶体不发生双折射，表现出光学各向同性的性质。

对于单轴晶体，光轴方向在主轴坐标系的 x_3 轴方向，其“相交椭圆”只有垂直于 x_3 轴才退化为圆，因此沿着单轴晶体的 x_3 轴方向传输，不出现双折射，x_3 轴即晶体的光轴。

对于双轴晶体，存在两个传播方向，其相交椭圆退化为圆，在此两个方向不发生双折射。因此双轴晶体有两个光轴。

例 3-3-3 例 3-1-2 讨论过将方解石晶体切割成光轴平行于表面，光波垂直入射晶体，可以用作相位延迟器的构造。试利用折射率椭球分析法再次分析以此构造如何实现入射光波的相位延迟。

解 假定光波沿着与方解石晶体表面垂直的方向传播，不妨设光波沿着主轴的 x_2 轴传播，如图 3-3-5(a)所示，则椭球与 x_2 轴垂直的相交椭圆是位于 x_1-x_3 平面的椭圆。显然，相交椭圆位于 x_3 轴的半轴长度就是 e 光本征模式的折射率 n_e，x_3 轴是 e 光的本征偏振模式的 $\boldsymbol{D}_e$ 方向；相交椭圆位于 x_1 轴的半轴长度就是 o 光本征模式的折射率 n_o，x_1 轴是 o 光的本征偏振模式的 $\boldsymbol{D}_o$ 方向。将晶体切割为光轴平行于表面、厚度为 d 的结构，如图 3-3-5(b)所示，构成一个相位延迟器。光波射入相位延迟器，即分解为 e 光和 o 光偏振模式进行传播，透过相位延迟器后，在 e 光偏振模式和 o 光偏振模式之间会附加一个相位延迟 $\Delta=\dfrac{2\pi}{\lambda}(n_o-n_e)d$。

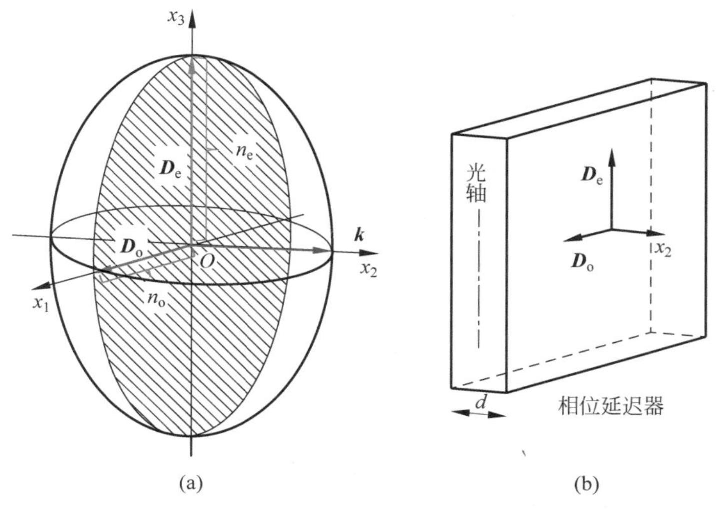

图 3-3-5 相位延迟器的工作原理

(a) 利用折射率椭球分析相位延迟器的工作机理；(b) 相位延迟器的构造

例 3-3-4 在一单轴晶体(主折射率为 n_o 与 n_e)内,光波沿与 x_3 轴夹 θ 的 $\hat{\boldsymbol{\kappa}}$ 方向传播,如图 3-3-6 所示。试用折射率椭球法求 o 光与 e 光的本征偏振模式 $\boldsymbol{D}_o$ 和 $\boldsymbol{D}_e$,以及相应的本征折射率。

解 为了叙述方便起见,将主轴坐标系用 x-y-z 表示,如图 3-3-6 所示。

本例题实际上是利用折射率椭球法再一次求解例 3-3-2。设晶体折射率椭球如图 3-3-6 所示,通过中点作垂直于 $\hat{\boldsymbol{\kappa}}$ 的平面,截折射率椭球得相交椭圆。由于单轴晶体折射率椭球为旋转椭球,因此不论 $\hat{\boldsymbol{\kappa}}$ 是什么方向,相交椭圆的短轴 OB 方向总是位于 x-y 平面内,短轴半长度总是为 n_o,OB 方向即 o 光的偏振模式方向 $\boldsymbol{D}_o$。相交椭圆长轴半长度 OA 为 $n_e(\theta)$,OA 方向即 e 光的偏振模式方向。

可见对于单轴晶体,其 e 光本征折射率与 θ 有关。由于旋转对称性,不失一般性,不妨选 $\hat{\boldsymbol{\kappa}}$ 在 y-z 平面内,其分量为 $(0,\sin\theta,\cos\theta)^{\mathrm{T}}$。$OA$ 端点的坐标为 $(0, y_A, z_A)$,其中 $y_A=n_e(\theta)\cos\theta, z_A=n_e(\theta)\sin\theta$。$OA$ 端点满足折射率椭球方程,

$$\frac{0+y_A^2}{n_o^2}+\frac{z_A^2}{n_e^2}=1$$

整理得

$$\frac{1}{n_e^2(\theta)}=\frac{\cos^2\theta}{n_o^2}+\frac{\sin^2\theta}{n_e^2} \tag{3.3.39}$$

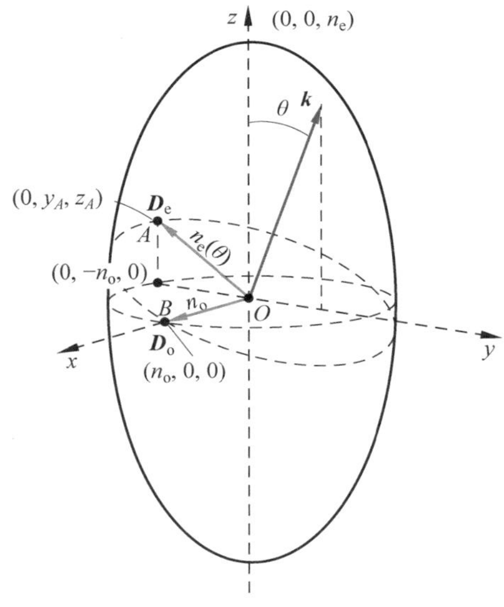

图 3-3-6 例 3-3-4 图

例 3-3-5 试证明当给定传播方向 $\hat{\boldsymbol{\kappa}}$ 后,可以用折射率椭球确定两个相互垂直的本征的偏振模式以及相应的本征折射率[9]。

解 由式(3.3.11)得

$$-\varepsilon_0\hat{\boldsymbol{\kappa}}\times(\hat{\boldsymbol{\kappa}}\times\boldsymbol{E})=\frac{1}{n^2}\boldsymbol{D} \tag{3.3.40}$$

假设主轴坐标系为 x-y-z 坐标系，如图 3-3-7 所示。

为了把上述方程变为关于 $\boldsymbol{D}$ 的本征方程，做如下处理。我们知道对于各向异性介质有

$$\boldsymbol{D}=\varepsilon_0\overleftrightarrow{\boldsymbol{\varepsilon}}_{\mathrm{r}}\cdot\boldsymbol{E}\quad 或者\quad \begin{pmatrix}D_1\\D_2\\D_3\end{pmatrix}=\varepsilon_0\begin{pmatrix}\varepsilon_{\mathrm{r}11}&\varepsilon_{\mathrm{r}12}&\varepsilon_{\mathrm{r}13}\\\varepsilon_{\mathrm{r}21}&\varepsilon_{\mathrm{r}22}&\varepsilon_{\mathrm{r}23}\\\varepsilon_{\mathrm{r}31}&\varepsilon_{\mathrm{r}32}&\varepsilon_{\mathrm{r}33}\end{pmatrix}\begin{pmatrix}E_1\\E_2\\E_3\end{pmatrix} \tag{3.3.41}$$

反过来，也应该有

$$\boldsymbol{E}=\frac{1}{\varepsilon_0}(\overleftrightarrow{\boldsymbol{\varepsilon}}_{\mathrm{r}})^{-1}\cdot\boldsymbol{D}=\frac{1}{\varepsilon_0}\overleftrightarrow{\boldsymbol{\eta}}\cdot\boldsymbol{D}\quad 或者\quad \begin{pmatrix}E_1\\E_2\\E_3\end{pmatrix}=\frac{1}{\varepsilon_0}\begin{pmatrix}\eta_{11}&\eta_{12}&\eta_{13}\\\eta_{21}&\eta_{22}&\eta_{23}\\\eta_{31}&\eta_{32}&\eta_{33}\end{pmatrix}\begin{pmatrix}D_1\\D_2\\D_3\end{pmatrix} \tag{3.3.42}$$

其中 $\overleftrightarrow{\boldsymbol{\eta}}$ 是 $\overleftrightarrow{\boldsymbol{\varepsilon}}_{\mathrm{r}}$ 的逆张量。引入 $\overleftrightarrow{\boldsymbol{\eta}}$ 之后，方程(3.3.40)可以改写成

$$-\hat{\boldsymbol{\kappa}}\times[\hat{\boldsymbol{\kappa}}\times(\overleftrightarrow{\boldsymbol{\eta}}\cdot\boldsymbol{D})]=\frac{1}{n^2}\boldsymbol{D} \tag{3.3.43}$$

应用矢量恒等式，得到

$$-[\hat{\boldsymbol{\kappa}}\cdot(\overleftrightarrow{\boldsymbol{\eta}}\cdot\boldsymbol{D})]\hat{\boldsymbol{\kappa}}+(\hat{\boldsymbol{\kappa}}\cdot\hat{\boldsymbol{\kappa}})(\overleftrightarrow{\boldsymbol{\eta}}\cdot\boldsymbol{D})=\frac{1}{n^2}\boldsymbol{D}$$

或者

$$-[\hat{\boldsymbol{\kappa}}\cdot(\overleftrightarrow{\boldsymbol{\eta}}\cdot\boldsymbol{D})]\hat{\boldsymbol{\kappa}}+(\overleftrightarrow{\boldsymbol{\eta}}\cdot\boldsymbol{D})=\frac{1}{n^2}\boldsymbol{D} \tag{3.3.44}$$

在 x-y-z 坐标系中，以原点为中心，构造一个新的坐标系，其 3 个垂直单位基矢量为 $\hat{\boldsymbol{\tau}}_1$、$\hat{\boldsymbol{\tau}}_2$ 和 $\hat{\boldsymbol{\kappa}}$，满足 $\hat{\boldsymbol{\tau}}_1\times\hat{\boldsymbol{\tau}}_2=\hat{\boldsymbol{\kappa}}$、$\hat{\boldsymbol{\tau}}_2\times\hat{\boldsymbol{\kappa}}=\hat{\boldsymbol{\tau}}_1$ 和 $\hat{\boldsymbol{\kappa}}\times\hat{\boldsymbol{\tau}}_1=\hat{\boldsymbol{\tau}}_2$。

在 $\hat{\boldsymbol{\tau}}_1$-$\hat{\boldsymbol{\tau}}_2$-$\hat{\boldsymbol{\kappa}}$ 坐标系中，三个单位基矢量表示成列向量为

$$\hat{\boldsymbol{\tau}}_1=\begin{pmatrix}1\\0\\0\end{pmatrix},\quad \hat{\boldsymbol{\tau}}_2=\begin{pmatrix}0\\1\\0\end{pmatrix},\quad \hat{\boldsymbol{\kappa}}=\begin{pmatrix}0\\0\\1\end{pmatrix} \tag{3.3.45}$$

另外 $\overleftrightarrow{\boldsymbol{\eta}}$ 和 $\boldsymbol{D}$ 在这个坐标系中可以写成

$$\overleftrightarrow{\boldsymbol{\eta}}=\begin{pmatrix}\eta'_{11}&\eta'_{12}&\eta'_{13}\\\eta'_{21}&\eta'_{22}&\eta'_{23}\\\eta'_{31}&\eta'_{32}&\eta'_{33}\end{pmatrix}\quad 和\quad \boldsymbol{D}=\begin{pmatrix}D'_1\\D'_2\\D'_3\end{pmatrix} \tag{3.3.46}$$

这样式(3.3.44)可以写成

$$-\left[\begin{pmatrix}0 & 0 & 1\end{pmatrix}\begin{pmatrix}\eta'_{11} & \eta'_{12} & \eta'_{13}\\ \eta'_{21} & \eta'_{22} & \eta'_{23}\\ \eta'_{31} & \eta'_{32} & \eta'_{33}\end{pmatrix}\begin{pmatrix}D'_1\\ D'_2\\ D'_3\end{pmatrix}\right]\begin{pmatrix}0\\0\\1\end{pmatrix}+$$

$$\begin{pmatrix}\eta'_{11} & \eta'_{12} & \eta'_{13}\\ \eta'_{21} & \eta'_{22} & \eta'_{23}\\ \eta'_{31} & \eta'_{32} & \eta'_{33}\end{pmatrix}\begin{pmatrix}D'_1\\ D'_2\\ D'_3\end{pmatrix}=\frac{1}{n^2}\begin{pmatrix}D'_1\\ D'_2\\ D'_3\end{pmatrix} \tag{3.3.47}$$

整理，得到

$$\begin{pmatrix}\eta'_{11} & \eta'_{12} & \eta'_{13}\\ \eta'_{21} & \eta'_{22} & \eta'_{23}\\ 0 & 0 & 0\end{pmatrix}\begin{pmatrix}D'_1\\ D'_2\\ D'_3\end{pmatrix}=\frac{1}{n^2}\begin{pmatrix}D'_1\\ D'_2\\ D'_3\end{pmatrix} \tag{3.3.48}$$

上式第三行元素均为 0，显然在 $\hat{\boldsymbol{\tau}}_1$-$\hat{\boldsymbol{\tau}}_2$-$\hat{\boldsymbol{\kappa}}$ 坐标系中，$D'_3=0$。显然得到

$$\boldsymbol{D}\perp\hat{\boldsymbol{\kappa}} \tag{3.3.49}$$

说明 $\boldsymbol{D}$ 位于垂直于$\hat{\boldsymbol{\kappa}}$ 的平面内，也就是位于相交椭圆平面内。在这个平面内有二维本征方程

$$\begin{pmatrix}\eta'_{11} & \eta'_{12}\\ \eta'_{21} & \eta'_{22}\end{pmatrix}\begin{pmatrix}D'_1\\ D'_2\end{pmatrix}=\frac{1}{n^2}\begin{pmatrix}D'_1\\ D'_2\end{pmatrix} \tag{3.3.50}$$

从几何关系可以看出，相交椭圆的本征方向显然是椭圆长轴方向 $\boldsymbol{D}_a$ 和 $\boldsymbol{D}_b$，相应的本征值为 $1/n_a^2$ 和 $1/n_b^2$，即 n_a 为椭圆半长轴、n_b 为椭圆半短轴。

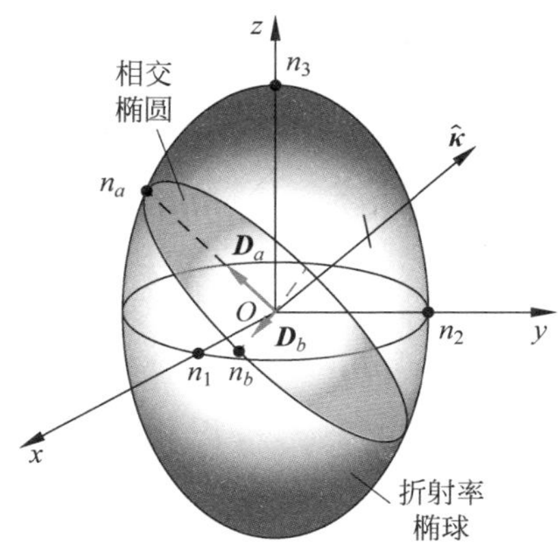

图 3-3-7　利用折射率椭球求本征偏振模式和本征折射率的示意图

这一节的内容非常多，需要梳理一下本节讨论的内容：

（1）光波在晶体中的传播具有特殊性，其来源于晶体结构的各向异性，表现为晶体在光波作用下，极化表现出的各向异性，由极化的本构关系式（3.2.11）和

式(3.2.15)表示这种极化的各向异性,归结为介质的介电张量$\overleftrightarrow{\boldsymbol{\varepsilon}}$。一般的晶体其介电张量是对称张量,$\varepsilon_{ij}=\varepsilon_{ji}$。

(2) 当分析光波在各向同性介质传输时,在各向同性极化假设下(相对介电常数ε_{r}是标量),可以从麦克斯韦方程组导出波动方程,从而确定光波在介质中的传播相速度$v=1/\sqrt{\varepsilon_0\varepsilon_{\mathrm{r}}\mu_0\mu_{\mathrm{r}}}\overset{\mu_{\mathrm{r}}\approx 1}{\approx}c/n$,以及折射率$n=\sqrt{\varepsilon_{\mathrm{r}}}$。然而在各向异性介质中,其分析方法为在光波为平面波的设定下,由麦克斯韦方程组导出方程(3.3.16)或者方程(3.3.17)。这个方程可以看成在各向异性介质中等价的波动方程,可以称为各向异性介质中平面波的传播方程。当光波传播方向$\hat{\boldsymbol{\kappa}}$给定后,可以用它确定光波的本征偏振模式$\boldsymbol{D}'$和$\boldsymbol{D}''$,以及本征折射率$n'$和$n''$。

(3) 在一般的晶体中,反映极化的介电张量$\overleftrightarrow{\boldsymbol{\varepsilon}}$是对称张量,$\varepsilon_{ij}=\varepsilon_{ji}$,这样的晶体可以分为具有光学各向同性(具有立方对称性)、单轴晶体和双轴晶体三类。代入传播方程(3.3.16)或者方程(3.3.17)得到的两个垂直偏振模式是线偏振态,因此这种双折射现象通常称其为线双折射(与下面将要讨论的圆双折射相区别)。光波在这种晶体中传输,可以分解为两个线偏振模式,分别按照相速度$v'=c/n'$和$v''=c/n''$传播。

(4) 本节用到的分析方法包括了比较复杂的解本征方程的分析方法,以及可以图解的折射率椭球分析方法。这两种方法是等价的。

3.4 旋光现象——圆双折射

3.3节讨论了一般晶体中的双折射现象,由于其介电张量为对称张量,该张量可以在主轴坐标系中对角化,进而求解出的双折射的本征偏振模式是两个垂直的线偏振态,称为线双折射。本节分析旋光现象,经分析发现旋光现象实际上是一种圆双折射,光传输的本征偏振模式是圆偏振模式,即本征偏振模式是左旋圆偏振光与右旋圆偏振光,它们之间是相互正交的,可以组成一对偏振基。

旋光现象分为某些旋光介质自然的光学旋光现象(optical activity)和称为法拉第旋光效应(Faraday rotation effect)的磁致旋光效应。这两种效应都是使通过的光波的偏振态发生整体旋转,但是两种效应的物理机制完全不同。自然的光学旋光效应来源于旋光材料内部分子的螺旋性排列;而法拉第旋光效应来源于介质极化时受到外来强磁场对于极化的作用。对它们的全面、严格的描述需要借助描述微观世界的量子理论,本节只从经典物理角度粗略地给出旋光的理论。

3.4.1 在强磁场作用下抗磁材料的旋光理论

对磁场有响应并反过来影响磁场的介质称为磁介质。磁介质一般分为顺磁质、抗磁质和铁磁质。这些介质都可以在强磁场作用下产生旋光效应,即所谓磁致旋光效应。总体而言,强磁场引起的磁致旋光效应均可以归类于如下本构关系中主轴坐标系下的极化公式[2, 10-11]:

$$\boldsymbol{D}=\overleftrightarrow{\boldsymbol{\varepsilon}}\cdot\boldsymbol{E}=\begin{pmatrix}\varepsilon_{xx} & -\mathrm{j}\varepsilon_g & 0\\ \mathrm{j}\varepsilon_g & \varepsilon_{xx} & 0\\ 0 & 0 & \varepsilon_{zz}\end{pmatrix}\begin{pmatrix}E_x\\ E_y\\ E_z\end{pmatrix}\tag{3.4.1}$$

正是因为介电张量 $\overleftrightarrow{\boldsymbol{\varepsilon}}$ 的非对角元素 $-\mathrm{j}\varepsilon_g$ 和 $\mathrm{j}\varepsilon_g$ 与外加强磁场有关,体现了旋光特性。

显然,铁磁质产生的磁致旋光效应远远大于顺磁质和抗磁质,但是对其机理的描述非常复杂。这里为了简单起见,仅介绍各向同性的抗磁质(其分子没有固有磁矩)如何在强磁场作用下产生旋光的机理。

假定各向同性介质分子可以抽象为谐振子,由质量很重的正电荷(认为是不可移动的)和核外电子(可以在分子内部移动)组成。为了简单起见,假定核外只有一个电子 e,它受到等效谐振子给它的胡克恢复力 $\boldsymbol{f}_{恢复}=-m\omega_0^2\boldsymbol{r}$,其中 $\omega_0=\sqrt{k/m}$ 为谐振子的固有谐振频率,由谐振子的弹性系数 k 和电子质量 m 决定。

在这里首先要区分外加的电场和磁场以及仅与光波相联系的电磁场。与光波相联系的电场和磁场分别用 $\boldsymbol{E}$ 和 $\boldsymbol{B}$ 表示,而外加强磁场用 $\boldsymbol{B}_{外}$ 表示。如果没有外加磁场 $\boldsymbol{B}_{外}$,与光波相联系的电磁场对电子施加洛伦兹力 $\boldsymbol{f}_{洛}=-e\boldsymbol{v}_{电子}\times\boldsymbol{B}$ 和电场力 $\boldsymbol{f}_{电场}=-e\boldsymbol{E}$ 作用。数值上,光波的电磁场 $|\boldsymbol{E}|=|c\boldsymbol{B}|$,显然有 $\boldsymbol{v}_{电子}\ll c$,$|\boldsymbol{f}_{洛}|\ll|\boldsymbol{f}_{电场}|$,可以忽略光波磁场对电子的作用。如果外加了强磁场 $\boldsymbol{B}_{外}$,电子受到的洛伦兹力电场力 $\boldsymbol{f}_{洛}=-e\boldsymbol{v}_{电子}\times\boldsymbol{B}_{外}$ 将能够与 $\boldsymbol{f}_{电场}=-e\boldsymbol{E}=-e\boldsymbol{E}_0\mathrm{e}^{\mathrm{j}\omega t}$ 相比拟,其中 $\boldsymbol{E}=\boldsymbol{E}_0\mathrm{e}^{\mathrm{j}\omega t}$。列出电子的动力学方程

$$m\frac{\mathrm{d}^2\boldsymbol{r}}{\mathrm{d}t^2}=\boldsymbol{f}_{恢复}+\boldsymbol{f}_{洛}+\boldsymbol{f}_{电场}=-m\omega_0^2\boldsymbol{r}-e\boldsymbol{v}_{电子}\times\boldsymbol{B}_{外}-e\boldsymbol{E}\tag{3.4.2}$$

经整理,得

$$\frac{\mathrm{d}^2\boldsymbol{r}}{\mathrm{d}t^2}+\omega_0^2\boldsymbol{r}+\frac{e}{m}\frac{\mathrm{d}\boldsymbol{r}}{\mathrm{d}t}\times\boldsymbol{B}_{外}=-\frac{e}{m}\boldsymbol{E}\tag{3.4.3}$$

其中,$\boldsymbol{v}_{电子}=\mathrm{d}\boldsymbol{r}/\mathrm{d}t$。引入分子电偶极矩 $\boldsymbol{p}=-e\boldsymbol{r}$,上式变为

$$\frac{\mathrm{d}^2\boldsymbol{p}}{\mathrm{d}t^2}+\omega_0^2\boldsymbol{p}+\frac{e}{m}\frac{\mathrm{d}\boldsymbol{p}}{\mathrm{d}t}\times\boldsymbol{B}_{外}=\frac{e^2}{m}\boldsymbol{E}\tag{3.4.4}$$

因为分子电偶极矩会在光场作用下,以光场的圆频率 ω 振荡,可以设 $\boldsymbol{p}=\boldsymbol{p}_0\mathrm{e}^{\mathrm{j}\omega t}$,则 $\mathrm{d}\boldsymbol{p}/\mathrm{d}t=\mathrm{j}\omega\boldsymbol{p}$,$\mathrm{d}^2\boldsymbol{p}/\mathrm{d}t^2=-\omega^2\boldsymbol{p}$,代入式(3.4.4),得

$$(\omega^2-\omega_0^2)\boldsymbol{p}-\mathrm{j}\omega\frac{e}{m}\boldsymbol{p}\times\boldsymbol{B}_{外}=-\frac{e^2}{m}\boldsymbol{E}\tag{3.4.5}$$

令强磁场加在 z 方向，$\boldsymbol{B}_{外}=B_{外z}\hat{\boldsymbol{e}}_z$，代入上式，并令

$$\omega_L=eB_{外z}/2m \tag{3.4.6}$$

得

$$\begin{cases}(\omega^2-\omega_0^2)p_x-2\mathrm{j}\omega\omega_L p_y=-\dfrac{e^2}{m}E_x\\(\omega^2-\omega_0^2)p_y+2\mathrm{j}\omega\omega_L p_x=-\dfrac{e^2}{m}E_y\\(\omega^2-\omega_0^2)p_z=-\dfrac{e^2}{m}E_z\end{cases} \tag{3.4.7}$$

可以设

$$\begin{cases}p_x=\alpha_{xx}E_x+\alpha_{xy}E_y\\p_y=\alpha_{yx}E_x+\alpha_{yy}E_y\\p_z=\alpha_{zz}E_z\end{cases} \tag{3.4.8}$$

其中，

$$\begin{cases}\alpha_{xx}=-\dfrac{e^2}{m}\dfrac{\omega^2-\omega_0^2}{(\omega^2-\omega_0^2)^2-(2\omega\omega_L)^2}\\\alpha_{xy}=-\mathrm{j}\dfrac{e^2}{m}\dfrac{2\omega\omega_L}{(\omega^2-\omega_0^2)^2-(2\omega\omega_L)^2}\\\alpha_{yx}=\mathrm{j}\dfrac{e^2}{m}\dfrac{2\omega\omega_L}{(\omega^2-\omega_0^2)^2-(2\omega\omega_L)^2}\\\alpha_{yy}=-\dfrac{e^2}{m}\dfrac{\omega^2-\omega_0^2}{(\omega^2-\omega_0^2)^2-(2\omega\omega_L)^2}\\\alpha_{zz}=-\dfrac{e^2}{m}\dfrac{1}{(\omega^2-\omega_0^2)}\end{cases} \tag{3.4.9}$$

显然有 $\alpha_{xx}=\alpha_{yy}$，$\alpha_{yx}=-\alpha_{xy}=\mathrm{j}\alpha$。

考虑介质的极化强度与分子电偶极矩的关系，极化强度是单位体积内分子电偶极矩的矢量和，有 $\boldsymbol{P}=N\boldsymbol{p}$，其中 N 为单位体积内的分子数。进而有

$$\begin{pmatrix}P_x\\P_y\\P_z\end{pmatrix}=\begin{pmatrix}N\alpha_{xx} & -\mathrm{j}N\alpha & 0\\\mathrm{j}N\alpha & N\alpha_{xx} & 0\\0 & 0 & N\alpha_{zz}\end{pmatrix}\begin{pmatrix}E_x\\E_y\\E_z\end{pmatrix} \tag{3.4.10}$$

根据关系 $\boldsymbol{D}=\varepsilon_0\boldsymbol{E}+\boldsymbol{P}$，得

$$\begin{pmatrix}D_x\\D_y\\D_z\end{pmatrix}=\begin{pmatrix}\varepsilon_0+N\alpha_{xx} & -\mathrm{j}N\alpha & 0\\\mathrm{j}N\alpha & \varepsilon_0+N\alpha_{xx} & 0\\0 & 0 & \varepsilon_0+N\alpha_{zz}\end{pmatrix}\begin{pmatrix}E_x\\E_y\\E_z\end{pmatrix}$$

$$=\varepsilon_0\begin{pmatrix} n_1^2 & -\mathrm{j}\beta & 0 \\ \mathrm{j}\beta & n_1^2 & 0 \\ 0 & 0 & n_3^2 \end{pmatrix}\begin{pmatrix} E_x \\ E_y \\ E_z \end{pmatrix} \tag{3.4.11}$$

其中，$n_1=\sqrt{N\alpha_{xx}/\varepsilon_0+1}$，$n_3=\sqrt{N\alpha_{zz}/\varepsilon_0+1}$，$\beta=N\alpha/\varepsilon_0$。与式(3.4.1)进行比较，有 $\varepsilon_{xx}=\varepsilon_0(N\alpha_{xx}/\varepsilon_0+1)$，$\varepsilon_{zz}=\varepsilon_0(N\alpha_{zz}/\varepsilon_0+1)$，$\varepsilon_g=N\alpha$。

显然，外加强磁场的介质不再是各向同性的，表现出各向异性，而且得到的各向异性与一般晶体也不同，成为法拉第旋光介质或者磁致旋光介质。一般晶体介电张量 $\overleftrightarrow{\boldsymbol{\varepsilon}}$ 是对称张量，而法拉第旋光介质在 z 轴外加了强磁场后，介电张量 $\overleftrightarrow{\boldsymbol{\varepsilon}}$ 是反对称的。这决定了光波沿 z 轴传输时表现出来的双折射与一般晶体的线双折射不同，从下面的讨论可知此时法拉第旋光介质表现出圆双折射特性。

3.4.2 法拉第旋光效应的本征偏振模式

将强磁场下的极化关系式(3.4.11)代入晶体光学第一基本方程 $\boldsymbol{D}=\varepsilon_0 n^2[\boldsymbol{E}-(\hat{\boldsymbol{\kappa}}\cdot\boldsymbol{E})\hat{\boldsymbol{\kappa}}]$，设光波沿着磁场 $\boldsymbol{B}$ 方向传播，即沿着 z 轴传播，则 $E_z=0$，得到传播方程为

$$\varepsilon_0\begin{pmatrix} n_1^2 & -\mathrm{j}\beta & 0 \\ \mathrm{j}\beta & n_1^2 & 0 \\ 0 & 0 & n_3^2 \end{pmatrix}\begin{pmatrix} E_x \\ E_y \\ 0 \end{pmatrix}=\varepsilon_0 n^2\begin{pmatrix} E_x \\ E_y \\ 0 \end{pmatrix} \tag{3.4.12}$$

$$\begin{pmatrix} n^2-n_1^2 & \mathrm{j}\beta \\ -\mathrm{j}\beta & n^2-n_1^2 \end{pmatrix}\begin{pmatrix} E_x \\ E_y \end{pmatrix}=0 \tag{3.4.13}$$

得出本征折射率解为

$$n'^2=n_1^2+\beta \quad 和 \quad n''^2=n_1^2-\beta \tag{3.4.14}$$

对应的本征偏振模式为

$$\boldsymbol{E}'=\frac{1}{\sqrt{2}}\begin{pmatrix} 1 \\ \mathrm{j} \end{pmatrix}(右旋圆偏振) \quad 和 \quad \boldsymbol{E}''=\frac{1}{\sqrt{2}}\begin{pmatrix} 1 \\ -\mathrm{j} \end{pmatrix}(左旋圆偏振) \tag{3.4.15}$$

显然，法拉第旋光效应也是一种双折射，但是是圆双折射，不是线双折射，其本征偏振模式是右旋圆偏振态和左旋圆偏振态，对应的本征折射率为 n' 和 n''。偏振光经过 d 距离的传输，在两正交本征圆偏振态之间产生相位差

$$\delta=\frac{2\pi}{\lambda}(n'-n'')d \tag{3.4.16}$$

注意，相位差 δ 的正负决定了旋光的方向(左旋还是右旋)，δ 的正负由 α_{xy} 决定，而 α_{xy} 的正负由 $\omega_{\mathrm{L}}\propto B_{外z}$ 决定，这样法拉第旋光的方向与外加磁场方向有关，

顺着磁场方向传输和逆着磁场方向传输从光束的角度来看旋光的方向是不一样的。或者说，光束如果传输一个来回偏振态是不能够复原的，即不具有光束的互易性，这在3.1.6节提及过，可参看图3-1-19(a)和(b)。利用这一特性，可以用来制作光路系统中的光束隔离器，将在第5章进行讨论。

当然这里讨论的法拉第磁致旋光(简称法拉第旋光)现象仅限于抗磁质，没有讨论顺磁质和铁磁质的法拉第旋光效应，其韦尔代常量的正负还与介质特性有关。

3.4.3　光学旋光效应理论

与法拉第效应不同，光学旋光材料产生的自然旋光现象并不需要外加磁场，而是由材料本身的构造引起的[1-3]。1822年，英国科学家赫谢耳(J. F. W. Herschel)发现光束通过石英晶体表现出偏振态是左旋还是右旋实际上对应了石英晶体的两种同分子异构体——左旋石英晶体和右旋石英晶体，如图3-4-1(a)和(b)所示。两种形态的石英晶体虽然分子均为SiO_2，但是分子的排列不同，互为镜像[3]。由于它们就像人的左手和右手的镜像关系，又称这种异构体为手性异构体。石英晶体之所以有旋光性是因为结晶后硅原子和氧原子是沿着螺旋线排列的[3]，如图3-4-2所示的右旋石英晶体是沿着光轴成右螺旋线排列的。按说石英晶体是正单轴晶体，光波沿着光轴方向传输会像普通单轴晶体那样表现出没有双折射(在光轴方向没有线双折射)，但是正是由于石英晶体的原子排列成螺旋线形，导致了旋光，也就是表现出圆双折射效应。当SiO_2处于熔融状态时，这种原子螺旋线形排列消失，旋光性也消失，所以制作完美的光纤是没有旋光性的。

研究表明，一些溶液比如糖溶液中分子的排列也有螺旋性，因此也会表现出旋光现象，比如葡萄糖表现出右旋的旋光性，果糖表现出左旋的旋光性。

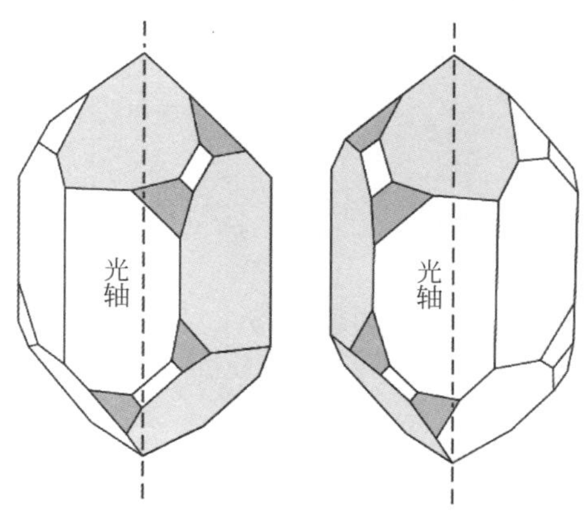

图3-4-1　左旋石英晶体(a)和右旋石英晶体(b)[3]

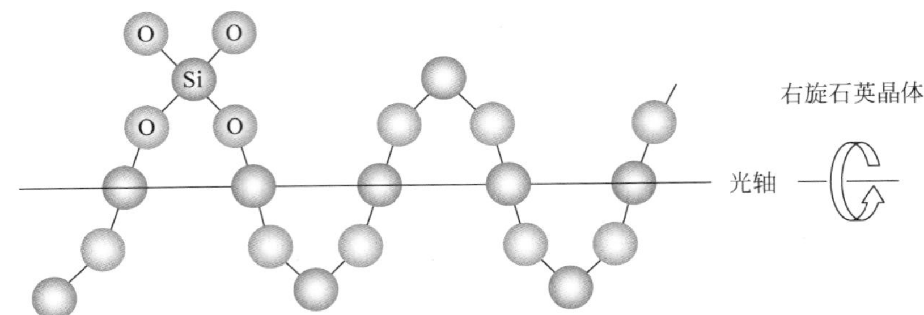

图 3-4-2　右旋石英晶体中硅原子和氧原子的排列情况[3]

3.4.4　光学旋光效应的本征偏振模式

无论光束是通过旋光溶液传输，还是沿石英晶体的 z 轴传输，其极化的本构方程总能表示成下列形式[2]：

$$\begin{pmatrix} D_x \\ D_y \\ D_z \end{pmatrix} = \varepsilon_0 \begin{pmatrix} n_1^2 & -\mathrm{j}\beta & 0 \\ \mathrm{j}\beta & n_1^2 & 0 \\ 0 & 0 & n_3^2 \end{pmatrix} \begin{pmatrix} E_x \\ E_y \\ E_z \end{pmatrix} \tag{3.4.17}$$

其中对于各向同性的旋光溶液而言，$n_1 = n_3$。

式(3.4.17)与式(3.4.11)似乎完全一样，但是对于法拉第效应，非对角元素 β 来源于外加强磁场，其正负与外加强磁场的方向以及磁致旋光材料的韦尔代常量的正负都有关；而对于光学旋光，其非对角元素 β 纯粹来源于介质分子的螺旋性结构排列，其正负取决于材料是左旋旋光性还是右旋旋光性。

类似于 3.4.2 节的计算，同样能得到本征偏振模式为左旋圆偏振态和右旋圆偏振态，其相应的本征折射率解为

$$n'^2 = n_1^2 + \beta \quad 和 \quad n''^2 = n_1^2 - \beta \tag{3.4.18}$$

对应的本征偏振模式为

$$\boldsymbol{E}' = \frac{1}{\sqrt{2}}\begin{pmatrix} 1 \\ \mathrm{j} \end{pmatrix}(右旋圆偏振) \quad 和 \quad \boldsymbol{E}'' = \frac{1}{\sqrt{2}}\begin{pmatrix} 1 \\ -\mathrm{j} \end{pmatrix}(左旋圆偏振) \tag{3.4.19}$$

在两正交本征圆偏振态之间产生的相位差为

$$\delta = \frac{2\pi}{\lambda}(n' - n'')d \tag{3.4.20}$$

与法拉第旋光不同，光学旋光材料本构方程中的非对角元素 β 纯粹来源于介质分子的螺旋性结构排列，光束沿着 $+z$ 方向或者 $-z$ 方向传输，从光束角度来看旋光方向是没有区别的，或者说如果光束传输一个来回，偏振态是可以复原的，即光束具有互易性，可参见图 3-1-19(c)和(d)。

3.5　关于本征偏振模式的讨论

3.1 节、3.3 节和 3.4 节分别从普通物理光学的角度和高等光学的角度讨论了普通晶体的双折射和旋光的双折射，命名为线双折射和圆双折射。尤其是 3.1 节在用普通物理光学介绍线双折射时，是将晶体中传输的偏振光分解为寻常光和非寻常光两正交的线偏振态模式，再分别分析两个偏振态模式在晶体中如何传输；而在谈及旋光时，是将在旋光介质中传输的偏振光分解为两个正交的圆偏振态模式，再分别分析两个偏振模式在旋光介质中是如何传输的。读者是否会有这样的疑问：我们有时将传输的偏振光分解为两个正交的线偏振态，有时又将传输的偏振光分解为两个正交的圆偏振态。这究竟是纯粹为了数学处理上的方便，还是其中有什么客观的物理依据[1]？

实际上，这不是在玩数学游戏，从光与物质相互作用规律的角度看是有客观依据的，大家可以从以高等光学为基础的 3.3 节和 3.4 节分别描述线双折射和圆双折射的过程中体会到这种客观依据的存在。我们并不是在玩数学游戏，而是在具体分析光与不同介质相互作用时，根据情况，自然而然地选择了两个正交的线偏振态作为分析线双折射的偏振基矢量，同样自然而然地选择了两个正交圆偏振态作为分析圆双折射的偏振基矢量。

光与物质的相互作用实际上由本构方程来体现。对于各向同性介质（本书只限制在线性范畴），其本构方程为

$$\boldsymbol{D}=\varepsilon_0\varepsilon_r\boldsymbol{E}=\varepsilon\boldsymbol{E} \tag{3.5.1}$$

$$\boldsymbol{B}=\mu_0\mu_r\boldsymbol{H}=\mu\boldsymbol{H} \tag{3.5.2}$$

其中介电常数 ε 和磁导率 μ 均为标量。将式(3.5.1)和式(3.5.2)代入麦克斯韦方程组，得到各向同性介质中的波动方程

$$\nabla^2\boldsymbol{E}-\frac{n^2}{c^2}\frac{\partial^2\boldsymbol{E}}{\partial t^2}=0 \tag{3.5.3}$$

$$\nabla^2\boldsymbol{H}-\frac{n^2}{c^2}\frac{\partial^2\boldsymbol{H}}{\partial t^2}=0 \tag{3.5.4}$$

其中折射率来源于定义

$$n=c/v=\sqrt{\varepsilon_r\mu_r}\overset{\mu_r\approx 1}{\approx}\sqrt{\varepsilon_r} \tag{3.5.5}$$

可见，在各向同性介质中，其折射率是在波动方程中自然体现出来的，由介质的相对介电常数 ε_r 决定，它并不是某个本征方程的本征值，光束传输时的偏振态也没有本征方程的制约。因此，可以任意选择正交偏振基来分解偏振光，随便选择

一组偏振基分解后，相应于这一组偏振基，其折射率没有区别，不存在对应于某一组特定偏振基的特定折射率。

再来看属于各向异性的普通晶体，其本构关系为

$$\boldsymbol{D}=\overleftrightarrow{\boldsymbol{\varepsilon}}\cdot\boldsymbol{E}=\varepsilon_0\overleftrightarrow{\boldsymbol{\varepsilon}}_{\mathrm{r}}\cdot\boldsymbol{E} \tag{3.5.6}$$

$$\boldsymbol{B}\approx\mu_0\boldsymbol{H} \tag{3.5.7}$$

此时$\overleftrightarrow{\boldsymbol{\varepsilon}}$和$\overleftrightarrow{\boldsymbol{\varepsilon}}_{\mathrm{r}}$不再是标量，而是张量，且是对称张量，这样选择主轴坐标可以使$\overleftrightarrow{\boldsymbol{\varepsilon}}$和$\overleftrightarrow{\boldsymbol{\varepsilon}}_{\mathrm{r}}$对角化。在假设各向异性晶体中传播仍可以是平面波后，再假定与平面波相联系的折射率体现在传播矢量中

$$\boldsymbol{k}=\frac{\omega}{c}n\hat{\boldsymbol{\kappa}} \tag{3.5.8}$$

此时的折射率只是形式地给出，并没有赋予它特定值，需要其他的方程来约束给定。

将平面波解代入麦克斯韦方程组后，得到晶体光学的第一基本方程

$$\boldsymbol{D}=\varepsilon_0 n^2[\boldsymbol{E}-(\hat{\boldsymbol{\kappa}}\cdot\boldsymbol{E})\hat{\boldsymbol{\kappa}}] \tag{3.5.9}$$

再结合本构方程(3.5.6)，得到了平面波在各向异性介质中主轴坐标系下的传输方程

$$n_i^2E_i=n^2[E_i-\kappa_i(\hat{\boldsymbol{\kappa}}\cdot\boldsymbol{E})],\quad i=1,2,3 \tag{3.5.10}$$

这个方程可以看作各向异性介质中的传输方程，这是一个本征方程，本征值是折射率，电场强度(即偏振)存在本征矢量。

这样在平面波传输方向$\hat{\boldsymbol{\kappa}}$给定后，存在两个正交的线偏振态$\boldsymbol{E}'$和$\boldsymbol{E}''$，相对应的折射率就是两本征折射率$n'$和$n''$，分别以速度$v'=c/n'$和$v''=c/n''$传输。这里的逻辑是：当平面波传输方向$\hat{\boldsymbol{\kappa}}$给定后，存在两个正交的线偏振模式，传输光只有沿着这两个线偏振模式偏振时，折射率n'和n''可以由菲涅耳方程得到。因此，传输的偏振光要按照这两个正交的线偏振模式分解，再分别讨论它们的传输。

类似地，对于自然旋光介质和法拉第旋光介质，其极化的本构方程为

$$\boldsymbol{D}=\varepsilon_0\overleftrightarrow{\boldsymbol{\varepsilon}}_{\mathrm{r}}\cdot\boldsymbol{E}=\varepsilon_0\begin{pmatrix}n_1^2 & -\mathrm{j}\beta & 0\\ \mathrm{j}\beta & n_1^2 & 0\\ 0 & 0 & n_3^2\end{pmatrix}\begin{pmatrix}E_x\\ E_y\\ E_z\end{pmatrix} \tag{3.5.11}$$

其中与普通晶体的本构方程不同的是$\overleftrightarrow{\boldsymbol{\varepsilon}}$和$\overleftrightarrow{\boldsymbol{\varepsilon}}_{\mathrm{r}}$不再是对称张量，主轴坐标系下也不能对角化。

将沿着z轴传输的平面波解代入方程(3.5.9)，得主轴坐标系下的传输方程

$$\varepsilon_0\begin{bmatrix} n_1^2 & -\mathrm{j}\beta & 0 \\ \mathrm{j}\beta & n_1^2 & 0 \\ 0 & 0 & n_3^2 \end{bmatrix}\begin{pmatrix} E_x \\ E_y \\ 0 \end{pmatrix}=\varepsilon_0 n^2\begin{pmatrix} E_x \\ E_y \\ 0 \end{pmatrix} \tag{3.5.12}$$

这也是一个本征方程。与线双折射不同的是，这个方程的两个正交本征偏振模式是圆偏振态 $\boldsymbol{E}'$ 和 $\boldsymbol{E}''$，相对应的折射率是对应两个圆偏振模式的折射率 n' 和 n''。

可见，光在各向异性介质中传输时，要根据不同的本构方程得到不同的本征方程。如果本征方程的本征偏振模式是线偏振态，分析传输时就需要按照线偏振态分解偏振光；而如果本征方程的本征偏振模式是圆偏振态，分析传输时就需要按照圆偏振态分解偏振光。只有按照本征偏振模式分解偏振光，分解得到的偏振态在传输时，其折射率(传播速度)才能求解得到。

下面总结一下各向异性材料存在本征偏振模式的意义。

(1) 光波在这类各向异性介质中传播，并不能想当然地认为该介质的传输速度或者折射率就是大学物理里粗略解释的那样由相对介电常数和相对磁导率决定，即想当然地认为有关系 $v=c/\sqrt{\varepsilon_r\mu_r}\approx c/\sqrt{\varepsilon_r}$，或者 $n=\sqrt{\varepsilon_r\mu_r}\approx\sqrt{\varepsilon_r}$。以普通晶体为例，一旦材料确定(比如方解石晶体)，我们能够知道的只是在主轴坐标系里的三个主折射率(式(3.2.18)) $n_1=\sqrt{\varepsilon_{r1}}$、$n_2=\sqrt{\varepsilon_{r2}}$ 和 $n_3=\sqrt{\varepsilon_{r3}}$(方解石晶体是单轴晶体，因此 $n_1=n_2=n_o$，$n_3=n_e$)。而且这三个主折射率的含义是，当传播的光波沿主轴方向偏振时(此时传输方向与其垂直)，传输的折射率才是 n_1、n_2 和 n_3，在其他方向传输时的折射率需要伴随着求解传输本征偏振模式的同时而求出(求解本征方程(3.3.17)，或者利用折射率椭球(图 3-3-4)求解)。

(2) 一旦光波在晶体中的传输方向给定，就可以由此求得相应于这个传输方向的两个正交的本征偏振模式解，将输入偏振态沿着这两个本征偏振模式展开，就能借助本征折射率分析其沿着这个模式偏振的传输情况，并在输出端将传输到此处的两偏振进行合成叠加，即得到输出偏振态。

(3) 这种偏振模式的存在可以由如图 3-5-1 所示的现象说明(可实验证实)。对于线双折射晶体，如果输入光波只是两线偏振模式之一(比如图 3-5-1(a)中晶体的两个线偏振模式是 x 方向线偏振和 y 方向线偏振)，则光波沿着这个偏振模式传输，偏振态不会改变。而任意的输入偏振态在此晶体中传输，偏振态均会改变(因为存在双折射)。6.4 节介绍的保偏光纤就是按照这个原理制作的。对于圆双折射晶体，如果输入光波只是左旋圆偏振态和右旋圆偏振态之一，光波就会以圆偏振传输，传输中不会改变偏振态，如图 3-5-1(b)所示。如果光波以其他偏振态入射，传输中偏振态均会改变。

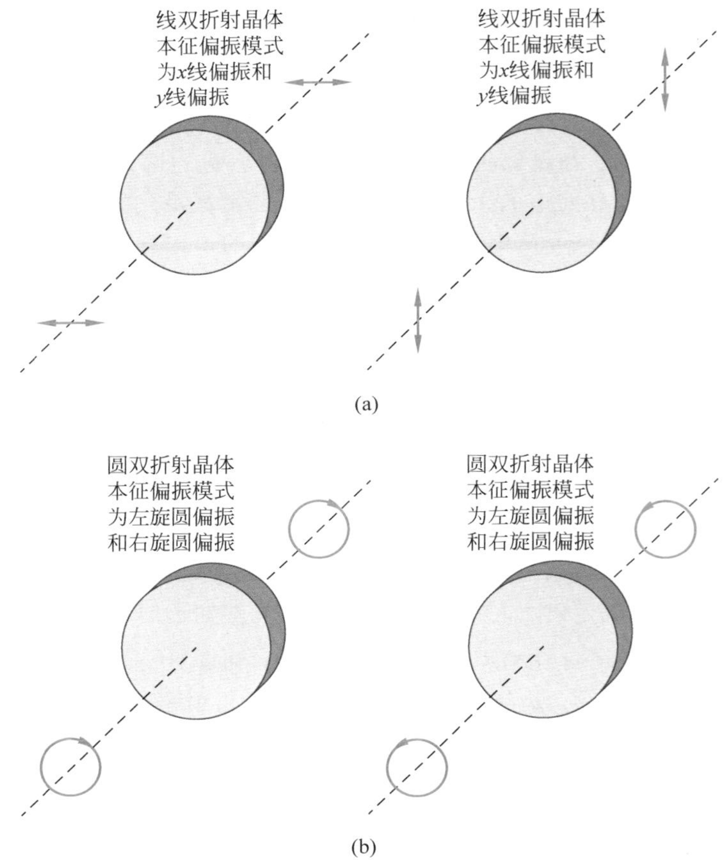

图 3-5-1 输入光波沿着晶体的本征偏振态传输，偏振态保持不变

(a) 线双折射晶体；(b)圆双折射晶体

参考文献

[1] 赵凯华. 新概念物理学教程：光学 [M]. 北京：高等教育出版社，2004.

[2] 伽塔克. 光学[M]. 张晓光，唐先锋，张虎，译. 6 版. 北京：清华大学出版社，2019.

[3] 赫克特. 光学[M]. 秦克诚，林福成，译. 5 版. 北京：电子工业出版社，2019.

[4] FRESNEL A J. Mémorie sur la double réfraction que les rayons lumineus éprouvent en traversant les aiguilles de cristal roche suivant des directions parallèles à l'axe [J]. Oeuvres, 1822, 1: 731-751.

[5] 波恩，沃耳夫. 光学原理：下册[M]. 杨葭荪，译. 7 版. 北京：电子工业出版社，2005.

[6] 程路. 光学：原理与进展 [M]. 北京：科学出版社，1990.

[7] 张晓光，唐先锋，肖晓晟. 非线性光学与非线性光纤光学贯通教程［M］. 北京：北京邮电大学出版社，2021.

[8] 王仕璠，朱自强. 现代光学原理［M］. 成都：电子科技大学出版社，1998.

[9] SALEH B E A，TEICH M C. Fundamentals of photonics［M］. Hoboken：John Wiley & Sons，2007.

[10] DAMASK J N. Polarization optics in telecommunications［M］. New York：Springer，2005.

[11] COLLETT E. Polarized light in fiber optics［M］. Lincroft：The PolaWave Group，2003.

第4章 偏振器件的琼斯矩阵和米勒矩阵描述

第3章讨论了双折射现象，利用双折射现象可以制成各种偏振器件。所谓偏振器件是可以改变输入光束偏振态的器件。就像偏振态在琼斯空间可以用一个2×1的矢量表示一样，一个偏振器件在琼斯空间要用一个2×2的矩阵表示，叫作琼斯矩阵。一个输入琼斯偏振矢量经过一个琼斯矩阵的作用得到输出的琼斯偏振矢量。当然，偏振态除了可以用琼斯矢量描述，也可以在斯托克斯空间用斯托克斯矢量描述。类似地，偏振器件在斯托克斯空间也可以用一个4×4或者3×3(对于完全偏振光)的矩阵描述，叫作米勒矩阵。同样，一个斯托克斯偏振矢量经过一个米勒矩阵的作用得到输出的斯托克斯偏振矢量。

4.1 基本偏振器件的琼斯矩阵描述

偏振器件可以将一种偏振态转换为另外的偏振态。如果输入偏振态和输出偏振态分别用$|E_{\text{in}}\rangle$和$|E_{\text{out}}\rangle$表示，表示偏振器件的琼斯矩阵由$\boldsymbol{J}$表示，图4-1-1显示了它们之间的对应关系。

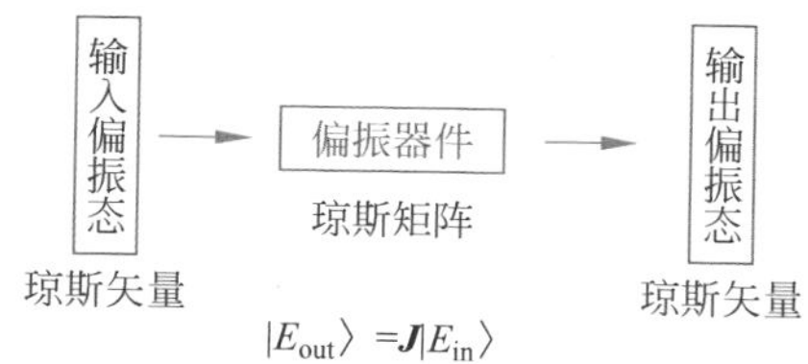

图4-1-1 琼斯矢量、琼斯矩阵与偏振态、偏振器件之间的对应关系

有三种最基本的偏振器件，包括线起偏振器、相位延迟器和旋转器，可以将这三种偏振器件进行组合，构成读者想要的偏振变换。下面分别讨论这三种基本的偏振器件。

4.1.1　线起偏器的琼斯矩阵

3.1.3 节讲过线起偏器得到线偏振光的起偏原理，它来源于材料的二向色性、光以布儒斯特角经界面反射、晶体 o 光和 e 光的分光等。线起偏器分部分起偏器和完全起偏器，它有两个垂直的特征方向，输入偏振光在这两个特征方向分解后，部分起偏器对两个垂直偏振态的吸收不同，使输出偏振态发生变化，如图 4-1-2 所示。

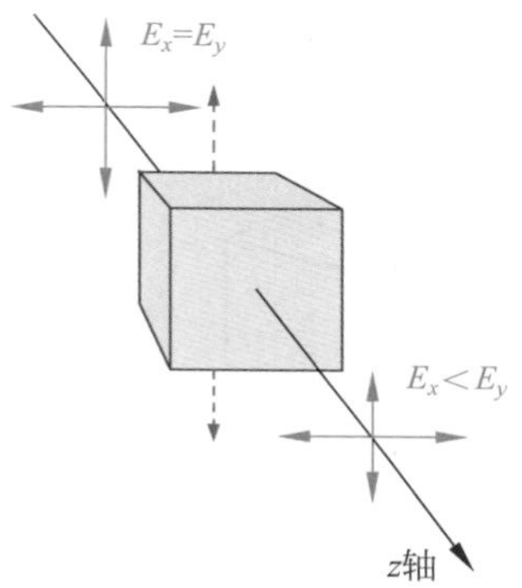

图 4-1-2　部分起偏器示意图

如果起偏器的特征方向是 x、y 方向时，相对于两个偏振方向的振幅透过系数分别为 p_x 和 p_y 时，其对于偏振态的琼斯变换矩阵为

$$\boldsymbol{P}_0=\begin{pmatrix}p_x & 0\\ 0 & p_y\end{pmatrix}\tag{4.1.1}$$

这个矩阵也叫作零方位角的部分起偏器矩阵。当一个输入偏振态 $|E_{\text{in}}\rangle$ 经过这个起偏器后，输出偏振态变为 $|E_{\text{out}}\rangle$，其变换过程可以表示为

$$|E_{\text{out}}\rangle=\boldsymbol{P}_0|E_{\text{in}}\rangle\quad 或者\quad \begin{pmatrix}p_xE_{\text{in},x}\\ p_yE_{\text{in},y}\end{pmatrix}=\begin{pmatrix}p_x & 0\\ 0 & p_y\end{pmatrix}\begin{pmatrix}E_{\text{in},x}\\ E_{\text{in},y}\end{pmatrix}\tag{4.1.2}$$

当 $p_x=1, p_y=0$ 时，部分起偏器变为完全(理想)起偏器，其透振方向为 x 轴，琼斯变换矩阵为

$$\boldsymbol{P}_0=\begin{pmatrix}1 & 0\\ 0 & 0\end{pmatrix}\tag{4.1.3}$$

4.1.2 相位延迟器的琼斯矩阵

3.1.4 节讨论过相位延迟器，以及特殊相位延迟情况下的二分之一波片和四分之一波片。在这里建立快轴为 x 轴、相位延迟为 Δ 的相位延迟器琼斯矩阵，叫作零方位角的相位延迟器（图 4-1-3）。x 方向偏振态超前 y 方向偏振态的相位为 Δ，反过来 y 方向偏振态相对于 x 方向偏振态有相位延迟 Δ。则有

$$\boldsymbol{U}_0(\Delta)=\begin{pmatrix} e^{j\Delta} & 0 \\ 0 & 1 \end{pmatrix} \tag{4.1.4}$$

输入偏振态经过相位延迟作用后，其输出偏振态经历了如下变换：

$$\begin{pmatrix} E_{in,x}e^{j\Delta} \\ E_{in,y} \end{pmatrix}=\begin{pmatrix} e^{j\Delta} & 0 \\ 0 & 1 \end{pmatrix}\begin{pmatrix} E_{in,x} \\ E_{in,y} \end{pmatrix} \tag{4.1.5}$$

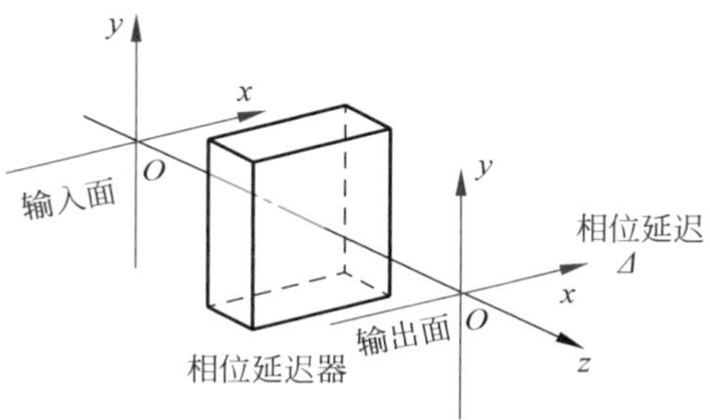

图 4-1-3 零方位角相位延迟器示意图

习惯上将相位延迟矩阵写为对称形式，为

$$\boldsymbol{U}_0(\Delta)=\begin{pmatrix} e^{j\Delta/2} & 0 \\ 0 & e^{-j\Delta/2} \end{pmatrix} \tag{4.1.6}$$

显然，快轴为 y 轴的相位延迟器琼斯矩阵为

$$\boldsymbol{U}_0(-\Delta)=\begin{pmatrix} e^{-j\Delta/2} & 0 \\ 0 & e^{j\Delta/2} \end{pmatrix} \tag{4.1.7}$$

4.1.3 旋转器的琼斯矩阵

3.1.5 节和 3.1.6 节分别讨论过晶体旋光效应和法拉第旋光效应，利用这种旋光效应可以制成偏振旋光器，其作用是将输入偏振态整体旋转一个角度，如图 4-1-4 所示。

将偏振态整体旋转 θ 的旋转器的琼斯矩阵表示为

$$\boldsymbol{T}(\theta)=\begin{pmatrix} \cos\theta & -\sin\theta \\ \sin\theta & \cos\theta \end{pmatrix} \tag{4.1.8}$$

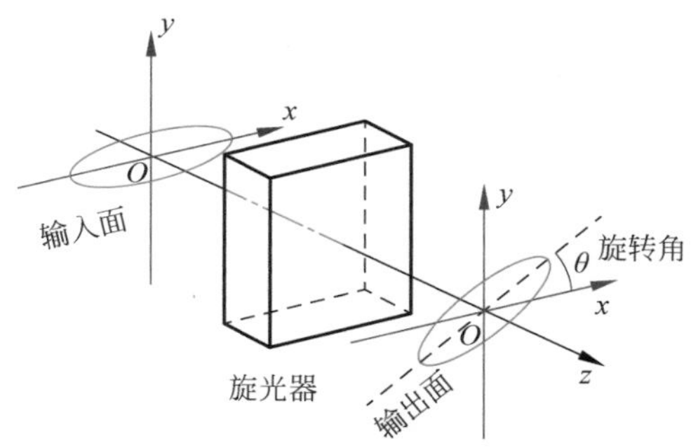

图 4-1-4　旋光器示意图

4.2　偏振器件琼斯矩阵的表象变换

4.2.1　从偏振矩阵的坐标变换到偏振表象变换

4.1 节提到零方位角的线起偏器、零方位角的相位延迟器，其包含的意思是这些偏振器件内部有自己的特征方向。比如线起偏器有两个垂直的特征方向，在这两个特征方向上存在确定的振幅透过系数。再比如相位延迟器有相互垂直的快轴、慢轴方向，所说的相位延迟意味着分解到这两个垂直方向的偏振分量之间产生了相位差。上述偏振器件相互垂直的特征方向构成偏振器件的本征坐标系，称为 ξ-η 坐标系。另外，在讨论几个偏振器件级联使用时，又需要一个共同的 x-y 坐标系，称为实验室坐标系。当处理光束依次通过几个偏振器件时，在光束处于偏振器件之间时统一用实验室坐标系描述光的偏振态，但是当通过某个偏振器件时(假定该器件的本征坐标系相对于实验室坐标系成 θ 角，如图 4-2-1 所示)，首先需要将在实验室坐标系中输入偏振态的表示转换到(或者说是分解到)其本征坐标系中表示，这样在本征坐标系下就可以方便地用零方位角的偏振变换矩阵对输入偏振态进行变换，变换结束后，还需要将输出偏振态表示换算到实验室坐标系，随后对下一个偏振器件进行同样的处理[1]。

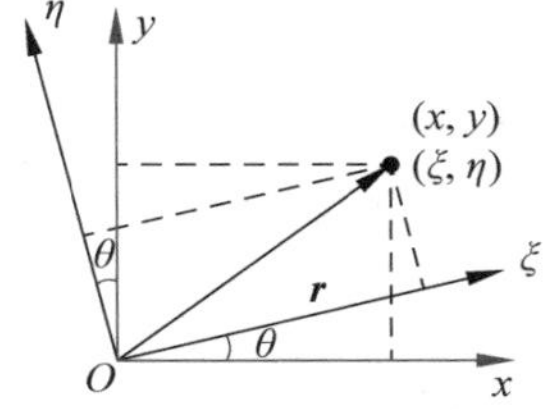

图 4-2-1　实验室坐标系和本征坐标系的关系

输入偏振态从实验室坐标系到本征坐标系的变换(以本征坐标系为视角)实际上是利用旋转器进行反变换 $\boldsymbol{T}(-\theta)$,进入到本征坐标系后可以实施零方位角的偏振变换 $\boldsymbol{J}_0$,然后将输出偏振态进行从本征坐标系到实验室坐标系的变换 $\boldsymbol{T}(\theta)$,整个过程为

$$\boldsymbol{T}(\theta)\boldsymbol{J}_0\boldsymbol{T}(-\theta)\begin{pmatrix}E_{\text{in},x}\\E_{\text{in},y}\end{pmatrix}\rightarrow\boldsymbol{T}(\theta)\boldsymbol{J}_0\begin{pmatrix}E_{\text{in},\xi}\\E_{\text{in},\eta}\end{pmatrix}\rightarrow$$

$$\boldsymbol{T}(\theta)\begin{pmatrix}E_{\text{out},\xi}\\E_{\text{out},\eta}\end{pmatrix}\rightarrow\begin{pmatrix}E_{\text{out},x}\\E_{\text{out},y}\end{pmatrix}\tag{4.2.1}$$

整个过程相当于在实验室坐标系中对输入偏振光进行了 $\boldsymbol{J}_\theta$ 的变换

$$\begin{pmatrix}E_{\text{out},x}\\E_{\text{out},y}\end{pmatrix}=\boldsymbol{J}_\theta\begin{pmatrix}E_{\text{in},x}\\E_{\text{in},y}\end{pmatrix}=\boldsymbol{T}(\theta)\boldsymbol{J}_0\boldsymbol{T}(-\theta)\begin{pmatrix}E_{\text{in},x}\\E_{\text{in},y}\end{pmatrix}\quad\text{或者}\quad\boldsymbol{J}_\theta=\boldsymbol{T}(\theta)\boldsymbol{J}_0\boldsymbol{T}(-\theta)\tag{4.2.2}$$

其中矩阵变换 $\boldsymbol{J}_\theta=\boldsymbol{T}(\theta)\boldsymbol{J}_0\boldsymbol{T}(-\theta)$ 称为 θ 方位角的偏振器件变换矩阵,其变换实质是偏振矩阵在不同坐标系下的变换描述。

2.3 节讨论过,任意偏振态可以用一对正交的偏振基展开,这样的一对偏振基不限于一对垂直的线偏振基,也可以是左旋和右旋圆偏振基,或者是一对正交椭圆偏振基。上面讨论的琼斯矩阵在实验室坐标系和本征坐标系之间的变换实际上是琼斯矩阵在不同偏振表象之间变换的特例。$\boldsymbol{J}_\theta=\boldsymbol{T}(\theta)\boldsymbol{J}_0\boldsymbol{T}(-\theta)$ 实际上讨论的是琼斯矩阵在两组垂直线偏振基之间的表象变换,下面讨论更一般的琼斯矩阵的表象变换。

考察式(4.2.1)和式(4.2.2),其中 $\boldsymbol{T}(-\theta)\begin{pmatrix}E_{\text{in},x}\\E_{\text{in},y}\end{pmatrix}$ 是坐标系变换,实际上也可以理解为表象变换,即偏振态表示从实验室坐标表象转换到本征坐标表象的表象变换,$\boldsymbol{T}(\theta)\begin{pmatrix}E_{\text{out},\xi}\\E_{\text{out},\eta}\end{pmatrix}$ 为偏振态表示从本征坐标表象到实验室坐标表象的变换。按照这样的逻辑做如下推论:如果偏振态从 A 偏振表象到 B 偏振表象的表象变换为 $|E_B\rangle=\boldsymbol{T}_{B\leftarrow A}|E_A\rangle$,其中 $|E_A\rangle$ 是 A 表象中的偏振表示,$|E_B\rangle$ 是 B 表象中的偏振表示,$\boldsymbol{T}_{B\leftarrow A}$ 则是偏振态从 A 到 B 的偏振表象变换。再假设某偏振器件在本征表象 B 下的琼斯矩阵为 $\boldsymbol{J}_B$,而在共同表象 A 中的琼斯矩阵表示将变为

$$\boldsymbol{J}_A=\boldsymbol{T}_{A\leftarrow B}\boldsymbol{J}_B\boldsymbol{T}_{B\leftarrow A}=\boldsymbol{T}_{A\leftarrow B}\boldsymbol{J}_B\boldsymbol{T}_{A\leftarrow B}^{-1}\tag{4.2.3}$$

显然 A 到 B 的表象变换矩阵 $\boldsymbol{T}_{B\leftarrow A}$ 与 B 到 A 的表象变换矩阵 $\boldsymbol{T}_{A\leftarrow B}$ 是互逆的。可以从表象变换角度的式(4.2.3)再次对照理解一下本征坐标系和实验室坐标系下偏振器件矩阵的变换式(4.2.1)和式(4.2.2)。

4.2.2 不同偏振表象中起偏器的琼斯矩阵表示

1. θ 方位角线起偏器的琼斯矩阵

按照式(4.2.2),可以利用零方位角线起偏器的琼斯矩阵 $\boldsymbol{P}_0$ 得到 θ 方位角线起偏器的琼斯矩阵

$$\boldsymbol{P}_\theta = \boldsymbol{T}(\theta)\boldsymbol{P}_0\boldsymbol{T}(-\theta) \tag{4.2.4}$$

对于 θ 方位角完全(理想)线起偏器,可得

$$\begin{aligned}\boldsymbol{P}_\theta &= \begin{pmatrix}\cos\theta & -\sin\theta\\ \sin\theta & \cos\theta\end{pmatrix}\begin{pmatrix}1 & 0\\ 0 & 0\end{pmatrix}\begin{pmatrix}\cos\theta & -\sin\theta\\ \sin\theta & \cos\theta\end{pmatrix}^{-1}\\ &= \begin{pmatrix}\cos^2\theta & \sin\theta\cos\theta\\ \sin\theta\cos\theta & \sin^2\theta\end{pmatrix}\end{aligned} \tag{4.2.5}$$

2. 圆起偏器[2]

人们说起起偏器时,总是狭义地认为起偏的是线偏振光。一般提到起偏器总认为是线起偏器的缺省说法,它可以将任意偏振态变为线偏振光,实际上,如果将起偏器的概念推广,还可以有圆起偏器,它的作用是将任意偏振态变换为圆偏振光。

如果将任意偏振态按照左旋、右旋圆偏振基展开,则可以在圆偏振基表象(简称圆表象)下用下面的琼斯矩阵提取左旋圆偏振光:

$$\begin{pmatrix}E_{\text{LCP}}\\ 0\end{pmatrix} = \begin{pmatrix}1 & 0\\ 0 & 0\end{pmatrix}\begin{pmatrix}E_{\text{LCP}}\\ E_{\text{RCP}}\end{pmatrix} \quad 令 \quad \boldsymbol{P}_{\text{LCP},圆表象} = \begin{pmatrix}1 & 0\\ 0 & 0\end{pmatrix} \tag{4.2.6}$$

其中,$\boldsymbol{P}_{\text{LCP},圆表象}$ 是圆表象下左旋圆偏振光起偏器的琼斯矩阵。

同理,圆表象下提取右旋圆偏振光的琼斯矩阵为

$$\boldsymbol{P}_{\text{RCP},圆表象} = \begin{pmatrix}0 & 0\\ 0 & 1\end{pmatrix} \tag{4.2.7}$$

人们总是把缺省的偏振表象认定为实验室坐标表象(x-y 线偏振表象),这样,左旋圆起偏器在实验室 x-y 坐标表象的琼斯矩阵为

$$\begin{aligned}\boldsymbol{P}_{\text{LCP},x\text{-}y表象} &= \boldsymbol{J}_{x\text{-}y表象\leftarrow圆表象}\boldsymbol{P}_{\text{LCP},圆表象}\boldsymbol{J}_{圆表象\leftarrow x\text{-}y表象}\\ &= \frac{1}{2}\begin{pmatrix}1 & 1\\ -\mathrm{j} & \mathrm{j}\end{pmatrix}\begin{pmatrix}1 & 0\\ 0 & 0\end{pmatrix}\begin{pmatrix}1 & \mathrm{j}\\ 1 & -\mathrm{j}\end{pmatrix} = \frac{1}{2}\begin{pmatrix}1 & \mathrm{j}\\ -\mathrm{j} & 1\end{pmatrix}\end{aligned} \tag{4.2.8}$$

同理,右旋圆起偏器在 x-y 表象里的琼斯矩阵为

$$\begin{aligned}\boldsymbol{P}_{\text{RCP},x\text{-}y表象} &= \boldsymbol{J}_{x\text{-}y表象\leftarrow圆表象}\boldsymbol{P}_{\text{RCP},圆表象}\boldsymbol{J}_{圆表象\leftarrow x\text{-}y表象}\\ &= \frac{1}{2}\begin{pmatrix}1 & 1\\ -\mathrm{j} & \mathrm{j}\end{pmatrix}\begin{pmatrix}0 & 0\\ 0 & 1\end{pmatrix}\begin{pmatrix}1 & \mathrm{j}\\ 1 & -\mathrm{j}\end{pmatrix} = \frac{1}{2}\begin{pmatrix}1 & -\mathrm{j}\\ \mathrm{j} & 1\end{pmatrix}\end{aligned} \tag{4.2.9}$$

例 4-2-1 证明当任意偏振态经过如式(4.2.9)表示的右旋圆起偏器时,出射光均为右旋圆偏振态。

解 设入射偏振态为任意椭圆态$|E_{\text{in}}\rangle=(\alpha,\beta)^{\text{T}}$,则输出偏振态为

$$
\begin{aligned}
|E_{\text{out}}\rangle &= \boldsymbol{P}_{\text{RCP},x\text{-}y\text{表象}}\begin{pmatrix}\alpha\\ \beta\end{pmatrix}=\frac{1}{\sqrt{2}}\begin{pmatrix}1 & -\mathrm{j}\\ \mathrm{j} & 1\end{pmatrix}\begin{pmatrix}\alpha\\ \beta\end{pmatrix}\\
&=\frac{1}{\sqrt{2}}\begin{pmatrix}\alpha-\mathrm{j}\beta\\ \mathrm{j}\alpha+\beta\end{pmatrix}=\frac{\alpha-\mathrm{j}\beta}{\sqrt{2}}\begin{pmatrix}1\\ \mathrm{j}\end{pmatrix}
\end{aligned}\tag{4.2.10}
$$

忽略式(4.2.10)中的共同因子,输出偏振态显然是右旋圆偏振光。

4.2.3 不同偏振表象中线相位延迟器的琼斯矩阵表示

通过前面的讨论,知道双折射有线双折射、圆双折射和椭圆双折射,是偏振本征态分别为线偏振光、圆偏振光和椭圆偏振光的双折射。相位延迟器也可以区分为线偏振相位延迟器、圆偏振相位延迟器和椭圆偏振相位延迟器。这里先讨论θ方位角的线相位延迟器,在4.2.4节讨论圆相位延迟器。

前面讨论了零方位角的线相位延迟器的琼斯矩阵$\boldsymbol{U}_0(\Delta)$,根据偏振表象变换规则式(4.2.2),θ方位角的线相位延迟器的琼斯矩阵为

$$
\begin{aligned}
\boldsymbol{U}_\theta(\Delta) &= \boldsymbol{T}(\theta)\boldsymbol{U}_0(\Delta)\boldsymbol{T}(-\theta)\\
&=\begin{pmatrix}\cos\theta & -\sin\theta\\ \sin\theta & \cos\theta\end{pmatrix}\begin{pmatrix}\mathrm{e}^{\mathrm{j}\Delta/2} & 0\\ 0 & \mathrm{e}^{-\mathrm{j}\Delta/2}\end{pmatrix}\begin{pmatrix}\cos\theta & -\sin\theta\\ \sin\theta & \cos\theta\end{pmatrix}^{-1}\\
&=\begin{pmatrix}\cos^2\theta\,\mathrm{e}^{\mathrm{j}\Delta/2}+\sin^2\theta\,\mathrm{e}^{-\mathrm{j}\Delta/2} & \mathrm{j}\sin2\theta\sin(\Delta/2)\\ \mathrm{j}\sin2\theta\sin(\Delta/2) & \cos^2\theta\,\mathrm{e}^{-\mathrm{j}\Delta/2}+\sin^2\theta\,\mathrm{e}^{\mathrm{j}\Delta/2}\end{pmatrix}
\end{aligned}\tag{4.2.11}
$$

比如方位角为45°时,其琼斯矩阵为

$$
\boldsymbol{U}_{45^\circ}(\Delta)=\begin{pmatrix}\cos(\Delta/2) & \mathrm{j}\sin(\Delta/2)\\ \mathrm{j}\sin(\Delta/2) & \cos(\Delta/2)\end{pmatrix}\tag{4.2.12}
$$

对于方位角为θ的二分之一波片和四分之一波片分别为

$$
\begin{aligned}
\boldsymbol{U}_\theta(\pi) &= \begin{pmatrix}\cos\theta & -\sin\theta\\ \sin\theta & \cos\theta\end{pmatrix}\begin{pmatrix}\mathrm{j} & 0\\ 0 & -\mathrm{j}\end{pmatrix}\begin{pmatrix}\cos\theta & -\sin\theta\\ \sin\theta & \cos\theta\end{pmatrix}^{-1}\\
&=\mathrm{j}\begin{pmatrix}\cos2\theta & \sin2\theta\\ \sin2\theta & -\cos2\theta\end{pmatrix}
\end{aligned}\tag{4.2.13}
$$

$$
\begin{aligned}
\boldsymbol{U}_\theta\left(\frac{\pi}{2}\right) &= \begin{pmatrix}\cos\theta & -\sin\theta\\ \sin\theta & \cos\theta\end{pmatrix}\begin{pmatrix}\mathrm{j} & 0\\ 0 & 1\end{pmatrix}\begin{pmatrix}\cos\theta & -\sin\theta\\ \sin\theta & \cos\theta\end{pmatrix}^{-1}\\
&=\begin{pmatrix}\mathrm{j}\cos^2\theta+\sin^2\theta & (\mathrm{j}-1)\sin\theta\cos\theta\\ (\mathrm{j}-1)\sin\theta\cos\theta & \mathrm{j}\sin^2\theta+\cos^2\theta\end{pmatrix}
\end{aligned}\tag{4.2.14}
$$

例 4-2-2 证明θ方位角的线偏振光经过零方位角四分之一波片可以得到一个

正椭圆。特别是当 $\theta = 45°$时，输出左旋圆偏振光；当 $\theta = 135°$时，输出右旋圆偏振光。

解　θ 方位角的线偏振光为$(\cos\theta,\sin\theta)^{\mathrm{T}}$，再经过零方位角四分之一波片，输出

$$\begin{pmatrix} e^{j\pi/2} & 0 \\ 0 & 1 \end{pmatrix}\begin{pmatrix} \cos\theta \\ \sin\theta \end{pmatrix} = e^{j\pi/2}\begin{pmatrix} \cos\theta \\ \sin\theta\ e^{-j\pi/2} \end{pmatrix} \tag{4.2.15}$$

忽略公共因子，当 $\theta = 45°$时，输出偏振态正比于$(1,-j)^{\mathrm{T}}/\sqrt{2}$，是左旋圆偏振光；当 $\theta = 135°$时，输出偏振态正比于$(1,j)^{\mathrm{T}}/\sqrt{2}$，是右旋圆偏振光。线偏振光产生左旋、右旋圆偏振光的装置如图 4-2-2(a)和(b)所示。

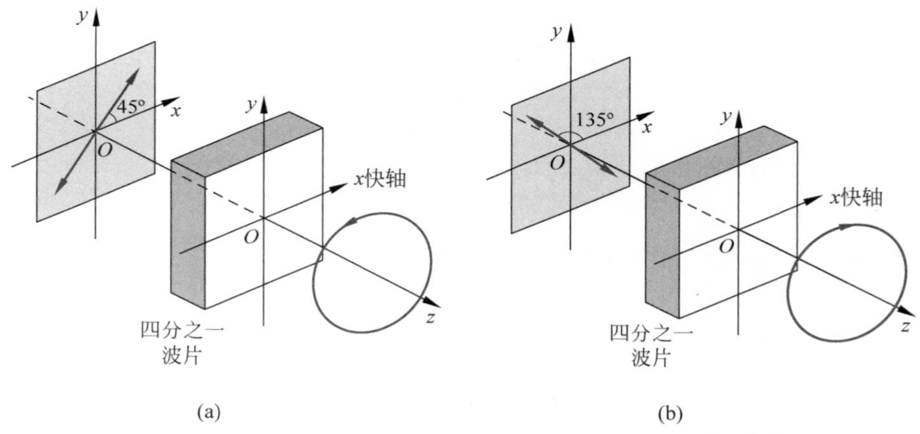

图 4-2-2　线偏振光经过四分之一波片产生左旋圆偏振光(a)和右旋圆偏振光(b)

例 4-2-3　证明 θ 方位角的线偏振光经过零方位角二分之一波片仍然是一个线偏振光，只不过偏振方向旋转了 2θ。

解　参照例 4-2-2，线偏振光经过零方位角二分之一波片

$$\begin{pmatrix} e^{j\pi} & 0 \\ 0 & 1 \end{pmatrix}\begin{pmatrix} \cos\theta \\ \sin\theta \end{pmatrix} = \begin{pmatrix} -1 & 0 \\ 0 & 1 \end{pmatrix}\begin{pmatrix} \cos\theta \\ \sin\theta \end{pmatrix} = -\begin{pmatrix} \cos(-\theta) \\ \sin(-\theta) \end{pmatrix} \tag{4.2.16}$$

相当于偏振方向由 θ 旋转到$-\theta$，如图 4-2-3 所示。

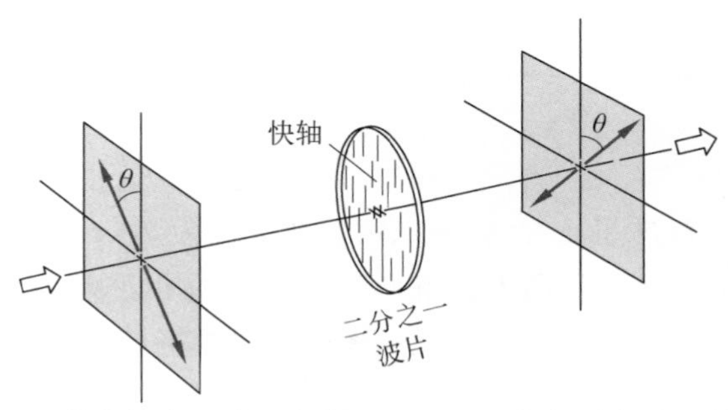

图 4-2-3　线偏振光经过零方位角二分之一波片，偏振方向转过 2θ

4.2.4 不同偏振表象中圆相位延迟器的琼斯矩阵表示

第 3 章讨论过旋光现象，也知道旋光效应实质上是圆双折射，4.1 节还讨论了旋转器的琼斯矩阵表示。这里将从圆偏振表象中圆双折射角度讨论圆相位延迟器和旋转器之间的关系。

根据上面的分析，在圆偏振表象中圆双折射矩阵变换到 x-y 线偏振表象为

$$\begin{aligned}\boldsymbol{U}_{\text{圆双折射},x\text{-}y\text{表象}} &= \boldsymbol{J}_{x\text{-}y\text{表象}\leftarrow\text{圆表象}}\boldsymbol{U}_{\text{圆双折射},\text{圆表象}}\boldsymbol{J}_{\text{圆表象}\leftarrow x\text{-}y\text{表象}} \\ &= \frac{1}{2}\begin{pmatrix}1 & 1\\ -\mathrm{j} & \mathrm{j}\end{pmatrix}\begin{pmatrix}\mathrm{e}^{\mathrm{j}\Delta/2} & 0\\ 0 & \mathrm{e}^{-\mathrm{j}\Delta/2}\end{pmatrix}\begin{pmatrix}1 & \mathrm{j}\\ 1 & -\mathrm{j}\end{pmatrix} \\ &= \begin{pmatrix}\cos\dfrac{\Delta}{2} & -\sin\dfrac{\Delta}{2}\\ \sin\dfrac{\Delta}{2} & \cos\dfrac{\Delta}{2}\end{pmatrix}\end{aligned}\tag{4.2.17}$$

显然，在圆表象中表现为快态是左旋圆偏振的双折射矩阵$\begin{pmatrix}\mathrm{e}^{\mathrm{j}\Delta} & 0\\ 0 & 1\end{pmatrix}$变成了 x-y 线偏振表象中旋转角为$\dfrac{\Delta}{2}$的旋转矩阵。

或者说，旋光矩阵可以看成圆双折射机制引起的，圆双折射引起的相位延迟的一半等价于旋转矩阵的旋光角度。

例 4-2-4 θ 方位角的线偏振光经过相位差为 Δ 的圆相位延迟器后，输出偏振态的方位是 $\theta+\Delta/2$ 的线偏振光。

解

$$\begin{aligned}\begin{pmatrix}\cos\dfrac{\Delta}{2} & -\sin\dfrac{\Delta}{2}\\ \sin\dfrac{\Delta}{2} & \cos\dfrac{\Delta}{2}\end{pmatrix}\begin{pmatrix}\cos\theta\\ \sin\theta\end{pmatrix} &= \begin{pmatrix}\cos\theta\cos\dfrac{\Delta}{2}-\sin\theta\sin\dfrac{\Delta}{2}\\ \cos\theta\sin\dfrac{\Delta}{2}+\sin\theta\cos\dfrac{\Delta}{2}\end{pmatrix} \\ &= \begin{pmatrix}\cos\left(\theta+\dfrac{\Delta}{2}\right)\\ \sin\left(\theta+\dfrac{\Delta}{2}\right)\end{pmatrix}\end{aligned}\tag{4.2.18}$$

显然，线偏振光整体旋转了 $\Delta/2$，输出偏振态的方位为 $\theta+\Delta/2$。

例 4-2-5 θ 方位角、β 椭圆率的椭圆偏振光经过相位差为 Δ 的圆相位延迟器后，输出偏振态是方位角为 $\theta+\Delta/2$、椭圆率仍为 β 的椭圆偏振光。

解

$$\begin{pmatrix}\cos\dfrac{\Delta}{2} & -\sin\dfrac{\Delta}{2}\\ \sin\dfrac{\Delta}{2} & \cos\dfrac{\Delta}{2}\end{pmatrix}\begin{pmatrix}\cos\theta\cos\beta-\mathrm{j}\sin\theta\sin\beta\\ \sin\theta\cos\beta+\mathrm{j}\cos\theta\sin\beta\end{pmatrix}$$

$$=\begin{pmatrix}\cos\left(\theta+\dfrac{\Delta}{2}\right)\cos\beta-\mathrm{j}\sin\left(\theta+\dfrac{\Delta}{2}\right)\sin\beta\\ \sin\left(\theta+\dfrac{\Delta}{2}\right)\cos\beta+\mathrm{j}\cos\left(\theta+\dfrac{\Delta}{2}\right)\sin\beta\end{pmatrix} \tag{4.2.19}$$

输出椭圆偏振态的椭圆率仍为β,方位角整体旋转了$\Delta/2$。因此旋光器的作用只是将偏振态整体作旋转,并不改变偏振态的样貌(线偏振态经过旋转器还是线偏振态,椭圆偏振态经过旋转器椭圆率不变)。

上面讨论了线偏振基下的线相位延迟器、圆偏振基下的圆相位延迟器。实际上还可以在椭圆偏振基下定义椭圆相位延迟器。设下面是一对正交的椭圆偏振基:

$$\begin{pmatrix}\cos\alpha\\ \sin\alpha\ \mathrm{e}^{\mathrm{j}\delta}\end{pmatrix}\quad 和\quad \begin{pmatrix}-\sin\alpha\ \mathrm{e}^{-\mathrm{j}\delta}\\ \cos\alpha\end{pmatrix} \tag{4.2.20}$$

则在这对椭圆偏振基表象下,椭圆相位延迟器矩阵表示为

$$\begin{pmatrix}\mathrm{e}^{\mathrm{j}\Delta/2} & 0\\ 0 & \mathrm{e}^{-\mathrm{j}\Delta/2}\end{pmatrix} \tag{4.2.21}$$

转换到x-y线偏振基表象下,椭圆相位延迟器矩阵为

$$\begin{pmatrix}\cos\alpha & -\sin\alpha\ \mathrm{e}^{-\mathrm{j}\delta}\\ \sin\alpha\ \mathrm{e}^{\mathrm{j}\delta} & \cos\alpha\end{pmatrix}\begin{pmatrix}\mathrm{e}^{\mathrm{j}\Delta/2} & 0\\ 0 & \mathrm{e}^{-\mathrm{j}\Delta/2}\end{pmatrix}\begin{pmatrix}\cos\alpha & -\sin\alpha\ \mathrm{e}^{-\mathrm{j}\delta}\\ \sin\alpha\ \mathrm{e}^{\mathrm{j}\delta} & \cos\alpha\end{pmatrix}^{-1} \tag{4.2.22}$$

4.3 偏振器件在斯托克斯空间的米勒矩阵描述

偏振态可以在琼斯空间中利用二维琼斯矢量表示,也可以用斯托克斯空间中的四维(三维)斯托克斯矢量表示。同样,既然偏振器件可以用琼斯空间中的2×2的琼斯矩阵描述,在斯托克斯空间中偏振器件也可以用4×4(3×3)的矩阵描述,偏振器件在斯托克斯空间中进行描述的矩阵叫作米勒矩阵[2]。

一个输入偏振态$\boldsymbol{S}_{\text{in}}$经过一个偏振器件(用米勒矩阵$\boldsymbol{M}$描述),输出一个偏振态$\boldsymbol{S}_{\text{out}}$,这一个过程显现在图4-3-1中,也可以用式(4.3.1)表述

$$\boldsymbol{S}_{\text{out}}=\boldsymbol{M}\boldsymbol{S}_{\text{in}} \tag{4.3.1}$$

写成展开的形式为

$$\begin{pmatrix} S_{0,\text{out}} \\ S_{1,\text{out}} \\ S_{2,\text{out}} \\ S_{3,\text{out}} \end{pmatrix} = \begin{pmatrix} m_{00} & m_{01} & m_{02} & m_{03} \\ m_{10} & m_{11} & m_{12} & m_{13} \\ m_{20} & m_{21} & m_{22} & m_{23} \\ m_{30} & m_{31} & m_{32} & m_{33} \end{pmatrix} \begin{pmatrix} S_{0,\text{in}} \\ S_{1,\text{in}} \\ S_{2,\text{in}} \\ S_{3,\text{in}} \end{pmatrix} \tag{4.3.2}$$

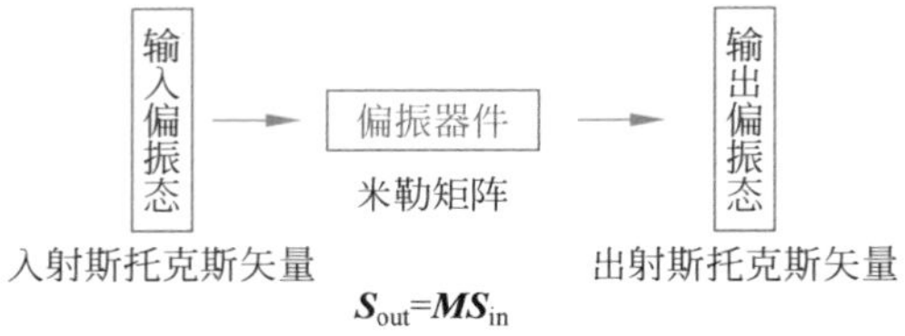

输入偏振态 → 偏振器件 → 输出偏振态

米勒矩阵

入射斯托克斯矢量　　　　出射斯托克斯矢量

$\boldsymbol{S}_{\text{out}}=\boldsymbol{M}\boldsymbol{S}_{\text{in}}$

图 4-3-1　斯托克斯矢量、米勒矩阵与偏振态、偏振器件之间的对应关系

4.3.1　线起偏器的米勒矩阵

线起偏器也叫作偏振片，先考虑零方位角的部分偏振片，它的两个特征的吸收方向为 x 轴和 y 轴，有

$$\begin{cases} E_{x,\text{out}} = p_x E_{x,\text{in}} \\ E_{y,\text{out}} = p_y E_{y,\text{in}} \end{cases} \tag{4.3.3}$$

利用斯托克斯矢量的定义，有

$$\begin{cases} S_0 = E_x E_x^* + E_y E_y^* \\ S_1 = E_x E_x^* - E_y E_y^* \\ S_2 = E_x E_y^* + E_x^* E_y \\ S_3 = \text{j}(E_x E_y^* - E_x^* E_y) \end{cases} \tag{4.3.4}$$

可以得到零方位角的部分偏振片的米勒矩阵为

$$\boldsymbol{M}_{\text{POL}}(p_x, p_y) = \frac{1}{2}\begin{pmatrix} p_x^2 + p_y^2 & p_x^2 - p_y^2 & & \\ p_x^2 - p_y^2 & p_x^2 + p_y^2 & & \\ & & 2p_x p_y & \\ & & & 2p_x p_y \end{pmatrix},$$

$$0 \leqslant p_x,\quad p_y \leqslant 1 \tag{4.3.5}$$

其中脚标“POL”表示“偏振片”的矩阵。

对于水平透振的完全偏振片，$p_x = 1, p_y = 0$，则

$$\boldsymbol{M}_{\text{POL}}(/\!/) = \frac{1}{2}\begin{pmatrix} 1 & 1 & & \\ 1 & 1 & & \\ & & 0 & \\ & & & 0 \end{pmatrix} \tag{4.3.6}$$

对于垂直透振的完全偏振片，$p_x=0, p_y=1$，则

$$\boldsymbol{M}_{\mathrm{POL}}(\perp)=\frac{1}{2}\begin{pmatrix}1 & -1 & & \\ -1 & 1 & & \\ & & 0 & \\ & & & 0\end{pmatrix} \tag{4.3.7}$$

由于 $0\leqslant p_x, p_y\leqslant 1$，可以将偏振片的米勒矩阵写成三角函数形式，设

$$\begin{cases}p_x=p\cos\beta \\ p_y=p\sin\beta\end{cases},\quad 0\leqslant\beta\leqslant\pi/2 \tag{4.3.8}$$

将上式代入式(4.3.5)，则偏振片的米勒矩阵还可以表示成

$$\boldsymbol{M}_{\mathrm{POL}}=\frac{p^2}{2}\begin{pmatrix}1 & \cos2\beta & 0 & 0 \\ \cos2\beta & 1 & 0 & 0 \\ 0 & 0 & \sin2\beta & 0 \\ 0 & 0 & 0 & \sin2\beta\end{pmatrix},\quad 0\leqslant 2\beta\leqslant\pi \tag{4.3.9}$$

这样表示后，在计算 θ 方位角偏振片时会方便一些。

4.3.2 线相位延迟器的米勒矩阵

线相位延迟器也叫作波片(或者波晶片)，也是需要先讨论零方位角的线相位延迟器，如果其一对特征偏振基为 x 方向和 y 方向的线偏振光，并且有(x 轴为快轴)

$$E_{x,\mathrm{out}}=\mathrm{e}^{\mathrm{j}\Delta/2}E_{x,\mathrm{in}}$$
$$E_{y,\mathrm{out}}=\mathrm{e}^{-\mathrm{j}\Delta/2}E_{y,\mathrm{in}} \tag{4.3.10}$$

则结合式(4.3.4)，得到

$$\boldsymbol{M}_{\mathrm{WP},0^\circ}(\Delta)=\begin{pmatrix}1 & 0 & 0 & 0 \\ 0 & 1 & 0 & 0 \\ 0 & 0 & \cos\Delta & -\sin\Delta \\ 0 & 0 & \sin\Delta & \cos\Delta\end{pmatrix} \tag{4.3.11}$$

其中，脚标“WP”表示“波片”。

4.3.3 旋转器的米勒矩阵

经过旋转器，输出光的电场与输入光的电场之间的关系为

$$\begin{cases}E_{x,\mathrm{out}}=\cos\theta E_{x,\mathrm{in}}-\sin\theta E_{y,\mathrm{in}} \\ E_{y,\mathrm{out}}=\sin\theta E_{x,\mathrm{in}}+\cos\theta E_{y,\mathrm{in}}\end{cases} \tag{4.3.12}$$

结合式(4.3.4)，得到旋转器的米勒矩阵为

$$\boldsymbol{M}_{\mathrm{ROT}}(\theta)=\begin{pmatrix}1 & 0 & 0 & 0\\ 0 & \cos 2\theta & -\sin 2\theta & 0\\ 0 & \sin 2\theta & \cos 2\theta & 0\\ 0 & 0 & 0 & 1\end{pmatrix}\tag{4.3.13}$$

其中，脚标“ROT”表示“旋转”。

4.3.4 θ 方位角偏振器件的米勒矩阵

如同琼斯空间中零方位角琼斯矩阵 $\boldsymbol{J}_0$ 与 θ 方位角琼斯矩阵 $\boldsymbol{J}_\theta$ 的关系一样，在斯托克斯空间中，零方位角米勒矩阵 $\boldsymbol{M}_0$ 与 θ 方位角米勒矩阵 $\boldsymbol{M}_\theta$ 也有类似的关系

$$\boldsymbol{M}_\theta=\boldsymbol{M}_{\mathrm{ROT}}(\theta)\boldsymbol{M}_0\boldsymbol{M}_{\mathrm{ROT}}(-\theta)\tag{4.3.14}$$

比如 θ 方位角的偏振片矩阵表示为

$$\begin{aligned}\boldsymbol{M}_{\mathrm{POL},\theta}&=\boldsymbol{M}_{\mathrm{ROT}}(\theta)\boldsymbol{M}_{\mathrm{POL}}\boldsymbol{M}_{\mathrm{ROT}}(-\theta)\\&=\frac{p^2}{2}\begin{pmatrix}1 & \cos 2\beta\cos 2\theta & \cos 2\beta\sin 2\theta & 0\\ \cos 2\beta\cos 2\theta & \cos^2 2\theta+\sin 2\beta\sin^2 2\theta & (1-\sin 2\beta)\sin 2\theta\cos 2\theta & 0\\ \cos 2\beta\sin 2\theta & (1-\sin 2\beta)\sin 2\theta\cos 2\theta & \sin^2 2\theta+\sin 2\beta\cos^2 2\theta & 0\\ 0 & 0 & 0 & \sin 2\beta\end{pmatrix}\end{aligned}\tag{4.3.15}$$

对于理想偏振片，$\beta=0$，$p^2=1$，则式(4.3.15)变为

$$\boldsymbol{M}_{\mathrm{ROL},\theta}=\frac{1}{2}\begin{pmatrix}1 & \cos 2\theta & \sin 2\theta & 0\\ \cos 2\theta & \cos^2 2\theta & \sin 2\theta\cos 2\theta & 0\\ \sin 2\theta & \sin 2\theta\cos 2\theta & \sin^2 2\theta & 0\\ 0 & 0 & 0 & 0\end{pmatrix}\tag{4.3.16}$$

45°和−45°的理想偏振片的米勒矩阵分别为

$$\begin{cases}\boldsymbol{M}_{\mathrm{POL},45^\circ}=\dfrac{1}{2}\begin{pmatrix}1 & 0 & 1 & 0\\ 0 & 0 & 0 & 0\\ 1 & 0 & 1 & 0\\ 0 & 0 & 0 & 0\end{pmatrix}\\[2ex] \boldsymbol{M}_{\mathrm{POL},-45^\circ}=\dfrac{1}{2}\begin{pmatrix}1 & 0 & -1 & 0\\ 0 & 0 & 0 & 0\\ -1 & 0 & 1 & 0\\ 0 & 0 & 0 & 0\end{pmatrix}\end{cases}\tag{4.3.17}$$

4.4 对完全偏振光进行无损耗变换的 3×3 米勒矩阵

牵涉完全偏振光的变换时，描述偏振光的斯托克斯矢量是 3×1 的矢量，如果只考虑无损耗偏振器件时，描述偏振器件的米勒矩阵可以表示成简化的 3×3 米勒矩阵。

4.4.1 基本偏振器件的 3×3 米勒矩阵和在斯托克斯空间的旋转对应

从上面的讨论可以看出，除了带有损耗变换的偏振片的 4×4 米勒矩阵第 1 列和第 1 行显示出有具体内容的变换，像线相位延迟器、旋转器等均为无损耗偏振变换，其 4×4 米勒矩阵第 1 行和第 1 列的构成对 4×1 的斯托克斯矢量的 S_0 没有影响，其总是具有下面的形式：

$$\begin{pmatrix} 1 & 0 & 0 & 0 \\ 0 & & & \\ 0 & & \boldsymbol{R}_{3\times 3} & \\ 0 & & & \end{pmatrix} \tag{4.4.1}$$

式中 $\boldsymbol{R}_{3\times 3}$ 表示 3×3 米勒矩阵。另外，对于完全偏振光，S_0 代表光强，总可以归一化为 1，所以偏振态可以用 3×1 的斯托克斯矢量，

$$\boldsymbol{S} = \begin{pmatrix} S_1 \\ S_2 \\ S_3 \end{pmatrix} \tag{4.4.2}$$

米勒变换矩阵也可以用 3×3 米勒矩阵 $\boldsymbol{R}$，有

$$\boldsymbol{S}_{\text{out}} = \boldsymbol{R}\boldsymbol{S}_{\text{in}} \tag{4.4.3}$$

可以证明，所有无损的偏振态变换过程在斯托克斯空间均等价为一个旋转，即无损偏振器件 $\boldsymbol{R}$ 将斯托克斯空间的一个输入偏振态矢量 $\boldsymbol{S}_{\text{in}}$ 经过一个旋转转到输出偏振态矢量 $\boldsymbol{S}_{\text{out}}$，即 3×3 的 $\boldsymbol{R}$ 矩阵在斯托克斯空间等价为一个旋转。

比如参照式(4.3.11)，零方位角的线相位延迟器 3×3 米勒矩阵为

$$\boldsymbol{R}_{\text{WP},0^\circ}(\Delta) = \begin{pmatrix} 1 & 0 & 0 \\ 0 & \cos\Delta & -\sin\Delta \\ 0 & \sin\Delta & \cos\Delta \end{pmatrix} \tag{4.4.4}$$

显然，这个矩阵在三维的斯托克斯空间表示一个绕 S_1 轴右旋的旋转（所谓右旋规定

为：利用右手，拇指指向转轴，四指螺旋方向为右旋），旋转角度是 Δ，如图 4-4-1 所示。

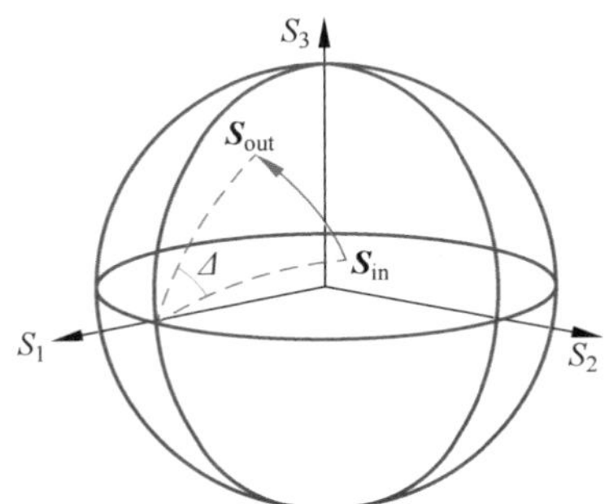

图 4-4-1 零方位角的线相位延迟器的作用等价于在斯托克斯空间绕 S_1 轴旋转，旋转角度为 Δ

再比如参照式(4.3.13)，旋转器的 3×3 米勒矩阵为

$$\boldsymbol{R}_{\mathrm{ROT}}(\theta)=\begin{pmatrix}\cos 2\theta & -\sin 2\theta & 0\\ \sin 2\theta & \cos 2\theta & 0\\ 0 & 0 & 1\end{pmatrix} \tag{4.4.5}$$

显然，这个矩阵表示一个绕 S_3 轴的旋转，旋转角度为 2θ，如图 4-4-2 所示。

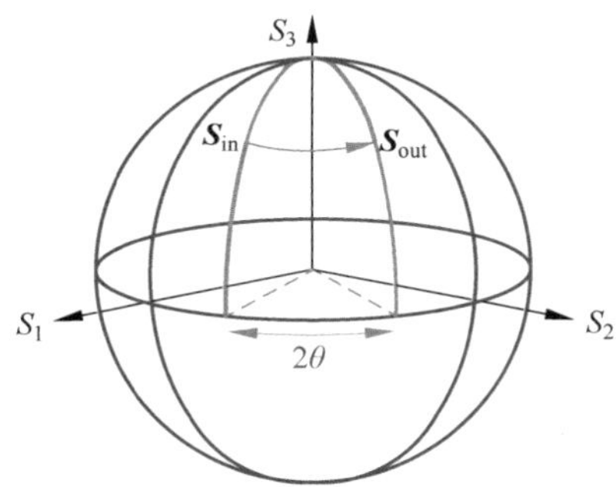

图 4-4-2 旋转器的作用等价于斯托克斯空间绕 S_3 轴的旋转，旋转角度为 2θ

下面讨论 θ 方位角的线相位延迟器的 3×3 米勒矩阵。根据式(4.3.14)，将其改写为 3×3 米勒矩阵形式，得到

$$\boldsymbol{R}_{\mathrm{WP},\theta}(\Delta)=\boldsymbol{R}_{\mathrm{ROT}}(\theta)\boldsymbol{R}_{\mathrm{WP},0^\circ}(\Delta)\boldsymbol{R}_{\mathrm{ROT}}(-\theta) \tag{4.4.6}$$

将上式解读一下[3]：如图 4-4-3(a)所示，首先 $\boldsymbol{R}_{\mathrm{ROT}}(-\theta)$将偏振矢量绕 S_3 轴逆旋转(左旋)2θ，此时偏振态 S 变为 S'。随后 $\boldsymbol{R}_{\mathrm{WP},0^\circ}(\Delta)$将偏振态 S'绕 S_1 轴旋转 Δ(右旋)变为 S''。最后 $\boldsymbol{R}_{\mathrm{ROT}}(\theta)$将偏振态 S''绕 S_3 轴正旋转(右旋)2θ 变为 S'''。从图 4-4-3(b)中可以看出，式(4.4.6)的所有旋转，最后等价于绕着位于赤道的 S_{F}

轴（相对于 S_1 轴旋转了 2θ 角的轴）右旋了 Δ，偏振态由 S 直接变成了 S'''。

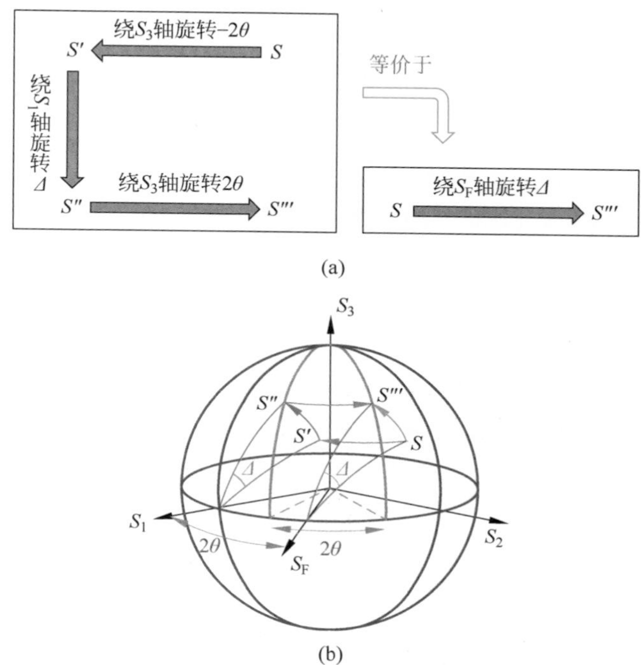

图 4-4-3　θ 方位角的线相位延迟器在斯托克斯空间中的等价旋转

比如，对于 45°方位角、相位差为 Δ 的线相位延迟器的米勒矩阵可以等价于绕着 S_2 轴旋转 Δ 的旋转，如图 4-4-4 所示，其旋转矩阵为

$$\boldsymbol{R}_{\mathrm{WP},45^\circ}=\begin{pmatrix}\cos\Delta & 0 & \sin\Delta\\ 0 & 1 & 0\\ -\sin\Delta & 0 & \cos\Delta\end{pmatrix} \tag{4.4.7}$$

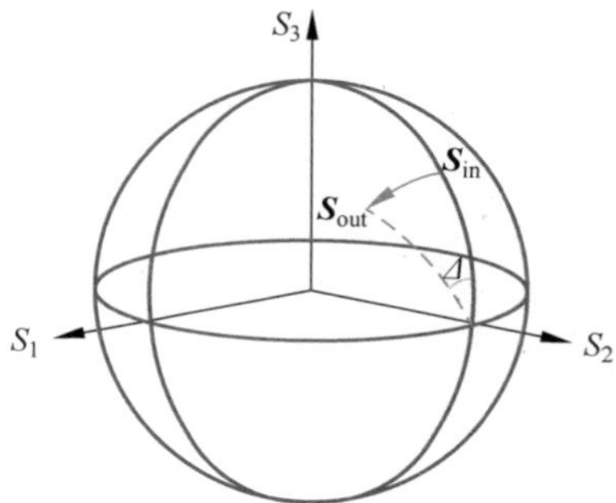

图 4-4-4　45°方位角的线相位延迟器等价为绕 S_2 轴的旋转

这样，在斯托克斯空间绕三个垂直轴 S_1、S_2、S_3 的旋转分别对应于0°、45°的相位延迟器以及旋转器，对应的旋转矩阵分别为式(4.4.4)、式(4.4.7)、式(4.4.5)。

4.4.2 斯托克斯空间中绕任意轴旋转的米勒矩阵

4.4.1 节讨论指出，一个偏振器件对偏振态的变换均等价于一个三维斯托克斯空间的旋转，还指出了绕 S_1 轴、S_2 轴、S_3 轴旋转对应的偏振器件以及3个旋转矩阵的具体表达式。本节给出对应任意一个变换的旋转矩阵 $\boldsymbol{R}$ 的一般表达式，最后给出相应于一个无穷小旋转，输出偏振态满足的微分方程。

1. 对应任意一个变换的旋转矩阵 $\boldsymbol{R}$ 的一般表达式

从上面的讨论可以知道，对于无损的偏振器件，其米勒矩阵均对应于一个斯托克斯空间的旋转。而描述空间的一个旋转，显然需要有一个旋转轴 $\hat{\boldsymbol{r}}$ 和一个绕转轴的旋转角 φ。其中旋转轴只是一个方向，用指向转轴方向的单位矢量 $\hat{\boldsymbol{r}}=(r_1,r_2,r_3)^{\mathrm{T}}$ 来表示，其中单位矢量要求分量的平方和为1，即 $r_1^2+r_2^2+r_3^2=1$。如图4-4-5所示，在斯托克斯空间的偏振态变换 $\boldsymbol{S}_{\text{out}}=\boldsymbol{R}\boldsymbol{S}_{\text{in}}$ 相当于将偏振态 $\boldsymbol{S}_{\text{in}}$ 绕转轴 $\hat{\boldsymbol{r}}$ 旋转角 φ 到偏振态 $\boldsymbol{S}_{\text{out}}$。

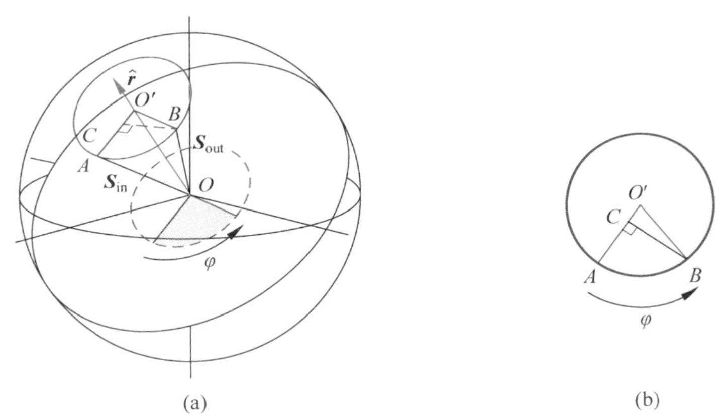

图4-4-5 斯托克斯空间中偏振态旋转示意图

(a) 无损偏振器件对于偏振态的变换相当于在斯托克斯空间将 $\boldsymbol{S}_{\text{in}}$ 绕旋转轴的 $\hat{\boldsymbol{r}}$ 旋转角 φ 到 $\boldsymbol{S}_{\text{out}}$；(b) 在垂直于转轴方向 $\hat{\boldsymbol{r}}$ 俯视的关系图

首先将绕旋转轴 $\hat{\boldsymbol{r}}$ 旋转 φ 角的矩阵 $\boldsymbol{R}$ 的表达式写出来，随后再加以证明。表达式如下：

$$\boldsymbol{R}=(\cos\varphi)\boldsymbol{I}+(1-\cos\varphi)(\hat{\boldsymbol{r}}\hat{\boldsymbol{r}}\ \cdot)+(\sin\varphi)(\hat{\boldsymbol{r}}\ \times) \tag{4.4.8}$$

其中有关 $\hat{\boldsymbol{r}}$ 的算符 $\hat{\boldsymbol{r}}\hat{\boldsymbol{r}}\ \cdot$ 和 $\hat{\boldsymbol{r}}\times$ 对应的运算矩阵分别为

$$\hat{\boldsymbol{r}}\hat{\boldsymbol{r}}\cdot=\begin{pmatrix} r_1r_1 & r_1r_2 & r_1r_3 \\ r_2r_1 & r_2r_2 & r_2r_3 \\ r_3r_1 & r_3r_2 & r_3r_3 \end{pmatrix} \tag{4.4.9}$$

$$\hat{\boldsymbol{r}}\times=\begin{pmatrix} 0 & -r_3 & r_2 \\ r_3 & 0 & -r_1 \\ -r_2 & r_1 & 0 \end{pmatrix} \tag{4.4.10}$$

下面证明旋转矩阵表达式(4.4.8)[4]。如图 4-4-5(a)所示，转轴 $\hat{\boldsymbol{r}}$ 为线段 $\overrightarrow{OO'}$ 方向的单位矢量。输入偏振态 $\boldsymbol{S}_{\text{in}}$ 经矩阵 $\boldsymbol{R}$ 的作用绕着 $\overrightarrow{OO'}$ 轴旋转 φ，变为输出偏振态 $\boldsymbol{S}_{\text{out}}$。

根据图 4-4-5(a)和(b)的几何关系，输出偏振态

$$\boldsymbol{S}_{\text{out}}=\overrightarrow{OO'}+\overrightarrow{O'B}=\overrightarrow{OO'}+\overrightarrow{O'C}+\overrightarrow{CB} \tag{4.4.11}$$

$\overrightarrow{OO'}$ 的长度是 $\boldsymbol{S}_{\text{in}}$ 在 $\hat{\boldsymbol{r}}$ 方向的投影，可以写成

$$|\overrightarrow{OO'}|=\hat{\boldsymbol{r}}\cdot\boldsymbol{S}_{\text{in}}\quad \text{进而}\quad \overrightarrow{OO'}=\hat{\boldsymbol{r}}(\hat{\boldsymbol{r}}\cdot\boldsymbol{S}_{\text{in}}) \tag{4.4.12}$$

为了求 $\overrightarrow{O'C}$，先计算 $\overrightarrow{O'A}$。根据直角三角形 $\triangle OO'A$

$$\overrightarrow{O'A}=\boldsymbol{S}_{\text{in}}-\overrightarrow{OO'}=\boldsymbol{S}_{\text{in}}-\hat{\boldsymbol{r}}(\hat{\boldsymbol{r}}\cdot\boldsymbol{S}_{\text{in}}) \tag{4.4.13}$$

这样，线段长度 $|\overrightarrow{O'C}|=|\overrightarrow{O'B}|\cos\varphi=|\overrightarrow{O'A}|\cos\varphi$，由于 $\overrightarrow{O'C}$ 方向与 $\overrightarrow{O'A}$ 方向一致，有

$$\overrightarrow{O'C}=[\boldsymbol{S}_{\text{in}}-\hat{\boldsymbol{r}}(\hat{\boldsymbol{r}}\cdot\boldsymbol{S}_{\text{in}})]\cos\varphi \tag{4.4.14}$$

至于线段 $\overrightarrow{CB}$，其方向是 $\hat{\boldsymbol{r}}\times\boldsymbol{S}_{\text{in}}$ 的方向，其大小为 $|\overrightarrow{O'B}|\sin\varphi=|\overrightarrow{O'A}|\sin\varphi$，而 $\overrightarrow{O'A}$ 的大小 $|\overrightarrow{O'A}|=|\hat{\boldsymbol{r}}\times\boldsymbol{S}_{\text{in}}|$，这样

$$\overrightarrow{CB}=(\hat{\boldsymbol{r}}\times\boldsymbol{S}_{\text{in}})\sin\varphi \tag{4.4.15}$$

有了线段 $\overrightarrow{OO'}$、$\overrightarrow{O'C}$、$\overrightarrow{CB}$ 的表达式后，都代入式(4.4.11)，得到

$$\begin{aligned}\boldsymbol{S}_{\text{out}}&=\overrightarrow{OO'}+\overrightarrow{O'C}+\overrightarrow{CB}=\hat{\boldsymbol{r}}(\hat{\boldsymbol{r}}\cdot\boldsymbol{S}_{\text{in}})+[\boldsymbol{S}_{\text{in}}-\hat{\boldsymbol{r}}(\hat{\boldsymbol{r}}\cdot\boldsymbol{S}_{\text{in}})]\cos\varphi+(\hat{\boldsymbol{r}}\times\boldsymbol{S}_{\text{in}})\sin\varphi\\&=\cos\varphi\boldsymbol{S}_{\text{in}}+(1-\cos\varphi)\hat{\boldsymbol{r}}(\hat{\boldsymbol{r}}\cdot\boldsymbol{S}_{\text{in}})+\sin\varphi(\hat{\boldsymbol{r}}\times\boldsymbol{S}_{\text{in}})\end{aligned} \tag{4.4.16}$$

上式已经有了 $\boldsymbol{S}_{\text{out}}=\boldsymbol{R}\boldsymbol{S}_{\text{in}}$ 的大致形式，需要阐述作用在 $\boldsymbol{S}_{\text{in}}$ 上的算符如何解释。

下面考察一下几个含叉乘和点乘的算符的形式。假定有两个矢量 $\boldsymbol{a}=(a_1,a_2,a_3)^{\mathrm{T}}$ 和 $\boldsymbol{b}=(b_1,b_2,b_3)^{\mathrm{T}}$。首先考察二者的叉乘

$$\boldsymbol{a}\times\boldsymbol{b}=\begin{pmatrix} a_2b_3-a_3b_2 \\ a_3b_1-a_1b_3 \\ a_1b_2-a_2b_1 \end{pmatrix}=\begin{pmatrix} 0 & -a_3 & a_2 \\ a_3 & 0 & -a_1 \\ -a_2 & a_1 & 0 \end{pmatrix}\begin{pmatrix} b_1 \\ b_2 \\ b_3 \end{pmatrix} \tag{4.4.17}$$

可以提炼出一个算符 $\boldsymbol{a}\times$

$$\boldsymbol{a}\times=\begin{pmatrix}0 & -a_3 & a_2\\ a_3 & 0 & -a_1\\ -a_2 & a_1 & 0\end{pmatrix}\tag{4.4.18}$$

再定义一个并矢量算符 $\boldsymbol{ab}\cdot$

$$\boldsymbol{ab}\cdot=\begin{pmatrix}a_1b_1 & a_1b_2 & a_1b_3\\ a_2b_1 & a_2b_2 & a_2b_3\\ a_3b_1 & a_3b_2 & a_3b_3\end{pmatrix}\tag{4.4.19}$$

根据矢量恒等式 $\boldsymbol{a}\times\boldsymbol{b}\times\boldsymbol{c}=(\boldsymbol{a}\cdot\boldsymbol{c})\boldsymbol{b}-(\boldsymbol{a}\cdot\boldsymbol{b})\boldsymbol{c}$，考察 $\hat{\boldsymbol{r}}(\hat{\boldsymbol{r}}\cdot\boldsymbol{S}_{\text{in}})$

$$\hat{\boldsymbol{r}}(\hat{\boldsymbol{r}}\cdot\boldsymbol{S}_{\text{in}})=\hat{\boldsymbol{r}}\times\hat{\boldsymbol{r}}\times\boldsymbol{S}_{\text{in}}+(\hat{\boldsymbol{r}}\cdot\hat{\boldsymbol{r}})\boldsymbol{S}_{\text{in}}=\hat{\boldsymbol{r}}\times\hat{\boldsymbol{r}}\times\boldsymbol{S}_{\text{in}}+\boldsymbol{S}_{\text{in}}\tag{4.4.20}$$

其中 $\hat{\boldsymbol{r}}\cdot\hat{\boldsymbol{r}}=1$ 的原因是 $\hat{\boldsymbol{r}}$ 为单位矢量。下面考察 $\hat{\boldsymbol{r}}\times\hat{\boldsymbol{r}}\times$ 算符

$$\begin{aligned}\hat{\boldsymbol{r}}\times\hat{\boldsymbol{r}}\times&=\begin{pmatrix}0 & -r_3 & r_2\\ r_3 & 0 & -r_1\\ -r_2 & r_1 & 0\end{pmatrix}\begin{pmatrix}0 & -r_3 & r_2\\ r_3 & 0 & -r_1\\ -r_2 & r_1 & 0\end{pmatrix}\\
&=\begin{pmatrix}-r_3^2-r_2^2 & r_1r_2 & r_1r_3\\ r_2r_1 & -r_3^2-r_1^2 & r_2r_3\\ r_3r_1 & r_3r_2 & -r_1^2-r_2^2\end{pmatrix}\\
&=\begin{pmatrix}-1+r_1^2 & r_1r_2 & r_1r_3\\ r_2r_1 & -1+r_2^2 & r_2r_3\\ r_3r_1 & r_3r_2 & -1+r_3^2\end{pmatrix}\\
&=\begin{pmatrix}r_1r_1 & r_1r_2 & r_1r_3\\ r_2r_1 & r_2r_2 & r_2r_3\\ r_3r_1 & r_3r_2 & r_3r_3\end{pmatrix}-\begin{pmatrix}1 & 0 & 0\\ 0 & 1 & 0\\ 0 & 0 & 1\end{pmatrix}=\hat{\boldsymbol{r}}\hat{\boldsymbol{r}}\cdot-\boldsymbol{I}\end{aligned}\tag{4.4.21}$$

其中用到了关系 $r_1^2+r_2^2+r_3^2=1$。

这样式(4.4.20)可以转化为

$$\hat{\boldsymbol{r}}(\hat{\boldsymbol{r}}\cdot\boldsymbol{S}_{\text{in}})=(\hat{\boldsymbol{r}}\hat{\boldsymbol{r}}\cdot-\boldsymbol{I})\boldsymbol{S}_{\text{in}}+\boldsymbol{S}_{\text{in}}=\hat{\boldsymbol{r}}\hat{\boldsymbol{r}}\cdot\boldsymbol{S}_{\text{in}}\tag{4.4.22}$$

最后式(4.4.16)变成

$$\begin{aligned}\boldsymbol{S}_{\text{out}}&=\cos\varphi\boldsymbol{S}_{\text{in}}+(1-\cos\varphi)\hat{\boldsymbol{r}}\hat{\boldsymbol{r}}\cdot\boldsymbol{S}_{\text{in}}+\sin\varphi\ \hat{\boldsymbol{r}}\times\boldsymbol{S}_{\text{in}}\\
&=[\cos\varphi\boldsymbol{I}+(1-\cos\varphi)\hat{\boldsymbol{r}}\hat{\boldsymbol{r}}\cdot+\sin\varphi\ \hat{\boldsymbol{r}}\times]\boldsymbol{S}_{\text{in}}=\boldsymbol{R}\boldsymbol{S}_{\text{in}}\end{aligned}\tag{4.4.23}$$

这样式(4.4.8)得证。

例 4-4-1 在式(4.4.8)中的三个特例 $\hat{\boldsymbol{r}}=(1\quad 0\quad 0)^{\mathrm{T}}$、$\hat{\boldsymbol{r}}=(0\quad 1\quad 0)^{\mathrm{T}}$、$\hat{\boldsymbol{r}}=(0\quad 0\quad 1)^{\mathrm{T}}$，证明恰好是分别绕着 S_1、S_2、S_3 的旋转式(4.4.4)、式(4.4.7)、

式(4.4.5)。

解　对于 $\hat{\boldsymbol{r}}=(1\quad 0\quad 0)^{\mathrm{T}}$,有

$$\hat{\boldsymbol{r}}\hat{\boldsymbol{r}}\ \cdot=\begin{pmatrix}1&0&0\\0&0&0\\0&0&0\end{pmatrix},\quad \hat{\boldsymbol{r}}\times=\begin{pmatrix}0&0&0\\0&0&-1\\0&1&0\end{pmatrix}$$

$$\boldsymbol{R}=\begin{pmatrix}\cos\varphi&0&0\\0&\cos\varphi&0\\0&0&\cos\varphi\end{pmatrix}+\begin{pmatrix}1-\cos\varphi&0&0\\0&0&0\\0&0&0\end{pmatrix}+\begin{pmatrix}0&0&0\\0&0&-\sin\varphi\\0&\sin\varphi&0\end{pmatrix}$$

$$=\begin{pmatrix}1&0&0\\0&\cos\varphi&-\sin\varphi\\0&\sin\varphi&\cos\varphi\end{pmatrix}$$

这就是式(4.4.4)。

对于 $\hat{\boldsymbol{r}}=(0\quad 1\quad 0)^{\mathrm{T}}$,有

$$\hat{\boldsymbol{r}}\hat{\boldsymbol{r}}\ \cdot=\begin{pmatrix}0&0&0\\0&1&0\\0&0&0\end{pmatrix},\quad \hat{\boldsymbol{r}}\times=\begin{pmatrix}0&0&1\\0&0&0\\-1&0&0\end{pmatrix}$$

$$\boldsymbol{R}=\begin{pmatrix}\cos\varphi&0&0\\0&\cos\varphi&0\\0&0&\cos\varphi\end{pmatrix}+\begin{pmatrix}0&0&0\\0&1-\cos\varphi&0\\0&0&0\end{pmatrix}+\begin{pmatrix}0&0&\sin\varphi\\0&0&0\\-\sin\varphi&0&0\end{pmatrix}$$

$$=\begin{pmatrix}\cos\varphi&0&\sin\varphi\\0&1&0\\-\sin\varphi&0&\cos\varphi\end{pmatrix}$$

这就是式(4.4.7)。

对于 $\hat{\boldsymbol{r}}=(0\quad 0\quad 1)^{\mathrm{T}}$,有

$$\hat{\boldsymbol{r}}\hat{\boldsymbol{r}}\ \cdot=\begin{pmatrix}0&0&0\\0&0&0\\0&0&1\end{pmatrix},\quad \hat{\boldsymbol{r}}\times=\begin{pmatrix}0&-1&0\\1&0&0\\0&0&0\end{pmatrix}$$

$$\boldsymbol{R}=\begin{pmatrix}\cos\varphi&0&0\\0&\cos\varphi&0\\0&0&\cos\varphi\end{pmatrix}+\begin{pmatrix}0&0&0\\0&0&0\\0&0&1-\cos\varphi\end{pmatrix}+\begin{pmatrix}0&-\sin\varphi&0\\\sin\varphi&0&0\\0&0&0\end{pmatrix}$$

$$=\begin{pmatrix}\cos\varphi&-\sin\varphi&0\\\sin\varphi&\cos\varphi&0\\0&0&1\end{pmatrix}$$

这就是式(4.4.5)。

2. 对应一个无穷小旋转的输出偏振态满足的微分方程[5]

式(4.4.8)和式(4.4.23)是将输入偏振态变化成输出偏振态的矩阵形式，它将输入偏振态绕着旋转轴 $\hat{\boldsymbol{r}}$ 旋转了 φ 角度。显然随着 φ 的增大，输出偏振态 $\boldsymbol{S}_{\text{out}}$ 绕着旋转轴 $\hat{\boldsymbol{r}}$ 转动，或者说 $\boldsymbol{S}_{\text{out}}$ 绕着旋转轴 $\hat{\boldsymbol{r}}$ 进动，即矢量 $\boldsymbol{S}_{\text{out}}$ 始终与旋转轴保持固定的角度 γ，而 $\boldsymbol{S}_{\text{out}}$ 的端点在转动中形成圆弧，如图 4-4-6(a)所示，就像一个陀螺绕自身轴旋转，而这个自身旋转轴绕竖直轴进动，如图 4-4-6(b)所示。

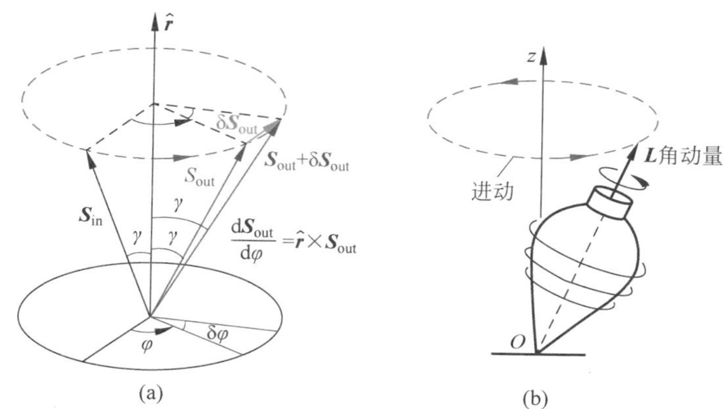

图 4-4-6　偏振态在斯托克斯空间的旋转与陀螺进动的类比

(a) 矢量 $\boldsymbol{S}_{\text{out}}$ 绕旋转轴 $\hat{\boldsymbol{r}}$ 进动；(b) 陀螺角动量绕竖直轴进动

本书在多处都要讨论输出偏振态 $\boldsymbol{S}_{\text{out}}$ 绕旋转轴 $\hat{\boldsymbol{r}}$ 进动的问题，所以在此处讨论一下偏振态进动满足的微分方程。

在式(4.4.23)中，考虑进动角度变化一个无穷小量 $\delta\varphi$，此时输出偏振态也发生一个无穷小进动 $\delta\boldsymbol{S}_{\text{out}}$，有关系

$$\boldsymbol{S}_{\text{out}}+\delta\boldsymbol{S}_{\text{out}}=\boldsymbol{R}_{\delta\varphi}\boldsymbol{S}_{\text{out}} \tag{4.4.24}$$

其中，$\boldsymbol{R}_{\delta\varphi}$ 表示无穷小的旋转变换矩阵，将 $\delta\varphi$ 代替式(4.4.23)中的 φ，并注意 $\cos\delta\varphi\approx1$，$\sin\delta\varphi\approx\delta\varphi$，得

$$\boldsymbol{S}_{\text{out}}+\delta\boldsymbol{S}_{\text{out}}=\boldsymbol{I}\boldsymbol{S}_{\text{out}}+\delta\varphi\hat{\boldsymbol{r}}\times\boldsymbol{S}_{\text{out}} \tag{4.4.25}$$

得到

$$\frac{\mathrm{d}\boldsymbol{S}_{\text{out}}}{\mathrm{d}\varphi}=\hat{\boldsymbol{r}}\times\boldsymbol{S}_{\text{out}} \tag{4.4.26}$$

这个方程可以叫作“输出偏振态的进动方程”，在后面的若干章节还要用到。

4.5 琼斯矩阵与米勒矩阵之间的相互转换

前面介绍了偏振器件在琼斯空间的琼斯矩阵表示法和在斯托克斯空间的米勒矩阵表示法,读者一定关心两种矩阵描述之间如何转换。本节将讨论已知某偏振器件的琼斯矩阵,如何转换为米勒矩阵;反之,如果已知某偏振器件的米勒矩阵,如何转换为琼斯矩阵。

4.5.1 偏振器件的琼斯矩阵到米勒矩阵的变换

1. 利用泡利矩阵搭桥的变换

假设已知某偏振器件的琼斯矩阵 $\boldsymbol{U}$,根据参考文献[5]和参考文献[6],可知对应的米勒矩阵 $\boldsymbol{R}$ 与琼斯矩阵 $\boldsymbol{U}$ 之间满足关系

$$\boldsymbol{R\sigma}=\boldsymbol{U}^{\dagger}\boldsymbol{\sigma U} \tag{4.5.1}$$

式(4.5.1)可以看成是从偏振器件幺正的琼斯矩阵 $\boldsymbol{U}$ 到米勒矩阵 $\boldsymbol{R}$ 的变换,其中利用了泡利矩阵。其展开式形式如下:

$$\begin{pmatrix} R_{11} & R_{12} & R_{13} \\ R_{21} & R_{22} & R_{23} \\ R_{31} & R_{32} & R_{33} \end{pmatrix}\begin{pmatrix} \boldsymbol{\sigma}_1 \\ \boldsymbol{\sigma}_2 \\ \boldsymbol{\sigma}_3 \end{pmatrix}=\begin{pmatrix} \boldsymbol{U}^{\dagger}\boldsymbol{\sigma}_1\boldsymbol{U} \\ \boldsymbol{U}^{\dagger}\boldsymbol{\sigma}_2\boldsymbol{U} \\ \boldsymbol{U}^{\dagger}\boldsymbol{\sigma}_3\boldsymbol{U} \end{pmatrix} \tag{4.5.2}$$

上式等价的展开式为

$$\begin{cases} R_{11}\boldsymbol{\sigma}_1+R_{12}\boldsymbol{\sigma}_2+R_{13}\boldsymbol{\sigma}_3=\boldsymbol{U}^{\dagger}\boldsymbol{\sigma}_1\boldsymbol{U} \\ R_{21}\boldsymbol{\sigma}_1+R_{22}\boldsymbol{\sigma}_2+R_{23}\boldsymbol{\sigma}_3=\boldsymbol{U}^{\dagger}\boldsymbol{\sigma}_2\boldsymbol{U} \\ R_{31}\boldsymbol{\sigma}_1+R_{32}\boldsymbol{\sigma}_2+R_{33}\boldsymbol{\sigma}_3=\boldsymbol{U}^{\dagger}\boldsymbol{\sigma}_3\boldsymbol{U} \end{cases} \tag{4.5.3}$$

解式(4.5.3)里的方程组,得

$$R_{jk}=\frac{1}{2}\mathrm{Tr}(\boldsymbol{U\sigma}_k\boldsymbol{U}^{\dagger}\boldsymbol{\sigma}_j) \tag{4.5.4}$$

读者可以验证一下,利用上式可以将线相位延迟器琼斯空间的琼斯矩阵 $\boldsymbol{U}_0(\Delta)$(式(4.1.6))变换成斯托克斯空间的米勒矩阵 $\boldsymbol{R}_{\mathrm{WP},0^\circ}(\Delta)$(式(4.4.4));还可将旋转器的琼斯矩阵 $\boldsymbol{T}(\theta)$(式(4.1.8))变换成米勒矩阵 $\boldsymbol{R}_{\mathrm{ROT}}(\theta)$(式(4.4.5))。

2. 利用无损偏振器件幺正矩阵的性质进行变换

米勒矩阵是全实数的矩阵,而琼斯矩阵可以是复矩阵。

大家知道,无损的偏振器件的琼斯矩阵为幺正矩阵,如果取凯莱-克莱因(Cayley-Klein)格式的幺正矩阵,则具有形式

$$\boldsymbol{U}=\begin{pmatrix} u_1 & u_2 \\ -u_2^* & u_1^* \end{pmatrix}=\begin{pmatrix} A-\mathrm{j}B & -C-\mathrm{j}D \\ C-\mathrm{j}D & A+\mathrm{j}B \end{pmatrix} \tag{4.5.5}$$

其中，A、B、C、D 是实数，满足 $A^2+B^2+C^2+D^2=1$。在这里不加证明地给出这样的琼斯矩阵变换到米勒矩阵为

$$\boldsymbol{R}=\begin{pmatrix} A^2+B^2-C^2-D^2 & 2(BD-AC) & 2(AD+BC) \\ 2(AC+BD) & A^2+D^2-B^2-C^2 & 2(CD-AB) \\ 2(BC-AD) & 2(AB+CD) & A^2+C^2-B^2-D^2 \end{pmatrix} \tag{4.5.6}$$

利用式(4.5.5)和式(4.5.6)，读者可以检验一下将 $\boldsymbol{U}_0(\Delta)$(式(4.1.6))变换成 $\boldsymbol{R}_{\mathrm{WP},0^\circ}(\Delta)$(式(4.4.4))，以及将 $\boldsymbol{T}(\theta)$(式(4.1.8))变换成 $\boldsymbol{R}_{\mathrm{ROT}}(\theta)$(式(4.4.5))。

3. 普遍的变换规则[7]

上面的变换要么是琼斯矩阵变换为 3×3 的米勒矩阵，要么要求琼斯矩阵是无损的(因而是幺正的)，一种普遍的从琼斯矩阵到 4×4 的矩阵变换如下：设琼斯矩阵为

$$\boldsymbol{J}=\begin{pmatrix} j_{11} & j_{12} \\ j_{21} & j_{22} \end{pmatrix} \tag{4.5.7}$$

定义下面的矩阵直积

$$\boldsymbol{J}^*\otimes\boldsymbol{J}=\begin{bmatrix} j_{11}^*\begin{pmatrix} j_{11} & j_{12} \\ j_{21} & j_{22} \end{pmatrix} & j_{12}^*\begin{pmatrix} j_{11} & j_{12} \\ j_{21} & j_{22} \end{pmatrix} \\ j_{21}^*\begin{pmatrix} j_{11} & j_{12} \\ j_{21} & j_{22} \end{pmatrix} & j_{22}^*\begin{pmatrix} j_{11} & j_{12} \\ j_{21} & j_{22} \end{pmatrix} \end{bmatrix}$$

$$=\begin{bmatrix} j_{11}^*j_{11} & j_{11}^*j_{12} & j_{12}^*j_{11} & j_{12}^*j_{12} \\ j_{11}^*j_{21} & j_{11}^*j_{22} & j_{12}^*j_{21} & j_{12}^*j_{22} \\ j_{21}^*j_{11} & j_{21}^*j_{12} & j_{22}^*j_{11} & j_{22}^*j_{12} \\ j_{21}^*j_{21} & j_{21}^*j_{22} & j_{22}^*j_{21} & j_{22}^*j_{22} \end{bmatrix} \tag{4.5.8}$$

再定义一个 4×4 幺正矩阵

$$\boldsymbol{A}=\frac{1}{\sqrt{2}}\begin{bmatrix} 1 & 0 & 0 & 1 \\ 1 & 0 & 0 & -1 \\ 0 & 1 & 1 & 0 \\ 0 & \mathrm{j} & -\mathrm{j} & 0 \end{bmatrix} \tag{4.5.9}$$

回顾泡利矩阵

$$\begin{cases}\boldsymbol{\sigma}_0=\boldsymbol{I}=\begin{pmatrix}1 & 0\\0 & 1\end{pmatrix}\\ \boldsymbol{\sigma}_1=\begin{pmatrix}1 & 0\\0 & -1\end{pmatrix}\\ \boldsymbol{\sigma}_2=\begin{pmatrix}0 & 1\\1 & 0\end{pmatrix}\\ \boldsymbol{\sigma}_2=\begin{pmatrix}0 & -\mathrm{j}\\\mathrm{j} & 0\end{pmatrix}\end{cases}\tag{4.5.10}$$

其中将单位矩阵设为泡利矩阵的第0个矩阵$\boldsymbol{\sigma}_0$。可以将式(4.5.9)描述的幺正矩阵$\boldsymbol{A}$的每一行看成泡利矩阵各个分矩阵的列拉直所组成的。这个矩阵$\boldsymbol{A}$为幺正矩阵，其逆矩阵$\boldsymbol{A}^{-1}$是其厄米共轭矩阵$\boldsymbol{A}^{\dagger}$，即$\boldsymbol{A}^{-1}=\boldsymbol{A}^{\dagger}$。

$$\boldsymbol{A}^{-1}=\boldsymbol{A}^{\dagger}=\frac{1}{\sqrt{2}}\begin{bmatrix}1 & 1 & 0 & 0\\0 & 0 & 1 & -\mathrm{j}\\0 & 0 & 1 & \mathrm{j}\\1 & -1 & 0 & 0\end{bmatrix}\tag{4.5.11}$$

可以证明，对应式(4.5.7)琼斯矩阵描述的偏振器件，其4×4米勒矩阵为

$$\boldsymbol{M}=\boldsymbol{A}(\boldsymbol{J}^{*}\otimes\boldsymbol{J})\boldsymbol{A}^{-1}\tag{4.5.12}$$

例 4-5-1　试根据式(4.5.12)的变换公式，将零方位角部分起偏器的琼斯矩阵式(4.1.1)变换到斯托克斯空间的米勒矩阵，并与式(4.3.5)进行比较。

解　将式(4.1.1)代入式(4.5.8)，得到直积

$$\boldsymbol{J}^{*}\otimes\boldsymbol{J}=\begin{bmatrix}p_x\begin{pmatrix}p_x & 0\\0 & p_y\end{pmatrix} & 0\times\begin{pmatrix}p_x & 0\\0 & p_y\end{pmatrix}\\ 0\times\begin{pmatrix}p_x & 0\\0 & p_y\end{pmatrix} & p_y\begin{pmatrix}p_x & 0\\0 & p_y\end{pmatrix}\end{bmatrix}=\begin{bmatrix}p_x^2 & 0 & 0 & 0\\0 & p_xp_y & 0 & 0\\0 & 0 & p_xp_y & 0\\0 & 0 & 0 & p_y^2\end{bmatrix}$$

$$\boldsymbol{M}=\boldsymbol{A}(\boldsymbol{J}^{*}\otimes\boldsymbol{J})\boldsymbol{A}^{-1}=\frac{1}{2}\begin{bmatrix}p_x^2+p_y^2 & p_x^2-p_y^2 & 0 & 0\\p_x^2-p_y^2 & p_x^2+p_y^2 & 0 & 0\\0 & 0 & 2p_xp_y & 0\\0 & 0 & 0 & 2p_xp_y\end{bmatrix}$$

这就是式(4.3.5)。

例 4-5-2　试根据式(4.5.12)的变换公式，将零度角线相位延迟器的琼斯矩阵式(4.1.6)变换到斯托克斯空间的米勒矩阵，并与式(4.3.11)进行比较。

解　将式(4.1.6)代入式(4.5.8)，得到直积

$$
\boldsymbol{J}^{*} \otimes \boldsymbol{J}=\begin{pmatrix} \mathrm{e}^{-\mathrm{j}\Delta/2}\begin{pmatrix}\mathrm{e}^{\mathrm{j}\Delta/2} & 0\\ 0 & \mathrm{e}^{-\mathrm{j}\Delta/2}\end{pmatrix} & 0\times\begin{pmatrix}\mathrm{e}^{\mathrm{j}\Delta/2} & 0\\ 0 & \mathrm{e}^{-\mathrm{j}\Delta/2}\end{pmatrix} \\ 0\times\begin{pmatrix}\mathrm{e}^{\mathrm{j}\Delta/2} & 0\\ 0 & \mathrm{e}^{-\mathrm{j}\Delta/2}\end{pmatrix} & \mathrm{e}^{\mathrm{j}\Delta/2}\begin{pmatrix}\mathrm{e}^{\mathrm{j}\Delta/2} & 0\\ 0 & \mathrm{e}^{-\mathrm{j}\Delta/2}\end{pmatrix} \end{pmatrix}=\begin{pmatrix}1 & 0 & 0 & 0\\ 0 & \mathrm{e}^{-\mathrm{j}\Delta} & 0 & 0\\ 0 & 0 & \mathrm{e}^{\mathrm{j}\Delta} & 0\\ 0 & 0 & 0 & 1\end{pmatrix}
$$

$$
\boldsymbol{M}=\boldsymbol{A}(\boldsymbol{J}^{*}\otimes\boldsymbol{J})\boldsymbol{A}^{-1}=\begin{pmatrix}1 & 0 & 0 & 0\\ 0 & 1 & 0 & 0\\ 0 & 0 & \cos\Delta & -\sin\Delta\\ 0 & 0 & \sin\Delta & \cos\Delta\end{pmatrix}
$$

这就是式(4.3.11)。

例 4-5-3 试根据式(4.5.12)的变换公式,将旋转器的琼斯矩阵式(4.1.8)变换到斯托克斯空间的米勒矩阵,并与式(4.3.13)进行比较。

解 将式(4.1.8)代入式(4.5.8),得到直积

$$
\boldsymbol{J}^{*}\otimes\boldsymbol{J}=\begin{pmatrix}\cos\theta\begin{pmatrix}\cos\theta & -\sin\theta\\ \sin\theta & \cos\theta\end{pmatrix} & -\sin\theta\begin{pmatrix}\cos\theta & -\sin\theta\\ \sin\theta & \cos\theta\end{pmatrix}\\ \sin\theta\begin{pmatrix}\cos\theta & -\sin\theta\\ \sin\theta & \cos\theta\end{pmatrix} & \cos\theta\begin{pmatrix}\cos\theta & -\sin\theta\\ \sin\theta & \cos\theta\end{pmatrix}\end{pmatrix}
$$

$$
=\begin{pmatrix}\cos^2\theta & -\sin\theta\cos\theta & -\sin\theta\cos\theta & \sin^2\theta\\ \sin\theta\cos\theta & \cos^2\theta & -\sin^2\theta & -\sin\theta\cos\theta\\ \sin\theta\cos\theta & -\sin^2\theta & \cos^2\theta & -\sin\theta\cos\theta\\ \sin^2\theta & \sin\theta\cos\theta & \sin\theta\cos\theta & \cos^2\theta\end{pmatrix}
$$

$$
\boldsymbol{M}=\boldsymbol{A}(\boldsymbol{J}^{*}\otimes\boldsymbol{J})\boldsymbol{A}^{-1}=\begin{pmatrix}1 & 0 & 0 & 0\\ 0 & \cos2\theta & -\sin2\theta & 0\\ 0 & \sin2\theta & \cos2\theta & 0\\ 0 & 0 & 0 & 1\end{pmatrix}
$$

这就是式(4.3.13)。

例 4-5-4 试根据式(4.5.12)的变换公式,将45°方位角线相位延迟器的琼斯矩阵式(4.2.12)变换到斯托克斯空间的米勒矩阵,并与式(4.4.7)进行比较。

解 将式(4.2.12)代入式(4.5.8),得到直积

$$
\boldsymbol{J}^{*}\otimes\boldsymbol{J}=\begin{pmatrix}\cos(\Delta/2)\begin{pmatrix}\cos(\Delta/2) & \mathrm{j}\sin(\Delta/2)\\ \mathrm{j}\sin(\Delta/2) & \cos(\Delta/2)\end{pmatrix}\\ -\mathrm{j}\sin(\Delta/2)\begin{pmatrix}\cos(\Delta/2) & \mathrm{j}\sin(\Delta/2)\\ \mathrm{j}\sin(\Delta/2) & \cos(\Delta/2)\end{pmatrix}\end{pmatrix}
$$

$$
\left.\begin{matrix}
-\mathrm{j}\sin(\Delta/2)\begin{pmatrix}\cos(\Delta/2) & \mathrm{j}\sin(\Delta/2)\\ \mathrm{j}\sin(\Delta/2) & \cos(\Delta/2)\end{pmatrix}\\
\cos(\Delta/2)\begin{pmatrix}\cos(\Delta/2) & \mathrm{j}\sin(\Delta/2)\\ \mathrm{j}\sin(\Delta/2) & \cos(\Delta/2)\end{pmatrix}
\end{matrix}\right]
$$

$$
=\left[\begin{matrix}
\cos^2(\Delta/2) & \mathrm{j}\sin(\Delta/2)\cos(\Delta/2)\\
\mathrm{j}\sin(\Delta/2)\cos(\Delta/2) & \cos^2(\Delta/2)\\
-\mathrm{j}\sin(\Delta/2)\cos(\Delta/2) & \sin^2(\Delta/2)\\
\sin^2(\Delta/2) & -\mathrm{j}\sin(\Delta/2)\cos(\Delta/2)
\end{matrix}\right.
$$

$$
\left.\begin{matrix}
-\mathrm{j}\sin(\Delta/2)\cos(\Delta/2) & \sin^2(\Delta/2)\\
\sin^2(\Delta/2) & -\mathrm{j}\sin(\Delta/2)\cos(\Delta/2)\\
\cos^2(\Delta/2) & \mathrm{j}\sin(\Delta/2)\cos(\Delta/2)\\
\mathrm{j}\sin(\Delta/2)\cos(\Delta/2) & \cos^2(\Delta/2)
\end{matrix}\right]
$$

$$
\boldsymbol{M}=\boldsymbol{A}(\boldsymbol{J}^{*}\otimes\boldsymbol{J})\boldsymbol{A}^{-1}=\begin{bmatrix}1 & 0 & 0 & 0\\ 0 & \cos\Delta & 0 & \sin\Delta\\ 0 & 0 & 1 & 0\\ 0 & -\sin\Delta & 0 & \cos\Delta\end{bmatrix}
$$

这就是式(4.4.7)。

4.5.2　偏振器件的米勒矩阵到琼斯矩阵的变换

前面介绍了如何将琼斯空间的琼斯矩阵变换到斯托克斯空间的米勒矩阵的方法。本节将反过来，讨论如何将偏振器件在斯托克斯空间的表示变换到琼斯空间。

1. 已知在斯托克斯空间的旋转操作是绕 $\hat{\boldsymbol{r}}$ 轴旋转 φ

首先介绍已知在斯托克斯空间的一个旋转操作——绕 $\hat{\boldsymbol{r}}$ 轴旋转 φ(图 4-4-5(a))，无需先写出斯托克斯空间的米勒矩阵，再实施从斯托克斯空间到琼斯空间的转换，而是利用泡利矩阵，直接写出对应这个旋转的琼斯矩阵。这里不加证明地给出这个琼斯矩阵(具体细节见第 8 章)[5-6]

$$
\boldsymbol{U}=\cos\frac{\varphi}{2}\boldsymbol{I}-\mathrm{j}(\hat{\boldsymbol{r}}\cdot\boldsymbol{\sigma})\sin\frac{\varphi}{2} \tag{4.5.13}
$$

其中，

$$
\begin{aligned}
\hat{\boldsymbol{r}}\cdot\boldsymbol{\sigma}&=r_1\boldsymbol{\sigma}_1+r_2\boldsymbol{\sigma}_2+r_3\boldsymbol{\sigma}_3\\
&=r_1\begin{pmatrix}1 & 0\\ 0 & -1\end{pmatrix}+r_2\begin{pmatrix}0 & 1\\ 1 & 0\end{pmatrix}+r_3\begin{pmatrix}0 & -\mathrm{j}\\ \mathrm{j} & 0\end{pmatrix}\\
&=\begin{pmatrix}r_1 & r_2-\mathrm{j}r_3\\ r_2+\mathrm{j}r_3 & -r_1\end{pmatrix}
\end{aligned} \tag{4.5.14}
$$

有时在琼斯矩阵中用斯托克斯空间中的参量表示更方便计算。

2. 由斯托克斯空间的测量实验转换得到对应的琼斯矩阵

这是琼斯设计的实验[8-9]，如图 4-5-1 所示，在该实验装置的透镜间输入三个特定的偏振态 $\boldsymbol{S}_a=(1,1,0,0)^{\mathrm{T}}$（水平线偏振）、$\boldsymbol{S}_b=(1,-1,0,0)^{\mathrm{T}}$（垂直线偏振）、$\boldsymbol{S}_c=(1,0,1,0)^{\mathrm{T}}$（45°线偏振）。这三个偏振态分别经过待测偏振器件后，利用检偏仪测量输出的偏振态 $\boldsymbol{S}'_a$、$\boldsymbol{S}'_b$、$\boldsymbol{S}'_c$，再经过式(2.6.9)的斯托克斯空间到琼斯空间的偏振态转换，得到三个输出的琼斯矢量 $|\boldsymbol{E}'_a\rangle$、$|\boldsymbol{E}'_b\rangle$、$|\boldsymbol{E}'_c\rangle$，从而得出琼斯变换矩阵。上述的操作可以用下面的公式表示：

$$\begin{bmatrix}\boldsymbol{S}_a\\ \boldsymbol{S}_b\\ \boldsymbol{S}_c\end{bmatrix}\xrightarrow{\text{测量}}\begin{bmatrix}\boldsymbol{S}'_a\\ \boldsymbol{S}'_b\\ \boldsymbol{S}'_c\end{bmatrix}\xrightarrow{|E\rangle=C\begin{pmatrix}\sqrt{\frac{1}{2}\left(1+\frac{S_1}{S_0}\right)}\\ \sqrt{\frac{1}{2}\left(1-\frac{S_1}{S_0}\right)}\exp\left[\mathrm{j}\arctan\left(\frac{S_3}{S_2}\right)\right]\end{pmatrix}}\begin{bmatrix}|\boldsymbol{E}'_a\rangle\\ |\boldsymbol{E}'_b\rangle\\ |\boldsymbol{E}'_c\rangle\end{bmatrix}\tag{4.5.15}$$

经过上面的操作，利用得到的三个输出的琼斯矢量可以得到如下 4 个复系数：

$$k_1=\frac{E'_{xa}}{E'_{ya}},\quad k_2=\frac{E'_{xb}}{E'_{yb}},\quad k_3=\frac{E'_{xc}}{E'_{yc}},\quad k_4=\frac{k_3-k_2}{k_1-k_3}\tag{4.5.16}$$

根据这 4 个复系数，可以得到如下琼斯矩阵：

$$\boldsymbol{U}=C\begin{pmatrix}k_1k_4 & k_2\\ k_4 & 1\end{pmatrix}\tag{4.5.17}$$

其中，C 是复常数，有一个公共相位无法完全确定。

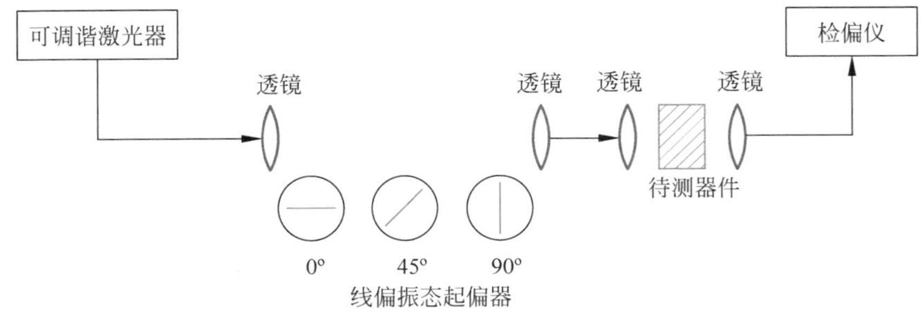

图 4-5-1 琼斯利用三组偏振态（水平线偏振、垂直线偏振、45°线偏振）得到待测偏振器件琼斯矩阵的装置

3. 普遍的变换规则

根据式(4.5.12)，可得从 4×4 米勒矩阵到琼斯矩阵的变换。设琼斯矩阵的矩阵元如下：

$$\boldsymbol{J}=\begin{pmatrix} j_{11} & j_{12} \\ j_{21} & j_{22} \end{pmatrix}=\begin{pmatrix} \rho_{11}\mathrm{e}^{-\mathrm{j}\phi_{11}} & \rho_{12}\mathrm{e}^{-\mathrm{j}\phi_{12}} \\ \rho_{21}\mathrm{e}^{-\mathrm{j}\phi_{21}} & \rho_{22}\mathrm{e}^{-\mathrm{j}\phi_{22}} \end{pmatrix} \tag{4.5.18}$$

其中，$\rho_{\alpha\beta}$ 和 $\phi_{\alpha\beta}(\alpha,\beta=1,2)$分别为琼斯矩阵元的振幅和相位。

如果已知式(4.5.18)中米勒矩阵的矩阵元，将式(4.5.18)代入式(4.5.12)，则有[10-11]

$$\begin{cases} \rho_{11}=\sqrt{\dfrac{m_{00}+m_{01}+m_{10}+m_{11}}{2}} \\ \rho_{12}=\sqrt{\dfrac{m_{00}-m_{01}+m_{10}-m_{11}}{2}} \\ \rho_{21}=\sqrt{\dfrac{m_{00}+m_{01}-m_{10}-m_{11}}{2}} \\ \rho_{22}=\sqrt{\dfrac{m_{00}-m_{01}-m_{10}+m_{11}}{2}} \end{cases} \tag{4.5.19}$$

以及

$$\begin{cases} \cos(\phi_{12}-\phi_{11})=\dfrac{m_{02}+m_{12}}{\sqrt{(m_{00}+m_{10})^2-(m_{01}+m_{11})^2}} \\ \sin(\phi_{12}-\phi_{11})=\dfrac{-(m_{03}+m_{13})}{\sqrt{(m_{00}+m_{10})^2-(m_{01}+m_{11})^2}} \\ \cos(\phi_{21}-\phi_{11})=\dfrac{m_{20}+m_{21}}{\sqrt{(m_{00}+m_{01})^2-(m_{10}+m_{11})^2}} \\ \sin(\phi_{21}-\phi_{11})=\dfrac{m_{30}+m_{31}}{\sqrt{(m_{00}+m_{01})^2-(m_{10}+m_{11})^2}} \\ \cos(\phi_{22}-\phi_{11})=\dfrac{m_{22}+m_{33}}{\sqrt{(m_{00}+m_{11})^2-(m_{10}+m_{01})^2}} \\ \sin(\phi_{22}-\phi_{11})=\dfrac{m_{32}+m_{23}}{\sqrt{(m_{00}+m_{11})^2-(m_{10}+m_{11})^2}} \end{cases} \tag{4.5.20}$$

其中相位 ϕ_{11} 作为基准是待确定的。

参考文献

[1]　张晓光，唐先锋. 光纤偏振模色散原理、测量与自适应补偿技术［M］. 北京：北京邮电大学出版社，2017.

[2] COLLETT E. Polarized light in fiber optics [M]. Lincroft: The PolaWave Group, 2003.
[3] 新谷隆一. 偏振光 [M]. 范爱英,唐昌鹤,译. 北京:原子能出版社,1994.
[4] HUI R, O'SULLIVAN M. Fiber optics measurement [M]. San Diego: Elsevier Inc., 2009.
[5] DAMASK J N. Polarization optics in telecommunications [M]. New York: Springer, 2005.
[6] CORDON J P, KOGELNIK H. PMD fundamentals: Polarization mode dispersion in optical fibers [J]. Proc. Natl. Acad. Sci., 2000, 97(9): 4541-4550.
[7] SIMON R. The connection between Mueller and Jones matrices of polarization optics [J]. Opt. Commun., 1982, 42(5): 293-297.
[8] JONES R C. A new calculus for the treatment of optical systems Ⅵ: Experimental determination of matrix [J]. J. Opt. Soc. Am., 1947, 37(2): 110-112.
[9] HEFFNER B L. Automated measurement of polarization mode dispersion using Jones Matrix eigenanalysis [J]. IEEE Photon. Technol. Lett., 1992, 4(9): 1066-1069.
[10] CHIPMAN R A, LAM W T, YANG G. Polarized light and optical system [M]. Boca Raton: CRC Press, 2019.
[11] GIL J, OSSIKOVSKI R. Polarized light and the Mueller matrix approach [M]. Boca Raton: CRC Press, 2016.

第二篇

光纤通信中的偏振现象与应用

本篇包含第 5～9 章，着重介绍光纤通信中常用的偏振器件、偏振控制器、光纤双折射现象、保偏光纤、光纤偏振模色散、光纤偏振相关损耗等内容，是整本书的主体部分。主要内容包括：

- 第 5 章介绍光纤通信中常用的偏振器件，包括偏振分束器、基于法拉第旋光效应的光隔离器、环形器，并着重介绍了偏振控制器的构造和应用。
- 第 6 章重点介绍光纤中的双折射现象，以及描述光纤双折射现象的数学方法，应用方面介绍基于光纤双折射的偏振控制器和保偏光纤。
- 偏振模色散是光纤通信系统中影响高速率、长距离传输的重要损伤机制，是光纤通信业界最关注的偏振损伤现象，因此第 7 章系统介绍偏振模色散现象、主态理论、在琼斯空间和斯托克斯空间的数学描述方式、二阶偏振模色散，等等。
- 为了更方便、更深入地理解和研究光纤中的偏振效应，第 8 章较详细地介绍偏振光学中基于自旋矢量的数学运算方法，为深入研究偏振现象建立了一个虽然抽象但是更方便的数学基础。
- 偏振相关损耗是光纤通信系统的另一种信号损伤机制，第 9 章介绍偏振相关损耗的产生原因、数学描述方法以及偏振相关损耗与偏振模色散共同存在时的分析处理方法。

第5章

光纤通信中常用的偏振器件和偏振控制器

在当前的光纤通信系统中，偏分复用技术广泛应用，系统中要用到许多与偏振相关的器件，比如偏振分束器、法拉第旋光器、偏振控制器、隔离器、环形器等，本章将加以讨论。

5.1 偏振分束器

偏振分束器是将入射光分成相互垂直的线偏振光的器件，是光纤通信系统中的一个基本器件，尤其是在偏分复用系统中是关键的器件。如果偏振分束器将入射光分解为水平偏振和垂直偏振的两束线偏振光，其在两个输出端口输出水平线偏振光和垂直线偏振光，其变换矩阵分别是式(4.3.6)和式(4.3.7)。在偏分复用光纤通信系统中，偏振分束器的作用是将入射光分解为相互垂直的两路线偏振光，在分开的这两路线偏振光上分别调制所需要传输的信息，再将它们耦合入一根光纤，实现在一根光纤内传输两个偏振信号，以使传输容量加倍的作用。图 5-1-1 是一个简单的偏分复用光纤通信系统，连续光激光器(CW-LD)输出线偏振的连续激光，以 45°的偏振振动面入射到偏振分束器(polarization beam splitter，PBS)，偏振分束器将入射线偏振光再分解为振幅相等的两路线偏振光，再经两路的光调制器分别调制上所要加载的信息。这样，每路线偏振的光信号都载有需要传输的信息，利用偏振合束器(polarization beam combiner，PBC)将两路相互垂直的光信号耦合入传输光纤。在接收端再次用偏振分束器将两个正交的光信号分解成两路输出，分别用光探测器(photodetector，PD)将两路光信号变为电信号由接收机进行接收。

偏振分束器有块状的空间偏振分束器和波导型偏振分束器。块状空间偏振分束器一般用在实验室中进行偏振分光实验，而波导型偏振分束器一般用在偏分复

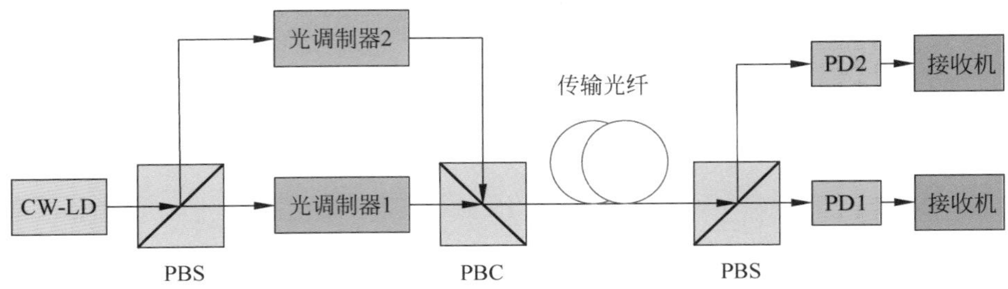

图 5-1-1　一个简单的偏分复用光纤通信系统

用光纤通信系统中。另外，随着技术的不断发展，出现了许多种偏振分束器结构，在此只介绍最典型的偏振分束器结构。

5.1.1　块状空间偏振分束器

3.1 节讨论过的双折射晶体棱镜，比如沃拉斯顿棱镜和格兰-傅科棱镜，以及多层介质膜分光镜都可以作为偏振分束器。其中双折射棱镜是由于入射光进入双折射晶体后分解为 o 光和 e 光，且 o 光和 e 光均为线偏振光，通过对棱镜的设计将 o 光和 e 光分散开形成偏振光分束。而多层介质膜利用界面布儒斯特角的作用以及多层介质膜的干涉作用实现偏振光分束。

利用沃拉斯顿棱镜进行偏振光分束已经在 3.1 节利用图 3-1-11 讨论过了。将图 3-1-11(b)再次画在图 5-1-2 中。可以证明，当棱镜的顶角 θ 不是很大时，两束分开的偏振光束是对称地分开的，且相对于出射面法线的偏离角 ϕ 为[1-3]

$$\phi = \arcsin(|n_o - n_e| \tan\theta) \tag{5.1.1}$$

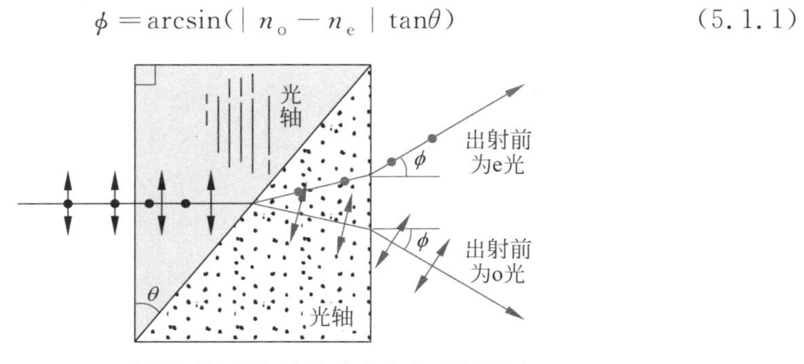

图 5-1-2　利用沃拉斯顿棱镜进行角向偏振分束

还有一种常用的角向偏振分束棱镜——罗雄(Rochon)棱镜[3-4]，如图 5-1-3 所示。罗雄棱镜与沃拉斯顿棱镜既相似又有区别，它前面第一块晶体的光轴垂直于入射前表面，垂直入射的光束在第一块晶体中沿着光轴传输不发生双折射，o 光与 e 光折射率均为 n_o，两束光不分开，在第一块晶体与第二块晶体分界面处，o 光折射率没有变化，直接射入第二块晶体，再出射晶体还沿原路传播。e 光折射率此时

由 n_o 变为 n_e，将发生偏折，最后射出晶体。此时偏折的情形与沃拉斯顿棱镜极其相似，只是 o 光与 e 光之间的夹角是 ϕ（仍然可以用式(5.1.1)计算），只为沃拉斯顿棱镜的二分之一。

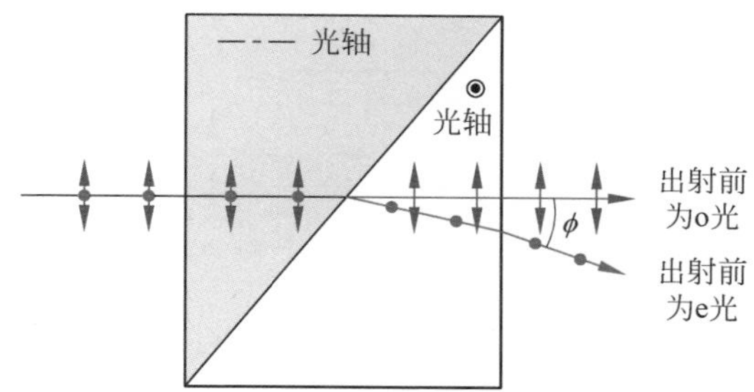

图 5-1-3 利用罗雄棱镜进行角向偏振分束

更实用的是改进的沃拉斯顿棱镜和改进的罗雄棱镜，分别如图 5-1-4(a)和(b)所示[5]，对比图 5-1-2 中显示的沃拉斯顿棱镜，图(a)中两块晶体的光轴方向有些不同，保持了两块晶体之间光轴的垂直，但是两块晶体光轴方向并不是水平和竖直，而是将光轴的方向倾斜了一些。对比图 5-1-3 中显示的罗雄棱镜，图 5-1-4(b)中棱镜的光轴也有类似的调整。

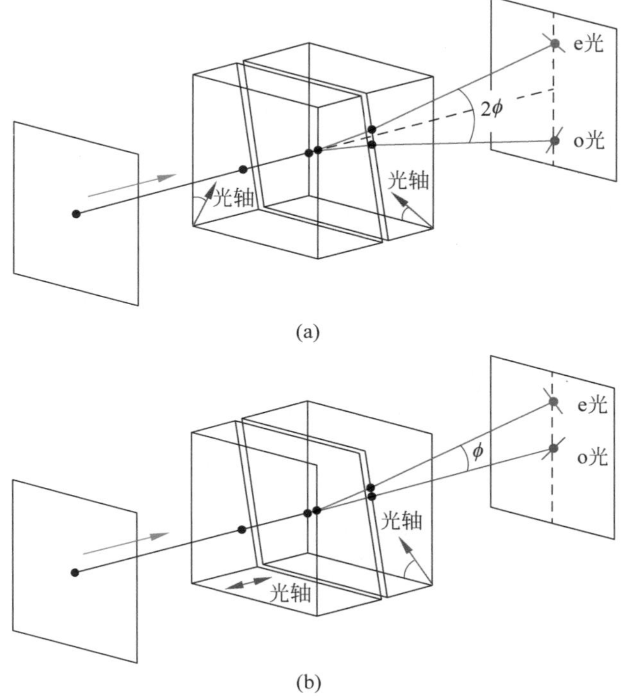

图 5-1-4 改进的沃拉斯顿棱镜(a)和改进的罗雄棱镜(b)

沃拉斯顿棱镜和罗雄棱镜的偏振分束是角向分束，利用晶体中 o 光和 e 光的分离，还可以形成两偏振光束横向偏移分束，图 3-1-2 中方解石晶体将入射光束分解为横向分离的偏振相互垂直的平行光束[2-3]。将图 3-1-2(b)再次画在图 5-1-5 中，只是晶体经过了切割。

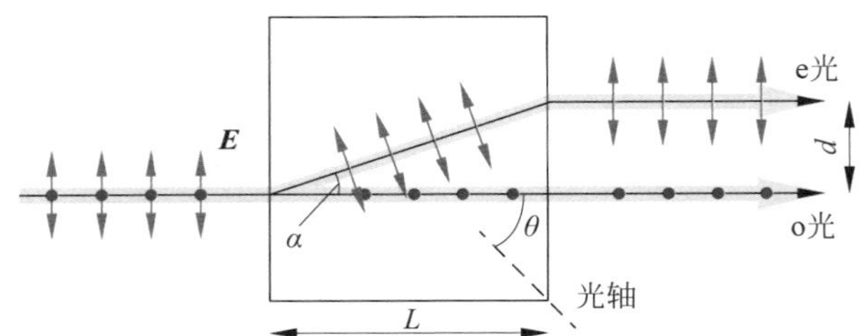

图 5-1-5　利用双折射晶体进行横向偏移偏振分束

由式(3.3.31)可知，当晶体光轴与入射面法线角度为 θ 时，e 光相对于 o 光的角度偏移 α(走离角)满足

$$\tan\alpha=\frac{1}{2}\frac{|n_o^2-n_e^2|}{n_o^2\sin^2\theta+n_e^2\cos^2\theta}\sin2\theta \tag{5.1.2}$$

另外，由式(3.3.32)可知，最大走离角满足

$$\tan\alpha_{\max}=\frac{1}{2}\left|\frac{n_o}{n_e}-\frac{n_e}{n_o}\right| \tag{5.1.3}$$

在光纤通信中经常利用钒酸钇(YVO_4)晶体作材料，它是正晶体(在图 5-1-5 中光轴应该斜向上，即 θ 为负值)，其 $n_o=1.9447$，$n_e=2.1486$，计算得 $\alpha_{\max}=5.7°$。这样晶体长度 L 与 e 光横向偏移量 d 的比值为 $L:d=1:\tan5.7°\approx10:1$。需要的偏移量 d 越大，要求晶体长度 L 越长。

利用横向偏移器进行偏振分束与偏振合束的原理如图 5-1-6 所示，可以用左端的横向偏移器进行偏振分束，将器件反过来用即可以进行偏振合束。

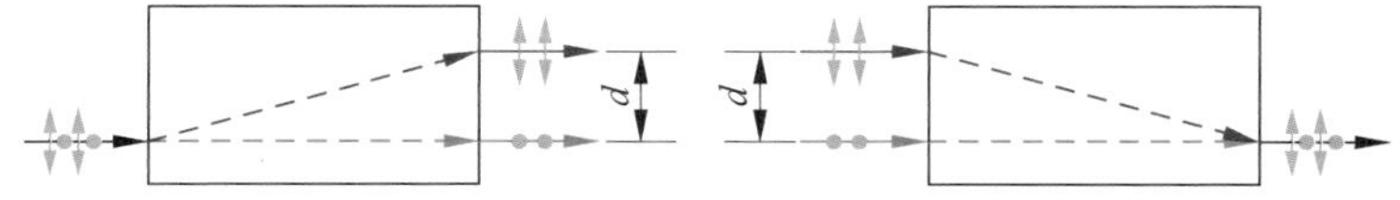

图 5-1-6　利用横向偏移器进行偏振分束和偏振合束的原理图

上述的偏振分束器件没有 90°偏振分束的功能，可以利用麦克尼尔(S. M. MacNeille)发明[6]，班宁(M. Banning)实际制作[7]的多层介质膜棱镜结构实现 90°偏振分束的功能，如图 5-1-7 所示(其中为了看清楚，夸大了多层介质膜的厚度)。这种偏振分束器也在 3.1 节中简单介绍过(图 3-1-10)，其原理是让棱镜与介质膜之间界面的入射角以及介质膜中高折射率膜(折射率为 n_H)与低折射率膜(折射率为

n_L)之间界面的入射角均为布儒斯特角，这样 s 分量可以全部反射，p 分量可以全部透射，将每层介质膜设计成四分之一波长的厚度，利用多层介质膜的干涉作用实现 s 分量反射光的干涉加强与 p 分量透射光的干涉加强。

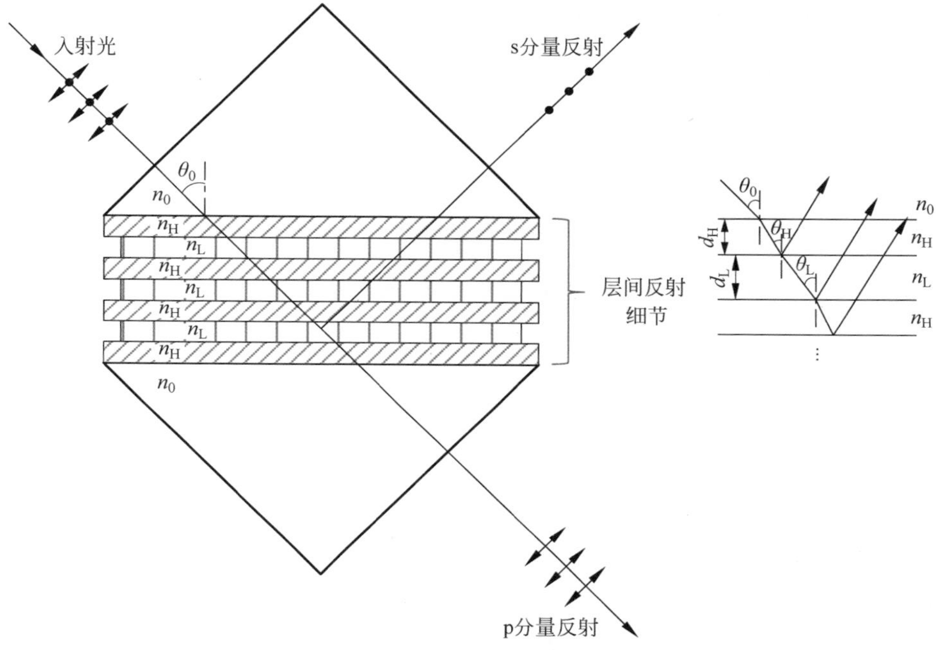

图 5-1-7　利用多层介质膜进行偏振分束

如图 5-1-7(b)所示，根据界面反射透射的菲涅耳公式知，在高折射率膜层与低折射率膜层之间 p 分量振幅反射系数为

$$r_{p,高\to低}=\frac{n_L\cos\theta_H-n_H\cos\theta_L}{n_L\cos\theta_H+n_H\cos\theta_L}=\frac{n_L/\cos\theta_L-n_H/\cos\theta_H}{n_L/\cos\theta_L+n_H/\cos\theta_H}\tag{5.1.4}$$

$$r_{p,低\to高}=\frac{n_H\cos\theta_L-n_L\cos\theta_H}{n_H\cos\theta_L+n_L\cos\theta_H}=\frac{n_H/\cos\theta_H-n_L/\cos\theta_L}{n_H/\cos\theta_H+n_L/\cos\theta_L}\tag{5.1.5}$$

其中，$r_{p,高\to低}$ 和 $r_{p,低\to高}$ 分别为从高折射率膜层到低折射率膜层界面的振幅反射系数和低折射率膜层到高折射率膜层界面的振幅反射系数，θ_H 和 θ_L 是相应的入射角，n_H 和 n_L 是相应膜层的折射率。由斯涅耳定律

$$n_0\sin\theta_0=n_H\sin\theta_H=n_L\sin\theta_L\tag{5.1.6}$$

其中，n_0 是三角棱镜的折射率，θ_0 是从三角棱镜到高折射率膜层的入射角。

欲使 $r_{p,高\to低}$ 和 $r_{p,低\to高}$ 为零，需要

$$n_L/\cos\theta_L=n_H/\cos\theta_H\tag{5.1.7}$$

这个公式实际上就是布儒斯特定律，在布儒斯特角下，$\theta_H+\theta_L=90°$，$\cos\theta_L=\sin\theta_H$，因此式(5.1.7)等价于 $\tan\theta_H=n_L/n_H$，就是3.1.3节中提到过的布儒斯特定律。

$$\cos\theta_L=\sqrt{1-\sin^2\theta_L}=\sqrt{1-(n_L^2\sin^2\theta_L)/n_L^2}$$
$$=\sqrt{1-(n_0/n_L)^2\sin^2\theta_0} \tag{5.1.8}$$
$$\cos\theta_H=\sqrt{1-\sin^2\theta_H}=\sqrt{1-(n_H^2\sin^2\theta_H)/n_H^2}$$
$$=\sqrt{1-(n_0/n_H)^2\sin^2\theta_0} \tag{5.1.9}$$

根据式(5.1.7)、式(5.1.8)和式(5.1.9)，要求p分量振幅反射系数为零，必须满足

$$n_0\sin\theta_0=\frac{n_Hn_L}{\sqrt{n_H^2+n_L^2}} \tag{5.1.10}$$

定义介质膜的有效折射率为 $\eta=n/\cos\theta$。此时在玻璃三角棱镜内，$n_0=1.51$，$\theta_0=45°$，则

$$n_0\sin\theta_0\approx1.06 \tag{5.1.11}$$

选 TiO_2 和 SiO_2 作为高低折射率薄膜材料，$n_H=1.70$，$n_L=1.38$，则

$$\frac{n_Hn_L}{\sqrt{n_H^2+n_L^2}}\approx1.07 \tag{5.1.12}$$

恰好使式(5.1.10)得到满足，使p分量振幅反射系数为零。

另外，为了使每层膜反射的s分量在出射时相长干涉(干涉加强)，需要使高低折射率膜层厚度 d_H 和 d_L 满足(光程差为四分之一波长)[8]

$$n_Hd_H\cos\theta_H=\frac{\lambda}{4} \tag{5.1.13}$$

$$n_Ld_L\cos\theta_L=\frac{\lambda}{4} \tag{5.1.14}$$

如果以G(ground)代表上下两个三角玻璃基底材料，H(high-index)代表高折射率膜层，L(low-index)代表低折射率膜层，则一般设计成两个三角玻璃夹多层介质膜 $G/(HL)^NH/G$ 的形式，其中 $(HL)^N$ 表示高低折射率介质膜层交替重复 N 次的膜[9]。

5.1.2 紧凑波导型偏振分束器

在光纤通信系统中，人们更倾向于应用可集成的紧凑型器件。近来硅基光子学由于其制作工艺与已经成熟的CMOS制程相匹配，成为人们关注的热点。基于绝缘体上生长硅(silicon-on-insulator，SOI)平台的偏振分束器得到飞速的发展。目前可以在SOI平台上实现基于马赫-曾德尔干涉仪型[10-11]、方向耦合器型[12-13]、多模相干型[14-15]的偏振分束器。有兴趣的读者可以参考相关文献。

5.2 基于法拉第磁光效应的光隔离器和光环形器

5.2.1 法拉第磁光效应以及磁光材料

3.1.6 节讨论过法拉第旋光效应，它是一种磁光效应。能够产生法拉第旋光的材料，可以是顺磁质、抗磁质以及铁磁质(包括铁氧体)。顺磁质和抗磁质不属于铁磁介质，其法拉第旋光效应产生的旋光遵循式(5.2.1)，其局部旋光与外加磁场在光传播方向的投影成正比。而铁磁质因为其内部存在磁畴现象以及有磁化饱和现象，外磁场超过饱和值以后，一定长度材料的旋光是固定的。顺磁质、抗磁质的法拉第旋光效应比较小，要产生足够的旋光需要加载很强的外磁场(其中抗磁质的法拉第旋光效应机理已经在 3.4.1 节讨论过)。而铁磁质的法拉第旋光效应较大，可以应用于基于法拉第旋光效应的隔离器和循环器中。

顺磁质和抗磁质的法拉第效应产生的旋光遵循下式：

$$\theta_{\mathrm{F}}=\int_{0}^{d} V_{B} B_{z} \mathrm{d} z \tag{5.2.1}$$

其中，θ_{F} 代表总的旋光角度(单位是弧度，rad)，B_z 是所加外磁场(单位是特斯拉，T)沿着光束传输方向的投影，V_B 是磁场采用磁感应强度 B 描述时的韦尔代常量(单位是弧度每特斯拉米，rad/(T·m))。实际上，磁场也常常采用磁场强度 H 描述(单位是安培每米，A/m)，此时式(5.2.1)变为

$$\theta_{\mathrm{F}}=\int_{0}^{d} V_{H} H_{z} \mathrm{d} z \tag{5.2.2}$$

其中，H_z 代表磁场强度沿光束传输方向的投影，V_H 是磁场采用 H 时的韦代尔常量(单位是弧度每安培，rad/A)。由于磁感应强度 B 与磁场强度 H 之间有换算关系 $B=\mu_0 H$，其中真空中的磁导率 $\mu_0=4\pi\times10^{-7}$(T·m)/A，则有

$$V_H=\mu_0 V_B=4\pi\times10^{-7} V_B \tag{5.2.3}$$

比如光纤材料熔融二氧化硅的韦代尔常量，$V_H=4.7\times10^{-6}$ rad/A，$V_B=3.7$ rad/(T·m)。

顺磁质和抗磁质的区别在于无外加磁场时，磁介质分子有无固有磁矩。顺磁质的固有磁矩不为零，但是无外磁场时，这些磁矩由于热运动取向无规分布，对外宏观不显磁性。当有外加磁场时，这些磁矩倾向于按照外磁场方向排列，并且外磁场越强，排列越整齐，磁化效应越强，磁化方向与外加磁场方向一致，因此叫作顺磁质。此时磁化的本构方程为 $\boldsymbol{B}=\mu_0\mu_{\mathrm{r}}\boldsymbol{H}$，其中 μ_{r} 是介质的相对磁导率。抗磁质分子本身不存在固有磁矩，对外宏观不显磁性。外加磁场后，分子将感应出附加磁

矩，感应的附加磁矩与外磁场相反，因此叫作抗磁质。抗磁质磁化的本构关系也与顺磁质一样，是 $\boldsymbol{B}=\mu_0\mu_r\boldsymbol{H}$，只是顺磁质 $\mu_r>1$，抗磁质 $\mu_r<1$。无论顺磁质还是抗磁质，其磁化效应都很弱，且磁感应强度 $\boldsymbol{B}$ 和磁场强度 $\boldsymbol{H}$ 之间为线性关系，因此其法拉第旋光也表现出与外加磁场的线性关系(式(5.2.1)和式(5.2.2))。

铁磁质与顺磁质和抗磁质性质完全不同，其内部存在自发的磁化区——磁畴，磁畴尺度约为微米到毫米量级。在磁畴的内部，分子的磁偶极矩排列的方向均相同。当无外磁场作用时，各个磁畴的方向无规分布，对外宏观不显磁性。当有外加磁场时，并且所加外磁场开始逐渐加大，起初那些磁畴方向与外磁场方向接近的磁畴倾向于扩大自己的疆界，把临近那些磁化方向与磁场方向相反的磁畴领域吞并过来一些，继而与外磁场方向不一致磁畴的磁化方向在逐步转向外磁场的方向，介质对外就显示出宏观的磁性。当外磁场继续增大，所有磁畴都按照外磁场方向排列好，介质的磁化达到饱和，对外显示的宏观磁性几乎不会再增加(或者增加很小)，这就是铁磁质的磁化饱和现象[16]。

铁磁质在外磁场作用下表现出的法拉第旋光效应不会像式(5.2.1)和式(5.2.2)那样与外磁场呈线性关系。那么描述铁磁质法拉第旋光强弱需要换一种方式，需考察材料在磁化饱和后单位长度能够产生的旋光角度

$$\theta'_{\mathrm{F}}=\frac{\theta_{\mathrm{F},饱和}}{L} \tag{5.2.4}$$

在国际单位制下 θ'_{F} 的单位为 rad/m，也常用°/mm 为单位。

利用铁磁质的法拉第旋光效应一般都是在饱和磁化下的应用，饱和磁化后介质内部的磁场强度几乎就是常量，其单位长度的 θ'_{F} 也是固定的。

最普通的法拉第旋光材料是石榴石铁氧体，一般化学式是 $R_3Fe_5O_{12}$，缩写为 RIG，R 表示三价稀土离子[17]。钇铁石榴石(yttrium iron garnet, YIG)是最重要的石榴石铁氧体，化学式为 $Y_3Fe_5O_{12}$，在通信波长下 $\theta'_{\mathrm{F}}\approx16.7°/\mathrm{mm}$，大约 2.7mm 的 YIG 薄膜就可以达到 45°的法拉第旋光，其饱和磁化后介质内部的饱和磁场强度大约 1800Gs(1T=10000Gs)[5]。用铋(Bi)部分置换稀土元素，用镓(Ga)和铝(Al)部分置换铁元素的材料 $(Tb_{1.69}Bi_{1.31})(Fe_{4.38}Ga_{0.42}Al_{0.20})O_{12}$，具有 $\theta'_{\mathrm{F}}\approx99°/\mathrm{mm}$，饱和磁场强度 $H=340\mathrm{Oe}(1\mathrm{A/m}=4\pi\times10^{-3}\mathrm{Oe})$[18]。利用这种材料，得到 45°的法拉第旋光所需的薄膜厚度更薄。

5.2.2 光隔离器

光隔离器是光纤通信系统中常用的器件，光隔离器具有光束单向传输特性。光纤通信系统中有时需要让光束只能单向通过，不让返回的光束再次反向通过。比如发射端的激光器后面需要一个光隔离器，以免光纤通信系统节点反射回来的

激光再次进入激光器,导致激光器激射不稳定。光隔离器有许多种类,这里只讨论基于法拉第旋光的偏振非互异性的光隔离器。

基于偏振非互异性的光隔离器工作原理如图 5-2-1 所示[5]。3.1.6 节讨论过法拉第旋光效应没有互易性,即无论光束是正向通过器件还是反向通过器件,相对于器件来说(注意不是相对于光束来说),偏振旋转方向都是相同的。光束正向通过旋光器偏振如果旋转了角度 θ,经过反射回来的光束偏振方向仍然在相同方向旋转 θ。光束反向再次通过旋光器后,在返回光束偏振的基础上又旋转了 θ,一来一回总计旋转了 2θ。如果设计法拉第旋光器旋转角度为 45°,则偏振光束一来一回将总计旋转 90 °。这种光隔离器由两个透振方向夹 45 °的偏振片中间放置一个 45 °($\theta_F=45°$)法拉第旋光器组成,如图 5-2-1 所示。任意偏振的入射光束通过前端偏振片变成线偏振光,经过 45 °法拉第旋光器后,偏振光的振动面转过 45 °,其方向恰好与后端偏振片透振方向相同,偏振光顺利通过,如图 5-2-1(a)所示。经反射回来的偏振光一般与反射前光束的偏振态相同,所以反射光也顺利反向通过后端偏振片,经过法拉第旋光器,在反射偏振光的基础上又旋转了 45 °,一来一回总计旋转 90 °。反向遇到前端偏振片时,光束偏振振动面与前端偏振片透振方向垂直,将被这个偏振片阻挡住,不能反向通过,如图 5-2-1(b)所示。这样,就达到了使光束单向通过光隔离器的目的。

图 5-2-2 显示了 THORLABS 公司的一款基于图 5-2-1 原理的空间光传输光隔离器,它由输入端偏振棱镜、法拉第旋光器和输出端偏振棱镜组成。

图 5-2-1 显示的光隔离器属于光束传输共轴的类型,实际上还有一种实用的类型,即光束横向偏移类型的光隔离器,其原理如图 5-2-3(a)所示,其中用到了图 5-1-5 和图 5-1-6 中描述的双折射横向偏移偏振分光晶体。如图 5-2-3(a)所示,蓝色光线代表正向传输光束,红色光线代表反向传输光束。该光隔离器主要由两个双折射偏移偏振分束器,中间夹级联的法拉第旋光器(旋光角 $\theta_F=45°$)和二分之一波片(光轴的方位相对于垂直方向成角度 $\theta_{WP}=22.5°$)组成。双折射偏移偏振分束器将正向传输和反向传输的光束分成了上路光束和下路光束。位于输入端的双折射偏移偏振分束器将正向入射光分为 o 光和 e 光,o 光和 e 光的偏振方向恰好垂直。o 光水平偏振,在下路经过法拉第旋光器和二分之一波片后变为垂直偏振,进入输出端双折射偏移偏振分束器时为 e 光,与上路来的 o 光合为一束光输出。而 e 光竖直偏振,并向上偏转进入上路传输,也是经过法拉第旋光器和二分之一波片后变为水平偏振,进入输出端的双折射偏移偏振分束器时为 o 光,与下路来的 e 光合为一束输出。反向传输的光束经过输出端的双折射偏移偏振分束器也分为 o 光(经上路传输)和 e 光(经下路传输)。反向光束的 o 光为水平偏振,在上路传输,经过二分之一波片和法拉第旋光器还是保持水平偏振,进入输入端双折射偏移偏振分束

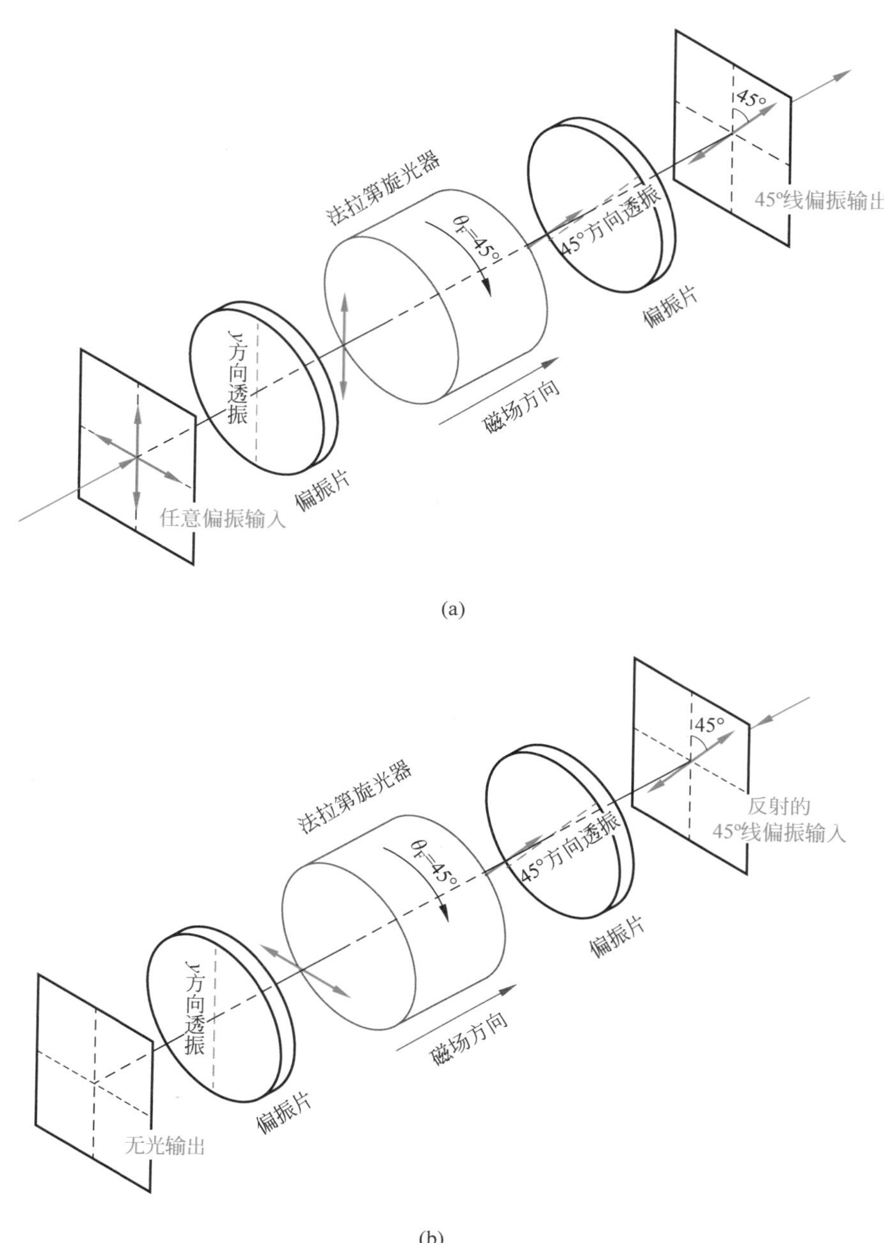

图 5-2-1 光隔离器的工作原理

(a) 当光束正向传输，顺利通过；(b) 当反射回的光束反向再次通过光隔离器时，光束的传输被阻止

图 5-2-2　THORLABS 公司的一款基于图 5-2-1 原理的光隔离器

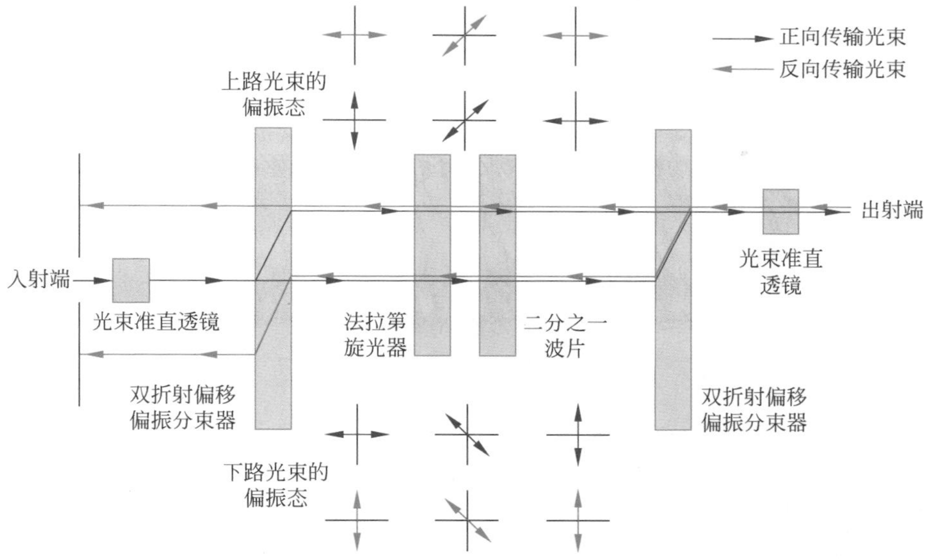

正向传输光束
反向传输光束
上路光束的
偏振态
入射端
光束准直透镜
出射端
光束准直
透镜
法拉第
旋光器
二分之一
波片
双折射偏移
偏振分束器
双折射偏移
偏振分束器
下路光束的
偏振态

(a)

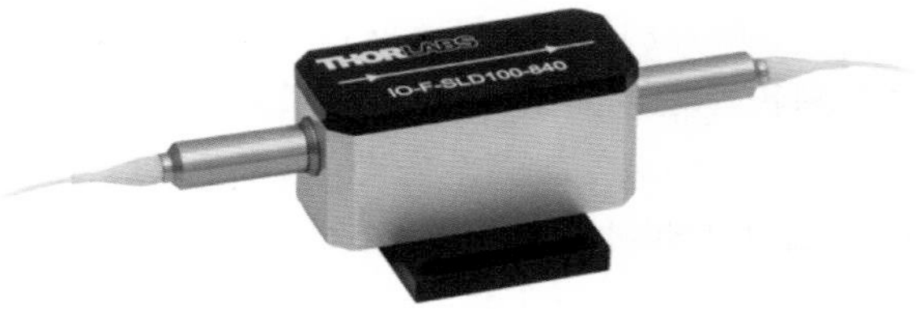

THORLABS
IO-F-SLD100-840

(b)

图 5-2-3　光束横向偏移型光隔离器

(a) 其内部的架构以及隔离器原理；(b) 封装后的一款商用光隔离器

器仍为 o 光，遇到遮挡屏被吸收。反向传输的 e 光为竖直偏振，在下路传输，经过二分之一波片和法拉第旋转器还是保持竖直偏振，进入输入端双折射偏移偏振分束器仍为 e 光，偏移后遇到遮挡屏也被吸收。这样反向光束都被遮挡屏吸收，不会出现在输入端。图 5-2-3(b)是商用的一款横向偏移型光隔离器。

5.2.3 光环形器

光环形器在光纤通信系统中也是一种非常重要的器件，图 5-2-4 显示了三端口光环形器和四端口光环形器的架构。以图 5-2-4(a)显示的三端光环形器为例，光束从端口 1 入射时，只能从端口 2 出射；当光束从端口 2 入射时，只能从端口 3 出射。至于如图 5-2-4(b)所示的四端口光环形器，光束从端口 1 入射，将从端口 2 出射；从端口 2 入射，将从端口 3 出射；从端口 3 入射，将从端口 4 出射；从端口 4 入射，将从端口 1 出射。

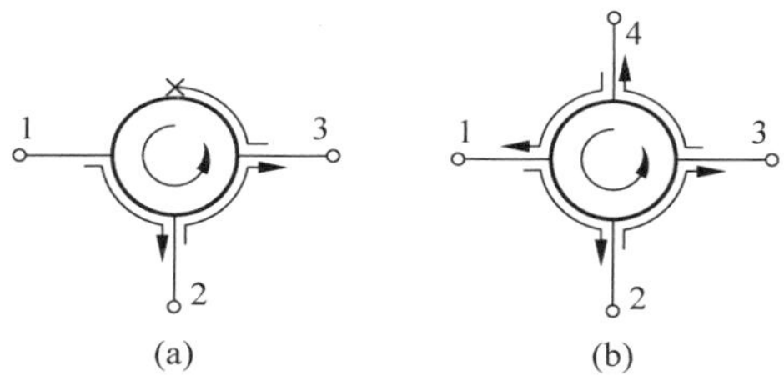

图 5-2-4　三端口光环形器(a)和四端口光环形器(b)

图 5-2-5(a)和(b)分别显示了一种三端口光环形器和四端口光环形器的构架原理图[5]。图 5-2-5(a)的三端口光环形器由偏振分束器、法拉第旋光器和二分之一波片构成。其中红色表示从左至右的光束传输，双箭头表示偏振方向，单箭头表示光束传播方向。绿色表示从右至左的光束传输，同样双箭头表示偏振方向，单箭头表示光束传播方向。图(a)的右侧单独画出了二分之一波片，其中蓝色虚线表示光轴方向，为 $\theta_{\mathrm{WP}}=22.5°$。从端口 1 入射的光束经过偏振分束器，使得垂直偏振通过，经过法拉第旋光器，偏振方向转到 45°方向，再经过二分之一波片，偏振态围绕 22.5°的光轴方向对称翻转为竖直偏振，经过端口 2 出射。从端口 2 入射的竖直偏振光，经过二分之一波片变为 45°方向的偏振光，经法拉第旋光器，偏振变为水平方向，再经偏振分束器从端口 3 出射。图 5-2-5(b)与图(a)的不同在于，在端口 2 方向再放置一个偏振分束器，此偏振分束器的另一端为端口 4。读者按照前面的分析，可以自己证实这个光环形器的各个进光端口和出光端口。图 5-2-6 显示了一种商用的三端口光环形器。

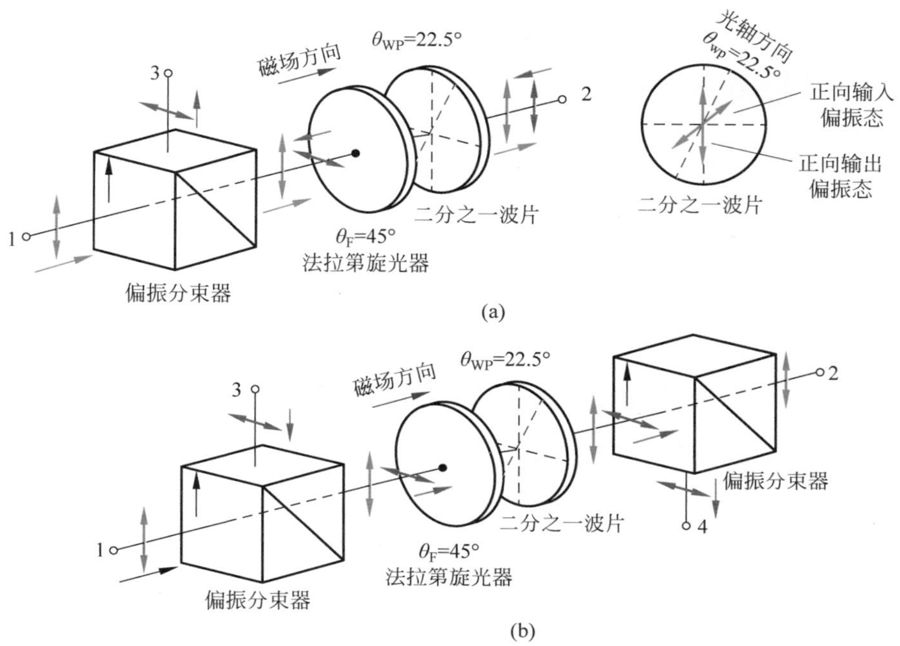

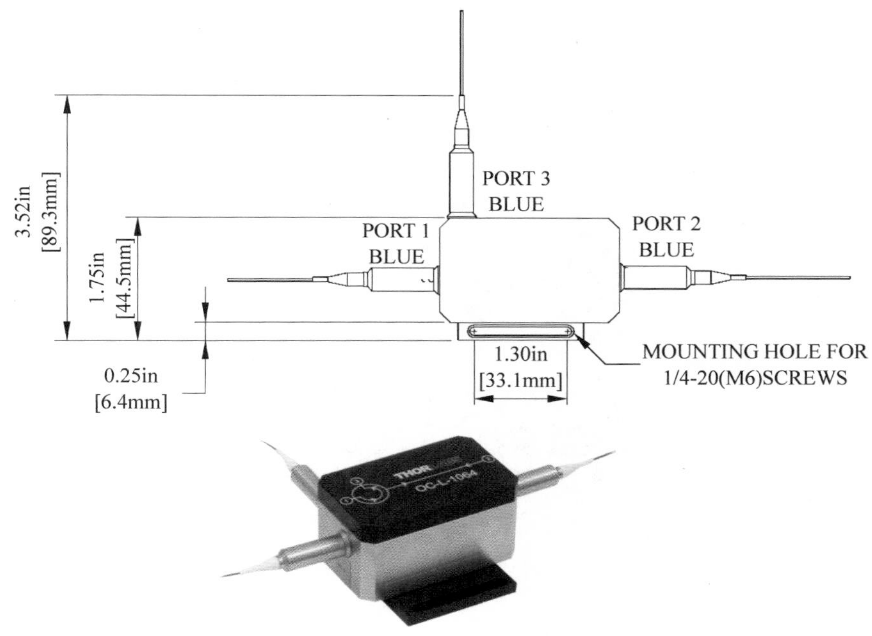

图 5-2-5　一种三端口光环形器的内部架构原理图(a)和一种四端口光环形器的内部架构原理图(b)

图 5-2-6　一种商用三端口光环形器

5.3 偏振控制器

偏振控制器是控制偏振态的器件,它可以用来产生所需要的任意偏振态,或者可以用来将一个任意偏振态转化为另一个任意的偏振态。偏振控制器是光纤通信系统中不可缺少的器件。

偏振控制器大致分两类、相位差固定-方位角可调的偏振控制器和方位角固定-相位差可调的偏振控制器。下面分别进行分析。

5.3.1 相位差固定-方位角可调的偏振控制器[19]

如图 5-3-1(a)所示的是相位差固定-方位角可调的偏振控制器,由一组四分之一波片($\lambda/4$)、二分之一波片($\lambda/2$)、四分之一波片($\lambda/4$)级联而成,或由等效的三个波片级联而成。图中第一行和第二行为手动偏振控制器。第一行偏振控制器的波片不是光纤型的,需要利用透镜进行光纤与空间光路的对准。第二行的偏振控制器是光纤型的,由光纤弯曲产生双折射,这是实验室中最常用的偏振控制器。这种偏振控制器的原理将在 6.2 节详细介绍。第三行是铌酸锂($LiNbO_3$)波导型电控的偏振控制器,它有多种模式可用,$\lambda/4$、$\lambda/2$、$\lambda/4$ 波片级联的模式是其中的一种重要应用模式。如图 5-3-1(a)所示的偏振控制器可以归结为相位差固定-波片角度可

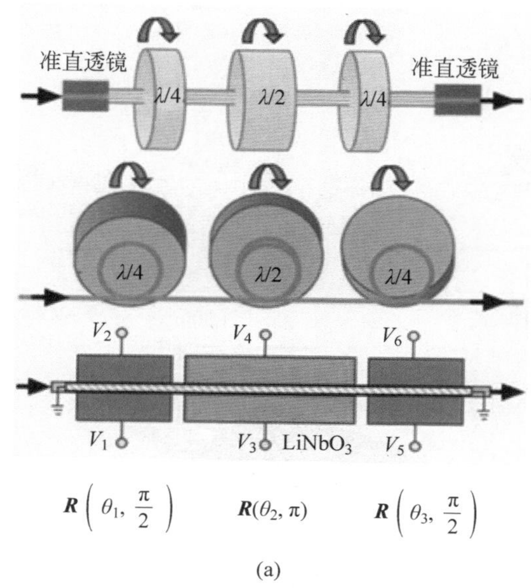

(a)

图 5-3-1 两类偏振控制器

(a) 相位差固定-方位角可调的偏振控制器; (b) 方位角固定-相位差可调的偏振控制器

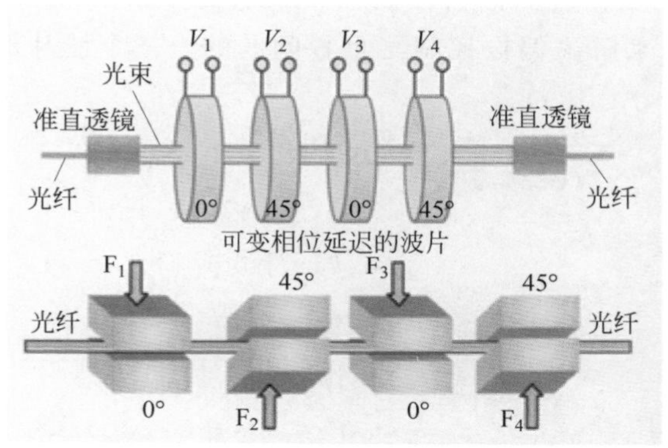

$T(0°, \phi_1)$　$T(45°, \phi_2)$　$T(0°, \phi_3)$　$T(45°, \phi_4)$

(b)

图 5-3-1 （续）

调的类型。其中 $\lambda/4$、$\lambda/2$、$\lambda/4$ 波片的变换矩阵分别用 $\boldsymbol{R}(\theta_1, \pi/2)$、$\boldsymbol{R}(\theta_2, \pi)$、$\boldsymbol{R}(\theta_3, \pi/2)$表示，其中 θ_1、θ_2、θ_3 分别是可调谐的角度。

对于相位差固定-方位角可调的偏振控制器，即以 $\lambda/4$、$\lambda/2$、$\lambda/4$ 波片级联形式的偏振控制器。在 x-y 坐标系中，$\lambda/2$ 波片与 $\lambda/4$ 波片对应的琼斯矩阵分别为(式(4.2.11))

$$\boldsymbol{R}(\theta_h, \pi) = \begin{pmatrix} \cos\theta_h & -\sin\theta_h \\ \sin\theta_h & \cos\theta_h \end{pmatrix} \begin{pmatrix} \exp(j\pi/2) & 0 \\ 0 & \exp(-j\pi/2) \end{pmatrix} \begin{pmatrix} \cos\theta_h & -\sin\theta_h \\ \sin\theta_h & \cos\theta_h \end{pmatrix}^{-1} \tag{5.3.1}$$

$$\boldsymbol{R}\left(\theta_q, \frac{\pi}{2}\right) = \begin{pmatrix} \cos\theta_q & -\sin\theta_q \\ \sin\theta_q & \cos\theta_q \end{pmatrix} \begin{pmatrix} \exp(j\pi/4) & 0 \\ 0 & \exp(-j\pi/4) \end{pmatrix} \begin{pmatrix} \cos\theta_q & -\sin\theta_q \\ \sin\theta_q & \cos\theta_q \end{pmatrix}^{-1} \tag{5.3.2}$$

其中，θ_h 与 θ_q 分别为 $\lambda/2$ 波片与 $\lambda/4$ 波片的方位角。

5.3.2 方位角固定-相位差可调的偏振控制器[19]

如图 5-3-1(b)所示的是另一类偏振控制器，是方位角(取向)固定-相位差可调的偏振控制器，由一系列取向固定、相位差可调的波片级联而成。有些偏振控制器的波片是由电压控制电光晶体产生电光效应来调整相位差，如图 5-3-1(b)中的第一行；有些偏振控制器的波片是由电压控制来挤压光纤的程度，在光纤中产生不同的双折射，从而改变相位差，如图中的第二行。

前三个波片的变换矩阵可以用 $\boldsymbol{T}(0°, \phi_1)$、$\boldsymbol{T}(45°, \phi_2)$与 $\boldsymbol{T}(0°, \phi_3)$表示，其中 0°和 45°为波片的取向角，$2\phi_1$、$2\phi_2$、$2\phi_3$ 分别为可调谐的相位差，它们一般正比于

在波片上所加的电压。这类偏振控制器一般有三个波片就够用，图 5-3-1(b)中的第四个波片是用来解决偏振控制器重置问题的。三个波片的变换矩阵分别为(式(4.2.11)和式(4.2.12))

$$\boldsymbol{T}(0°,\phi_1)=\begin{pmatrix}\exp(\mathrm{j}\phi_1) & 0\\ 0 & \exp(-\mathrm{j}\phi_1)\end{pmatrix} \tag{5.3.3}$$

$$\boldsymbol{T}(45°,\phi_2)=\begin{pmatrix}\cos\phi_2 & \mathrm{j}\sin\phi_2\\ \mathrm{j}\sin\phi_2 & \cos\phi_2\end{pmatrix} \tag{5.3.4}$$

$$\boldsymbol{T}(0°,\phi_3)=\begin{pmatrix}\exp(\mathrm{j}\phi_3) & 0\\ 0 & \exp(-\mathrm{j}\phi_3)\end{pmatrix} \tag{5.3.5}$$

5.3.3 典型商用偏振控制器举例

目前市面上可以买到的商用偏振控制器有 General Photonic 公司(目前已经被 Luna 公司收购)的光纤挤压型偏振控制器 PolaRITE™ Ⅲ，EOSPACE 公司的 $LiNbO_3$ 电光调制型偏振控制器，BATi 公司的 PCM-410 偏振控制器。PolaRITE™ Ⅲ 是光纤挤压型的，由于波片由全光纤制作，因此插入损耗非常小，只有 0.05dB，每个波片相位可调范围达 5π，控制响应时间小于 30μs。EOSPACE 偏振控制器是波导型的，插入损耗较大，为 2～3dB，但是由于工作机制是电光效应，响应速度极快，小于 100ns。PCM-410 插入损耗居中，为 0.8dB，每个波片相位可调范围为 1.5π，响应时间小于 30μs。

5.3.4 关于偏振控制器自由度的讨论

偏振控制器在光纤通信系统中的光域偏振模色散补偿器中是不可缺少的重要器件(12.1.2 节)。在参考文献[20]中，卡尔松(M. Karlsson)教授等提出：对于偏振模色散补偿器中的每一单元中的偏振控制器，只要控制其中的两个波片(即两个自由度控制)，就可以完成偏振模色散的补偿。等价地说，利用偏振控制器作偏振态的变换，只要调整两个自由度，就可以使庞加莱球上的任意偏振状态变换到其他任意偏振状态。换句话说，对于庞加莱球上的任意一个偏振态点，通过调整偏振控制器的两个自由度，其输出偏振态可以覆盖整个庞加莱球。这一结论随后被人们广泛引用[21-22]。但是本书作者经过研究得出结论：是需要三个自由度而不是两个，才能完成覆盖整个庞加莱球的偏振态变换[23]。

先考察以 λ/4、λ/2、λ/4 波片级联的相位差固定-方位角可调的偏振控制器。如果只使用其中的两个自由度，即只有 λ/4、λ/2 波片级联，则总的偏振态变换琼斯矩阵为

$$\boldsymbol{U}(\theta_1,\theta_2)=\frac{\sqrt{2}}{2}\begin{pmatrix}-\cos(2\theta_1-2\theta_2)-\mathrm{j}\cos2\theta_2 & -\sin(2\theta_1-2\theta_2)+\mathrm{j}\sin2\theta_2\\ \sin(2\theta_1-2\theta_2)+\mathrm{j}\sin2\theta_2 & -\cos(2\theta_1-2\theta_2)+\mathrm{j}\cos2\theta_2\end{pmatrix} \tag{5.3.6}$$

在斯托克斯空间里相应的米勒矩阵(变换式(4.5.6))为

$$\boldsymbol{R}(\theta_1,\theta_2)=\begin{pmatrix}\cos2\theta_1\cos(2\theta_1-4\theta_2) & \sin2\theta_1\cos(2\theta_1-4\theta_2) & -\sin(2\theta_1-4\theta_2)\\ -\cos2\theta_1\sin(2\theta_1-4\theta_2) & -\sin2\theta_1\sin(2\theta_1-4\theta_2) & -\cos(2\theta_1-4\theta_2)\\ -\sin2\theta_1 & \cos2\theta_1 & 0\end{pmatrix} \tag{5.3.7}$$

如果输入偏振态为圆偏振态,其斯托克斯矢量为$(0,0,\pm1)^{\mathrm{T}}$。经过两自由度偏振控制器变换,得到输出偏振态为$(\mp\sin(2\theta_1-4\theta_2),\mp\cos(2\theta_1-4\theta_2),0)^{\mathrm{T}}$,它们位于庞加莱球的赤道上,形成一个环。图5-3-2画出了这一变换过程:假如输入右圆偏振光位于北极A点,经过方位角θ_1的$\lambda/4$波片,相当于绕着位于S_1-S_2平面的$\overline{2\theta_1}$轴旋转1/4弧($\pi/2$)到赤道上的B点,然后经过方位角θ_2的$\lambda/2$波片,相当于绕着位于S_1-S_2平面的$\overline{2\theta_2}$轴旋转1/2弧(π)到赤道上的C点。因此无论如何调整θ_1与θ_2,输出偏振态只能始终在赤道上,形成一个环,而不能覆盖整个庞加莱球。

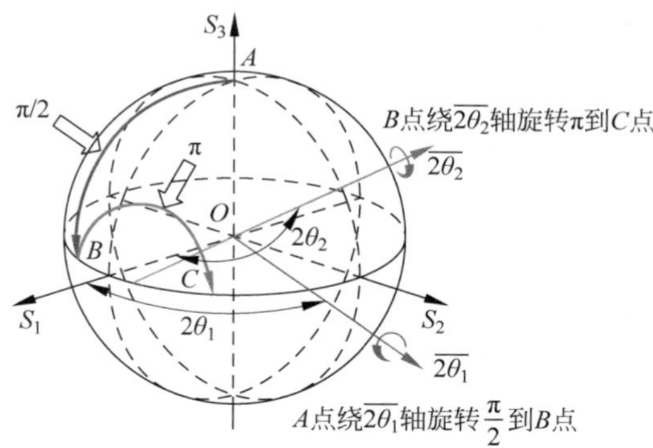

图5-3-2　圆偏振光经过$\lambda/4$、$\lambda/2$波片级联的偏振控制器的变化情况

然而,如果采用三自由度$\lambda/4$、$\lambda/2$、$\lambda/4$波片级联的偏振控制器,其总的琼斯变换矩阵为

$$\boldsymbol{U}(\theta_1,\theta_2,\theta_3)=\begin{pmatrix}-\cos\alpha\cos\beta-\mathrm{j}\sin\beta\sin\gamma & -\sin\alpha\cos\beta+\mathrm{j}\sin\beta\cos\gamma\\ \sin\alpha\cos\beta+\mathrm{j}\sin\beta\cos\gamma & -\cos\alpha\cos\beta+\mathrm{j}\sin\beta\sin\gamma\end{pmatrix} \tag{5.3.8}$$

其中,$\alpha=\theta_1-\theta_3$,$\beta=2\theta_2-(\theta_1+\theta_3)$,$\gamma=\theta_1+\theta_3$。式(5.3.8)对应的米勒矩阵为

$$\boldsymbol{R}(\theta_1,\theta_2,\theta_3)=\begin{pmatrix}\cos2\alpha\cos^2\beta-\cos2\gamma\sin^2\beta & +\sin2\alpha\cos^2\beta-\sin2\gamma\sin^2\beta & \sin2\beta\cos(\alpha-\gamma)\\ -\sin2\alpha\cos^2\beta-\sin2\gamma\sin^2\beta & \cos2\alpha\cos^2\beta+\cos2\gamma\sin^2\beta & -\sin2\beta\sin(\alpha-\gamma)\\ -\sin2\beta\cos(\alpha+\gamma) & \sin2\beta\sin(\alpha+\gamma) & \cos2\beta\end{pmatrix}\tag{5.3.9}$$

如果输入任意偏振态$(\cos\chi\cos\varepsilon,\cos\chi\sin\varepsilon,\sin\varepsilon)^{\mathrm{T}}$，其中$\chi$与$\varepsilon$分别表示偏振态的方位角与椭圆率，则输出偏振态为

$$\boldsymbol{S}_{\text{out}}=\begin{pmatrix}(\cos2\alpha\cos^2\beta-\cos2\gamma\sin^2\beta)\cos\chi\cos\varepsilon-(\sin2\alpha\cos^2\beta-\\ \sin2\gamma\sin^2\beta)\cos\chi\sin\varepsilon-\sin2\beta\cos(\alpha-\gamma)\sin\varepsilon\\ (\sin2\alpha\cos^2\beta+\sin2\gamma\sin^2\beta)\cos\chi\cos\varepsilon+(\cos2\alpha\cos^2\beta+\\ \cos2\gamma\sin^2\beta)\cos\chi\sin\varepsilon-\sin2\beta\sin(\alpha-\gamma)\sin\varepsilon\\ \sin2\beta\cos(\alpha+\gamma)\cos\chi\cos\varepsilon-\sin2\beta\sin(\alpha+\gamma)\cos\chi\sin\varepsilon+\\ \cos2\beta\sin\varepsilon\end{pmatrix}\tag{5.3.10}$$

可以证明，通过调整偏振控制器的θ_1、θ_2与θ_3，这个输出偏振态可以覆盖整个庞加莱球。

再考察方位角固定-相位差可调的偏振控制器，即方位角分别为0°、45°、0°三个波片级联的偏振控制器。如果只利用两个自由度，即只使用0°、45°波片级联，其总的琼斯变换矩阵为

$$\boldsymbol{U}(\phi_1,\phi_2)=\begin{pmatrix}\cos\phi_2\exp(\mathrm{j}\phi_1) & \mathrm{j}\sin\phi_2\exp(-\mathrm{j}\phi_1)\\ \mathrm{j}\sin\phi_2\exp(\mathrm{j}\phi_1) & \cos\phi_2\exp(-\mathrm{j}\phi_1)\end{pmatrix}\tag{5.3.11}$$

其相应的米勒矩阵(变换式(4.5.6))为

$$\boldsymbol{R}(\phi_1,\phi_2)=\begin{pmatrix}\cos2\phi_2 & \sin2\phi_1\sin2\phi_2 & -\cos2\phi_1\sin2\phi_2\\ 0 & \cos2\phi_1 & -\sin2\phi_2\\ \sin2\phi_2 & -\sin2\phi_1\cos2\phi_2 & \cos2\phi_1\cos2\phi_2\end{pmatrix}\tag{5.3.12}$$

如果输入偏振态为水平偏振的线偏振光，其斯托克斯矢量为$(1,0,0)^{\mathrm{T}}$，则输出偏振态为$(\cos2\phi_2,0,\sin2\phi_2)^{\mathrm{T}}$，调整相位角$2\phi_1$与$2\phi_2$，输出偏振态在庞加莱球上构成一个位于$S_1$-$S_3$平面内的环。图5-3-3显示了这一变换过程：水平偏振光位于S_1轴的A点，0°方位角的波片不论怎样调整ϕ_1都不会改变A的位置。而经过45°方位角波片后，调整ϕ_2会使输出态绕S_2轴画出竖直的圆环到B点。也不能覆盖整个庞加莱球。

理论分析可以证明，使用0°、45°、0°三个波片级联后，对于庞加莱球上任意一

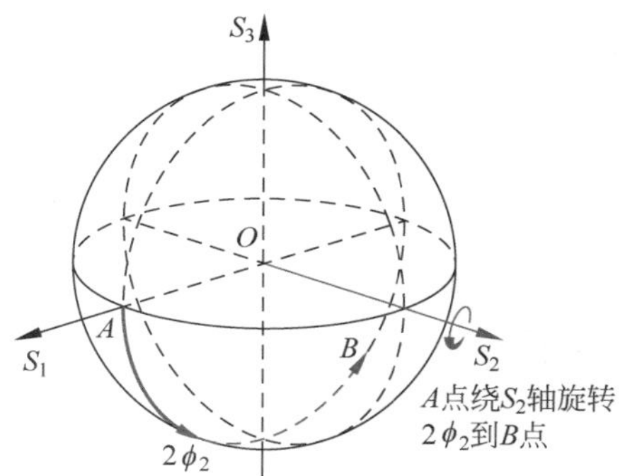

图 5-3-3 水平线偏振光经过 0°、45°波片级联变换后输出偏振态的变化

个输入偏振态，经过偏振控制器变换，可以在庞加莱球上任意一点得到输出偏振态，覆盖整个庞加莱球。

为了验证以上的分析结论，我们设计了以下实验[23]。实验框架图如图 5-3-4 所示，光源用波长为 1563.8nm 的增益开关分布反馈(GS-DFB)半导体激光器，调制成 2.5Gbit/s 的脉宽约为 20ps 的脉冲串，经过一个光纤型起偏器，使脉冲串保持线偏振，利用通用光电公司(General Photonics Co.)的 PolaRITE™ Ⅱ 型光纤挤压型电控偏振控制器(属于 0°、45°、0°、45°四个波片级联的偏振控制器)进行偏振态变换。变换后的偏振态用在线检偏仪检测，通过 A/D 卡转换成数字信号输入计算机，画出庞加莱球上的相应输出点。用随机电压组合(V_1, V_2)或(V_1, V_2, V_3)实现两自由度或三自由度的偏振控制器的控制。

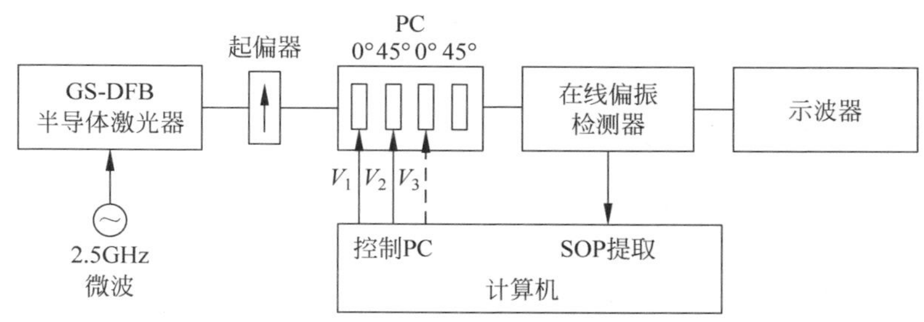

图 5-3-4 验证偏振态变换的实验装置

图 5-3-5 显示了实验结果[23]：当随机调整偏振控制器的三个自由度时，正如前面预料的一样，输出的偏振态覆盖了整个庞加莱球；反之，当只随机调整两个自由度时，输出偏振态形成一个绕 S_2 旋转的轮胎状环，留下大片盲区，使这块区域的输出偏振态无法形成，这与前面分析的结果一致。至于实验形成的是轮胎环，而不是一个线环，原因是实验中输入偏振态有一些起伏。

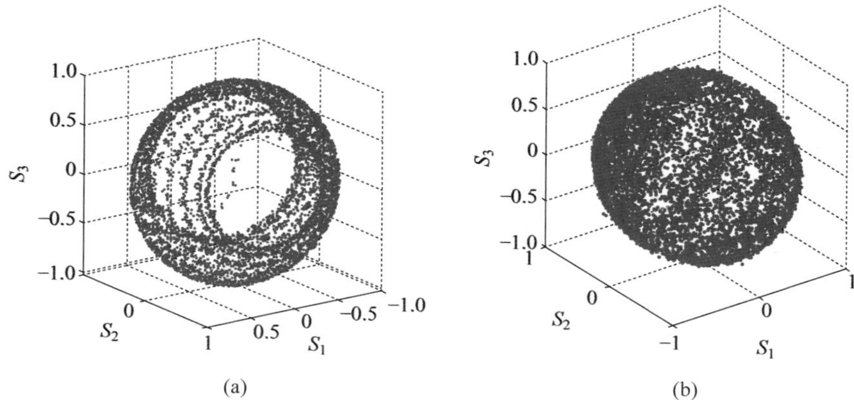

图 5-3-5　通过二自由度(a)以及三自由度(b)偏振控制器实验得到的庞加莱球上输出偏振态

参考文献

[1] 梁铨廷. 物理光学 [M]. 北京：电子工业出版社，2008.

[2] 赫克特. 光学[M]. 秦克诚，林福成，译. 5 版. 北京：电子工业出版社，2019.

[3] 伽塔克. 光学[M]. 张晓光，唐先锋，张虎，译. 6 版. 北京：清华大学出版社，2019.

[4] 赵凯华. 新概念物理学教程：光学 [M]. 北京：高等教育出版社，2004.

[5] DAMASK J N. Polarization optics in telecommunications [M]. New York：Springer，2005.

[6] MACNEILLE S M. Beam splitter：U S Patent 2403731[P]. 1946-07-06.

[7] BANNING M. Practical methods of making and using multiple layer filters [J]. J Opt. Soc. Am.，1947，37(10)：792-797.

[8] 何孟权，郑颖君. 激光偏振分光棱镜的设计与测试 [J]. 光学技术，1983，8(6)：21-26.

[9] 强西林，高明，刘梦夏. 棱镜偏振分光膜研究 [J]. 西安工业学院学报，2000，20(2)：106-109.

[10] LIANG T K，TSANG H K. Integrated polarization beam splitter in high index contrast silicon-on-insulator waveguides [J]. IEEE Photon. Technol. Lett.，2005，17(2)：393-395.

[11] DAI D，WANG Z，PETERS J，et al. Compact polarization beam splitter using an asymmetrical Mach-Zehnder interferometer based on silicon-on-insulator waveguides [J]. IEEE Photon. Technol. Lett.，2012，24(8)：673-675.

[12] ONG J R，ANG T Y L，SAHIN E，et al. Broadband silicon polarization beam splitter with a high extinction ratio using a triple-bent-waveguide directional coupler [J]. Opt. Lett.，2017，42(21)：4450-4453.

[13] HUANG Y，TU Z，YI H，et al. High extinction ratio polarization beam splitter with multimode interference coupler on SOI [J]. Opt. Commun.，2013，307：46-49.

[14] EL-FIKY E A，SAMANI A，PATEL D，et al. A high extinction ratio，broadband，and

compact polarization beam splitter enabled by cascaded MMIs on silicon-on-insulator [C]. Anaheim, CA: Proc. Opt. Fiber Commun. Conf. Exhib., 2016, Paper W2A-8.

[15] XU L, WANG Y, KUMAR A, et al. Polarization beam splitter based on MMI coupler with SWG birefringence engineering on SOI [J]. IEEE Photon. Technol. Lett., 2018, 30(4): 403-406.

[16] 赵凯华. 新概念物理教程：电磁学 [M]. 北京：高等教育出版社，2003.

[17] DEETER M N, DAY G W, ROSE A H. Magnetooptic materials, in handbook of laser science and technology supplement 2: optical materials [M]. Boca Raton: CRC Press, 1995.

[18] HIRAMATSU K, SHIRAI K, TAKEDA N. Low magnet-saturation bismuth-substituted rare-earth iron garnet single crystal film: US Patent 6031654[P]. 2000-02-29.

[19] 张晓光，唐先锋. 光纤偏振模色散原理、测量与自适应补偿技术 [M]. 北京：北京邮电大学出版社，2017.

[20] KARLSSON M, XIE C, SUNNERUD H, et al. Higher order polarization mode dispersion compensator with three degree of freedom [C]. Anaheim, CA: Proc. Opt. Fiber Commun. Conf. Exhib., 2001, Paper MO1-1.

[21] PUA H, PEDDANARAPPAGARI P, ZHU B, et al. An adaptive first-order polarization-mode dispersion compensation system aided by polarization scrambling: theory and demonstration [J]. J. Lightwave Technol., 2002, 18(6): 832-884.

[22] KIM S. Schemes for complete compensation for polarization mode dispersion up to second order [J]. Opt. Lett., 2002, 27(8): 577-579.

[23] ZHANG X G, ZHENG Y. The number of least degree of freedom required for a polarization controller to transform any state of polarization to any output covering the entire Poincaré sphere [J]. Chin. Phys. B, 2008, 17(7): 2509-2513.

光纤中的双折射现象与保偏光纤

本章将讨论单模光纤中的双折射现象以及利用双折射现象制作的保偏光纤。单模光纤由于不存在模式色散，广泛应用于要求高速光信号传输的骨干网和城域网中。单模光纤在制造、成缆时实际上是在非理想的环境下完成的，以及光缆铺埋于地下或者高空架设后受振动、大风和雷电的干扰，会造成光纤由各向同性介质变为各向异性介质，即光纤中形成了双折射，会使在光纤中传输的光信号偏振态发生变化。这种双折射可以是有利的一面加以利用，比如利用在光纤中的法拉第旋光效应进行大电流测量，利用光纤双折射制作光纤偏振控制器和保偏光纤等；也可以是不利的一面，比如雷电引发的光纤双折射造成通信中断，非均匀双折射导致光纤的偏振模色散使光信号受到损伤等。

6.1 光纤中的双折射现象

制作光纤的材料是二氧化硅，光在二氧化硅中传输是各向同性的，不产生双折射。光纤分为单模光纤和多模光纤，骨干网和城域网中应用的传光光纤是单模光纤，数据中心互联和局域网传输可以使用多模光纤。理想完美的单模光纤，其截面是理想的圆形，在光纤芯径中形成的单模传输是基模 HE_{11}，而 HE_{11} 模是由两个偏振方向相互垂直的简并模 HE_{11}^{x} 和 HE_{11}^{y} 组成，如图 6-1-1 所示。对于理想的单模光纤，HE_{11}^{x} 和 HE_{11}^{y} 模的传播常数 $\beta_x=\beta_y=n\omega/c$ 是完全一样的，即模式是简并的。然而，当光纤受到扰动时，比如光纤纤芯在制作时偏离了理想的圆，成为椭圆时，或者光纤因外界的挤压、变形受到应力时，会打破理想光纤的圆对称性，原来各向同性的光纤会变成各向异性，从而产生双折射，此时两个简并模将去简并，即两个模式的传输常数变为不同，$\beta_x \neq \beta_y$。这是因为双折射造成了在 x 方向偏振的光模式经历的折射率与在 y 方向偏振的光模式经历的折射率不同。光纤中的双折射可以用传输常数差值 B 或者用两正交偏振模式的有效折射率差值 Δn_{eff} 描述

$$B = \beta_x - \beta_y = \frac{2\pi}{\lambda}(n_x - n_y) = k_0 \Delta n_{\text{eff}} \tag{6.1.1}$$

其中，$k_0 = 2\pi/\lambda = \omega/c$ 是真空中的传播常数。

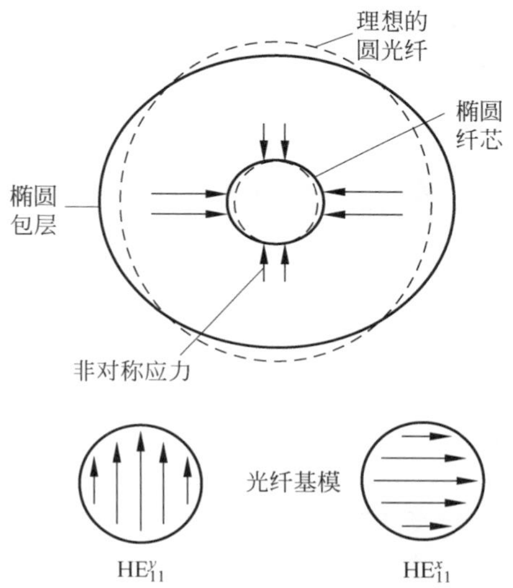

图 6-1-1　光纤横截面变形成椭圆，或者受到非对称应力后两个正交模的去简并

当光信号进入光纤后，会分成正交的偏振模式（不一定是 x 和 y 两个线偏振模式）分别传播，造成光信号在光纤中的偏振发生变化，更严重的是造成光纤中的偏振模色散，光纤偏振模色散将在第 7 章进行详细讨论。

光纤的双折射非常复杂，但是总是能归结为下列几种基本的类型[1]：①光纤横截面变形成椭圆引起的双折射；②在光纤横向施加应力引起的双折射；③光纤弯曲引起的双折射；④光纤沿轴向扭转引起的双折射；⑤光纤轴向存在磁场引起的双折射；⑥光纤纤芯附近存在金属层引起的双折射。这几种双折射类型分别显示在图 6-1-2 中，将在下面逐一对它们进行介绍[1]。

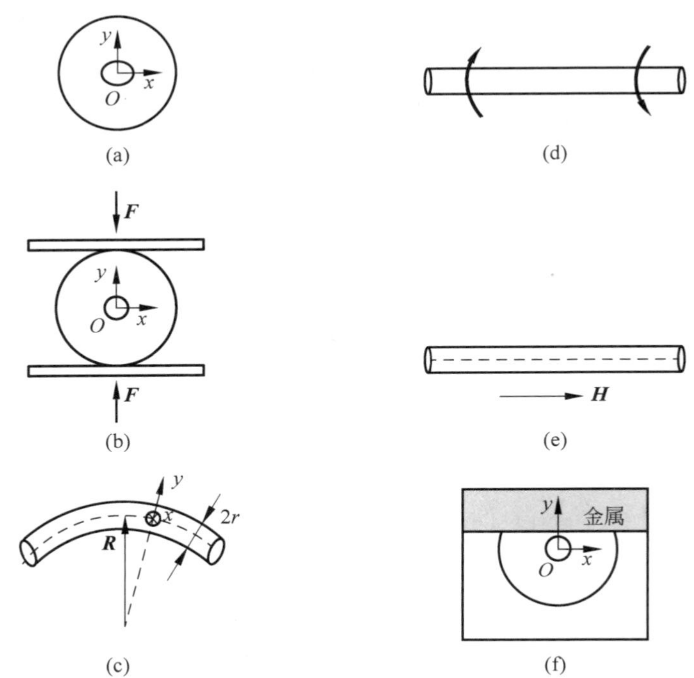

图 6-1-2　基本的光纤双折射类型

(a) 椭圆纤芯；(b) 横向应力；(c) 光纤弯曲；(d) 光纤扭转；(e) 轴向磁场；(f) 靠近金属层

6.1.1　光纤横截面变形成椭圆引起的双折射

光纤的制作流程中，开始时要制造主成分为二氧化硅的较粗的预制棒，预制棒中间是圆形的折射率略高的纤芯，外面是折射率略低的包层材料。预制棒在拉丝塔上需要经过一个高温区域，对预制棒进行加热，使预制棒的玻璃材料变为熔融可塑的状态，再经过拉丝成型为光纤。在这个拉丝过程中，很难保证整个拉丝过程都处于均匀状态，在某种扰动下，拉制的光纤纤芯截面可能变为一定程度的椭圆，如图 6-1-1 中实线所示的椭圆纤芯和如图 6-1-2(a)所示的情况。这种情况形成的双折射可以近似表示成[2]

$$B=\beta_x-\beta_y=0.2k_0\left(\frac{a}{b}-1\right)(\Delta n)^2\ \mathrm{rad/m} \tag{6.1.2}$$

其中，$k_0=\omega/c=2\pi/\lambda$，$\beta_x$ 和 β_y 分别代表 x-偏振模和 y-偏振模的传输常数，a 和 b 分别为椭圆芯截面的半长轴和半短轴，Δn 是光纤纤芯与包层的折射率差。如果 $\beta_x>\beta_y$，则 x 线偏振方向为慢轴，y 线偏振方向为快轴，沿它们传输的有效折射率差为

$$\Delta n_{\mathrm{eff}}=\frac{B}{k_0}=0.2\left(\frac{a}{b}-1\right)(\Delta n)^2 \tag{6.1.3}$$

对于单模光纤，$\Delta n=0.005$，如果纤芯变形为椭圆，使得椭圆率$(a-b)/b=0.01$，则$\Delta n_{\mathrm{eff}}=5\times10^{-8}$。

6.1.2　在光纤横向施加应力引起的双折射

如果在光纤的横向施加外力，比如在 y 方向施加外力 F，如图 6-1-2(b)所示，光纤内部在 x 方向和 y 方向将产生非对称的应变，这将引起光弹性效应，原来各向同性的光纤也将产生双折射

$$B=\beta_x-\beta_y=-k_0h\frac{F}{r}=-k_0\frac{2n^3}{\pi}\frac{1+\nu}{E}(p_{11}-p_{12})\frac{F}{r}\mathrm{rad/m} \tag{6.1.4}$$

其中，n 是光纤芯和包层折射率的平均值，p_{11} 和 p_{12} 是光弹性应变张量的分量，E 为杨氏模量，ν 是光纤材料的泊松比，r 是光纤的外弧的半径(外包层)，一般为 62.5μm，F 为单位光纤长度施加的横向力(单位为 kg/m)。

考虑光纤纤芯和包层的平均折射率 $n=1.46$，$p_{11}=0.12$，$p_{12}=0.27$，$E=7.75\times10^9\mathrm{kg/m^2}$，$\nu=0.17$，这样双折射的有效折射率差为

$$\Delta n_{\mathrm{eff}}=\frac{B}{k_0}=4.48\times10^{-11}\left(\frac{F}{r}\right) \tag{6.1.5}$$

如果施加外力 $F=0.1\mathrm{kg/m}$，$r=62.5\times10^{-6}\mathrm{m}$，可得 $\Delta n_{\mathrm{eff}}=7\times10^{-8}$。

6.1.3　光纤弯曲引起的双折射

将光纤弯曲，会引起弯曲部分内环与外环之间产生非对称应力，也将产生双折射[3]，如图 6-1-2(c)所示。此时光纤双折射表述为

$$B=\beta_x-\beta_y=-k_0\frac{n^4}{4}(1+\nu)(p_{11}-p_{12})\left(\frac{r}{R}\right)^2\mathrm{rad/m} \tag{6.1.6}$$

其中，R 是光纤弯曲的曲率半径，其他参量的定义与式(6.1.4)完全一样。将 6.1.2 节中的数据代入上式，由于 $p_{11}-p_{12}=-0.15$，所以弯曲的光纤 B 为正值，意味着 y 轴为快轴。等价地说，当光纤弯曲时，快轴在弯曲平面内，慢轴垂直于弯曲平面，如图 6-1-2(c)所示。可以得到双折射有效折射率差

$$\Delta n_{\mathrm{eff}}=0.136\left(\frac{r}{R}\right)^2 \tag{6.1.7}$$

假如光纤弯曲曲率半径 $R=10\mathrm{cm}=0.1\mathrm{m}$，则 $\Delta n_{\mathrm{eff}}=5.3\times10^{-8}$。光纤弯曲引起双折射的原理可以用来制作实验室里常用的光纤偏振控制器，将在 6.2 节进行较详细的讨论。

6.1.4 光纤扭转引起的双折射

上述三种光纤双折射均属于线双折射。当对光纤施加轴向的扭转力时也能产生双折射，但是此时的双折射是像晶体旋光一样的圆双折射，当一种偏振态经过这样的光纤传输时，偏振态整体旋转 α。光纤扭转产生的双折射由下式描述[4]：

$$B=\beta_{\mathrm{R}}-\beta_{\mathrm{L}}=g\tau(\mathrm{rad/m}) \tag{6.1.8}$$

其中，β_{R} 和 β_{L} 分别是右旋圆偏振模式和左旋圆偏振模式的传输常数，τ 是光纤的扭转率(单位为 rad/m)。还有一个比例系数

$$g=-\frac{n^2}{2}(p_{11}-p_{12}) \tag{6.1.9}$$

对于石英光纤，$g=0.16$。从第 3 章和第 4 章可知，圆双折射造成偏振态整体旋转，传输单位距离的旋转角度为

$$\gamma=\frac{B}{2}=\frac{1}{2}g\tau(\mathrm{rad/m}) \tag{6.1.10}$$

右旋圆偏振模式和左旋圆偏振模式传输的有效折射率差为

$$\Delta n_{\mathrm{eff}}=\frac{B}{k_0}=\frac{\lambda}{2\pi}g\tau \tag{6.1.11}$$

当光纤扭转率为每米 1 圈，传输光的波长为 $\lambda=1.5\mu\mathrm{m}$ 时，则 $\Delta n_{\mathrm{eff}}=(1.5\times 10^{-6}/2\pi)\times 0.16\times 2\pi=2.4\times 10^{-7}$。

6.1.5 光纤轴向磁场引起的双折射

当在光纤轴向施加磁场时，将产生法拉第旋光效应，也叫作磁光效应，这也属于圆双折射，由下式描述[5]：

$$B=\beta_{\mathrm{R}}-\beta_{\mathrm{L}}=\frac{2V_H}{l}\int \boldsymbol{H}\cdot \mathrm{d}\boldsymbol{l} \tag{6.1.12}$$

其中，V_H 是韦尔代常量，l 是光纤长度，$\boldsymbol{H}\cdot \mathrm{d}\boldsymbol{l}$ 表示对磁场强度在光纤轴向分量进行积分，由于磁场方向不总是沿着光纤的轴向，需要沿着光纤轴向取磁场轴向分量进行积分。旋光转过的角度

$$\alpha=V_H\int \boldsymbol{H}\cdot \mathrm{d}\boldsymbol{l} \tag{6.1.13}$$

与前面几种双折射只取决于光波的传播方向不同，法拉第效应引起的双折射以及旋光转角的方向取决于光的传播方向和轴向磁场的方向之间的关系。当光的传播方向与 $\boldsymbol{H}$ 的轴向分量一致时，$\beta_{\mathrm{R}}>\beta_{\mathrm{L}}$，旋光的方向与磁场 $\boldsymbol{H}$ 轴向分量成左手螺旋关系；如果光的传播方向与 $\boldsymbol{H}$ 的轴向分量相反时，$\beta_{\mathrm{R}}<\beta_{\mathrm{L}}$，旋光的方向与 $\boldsymbol{H}$ 轴向分量成右手螺旋关系。法拉第旋光效应不存在光的互易关系(non-reciprocal relation)，这个性质可以用来制作光隔离器和光环形器(5.2 节)。

对于石英光纤，韦尔代常量 $V_H = 4.7\times10^{-6}$ rad/A，如果施加 1A/m 的磁场，将产生 9.4×10^{-6} 的双折射，光经过光纤传播，产生 4.7×10^{-6} rad/m 的偏振态单位距离旋转。这个现象可以用来检测通电导线中的强电流(6.3 节)。

6.1.6 光纤纤芯附近存在金属层引起的双折射

电介质与金属交界处可以激发所谓表面等离子体激元(surface plasmon polariton，SPP)。它是一种在电介质-金属界面上激发的等离子体电荷密度起伏的电磁振荡波。这种波沿着电介质-金属界面传播，直到能量通过金属吸收损失。在界面两侧，表面等离子体激元场均在界面附近达到最大值，在界面两侧呈指数衰减，体现出激发的电磁波是表面波，如图 6-1-3 所示。此外，该波的复数传播常数有很大的虚部，对应波具有很高的损耗。对电介质-金属界面的表面等离子体激元激发的表面电磁波模式进行分析可知，它是 TM 偏振模式，具有垂直于界面的电场。半无限介质-金属界面上等离子体激元波的传播常数为

$$\beta = \frac{\omega}{c}\sqrt{\frac{\varepsilon_d \varepsilon_m}{\varepsilon_d + \varepsilon_m}} \tag{6.1.14}$$

其中，ε_d 和 ε_m 分别为电介质和金属的相对介电常数。

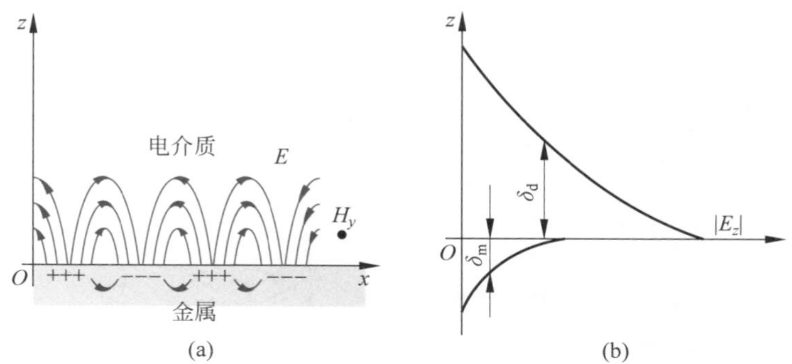

图 6-1-3 电介质-金属界面附近的等离子体产生振荡的表面电磁波

(a) TM 波的电场分布；(b) TM 波电场强度在界面的分布图(δ_d 和 δ_m 分别为电场在电介质和金属内的分布深度)

如果像图 6-1-2(f)那样，将光纤一侧抛光，把一个金属薄层靠近纤芯放置，可以使光纤产生双折射，造成光纤中的 TE 模(x 方向偏振)和 TM 模(y 方向偏振)传输常数和损耗因子不同。选择不同金属，调整金属薄层与纤芯的距离、金属层的厚度，可以使 TM 模与电介质-金属交界处的等离子体激元产生强耦合，造成 TM

模的快速损耗，可以实现 TE 模的单偏振输出，起到起偏器的作用。有报道指出，利用这种方法制成的起偏器偏振消光比可达 70dB，插入损耗只有 0.5dB[6-7]。

6.2 光纤偏振控制器

在第 5 章整体介绍过偏振控制器，在这些偏振控制器中基于光纤的偏振控制器插入损耗最小，这是由于偏振控制器主体就是光纤，在光纤通信系统中光纤与光纤的连接损耗最小。

6.2.1 光纤环绕型波片偏振控制器

在基于光纤的偏振控制器中，将光纤弯成环形构成波片，再将 3 个波片级联形成偏振控制器，手动控制每个波片环形平面的方位可以调节该波片快轴的方位，从而将输入偏振态转变成所需要的输出偏振态。这是实验室中最常用的手动调谐的偏振控制器。

将光纤弯曲成圆形构成波片的示意图如图 6-2-1(a)所示。由 6.1.3 节介绍可知，弯曲的光纤快轴位于弯曲平面内，慢轴垂直于该平面。在图 6-2-1(a)中，快轴和慢轴分别为 y 轴和 x 轴。调整弯曲面的方位角 θ，达到调整波片方位的目的，如图 6-2-1(b)所示。

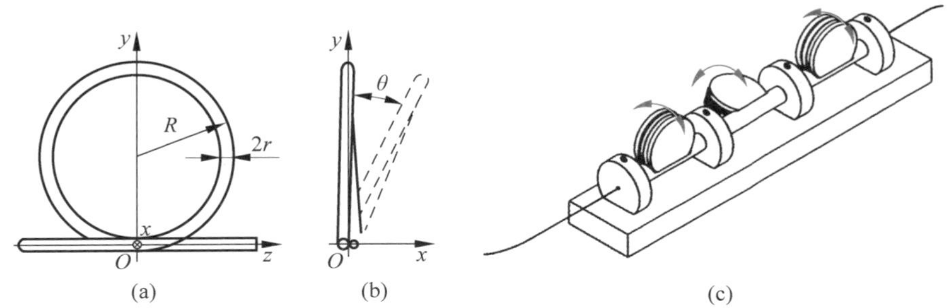

图 6-2-1　光纤环绕型波片偏振控制器的构成

(a) 光纤弯曲成环形产生双折射形成一个波片，快轴位于环形圈构成的平面内，即 y 轴；
(b) 当环形圈偏离垂直 y 轴时，波片的快轴方位发生变化；
(c) 利用三个光纤波片制成的光纤偏振控制器示意图

假定光纤弯曲成 N 圈，在快轴和慢轴之间引入的相位差为

$$\Delta\varphi = k_0 \times 0.136\left(\frac{r}{R}\right)^2 \times 2\pi RN = 0.136 \times \frac{4\pi^2 r^2}{\lambda R}N \tag{6.2.1}$$

取 $r = 62.5\mu m$，$\lambda = 1.55\mu m$，$N = 1$，如果想制成四分之一波片，光纤弯成圆形圈的半径约为 $R = 2.7cm$。即将光纤绕在半径为 2.7cm 的圆环上一圈可以制成一个四分之一波片，这样绕两圈将制成二分之一波片（也称为半波片）。将一个四分之一波片、一个二分之一波片和一个四分之一波片级联，可以构成偏振控制器，如图 6-2-1(c)所示。通过调整各个波片的方位，可将任意输入偏振态转换成为任意其他输出偏振态。

图 6-2-2 显示了商用的手动光纤偏振控制器。图 6-2-2(a)是三波片的偏振控制器，三个波片分别是四分之一波片、二分之一波片和四分之一波片；图 6-2-2(b)是两波片的偏振控制器，两个波片分别是二分之一波片和四分之一波片。

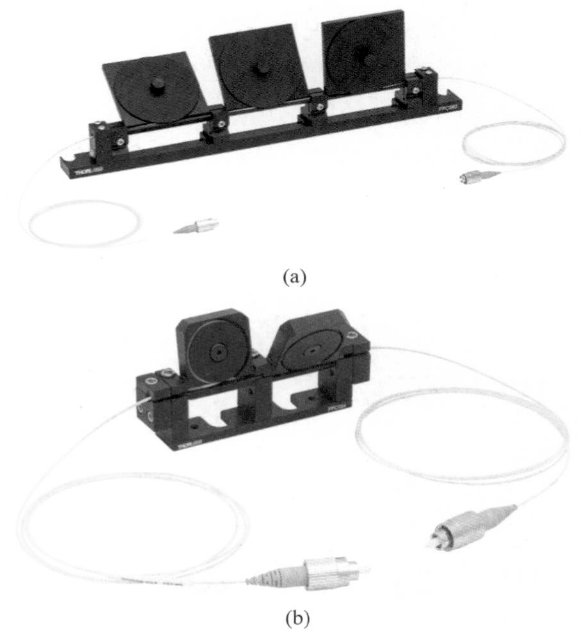

图 6-2-2　商用光纤偏振控制器

(a) 三波片的偏振控制器；(b) 两波片的偏振控制器

6.2.2　光纤挤压型偏振控制器

光纤挤压型偏振控制器是利用光纤响应应力形成双折射的机理研制而成的，具有插入损耗小、对波长不敏感等特点。由 6.1.2 节可知，如果在光纤的横向 y 方向或者 x 方向施加外力，光纤内部在 x 方向和 y 方向将产生非对称的应变，产生双折射。在图 6-2-3 中，沿光纤方向有 4 个光纤挤压器结构，形成 4 个波片。相邻挤压结构的挤压方向互为 45°，在外力作用下，光纤在正交方向引入双折射，控制挤压器力的大小,可以控制双折射的大小[8]。

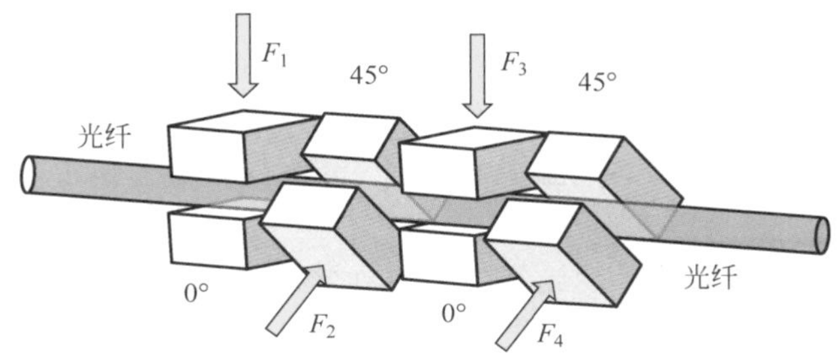

图 6-2-3 光纤挤压型偏振控制器结构

在光纤未受到外力挤压的理想情况下,纤芯是理想的圆形,如图 6-2-4(a)所示,光在各个方向上偏振的传输常数相同,正交的两个偏振模式间不会发生偏振混叠。当光纤受到沿横截面某个方向的压应力时,如图 6-2-4(b)所示,挤压处的横截面类似椭圆形,由于光纤应力双折射效应在应力方向和垂直于应力方向上会产生与应力大小成正比的有效折射率差,使光纤中两个偏振模式分量的相位差发生变化,从而引起输出光偏振态发生变化。

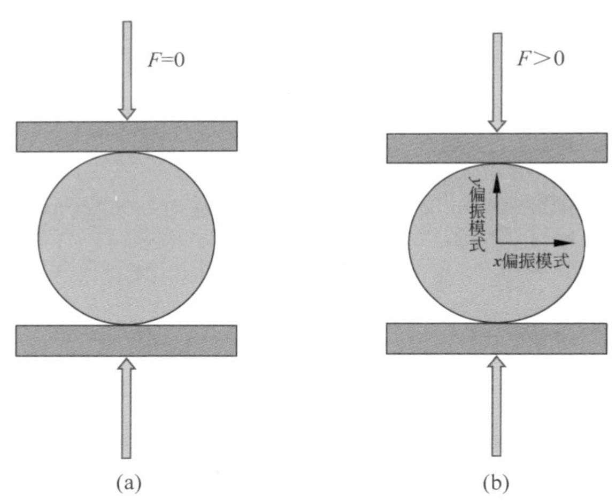

图 6-2-4 光纤受外部应力示意图

利用庞加莱球可以直观显示光纤经挤压后输出光偏振态的变化。若一个光纤挤压器对光纤进行挤压,产生的相位差为 Δ_1,此时输出偏振态变化表现为绕位于庞加莱球赤道平面的一个轴旋转角度 Δ_1(参照式(4.4.6)和图 4-4-3)。图 6-2-5(a)画出了竖直施加挤压力 F_1 造成的 0°方位角波片对应到庞加莱球上偏振态的变化情况,偏振态的变化是绕着 S_1 轴旋转了 Δ_1。图 6-2-5(b)画出了在 45°方向施加力

F_2 造成的 45°方位角波片对应到庞加莱球上偏振态的变化，偏振态的变化是绕着 S_2 轴(对应到琼斯空间波片取向为 45°)。正如 5.3.4 节讨论的那样，为了使偏振态历遍整个庞加莱球，这种光纤偏振控制器的挤压器一般不少于三个。

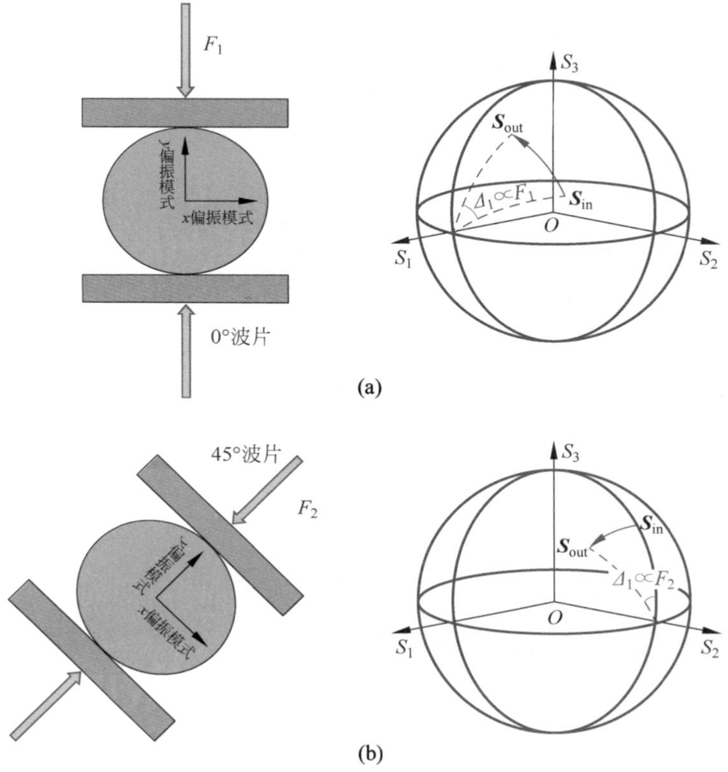

图 6-2-5　光纤偏振控制挤压器 0°(a)和 45°(b)挤压形成波片以及在庞加莱球上偏振态的变化

笔者实验室曾经对商用光纤挤压型偏振控制器 PolaRITE^{TM} Ⅱ 进行实验测试。挤压器上的压力与所施加的电压近似成正比，因此造成的双折射也近似与所加电压成正比。图 6-2-6(b)～(e)分别显示了四个挤压器单独加 0～10V 电压后输出偏振态在庞加莱球上的轨迹。可见第 1、3 波片的取向为 0°，第 2、4 波片的取向为 45 °，在斯托克斯空间对应的旋转轴分别为 S_1 轴和 S_2 轴。图中转轴的偏移是因为偏振控制器和偏振测试仪具有尾纤造成的测量偏移。图中还显示对四个挤压器分别加 0～10V 电压后，输出偏振态均绕轴旋转了约 2 圈半，对应约 5π 的相位差。图 6-2-6(f)显示挤压器产生的相位差随电压的变化，在 0～10V 电压范围内，相位差几乎呈线性增加，最大相位差超过 5π＝ 15.7rad。

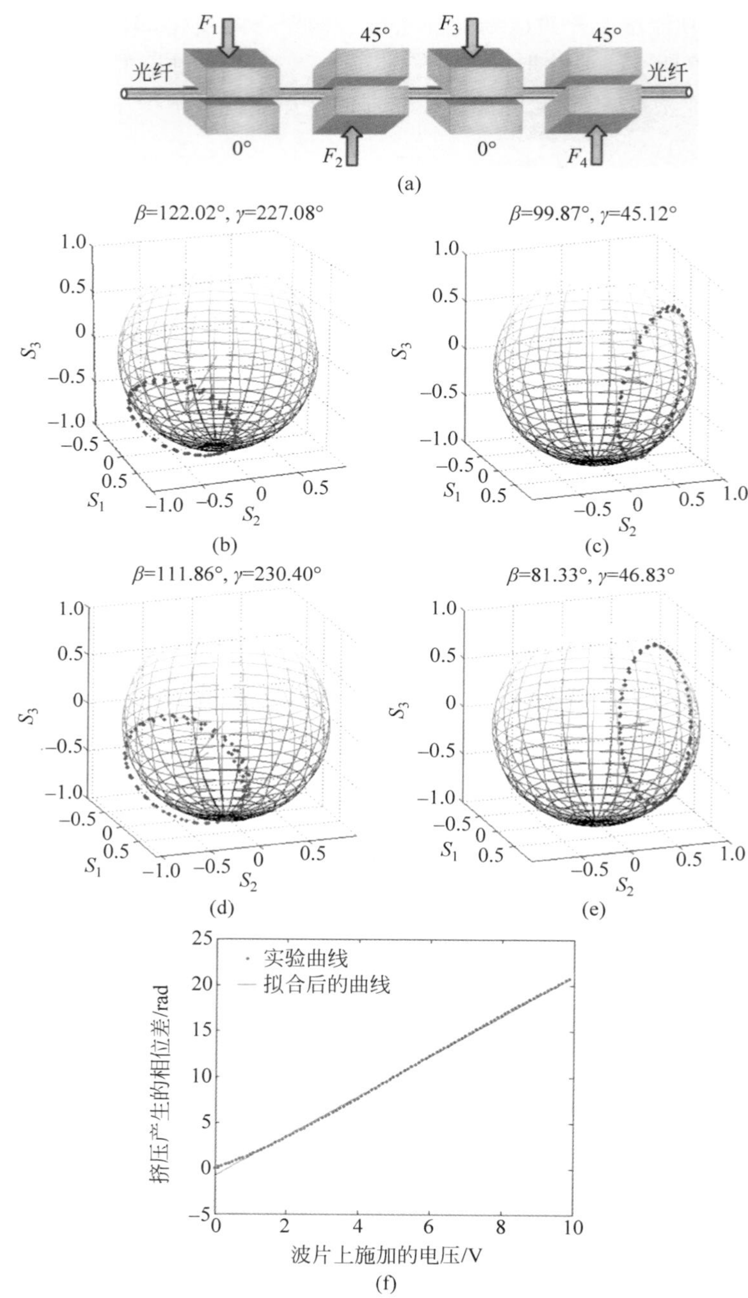

图 6-2-6　对于商用光纤挤压型偏振控制器 PolaRITE™ Ⅱ 的实测情况

(a) 光纤挤压型偏振控制器的四个挤压器；(b)～(e) 四个挤压器施加电压后偏振态在庞加莱球上的变化；(f) 一个挤压器挤压产生的相位差相对于施加电压的变化情况

6.3　光纤中法拉第旋光效应的应用

6.3.1　利用光纤法拉第旋光效应测量大电流[1]

正如 6.1.5 节讨论的那样，当光纤存在轴向磁场时，产生圆双折射，这属于光纤中的法拉第旋光效应(简称光纤法拉第效应)。利用光纤法拉第效应可以测量导线中的大电流，可以测量的大电流可达约 10000A。

利用光纤法拉第效应测量大电流的装置示意图如图 6-3-1 所示。

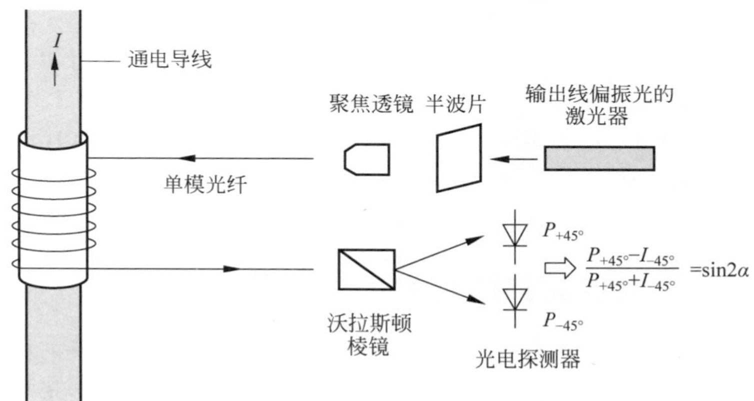

图 6-3-1　利用光纤法拉第效应测量大电流的装置示意图

在带电导线周围制作一圆筒形绝缘介质，将单模光纤均匀绕在筒形介质上，绕的圈数为 N，如果带电导线中电流为 I，在其周围将产生场线为同心圆的磁场 H，根据安培环路定理[9]

$$\oint \boldsymbol{H} \cdot \mathrm{d}\boldsymbol{l} = Hl = NI \tag{6.3.1}$$

将其代入式(6.1.13)，得光纤中偏振态的旋转角度

$$\alpha = V_H \int \boldsymbol{H} \cdot \mathrm{d}\boldsymbol{l} = V_H NI \tag{6.3.2}$$

激光源输出线偏振的激光束，经过二分之一波片可以使线偏振光的偏振振动面旋转，通过聚焦透镜将偏振激光束耦合入单模光纤。导线中的电流在单模光纤中激发环形磁场，造成偏振态旋转，旋转角度 α 由式(6.3.2)决定。

为了测量这个转角 α，将光纤输出端的激光束经过一个沃拉斯顿棱镜。沃拉斯顿棱镜的摆放方位如下：假定导线中无电流时，输出偏振态无旋转，设此时输出线偏振态的偏振方向为 x 轴，则使沃拉斯顿棱镜均衡地分光(即沃拉斯顿棱镜第一

块晶体光轴与 x 轴成 45°，第二块晶体光轴与 x 轴成 −45°)，即此时沃拉斯顿棱镜分出的线偏振光相对于 x 轴为 +45°和 −45°的线偏振光，且分出的两束偏振光均为输入光功率 P_0 的一半(分出的 o 光和 e 光等功率)。假定导线中有电流时，偏振态旋转 α，此时从光纤输出的偏振态偏振方向与沃拉斯顿棱镜第一块晶体和第二块晶体分别成 $\alpha+45°$ 和 $\alpha-45°$，利用马吕斯定律，分出的 o 光与 e 光的功率分别为

$$P_o=P_0\cos^2(\alpha+45°) \quad 和 \quad P_e=P_0\cos^2(\alpha-45°) \tag{6.3.3}$$

则

$$\frac{P_e-P_o}{P_e+P_o}=\frac{\cos^2(\alpha-45°)-\cos^2(\alpha+45°)}{\cos^2(\alpha-45°)+\cos^2(\alpha+45°)}=\sin2\alpha \tag{6.3.4}$$

根据测得的 P_o 和 P_e，可以得到偏振态旋转角 α，再由式(6.3.2)计算出导线中的电流 I。

比如导线中电流为 1A，光纤绕 100 圈，韦尔代常量 $V_H=4.7\times10^{-6}$ rad/A，计算得偏振态转过的角度 $\alpha=4.7\times10^{-4}$ rad $\approx 2.7\times10^{-2}$°。假如导线中通电流为 1000A，偏振旋转角将变为 270°。

6.3.2 闪电在光纤中引发的法拉第旋光效应

从前面的讨论可知，有许多机制会使光纤产生双折射。当光纤芯由于制作不完美或者光纤存在横向应力时，会产生线双折射；当光纤受到扭转形变或者纵向存在磁场时，会产生圆双折射；当光纤中线双折射和圆双折射共同存在时，将等效为椭圆双折射，即其双折射的本征偏振基是一对正交的椭圆。

光纤光缆的布设方式有地埋光缆和架空光缆。地埋光缆埋在地下，受到外界的扰动相对小一些，只有当地埋光缆附近有地铁等扰动源时受影响。将光缆埋于地下是需要征地后才能挖埋光缆，在西方资本主义社会土地私人占有的地方征地非常困难，就需要更多地布设架空光缆。另外电网公司的高压线都是架空的，伴随传输高压电的电缆，也架设有通信的光缆。目前常用的通信架空光缆叫作光纤复合架空地线(optical fiber composite overhead ground wire，也称 optical ground wire，OPGW)，简称 OPGW 光缆。在 OPGW 光缆中，内层的铝包钢线和外层的铝合金线沿螺旋线绞合在一起，内层有些铝套包裹的不是钢线，而是光纤(有油膏保护)，其中可以放置几十根或者一百多根光纤，如图 6-3-2 所示。如果放置的光纤是单模光纤，就可以进行高速的光纤通信传输。光纤被多根抗拉伸的良导体铝包钢线和铝合金线保护，可以起到防非均匀应力、防震、防雷电打击等作用。

显然，即使应用像 OPGW 这种光缆，架空光缆相比埋地光缆更容易受外界扰

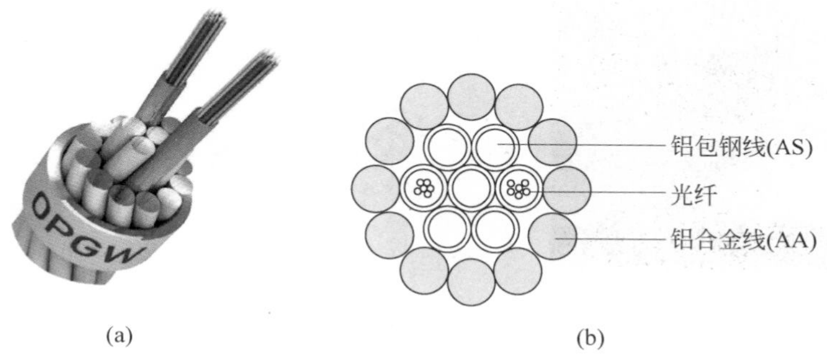

(a)　　(b)

图 6-3-2　OPGW 光缆构成

(a) 一种 OPGW 光缆结构；(b) OPGW 光缆的一个截面

动源的干扰。大风造成的晃动、跨度太长光缆承受的应力、雷电的强扰动等都是造成双折射的原因，而且很多扰动源是随机时变的。这种随机时变既包括光纤某一处的双折射随时间无规变化，又包括同一时间，光纤各处的双折射随着纵向坐标 z 是无规变化的。

2010 年前后，光纤通信系统中普遍采用偏分复用技术，即在光纤信道中利用两正交的偏振态传输两路完全独立的光信号，以使通信系统容量加倍。但是光纤中传输的两正交偏振的光信号由于随机双折射的扰动而随机变化，使得接收端将两路偏振的光信号彻底分开（光纤通信的术语是“偏分解复用”）变成一件困难的事。随着越来越多的光纤通信系统采用相干检测技术，结合数字信号处理（DSP）技术，可以将光信号的振幅和相位完整地接收变为数字电信号，几乎所有的光信号在光纤中传输形成的损伤都能在接收机的 DSP 芯片中利用均衡算法解决，人们一度认为偏分解复用的困难已经完全得到了解决。

然而在 2015 年，多家电信设备制造商接到用户的反映，他们使用的相干光纤通信系统有时会出现无法解释的通信中断。一些通信制造商通过努力分析，发现是雷雨天气的闪电造成附近光纤中光信号的偏振态发生剧烈的变化，其变化的随机性以及瞬时的超快变化，超出了接收机中偏分解复用算法的承受限度，如图 6-3-3 所示，造成了通信系统时不时中断的恶果[10-11]。

分析表明，闪电形成的雷击对于 OPGW 光缆造成的影响分直接接触式的雷击影响和闪电雷击对附近的光缆非接触式的影响，如图 6-3-4(a)和(b)所示。对于接触式的影响，雷击会直接在 OPGW 光缆中引发强电流，从而在被围绕的光纤纵向产生磁场。对于非接触式的影响，闪电本身就是强电流，会在闪电所在地点的周围光缆内的光纤纵向产生磁场，甚至对几百千米以外的长途传输的光缆产生影响。无论是接触式还是非接触式的影响，结果都是造成光缆中的光纤纵向存在瞬时出现的强磁场，使光纤中产生法拉第圆双折射效应，造成光信号偏振态瞬间大幅旋转[12]。

(a)

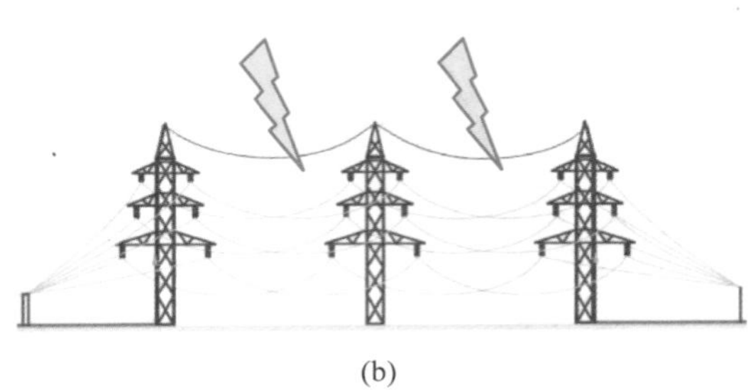

(b)

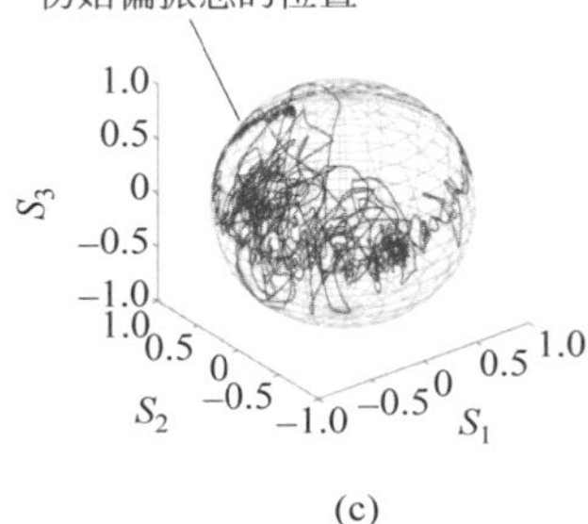

(c)

图 6-3-3　闪电导致 OPGW 光缆内光信号偏振态快速变化

(a),(b) 架空的 OPGW 光缆附近存在闪电；

(c) 闪电时测试到的偏振态快速变化，偏振态变化速率可达 6.4Mrad/s

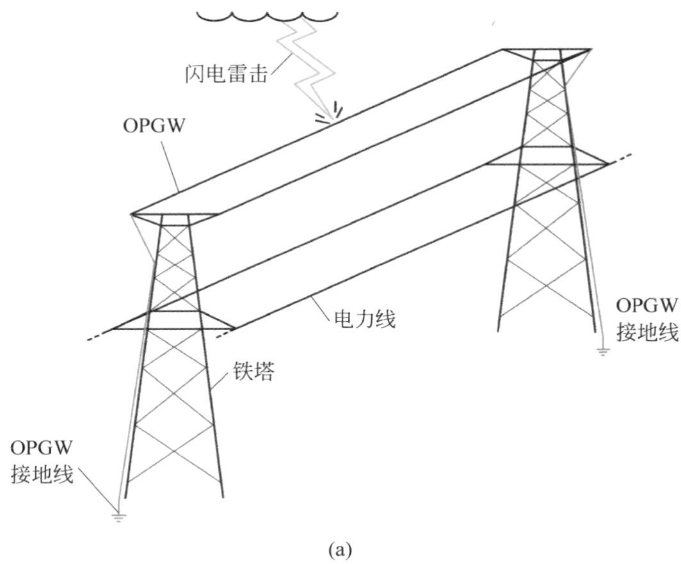

(a)

图 6-3-4　闪电雷击对于 OPGW 光缆的影响

(a) 接触式影响；(b) 非接触式影响

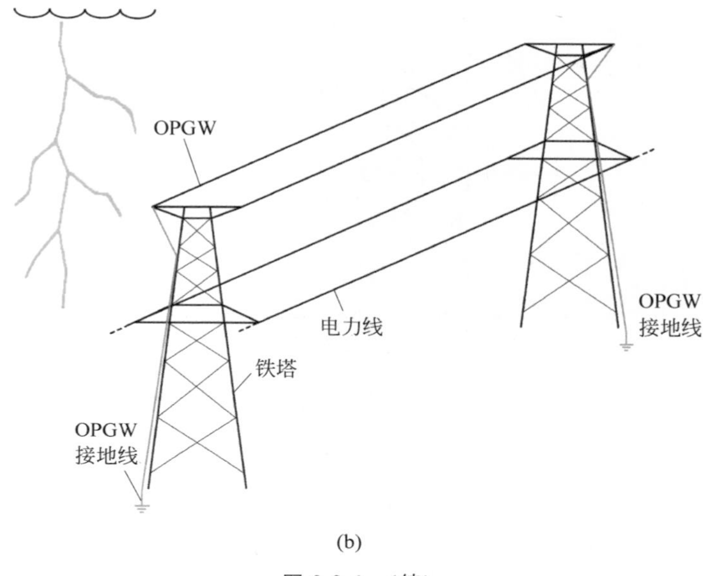

(b)

图 6-3-4 (续)

闪电非接触式地造成在它附近光缆中的光纤法拉第效应的原理可以用图 6-3-5 来解释[13]。当出现闪电时，空气会被击穿，在空间形成强电流 I，假定电流从积雨云竖直穿到地面(设此方向为 x 方向)，会在电流周围引发磁场线为圆环形的强磁场

$$|\boldsymbol{H}(r)|=\frac{I}{2\pi r}=\frac{I}{2\pi\sqrt{d^2+z^2}},\quad H_z(r)=\frac{Id}{2\pi(d^2+z^2)} \tag{6.3.5}$$

r 是 y-z 平面内传输光纤上一点到电流的距离，d 是电流到光纤的垂直距离，$H_z(r)$ 是光纤中磁场沿 z 方向的分量。则光纤中光信号的偏振态因为法拉第效应转过的角度 α 为

$$\alpha=\int_{-\infty}^{\infty}V_H H_z \mathrm{d}z=\frac{V_H Id}{\pi}\int_0^{\infty}\frac{1}{d^2+z^2}\mathrm{d}z=\frac{V_H I}{2} \tag{6.3.6}$$

其中，V_H 是光纤的韦尔代常量，$V_H=4.7\times10^{-6}\text{rad/A}$。图 6-3-6 是实验室仿真闪电产生强电流的测量结果，可见仿真的闪电强电流大约是按照冲击脉冲型变化的，达到的最大电流为 31kA，测得电流上升过程中，电流为最大值的 10%上升到 90%所用时间为 4.05μs，则

$$\alpha=4.7\times10^{-6}\times31\times10^{3}\times(90\%-10\%)/2\text{rad}\approx0.12\text{rad} \tag{6.3.7}$$

换算到斯托克斯空间，角度变化为 $2\alpha\approx0.24\text{rad}$，对应 $0.24\text{rad}/4.05\times10^{-6}\text{s}=59\text{krad/s}$ 的偏振态变化率。实际上闪电造成的偏振态变化率可达几兆弧度每秒。

另外，由式(6.3.6)可以看出，对于长途传输的光缆(光缆长度看成无限长)，垂直

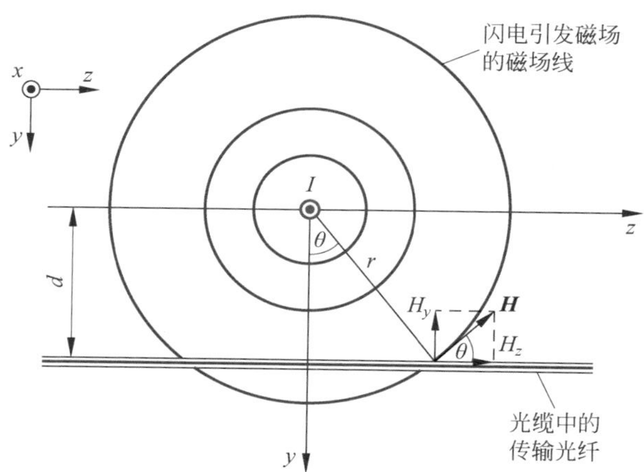

图 6-3-5　闪电时空气击穿，产生一个强电流 I，在附近引发环形磁场线的磁场

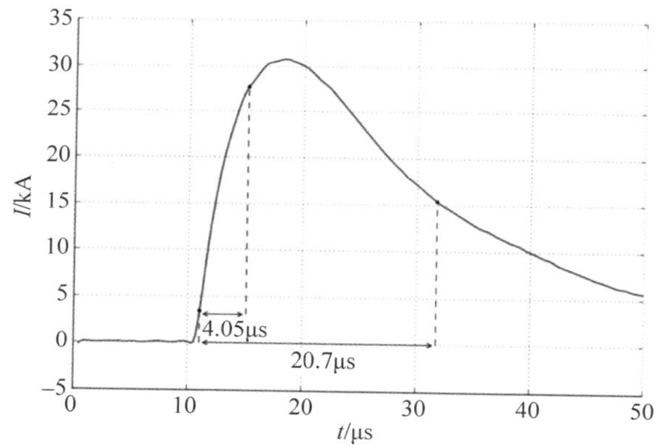

图 6-3-6　实验室仿真闪电产生的强电流随时间变化的情况[13]

闪电造成的偏振态角度旋转与光缆的距离 d 无关，所以即使闪电不是直接接触的雷击，甚至光缆距离闪电位置几百千米以外，闪电造成的偏振态变化也是严重的。

6.4　保偏光纤

保偏光纤（polarization-maintaining fiber，PMF）也叫作高双折射光纤（high-birefringence fiber，Hi-Bi fiber）。由 6.1.2 节可知，横向施加力可以使光纤内部产生非均匀的应力分布，在分布的应力场作用下，光纤中会产生弹性应变分布，从而使原来各向同性的光纤变为各向异性，产生双折射。如果将施加的力去除，则非均匀的应力场随之去除，弹性应变就消失了，光纤又恢复了各向同性的性质。这种由应力造成弹性应变而形成的双折射叫作光弹性效应(注意应力与应变是两个概念)。

保偏光纤种类很多,根据双折射的大小,可以分成高双折射光纤($\Delta n_{\mathrm{eff}} \sim 10^{-4}$)和低双折射光纤($\Delta n_{\mathrm{eff}} \sim 10^{-7} \sim 10^{-9}$)。根据产生双折射的机理,又可以分成结构引入型双折射光纤和应力引入型双折射光纤,前者通过导光材料结构的不对称性引入双折射,后者通过应力引起材料折射率的变化(即光弹效应)而引入双折射。实现光纤双折射的方案有很多,图 6-4-1 给出了保偏光纤的分类,也基本囊括了现有的双折射实现方案[14]。高双折射光纤又可分为单偏振和双偏振两种类型:一般的保偏光纤支持两个正交偏振模式 HE_{11}^{x} 和 HE_{11}^{y} 的传输,称为双偏振光纤;单偏振光纤是通过特殊结构设计和材料选择加工制造而成[15-16],使两个正交模式中的一个模式截止或产生严重泄露而衰减掉,只有单个偏振模式能在光纤中传输。单偏振光纤主要用于对消光比或偏振模式色散有较高要求的场景。在这里介绍一下最典型的保偏光纤:熊猫型、领结型和椭圆芯结构的保偏光纤。

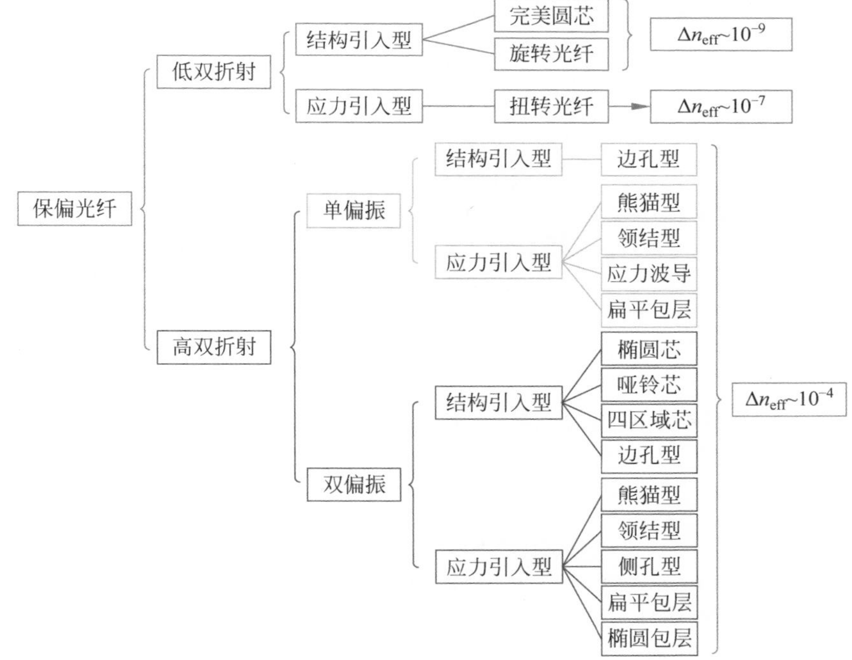

图 6-4-1　保偏光纤的分类

如果在单模光纤的包层中相对于光纤纤芯对称地在两边放入应力施加部件(stress-applying parts,SAPs),如图 6-4-2(a)和(b)所示,就可以在光纤纤芯中均匀地产生非对称应力和应变。光纤拉制之前,在光纤包层中过纤芯的直径所在连线上放置与包层材料热膨胀系数不同的应力施加部件(假定包层热膨胀系数为 α_2,

应力施加部件热膨胀系数为 α_3)。当光纤从加热、拉制到冷却的过程中,由于应力施加部件冷却时与包层收缩的微小差别,造成包层周围乃至纤芯中产生非对称应力分布和相应的应变分布,形成双折射。图 6-4-2(a)中光纤的应力施加部件为领结型,叫作领结型保偏光纤(bow-tie),图 6-4-2(b)中光纤是圆柱形的应力施加部件,样子酷似熊猫,称作熊猫型保偏光纤(PANDA)。

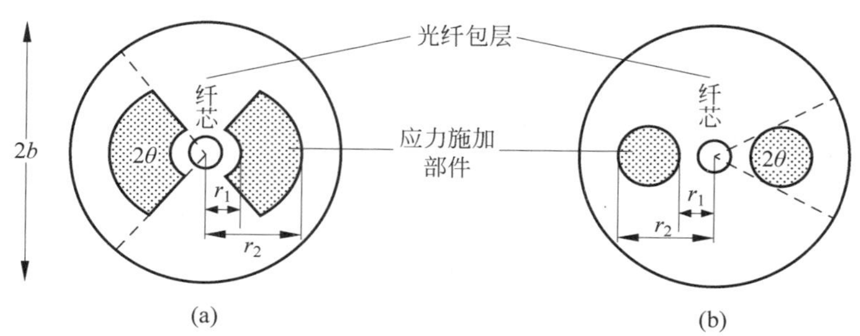

图 6-4-2　不同应力施加部件的保偏光纤

(a) 领结型保偏光纤;(b) 熊猫型保偏光纤

光纤中的应力和应变可以用应力张量和应变张量来描述,它们都是对称张量,这与相对介电张量(式(3.2.13))的形式一样。像在 3.2.2 节讨论过晶体双折射一样,光纤受应力影响也存在一个主轴坐标系,介电张量在这个主轴坐标系中是对角化的[17]。在这个主轴坐标系中有折射率椭球

$$\frac{x^2}{n_x^2}+\frac{y^2}{n_y^2}+\frac{z^2}{n_z^2}=1 \tag{6.4.1}$$

其中,x-y-z 是主轴坐标系,n_x、n_y、n_z 分别为光波沿 x、y、z 主轴偏振时的主折射率。

可以证明原来各向同性的材料(如光纤)在光弹性效应下,介电张量、应力张量和应变张量有共同的主轴坐标系,比如应力的应力椭球(称为科希应力椭球)在这个坐标系中也是正椭球,表示为

$$\sigma_x x^2+\sigma_y y^2+\sigma_z z^2=1 \tag{6.4.2}$$

其中,σ_x、σ_y、σ_z 分别为 x、y、z 主轴方向上的主应力。

可以证明,在光弹性效应下,光束沿着 z 方向传输,如果沿 x 方向和 y 方向加不同的应力 σ_x 和 σ_y,沿 x、y 主轴方向偏振的主折射率差变为

$$n_x-n_y=(C_1-C_2)(\sigma_x-\sigma_y) \tag{6.4.3}$$

其中,C_1 和 C_2 是弹光系数。这样当在 x 方向和 y 方向加不同应力时,就会产生双折射。如同 6.1 节一样,考虑光纤在 x 方向和 y 方向应力不均衡造成的双折射为

$$B=\beta_x-\beta_y=k_0(n_x-n_y)=k_0(C_1-C_2)(\sigma_x-\sigma_y) \tag{6.4.4}$$

6.4.1 领结型保偏光纤

参考文献[18]给出了领结型保偏光纤和熊猫型保偏光纤的双折射。

$$B=\frac{k_0}{1-\nu}(\alpha_2-\alpha_3)\Delta T\,\frac{C_0}{\pi}\left[2\ln\frac{r_2}{r_1}-\frac{3}{2b^4}(r_2^4-r_1^4)\right]\sin 2\theta \tag{6.4.5}$$

其中，r_1 和 r_2 分别是领结型应力施加部件的内、外半径，如图 6-4-2(a)所示。2θ 是领结型部件所张的角度，α_2 和 α_3 分别是光纤包层和应力施加部件的热膨胀系数，b 是光纤包层外半径，ΔT 是玻璃环境温度与熔融温度的差值，C_0 是光纤的弹光系数，取值为 $3.36\times10^{-5}\,\mathrm{mm^2/kg}$，$\nu$ 是光纤材料的泊松比。由式(6.4.5)可见，领结张角 $2\theta=\pi/2$ 双折射取最大值。当领结部件内半径 r_1 减小、外半径 r_2 增加，双折射也增加，当 $r_2=0.76b$ 时，双折射达到最大值，超过这个值，双折射开始减小。

6.4.2 熊猫型保偏光纤

$$B=\frac{2k_0C_0}{1-\nu}(\alpha_2-\alpha_3)\Delta T\left(\frac{d_1}{d_2}\right)^2\left[1-3\left(\frac{d_2}{b}\right)^4\right] \tag{6.4.6}$$

如图 6-4-2(b)所示，式中 $d_1=(r_2-r_1)/2$ 是圆形加强件的半径，$d_2=(r_2+r_1)/2$ 是圆形加强件中心到光纤中心的距离。从式(6.4.6)可见，d_2 减小可以使双折射变大，意味着加强件越靠近中心，双折射越大，然而太靠近了将增加光纤损耗。只有合适的设计才能兼顾双折射和光纤损耗。文献[19]指出，当双折射折射率差 $B/k_0=3.3\times10^{-4}$ 时，熊猫型保偏光纤在工作波长为 1.56μm 时还能保持 0.22dB/km 的低损耗。

6.4.3 椭圆芯保偏光纤

还有一种椭圆芯保偏光纤，它是将椭圆纤芯嵌入圆形包层中，如图 6-4-3 所示。这种光纤由于椭圆芯的存在会在纤芯内产生几何形状引起的各向异性和非对称应力，分别沿长轴方向(x 方向)偏振和短轴方向(y 方向)偏振的基模的传播常数 β_x 和 β_y 将变得不同，从而产生双折射。因此，总双折射是几何形状引起的双折射 B_g(由于纤芯的非圆形形状)和应力导致的双折射 B_s(由于椭圆纤芯产生的非对称应力)之和[1]。椭圆纤芯引入的几何双折射在 6.1.1 中已讨论过，这里将关注点放在椭圆纤芯产生的非对称应力导致的双折射上。

由于纤芯材料和包层材料的热膨胀系数不同，椭圆芯光纤在制备过程中会产生非对称的应力。这种应力反过来通过弹光效应在光纤中引入线性双折射 B_s。该双折射可通过计算沿光纤长、短轴在光纤中心产生的应力差得到[1]，

$$B_s = k_0 g(V) \frac{C_0}{1-\nu} \Delta\alpha \Delta T \frac{a-b}{a+b} \tag{6.4.7}$$

其中，C_0 是光纤的弹光系数($C_0 = n^3(p_{11} - p_{12})(1+\nu)/2$，$n$ 是纤芯和包层的平均折射率，p_{11} 和 p_{12} 是光弹性应变张量的分量，ν 是光纤材料的泊松比)，$\Delta\alpha$ 是纤芯和包层材料的热膨胀系数差，ΔT 是室温和光纤材料软化温度的差，$g(V)$是光纤模式功率在纤芯中的占比，它与光纤中传输光波的波长有关。$g(V)$可近似表示为[1]

$$g(V) \approx W^2/V^2 = \frac{n_{\text{eff}}^2 - n_2^2}{n_1^2 - n_2^2} \tag{6.4.8}$$

其中，$W = k_0 d\sqrt{n_{\text{eff}}^2 - n_2^2}$ 和 $V = k_0 d\sqrt{n_1^2 - n_2^2}$ 是光纤的波导参数，n_{eff} 是两个偏振模式的平均有效折射率。

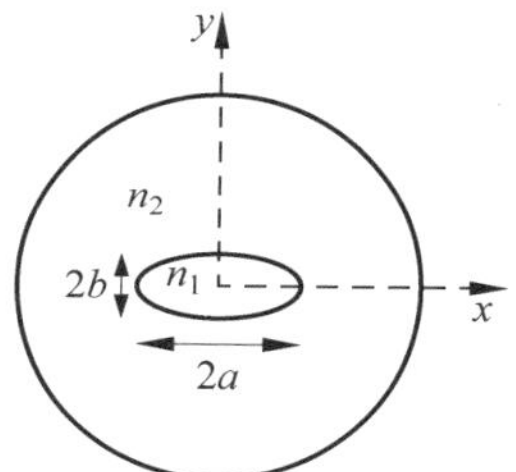

图 6-4-3　椭圆芯保偏光纤

椭圆芯保偏光纤总的双折射可表示为

$$B = B_g + B_s \tag{6.4.9}$$

B_g 采用式(6.1.2)，B_s 采用式(6.4.7)。

保偏光纤由于具备保持光偏振态的能力，广泛应用于通信、军事、医学等各领域，特别是应用在相干光通信、光纤陀螺仪和集成光学等领域可以取得显著的成效。

6.5　光在双折射光纤中传输的偏振态演化

6.5.1　保偏光纤中偏振态的演化

所谓保偏光纤实际上是双折射光纤，存在一对相互垂直的快轴和慢轴。如图 6-5-1 所示，当一个相对于快慢轴均为 45°的线偏振光入射双折射光纤时，由于双折射的作用，在传输过程中光信号的偏振态会发生变化。光纤中的双折射表示为

$$B=\beta_s-\beta_f=\frac{\omega}{c}(n_s-n_f)=\frac{2\pi}{\lambda}\Delta n \tag{6.5.1}$$

其中，角标 s 和 f 分别代表慢轴和快轴。光束传输 L 距离后，这个双折射在快慢轴之间产生相位差

$$\delta=BL=\frac{2\pi}{\lambda}\Delta nL \tag{6.5.2}$$

随着传输距离 L 线性增加。

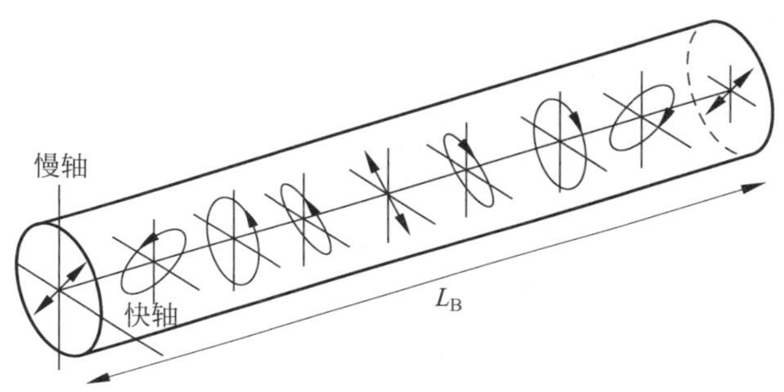

图 6-5-1　线偏振光在双折射光纤中传输偏振态周期性变化

如图 6-5-1 所示的入射线偏振态实际上是 45°的线偏振态，经过在双折射光纤中传输，将依次变为右旋椭圆偏振、右旋圆偏振、歪向另一侧的右旋椭圆偏振、135°的线偏振、左旋椭圆偏振、左旋圆偏振、歪向另一侧的左旋椭圆偏振、45°的线偏振等。这样，在双折射光纤中偏振态传输一段距离就会还原为最初的偏振态，这个传输距离定义为双折射光纤的拍长 L_B，经过这个拍长 L_B 的传输，快慢轴电场分量之间引入周期相位差 2π，得到拍长的计算公式

$$L_B=\frac{\lambda}{\Delta n} \tag{6.5.3}$$

这样利用参考文献[19]的数据，对于光纤通信波长 1550nm，熊猫型保偏光纤 $\Delta n=3.3\times10^{-4}$，拍长约为 4.7mm。在光纤通信领域中，常常利用拍长作为保偏光纤的一个指标。

6.5.2　一般双折射光纤中偏振态的演化方程

下面讨论一般双折射光纤中偏振态演化满足的方程。

从本章前面的讨论可知，光纤的特征双折射包括线双折射和圆双折射。光纤内部形成的线双折射源于下面几种机制：光纤芯在拉制过程中偏离圆而形成一定的椭圆、光纤内部形成的 x 方向和 y 方向不同的应力（比如保偏光纤内部的应力加强部件造成的应力）、在光纤的一个方向施加的力引起的应力和光纤弯曲产生的应力等。而光纤内部形成的圆双折射源于外部对于光纤施加的扭转或者外磁场引起

的法拉第旋光效应等。

从前几章的讨论可知，线双折射等价于一个线相位延迟器，考虑双折射光纤是一个快轴为 x 轴(方位角为零)且相位延迟为 Δ 的线双折射情形，则在光纤中沿着 z 轴传输的偏振态的演化对应到庞加莱球上是 $\boldsymbol{S}_{\text{in}}$ 到 $\boldsymbol{S}_{\text{out}}$ 的变化轨迹，它是在以 S_1 轴为对称轴的一个包含输入偏振态 $\boldsymbol{S}_{\text{in}}$ 的圆上的一段圆弧，圆弧对圆心的张角是 Δ，如图 6-5-2(a)所示。如果把方位角为零的线双折射在斯托克斯空间定义为一个矢量 $\boldsymbol{B}_{0^\circ,线}$，其方向沿 S_1 轴。这个零方位角线双折射矢量 $\boldsymbol{B}_{0^\circ,线}$ 与相位延迟 Δ 的关系为

$$\Delta = |\boldsymbol{B}_{0^\circ,线}| z \tag{6.5.4}$$

其中 z 是传输距离。输入偏振态 $\boldsymbol{S}_{\text{in}}$ 在这个双折射光纤中传输 z 距离，输出偏振态 $\boldsymbol{S}_{\text{out}}$ 表示为

$$\boldsymbol{S}_{\text{out}} = \begin{pmatrix} 1 & 0 & 0 \\ 0 & \cos(|\boldsymbol{B}_{0^\circ,线}| z) & -\sin(|\boldsymbol{B}_{0^\circ,线}| z) \\ 0 & \sin(|\boldsymbol{B}_{0^\circ,线}| z) & \cos(|\boldsymbol{B}_{0^\circ,线}| z) \end{pmatrix} \boldsymbol{S}_{\text{in}} \tag{6.5.5}$$

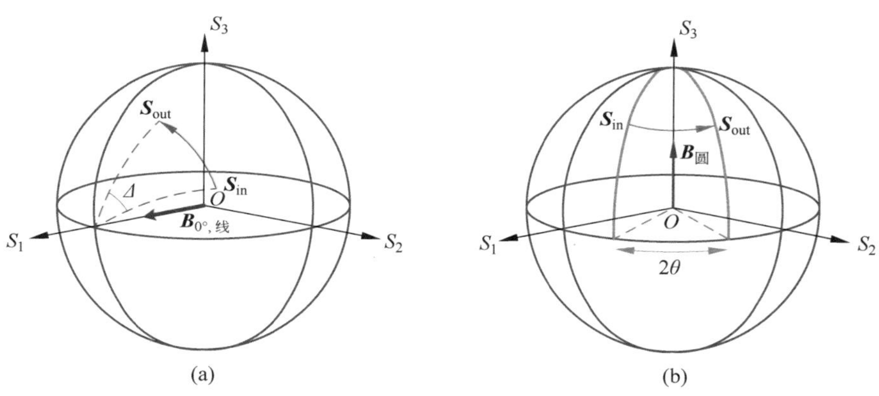

图 6-5-2 偏振光经过快轴为 x 轴线双折射光纤(a)和圆双折射光纤(b)在庞加莱球上的变化轨迹

类比一个刚体圆球绕一条直径旋转的例子，如图 6-5-3 所示，刚体绕一固定轴旋转，旋转角速度也用角速度矢量 $\boldsymbol{\omega}$ 表示，方向沿转轴方向，与旋转方向成右手螺旋。刚体上一点的位置矢量的运动(绕轴旋转)规律为

$$\frac{\mathrm{d}\boldsymbol{r}}{\mathrm{d}t} = \boldsymbol{v} = \boldsymbol{\omega} \times \boldsymbol{r} \tag{6.5.6}$$

将庞加莱球上输出偏振态 $\boldsymbol{S}_{\text{out}}$ 类比上式中的位置矢量 $\boldsymbol{r}$，将双折射矢量 $\boldsymbol{B}_{0^\circ,线}$ 类比上式中的角速度矢量 $\boldsymbol{\omega}$。式(6.5.6)讨论的是刚体上的位置矢量随时间的变化率 $\mathrm{d}\boldsymbol{r}/\mathrm{d}t$，这里类比输出偏振态随传输距离的变化率 $\mathrm{d}\boldsymbol{S}_{\text{out}}/\mathrm{d}z$，得到庞加莱球上

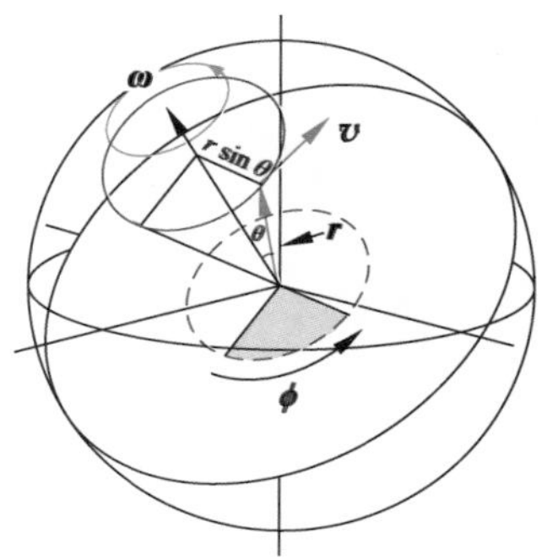

图 6-5-3 球形刚体绕固定轴旋转示意图

输出偏振态满足的方程

$$\frac{\mathrm{d}\boldsymbol{S}_{\text{out}}}{\mathrm{d}z}=\boldsymbol{B}_{0°,线}\times\boldsymbol{S}_{\text{out}} \tag{6.5.7}$$

同理，讨论光束经过圆双折射光纤传输偏振态的改变时，双折射引起的相位延迟也定义为 $\Delta_{圆}$，由 4.2 节可知，其作用是将输入偏振态整体旋转角度 $\theta=\Delta_{圆}/2$，对应到庞加莱球上的偏振态变化就是绕着 S_3 轴旋转 2θ，如图 6-5-2(b)所示。定义斯托克斯空间圆双折射矢量 $\boldsymbol{B}_{圆}$，满足关系

$$\Delta_{圆}=2\theta=|\boldsymbol{B}_{圆}|z \tag{6.5.8}$$

输出偏振态与输入偏振态之间的关系为

$$\boldsymbol{S}_{\text{out}}=\begin{pmatrix}\cos(|\boldsymbol{B}_{圆}|z) & -\sin(|\boldsymbol{B}_{圆}|z) & 0\\ \sin(|\boldsymbol{B}_{圆}|z) & \cos(|\boldsymbol{B}_{圆}|z) & 0\\ 0 & 0 & 1\end{pmatrix}\boldsymbol{S}_{\text{in}} \tag{6.5.9}$$

同样类比刚体旋转，得到光束在圆双折射光纤中传输，输出偏振态满足方程

$$\frac{\mathrm{d}\boldsymbol{S}_{\text{out}}}{\mathrm{d}z}=\boldsymbol{B}_{圆}\times\boldsymbol{S}_{\text{out}} \tag{6.5.10}$$

前面是作类比得到光束在双折射光纤中传输的演化方程(6.5.7)和方程(6.5.10)。下面撇开类比，讨论怎样在零方位角线双折射光纤中基于式(6.5.5)，推导得到演化方程(6.5.7)。假定输入偏振态 $\boldsymbol{S}_{\text{in}}$ 经矩阵 $\boldsymbol{M}(z)$的变换得到输出偏振态 $\boldsymbol{S}_{\text{out}}(z)$

$$\boldsymbol{S}_{\text{out}}(z)=\boldsymbol{M}(z)\cdot\boldsymbol{S}_{\text{in}} \tag{6.5.11}$$

上式描述的过程可以看作一系列的小距离 Δz 传输的级联过程[20]，每一个小距离引发一个小的相位延迟 $|\boldsymbol{B}_{0°,线}|\Delta z$，代入式(6.5.11)。考虑到这个相位延迟非常小，有 $\cos(|\boldsymbol{B}_{0°,线}|\Delta z)\approx 1$，$\sin(|\boldsymbol{B}_{0°,线}|\Delta z)\approx|\boldsymbol{B}_{0°,线}|\Delta z$，得

$$\boldsymbol{S}_{\text{out}}(z+\Delta z)=\begin{pmatrix}1 & 0 & 0\\0 & 1 & -|\boldsymbol{B}_{0°,\text{线}}|\Delta z\\0 & |\boldsymbol{B}_{0°,\text{线}}|\Delta z & 1\end{pmatrix}\boldsymbol{S}_{\text{out}}(z) \tag{6.5.12}$$

根据微商定义

$$\begin{aligned}\frac{\mathrm{d}\boldsymbol{S}_{\text{out}}(z)}{\mathrm{d}z}&=\lim_{\Delta z\to 0}\frac{\boldsymbol{S}_{\text{out}}(z+\Delta z)-\boldsymbol{S}_{\text{out}}(z)}{\Delta z}\\&=\lim_{\Delta z\to 0}\frac{1}{\Delta z}\left[\begin{pmatrix}1 & 0 & 0\\0 & 1 & -|\boldsymbol{B}_{0°,\text{线}}|\Delta z\\0 & |\boldsymbol{B}_{0°,\text{线}}|\Delta z & 1\end{pmatrix}-\begin{pmatrix}1 & 0 & 0\\0 & 1 & 0\\0 & 0 & 1\end{pmatrix}\right]\boldsymbol{S}_{\text{out}}(z)\\&=\lim_{\Delta z\to 0}\frac{1}{\Delta z}\begin{pmatrix}0 & 0 & 0\\0 & 0 & -|\boldsymbol{B}_{0°,\text{线}}|\Delta z\\0 & |\boldsymbol{B}_{0°,\text{线}}|\Delta z & 0\end{pmatrix}\boldsymbol{S}_{\text{out}}(z)\\&=\begin{pmatrix}0 & 0 & 0\\0 & 0 & -|\boldsymbol{B}_{0°,\text{线}}|\\0 & |\boldsymbol{B}_{0°,\text{线}}| & 0\end{pmatrix}\boldsymbol{S}_{\text{out}}(z)\end{aligned} \tag{6.5.13}$$

将上式从矢量形式写成 3 个分量形式得

$$\begin{cases}\dfrac{\mathrm{d}S_{\text{out},1}}{\mathrm{d}z}=0\\[2ex]\dfrac{\mathrm{d}S_{\text{out},2}}{\mathrm{d}z}=-|\boldsymbol{B}_{0°,\text{线}}|S_{\text{out},3}\\[2ex]\dfrac{\mathrm{d}S_{\text{out},3}}{\mathrm{d}z}=|\boldsymbol{B}_{0°,\text{线}}|S_{\text{out},2}\end{cases} \tag{6.5.14}$$

考虑双折射矢量 $\boldsymbol{B}_{0°,\text{线}}$ 是沿着 S_1 轴的①，可以将式(6.5.14)写成矢量式，这个矢量式恰好是前面与刚体球旋转类比的演化方程(6.5.7)。

同理，可以证明圆双折射光纤的式(6.5.10)也是正确的，圆双折射矢量的方向是沿着 S_3 轴的。

如果上述两种双折射同时存在，例如，像图 6-1-2(b)那样在 y 方向施加了作用力，从而形成快轴为 x 方向的线双折射，同时又像图 6-1-2(d)那样对光纤施加了扭转，也形成了圆双折射。这样 x 方位的线双折射和圆双折射同时作用，相当于双折

① 零方位角线双折射意味着 x 轴为快轴，对应到斯托克斯空间，线双折射旋转轴位于 S_1 轴，此时将 S_1 轴定义为零方位角线双折射在斯托克斯空间矢量 $\boldsymbol{B}_{0°,\text{线}}$ 的方向。同理 θ 方位角的线双折射的旋转轴位于庞加莱球赤道平面内，其在赤道面里与 S_1 轴的夹角为 2θ，将此方向定义为 $\boldsymbol{B}_{\theta,\text{线}}$ 的矢量方向。对于圆双折射，快态为右旋圆的双折射矢量 $\boldsymbol{B}_{\text{圆}}$ 指向 S_3 轴方向。

射矢量 $\boldsymbol{B}_{0°,线}$ 和 $\boldsymbol{B}_{圆}$ 进行矢量合成 $\boldsymbol{B}=\boldsymbol{B}_{0°,线}+\boldsymbol{B}_{圆}=\boldsymbol{B}_1+\boldsymbol{B}_3$，$\boldsymbol{B}_1$ 和 $\boldsymbol{B}_3$ 分别沿 S_1 轴和 S_3 轴方向。光束在这样的双折射光纤中传播，偏振态随距离变化满足的方程是 $\mathrm{d}\boldsymbol{S}_{\mathrm{out}}/\mathrm{d}z=\boldsymbol{B}\times\boldsymbol{S}_{\mathrm{out}}$。

再考虑线双折射不是零方位角的，而是 θ 方位角的，其双折射矢量表示为 $\boldsymbol{B}_{\theta,线}$，它在斯托克斯空间位于庞加莱球的赤道上，与 S_1 轴夹 2θ。光束在 θ 方位角线双折射光纤中传输，其偏振态的变化可以看成是绕着 $\boldsymbol{B}_{\theta,线}$ 矢量旋转。这个 $\boldsymbol{B}_{\theta,线}$ 矢量可以看成是 S_1 轴方向分矢量 $\boldsymbol{B}_{0°,线}$ 和 S_2 轴方向分矢量 $\boldsymbol{B}_{45°,线}$ 的矢量和 $\boldsymbol{B}_{\theta,线}=\boldsymbol{B}_{0°,线}+\boldsymbol{B}_{45°,线}=\boldsymbol{B}_1+\boldsymbol{B}_2$。考虑 θ 方位角线双折射和圆双折射同时存在（结果为椭圆双折射），参照上面的推理，光在这样的光纤中传输偏振态的演化方程以及双折射矢量满足

$$\frac{\mathrm{d}\boldsymbol{S}_{\mathrm{out}}}{\mathrm{d}z}=\boldsymbol{B}\times\boldsymbol{S}_{\mathrm{out}},\quad \boldsymbol{B}=\boldsymbol{B}_1+\boldsymbol{B}_2+\boldsymbol{B}_3 \tag{6.5.15}$$

在庞加莱球上偏振态绕着 $\boldsymbol{B}$ 旋转，转过的角度为 $|\boldsymbol{B}|z$，如图 6-5-4 所示。

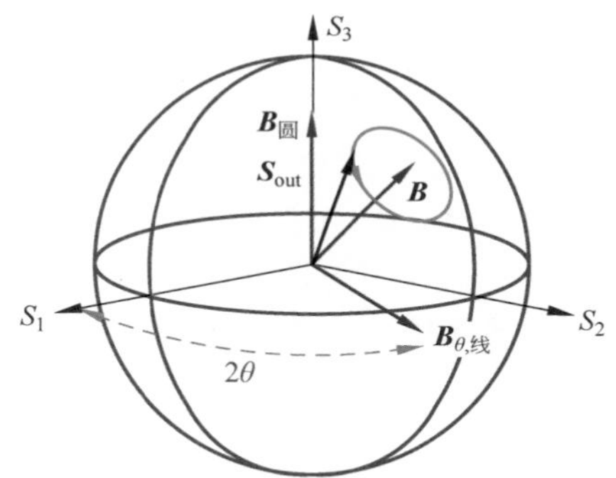

图 6-5-4　总双折射矢量与输出偏振态的关系

借用 4.4.2 节中无穷小旋转情况下输出偏振态的微分方程也可以推导出方程(6.5.15)。考虑无穷小旋转输出偏振态的微分方程(4.4.26) $\mathrm{d}\boldsymbol{S}_{\mathrm{out}}/\mathrm{d}\varphi=\hat{\boldsymbol{r}}\times\boldsymbol{S}_{\mathrm{out}}$，其中旋转方向 $\hat{\boldsymbol{r}}$ 在这里就是表示双折射矢量 $\boldsymbol{B}$ 方向的单位矢量，进动角 φ 实际上是双折射引起的两个方向偏振态的相位差角 $\mathrm{d}\varphi=|\boldsymbol{B}|\mathrm{d}z$，这样

$$\frac{\mathrm{d}\boldsymbol{S}_{\mathrm{out}}}{\mathrm{d}\varphi}=\frac{1}{|\boldsymbol{B}|}\frac{\mathrm{d}\boldsymbol{S}_{\mathrm{out}}}{\mathrm{d}z}=\hat{\boldsymbol{r}}\times\boldsymbol{S}_{\mathrm{out}} \tag{6.5.16}$$

而此时 $\boldsymbol{B}=|\boldsymbol{B}|\hat{\boldsymbol{r}}$，显然得

$$\frac{\mathrm{d}\boldsymbol{S}_{\mathrm{out}}}{\mathrm{d}z}=\boldsymbol{B}\times\boldsymbol{S}_{\mathrm{out}} \tag{6.5.17}$$

在普通的电信光纤中，由于光纤制备过程中的不完善，或者成纤成缆后光纤受 6.1 节所述的外界各种影响，会在光纤中产生相对来说随机的双折射，某处可能是

线双折射，且双折射方向（快、慢轴方向）可以是光纤横向的任意方向；某处可能产生圆双折射，比如附近存在外磁场；某处可能是线双折射和圆双折射的叠合作用，产生椭圆双折射。总而言之，双折射矢量 $\boldsymbol{B}(z)$ 是 z 的函数，称为位于 z 的本地双折射。这样光在光纤中沿 z 轴传输过程中，偏振态 $\boldsymbol{S}(z)$ 随 z 的演化满足

$$\frac{\mathrm{d}\boldsymbol{S}(z)}{\mathrm{d}z}=\boldsymbol{B}(z)\times\boldsymbol{S}(z) \tag{6.5.18}$$

为了检验双折射光纤中偏振态的演化方程(6.5.18)，不妨应用它解释一下如图 6-5-1 所示的 45°线偏振态（逆着 z 轴看是 135°线偏振态）在保偏光纤中的演化过程。这里将在图 6-5-5 中重画图 6-5-1。

在图 6-5-5(b)中，将偏振态在保偏光纤中的演化编了号码，嵌在“三角”符号里。在 $z=0$ 处，入射偏振态为 45°线偏振态，编为 0 号。随后偏振态依次是 1 号、2 号、3 号，直到 4 号为 135°线偏振态，随后偏振态又依次为 5 号、6 号、7 号，直到 8 号复原为 45°线偏振态，此时光束在保偏光纤中经历了一个拍长 L_B。对应到斯托克斯空间（图 6-5-5(a)）中，$\boldsymbol{B}_{0°,线}$ 位于 S_1 轴上，z 处的偏振态 $\boldsymbol{S}(z)$ 将绕着 $\boldsymbol{B}_{0°,线}$ 逆时针旋转。起点是 0 号 45°线偏振态，位于 S_2 轴正方向，坐标为(0, 1, 0)，随后的偏振态将绕着 $\boldsymbol{B}_{0°,线}$ 逆时针旋转，依次变化为 1 号、2 号、3 号、4 号、5 号、6 号、7 号，最后 8 号偏振态与初始偏振态 0 号重合。其中，2 号偏振态为右旋圆偏振态，坐标为(0, 0, 1)；4 号偏振态为 135°线偏振态，坐标为(0, −1, 0)；6 号偏振态为左旋圆偏振态，坐标为(0, 0, −1)。可见图 6-5-5(b)中琼斯空间的偏振态演化，与图(a)中斯托克斯空间的偏振态演化是一致的，因此式(6.5.18)确实描述了沿保偏光纤传输的偏振态演化过程。

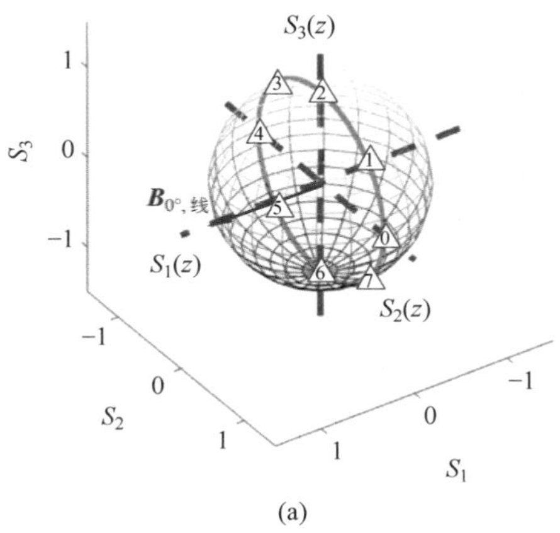

(a)

图 6-5-5　在保偏光纤传输的偏振光偏振态的演化

(a) 在斯托克斯空间显示的偏振态演化；(b) 在琼斯空间显示的偏振态演化

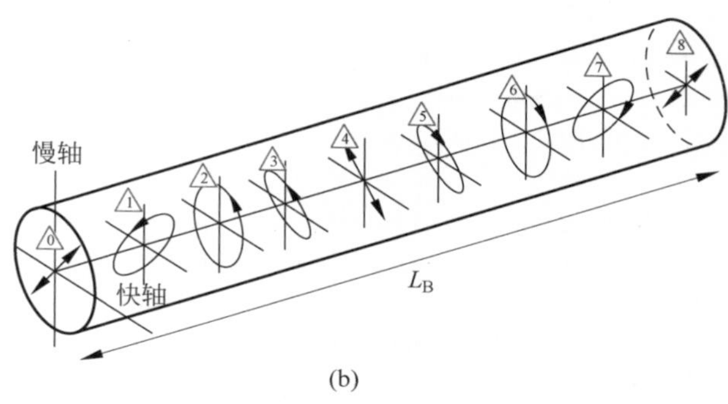

(b)

图 6-5-5 （续）

参考文献

[1] KUMAR A, GHATAK A. Polarization of light with applications in optical fibers [M]. Bellingham: SPIE Press, 2011.

[2] RASHLEIGH S C. Origins and control of polarization effects in single-mode fibers [J]. J. Lightw. Technol., 1983, 1(2): 312-331.

[3] ULRICH R, RASHLEIGH S C, EICKHOFF W. Bending-induced birefringence in single-mode fibers [J]. Opt. Lett., 1980, 5(6): 273-275.

[4] ULRICH R, SIMON A. Polarization optics of twisted single-mode fibers [J]. Appl. Opt., 1979, 18(13): 2241-2251.

[5] SMITH A M. Polarization and magnetooptical properties of single-mode fibers [J]. Appl. Opt., 1978, 17(1): 52-56.

[6] JOHNSTONE W, STEWART G, HART T, et al. Fibre-optic polarizer and polarizing couplers [J]. Electron. Letts., 1988, 24(14): 866-868.

[7] JOHNSTONE W, STEWART G, HART T, et al. Surface plasmon polariton in thin metal films and their role in fiber optic polarizing devices [J]. J. Lightw. Technol., 1990, 8(4): 538-544.

[8] AARTS W, KHOE G D. New endless polarization control method using three fiber squeezers [J]. J. of Lightw. Technol., 1989, 7(7):1033-1043.

[9] 赵凯华. 新概念物理教程：电磁学 [M]. 北京：高等教育出版社，2003.

[10] KUSCHNEROV M, HERRMANN M. Lightning affects coherent optical transmission in aerial fiber [R/OL]. (2016-05-02) [2022-04-30]. https://www.lightwaveonline.com/network-design/high-speed-networks/article/16654079/lightning-affects-coherent-optical-transmission-in-aerial-fiber.

[11] 华为网站. 追求超高速光传送，华为永不停歇 [R/OL]. (2018-08-25) [2022-04-30]. https://www.huawei.com/cn/events/optical-innovation-forum-2018/huawei-continuous-innovation-ultra-broadband-transmission.

[12] PITTALÀ F, XIE C, CLARK D. Effect of lightning strikes on optical fibers installed on overhead line conductors [C]. Rzeszow, Poland: Proceedings of 34th International Conference on Lightning Protection, 2018, 02-07.

[13] KRUMMRICH P M, RONNENBERG D, SCHAIRER W, et al. Demanding response time requirements on coherent receivers due to fast polarization rotations caused by lightning events [J]. Opt. Express, 2016, 24(11): 12442-12457.

[14] NODA J, OKAMOTO K, SASAKI Y. Polarization-maintaining fibers and their applications [J]. J. Lightw. Technol., 1986, 4(8): 1071-1089.

[15] EICKHOFF W. Stress-induced single-polarization single-mode fiber [J]. Opt. Letts, 1982, 7: 629-631.

[16] SYNDER A W, RUHL F. New single mode single polarization optical fiber [J]. Electron. Letts., 1983, 19: 185-186.

[17] 西奥卡里斯，格道托斯.光测弹性学矩阵理论 [M].北京：科学出版社，1987.

[18] CHU P L, SAMMUT R A. Analytical method for calculation of stresses and material birefringence in polarization-maintaining optical fiber [J]. J. Lightw. Technol., 1984, 2(5): 650-662.

[19] SASAKI Y, HOSAKA T, HORIGUCHI M, et al. Design and fabrication of low-loss and low-crosstalk polarization-maintaining optical fibers [J]. J. Lightw. Technol., 1986, 4(8): 1097-1102.

[20] COLLETT E. Polarized light in fiber optics [M]. Lincroft: The PolaWave Group, 2003.

第7章

光纤中的偏振模色散

本章介绍光纤通信系统中使传输中的光信号损伤的一种偏振效应——偏振模色散。

7.1 偏振模色散的产生机理

第 6 章讨论了光纤中的双折射现象，其来源多种多样，有光纤拉制过程中纤芯不是完美的圆形所导致的双折射，有光纤拉制过程中与制成以后受到挤压、扭转、弯曲等外部作用形成应力应变后产生的双折射，有环境周围存在磁场（雷击在周围形成电磁场）引起的双折射，有在光纤一侧加金属层导致的双折射，等等。特别是，在光纤包层中放置应力施加部件可以制成双折射均匀的保偏光纤，其双折射造成的折射率差可达 10^{-4}（能与光纤纤芯和包层折射率差（10^{-3}）相比拟），使保偏光纤形成快和慢两个相互垂直的特征线偏振模式，称为快轴和慢轴（图 6-5-1）。这种保偏光纤不但双折射均匀（即快轴、慢轴方向不变，折射率差不随距离变化），且由于沿快轴或者慢轴偏振的光波经历的折射率差别较大，如果入射时是严格沿快轴偏振模式（或者慢轴偏振模式）的线偏振光在传输中很难耦合到另一个模式去，因此可以保持入射的线偏振光在传输中不变，因此得名“保偏光纤”。

由第 6 章的讨论可知，当偏振光进入双折射光纤传输时其偏振态将随传输距离发生变化，其变化满足演化方程 $\mathrm{d}\boldsymbol{S}(z)/\mathrm{d}z=\boldsymbol{B}(z)\times\boldsymbol{S}(z)$。在光纤通信系统中，光信号一般并不是连续光波，而往往是振幅随时间变化的脉冲光波，随着时序将“有脉冲”和“无脉冲”分别表示为“1”码和“0”码，可以实现二进制编码的传输。现在拟讨论这样的脉冲光信号在双折射光纤中传输将造成通信系统怎样的后果。首先以光脉冲信号在保偏光纤中传输为例，看一看会造成什么样的后果。如图 7-1-1 所示，一段保偏光纤存在两个垂直的线偏振模式，称为保偏光纤的快轴和慢轴，一个沿 45°线偏振的光脉冲进入该保偏光纤，将分解成快偏振模式和慢偏振模式传输，或者说分解后分别沿着快轴和慢轴方向偏振并且以此偏振模式传输，由于沿着快轴、慢轴偏振的光脉冲分别经历了不同的折射率 n_{f} 和 n_{s}，或者说它们的传输速度 $v_{\mathrm{g,f}}$ 和 $v_{\mathrm{g,s}}$ 不同(v_{g} 是群速度)，经过 L 距离的传输后，分别在沿两个方向偏振的脉冲之间会产生时延差

$$\Delta\tau = L\left(\frac{1}{v_{\mathrm{g,s}}} - \frac{1}{v_{\mathrm{g,f}}}\right) = L\left(\frac{\mathrm{d}\beta_{\mathrm{s}}}{\mathrm{d}\omega} - \frac{\mathrm{d}\beta_{\mathrm{f}}}{\mathrm{d}\omega}\right) = L\ \frac{\mathrm{d}}{\mathrm{d}\omega}(\beta_{\mathrm{s}} - \beta_{\mathrm{f}}) = L\ \frac{\mathrm{d}B}{\mathrm{d}\omega} \quad (7.1.1)$$

其中，B 是光纤双折射 $\boldsymbol{B}(z)$ 的数值大小。从 6.1 节可以看出，造成光纤双折射的各种类型中，双折射还可以归为有效折射率差 $\Delta n_{\mathrm{eff}} = B/k_0$，这个有效折射率差源于慢轴折射率 n_{s} 和快轴折射率 n_{f} 之差，有别于光纤纤芯与包层的折射率之差 Δn。在有些场景，不涉及纤芯、包层折射率差时，有时也会将 Δn_{eff} 简单地写成 Δn，如 6.5 节里的处理。所以保偏光纤的差分群时延也可以表示为

$$\Delta\tau = L\ \frac{\mathrm{d}}{\mathrm{d}\omega}\left(\frac{\omega}{c}\Delta n\right) = \left(\frac{\Delta n}{c} + \frac{\omega}{c}\ \frac{\mathrm{d}\Delta n}{\mathrm{d}\omega}\right)L \quad (7.1.2)$$

从后面 7.9 节的讨论可知，差分群时延反比于光纤的拍长 L_{B}，而拍长定义为光信号在双折射光纤中传输，偏振态两个垂直分量的相位差周期性重复(重复周期为 2π)的长度 $L_{\mathrm{B}} = \lambda/\Delta n$。对于光纤通信波长 1550nm，熊猫型保偏光纤的拍长约为 4.7mm，$\Delta n \approx 3.3\times 10^{-4}$。

下面继续讨论二进制光脉冲码经过保偏光纤后受到的影响。在强度调制/直接检测光纤通信系统中，光发射机在一个码长周期内发射一个"1"码，进入保偏光纤后分解为两个线偏振模式分别传输，传输后合成的脉冲将展宽或者分裂，如图 7-1-1 所示，造成光接收机接收信号码流时判断失误，引起误码。

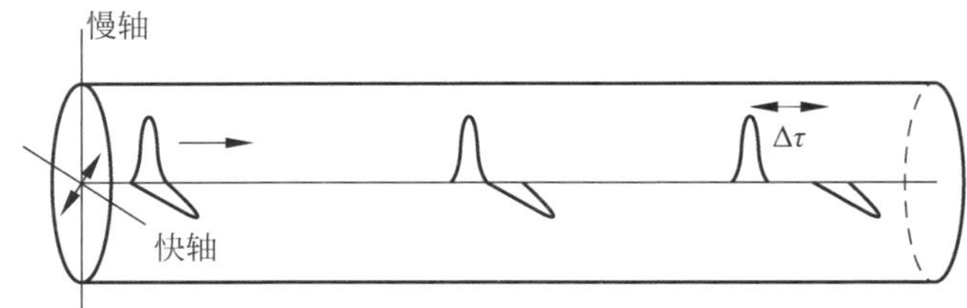

图 7-1-1　45°入射的线偏振光入射保偏光纤，由于偏振模色散造成脉冲分裂的示意图

以保偏光纤为例描述这种现象是清晰的，然而电信用单模光纤由于拉制时不完善和成纤后受周围环境的影响，引起的所谓残余双折射分布是不均匀的、随

机变化的，其中有的地方引起的可能是线双折射，有的地方引起的可能是圆双折射，还有的地方引起的可能是椭圆双折射。以线偏振入射的光脉冲在其中传输的情况是复杂的，但是一般均会因为脉冲在不同偏振分量之间产生时延差而引起脉冲展宽或分裂。这种由于光纤双折射造成光信号不同偏振分量之间产生时延差 $\Delta\tau$ 的机制称为光纤偏振模色散，$\Delta\tau$ 称为差分群时延（differential group delay，DGD）。

普通电信用单模光纤中的残余双折射可以分为两类：本征双折射和非本征双折射。本征双折射是由光纤制造工艺上的不完善造成的。如图 7-1-2(a)所示，光纤制造工艺上的不完善可以造成光纤纤芯横截面的几何形状不是完美的圆形，而呈椭圆形。另外，工艺的不完善可以在拉制光纤时产生非对称应力场。这些在制纤过程中引发的光纤双折射都属于本征双折射。非本征双折射是光纤在使用过程中由光纤弯曲、外部应力、扭转、振动、环境温度变化、外部电磁场等因素引起的，是由光纤成缆、光缆铺设和环境变化造成的。由 6.1 节的讨论可以看出，不同的双折射机制引起的快慢偏振模式折射率差为 $10^{-8}\sim10^{-7}$ 量级。

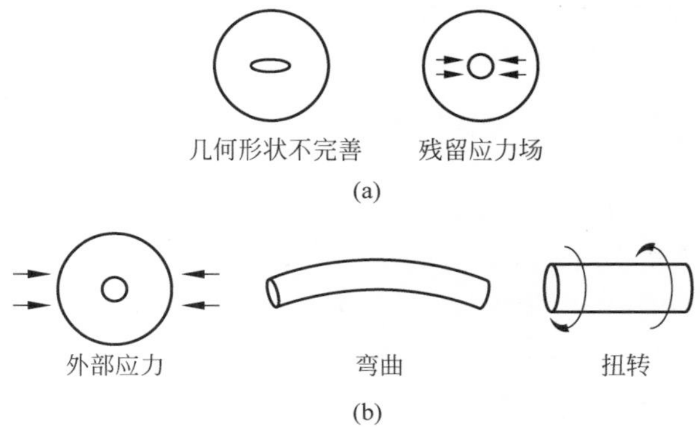

图 7-1-2　本征双折射(a)与非本征双折射(b)

上述机制造成的光纤双折射从局部小范围来看可以认为是近似均匀的，其特性与保偏光纤的双折射类似，引起的差分群时延正比于这一段的光纤长度（式(7.1.1)），即 $\Delta\tau\propto L$。而在较长的距离里看，这种双折射在不同地方是不同的，尤其是非本征双折射，引起双折射的因素是随机发生的，不论双折射的取向还是双折射引起的折射率差 Δn 在光纤不同的地方都是不同的，或者说双折射沿光纤是随机分布的。此时可以证明，其差分群时延正比于光纤长度的平方根，即 $\Delta\tau\propto\sqrt{L}$。可以将普通电信光纤分为短光纤和长光纤：对于短光纤，$\Delta\tau\propto L$；对于长光纤，$\Delta\tau\propto\sqrt{L}$。

对于长光纤，一般用偏振模色散系数 D_{PMD}（单位 ps/km$^{1/2}$）来描述光纤偏振模色散的大小。国际电信联盟电信标准化部门（International Telecommunication Union，ITU-T）在 1996 年做出规定，制造的标准单模光纤（标准编号 G. 652）其偏振模色散系数应该小于 0. 5ps/km$^{1/2}$。20 世纪 90 年代以前铺设的光纤，偏振模色散较大，偏振模色散系数一般大于 0. 5ps/km$^{1/2}$，有些甚至超过 0. 8ps/km$^{1/2}$。

7.2 光纤通信领域中研究偏振模色散的意义

7.2.1 光纤偏振模色散与光纤通信系统的关系

光纤通信系统作为互联网骨干网的通信方式发展越来越迅速，在 2000 年以前，光纤通信单信道（单波长）的传输码率并不高，光纤偏振模色散对于低码率的光纤通信系统影响不大，因此并没有引起光纤通信业界很大的重视。2000 年开始，光纤通信系统单信道传输码率达到 10Gbit/s，光纤偏振模色散的影响开始变得显著。随后光纤通信系统不断升级，从单信道 10Gbit/s 经过 40Gbit/s 的过渡，2010 年前后光纤通信系统普遍采用了单信道 100Gbit/s 的相干检测偏分复用系统，直到近几年光纤通信界进入了 100G+的时代，已经出现单信道 800Gbit/s 的偏分复用的光纤通信系统。

光纤偏振模色散对于光纤通信系统的损害随着传输码率的增加而增加，特别是对采用偏分复用技术的光纤通信系统的损害更加严重。偏分复用系统采用两个正交的偏振状态分别加载不同的信号，使传输容量加倍。

光纤偏振模色散对于光纤通信系统的损害不仅与传输码率有关，也与是否采用偏分复用技术有关，还与加载信号的调制码型有关。但是总的来讲，还是随着传输码速率的增加而增加。为了便于统一性的比较，假定光纤通信系统调制码型统一为非归零码（non return to zero，NRZ），单偏振传输。表 7-2-1 列出了不同码速率的系统能够容忍的偏振模色散（以平均差分群时延为指标，平均差分群时延英语用 mean DGD 表示）以及对于光纤偏振模色散系数（D_{PMD}）的要求情况。由表 7-2-1 可见，当 NRZ 调制格式的光纤通信系统的码速率为 2. 5Gbit/s 时，对于偏振模色散差分群时延平均值的容忍度是 40ps，传输 400km 要求 $D_{PMD}<2.0$ps/km$^{1/2}$；当码速率为 10Gbit/s 时，能够容忍的差分群时延的平均值是 10ps，传输 400km 要求 $D_{PMD}<0.5$ps/km$^{1/2}$，这也是 ITU-T 在 1996 年对于 G. 652 单模光纤制造做出的规定之一；对于码速率为 100Gbit/s 的系统，能够容忍的差分群时延的平均值只有 1ps，传输 400km 要求 $D_{PMD}<0.06$ps/km$^{1/2}$。

表 7-2-1　不同码速率的光纤通信系统能够容忍的偏振模色散,以及对于光纤偏振模色散系数的要求

NRZ 系统码速率 /(Gbit/s)	所能够容忍的平均差分群时延/ps	传输 400km 所要求的 PMD 系数/($ps/km^{1/2}$)
2.5	40	＜2.0
10	10	＜0.5
20	5	＜0.25
40	2.5	＜0.125
100	1	＜0.06

2003 年,德国电信的布鲁尔(D. Breuer)等对德国电信(Deutsche Telekom)自 1985 年到 2001 年铺设的光缆中 9770 条光纤进行了偏振模色散系数 D_{PMD} 的测量[1],测量结果如图 7-2-1 所示。图 7-2-1 中显示,70%的光纤适合 40Gbit/s 的光纤通信系统,只有 40%的光纤适合目前 100Gbit/s 的光纤通信系统。图 7-2-1 中右侧大约有 7%的光纤,其 $D_{PMD}>0.5ps/km^{1/2}$,这是 20 世纪 90 年代以前铺设的光纤,它们甚至不适合 10Gbit/s 的光纤通信系统。在中国,还没有对于全国已经铺设的光缆中的光纤偏振模色散系数进行测量的数据,但是估计也大致是如图 7-2-1 所示的情况。对于其中已经铺设且已经不适合高速通信系统的光纤,如果在线路升级时重新铺设光纤,费用巨大。因此,找到缓解以及补偿偏振模色散的解决方案,就越来越成为迫切的需要。这也是光纤通信业界的科学家和工程师必须了解和学习光纤偏振模色散原理、测量方法和解决方案的原因。

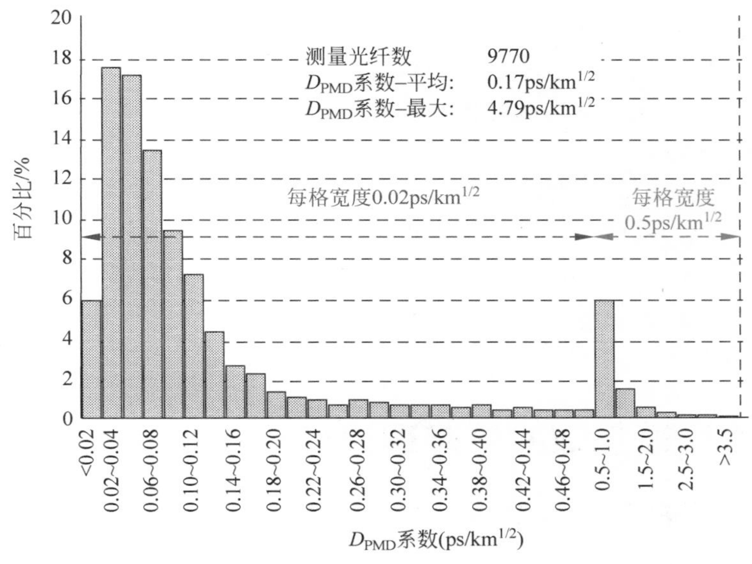

图 7-2-1　德国电信自 1985 年到 2001 年铺设的光缆中 9770 条光纤 D_{PMD} 的统计分布图

7.2.2 光纤偏振模色散的研究历史与进展

最早建立的偏振模色散理论是1986年普尔(C. D. Poole)建立的偏振模色散的主态理论[2]。随后国际上有关偏振模色散的研究迅速发展,研究主要集中在偏振模色散的理论模型以及统计特性分析、偏振模色散的测量技术、偏振模色散对光纤通信系统的影响、偏振模色散的缓解技术以及自适应补偿技术等方面。在1994年以前人们重点研究光纤中偏振模色散产生的机理和测量方法。人们提出多种测量方法,这些测量方法分为两大类:一类是时域测量法,另一类是频域测量法[3-4]。1994年后,重点转向开展偏振模色散对光纤通信系统传输性能影响的研究,并研究了缓解偏振模色散影响的各种方法。特别注意研究对早期铺设的光缆通信系统升级时的偏振模色散补偿的研究。在专利方面,1998年美国Lucent公司和日本的Fujitsu公司分别就他们做出的10Gbit/s和40Gbit/s一阶偏振模色散补偿系统申请了专利。1999年,法国的Alcatel公司将他们利用一个PMD补偿器对多路进行补偿方法申请了专利。在产品方面,Corning公司推出了补偿10Gbit/s系统的PMD补偿器;YAFO Network公司推出的Yafo10也属于10Gbit/s的PMD补偿器。在OFC2001会议上YAFO Network演示了40Gbit/s系统的PMD补偿器Yafo40,随后于2002年在德国电信的网络上进行了现场试验[5]。2001年,以美国纳斯达克指数疯狂下跌为标志,世界科技泡沫破灭,使得40Gbit/s系统的上马拖后了大约6年。偏振模色散补偿的商业化进程随之停止,在此期间没有商业公司推出新的PMD补偿器。随着人们对信息容量需求的迅速增加,世界各国逐步上马40Gbit/s系统,偏振模色散的问题由此再次引起了人们的关注。2007年,Stratalight公司(后被Opnext公司收购)推出了OTS 4540 PMD补偿器,标志着偏振模色散商业化解决方案的又一次启动。

2010年前后,光纤通信系统骨干网升级为单信道100Gbit/s的相干通信系统。与直接检测的光纤通信系统不同,相干检测利用一个本地激光器与接收光信号进行干涉,可以同时提取接收信号的幅度与相位信息,并能通过接收机里的DSP系统处理信号,使得采用QPSK调制格式成为可能。由于100G的相干光纤通信系统还采用了偏分复用技术,因此要考虑在接收机中对接收信号同时进行偏分解复用、偏振模色散均衡和偏振相关损耗补偿,因此新的基于DSP处理的偏振效应均衡方法重新吸引了人们的注意[6]。

7.3 偏振模色散的主态理论与一阶偏振模色散

7.3.1 偏振模色散的主态概念

7.1节以光脉冲在保偏光纤中传输受到的影响作为例子初步介绍了偏振模色

散，保偏光纤中的双折射不论双折射的取向还是双折射的折射率差值都是沿光纤均匀分布的，存在明显的两个垂直的线偏振模式(线双折射)，即存在明显的快轴和慢轴。当线偏振光以两个线偏振模式之一(比如快轴和慢轴分别是 x 轴和 y 轴)入射时，出射光还会保持那个线偏振光模式(参见 3.5 节关于本征偏振模式的讨论)，而以其他方向的线偏振态入射，或者是以其他非线偏振态入射时，出射光不会再是两个线偏振模式之一。

对于实际的电信单模光纤，如前所述，其中存在的残余双折射是不均匀的、随机的，但是从局部范围来看，在足够短的长度内双折射是均匀的。这样，可以将整段光纤看成是由许多小段短光纤级联而成，每一段短光纤的折射率差 Δn 是均匀的，但是它们的快慢轴的取向是随机的，而且每一段折射率差 Δn 的大小也是随机的，如图 7-3-1(a)所示。那么现在有两个问题：①作为整段光纤，是否仍然存在快慢轴的概念？②等价地说，是否存在一组正交的快慢线偏振模式，当线偏振光沿此方向偏振入射时，出射光是否仍然是线偏振光？如图 7-3-1(b)所示。研究表明，整段光纤确实存在这样的正交偏振模式。

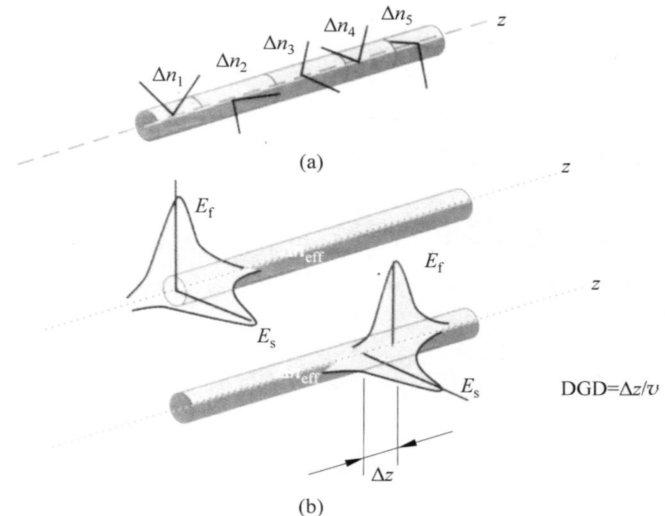

图 7-3-1　实际电信单模光纤偏振模色散处理模型，将整段光纤看成许多小段快慢轴随机、折射率差随机的短光纤级联而成(a)，等价地存在一组正交的偏振输入和输出主态(b)

然而，前面两个问题的叙述实际上显得有些狭隘了。这两个问题的提出是以保偏光纤作类比来设问和理解光纤双折射的。图 7-3-1(b)的画法暗含着整个光纤等价的双折射存在线双折射，有确定的输入和输出偏振模式，且都是线偏振模式。如前所述，光纤双折射可以是线双折射，也可以是圆双折射，还可以是椭圆双折射。

在扩大了双折射的概念后，这两个问题可以改成：①作为整段光纤，是否存在一组正交的快慢偏振模式（不一定是快慢线偏振模式）？②当以那两个偏振模式之一相同的偏振光入射时，出射时是否保持这个偏振模式不变？

1986 年，贝尔实验室的普尔与瓦格纳（R. E. Wagner）首次提出了光纤偏振模色散的主态理论[2]，成功地回答了上述问题。这一成功的偏振模色散理论模型一直沿用到现在。下面回顾一下普尔的主态理论，其中也沿用了普尔所用的公式符号。

假设入射光纤的输入光（角标 a）和输出光（角标 b）的电场矢量分别为

$$\boldsymbol{E}_a = A_a \mathrm{e}^{\mathrm{j}\phi_a} \hat{\boldsymbol{\varepsilon}}_a, \qquad \boldsymbol{E}_b = A_b \mathrm{e}^{\mathrm{j}\phi_b} \hat{\boldsymbol{\varepsilon}}_b \tag{7.3.1}$$

其中，A 为电场振幅，ϕ 为电场的相位，$\hat{\boldsymbol{\varepsilon}}$ 为表征电场偏振态的单位复矢量（既可以表示线偏振态，也可以表示其他任意椭圆偏振态）。输入和输出光场之间由光纤的传输矩阵 $\boldsymbol{T}(\omega)$联系起来

$$\boldsymbol{E}_b = \boldsymbol{T}(\omega) \boldsymbol{E}_a \tag{7.3.2}$$

其中，

$$\boldsymbol{T}(\omega) = \mathrm{e}^{\beta(\omega)} \boldsymbol{U}(\omega) = \mathrm{e}^{\beta(\omega)} \begin{pmatrix} u_1 & u_2 \\ -u_2^* & u_1^* \end{pmatrix} \tag{7.3.3}$$

$\beta(\omega)$为与频率相关的公共复相位函数，代表了色散与损耗（虚部代表色散，实部代表损耗或者放大），$\boldsymbol{U}(\omega)$是与偏振变化相关的归一化幺正琼斯矩阵，满足$|u_1|^2 + |u_2|^2 = 1$。

假设输入光场是不随频率变化的常矢量（输入偏振态与频率无关，或者说输入光场的各个频率组分的偏振态均一样），分别将式（7.3.2）和式（7.3.1）对角频率求导，得

$$\frac{\mathrm{d}\boldsymbol{E}_b}{\mathrm{d}\omega} = \frac{\mathrm{d}\boldsymbol{T}}{\mathrm{d}\omega} \boldsymbol{E}_a = \mathrm{e}^{\beta} (\beta' \boldsymbol{U} + \boldsymbol{U}') \boldsymbol{E}_a \tag{7.3.4}$$

$$\frac{\mathrm{d}\boldsymbol{E}_b}{\mathrm{d}\omega} = \left(\frac{A'_b}{A_b} + \mathrm{j}\phi'_b \right) \boldsymbol{E}_b + A_b \mathrm{e}^{\mathrm{j}\phi_b} \hat{\boldsymbol{\varepsilon}}'_b \tag{7.3.5}$$

其中，符号“′”代表对角频率求导数。注意到式（7.3.4）和式（7.3.5）右边相等，并经过简化，得

$$A_b \mathrm{e}^{\mathrm{j}\phi_b} \frac{\mathrm{d}\hat{\boldsymbol{\varepsilon}}_b}{\mathrm{d}\omega} = \mathrm{e}^{\beta} (\boldsymbol{U}' - \mathrm{j}k\boldsymbol{U}) A_a \mathrm{e}^{\mathrm{j}\phi_a} \hat{\boldsymbol{\varepsilon}}_a \tag{7.3.6}$$

其中，

$$k = \phi'_b + \mathrm{j}\left(\beta' - \frac{A'_b}{A_b} \right) \tag{7.3.7}$$

假设在一阶近似下输出的偏振态主模式与频率无关(从下面的讨论可知,在此近似下与频率无关的输出偏振态主模式是两个正交的特征偏振模式),即 $\mathrm{d}\hat{\boldsymbol{\varepsilon}}_b/\mathrm{d}\omega=0$,将其代入式(7.3.6),得

$$(\boldsymbol{U}'-\mathrm{j}k\boldsymbol{U})\hat{\boldsymbol{\varepsilon}}_a=0 \tag{7.3.8}$$

式(7.3.8)显然是一个含特征值 k 的线性方程组,方程组有非零解的条件是其系数行列式为零,即 $|\boldsymbol{U}'-\mathrm{j}k\boldsymbol{U}|=0$,解得两个特征值

$$k_{\pm}=\pm\sqrt{|u_1'|^2+|u_2'|^2} \tag{7.3.9}$$

以及相应两个特征值的两个表示输入光偏振态的特征矢量

$$\hat{\boldsymbol{\varepsilon}}_{a\pm}=\mathrm{e}^{\mathrm{j}\rho}\begin{pmatrix}\dfrac{u_2'-\mathrm{j}k_{\pm}u_2}{D_{\pm}}\\ -\dfrac{u_1'-\mathrm{j}k_{\pm}u_1}{D_{\pm}}\end{pmatrix} \tag{7.3.10}$$

其中,ρ 是公共相因子,$D_{\pm}=\sqrt{2k_{\pm}[k_{\pm}-\mathrm{Im}(u_1^*u_1'+u_2^*u_2')]}$ 为归一化系数。

从式(7.3.10)可得

$$\hat{\boldsymbol{\varepsilon}}_{a+}\cdot\hat{\boldsymbol{\varepsilon}}_{a-}^*=0,\quad \hat{\boldsymbol{\varepsilon}}_{a\pm}\cdot\hat{\boldsymbol{\varepsilon}}_{a\pm}^*=1 \tag{7.3.11}$$

表明$\hat{\boldsymbol{\varepsilon}}_{a+}$和$\hat{\boldsymbol{\varepsilon}}_{a-}$是一对正交归一的输入偏振态,可以构成正交归一的输入偏振态基矢量,称其为输入偏振主态(input principal state of polarization,input PSP)。将式(7.3.11)代入式(7.3.2),同样可得

$$\hat{\boldsymbol{\varepsilon}}_{b+}\cdot\hat{\boldsymbol{\varepsilon}}_{b-}^*=0,\quad \hat{\boldsymbol{\varepsilon}}_{b\pm}\cdot\hat{\boldsymbol{\varepsilon}}_{b\pm}^*=1 \tag{7.3.12}$$

这样,$\hat{\boldsymbol{\varepsilon}}_{b+}$和$\hat{\boldsymbol{\varepsilon}}_{b-}$也是一对正交归一的输出偏振态,可以构成正交归一的输出偏振态基矢量,称为输出偏振主态(output principal state of polarization, output PSP)。

下面对上述的计算结果作物理上的解读,使读者将数学计算与物理场景和物理意义融合起来分析偏振模色散问题。

(1) 在一阶近似下,即假定输出偏振态主模式与频率无关的条件下,或输入光波谱宽很窄的条件下,光纤存在一对正交的输入偏振主态$\hat{\boldsymbol{\varepsilon}}_{a\pm}$和一对正交的输出偏振主态$\hat{\boldsymbol{\varepsilon}}_{b\pm}$,它们都与频率无关,分别构成了输入光场和输出光场的正交偏振基矢量$\hat{\boldsymbol{\varepsilon}}_{a\pm}$和$\hat{\boldsymbol{\varepsilon}}_{b\pm}$,输入的任意偏振态可以用输入主态$\hat{\boldsymbol{\varepsilon}}_{a\pm}$展开,输出的偏振态可以用输出主态$\hat{\boldsymbol{\varepsilon}}_{b\pm}$展开。输入主态$\hat{\boldsymbol{\varepsilon}}_{a\pm}$和输出主态一般为复矢量$\hat{\boldsymbol{\varepsilon}}_{b\pm}$,代表任意的正交椭圆偏振态,其特殊情况可以是一对正交的线偏振态,也可以是一对正交的圆偏振态。这回答了本节一开始提出的问题①。当输入偏振光是以输入偏振主态之一$\hat{\boldsymbol{\varepsilon}}_{a\pm}$的方式入射时,输出光就是与对应输出偏振主态$\hat{\boldsymbol{\varepsilon}}_{b\pm}$一致的偏振光($\hat{\boldsymbol{\varepsilon}}_{a+}$对应$\hat{\boldsymbol{\varepsilon}}_{b+}$,$\hat{\boldsymbol{\varepsilon}}_{a-}$对应$\hat{\boldsymbol{\varepsilon}}_{b-}$)。保偏光纤是上述场景的特殊情况,其输入主态$\hat{\boldsymbol{\varepsilon}}_{a\pm}$和输出主态$\hat{\boldsymbol{\varepsilon}}_{b\pm}$均为正交的线偏振模式,且主态方向不变,即$\hat{\boldsymbol{\varepsilon}}_{b+}=\hat{\boldsymbol{\varepsilon}}_{a+}$,$\hat{\boldsymbol{\varepsilon}}_{b-}=\hat{\boldsymbol{\varepsilon}}_{a-}$。而电信单

模光纤是一般的场景，其输入主态$\hat{\boldsymbol{\varepsilon}}_{a\pm}$和输出主态$\hat{\boldsymbol{\varepsilon}}_{b\pm}$可以不一样，也不一定是正交线偏振模式。这回答了本节一开始提出的问题②。

(2) 有了正交主态的概念，可以沿用保偏光纤快慢轴之间的差分群时延的概念，对于电信光纤，是在两快慢偏振主态之间的差分群时延。计算指出，两偏振主态之间的差分群时延与特征值 k 相联系[2]，

$$\Delta\tau = 2\sqrt{|u_1'|^2 + |u_2'|^2} = 2|k_\pm| \tag{7.3.13}$$

在解方程(7.3.8)得到的两个特征偏振矢量模式中，对应于特征值 $k_+ = (1/2)\Delta\tau$ 的称为快主态(包括输入快主态$\hat{\boldsymbol{\varepsilon}}_{a+}$和输出快主态$\hat{\boldsymbol{\varepsilon}}_{b+}$)，对应于特征值 $k_- = -(1/2)\Delta\tau$ 的称为慢主态(包括$\hat{\boldsymbol{\varepsilon}}_{a-}$和$\hat{\boldsymbol{\varepsilon}}_{b-}$)。

这样，当一束偏振光输入光纤时，分解为输入快慢主态的分量进入光纤传输，输出时，在输出快慢主态分量之间形成 $\Delta\tau$ 的时间延迟，如图 7-3-2(a)所示。保偏光纤是一个特殊情景，其输入和输出主态均为线偏振模式，且方向不变，在两个正交输出线偏振模式之间形成 $\Delta\tau$ 的时间延迟，如图 7-3-2(b)所示。

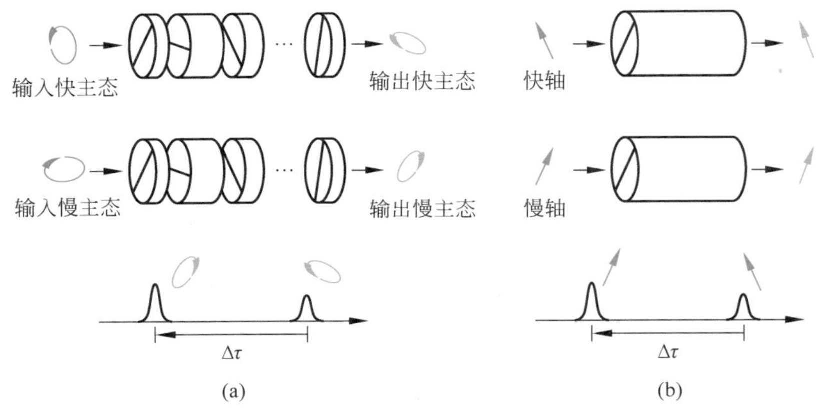

图 7-3-2　光纤的快、慢主态以及它们之间的差分群时延

(a) 电信单模光纤；(b) 保偏光纤

1986 年提出的偏振主态(PSP)概念很快于 1988 年由普尔的实验所证实[7]，如图 7-3-3 所示，标注 $\hat{\varepsilon}_-$ 和 $\hat{\varepsilon}_+$ 的输出波形分别对应于入射偏振态分别对准两输入偏振主态的情形，这两个状态峰值之间的时间差就是差分群时延(DGD)，实验中显示待测光纤的 DGD 为 40ps。当光脉冲入射，且在两偏振主态上的分光比相等时，对应图 7-3-3 中虚线表示的曲线。此时，输出光脉冲稍微有些展宽，并引起了约 10% 的峰值下降。

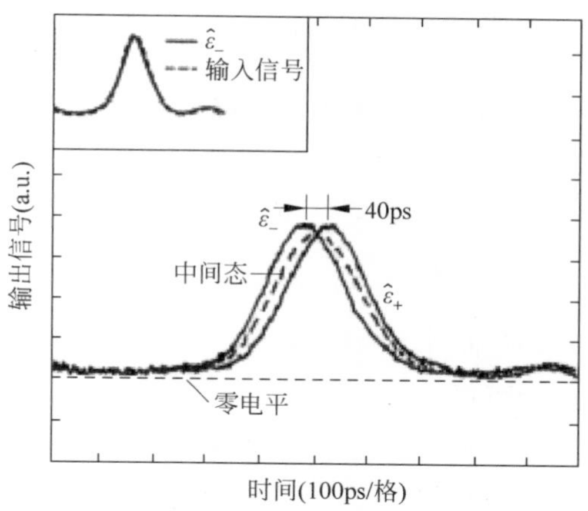

图 7-3-3　证实主态存在的实验结果[7]

7.3.2　偏振模色散在琼斯空间和斯托克斯空间的不同描述方法

由前几章的讨论可知，偏振现象既可以在琼斯空间中描述，也可以在斯托克斯空间中描述。琼斯空间的坐标基与实验室坐标系相一致(琼斯空间是二维空间，偏振也是二维描述)，是人们比较习惯的偏振描述空间。斯托克斯空间是三维空间，虽然比琼斯空间多了一个维度，但是其对于偏振的描述几何特征非常鲜明，比如一个偏振态用庞加莱球上的一个矢量描述，偏振态之间的变换总是等价于一个旋转，等等。将偏振问题分别在两个空间中描述，并结合在一起进行对应和讨论，能够更加深刻地理解偏振问题。关于光纤偏振模色散问题也可以在两个空间分别描述，并且这两种描述有紧密的对应联系。

1. 偏振模色散在琼斯空间中的描述

普尔对于偏振模色散表述的式(7.3.8)($(\boldsymbol{U}'-\mathrm{j}k\boldsymbol{U})\hat{\boldsymbol{\varepsilon}}_a=0$)实际上是在琼斯空间描述的。为了与目前流行的表述一致，在不改变方程实质情况下，换一些符号重新写式(7.3.8)，其中 $\boldsymbol{U}'$ 写为 $\boldsymbol{U}_\omega$，表示矩阵 $\boldsymbol{U}$ 对 ω 的微商，特征向量 $\hat{\boldsymbol{\varepsilon}}_a$ 写成 $|\hat{\varepsilon}_a\rangle$(狄拉克符号形式)，特征值改写为 $k_\pm=\pm\Delta\tau/2$，则有

$$\left(\boldsymbol{U}_\omega\mp\mathrm{j}\frac{\Delta\tau}{2}\boldsymbol{U}\right)|\hat{\varepsilon}_{a\pm}\rangle=0 \tag{7.3.14}$$

经过整理，可得

$$\mathrm{j}\boldsymbol{U}^\dagger\boldsymbol{U}_\omega|\hat{\varepsilon}_{a\pm}\rangle=\pm\frac{\Delta\tau}{2}|\hat{\varepsilon}_{a\pm}\rangle \tag{7.3.15}$$

其中，“†”表示矩阵取厄米共轭(即取转置并共轭。幺正矩阵的逆就是其厄米共轭

矩阵，$\boldsymbol{U}^{\dagger}\boldsymbol{U}=\boldsymbol{U}\boldsymbol{U}^{\dagger}=\boldsymbol{I}$）。可见，输入主态$|\hat{\boldsymbol{\varepsilon}}_{a\pm}\rangle$是矩阵 $\mathrm{j}\boldsymbol{U}^{\dagger}\boldsymbol{U}_{\omega}$ 的特征矢量，$\pm(\Delta\tau/2)$是相应的特征值。

式(7.3.15)是从输入端角度描述的偏振模色散公式，也可以变换到输出端角度再来看偏振模色散公式。在式(7.3.15)两端同时左乘矩阵 $\boldsymbol{U}$，注意到$|\hat{\varepsilon}_{b\pm}\rangle=\boldsymbol{U}|\hat{\varepsilon}_{a\pm}\rangle$和$|\hat{\varepsilon}_{a\pm}\rangle=\boldsymbol{U}^{\dagger}|\hat{\varepsilon}_{b\pm}\rangle$，可以得到输出主态满足的特征值方程

$$\mathrm{j}\boldsymbol{U}_{\omega}\boldsymbol{U}^{\dagger}\ |\hat{\varepsilon}_{b\pm}\rangle=\pm\frac{\Delta\tau}{2}\ |\hat{\varepsilon}_{b\pm}\rangle \tag{7.3.16}$$

表明输出主态$|\hat{\varepsilon}_{b\pm}\rangle$是矩阵 $\mathrm{j}\boldsymbol{U}_{\omega}\boldsymbol{U}^{\dagger}$ 的特征矢量，$\pm(\Delta\tau/2)$仍是相应的特征值。

利用 $\boldsymbol{U}^{\dagger}\boldsymbol{U}=\boldsymbol{U}\boldsymbol{U}^{\dagger}=\boldsymbol{I}$，可得

$$\mathrm{j}\boldsymbol{U}^{\dagger}\boldsymbol{U}_{\omega}=-\mathrm{j}\boldsymbol{U}_{\omega}^{\dagger}\boldsymbol{U},\quad \mathrm{j}\boldsymbol{U}_{\omega}\boldsymbol{U}^{\dagger}=-\mathrm{j}\boldsymbol{U}\boldsymbol{U}_{\omega}^{\dagger} \tag{7.3.17}$$

再由运算公式$(\mathrm{j}\boldsymbol{U}^{\dagger}\boldsymbol{U}_{\omega})^{\dagger}=-\mathrm{j}\boldsymbol{U}_{\omega}^{\dagger}\boldsymbol{U}$，$(\mathrm{j}\boldsymbol{U}_{\omega}\boldsymbol{U}^{\dagger})^{\dagger}=-\mathrm{j}\boldsymbol{U}\boldsymbol{U}_{\omega}^{\dagger}$，可知 $\mathrm{j}\boldsymbol{U}^{\dagger}\boldsymbol{U}_{\omega}$ 和 $\mathrm{j}\boldsymbol{U}_{\omega}\boldsymbol{U}^{\dagger}$ 都是厄米矩阵。根据厄米矩阵的行列式等于它所有本征值的乘积，得 $\det(\mathrm{j}\boldsymbol{U}^{\dagger}\boldsymbol{U}_{\omega})=-\Delta\tau^{2}/4$，由于 $\boldsymbol{U}$ 是幺正矩阵，$\det(\boldsymbol{U})=1$，得 $\Delta\tau$ 的另一种计算方法

$$\Delta\tau=2\sqrt{\det(\boldsymbol{U}_{\omega})}=2\sqrt{|u_{1\omega}|^{2}+|u_{2\omega}|^{2}} \tag{7.3.18}$$

其中，$u_{1\omega}$ 和 $u_{2\omega}$ 分别是 u_1 和 u_2 对角频率的微商。其实，这就是前面的式(7.3.13)。

可以说式(7.3.15)和式(7.3.16)就是光纤偏振模色散在琼斯空间的描述方程，方程(7.3.15)是输入端视角的描述，求解得到的是光纤的差分群时延($\Delta\tau$)和两个正交的输入主态$|\hat{\varepsilon}_{a\pm}\rangle$；方程(7.3.16)是输出端视角的描述，求解得到的是差分群时延($\Delta\tau$)和两个正交的输出主态$|\hat{\varepsilon}_{b\pm}\rangle$。

读者注意到没有，本节牵涉两个矩阵：一个是偏振传输矩阵 $\boldsymbol{U}(\omega)$，其作用是将输入的偏振态变换到输出的偏振态，即

$$|E_{b}(\omega)\rangle=\boldsymbol{U}(\omega)\ |E_{a}(\omega)\rangle \tag{7.3.19}$$

另一个是输出偏振主态特征方程(7.3.16)的特征矩阵 $\boldsymbol{Q}=\mathrm{j}\boldsymbol{U}_{\omega}\boldsymbol{U}^{\dagger}$，满足

$$\boldsymbol{Q}\ |\hat{\varepsilon}_{b\pm}\rangle=\lambda\ |\hat{\varepsilon}_{b\pm}\rangle\quad 其中\quad \boldsymbol{Q}=\mathrm{j}\boldsymbol{U}_{\omega}\boldsymbol{U}^{\dagger} \tag{7.3.20}$$

显然 $\boldsymbol{Q}$ 矩阵是厄米矩阵，这在前面已经证明了。实际上当特征值描述的是真实世界的物理量，特征值取实数，比如 $\Delta\tau$ 就取实数，其特征矩阵都是厄米矩阵。厄米矩阵 $\boldsymbol{Q}$ 满足

$$\boldsymbol{Q}=\begin{pmatrix} q_{1} & q_{2}^{*} \\ q_{2} & -q_{1} \end{pmatrix} \tag{7.3.21}$$

其中，q_1 是实参数，计算可知方程(7.3.20)的特征值和特征矢量分别为

$$\lambda_{\pm}=\pm\frac{\Delta\tau}{2}=\pm\sqrt{q_{1}^{2}+|q_{2}|^{2}} \tag{7.3.22}$$

和

$$|\hat{\varepsilon}_{b+}\rangle=\begin{pmatrix}\sin\alpha\ \mathrm{e}^{\mathrm{j}\delta}\\-\cos\alpha\end{pmatrix},\ |\hat{\varepsilon}_{b-}\rangle=\begin{pmatrix}\cos\alpha\\\sin\alpha\ \mathrm{e}^{\mathrm{j}\delta}\end{pmatrix}$$

其中，

$$\cos\alpha=\left|\frac{q_1}{\lambda_\pm}\right|,\sin\alpha=\left|\frac{q_2}{\lambda_\pm}\right|,\delta=\arg(q_2) \tag{7.3.23}$$

如果以输出偏振主态为偏振基的表象(对角表象)，描述其引起差分群时延的矩阵为

$$\boldsymbol{\Lambda}_{\mathrm{DGD}}=\begin{pmatrix}\mathrm{e}^{\mathrm{j}\Delta\omega\Delta\tau/2} & 0\\0 & \mathrm{e}^{-\mathrm{j}\Delta\omega\Delta\tau/2}\end{pmatrix} \tag{7.3.24}$$

其中，$\Delta\omega=\omega-\omega_0$。转换到 x-y 偏振表象中，得到以输出主态表示的偏振传输矩阵

$$\boldsymbol{U}(\omega)=\boldsymbol{R}_{\mathrm{PSP}}\boldsymbol{\Lambda}_{\mathrm{DGD}}\boldsymbol{R}_{\mathrm{PSP}}^{-1}=(|\hat{\varepsilon}_{b+}\rangle\quad|\hat{\varepsilon}_{b-}\rangle)\begin{pmatrix}\mathrm{e}^{\mathrm{j}\Delta\omega\Delta\tau/2} & 0\\0 & \mathrm{e}^{-\mathrm{j}\Delta\omega\Delta\tau/2}\end{pmatrix}\cdot(|\hat{\varepsilon}_{b+}\rangle\quad|\hat{\varepsilon}_{b-}\rangle)^{-1} \tag{7.3.25}$$

2. 偏振模色散在斯托克斯空间中的描述

偏振模色散在斯托克斯空间中定义为一个矢量 $\boldsymbol{\tau}$ (俗称偏振模色散矢量或 PMD 矢量)

$$\boldsymbol{\tau}=\Delta\tau\hat{\boldsymbol{p}} \tag{7.3.26}$$

其中：$\Delta\tau$ 是 PMD 矢量的大小($\Delta\tau=\sqrt{\tau_1^2+\tau_2^2+\tau_3^2}$，$\tau_1$、$\tau_2$、$\tau_3$ 是 PMD 矢量的三个分量)；$\hat{\boldsymbol{p}}$ 是慢主态方向，是一个单位矢量($p_1^2+p_2^2+p_3^2=1$，(p_1、p_2、p_3)是 $\hat{\boldsymbol{p}}$ 的三个分量)，只代表矢量的方向。有些文献将 PMD 矢量方向定义为快主态方向，读者需加以注意。在琼斯空间，快慢主态是正交的偏振基矢量，对应到斯托克斯空间，快慢主态对应的方向是经过庞加莱球心相反的方向，所以 PMD 矢量是指向慢主态方向还是快主态方向，没有本质上的区别，本书遵循大多数文献的选取规则。

式(7.3.26)还可以表示为

$$\boldsymbol{\tau}=\begin{pmatrix}\tau_1\\\tau_2\\\tau_3\end{pmatrix}=\Delta\tau\begin{pmatrix}p_1\\p_2\\p_3\end{pmatrix} \tag{7.3.27}$$

式(7.3.27)第一个等号后面表示的是 PMD 矢量以三个分量的矩阵列向量表示，第二个等号后面是以矢量大小 $\Delta\tau$ 和方向 $\hat{\boldsymbol{p}}$ 组合的具体表示式。

图 7-3-4 画出了斯托克斯空间的偏振模色散矢量 $\boldsymbol{\tau}=\Delta\tau\,\hat{\boldsymbol{p}}$。假如在琼斯空间慢主态表示为 $|\hat{\varepsilon}_{b-}\rangle=(\cos\alpha,\sin\alpha\ \mathrm{e}^{\mathrm{j}\delta})^{\mathrm{T}}$，则对应到可视偏振态球中，$\hat{\boldsymbol{p}}$ 矢量与 S_1 轴的夹角为 2α，$\hat{\boldsymbol{p}}$ 矢量投影到 S_2-S_3 平面后，与 S_2 轴的夹角为 δ，如图 7-3-4 所示。

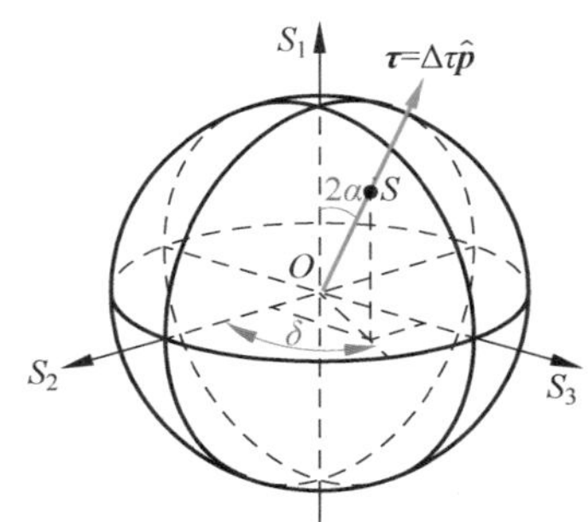

图 7-3-4　斯托克斯空间中的偏振模色散矢量

在琼斯空间里有与偏振相关的传输矩阵 $\boldsymbol{U}(\omega)$，使得输入偏振态变换成输出偏振态，特别是将输入主态变换成输出主态

$$|E_{\text{out}}(\omega)\rangle=\boldsymbol{U}(\omega)\,|E_{\text{in}}(\omega)\rangle \text{ 和 } |\hat{\varepsilon}_{b\pm}\rangle=\boldsymbol{U}\,|\hat{\varepsilon}_{a\pm}\rangle \tag{7.3.28}$$

对应到斯托克斯空间，式(7.3.28)变成

$$\boldsymbol{S}_{\text{out}}=\boldsymbol{R}\boldsymbol{S}_{\text{in}} \text{ 和 } \boldsymbol{\tau}_{\text{out}}=\boldsymbol{R}\boldsymbol{\tau}_{\text{in}} \tag{7.3.29}$$

其中，斯托克斯空间的 3×3 矩阵 $\boldsymbol{R}$ 是琼斯空间 2×2 矩阵 $\boldsymbol{U}$ 的对应矩阵，其解析式见式(4.4.8)。

可见偏振模色散矢量还分光纤的输入 PMD 矢量 $\boldsymbol{\tau}_{\text{in}}$ 和输出 PMD 矢量 $\boldsymbol{\tau}_{\text{out}}$，它们的不同恰好体现了输入慢主态和输出慢主态的不同，但是它们的大小均为 $\Delta\tau$。一般说到 PMD 矢量，只要不特别说明是输入 PMD 矢量还是输出 PMD 矢量，均默认是输出 PMD 矢量。

对式(7.3.29)第一个式子进行相对于角频率的微商

$$\frac{\mathrm{d}\boldsymbol{S}_{\text{out}}}{\mathrm{d}\omega}=\boldsymbol{R}_{\omega}\boldsymbol{S}_{\text{in}}=\boldsymbol{R}_{\omega}\boldsymbol{R}^{\dagger}\boldsymbol{S}_{\text{out}} \tag{7.3.30}$$

其中考虑了输入偏振态 $\boldsymbol{S}_{\text{in}}$ 与频率无关。因为斯托克斯矢量是归一化的，长度不变，只能方向改变，则 $\mathrm{d}\boldsymbol{S}_{\text{out}}/\mathrm{d}\omega$ 显然垂直于 $\boldsymbol{S}_{\text{out}}$。可以证明当光波经过具有一阶偏振模色散的光纤后，在斯托克斯空间观察输出偏振态 $\boldsymbol{S}_{\text{out}}$ 随角频率的变化，是绕着 PMD 矢量 $\boldsymbol{\tau}$ 在进动，其端点的轨迹在一个圆上，如图 7-3-5(a)所示。

证明如下[8]：从 4.4.2 节无穷小旋转输出偏振态满足的微分方程 $\mathrm{d}\boldsymbol{S}_{\text{out}}/\mathrm{d}\varphi=\hat{\boldsymbol{r}}\times\boldsymbol{S}_{\text{out}}$ 出发，偏振模色散的来源本质上就是光纤的双折射，偏振模色散矢量的方向对应琼斯空间的光纤输出主态之一，实际上就是双折射光纤的特征偏振模式之一，所以 $\hat{\boldsymbol{p}}=\hat{\boldsymbol{r}}$。从琼斯空间 DGD 矩阵 $\boldsymbol{\Lambda}_{\text{DGD}}$ 来看(式(7.3.24))，偏振模色散引起的双折射相位差 $\delta\varphi=\delta\omega\Delta\tau$。这样"输出偏振态进动方程"为

$$\frac{\mathrm{d}\boldsymbol{S}_{\text{out}}}{\mathrm{d}\varphi}=\frac{1}{\Delta\tau}\frac{\mathrm{d}\boldsymbol{S}_{\text{out}}}{\mathrm{d}\omega}=\hat{\boldsymbol{p}}\times\boldsymbol{S}_{\text{out}} \tag{7.3.31}$$

因此有

$$\frac{\mathrm{d}\boldsymbol{S}_{\text{out}}}{\mathrm{d}\omega}=(\Delta\tau\hat{\boldsymbol{p}})\times\boldsymbol{S}_{\text{out}}=\boldsymbol{\tau}\times\boldsymbol{S}_{\text{out}} \tag{7.3.32}$$

比较方程(7.3.30)和方程(7.3.32)，有

$$\boldsymbol{\tau}\times=\boldsymbol{R}_{\omega}\boldsymbol{R}^{\dagger} \tag{7.3.33}$$

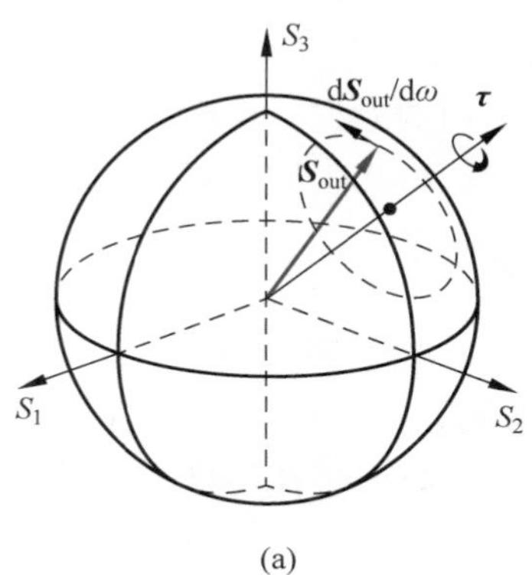

(a)

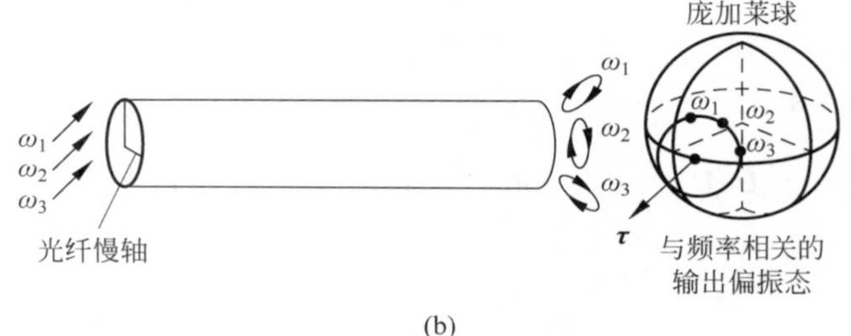

(b)

图 7-3-5　输出偏振态绕偏振模色散矢量进动

(a) 经过具有一阶偏振模色散的光纤，不同频率的输出偏振态在庞加莱球上的分布在绕$\boldsymbol{\tau}$矢量的圆环上；(b) 三个不同频率的线偏振光经过保偏光纤其输出偏振态随着频率的不同而不同，在庞加莱球上分布在绕$\boldsymbol{\tau}$矢量的圆环上

为了从物理上解释式(7.3.32)，以图 7-3-5(b)中的保偏光纤为例加以说明。保偏光纤为线双折射，其快、慢偏振模式是线偏振模式，在斯托克斯空间线偏振模式位于赤道上。将该保偏光纤的慢轴方向定义为偏振模色散矢量$\boldsymbol{\tau}$的方向，它位于赤道上，如图 7-3-5(b)所示。在一阶偏振模色散近似下，输入主态和输出主态方向均与频率无关，但是沿快、慢主态偏振的光波经历的折射率(由于光的色散)n_{f}和n_{s}均与频率相关，一般来讲折射率差$\Delta n=n_{\mathrm{s}}-n_{\mathrm{f}}$也与频率相关，引起的双折射(相位差)$\varphi(\omega)=B(\omega)z=(\omega/c)\Delta n(\omega)z$也与频率相关。如图 7-3-5(b)所示，如果从保偏光纤输入端输入频率分别为ω_1、ω_2、ω_3的线偏振光，则输出端在输出快、慢

主态(快、慢轴)之间引入的相位差 $\varphi(\omega)$ 也与频率相关,形成如图所示的三个不同的椭圆偏振态,在庞加莱球上这三个偏振态恰好分布在围绕$\boldsymbol{\tau}$ 旋转的圆环上。

3. 联合运用琼斯空间和斯托克斯空间描述偏振模色散

光信号实际传输的空间与琼斯空间是一致的,运用琼斯空间描述光信号偏振态的演化是有优势的,而偏振态在斯托克斯空间描述几何直观性更强。如果将两个空间结合起来,在有些场合有更强的表现力。

首先研究偏振模色散最常用的方程——输出主态视角的特征方程(7.3.16)和方程(7.3.20),为讨论方便起见,再次将方程(7.3.16)写在这里

$$\mathrm{j}\boldsymbol{U}_\omega\boldsymbol{U}^\dagger \mid \varepsilon_{b-}\rangle = \frac{\Delta\tau}{2} \mid \varepsilon_{b-}\rangle \tag{7.3.34}$$

再者,将斯托克斯空间定义的偏振模色散矢量$\boldsymbol{\tau}$ 对应到琼斯空间,$\boldsymbol{\tau}$ 的方向对应慢主态$|\hat{\varepsilon}_{b-}\rangle$。从 2.6.2 节知,一个斯托克斯矢量 $\boldsymbol{S}$ 对应到琼斯空间的偏振矢量$|S\rangle$是算符 $\boldsymbol{S}\cdot\boldsymbol{\sigma}$ 的特征值为$+|\boldsymbol{S}|$的特征矢量,有方程

$$(\boldsymbol{S}\cdot\boldsymbol{\sigma}) \mid S\rangle = |\boldsymbol{S}| \mid S\rangle \tag{7.3.35}$$

对应到偏振模色散矢量$\boldsymbol{\tau}$ 和慢主态$|\hat{\varepsilon}_{b-}\rangle$的关系,可知

$$(\boldsymbol{\tau}\cdot\boldsymbol{\sigma}) \mid \varepsilon_{b-}\rangle = |\boldsymbol{\tau}| \mid \varepsilon_{b-}\rangle = \Delta\tau \mid \varepsilon_{b-}\rangle \tag{7.3.36}$$

比较式(7.3.34)和式(7.3.36),可知[9]

$$\begin{aligned}\mathrm{j}\boldsymbol{U}_\omega\boldsymbol{U}^\dagger &= \frac{1}{2}\boldsymbol{\tau}\cdot\boldsymbol{\sigma} = \frac{1}{2}(\tau_1\sigma_1 + \tau_2\sigma_2 + \tau_3\sigma_3)\\ &= \frac{1}{2}\begin{pmatrix}\tau_1 & \tau_2 - \mathrm{j}\tau_3\\ \tau_2 + \mathrm{j}\tau_3 & -\tau_1\end{pmatrix}\end{aligned} \tag{7.3.37}$$

另外,对于一阶偏振模色散,已知斯托克斯空间偏振模色散矢量$\boldsymbol{\tau}$ 后,可以得到琼斯空间中的传输矩阵[9](可以参见第 8 章)

$$\boldsymbol{U}(\omega) = \cos\left(\frac{\omega\Delta\tau}{2}\right)\boldsymbol{I} - \mathrm{j}\,\frac{\boldsymbol{\tau}\cdot\boldsymbol{\sigma}}{\Delta\tau}\sin\left(\frac{\omega\Delta\tau}{2}\right) \tag{7.3.38}$$

可以证明这个以斯托克斯空间的偏振模色散矢量$\boldsymbol{\tau}$ 定义的 $\boldsymbol{U}(\omega)$矩阵表示与在琼斯空间得到的 $\boldsymbol{U}(\omega)$矩阵表示(式(7.3.25))完全等价。

反过来,如果已知琼斯空间的传输矩阵 $\boldsymbol{U}$,也可以直接得到斯托克斯空间的偏振模色散矢量$\boldsymbol{\tau} = (\tau_1, \tau_2, \tau_3)^{\mathrm{T}}$[9]。传输 $\boldsymbol{U}$ 矩阵是幺正矩阵,具有凯莱-克莱因(Caley-Klein)形式的幺正矩阵可以表示为

$$\boldsymbol{U}(\omega) = \begin{pmatrix}u_1 & u_2\\ -u_2^* & u_1^*\end{pmatrix} \tag{7.3.39}$$

则斯托克斯空间的偏振模色散矢量$\boldsymbol{\tau}$ 的三个分量分别为

$$\begin{cases}\tau_1 = 2\mathrm{j}(u_{1\omega}u_1^* + u_{2\omega}u_2^*) \\ \tau_2 = 2\mathrm{Im}(u_{1\omega}u_2 - u_{2\omega}u_1) \\ \tau_3 = 2\mathrm{Re}(u_{1\omega}u_2 - u_{2\omega}u_1)\end{cases} \tag{7.3.40}$$

这样可以得到偏振模色散矢量$\boldsymbol{\tau}$ 的模

$$\begin{aligned}\Delta\tau &= |\boldsymbol{\tau}| = \sqrt{|\tau_1|^2 + |\tau_2|^2 + |\tau_3|^2} \\ &= 2\sqrt{|u_{1\omega}|^2 + |u_{2\omega}|^2}\end{aligned} \tag{7.3.41}$$

显然这与式(7.3.13)和式(7.3.18)是一致的。

7.4　二阶偏振模色散理论

7.4.1　偏振模色散矢量在斯托克斯空间泰勒展开的各阶偏振模色散表示

本章前几节讨论的偏振模色散理论是一阶偏振模色散的理论，主态的概念是一阶偏振模色散理论的基础，其近似条件是称为输出主态的输出主偏振模式$\hat{\boldsymbol{\varepsilon}}_{b\pm}$与频率无关。保偏光纤体现了一阶偏振模色散的性质，换句话说，完美的保偏光纤只具有一阶偏振模色散。对于电信光纤，只要信号牵涉的频率带宽比较窄，也可以近似按照一阶偏振模色散处理。近年来，光纤通信系统光信号所占带宽越来越宽，就不能只考虑一阶偏振模色散。

在斯托克斯空间定义的一阶偏振模色散矢量$\boldsymbol{\tau} = \Delta\tau\hat{\boldsymbol{p}}$ 不论其大小 $\Delta\tau$ 和方向 $\hat{\boldsymbol{p}}$ 均近似不随频率变化。更一般地，如果偏振模色散还是保留用矢量$\boldsymbol{\tau}$ 描述，但是把它拓展为与频率相关的矢量。将这个偏振模色散矢量在中心频率 ω_0 附近进行泰勒展开

$$\boldsymbol{\tau}(\omega) = \boldsymbol{\tau}(\omega_0) + \boldsymbol{\tau}_\omega(\omega_0)(\omega - \omega_0) + \frac{1}{2}\boldsymbol{\tau}_{\omega\omega}(\omega_0)(\omega - \omega_0)^2 + \cdots \tag{7.4.1}$$

展开式中第一项即一阶偏振模色散

$$\boldsymbol{\tau} = \Delta\tau\hat{\boldsymbol{p}} \tag{7.4.2}$$

展开式的第二项为二阶偏振模色散，其中$\boldsymbol{\tau}_\omega(\omega_0)$表示$\boldsymbol{\tau}(\omega)$在 ω_0 附近对角频率的微商

$$\begin{aligned}\boldsymbol{\tau}_\omega &= \frac{\mathrm{d}\boldsymbol{\tau}}{\mathrm{d}\omega} = \frac{\mathrm{d}}{\mathrm{d}\omega}(\Delta\tau\hat{\boldsymbol{p}}) = \frac{\mathrm{d}\Delta\tau}{\mathrm{d}\omega}\hat{\boldsymbol{p}} + \Delta\tau\frac{\mathrm{d}\hat{\boldsymbol{p}}}{\mathrm{d}\omega} \\ &= \Delta\tau_\omega\hat{\boldsymbol{p}} + \Delta\tau\hat{\boldsymbol{p}}_\omega = \boldsymbol{\tau}_{\omega,/\!/} + \boldsymbol{\tau}_{\omega,\perp}\end{aligned} \tag{7.4.3}$$

在式(7.4.3)中，二阶偏振模色散包含了两项，即平行项$\boldsymbol{\tau}_{\omega,/\!/}$和垂直项$\boldsymbol{\tau}_{\omega,\perp}$，其中$\boldsymbol{\tau}_{\omega,/\!/} = \Delta\tau_\omega\hat{\boldsymbol{p}}$ 的方向是沿着原主态 $\hat{\boldsymbol{p}}$ 的方向，这一项称为偏振相关色度色散

(polarization dependent chromatic dispersion,PCD);第二项$\boldsymbol{\tau}_{\omega,\perp}=\Delta\tau\hat{\boldsymbol{p}}_{\omega}$ 的方向由 $\hat{\boldsymbol{p}}_{\omega}$ 的方向决定,$\hat{\boldsymbol{p}}_{\omega}$ 显然与主态 $\hat{\boldsymbol{p}}$ 垂直,表示光信号中偏离中心频率 ω_0 的 $\omega_0+\Delta\omega$ 频率成分的新主态有偏离原主态的趋势,作用是去偏振的,所以$\boldsymbol{\tau}_{\omega,\perp}=\Delta\tau\hat{\boldsymbol{p}}_{\omega}$ 称为去偏振分量(depolarization component)。假如某光纤的偏振模色散只包含一阶和二阶偏振模色散,显然$\boldsymbol{\tau}(\omega)=\boldsymbol{\tau}(\omega_0)+\boldsymbol{\tau}_{\omega}(\omega_0)\Delta\omega$,这个矢量关系反映在图 7-4-1(a)中。其中一阶偏振模色散矢量$\boldsymbol{\tau}(\omega_0)$沿着慢主态 $\hat{\boldsymbol{p}}$ 方向,而二阶偏振模色散$\boldsymbol{\tau}_{\omega}(\omega_0)\Delta\omega$ 可以分解为平行分量$\boldsymbol{\tau}_{\omega,/\!/}\Delta\omega$ 和垂直分量$\boldsymbol{\tau}_{\omega,\perp}\Delta\omega$。平行分量沿着原慢主态 $\hat{\boldsymbol{p}}$ 方向,而垂直分量沿着 $\hat{\boldsymbol{p}}$ 的垂直方向,即 $\hat{\boldsymbol{p}}_{\omega}$ 的方向。

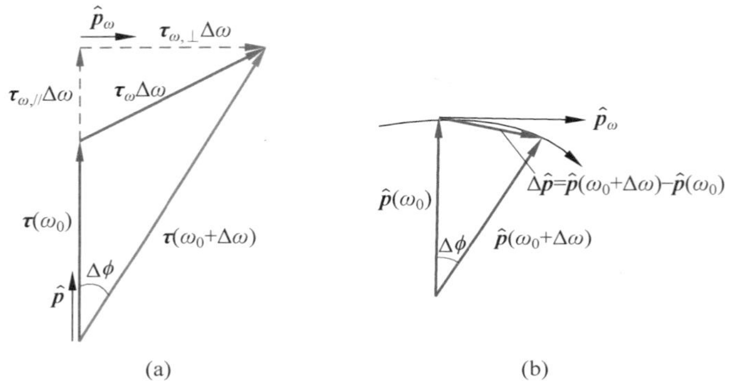

图 7-4-1 考虑二阶偏振模色散后的偏振模色散矢量分解

(a) 考虑二阶偏振模色散后,一阶偏振模色散矢量和二阶偏振模色散矢量以及其分量之间的关系;(b) 偏振主态随频率变化分析图

平行分量中 $\Delta\tau_{\omega}$ 描述了差分群时延对频率的微商,它引起光脉冲在两个偏振主态模式分量本身的压缩或者展宽。大家知道,色度色散会造成脉冲的展宽,而叠加上偏振相关色度色散后,在色度色散造成的脉冲展宽基础上,还会在两个偏振主态模式分量上对脉冲再进行压缩或展宽。如果光信号传输了一个有效色散长度 L 后的积累色散是 DL,则与偏振相关的积累色散用偏振相关有效积累色散$(\mathrm{DL})_{\mathrm{eff}}$描述有[10]

$$(\mathrm{DL})_{\mathrm{eff}}=\mathrm{DL}\pm\tau_{\lambda} \tag{7.4.4}$$

其中 DL 的单位是 ps/nm,所以后面叠加的 PCD 不用 $\Delta\tau_{\omega}$(单位是 ps^2)表示,而用时延对波长的微商 τ_{λ}(单位是 ps/nm)表示:

$$\tau_{\lambda}=\frac{\mathrm{d}}{\mathrm{d}\lambda}\left(\frac{\Delta\tau}{2}\right)=-\left(\frac{\pi c}{\lambda^2}\right)\Delta\tau_{\omega} \tag{7.4.5}$$

上面讨论了 $\hat{\boldsymbol{p}}_{\omega}$ 有去偏振的作用,或者说有模糊主态的作用,图 7-4-1(b)可以进一步理解它。$\hat{\boldsymbol{p}}_{\omega}=\mathrm{d}\hat{\boldsymbol{p}}/\mathrm{d}\omega$ 是主态随频率的变化,也称主态旋转率(PSP rotation rate,

PSPrr)。设光信号的 ω_0 频率组分偏振方向为 $\hat{\boldsymbol{p}}(\omega_0)$，而 $\omega_0+\Delta\omega$ 频率组分的偏振方向为 $\hat{\boldsymbol{p}}(\omega_0+\Delta\omega)$，相对于 $\hat{\boldsymbol{p}}(\omega_0)$转过了 $\Delta\phi$。则按照主态旋转率 $\hat{\boldsymbol{p}}_\omega$ 的定义，有

$$\begin{aligned}\hat{\boldsymbol{p}}_\omega &= \frac{\mathrm{d}\hat{\boldsymbol{p}}}{\mathrm{d}\omega} = \lim_{\Delta\omega\to 0}\frac{\hat{\boldsymbol{p}}(\omega_0+\Delta\omega)-\hat{\boldsymbol{p}}(\omega_0)}{\Delta\omega} \\ &= \lim_{\Delta\omega\to 0}\frac{1\times\Delta\phi}{\Delta\omega}\frac{\hat{\boldsymbol{p}}_\omega}{|\hat{\boldsymbol{p}}_\omega|} = \frac{\mathrm{d}\phi}{\mathrm{d}\omega}\frac{\hat{\boldsymbol{p}}_\omega}{|\hat{\boldsymbol{p}}_\omega|}\end{aligned} \tag{7.4.6}$$

其中用到了 $\hat{\boldsymbol{p}}$ 是单位矢量 $|\hat{\boldsymbol{p}}|=1$，$|\Delta\hat{\boldsymbol{p}}|\approx|\hat{\boldsymbol{p}}|\times\Delta\phi=1\times\Delta\phi$。另外 $\hat{\boldsymbol{p}}_\omega/|\hat{\boldsymbol{p}}_\omega|$是 $\hat{\boldsymbol{p}}_\omega$ 方向的单位矢量。

由 7.5 节可知，从统计上看，$\boldsymbol{\tau}_{\omega,/\!/}$的方向是沿着原 PMD 矢量$\boldsymbol{\tau}(\omega_0)$的方向，且 $\mathrm{d}\Delta\tau/\mathrm{d}\omega$ 可正可负，其统计平均值为零，分布在零均值的附近，因此是统计小分量。$\boldsymbol{\tau}_{\omega,\perp}$ 垂直于原 PMD 矢量$\boldsymbol{\tau}(\omega_0)$的方向，均值不为零，是统计大分量，从统计上说，$\boldsymbol{\tau}_{\omega,/\!/}$对于光纤通信系统的影响比起$\boldsymbol{\tau}_{\omega,\perp}$要小很多。另外，$\boldsymbol{\tau}_{\omega,/\!/}$对系统的影响类似于色度色散，只是造成脉冲压缩或展宽，而$\boldsymbol{\tau}_{\omega,\perp}$可以造成脉冲形状的畸变，比如可以造成 NRZ 码的过冲和卫星脉冲[8]。有分析表明，在二阶偏振模色散对于光纤通信系统造成的损伤中，$\boldsymbol{\tau}_{\omega,\perp}$ 的影响大约是$\boldsymbol{\tau}_{\omega,/\!/}$的 8 倍[11-12]。总之，在处理二阶 PMD 对光纤通信系统影响时，PCD 分量往往可以忽略，而包含 PSPrr 的去偏振分量不能忽略。这个性质将在第 12 章中讨论偏振模色散补偿时加以利用。

7.4.2　二阶偏振模色散对光信号传输影响的物理图像

从对二阶偏振模色散的讨论可知，相对于一阶偏振模色散，二阶偏振模色散的描述更加复杂，但是仍然保留了差分群时延和偏振主态的概念，只是一阶偏振模色散的 DGD 和 PSP 都近似不随频率改变，而考虑了二阶偏振模色散(甚至考虑了更高阶的偏振模色散)以后，DGD 和 PSP 均要随频率变化。

DGD 随频率(波长)的变化图称为偏振模色散的 DGD 谱，如图 7-4-2(a)所示，其中不同的频率对应的 DGD 数值不同。为了理解这个 DGD 随频率变化的特性如何影响光脉冲在光纤中的传输，假定一根光纤具有偏振模色散，其两个正交的输入主态恰好为两相互垂直的线偏振模式，即存在快轴和慢轴，如图 7-4-2(b)所示。设一光脉冲以与快慢轴均为 45°的线偏振态入射光纤，脉冲在快慢轴上的投影分量相等，则在光纤输出端两快慢主态的分量也相等，只是快慢主态分量之间引入了 DGD，如图 7-4-2(c)所示。假定光脉冲有四个频率分量组分，分别对应角频率 ω_1、ω_2、ω_3、ω_4。假定光纤输入偏振主态不随频率改变，这样四个频率组分在快慢轴上分量幅度还是相等，而 DGD 随频率改变。根据图 7-4-2(a)中对应的 DGD 可知，这四个频率分量在光纤终端引起的 DGD 大小依次为 $\Delta\tau(\omega_2)>\Delta\tau(\omega_3)>\Delta\tau(\omega_1)>\Delta\tau(\omega_4)$，造成的两输出主态之间的脉冲分开的距离如图 7-4-2(c)所示。

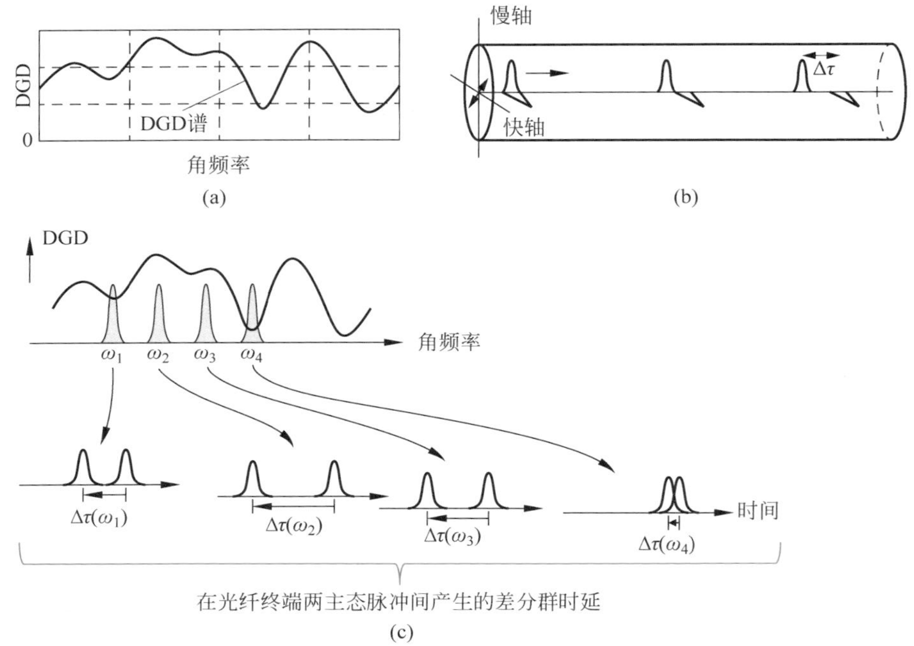

图 7-4-2 理解 DGD 谱示意图

(a) DGD 谱；(b) 具有偏振模色散的光纤；(c) 在假定光纤 PSP 方向不变时，四个频率组分在光纤终端两主态之间形成差分群时延的情况

下面再讨论 PSP 随频率(波长)的变化。PSP 在庞加莱球上随频率的变化如图 7-4-3(a)所示，称为 PSP 谱。图中画出了四个频率 ω_1、ω_2、ω_3、ω_4 对应的慢主态方向 $\hat{\boldsymbol{p}}(\omega_1)$、$\hat{\boldsymbol{p}}(\omega_2)$、$\hat{\boldsymbol{p}}(\omega_3)$、$\hat{\boldsymbol{p}}(\omega_4)$。假定 DGD 谱与 7-4-2(a) 是一样的，只是对应四个频率的 PSP 不同。进一步假定入射光线偏振方向与 $\hat{\boldsymbol{p}}(\omega_3)$近似成 45°，则对比图 7-4-2(c)和图 7-4-3(c)中对应 ω_3 的终端主态间时延差一致的情况下，在两个输出主态上投影的脉冲两个分量幅度只是近似相等。而对应其他三个频率 ω_1、ω_2、ω_4，相比 7-4-2(c)，时延差不变，变的是在两个输出主态上投影的分量幅度大小各不相同。图 7-4-2 讨论了主态不变，随频率变化的 DGD 对光脉冲传输的影响，而图 7-4-3 讨论了 DGD 和 PSP 都随频率变化对光脉冲传输的共同影响。

图 7-4-4 是参考文献[10]中对一根平均 DGD 为 14.7ps 光纤进行 PMD 测量的结果。对于普通光纤，存在高阶 PMD，其 DGD 随频率变化 $\Delta\tau_\omega$ 不为零(图 7-4-4(a))。与只存在一阶 PMD 的图 7-3-5(b)不同，此时 PMD 矢量 $\boldsymbol{\tau}$ 的方向(即主态方向 $\hat{\boldsymbol{p}}$)不再固定不变，显示出由主态旋转率造成的主态 $\hat{\boldsymbol{p}}$ 的不断变化(图 7-4-4(b))。对于固定的输入偏振态，其输出偏振态随频率的变化在庞加莱球上不再是图 7-3-5 中简单的圆形，而是复杂的轨迹(图 7-4-4 (c))。但是图 7-4-4(c)中对应各频率的输出

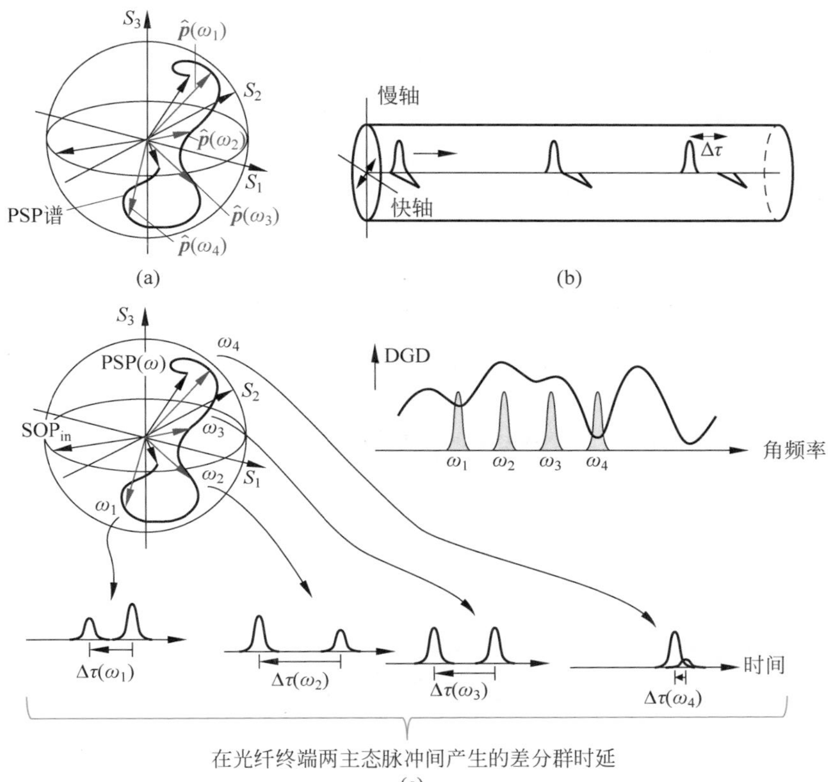

图 7-4-3　理解 PSP 谱示意图

(a) PSP 谱；(b) 具有偏振模色散的光纤；(c) 在假定光纤 PSP 随频率变化时，四个频率组分在光纤终端两主态之间形成差分群时延的情况

偏振态在很小频率间隔内的小段弧形，是在此时对应的输出主态方向为中心的大圆弧上的。

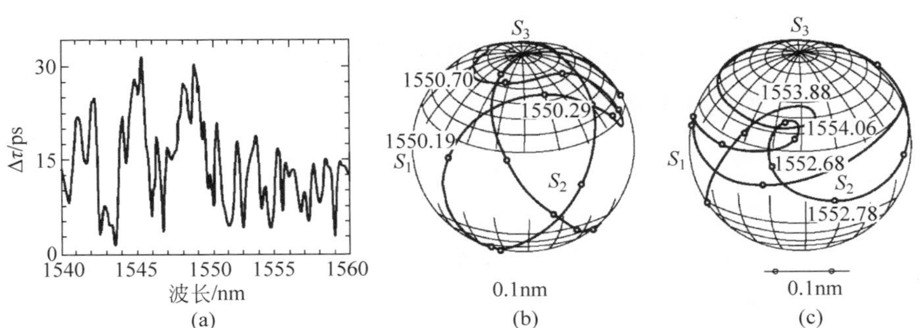

图 7-4-4　参考文献[10]中对一根平均 DGD 为 14.7ps 的光纤进行 PMD 测量的结果

(a) DGD 随波长的变化；(b) 主态方向 $\hat{\boldsymbol{p}}$ 随波长的变化；(c) 输入偏振态固定，输出偏振态 $\boldsymbol{S}_{out}$ 随波长的变化

7.4.3 斯托克斯空间偏振模色散矢量的一般表示式

下面推导斯托克斯空间偏振模色散矢量的一般表示式。在琼斯空间中讨论偏振模色散时主要关注矩阵 $\mathrm{j}\boldsymbol{U}_{\omega}\boldsymbol{U}^{\dagger}$,其特征矢量对应到斯托克斯空间就是偏振模色散矢量$\boldsymbol{\tau}$ 。

根据 4.5.2 节,琼斯空间的传输矩阵 $\boldsymbol{U}$ 可以表示成斯托克斯空间中的一个转动,转动轴由单位矢量 $\hat{\boldsymbol{r}}=(r_1,r_2,r_3)^{\mathrm{T}}$ 表示,转动角由 φ 表示,$\boldsymbol{U}$ 矩阵可以写为式(4.5.13)。为了讨论方便,在此再次列在这里

$$\boldsymbol{U}=\cos\frac{\varphi}{2}\boldsymbol{I}-\mathrm{j}(\hat{\boldsymbol{r}}\cdot\boldsymbol{\sigma})\sin\frac{\varphi}{2} \tag{7.4.7}$$

利用式(7.4.7)可得 $\mathrm{j}\boldsymbol{U}_{\omega}\boldsymbol{U}^{\dagger}$ 的表达式,再利用 $2\mathrm{j}\boldsymbol{U}_{\omega}\boldsymbol{U}^{\dagger}=(\boldsymbol{\tau}\cdot\boldsymbol{\sigma})$ 两算符相同的关系,可以证明斯托克斯空间的偏振模色散矢量的一般表达式为[8-9]

$$\boldsymbol{\tau}=\varphi_{\omega}\hat{\boldsymbol{r}}+\sin\varphi\hat{\boldsymbol{r}}_{\omega}-(1-\cos\varphi)\hat{\boldsymbol{r}}_{\omega}\times\hat{\boldsymbol{r}} \tag{7.4.8}$$

显然,对于一阶偏振模色散,$\hat{\boldsymbol{r}}_{\omega}=0$,因此有

$$\boldsymbol{\tau}(\omega_0)=\varphi_{\omega}\hat{\boldsymbol{r}}=\Delta\tau\hat{\boldsymbol{p}},\quad \mathrm{d}\varphi/\mathrm{d}\omega=\Delta\tau \tag{7.4.9}$$

对于二阶偏振模色散

$$\boldsymbol{\tau}_{\omega}=\varphi_{\omega\omega}\hat{\boldsymbol{r}}+2\varphi_{\omega}\hat{\boldsymbol{r}}_{\omega}\overset{\text{式(7.4.3)}}{=\!=\!=}\Delta\tau_{\omega}\hat{\boldsymbol{p}}+\Delta\tau\hat{\boldsymbol{p}}_{\omega} \tag{7.4.10}$$

得到

$$\varphi_{\omega\omega}=\Delta\tau_{\omega},\quad 2\hat{\boldsymbol{r}}_{\omega}=\hat{\boldsymbol{p}}_{\omega} \tag{7.4.11}$$

其中,$\varphi_{\omega\omega}=\Delta\tau_{\omega}$ 为偏振相关的色度色散 PCD,而 $2\hat{\boldsymbol{r}}_{\omega}=\hat{\boldsymbol{p}}_{\omega}$ 是主态旋转率 PSPrr。

7.5 二阶偏振模色散琼斯空间描述与斯托克斯空间描述的对应问题

7.5.1 琼斯空间与斯托克斯空间描述二阶偏振模色散对应问题的提出

从式(7.4.1),所谓各阶的偏振模色散实际上是以偏振模色散矢量在信号的中心频率 ω_0 附近进行泰勒展开而定义的,而偏振模色散矢量是在斯托克斯空间定义的。但是在分析偏振模色散对光纤通信系统的影响时,往往在琼斯空间进行分析更为方便。这样从逻辑上需要我们在斯托克斯空间定义的各阶偏振模色散的展开项,相应地在琼斯空间找到它们对应的精确的琼斯矩阵。从下面的分析可知,对于近似的一阶偏振模色散,从斯托克斯空间一阶偏振模色散的定义$\boldsymbol{\tau}=\Delta\tau\hat{\boldsymbol{p}}$ 到琼斯

空间有精确的矩阵对应，这个琼斯矩阵就是式(7.3.38)，为了方便，在这里再次写出来

$$\boldsymbol{U}(\omega)=\cos\left(\frac{\omega\Delta\tau}{2}\right)\boldsymbol{I}-\mathrm{j}\,\frac{\boldsymbol{\tau}\cdot\boldsymbol{\sigma}}{\Delta\tau}\sin\left(\frac{\omega\Delta\tau}{2}\right)\tag{7.5.1}$$

此公式显然是已知斯托克斯空间的偏振模色散矢量$\boldsymbol{\tau}=\Delta\tau\hat{\boldsymbol{p}}$，给出精确的琼斯空间的传输矩阵$\boldsymbol{U}(\omega)$表示的过程。从前面的讨论可知，这个公式等价于式(7.3.25)，为了方便，再次在这里给出

$$\boldsymbol{U}(\omega)=\boldsymbol{R}_{\mathrm{PSP}}\boldsymbol{\Lambda}_{\mathrm{DGD}}\boldsymbol{R}_{\mathrm{PSP}}^{-1}=(|\,\hat{\varepsilon}_{b+}\rangle\quad|\,\hat{\varepsilon}_{b-}\rangle)\begin{pmatrix}\mathrm{e}^{\mathrm{j}\Delta\omega\Delta\tau/2} & 0\\ 0 & \mathrm{e}^{-\mathrm{j}\Delta\omega\Delta\tau/2}\end{pmatrix}\cdot (|\,\hat{\varepsilon}_{b+}\rangle\quad|\,\hat{\varepsilon}_{b-}\rangle)^{-1}\tag{7.5.2}$$

这个公式不仅是琼斯空间的传输矩阵，且矩阵中的参量$|\hat{\varepsilon}_{b+}\rangle$、$|\hat{\varepsilon}_{b-}\rangle$、$\Delta\tau$也是定义在琼斯空间中的。这个琼斯空间的传输矩阵物理意义也十分清楚：中间的对角矩阵$\boldsymbol{\Lambda}_{\mathrm{DGD}}$体现了在两个特征偏振模式之间产生差分群时延$\Delta\tau$；而矩阵$\boldsymbol{R}_{\mathrm{PSP}}^{-1}$的意义是将偏振表象从公用的$x$-$y$表象变换到输出主态$|\hat{\varepsilon}_{b+}\rangle$和$|\hat{\varepsilon}_{b-}\rangle$的自身表象，经过双折射矩阵$\boldsymbol{\Lambda}_{\mathrm{DGD}}$作用产生差分群时延，再经过$\boldsymbol{R}_{\mathrm{PSP}}$转换回到$x$-$y$表象。

在琼斯空间中定义一阶偏振模色散，只要知道表示正交快慢主态的两个角度参量α、δ和差分群时延参量$\Delta\tau$就可以了，所以描述一阶偏振模色散需要3个独立参量$(\alpha,\delta,\Delta\tau)$。从斯托克斯空间看一阶偏振模色散如果用偏振模色散矢量$\boldsymbol{\tau}$描述，同样可以用它的3个矢量分量(τ_1,τ_2,τ_3)描述。

从式(7.5.2)中还可以看出，其偏振快慢主态$(\cos\alpha,\sin\alpha\ \mathrm{e}^{\mathrm{j}\delta})^{\mathrm{T}}$和$(\sin\alpha\ \mathrm{e}^{\mathrm{j}\delta},-\cos\alpha)^{\mathrm{T}}$与频率无关，时延差$\Delta\tau$也与频率无关，这与一阶偏振模色散近似条件是输出主态与频率无关($\mathrm{d}\hat{\boldsymbol{\varepsilon}}_{b\pm}/\mathrm{d}\omega=0$)是一致的。在斯托克斯空间看一阶偏振模色散矢量$\boldsymbol{\tau}(\omega_0)=\Delta\tau(\omega_0)\hat{\boldsymbol{p}}(\omega_0)$，也得到同样的结论。

虽然一阶偏振模色散在琼斯空间和斯托克斯空间的描述是完全对应的，然而如果将高阶偏振模色散也计入在内，比如考虑二阶偏振模色散，在斯托克斯空间包含一阶和二阶偏振模色散矢量$\boldsymbol{\tau}(\omega_0)+\boldsymbol{\tau}_\omega(\omega_0)(\omega-\omega_0)$就没有精确的琼斯矩阵解析模型。国际上的几个课题组试图给出包含二阶的偏振模色散精确琼斯矩阵模型，但是都存在一些问题。

对于偏振模色散的讨论最早是在琼斯空间进行的，这就是普尔的主态模型。后来借助斯托克斯空间的偏振模色散矢量，将主态模型对应扩展到斯托克斯空间进行讨论，并利用泰勒展开式对偏振模色散进行了展开式的各阶偏振模色散定义。当这个泰勒展开式的各阶偏振模色散再对应到琼斯空间时，却发现没有只含有一阶+二阶、一阶+二阶+三阶、…偏振模色散琼斯矩阵的精确对应。科格尔尼克

(Kogelnik)将这种问题叫作“PMD的反向问题”(inverse PMD problem)[13]。

7.5.2 二阶偏振模色散在琼斯空间中几种描述举例

上面提出了在斯托克斯空间定义的二阶、三阶偏振模色散相应于琼斯空间没有精确对应的表达矩阵问题。一些文献给出了一阶+二阶偏振模色散的琼斯矩阵表达式(或者说是模型)[14-17],但是都不尽如人意,有些模型在仿真光纤通信系统时会高估二阶偏振模色散对系统的影响。下面讨论几个比较典型的二阶偏振模色散在琼斯空间的模型。

1. 布鲁耶尔模型

布鲁耶尔模型于1996年由布鲁耶尔(Bruyére)提出[14],他的模型被人们推崇是因为他给出的琼斯矩阵模型非常简明。布鲁耶尔模型给出的$\boldsymbol{U}$矩阵如下:

$$\boldsymbol{U}(\omega)=\begin{pmatrix}\cos(k\Delta\omega) & -\sin(k\Delta\omega)\\ \sin(k\Delta\omega) & \cos(k\Delta\omega)\end{pmatrix}\begin{pmatrix}\mathrm{e}^{\mathrm{j}\varphi/2} & 0\\ 0 & \mathrm{e}^{-\mathrm{j}\varphi/2}\end{pmatrix}\cdot\begin{pmatrix}\cos(k\Delta\omega) & -\sin(k\Delta\omega)\\ \sin(k\Delta\omega) & \cos(k\Delta\omega)\end{pmatrix}^{-1}\tag{7.5.3}$$

其中,$\varphi=\Delta\tau\Delta\omega+\Delta\tau_{\omega}\Delta\omega^2/2$,$k=|\hat{\boldsymbol{p}}_{\omega}|/2$①。这个模型包含了一阶偏振模色散的元素差分群时延$\Delta\tau$和正交快慢主态$|\varepsilon_{b+}\rangle=(\cos(k\Delta\omega)\quad\sin(k\Delta\omega))^{\mathrm{T}}$、$|\varepsilon_{b-}\rangle=(-\sin(k\Delta\omega)\quad\cos(k\Delta\omega))^{\mathrm{T}}$,以及二阶偏振模色散的元素,描述偏振相关色度色散的$\Delta\tau_{\omega}$和描述主态旋转率的$\hat{\boldsymbol{p}}_{\omega}$。与式(7.5.2)进行比较,可以得出式(7.5.3)的含义:在两正交的快慢主态基$|\varepsilon_{b+}\rangle$和$|\varepsilon_{b-}\rangle$偏振表象中描述的双折射,双折射的相位差$\varphi=\Delta\tau\Delta\omega+\Delta\tau_{\omega}\Delta\omega^2/2$中,既包含了一阶DGD引起的相位差$\Delta\tau\Delta\omega$,也包含了二阶平行项PCD引起的相位差$\Delta\tau_{\omega}\Delta\omega^2/2$。另外,表示一阶偏振模色散的式(7.5.2)中快慢主态$|\varepsilon_{b+}\rangle$和$|\varepsilon_{b-}\rangle$与频率无关,而式(7.5.3)中,快慢主态$|\varepsilon_{b+}\rangle$和$|\varepsilon_{b-}\rangle$与频率有关。

布鲁耶尔模型似乎很有道理,但是仔细分析式(7.5.3)可知,其快慢主态实际上是两相互垂直的线偏振态,在庞加莱球上对应的偏振态仅位于赤道上,如图7-5-1所示,只是快慢主态在赤道上随着频率旋转的,当光信号偏离中心载频的量$\Delta\omega=0$时,慢主态指向S_1轴,旋转角与S_1轴之间的夹角为$2\theta=2k\Delta\omega$。

从上面的分析可以看出布鲁耶尔模型并不完善,其偏振主态仅限于线偏振态,牵涉的双折射只是线双折射,这个假设略显简单。而光纤受外界影响,其内部的双折射是复杂的,既包含线双折射,也包含圆双折射和椭圆双折射。参考文献[16]指

---

① 布鲁耶尔原论文中是$k=|\hat{\boldsymbol{p}}_{\omega}|/2$。然而科格尔尼克认为正确的公式是$k=|\hat{\boldsymbol{p}}_{\omega}|/4$[15],并被大家认可。

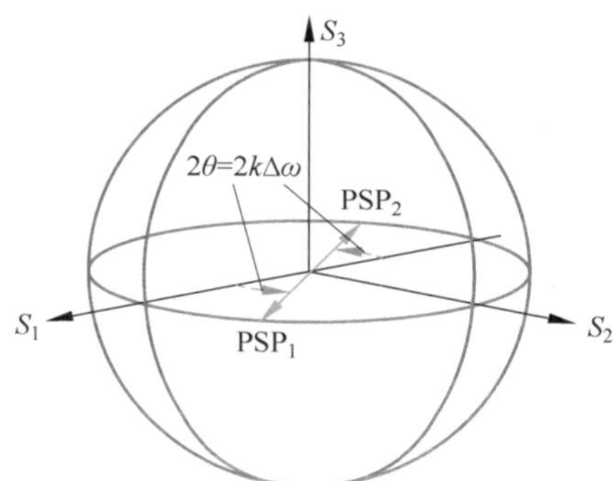

图 7-5-1 布鲁耶尔模型中的二阶偏振模色散的主态随频率的演化

出，利用布鲁耶尔模型分析二阶偏振模色散对光纤通信系统的影响时，模拟估算出来的影响是实际影响的 2 倍。

2. 科格尔尼克等的模型

科格尔尼克是贝尔实验室的科学家，他和同事戈登的研究组是最先借用量子力学中描述自旋的数学语言来描述偏振现象的国际上的科研组之一[9, 18-20]。这种利用自旋语言来描述偏振问题是除了琼斯空间描述语言和斯托克斯空间描述语言之外的另一种语言，被达马斯克(Damask)称为偏振的自旋矢量数学描述方法(the spin-vector calculus of polarization)[8]。实际上，自旋矢量数学可以非常自然地连接琼斯空间和斯托克斯空间的描述，比如，已知斯托克斯空间的旋转轴 $\hat{\boldsymbol{r}}$ 和旋转角 φ，对应到琼斯空间的公式是式(7.4.7)等。另外，科格尔尼克最先提出"PMD的反向问题"，并尽了很大努力来解决该问题。

戈登与科格尔尼克最早给出了斯托克斯空间中偏振模色散矢量的一般表达式(7.4.8)[9]，并基于这个公式推导出了代表二阶偏振模色散的 $\Delta\tau_\omega(=\varphi_{\omega\omega})$ 和 $\hat{\boldsymbol{p}}_\omega(=2\hat{\boldsymbol{r}}_\omega)$ 的式(7.4.11)。这样科格尔尼克认为：既然对于包含一阶和二阶偏振模色散的旋转轴 $\hat{\boldsymbol{r}}$ 和旋转角 φ 分别具有式(7.5.4)中的第一、第二行的形式

$$\begin{cases}\hat{\boldsymbol{r}}=\hat{\boldsymbol{p}}+\dfrac{1}{2}\hat{\boldsymbol{p}}_\omega\Delta\omega\\ \varphi=\Delta\tau\Delta\omega+\dfrac{1}{2}\Delta\tau_\omega\Delta\omega^2\\ \boldsymbol{U}=\cos\dfrac{\varphi}{2}\boldsymbol{I}-\mathrm{j}(\hat{\boldsymbol{r}}\cdot\boldsymbol{\sigma})\sin\dfrac{\varphi}{2}\end{cases}\tag{7.5.4}$$

则直接把旋转轴 $\hat{\boldsymbol{r}}$ 和旋转角 φ 分别代入第三行的 $\boldsymbol{U}$ 矩阵里就可以了。这就是科格尔尼克提出的包含一阶和二阶偏振模色散的琼斯传输矩阵 $\boldsymbol{U}$ 的表达式[13]。

但是这个模型仍然有问题。正如参考文献[21]指出的，式(7.5.4)里第三行 $\boldsymbol{U}$

矩阵公式成立的条件是旋转轴矢量 $\hat{\boldsymbol{r}}$ 为单位矢量，否则不能保证这个 $\boldsymbol{U}$ 矩阵是幺正矩阵。实际上，$\hat{\boldsymbol{r}}=\hat{\boldsymbol{p}}+\hat{\boldsymbol{p}}_\omega\Delta\omega/2$ 只有在光信号的中心频率（$\Delta\omega=\omega-\omega_0=0$）时才有 $|\hat{\boldsymbol{r}}|=|\hat{\boldsymbol{p}}|=1$，是单位矢量。

3. 弗雷斯蒂耶里等的模型

2001 年，意大利科学家弗雷斯蒂耶里（Forestieri）等利用矩阵级数展开的方法试图找出各阶偏振模色散琼斯矩阵的形式，思路大致如下[22]：把输出端本征方程的 $\boldsymbol{Q}$ 矩阵转换一下

$$\boldsymbol{Q}(\omega)=\mathrm{j}\boldsymbol{A}(\omega)=\mathrm{j}\boldsymbol{U}_\omega\boldsymbol{U}^\dagger \tag{7.5.5}$$

则有

$$\frac{\mathrm{d}\boldsymbol{U}(\omega)}{\mathrm{d}\omega}=\boldsymbol{A}(\omega)\boldsymbol{U}(\omega) \tag{7.5.6}$$

其中参照式(7.3.37)，有

$$\boldsymbol{A}=-\mathrm{j}\,\frac{1}{2}\begin{pmatrix}\tau_1 & \tau_2-\mathrm{j}\tau_3\\ \tau_2+\mathrm{j}\tau_3 & -\tau_1\end{pmatrix} \tag{7.5.7}$$

并且 $\boldsymbol{U}$ 是幺正矩阵，选择凯莱-克莱因形式，$\boldsymbol{U}$ 的形式为

$$\boldsymbol{U}(\omega)=\begin{pmatrix}u_1(\omega) & u_2(\omega)\\ -u_2^*(\omega) & u_1^*(\omega)\end{pmatrix} \tag{7.5.8}$$

由于 $\boldsymbol{U}$ 矩阵具有式(7.5.8)的形式，矩阵的第一列就包括了矩阵的全部信息，尝试将方程(7.5.6)变成下面的等价方程①

$$\frac{\mathrm{d}\hat{\boldsymbol{u}}(\omega)}{\mathrm{d}\omega}=\boldsymbol{A}(\omega)\hat{\boldsymbol{u}}(\omega),\quad \hat{\boldsymbol{u}}(\omega)=\begin{pmatrix}u_1(\omega)\\ -u_2^*(\omega)\end{pmatrix}$$

初始条件

$$\hat{\boldsymbol{u}}(0)=\boldsymbol{u}_0=\begin{pmatrix}1\\0\end{pmatrix} \tag{7.5.9}$$

方程(7.5.9)取决于 $\boldsymbol{A}$ 矩阵。显然，$\boldsymbol{A}$ 由偏振模色散矢量 $\boldsymbol{\tau}$ 的分量决定。既然可以将偏振模色散矢量 $\boldsymbol{\tau}$ 相对于角频率进行泰勒展开，如果将 $\boldsymbol{A}$ 也相对于角频率进行泰勒展开，展开项的阶数与 $\boldsymbol{\tau}$ 展开的阶数一致。令

$$\boldsymbol{A}(\omega)=\sum_{k=0}^{m}(\Delta\omega)^k\boldsymbol{A}_k,\quad \boldsymbol{A}_k=\frac{1}{k!}\frac{\mathrm{d}^k\boldsymbol{A}(\omega)}{\mathrm{d}\omega^k}\bigg|_{\Delta\omega=0} \tag{7.5.10}$$

其中，$\Delta\omega=\omega-\omega_0$。

将偏振模色散矢量 $\boldsymbol{\tau}$ 展开到一阶（包括一阶和二阶偏振模色散矢量）

---

①可以证明，当偏振模色散矢量只位于赤道平面变化时才能成立。

$$\boldsymbol{\tau}=\boldsymbol{\tau}_0+\Delta\omega\boldsymbol{\tau}_\omega=(\Delta\tau+\Delta\omega\Delta\tau_\omega)\hat{\boldsymbol{p}}+\Delta\omega\Delta\tau\hat{\boldsymbol{p}}_\omega \tag{7.5.11}$$

令一阶偏振模色散的方向沿着 S_1 轴的正方向，则 $\hat{\boldsymbol{p}}_\omega$ 指向 S_2 轴的正方向，再令 $|\hat{\boldsymbol{p}}_\omega|=p_\omega$，有

$$\boldsymbol{\tau}=\begin{pmatrix}\Delta\tau+\Delta\tau_\omega\Delta\omega\\ \Delta\tau p_\omega\Delta\omega\\ 0\end{pmatrix}=\begin{pmatrix}\Delta\tau\\ 0\\ 0\end{pmatrix}+\begin{pmatrix}\Delta\tau_\omega\Delta\omega\\ \Delta\tau p_\omega\Delta\omega\\ 0\end{pmatrix} \tag{7.5.12}$$

代入式(7.5.10)，有 $\boldsymbol{A}$ 矩阵展开保留到一阶(对应包括一阶和二阶偏振模色散)

$$\boldsymbol{A}(\omega)=-\mathrm{j}\,\frac{1}{2}\begin{pmatrix}\Delta\tau+\Delta\tau_\omega\Delta\omega & \Delta\tau p_\omega\Delta\omega\\ \Delta\tau p_\omega\Delta\omega & -\Delta\tau-\Delta\tau_\omega\Delta\omega\end{pmatrix} \tag{7.5.13}$$

其中 0 阶 $\boldsymbol{A}$ 矩阵和一阶 $\boldsymbol{A}$ 矩阵为

$$\boldsymbol{A}_0=-\mathrm{j}\,\frac{\Delta\tau}{2}\begin{pmatrix}1 & 0\\ 0 & -1\end{pmatrix},\quad \boldsymbol{A}_1=-\mathrm{j}\,\frac{1}{2}\begin{pmatrix}\Delta\tau_\omega & \Delta\tau p_\omega\\ \Delta\tau p_\omega & -\Delta\tau_\omega\end{pmatrix} \tag{7.5.14}$$

综合以上分析，如果已知一阶 PMD 的 $\Delta\tau$ 和二阶偏振模色散的平行分量 $\Delta\tau_\omega$，以及 PSPrr$|\hat{\boldsymbol{p}}_\omega|=p_\omega$，就可以得到对应二阶偏振模色散的 $\boldsymbol{A}$ 矩阵式(7.5.14)，代入式(7.5.9)就可以求得传输矩阵 $\boldsymbol{U}$ 的具体表示。

显然，这个模型也是有缺陷的，首先从求解方程(7.5.6)等价到求解方程(7.5.9)是有条件的，再者利用式(7.5.9)求解 $\boldsymbol{U}$ 矩阵的元素一般也只能得到数值解，只有特殊情况才容易得到解析解。

7.6 偏振传输矩阵中与频率相关部分和无关部分的分离

在分析光纤偏振模色散时，传输矩阵 $\boldsymbol{U}(\omega)$ 作为一个整体是频率相关的矩阵。前面给出了一阶偏振模色散和二阶偏振模色散的 $\boldsymbol{U}(\omega)$ 矩阵形式(式(7.5.1)、式(7.5.2)、式(7.5.3)等)。其中一阶偏振模色散 $\boldsymbol{U}$ 矩阵式(7.5.2)除了中间的对角矩阵与频率相关，两边表现主态方向的矩阵与频率无关。然而对于二阶偏振模色散矩阵式(7.5.3)，其中间的对角矩阵和两边反映主态方向的矩阵都是与频率相关的。显然，作为传输矩阵，$\boldsymbol{U}(\omega)$ 整体是频率相关的，都是由光纤各处产生的双折射级联构成的，而双折射从本质上看都是与频率相关的(折射率与频率相关)，但是有些双折射与频率关系比较大，有些比较小。数学上可以将 $\boldsymbol{U}$ 矩阵抽象地分成与频率相关部分和与频率无关部分，这在分析偏振效应对传输信号的损伤时是方便的。

7.6.1 在只包含一阶偏振模色散的传输矩阵中与频率相关和与频率无关部分的分离

由前面分析可知，表现一阶偏振模色散的传输矩阵 $\boldsymbol{U}(\omega)$ 可以由式(7.5.2)表示，$\boldsymbol{U}$ 矩阵构成本征方程

$$\mathrm{j}\boldsymbol{U}_{\omega}\boldsymbol{U}^{\dagger} \mid \varepsilon_{b\pm}\rangle = \pm\frac{1}{2}\Delta\tau \mid \varepsilon_{b\pm}\rangle \tag{7.6.1}$$

显然，这里快慢主态 $|\varepsilon_{b+}\rangle$ 和 $|\varepsilon_{b-}\rangle$ 之间是正交归一的，有

$$\begin{aligned}\langle\varepsilon_{b\pm} \mid \mathrm{j}\boldsymbol{U}_{\omega}\boldsymbol{U}^{\dagger} \mid \varepsilon_{b\pm}\rangle &= \pm\frac{1}{2}\Delta\tau\langle\varepsilon_{b\pm} \mid \varepsilon_{b\pm}\rangle \\ &= \pm\frac{1}{2}\Delta\tau\delta_{ij}\begin{cases}=1, i=j \\ =0, i\neq j\end{cases}\end{aligned} \tag{7.6.2}$$

其中，$i, j=+, -$，δ_{ij} 是克罗内克符号。

如果考虑在矩阵两边分别左乘 $\boldsymbol{P}_2$、右乘 $\boldsymbol{P}_1$ 定义一个 $\boldsymbol{A}(\omega)$ 矩阵，$\boldsymbol{P}_1$、$\boldsymbol{P}_2$ 与频率无关，比如在光纤传输系统两端分别接一段光纤跳线就属于这种情况。有

$$\boldsymbol{A}(\omega)=\boldsymbol{P}_2\boldsymbol{U}(\omega)\boldsymbol{P}_1,\ \boldsymbol{U}(\omega)=\boldsymbol{P}_2^{-1}\boldsymbol{A}(\omega)\boldsymbol{P}_1^{-1} \tag{7.6.3}$$

因为 $\boldsymbol{P}_1$、$\boldsymbol{P}_2$ 与频率无关，有

$$\begin{aligned}\mathrm{j}\boldsymbol{U}_{\omega}\boldsymbol{U}^{\dagger} &= \mathrm{j}\boldsymbol{P}_2^{-1}\boldsymbol{A}_{\omega}\boldsymbol{P}_1^{-1}(\boldsymbol{P}_2^{-1}\boldsymbol{A}\boldsymbol{P}_1^{-1})^{\dagger} = \mathrm{j}\boldsymbol{P}_2^{-1}\boldsymbol{A}_{\omega}\boldsymbol{P}_1^{-1}\boldsymbol{P}_1\boldsymbol{A}^{\dagger}\boldsymbol{P}_2 \\ &= \mathrm{j}\boldsymbol{P}_2^{-1}\boldsymbol{A}_{\omega}\boldsymbol{A}^{\dagger}\boldsymbol{P}_2\end{aligned} \tag{7.6.4}$$

将式(7.6.4)代入式(7.6.1)，并令 $|\eta_{b\pm}\rangle = P_2|\varepsilon_{b\pm}\rangle$，有

$$\mathrm{j}\boldsymbol{A}_{\omega}\boldsymbol{A}^{\dagger} \mid \eta_{b\pm}\rangle = \pm\frac{1}{2}\Delta\tau \mid \eta_{b\pm}\rangle \tag{7.6.5}$$

可见，矩阵 $\mathrm{j}\boldsymbol{U}_{\omega}\boldsymbol{U}^{\dagger}$ 和 $\mathrm{j}\boldsymbol{A}_{\omega}\boldsymbol{A}^{\dagger}$ 的本征值是相同的，均为 $\pm(1/2)\Delta\tau$，此时只是输出主态有所变化，从 $|\varepsilon_{b\pm}\rangle$ 变成了 $|\eta_{b\pm}\rangle$。可以考察新主态 $|\eta_{b\pm}\rangle$ 的正交性，有

$$\begin{aligned}\langle\varepsilon_{b\pm} \mid \mathrm{j}\boldsymbol{U}_{\omega}\boldsymbol{U}^{\dagger} \mid \varepsilon_{b\pm}\rangle &= \langle\varepsilon_{b\pm} \mid \mathrm{j}\boldsymbol{P}_2^{-1}\boldsymbol{A}_{\omega}\boldsymbol{A}^{\dagger}\boldsymbol{P}_2 \mid \varepsilon_{b\pm}\rangle = \langle\eta_{b\pm} \mid \boldsymbol{A}_{\omega}\boldsymbol{A}^{\dagger} \mid \eta_{b\pm}\rangle \\ &= \pm\frac{1}{2}\Delta\tau\langle\varepsilon_{b\pm} \mid \varepsilon_{b\pm}\rangle = \pm\frac{1}{2}\Delta\tau\langle\eta_{b\pm} \mid \eta_{b\pm}\rangle \\ &= \pm\frac{1}{2}\Delta\tau\delta_{ij}\begin{cases}=1, i=j \\ =0, i\neq j\end{cases}\end{aligned} \tag{7.6.6}$$

其中用到了 $|\eta_{b\pm}\rangle = \boldsymbol{P}_2|\varepsilon_{b\pm}\rangle$ 的转置共轭 $\langle\varepsilon_{b\pm}|\boldsymbol{P}_2^{-1} = \langle\eta_{b\pm}|$。

可见，$\mathrm{j}\boldsymbol{A}_{\omega}\boldsymbol{A}^{\dagger}$ 矩阵的本征矢量(快慢主态)$|\eta_{b+}\rangle$ 和 $|\eta_{b-}\rangle$ 也是正交归一的。

从上面的讨论可知，如果原来的光纤传输系统描述偏振变换(包括偏振模色散)的矩阵是 $\boldsymbol{U}(\omega)$，其偏振模色散的差分群时延为 $\Delta\tau$，快慢主态为 $|\varepsilon_{b\pm}\rangle$。则如果在原来的光纤传输系统上前后都加上一段没有差分群时延的光纤(或者 DGD 可以

忽略),则新的光纤传输系统,DGD 不变,只是其快慢主态发生变化,变为$|\eta_{b\pm}\rangle$。

7.6.2 将偏振传输矩阵进行频率相关部分和频率无关部分划分的意义

上面讨论的意义在于,讨论偏振效应对于光信号在具有双折射的光纤中传输时的影响,可以从数学上将传输矩阵 $\boldsymbol{A}(\omega)$处理成与频率相关的部分 $\boldsymbol{U}(\omega)$,以及与频率无关的部分 $\boldsymbol{P}_1$ 和 $\boldsymbol{P}_2$,$\boldsymbol{A}(\omega)=\boldsymbol{P}_2\boldsymbol{U}(\omega)\boldsymbol{P}_1$。这样,可以将具有双折射的光纤对于光信号的偏振损伤分为偏振模色散损伤 $\boldsymbol{U}_{\text{PMD}}(\omega)$和偏振旋转损伤(偏振旋转的称谓来源于英语 rotation of state of polarization, RSOP。严格来讲,这种称谓不科学,所谓的与频率无关的 $\boldsymbol{P}_1$ 和 $\boldsymbol{P}_2$,其等价作用像偏振控制器对于光信号的作用,是将光信号进行任意的偏振转换,英文应该为 transformation of state of polarization。但是在光纤通信领域 RSOP 已经约定俗成)$\boldsymbol{P}_{\text{RSOP1}}$ 和 $\boldsymbol{P}_{\text{RSOP2}}$。

$$\boldsymbol{A}(\omega)=\boldsymbol{P}_{\text{RSOP2}}\boldsymbol{U}_{\text{PMD}}(\omega)\boldsymbol{P}_{\text{RSOP1}} \tag{7.6.7}$$

将上述讨论总结一下,得出下列结论。

(1) 偏振模色散 PMD 矩阵 $\boldsymbol{U}_{\text{PMD}}(\omega)$和偏振旋转 RSOP 矩阵 $\boldsymbol{P}_{\text{RSOP1}}$ 和 $\boldsymbol{P}_{\text{RSOP2}}$ 实际上都是光纤双折射造成的,加以区分是数学上简化的需要。

(2) 将偏振传输矩阵处理成式(7.6.7)那样以后,$\boldsymbol{A}(\omega)$矩阵整体的差分群时延 $\Delta\tau$ 与 $\boldsymbol{U}_{\text{PMD}}(\omega)$矩阵的(与频率相关部分)是一样的,只是快慢主态发生了变化。当 RSOP 与 PMD 共存时,只要 RSOP 发生变化,则光纤整体的主态 PSP 也将发生变化,此时,虽然差分群时延没有变化,也认为光纤传输系统的 PMD 发生了变化。因为在定义 PMD 时,DGD 与 PMD 是一体的,所产生的 DGD 是在两个快慢 PSP 之间产生的。式(7.6.7)中 RSOP 变化了,带动光纤系统整体快慢主态 PSP 也发生了变化,即产生 DGD 的对象 PSP 发生了变化,所以作为整体的 PMD 也发生了变化。

(3) 如果将光纤传输系统倒过来用,即收发端逆反过来,则原来的输出主态变为输入主态,原来的输入主态变为输出主态。从上面的分析可以看出,一个光纤传输系统,显然,输出主态一般可以与输入主态不同,也可以相同(可以看成有别于一般情况的特例),比如当用式(7.5.2)表示光纤偏振 $\boldsymbol{U}(\omega)$矩阵时,其输出主态与输入主态是相同的。

7.7 全阶偏振模色散的级联模型

在 7.3 节提到,电信光纤中的剩余双折射是在局部发生的、不均匀的、随机的,当光纤偏振模色散的 DGD 较小时,或者光纤信道带宽较窄时,是可以按照一阶偏振模色散近似的。当偏振模色散较大或者信道带宽较宽时,会考虑近似到二阶。如果光纤的偏振模色散很大,或者信道带宽也很宽时,偏振模色散必须按照全阶处理。将 N 段短光纤级联起来建模,被认为是较好的全阶偏振模色散建模。本节讨论这种级联模型。

7.7.1 双折射小段级联的偏振模色散级联规则[9]

上面提到普通电信光纤的偏振模色散可以等效为多个小段均匀双折射光纤的级联,可以通过每一个光纤小段的偏振模色散矢量叠加成整段光纤的偏振模色散矢量,这样的级联过程是所谓偏振模色散矢量的级联规则。

首先考虑一小段光纤的情况,显然这段双折射均匀光纤小段只有一阶偏振模色散。假设在斯托克斯空间中输入、输出偏振态分别用 $\hat{\boldsymbol{s}}$ 和 $\hat{\boldsymbol{t}}$ 表示,输入偏振模色散矢量(为输入慢主态方向)和输出偏振模色散矢量(为输出慢主态方向)分别用 $\boldsymbol{\tau}_{\mathrm{s}}$ 和 $\boldsymbol{\tau}$ 表示,光纤传输米勒矩阵为 $\boldsymbol{R}$,如图 7-7-1 所示,则有关系

$$\hat{\boldsymbol{t}}=\boldsymbol{R}\hat{\boldsymbol{s}},\ \boldsymbol{\tau}=\boldsymbol{R}\boldsymbol{\tau}_{\mathrm{s}} \tag{7.7.1}$$

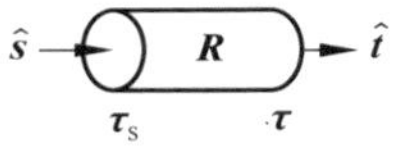

图 7-7-1 一小段双折射光纤

根据 7.3.2 节,还有关系

$$\boldsymbol{R}_{\omega}\boldsymbol{R}^{\dagger}=\boldsymbol{\tau}\times,\ \boldsymbol{R}^{\dagger}\boldsymbol{R}_{\omega}=\boldsymbol{\tau}_{\mathrm{s}}\times \tag{7.7.2}$$

再考虑两小段光纤级联,各个物理量标注在图 7-7-2 中。

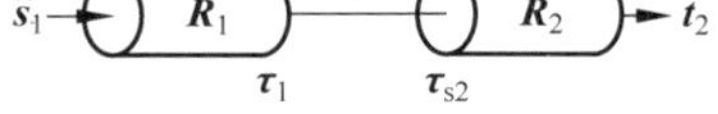

图 7-7-2 两小段双折射光纤级联

在一个位置的偏振模色散矢量才可以直接相叠加,这样需定义两段光纤中间的总偏振模色散矢量 $\boldsymbol{\tau}_{\mathrm{m}}$,其为第一段光纤输出偏振模色散矢量 $\boldsymbol{\tau}_1$ 和第二段光纤输入偏振模色散矢量 $\boldsymbol{\tau}_{2\mathrm{s}}$ 的叠加,有

$$\boldsymbol{\tau}_{\mathrm{m}}=\boldsymbol{\tau}_1+\boldsymbol{\tau}_{2\mathrm{s}}=\boldsymbol{\tau}_1+\boldsymbol{R}_2^{\dagger}\boldsymbol{\tau}_2 \tag{7.7.3}$$

则输出的总偏振模色散矢量为

$$\begin{aligned}\boldsymbol{\tau}_{\mathrm{tot}}&=\boldsymbol{R}_2\boldsymbol{\tau}_{\mathrm{m}}=\boldsymbol{R}_2(\boldsymbol{\tau}_1+\boldsymbol{R}_2^{\dagger}\boldsymbol{\tau}_2)=\boldsymbol{R}_2\boldsymbol{\tau}_1+\boldsymbol{R}_2\boldsymbol{R}_2^{\dagger}\boldsymbol{\tau}_2\\&=\boldsymbol{R}_2\boldsymbol{\tau}_1+\boldsymbol{\tau}_2\end{aligned} \tag{7.7.4}$$

显然,总偏振模色散矢量由 $\boldsymbol{\tau}_2$ 和 $\boldsymbol{R}_2\boldsymbol{\tau}_1$ 叠加组成,如图 7-7-3(a)所示。$\boldsymbol{R}_2\boldsymbol{\tau}_1$ 将 $\boldsymbol{\tau}_1$ 进行 $\boldsymbol{R}_2$ 的变换,$\boldsymbol{R}_2\boldsymbol{\tau}_1$ 等价于按照不同的圆频率绕着 $\boldsymbol{\tau}_2$ 进行旋转,旋转角度为

$\Delta\varphi_2=\Delta\omega\Delta\tau_2$。还可以看出两小段均匀双折射光纤级联后，偏振模色散$\boldsymbol{\tau}_{\text{tot}}$大小$|\boldsymbol{\tau}_{\text{tot}}|$不变，但是方向改变，$\boldsymbol{\tau}_{\text{tot}}$绕着$\hat{\boldsymbol{p}}_2$旋转。图7-7-3(b)显示，三个不同频率$\omega_1$、$\omega_2$、$\omega_3$的总级联偏振模色散矢量围绕$\hat{\boldsymbol{p}}_2$在旋转。显然，当两段级联时，在二阶偏振模色散矢量中$\boldsymbol{\tau}_{\text{tot}}$大小$|\boldsymbol{\tau}_{\text{tot}}|$不变，表示没有二阶的平行分量(PCD为零，$\Delta\tau_\omega=0$)，只有垂直分量(存在PSPrr，$|\mathrm{d}\hat{\boldsymbol{p}}_{\text{tot}}/\mathrm{d}\omega|\neq 0$)，垂直分量垂直于$\hat{\boldsymbol{p}}_2$，指向是在$\boldsymbol{R}_2\boldsymbol{\tau}_1$端点画出的圆环的切向上。图7-7-3(c)显示两段级联，其PSP谱($\boldsymbol{\tau}_{\text{tot}}/|\boldsymbol{\tau}_{\text{tot}}|$端点的轨迹)为一个圆环。

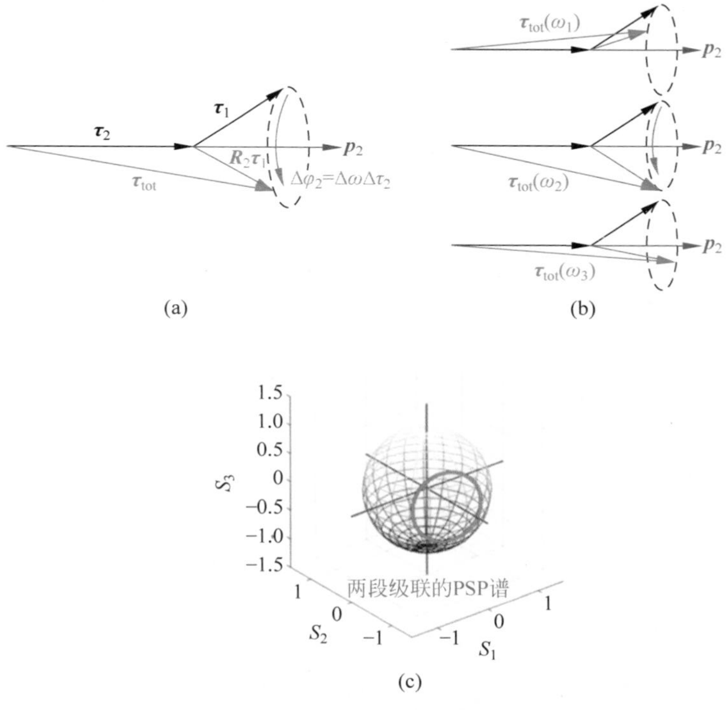

图7-7-3　两段光纤级联得到的偏振模色散

(a) 两小段双折射光纤级联得到的总偏振模色散矢量，其总的输出主态随频率变化端点形成一个圆环；(b) 三个不同频率总偏振模色散矢量的位置；(c) 两段双折射光纤级联时总输出主态端点随频率变化形成的圆环

还可以通过将式(7.7.4)对ω进行微商计算两段光纤级联的二阶偏振模色散，式(7.7.4)对角频率进行微商，得

$$\begin{aligned}\boldsymbol{\tau}_{\text{tot},\omega}&=\boldsymbol{R}_2\boldsymbol{\tau}_{1\omega}+\boldsymbol{R}_{2\omega}\boldsymbol{\tau}_1+\boldsymbol{\tau}_{2\omega}\\&=\boldsymbol{R}_{2\omega}\boldsymbol{\tau}_1=\boldsymbol{R}_{2\omega}\left[\boldsymbol{R}_2^{\dagger}(\boldsymbol{\tau}_{\text{tot}}-\boldsymbol{\tau}_2)\right]=\boldsymbol{\tau}_2\times(\boldsymbol{\tau}_{\text{tot}}-\boldsymbol{\tau}_2)\\&=\boldsymbol{\tau}_2\times\boldsymbol{\tau}_{\text{tot}}\end{aligned}\tag{7.7.5}$$

其中用到了每一小段二阶偏振模色散为零，即$\boldsymbol{\tau}_{1\omega}=\boldsymbol{\tau}_{2\omega}=0$。另外还利用了式(7.7.4)和式(7.7.2)。

从式(7.7.5)中可以看出，总的二阶偏振模色散$\boldsymbol{\tau}_{\text{tot}}$是随频率绕着$\hat{\boldsymbol{p}}_2$旋转的(将$\mathrm{d}\boldsymbol{\tau}_{\text{tot}}/\mathrm{d}\omega=\boldsymbol{\tau}_2\times\boldsymbol{\tau}_{\text{tot}}$与式(7.3.32进行对比))，与图7-7-3(a)、(b)、(c)画出的一致。

现在考虑三段均匀双折射级联的情况，令式(7.7.4)中的$\boldsymbol{\tau}_{\text{tot}}$写为$\boldsymbol{\tau}(2)$，意为两小段级联后的总偏振模色散矢量，仿造式(7.7.4)，可得

$$\begin{aligned}\boldsymbol{\tau}(3)&=\boldsymbol{\tau}_3+\boldsymbol{R}_3\boldsymbol{\tau}(2)\\&=\boldsymbol{\tau}_3+\boldsymbol{R}_3\boldsymbol{\tau}_2+\boldsymbol{R}_3\boldsymbol{R}_2\boldsymbol{\tau}_1\end{aligned}\tag{7.7.6}$$

其中，$\boldsymbol{\tau}(2)$和$\boldsymbol{\tau}(3)$分别代表两段光纤级联时的总PMD矢量和三段光纤级联时的总PMD矢量。

将式(7.7.6)对ω进行求导，可得

$$\boldsymbol{\tau}_{\omega}(3)=\boldsymbol{\tau}_3\times\boldsymbol{\tau}(3)+\boldsymbol{R}_3\boldsymbol{\tau}_{\omega}(2)\tag{7.7.7}$$

图7-7-4(a)显示了三段级联时偏振模色散矢量叠加的细节。在$\boldsymbol{\tau}_3$的基础上叠加矢量$\boldsymbol{R}_3\boldsymbol{\tau}_2$，$\boldsymbol{R}_2\boldsymbol{\tau}_1$相当于绕着$\boldsymbol{\tau}_2$将$\boldsymbol{\tau}_1$旋转一个位置，$\boldsymbol{R}_3\boldsymbol{R}_2\boldsymbol{\tau}_1$是再将$\boldsymbol{R}_2\boldsymbol{\tau}_1$绕着$\boldsymbol{\tau}_3$旋转一个位置，最后将$\boldsymbol{\tau}_3$、$\boldsymbol{R}_3\boldsymbol{\tau}_2$和$\boldsymbol{R}_3\boldsymbol{R}_2\boldsymbol{\tau}_1$叠加在一起。

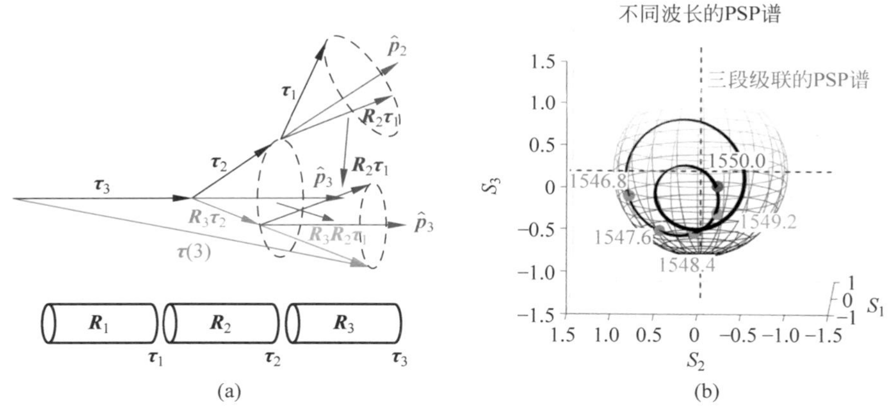

图7-7-4　三段均匀双折射级联的情况

(a) 三段级联形成的总偏振模色散矢量；(b) 三段级联后形成的PSP谱，图中标出了不同波长总PSP的位置

利用递推分析，可以得到m小段双折射光纤(图7-7-5)的级联公式，这些公式以表格的形式列在表7-7-1中。

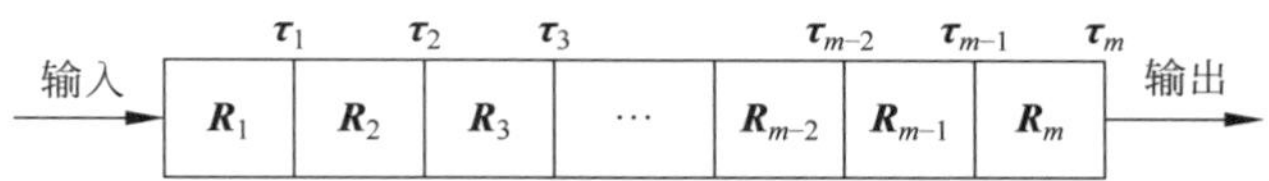

图 7-7-5　$\boldsymbol{m}$ 小段光纤级联示意图

表 7-7-1　$\boldsymbol{m}$ 段双折射短光纤级联的一阶偏振模色散、二阶偏振模色散的递推公式

级联段数	一阶偏振模色散矢量	二阶偏振模色散矢量
$m=1$	$\boldsymbol{\tau}(1)=\boldsymbol{\tau}_1$	$\boldsymbol{\tau}_\omega(1)=0$
$m=2$	$\boldsymbol{\tau}(2)=\boldsymbol{\tau}_2+\boldsymbol{R}_2\boldsymbol{\tau}(1)$	$\boldsymbol{\tau}_\omega(2)=\boldsymbol{\tau}_2\times\boldsymbol{\tau}(2)$
$m=3$	$\boldsymbol{\tau}(3)=\boldsymbol{\tau}_3+\boldsymbol{R}_3\boldsymbol{\tau}(2)$	$\boldsymbol{\tau}_\omega(3)=\boldsymbol{\tau}_3\times\boldsymbol{\tau}(3)+\boldsymbol{R}_3\boldsymbol{\tau}_\omega(2)$
⋮	⋮	⋮
$m=m$	$\boldsymbol{\tau}(m)=\boldsymbol{\tau}_m+\boldsymbol{R}_m\boldsymbol{\tau}(m-1)$	$\boldsymbol{\tau}_\omega(m)=\boldsymbol{\tau}_m\times\boldsymbol{\tau}(m)+\boldsymbol{R}_m\boldsymbol{\tau}_\omega(m-1)$

从表 7-7-1 中还可以总结出下面的合成公式

$$\boldsymbol{\tau}(m)=\boldsymbol{\tau}_m+\boldsymbol{R}_m\{\boldsymbol{\tau}_{m-1}+\boldsymbol{R}_{m-1}[\boldsymbol{\tau}_{m-2}\cdots\boldsymbol{R}_3(\boldsymbol{\tau}_2+\boldsymbol{R}_2\boldsymbol{\tau}_1)]\}\tag{7.7.8}$$

定义

$$\boldsymbol{R}(m,k)=\boldsymbol{R}_m\boldsymbol{R}_{m-1}\cdots\boldsymbol{R}_k,\boldsymbol{R}(m,m)=\boldsymbol{R}_m,\boldsymbol{R}(m,m+1)=\boldsymbol{I}\tag{7.7.9}$$

则有

$$\boldsymbol{\tau}(m)=\sum_{k=1}^{m}\boldsymbol{R}(m,k+1)\boldsymbol{\tau}_k\tag{7.7.10}$$

$$\boldsymbol{\tau}_\omega(m)=\sum_{k=1}^{m}R(m,k+1)[\boldsymbol{\tau}_{k\omega}+\boldsymbol{\tau}_k\times\boldsymbol{\tau}(k)]\tag{7.7.11}$$

7.7.2　琼斯空间中全阶偏振模色散的级联模型

从 7.7.1 节的讨论可以看出，1 段均匀双折射光纤只有一阶偏振模色散；2 段均匀双折射光纤级联可以得到二阶偏振模色散，但是只包含去偏振的垂直项，不包含平行分量 PCD；可以证明 3 段级联可以得到一阶偏振模色散、二阶偏振模色散的平行和垂直分量，当然其中还包含部分三阶偏振模色散分量[23]。因此级联的段数越多，可以包含的偏振模色散阶数越高，如果有足够多的段数进行级联，则理论上可以得到全阶偏振模色散[21,24]。

下面介绍如何利用 N 小段均匀双折射光纤级联得到整个光纤的偏振模色散传输 $\boldsymbol{U}$ 矩阵。如图 7-7-6 所示，整段光纤看成由 N 小段光纤级联构成，第 i 小段光纤双折射造成的 DGD 为 $\Delta\tau_i$，双折射的取向由 θ_i 描述。下面介绍如何求得整段光纤的偏振模色散的传输 $\boldsymbol{U}$ 矩阵。

将每一段小光纤的作用看成一个相位延迟器，第 i 段光纤产生 $\Delta\omega\Delta\tau_i$ 的相位

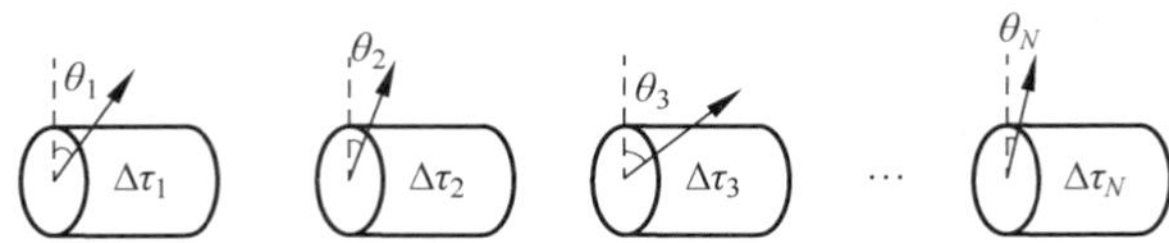

图 7-7-6　N 小段光纤级联的情况

延迟，与这一段光纤相联系的相位延迟矩阵为

$$\boldsymbol{J}_i(\omega,\Delta\tau_i)=\begin{pmatrix}e^{j\Delta\omega\Delta\tau_i/2} & 0\\ 0 & e^{-j\Delta\omega\Delta\tau_i/2}\end{pmatrix}\tag{7.7.12}$$

至于怎么处理小段与小段之间的连接，有许多连接方法可以选择，这里主要介绍如下几种方法。

1. 普尔提出的方法[24]

普尔将每一小段光纤处理成纯线双折射，不同的小段慢轴的方位角 θ_i 不同。这样，参考 4.2 节，信号进入这一小段光纤，需要旋转到本征坐标系中，相位延迟处理完以后，还要回到实验室坐标系。所以这一小段的传输 $\boldsymbol{U}$ 矩阵为

$$\boldsymbol{U}_i(\omega)=\boldsymbol{D}_i(\theta_i)\boldsymbol{J}_i(\omega,\Delta\tau_i)\boldsymbol{D}_i(-\theta_i)\tag{7.7.13}$$

其中表象变换矩阵

$$\boldsymbol{D}_i(\theta_i)=\begin{pmatrix}\cos\theta_i & -\sin\theta_i\\ \sin\theta_i & \cos\theta_i\end{pmatrix}\tag{7.7.14}$$

总的传输 $\boldsymbol{U}$ 矩阵为

$$\boldsymbol{U}(\omega)=\prod_{i=1}^{N}\boldsymbol{D}_i(\theta_i)\boldsymbol{J}_i(\omega,\Delta\tau_i)\boldsymbol{D}_i(-\theta_i)\tag{7.7.15}$$

其中方位角 θ_i 选[0～2π]的随机角度。

2. 将每一小段处理成椭圆双折射[21]

如果将每一小段处理成椭圆双折射，设第 i 小段的椭圆正交基为 $(\cos\theta_i\quad \sin\theta_i e^{j\varphi_i})^{\mathrm T}$ 和 $(-\sin\theta_i e^{-j\varphi_i}\quad \cos\theta_i)^{\mathrm T}$，则表象变换矩阵为

$$\boldsymbol{D}_i(\theta_i,\varphi_i)=\begin{pmatrix}\cos\theta_i & -\sin\theta_i e^{-j\varphi_i}\\ \sin\theta_i e^{j\varphi_i} & \cos\theta_i\end{pmatrix}\tag{7.7.16}$$

总的传输 $\boldsymbol{U}$ 矩阵为

$$\boldsymbol{U}(\omega)=\prod_{i=1}^{N}\boldsymbol{D}_i(\theta_i,\varphi_i)\boldsymbol{J}_i(\omega,\Delta\tau_i)\boldsymbol{D}_i(-\theta_i,-\varphi_i)\tag{7.7.17}$$

其中 θ_i 和 φ_i 随机分布在[0～2π]。

3. 小段之间衔接处理成偏振控制器

有的文献将双折射小段之间的衔接矩阵看成是偏振控制器，而偏振控制器应该处理成三自由度 α、β、κ，根据衔接矩阵应该是幺正矩阵，则三自由度的衔接矩阵为[25]

$$\boldsymbol{D}_i(\alpha_i,\beta_i,\kappa_i)=\begin{pmatrix}\cos\kappa_i\mathrm{e}^{\mathrm{j}\alpha_i} & -\sin\kappa_i\mathrm{e}^{\mathrm{j}\beta_i}\\ \sin\theta_i\mathrm{e}^{-\mathrm{j}\beta_i} & \cos\kappa_i\mathrm{e}^{-\mathrm{j}\alpha_i}\end{pmatrix}\tag{7.7.18}$$

总的传输矩阵 $\boldsymbol{U}$ 为

$$\boldsymbol{U}(\omega)=\prod_{i=1}^{N}\boldsymbol{D}_i(\alpha_i,\beta_i,\kappa_i)\boldsymbol{J}_i(\omega,\Delta\tau_i)\tag{7.7.19}$$

其中 α_i、β_i、κ_i 随机分布在[0～2π]。

在遵循上述 3 种方法计算出传输矩阵 $\boldsymbol{U}(\omega)$之后，选择适当的频率范围和计算对频率微商的频率间隔 $\Delta\omega$，可以由式(7.3.20)计算 $\boldsymbol{Q}$ 矩阵，再从式(7.3.22)和式(7.3.23)求解 $\boldsymbol{Q}$ 矩阵的本征值 $\lambda_{\pm}=\pm\Delta\tau/2$ 和本征偏振基 $|\varepsilon_{b+}\rangle$ 与 $|\varepsilon_{b-}\rangle$。进一步，还可以利用 7.5.2 节的二阶偏振模色散模型计算二阶偏振模色散的传输矩阵 $\boldsymbol{U}$。

因为 N 段光纤级联模型，其衔接矩阵中牵涉的角度都是随机选取的，因此各段之间有可能是快主态遇到慢主态，也有可能是快主态遇到了快主态，大多数情况是介于这二者之间。因此，每一次随机取角度都会得到不同的总偏振模色散。比如 2 段光纤级联，DGD 分别取 20ps 和 10ps，则当第 1 段和第 2 段快主态与快主态重合时，得到最大的总 DGD：$\Delta\tau_{总}=20\text{ps}+10\text{ps}=30\text{ps}$；当快主态与慢主态重合时，得到最小的总 DGD：$\Delta\tau_{总}=20\text{ps}-10\text{ps}=10\text{ps}$；一般情况下，总 DGD 介于 30ps 和 10ps 之间。由于衔接矩阵的随机性，计算所得的整段光纤 DGD 积累足够多的统计样本后，我们可以得到所有 DGD 样本的平均值 $\langle\Delta\tau\rangle$ 或者均方值 $\sqrt{\langle\Delta\tau^2\rangle}$。经过统计计算，可以证明整段光纤 DGD 的均方值与每一小段的 DGD 之间有关系

$$\langle\Delta\tau^2\rangle=\sum_{i=1}^{N}\Delta\tau_i^2\tag{7.7.20}$$

注意上式中所谓 DGD 的均方值并不是对所有小段的 $\Delta\tau_i^2$ 求均值，而是当衔接矩阵中各角度随机在[0～2π]取值后，得到不同的 $\boldsymbol{U}$ 矩阵。再由式(7.3.20)计算 $\boldsymbol{Q}$ 矩阵，从而再利用式(7.3.22)和式(7.3.23)求解整段光纤的 $\Delta\tau$，积累足够多的统计样本后统计均方值 $\langle\Delta\tau^2\rangle$。当然还可以统计平均值 $\langle\Delta\tau\rangle$，DGD 平均值与均方值之间的关系为

$$\langle\Delta\tau\rangle^2=\frac{8}{3\pi}\langle\Delta\tau^2\rangle\tag{7.7.21}$$

上面列举了 N 段光纤级联时衔接矩阵怎样计算,并没有说明每一小段相位延迟矩阵(式(7.7.12))中的时延差 $\Delta\tau_i$ 如何取值,下面进行讨论。

一条实际的光纤链路在长时间段进行不断测量(至少一年),在不同时间针对不同频率光纤信道测量的差分群时延都不相同,但是对这条光纤链路进行每次的测量值以及进行不同信道测量值的平均值相对来讲是一个定值,即 $\langle\Delta\tau\rangle$(以及 $\langle\Delta\tau^2\rangle$)相对来讲是定值。当这条光纤的平均 DGD$\langle\Delta\tau\rangle$ 给定,或者光纤的 PMD 系数 D_{PMD} 给定时,每一小段的时延差有不同的确定法,这里列出两种常用的方法。

(1) $\langle\Delta\tau\rangle$ 给定时[26],

$$\Delta\tau_i = \sqrt{\frac{3\pi}{8N}}(1+\sigma x_i)\langle\Delta\tau\rangle \tag{7.7.22}$$

其中,N 为被分成的短光纤段数,x_i 取均值为 0、方差为 σ 的高斯分布的 N 个随机数。如果方差 σ 为 0,意味着每一小段 $\Delta\tau_i$ 取相同的值。方差 σ 增大,意味着各段短光纤 $\Delta\tau_i$ 取值随机性增大。

(2) D_{PMD} 给定时[24],

$$\Delta\tau_i = \sqrt{\frac{3\pi\Delta l_i}{8}}D_{\text{PMD}} \tag{7.7.23}$$

其中,Δl_i 是第 i 小段光纤的长度。

7.8 光纤偏振模色散的统计规律

7.8.1 一阶和二阶偏振模色散服从的统计规律

光纤偏振模色散的起因是光纤里的随机双折射。电信光纤不仅会因为光纤制造过程中产生本征双折射,还会在成缆和铺设中受外界影响,产生各种双折射。光纤有地埋光缆,有架空光缆,都要受到附近环境的影响,特别是架空光缆受到外界的影响更大。不论是地埋光缆还是架空光缆都会受到白天和黑夜轮转、四季轮换时温度、振动、雷雨的影响,光纤在不同时刻不同地点双折射情况都不一样,因此双折射是随机的。再者,在高阶偏振模色散情况下,光纤偏振模色散的 DGD 和 PSP 均会随频率而变化。综上所述,光纤偏振模色散会随时间以及随频率(不同信道频率不同)而演化,因此偏振模色散具有统计特性。其含义是:锁定一条光纤,如果将其某一时刻、某一频率的偏振模色散作为一个样本,不同时刻、不同频率的偏振模色散均不同,会得到许多样本,它们存在统计上的规律性,即所谓统计规律。

到目前为止,人们对于一阶偏振模色散 DGD 的统计规律、二阶偏振模色散统计规律已经了解得非常清楚了,三阶以上偏振模色散的统计规律由于太过于复杂,研究有待突破。

分析偏振模色散的统计规律可以借助7.7节短光纤级联的模型。从7.7节可以知道，利用 N 段双折射均匀的小段光纤级联，在给定整条光纤的DGD平均值 $\langle\Delta\tau\rangle$ 时，或者光纤的PMD系数 D_{PMD} 已知时，再给定需要分析的频率范围 $[\omega_{\text{低频}} \sim \omega_{\text{高频}}]$。当第 i 段短光纤的取值用式(7.7.22)和式(7.7.23)给出，且各段之间的衔接矩阵由式(7.7.14)、式(7.7.16)和式(7.7.18)三者之一给定后，就得到了级联后整段光纤频率范围 $[\omega_{\text{低频}} \sim \omega_{\text{高频}}]$ 内各个频点的传输 $\boldsymbol{U}$ 矩阵以及 $\boldsymbol{U}_\omega$。紧接着，可以由式(7.3.20)计算 $\boldsymbol{Q}$ 矩阵，再从式(7.3.22)和式(7.3.23)求解 $\boldsymbol{Q}$ 矩阵在各个频点的本征值 $\lambda_{\pm} = \pm\Delta\tau/2$ 和快慢主态 $|\varepsilon_{b+}\rangle$ 与 $|\varepsilon_{b-}\rangle$。

如图7-8-1所示，当衔接矩阵在 N 小段中间衔接的一系列角度给出后，可以得到DGD随频率的变化曲线，以及相对于这个曲线上各个DGD样本的分布图(右侧的柱状分布图)。如果再一次一次地随机给出 N 小段中间衔接的系列角度，次数足够多，对应每一次随机给出的系列角度，就有每一组给定的 N 小段中间系列衔接矩阵，最后得到这一次的传输 $\boldsymbol{U}$ 矩阵以及 $\boldsymbol{U}_\omega$，经计算可以给出对应这一次 $\boldsymbol{U}$ 和 $\boldsymbol{U}_\omega$ 的一组各个频点DGD的样本，将对应各次 $\boldsymbol{U}$ 和 $\boldsymbol{U}_\omega$ 的各个频点的DGD所有样本合在一起，可以画出最终的DGD分布曲线，如图7-8-2(a)所示。在此基础上，可以计算二阶偏振模色散的平行分量PCD($\Delta\tau_\omega$)、垂直分量去偏振项($|\Delta\tau\hat{\boldsymbol{p}}_\omega|$)以及二阶偏振模色散矢量大小($|\boldsymbol{\tau}_\omega|$)的分布，分别如图7-8-2(b)、(c)、(d)所示。

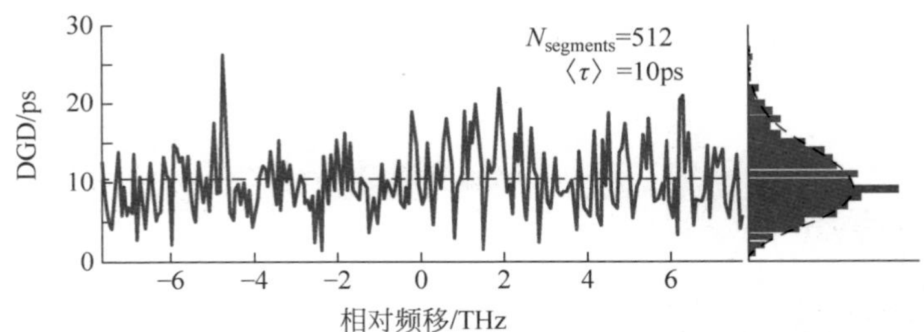

图7-8-1　DGD平均值为10ps，利用512小段光纤级联，得到的差分群时延随频率的变换曲线，以及DGD的分布图

理论表明，对于全阶偏振模色散模型，其中反映一阶偏振模色散的DGD分布为麦克斯韦分布(Maxwell's distribution)[8, 10]，其概率密度分布可以写成

$$P(x=\Delta\tau)=\frac{32x^2}{\pi\langle\Delta\tau\rangle^3}\exp\left(-\frac{4x^2}{\pi\langle\Delta\tau\rangle^2}\right) \tag{7.8.1}$$

其中，$\langle\Delta\tau\rangle$ 是光纤的平均DGD。图7-8-2(a)中的实线反映的就是式(7.8.1)表示的麦克斯韦分布。

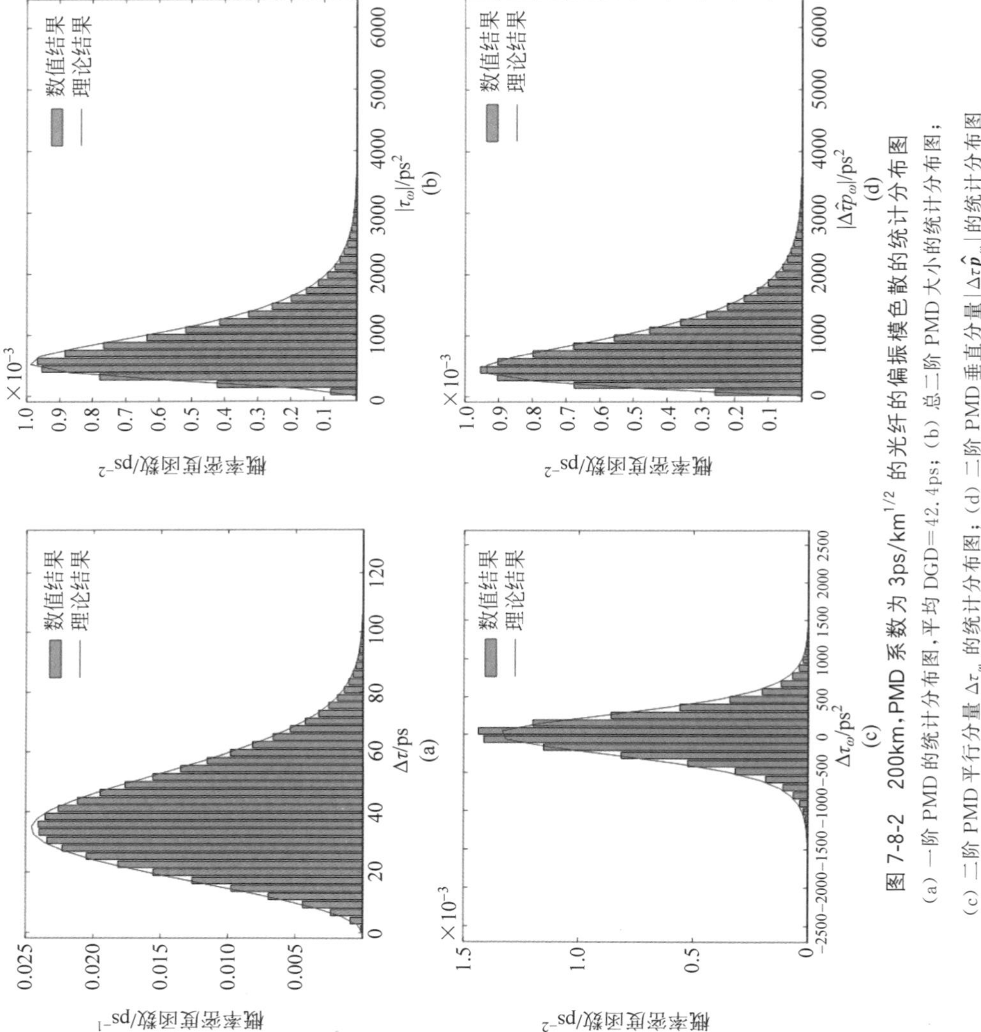

图 7-8-2　200km，PMD 系数为 3ps/km$^{1/2}$ 的光纤的偏振模色散的统计分布图

(a) 一阶 PMD 的统计分布图，平均 DGD=42.4ps；(b) 总二阶 PMD 大小的统计分布图；(c) 二阶 PMD 平行分量 $\Delta\tau_\omega$ 的统计分布图；(d) 二阶 PMD 垂直分量 $|\Delta\tau\hat{\boldsymbol{p}}_\omega|$ 的统计分布图

根据这个麦克斯韦分布，可以计算 DGD 的平均值$\langle\Delta\tau\rangle$和 DGD 的均方值$\langle\Delta\tau^2\rangle$。

$$\langle\Delta\tau\rangle=\int_0^\infty \Delta\tau P(\Delta\tau)\,\mathrm{d}\Delta\tau,\quad \langle\Delta\tau^2\rangle=\int_0^\infty \Delta\tau^2 P(\Delta\tau)\,\mathrm{d}\Delta\tau \tag{7.8.2}$$

利用式(7.8.2)和式(7.8.1)可得

$$\langle\Delta\tau\rangle=\sqrt{\frac{8}{3\pi}}\sqrt{\langle\Delta\tau^2\rangle} \tag{7.8.3}$$

对于二阶偏振模色散，其二阶偏振模色散的模值($|\boldsymbol{\tau}_\omega|$)、平行分量 PCD ($\Delta\tau_\omega$)以及垂直分量去偏振项模值($|\Delta\tau\hat{\boldsymbol{p}}_\omega|$)的概率密度分布分别为

$$P(x=|\boldsymbol{\tau}_\omega|)=\frac{8}{\pi\langle\Delta\tau\rangle^2}\frac{4x}{\langle\Delta\tau\rangle^2}\tanh\frac{4x}{\langle\Delta\tau\rangle^2}\operatorname{sech}\frac{4x}{\langle\Delta\tau\rangle^2} \tag{7.8.4}$$

$$P(x=\Delta\tau_\omega)=\frac{2}{\langle\Delta\tau\rangle^2}\operatorname{sech}^2\frac{4x}{\langle\Delta\tau\rangle^2} \tag{7.8.5}$$

$$P(x=|\Delta\tau\hat{\boldsymbol{p}}_\omega|)=x\left(\frac{8}{\pi\langle\Delta\tau\rangle^2}\right)^2\int_0^\infty \mathrm{d}\alpha\,\mathrm{J}_0\left(\frac{8\alpha x}{\pi\langle\Delta\tau\rangle^2}\right)\operatorname{sech}\alpha\sqrt{\alpha\tanh\alpha} \tag{7.8.6}$$

其中，$\mathrm{J}_0(x)$为零阶贝塞尔函数。上述 3 个概率分布分别对应图 7-8-2(b)、(c)、(d)。

利用式(7.8.4)、式(7.8.5)、式(7.8.6)，可以计算二阶偏振模色散各个量的统计平均值和均方值。

(1) 二阶偏振模色散模值

$$\langle|\boldsymbol{\tau}_\omega|\rangle=\frac{2G}{\pi}\langle\Delta\tau\rangle^2,\quad \langle|\boldsymbol{\tau}_\omega|^2\rangle=\frac{1}{3}\langle\Delta\tau^2\rangle^2 \tag{7.8.7}$$

(2) PCD

$$\langle\Delta\tau_\omega\rangle=0,\quad \langle\Delta\tau_\omega^2\rangle=\frac{1}{27}\langle\Delta\tau^2\rangle^2 \tag{7.8.8}$$

(3) 去偏振项

$$\langle|\Delta\tau\hat{\boldsymbol{p}}_\omega|^2\rangle=\frac{8}{27}\langle\Delta\tau^2\rangle^2 \tag{7.8.9}$$

其中，$G=0.915965\cdots$是伽塔兰(Gatalan)常数。

比较式(7.8.8)和式(7.8.9)以及图 7-8-2(c)和(d)，可知 PCD 项的统计平均值为零，而去偏振项统计平均值不为零，去偏振项的均方值($8\langle|\boldsymbol{\tau}_\omega|^2\rangle/9$)是 PCD 项($\langle|\boldsymbol{\tau}_\omega|^2\rangle/9$)的 8 倍，因此往往把 PCD 项称为二阶偏振模色散的统计小分量，而去偏振项称为统计大分量。实际上，就二阶偏振模色散对于光纤通信系统的影响来说，去偏振项的影响大大超过 PCD 项。

7.8.2 一阶和二阶偏振模色散的联合概率密度

有时候人们需要关注一阶 PMD 和二阶 PMD 的联合概率密度分布函数。前面提到，一阶 PMD 概率密度分布函数 $P(|\boldsymbol{\tau}|)$是式(7.8.1)，总的二阶 PMD 概率密度分布函数 $P(|\boldsymbol{\tau}_\omega|)$是式(7.8.4)。如果假设二者的概率分布是完全独立的，则有 $P(|\boldsymbol{\tau}|,|\boldsymbol{\tau}_\omega|)=P(|\boldsymbol{\tau}|)P(|\boldsymbol{\tau}_\omega|)$。而实际上其二者之间是有关联的，并不是完全独立的。图 7-8-3 是利用 12 段短光纤仿真得到的一阶 PMD 和二阶 PMD 的联合概率密度分布函数的等高线(频率范围为 5000GHz，频率间隔为 6GHz)。其中等高线标注的数值意味着等高线内部的总联合概率数值，它是 $P(|\boldsymbol{\tau}|,|\boldsymbol{\tau}_\omega|)$三维曲面下的积分值，反映了光纤一阶 PMD 与二阶 PMD 联合取值后的概率。比如标注 50%的曲线表示在这个曲线内一阶 PMD 与二阶 PMD 联合取值在这个范围内的概率是 50%。由于横轴的差分群时延 DGD 被平均 DGD($\langle\Delta\tau\rangle$)归一化，纵轴的二阶 PMD(second-order-PMD，SOPMD)被$\langle\Delta\tau\rangle^2$ 归一化，所以图 7-8-3 可以代表普遍的光纤情况，一根光纤的$\langle\Delta\tau\rangle$确定后，其整体表现出的一阶 PMD 和二阶 PMD 的联合概率情况就确定了。

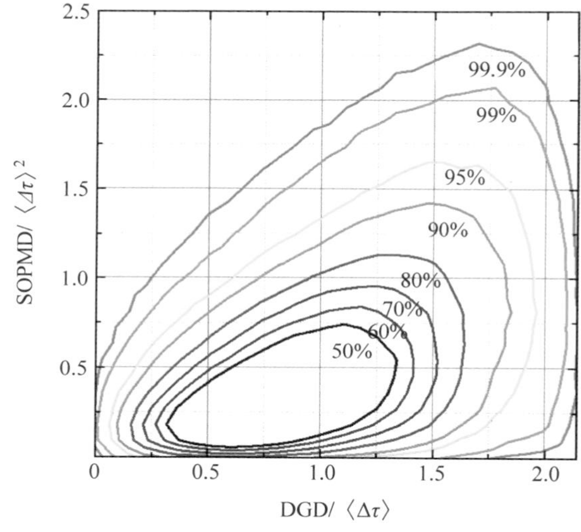

图 7-8-3 光纤一阶 PMD 和二阶 PMD 联合概率分布函数

赫夫纳(B. Heffner)于 2008 年给出了一个一阶 PMD 和二阶 PMD 联合概率密度函数的经验公式[27]，如果 x、y 分别表示一阶 PMD($|\boldsymbol{\tau}|/\langle\Delta\tau\rangle$)、二阶 PMD($|\boldsymbol{\tau}_\omega|/\langle\Delta\tau\rangle^2$)，则联合概率密度函数可以表示为

$$P(x,y)=10^{\boldsymbol{B}_y^{\mathrm{T}}(y)\cdot\boldsymbol{W}\cdot\boldsymbol{B}_x(x)} \tag{7.8.10}$$

其中，$\boldsymbol{B}_x(x)$和$\boldsymbol{B}_y(y)$分别为5维和6维矢量函数

$$\boldsymbol{B}_x(x)=\begin{pmatrix}(0.05+x)^{-1/5}\\1\\x\\x^2\\x^3/10\end{pmatrix},\quad \boldsymbol{B}_y(y)=\begin{pmatrix}e^{-6y}\\e^{-y}\\1\\y\\y^2\\y^3/100\end{pmatrix} \tag{7.8.11}$$

$\boldsymbol{W}$是6×5维矩阵

$$\boldsymbol{W}=\begin{pmatrix}-6.84413 & 7.26557 & -3.75161 & 1.52517 & -2.05542\\10.7254 & -17.2916 & 3.79351 & -0.886757 & 1.03959\\-13.0791 & 21.067548 & -4.44893 & 0.208947 & -0.657333\\5.87094 & -13.2708 & 5.65587 & -1.31861 & 1.13062\\-0.912859 & 1.53578 & -0.798822 & 0.230175 & -0.218831\\3.97736 & -6.91356 & 3.69591 & -1.13612 & 1.12773\end{pmatrix} \tag{7.8.12}$$

图7-8-4显示利用式(7.8.10)计算得到的一阶PMD与二阶PMD的联合概率分布，与仿真出来的图7-8-3是一致的。

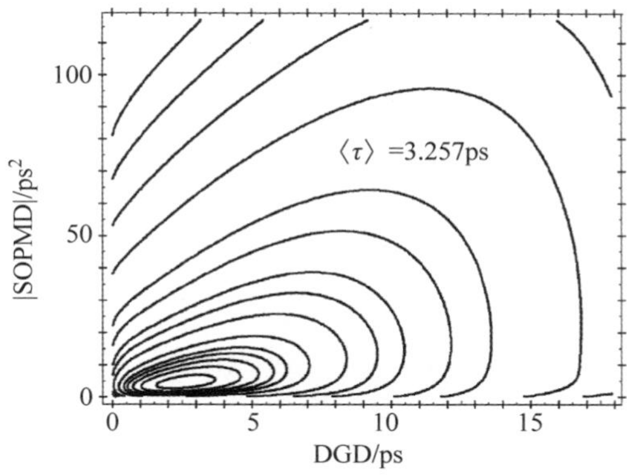

图7-8-4　利用式(7.8.10)、式(7.8.11)、式(7.8.12)计算的一阶PMD和二阶PMD联合概率密度分布函数，其中等高线从里到外对应10^{-n}，$n=1.5, 1.75, 2, 2.25, 2.5, 3, 4, 5, 6, 8, 10, 15, 20, 25, 30$[27]

7.9 偏振模式耦合：双折射意义上的短光纤和长光纤

前面讨论过，对于保偏光纤，在整条光纤上其双折射是均匀的，即其快慢轴方向不变，以及整条光纤快慢轴折射率差 Δn 几乎是均匀的，而且由于快慢轴折射率差 Δn 比较大(保偏光纤 $\Delta n \sim 10^{-4}$，电信光纤 $\Delta n < 10^{-7}$)，当光信号在保偏光纤中传输时，快慢偏振模式之间很难相互耦合。这样，如果光信号以线偏振沿着快轴或者慢轴方向输入保偏光纤，这个沿快轴(或者慢轴)线偏振的光信号在传输中将保持偏振态不变，几乎不会耦合到另一个偏振模式去，这就是保偏光纤保偏的作用。

而对存在随机双折射的电信光纤，其双折射是局部的，在整条光纤上是不均匀的、随机的，因此经常将这种光纤作 N 段级联处理，其双折射矢量 $\boldsymbol{B}(z)$ 沿光纤随着环境不断发生无规变化。这不仅是双折射折射率差 Δn 无规变化，也包括双折射的偏振模式也沿光纤无规变化，即 $\boldsymbol{B}(z)$ 的方向沿光纤无规变化。这样，光纤的差分群时延并不是沿着光纤长度方向线性积累的，即 $\Delta\tau$ 并不正比于光纤长度。另外就整条光纤来看，还是近似存在快主态和慢主态的，即从整体看存在两个正交的本征偏振模式，但是这两个偏振模式随频率、时间(周围环境随时间变化)不断(随机)地变化，这也可以看成是在两个本征偏振模式之间发生了强耦合，即光信号在快偏振模式和慢偏振模式之间相互耦合，使得 $\Delta\tau$ 只能正比于光纤长度的平方根。这种双折射的无规变化只能进行统计分析。

普尔将上述偏振模式耦合用图 7-9-1 来说明[28-29]。假定有大量相同的光纤样本处于相同的随机扰动环境中(比如处于相同的随机温度环境、成缆环境、铺设环境等)，在入纤处激励一个相同的偏振模式，比如平行于光轴的线偏振态，入纤处在庞加莱球上所有光纤中光信号偏振态都位于同一点，光信号平行与垂直分量的归一化光功率平均来看 $\langle P_{/\!/}\rangle=1$，$\langle P_{\perp}\rangle=0$。经过光纤传输，刚开始光信号所在的偏振模式还基本能得到保持。但是随着传输距离的增长，统计地看，光信号的光功率经随机扰动会逐渐耦合到另一个偏振模式，且不同样本情况不同，在庞加莱球上，不同样本的偏振态分布到更大的区域中。随着传输，最终会形成不同样本的平行与垂直分量的归一化光功率平均来看几乎相同，即 $\langle P_{/\!/}\rangle=\langle P_{\perp}\rangle=1/2$。此时不同样本的光信号偏振态已经均匀分布在整个庞加莱球上了。

定义一个光纤偏振模式的耦合长度 L_c(coupling length)，也称为相关长度(correlation length)，来衡量光纤偏振模式是否充分耦合的长度。其定义是假如光信号入射一偏振模式，使得 $\langle P_{/\!/}\rangle=1$，$\langle P_{\perp}\rangle=0$，则传输到耦合长度 L_c 时偏振模式耦合会造成 $\langle P_{/\!/}(L_c)\rangle-\langle P_{\perp}(L_c)\rangle=P_{total}/e^2$，即

$$\frac{\langle P_{/\!/}(L_c)\rangle-\langle P_{\perp}(L_c)\rangle}{P_{total}}=\frac{1}{e^2} \tag{7.9.1}$$

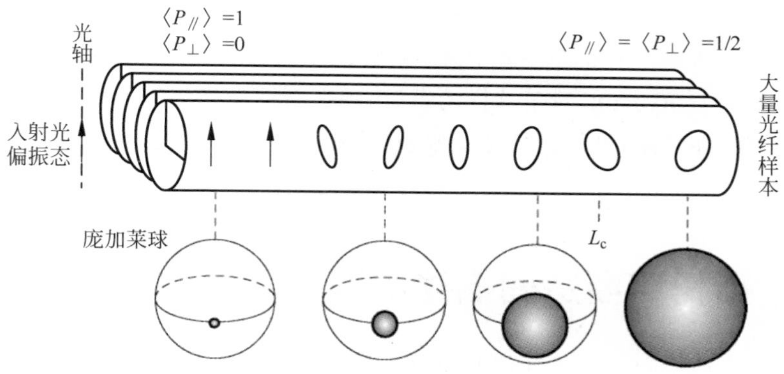

图 7-9-1　偏振模式耦合的效果

此时认为偏振模式耦合已经比较充分地完成了。

普尔利用耦合长度给出了一般单模电信光纤 DGD 均方值随传输距离变化的统计公式[28]

$$\langle \Delta\tau^2 \rangle = 2\left(\Delta\tau_B \frac{L_c}{L_B}\right)^2 \left(\frac{L}{L_c} + e^{-L/L_c} - 1\right) \tag{7.9.2}$$

其中，L_B 是光纤的双折射拍长，$\Delta\tau_B$ 是在一个拍长内产生的差分群时延。利用这个公式可以将含双折射的光纤分为短光纤情形和长光纤情形。

短光纤情形被认为是偏振模式极弱耦合的情形，也称为非耦合模式情形(non-mode-coupled)，而长光纤情形是偏振模式充分耦合的情形。

短光纤的情形相当于 $L \ll L_c$，此时均方根差分群时延为

$$\begin{aligned}\Delta\tau_{rms} &= \sqrt{\langle \Delta\tau^2 \rangle} \approx \sqrt{2}\left(\Delta\tau_B \frac{L_c}{L_B}\right)\sqrt{\frac{L}{L_c} - 1 + \left[1 - \frac{L}{L_c} + \frac{1}{2}\left(\frac{L}{L_c}\right)^2\right]} \\ &= \frac{\Delta\tau_B}{L_B} L \propto L \end{aligned} \tag{7.9.3}$$

保偏光纤和短电信光纤属于这种情况，其双折射可以认为沿光纤是均匀的，DGD 正比于光纤长度，式(7.9.3)与式(7.1.1)和式(7.1.2)是一致的。

长光纤的情形相当于 $L \gg L_c$，此时均方根差分群时延为

$$\Delta\tau_{rms} = \sqrt{\langle \Delta\tau^2 \rangle} \approx \sqrt{2}\left(\Delta\tau_B \frac{L_c}{L_B}\right)\sqrt{\frac{L}{L_c}} = \left(\frac{\Delta\tau_B}{L_B}\right)\sqrt{2L_c L} \propto \sqrt{L} \tag{7.9.4}$$

一般的长电信光纤属于长光纤的范畴，其差分群时延不像短光纤是正比光纤长度，而是与光纤长度的平方根成正比，这也是 PMD 系数单位是 $ps/km^{1/2}$ 的原因。现在制造的光纤，其 PMD 系数已经小于 $0.06ps/km^{1/2}$。反观 1996 年 ITU-T 对于 G.652 单模光纤的 PMD 系数要求小于 $0.5ps/km^{1/2}$，而 20 世纪 90 年代以前铺设

的光纤，PMD 系数会大于 $0.8\mathrm{ps/km^{1/2}}$。

虽然现在新铺设的光纤一般 PMD 系数很小，但相对于下一代光纤通信系统，波特率会大于 100Gbaud，对于这样的系统，现在新铺设光纤的 PMD 系数还是显得偏大，另外有些旧时铺设的光纤还在服役，我们还是要关注光纤偏振模色散带来的影响。

7.10 斯托克斯空间描述偏振模色散演化的动态方程

在斯托克斯空间研究光纤偏振模色散往往用偏振模色散矢量演化的动态方程来描述。

假定光纤中传输到 z 处的光信号偏振态为 $\boldsymbol{S}(\omega,z)$，它既是 z 的函数，也是 ω 的函数，其在光纤中传输时，随距离的演化由方程(7.10.1)决定(式(6.5.18))

$$\frac{\partial \boldsymbol{S}}{\partial z}=\boldsymbol{B}(\omega,z)\times\boldsymbol{S} \tag{7.10.1}$$

其中，$\boldsymbol{B}(\omega,z)$ 是 z 处的本地双折射矢量，它与位置 z 和频率 ω 有关。另外 $\boldsymbol{S}(\omega,z)$ 随频率的变化由方程(7.10.2)决定(式(7.3.32))

$$\frac{\partial \boldsymbol{S}}{\partial \omega}=\boldsymbol{\tau}(\omega,z)\times\boldsymbol{S} \tag{7.10.2}$$

将式(7.10.1)两边对角频率 ω 求导，将式(7.10.2)两边对距离 z 求导，认为 $\dfrac{\partial^2 \boldsymbol{S}}{\partial\omega\partial z}=\dfrac{\partial^2 \boldsymbol{S}}{\partial z\partial\omega}$，则

$$\begin{aligned}\frac{\partial \boldsymbol{B}}{\partial \omega}\times\boldsymbol{S}+\boldsymbol{B}\times\frac{\partial \boldsymbol{S}}{\partial \omega}&=\frac{\partial \boldsymbol{B}}{\partial \omega}\times\boldsymbol{S}+\boldsymbol{B}\times(\boldsymbol{\tau}\times\boldsymbol{S})\\&=\frac{\partial \boldsymbol{\tau}}{\partial z}\times\boldsymbol{S}+\boldsymbol{\tau}\times\frac{\partial \boldsymbol{S}}{\partial z}=\frac{\partial \boldsymbol{\tau}}{\partial z}\times\boldsymbol{S}+\boldsymbol{\tau}\times(\boldsymbol{B}\times\boldsymbol{S})\end{aligned} \tag{7.10.3}$$

得

$$\begin{aligned}\frac{\partial \boldsymbol{\tau}}{\partial z}\times\boldsymbol{S}&=\frac{\partial \boldsymbol{B}}{\partial \omega}\times\boldsymbol{S}+\boldsymbol{B}\times(\boldsymbol{\tau}\times\boldsymbol{S})-\boldsymbol{\tau}\times(\boldsymbol{B}\times\boldsymbol{S})\\&=\frac{\partial \boldsymbol{B}}{\partial \omega}\times\boldsymbol{S}+(\boldsymbol{B}\times\boldsymbol{\tau})\times\boldsymbol{S}\end{aligned} \tag{7.10.4}$$

推导中用到了矢量运算公式 $\boldsymbol{a}\times(\boldsymbol{b}\times\boldsymbol{c})=(\boldsymbol{a}\cdot\boldsymbol{c})\boldsymbol{b}-(\boldsymbol{a}\cdot\boldsymbol{b})\boldsymbol{c}$。上式左边和最后结果里每一项最后都是 $\times\boldsymbol{S}$，显然对于任意偏振态 $\boldsymbol{S}$ 公式都成立，因此有

$$\frac{\partial \boldsymbol{\tau}(\omega,z)}{\partial z}=\frac{\partial \boldsymbol{B}(\omega,z)}{\partial \omega}+\boldsymbol{B}(\omega,z)\times\boldsymbol{\tau}(\omega,z) \tag{7.10.5}$$

这个公式就是偏振模色散矢量的动态方程，也叫作偏振模色散演化的演化方程，它随距离 z 的演化与 z 处本地双折射矢量 $\boldsymbol{B}(\omega,z)$ 有关。

注意，式中的 $\boldsymbol{\tau}(\omega,z)$ 是 0 到 z 的一段光纤相应于频率 ω 的偏振模色散矢量，是一个积累量，不要错误地理解成 z 处的偏振模色散矢量，如图 7-10-1 所示。而本地双折射矢量 $\boldsymbol{B}(\omega,z)$ 是局域量，可以说是 z 处的双折射矢量。

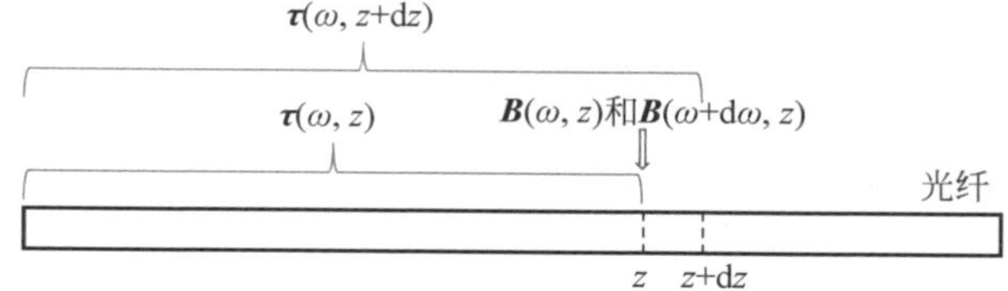

图 7-10-1 对于 $\boldsymbol{\tau}(\omega,z)$ 与 $\boldsymbol{\tau}(\omega,z+\mathrm{d}z)$ 理解的示意图

由于动态方程中的偏振模色散矢量和双折射矢量都是位置的随机函数，因此动态方程是一个随机微分方程，它的解是满足一定概率分布的随机变量。利用基于它的一套理论可以得出 7.8 节中偏振模色散的各种统计分布公式，比如式(7.8.1)、式(7.8.4)、式(7.8.5)、式(7.8.6)等。由于讨论这个方程的求解法需要较多的随机过程理论，在此不再多加讨论，希望更进一步了解的读者请参考文献[30]。

7.11 非线性光纤通信系统中耦合非线性薛定谔方程和马纳科夫方程

以上的讨论，都是将光纤信道看成是线性系统，不适合含有非线性效应的光纤信道。描述单偏振的非线性光纤信道，可以用非线性薛定谔方程处理；描述双偏振的单模光纤非线性信道，不计入偏振模色散效应时，可以用耦合的非线性薛定谔方程处理。在双偏振光纤信道，如果偏振模色散与非线性效应均不能忽略，处理的方法是什么？

1987 年，梅纽克(C. R. Menyuk)给出双折射光纤中光脉冲非线性传输的耦合非线性薛定谔方程，光脉冲在快慢轴两个方向的振幅满足[31]

$$\begin{cases}\mathrm{j}\dfrac{\partial A_x}{\partial z}+\mathrm{j}\dfrac{1}{2}\Delta\beta'\dfrac{\partial A_x}{\partial t}-\dfrac{1}{2}\beta''\dfrac{\partial^2 A_x}{\partial t^2}+\gamma\left(|A_x|^2+\dfrac{2}{3}|A_y|^2\right)A_x+\mathrm{j}\dfrac{\alpha}{2}A_x=0\\ \mathrm{j}\dfrac{\partial A_y}{\partial z}-\mathrm{j}\dfrac{1}{2}\Delta\beta'\dfrac{\partial A_y}{\partial t}-\dfrac{1}{2}\beta''\dfrac{\partial^2 A_y}{\partial t^2}+\gamma\left(|A_y|^2+\dfrac{2}{3}|A_x|^2\right)A_y+\mathrm{j}\dfrac{\alpha}{2}A_y=0\end{cases}\tag{7.11.1}$$

其中，$\Delta\beta'=(\beta'_x-\beta'_y)$ 反映了快慢轴之间一阶群速度差，β'' 为二阶群速度色散，γ 为

光纤非线性系数，α 为光纤损耗。

对于含有 PMD 的光纤，其 PMD 系数为 D_{PMD}，可以把光纤分成若干小段级联，每段长度 z_h，双折射由 Δn 描述，它们之间满足[32]

$$D_{\text{PMD}}=\sqrt{\frac{8}{3\pi}}\frac{\Delta n}{c}\sqrt{z_h} \tag{7.11.2}$$

光脉冲在每段之内由耦合波方程(7.11.1)处理。两段之间，正交主态经历一个随机角度 θ 的旋转和一个随机相位延迟 ϕ[33]（相对于两段光纤之间由一个随机取向、随机相位延迟的偏振控制矩阵连接）

$$\begin{pmatrix} A'_x \\ A'_y \end{pmatrix}=\begin{pmatrix} \cos\theta & \sin\theta e^{j\phi} \\ -\sin\theta e^{-j\phi} & \cos\theta \end{pmatrix}\begin{pmatrix} A_x \\ A_y \end{pmatrix} \tag{7.11.3}$$

θ 和 ϕ 随机均匀分布在$[0,\ 2\pi]$。

如果假定输出偏振态与输入偏振态无关，输出偏振态均匀分布在庞加莱球上，忽略损耗的情况下，可以把耦合波方程变化成马纳科夫(Manakov)方程[33]

$$j\frac{\partial}{\partial Z}\begin{pmatrix} U \\ V \end{pmatrix}+\frac{1}{2}\frac{\partial^2}{\partial T^2}\begin{pmatrix} U \\ V \end{pmatrix}+\frac{8}{9}(|U|^2+|V|^2)\begin{pmatrix} U \\ V \end{pmatrix}=0 \tag{7.11.4}$$

其中，Z、T、U、V 均为归一化变量。

参考文献

[1] BREUER D, TESSMANN H, GLADISCH A, et al. Measurements of PMD in the installed fiber plant of Deutsche Telekom [C]. Tucson, AZ, USA: 2003 Digest of the LEOS Summer Topical Meeting, 2003, paper MB2.1.

[2] POOLE C D, WAGNER R E. Phenomenological approach to polarization dispersion in long single-mode fibers [J]. Electron. Lett., 1986, 22(19): 1029-1030.

[3] WILLIAMS P A. PMD measurement techniques avoiding measurement pitfalls [C]. Venice, Italy: Venice Summer School on Polarization Mode Dispersion, 2002: 24-26.

[4] NAMIHARA Y, MAEDA J. Comparison of various polarisation mode dispersion measurement methods in optical fibres [J]. Electron. Letts., 1992, 28(25): 2265-2266.

[5] Deutsche Telekom trials "first" 40Gbit/s PMD compensation system[EB/OL]. (2002-03-13). http://www.lightwaveonline.com/articles/2002/05/deutsche-telekom-trials-first-40gbits-pmd-compensation-system-54834602.html.

[6] SAVORY S. Digital coherent optical receivers: algorithm and subsystems [J]. IEEE J. Selected Topics in Quantum Electron., 2010, 16(5): 1164-1179.

[7] POOLE C D, GILES C R. Polarization-dependent pulse compression and broadening due to polarization dispersion in dispersion-shifted fiber [J]. Opt. Lett., 1988, 13(2): 155-157.

[8] DAMASK J N. Polarization optics in telecommunications [M]. New York: Springer,2005.

[9] GORDON J P, KOGELNIK H. PMD fundamentals: Polarization mode dispersion in optical fiber [J]. Proc. Nat. Acad. Sci., 2000, 97(9): 4541-4550.

[10] KOGELNIK H, JOPSON R M. 偏振模色散[M]//甘民乐，厉鼎毅. 光纤通信：卷 B. 北京：北京邮电大学出版社，2006.

[11] HEISMANN F. Accurate Jones matrix expansion for all order of polarization mode dispersion [J]. Opt. Lett., 2003, 28(21): 2013-2015.

[12] KOGELNIK H, NELSON L, WINZER P. Second-order PMD outage of first-order compensated fiber systems [J]. IEEE Photon. Technol. Lett., 2004,21(2): 1053-1055.

[13] KOGELNIK H, NELSON L E, GORDON J P. Emulation and inversion of polarization-mode dispersion [J]. J. Lightw. Technol., 2003, 21(2): 482-495.

[14] BRUYÈRE F. Impact of first- and second-order PMD in optical digital transmission systems [J]. Opt. Fiber Technol., 1996, 2: 269-280.

[15] KOGELNIK H, NELSON L E, GORDON J P, et al. Jones matrix for second-order polarization mode dispersion [J]. Opt. Lett., 2000, 25(1): 19-21.

[16] PENNINCKX D, MORÉNAS V. Jones matrix of polarization mode dispersion [J]. Opt. Lett., 1999, 24(13): 875-877.

[17] EYAL A, MARSHALL W K, TUR M, et al. Representation of second order polarization mode dispersion [J]. Electron. Lett., 1999, 35(9): 1658-1659.

[18] ASO O, OHSHIMA I. OGOSHI H. Unitary-conserving construction of the Jones matrix and its applications to polarization-mode dispersion [J]. J. Opt. Soc. Am. A,1997,14(8): 1988-2005.

[19] FRIGO N. A generalized geometric representation of coupled mode theory [J]. IEEE J. Quantum Electron., 1986, 22(11): 2131-2140.

[20] GISIN N, HUTTNERB. Combined effects of polarization mode dispersion and polarization dependent losses in optical fibers [J]. Opt. Commun., 1997, 142: 119-125.

[21] XIE C, MÖLLER L. The accuracy assessment of different polarization mode dispersion models [J]. Opt. Fiber Technol., 2006, 12: 101-109.

[22] FORESTIERI E, VINCETTI L. Exact evaluation of the Jones matrix of a fiber in the presence of polarization mode dispersion of any order [J]. J. Lightw. Technol.,2001,19(12): 1898-1909.

[23] KIM S. Scheme for complete compensation for polarization mode dispersion up to second order [J]. Opt. Lett, 2002, 27(8): 577-579.

[24] POOLE C D, FAVIN D L. Polarization-mode dispersion measurements based on transmission spectra through a polarizer [J]. J. Lightw. Technol.,1994, 12(6): 917-929.

[25] CUI N, ZHANG X, ZHENG Z, et al. Two-parameter-SOP and three-parameter-RSOP fiber channels: problem and solution for polarization demultiplexing using Stokes space

[J]. Opt. Express, 2018, 26(16): 21170-21183.

[26] MARKS B S, LIMA I T, MENYUK C R. Autocorrelation function for polarization mode dispersion emulators with rotators [J]. Opt Lett., 2002, 27(13): 1150-1152.

[27] HEFFNER B L. Simplified calculation of system outage caused by polarization-mode dispersion [J]. IEEE Photon. Technol. Lett., 2008, 20(12): 1069-1071.

[28] POOLE C D. Statistical treatment of polarization dispersion in single-mode fiber [J]. Opt. Lett., 1998, 13(8): 687-689.

[29] POOLE C D, NAGEL J. Polarization effects in lightwave systems, in optical fiber telecommunications Ⅲ A [M]. San Diego: Academic Press, 1997.

[30] FOSCHINI G J, POOLE C D. Statistical theory of polarization dispersion in single mode fibers [J]. J. Lightw. Technol., 1991, 9(11): 1439-1456.

[31] MENYUK C R. Nonlinear pulse propagation in birefringence optical fibers [J]. IEEE J. Quantum Electron, 1987, 23(2): 174-176.

[32] ELEFTHERIANOS C A, SYVRIDIS D, SPHICOPOULOS T, et al. Influence of polarization mode dispersion on the transmission of parallel and orthogonally polarized solitons at 40Gb/s [J]. Opt. Commun., 1998, 154(1-3): 14-18.

[33] WAI P K A, MENYUK C R, CHEN H H. Stability of soliton in randomly varying birefringence fibers [J]. Opt. Lett., 1991, 16(16): 1231-1233.

第8章

偏振光学中基于自旋矢量的数学运算方法

前面的讨论中，在描述偏振光学时多次运用泡利矩阵，以及基于泡利矩阵的数学运算公式。在那里我们并没有给出这些运算公式的具体推导，是想当读者比较熟悉偏振的概念以后，再将基于泡利矩阵的数学运算方法集中进行讲解。本章将稍微系统地介绍这种被称作偏振光学的自旋矢量数学(the spin-vector calculus of polarization)。

大家知道，偏振现象可以在琼斯空间利用 2×1 的琼斯矢量和 2×2 的琼斯矩阵进行描述，也可以在斯托克斯空间利用 3×1 的斯托克斯矢量和 3×3 的米勒矩阵进行描述。在这两个空间中描述偏振现象各有优缺点。光波是横波，偏振是光波的重要属性，一般可以用二维矢量描述，因此琼斯空间是描述偏振的本征空间，在琼斯空间讨论各种偏振态的性质、分析偏振光信号在传输过程中的变形损伤等是方便的。斯托克斯空间是一个假想空间，是一种映射出来的空间，但是它具有几何直观性，比如每个偏振态对应庞加莱球上的一个空间点，偏振态之间的变换等价为一个绕轴的旋转等。

泡利矩阵是泡利(Wolfgang E. Pauli)在研究电子自旋时引入的。电子具有自旋，其自旋方向有向上和向下两种状态，可以进行二维描述。另外，自旋引发的角动量又是属于三维空间的。泡利利用泡利矩阵将描述自旋的二维空间与三维空间联系了起来。

将量子力学中的泡利矩阵进行适当地改造，即进行重新排列，可以将偏振光学中描述偏振的二维琼斯空间和三维斯托克斯空间联系起来，琼斯矢量和斯托克斯矢量之间、琼斯矩阵和米勒矩阵之间可以利用泡利矩阵进行互换。建立在泡利矩阵基础上的自旋矢量数学将琼斯空间定义的二维琼斯矢量、2×2 琼斯矩阵、三维斯托克斯矢量、3×3 米勒矩阵放在统一的公式中进行运算。虽然这些公式看起来显得有些抽象，但是利用它们描述偏振现象具有超乎想象的威力。

这种基于自旋矢量的偏振光学数学运算法主要是由麻生太郎(O. Aso)[1]、弗里戈(N. Frigo)[2]、吉辛(N. Gisin)[3]、戈登(J. P. Gordon)和科格尔尼克(H. Kogelnik)[4]等逐渐完善起来的，达马斯克(J. N. Damask)第一次将这个数学运算法总结在他2004年出版的书里[5]。

8.1 符号约定

基于自旋矢量的数学运算法允许琼斯空间和斯托克斯空间定义的矢量和矩阵在一个公式里进行计算，所以有必要将在不同空间定义的矢量和矩阵进行符号约定，以免造成混乱[4]。对这些符号的定义和说明列在表8-1-1中。

表 8-1-1 在自旋矢量数学运算法中出现的符号约定[4]

符号	符号说明
x, y, z	z是光波的传播方向，x、y是横向坐标。
$\exp[\mathrm{j}(\omega_0 t-\beta z)]$	沿z方向传播光波的传播因子，ω_0是载波角频率，β是传播常数。
$\|s\rangle, \|t\rangle$	琼斯矢量的右矢，是琼斯空间的归一化矢量，代表琼斯空间的偏振态。一般认为$\|s\rangle$是输入偏振态，$\|t\rangle$是输出偏振态。如果不加任何说明，只表示公式中出现的普遍偏振态时，用$\|s\rangle$表示。还可以定义左矢$\langle s\|$，它是$\|s\rangle$的转置再共轭 $$\|s\rangle=\begin{pmatrix}s_x\\s_y\end{pmatrix},\langle s\|=(s_x^* \quad s_y^*)$$ 注意s_x和s_y一般为复数。
$\|p\rangle, \|q\rangle$	琼斯矢量的右矢，有时用它们来表示偏振模色散的快慢主态，$\|p_-\rangle$和$\|p_+\rangle$分别代表慢主态和快主态。
$\|E\rangle, \|E(\omega)\rangle$	琼斯空间时域和频域的电场矢量，$\|E(\omega)\rangle$是$\|E\rangle$的傅里叶变换 $$\|E(\omega)\rangle=e\|s\rangle$$ 式中e是偏振态的复振幅。
$\hat{\boldsymbol{s}}, \hat{\boldsymbol{t}}$	在斯托克斯空间中与琼斯空间二维矢量$\|s\rangle$和$\|t\rangle$相对应的三维归一化斯托克斯矢量。 $$\hat{\boldsymbol{s}}=\begin{pmatrix}s_1\\s_2\\s_3\end{pmatrix},\quad \begin{aligned}s_1&=s_xs_x^*-s_ys_y^*\\s_2&=s_xs_y^*+s_x^*s_y\\s_3&=\mathrm{j}(s_xs_y^*-s_x^*s_y)\end{aligned}$$
$\hat{\boldsymbol{p}}, \hat{\boldsymbol{q}}$	在斯托克斯空间中与琼斯空间二维矢量$\|p\rangle$和$\|q\rangle$相对应的三维归一化斯托克斯矢量。
$\boldsymbol{I}$	2×2或者3×3单位矩阵，具体看情况决定。

续表

符　号	符号说明
$\boldsymbol{U}$	琼斯空间 2×2 幺正矩阵，连接输入偏振态和输出偏振态之间的关系 $$\lvert t\rangle=\boldsymbol{U}\lvert s\rangle$$
$\boldsymbol{T}$	琼斯空间 2×2 幺正矩阵，它与 $\boldsymbol{U}$ 的关系为 $$\boldsymbol{T}=\mathrm{e}^{-\mathrm{j}\phi_0}\boldsymbol{U}$$ 其中 ϕ_0 是公共相位。$\boldsymbol{T}$ 连接输入与输出电场矢量 $$\lvert E_t(\omega)\rangle=\boldsymbol{T}(\omega)\lvert E_s(\omega)\rangle$$
$\boldsymbol{R}$	斯托克斯空间中相应于琼斯空间 2×2 $\boldsymbol{U}$ 矩阵的米勒矩阵，在斯托克斯空间中连接输入偏振态与输出偏振态 $$\hat{\boldsymbol{t}}=\boldsymbol{R}\hat{\boldsymbol{s}}$$ 在斯托克斯空间中，$\boldsymbol{R}$ 相当于一个旋转，旋转轴为单位矢量 $\hat{\boldsymbol{r}}$，旋转角为 φ
$\boldsymbol{\sigma}$	泡利矢量，形式上的三维矢量，其 3 个分量$\boldsymbol{\sigma}_1$、$\boldsymbol{\sigma}_2$、$\boldsymbol{\sigma}_3$ 分别是 3 个泡利矩阵 $$\boldsymbol{\sigma}=\begin{pmatrix}\boldsymbol{\sigma}_1\\\boldsymbol{\sigma}_2\\\boldsymbol{\sigma}_3\end{pmatrix},\boldsymbol{\sigma}_1=\begin{pmatrix}1&0\\0&-1\end{pmatrix},\boldsymbol{\sigma}_2=\begin{pmatrix}0&1\\1&0\end{pmatrix},\boldsymbol{\sigma}_3=\begin{pmatrix}0&-\mathrm{j}\\\mathrm{j}&0\end{pmatrix}$$
$\boldsymbol{B}$	斯托克斯空间中表示本地双折射的矢量 $$\boldsymbol{B}=\begin{pmatrix}B_1\\B_2\\B_3\end{pmatrix}$$
$\boldsymbol{B}\cdot\boldsymbol{\sigma}$	琼斯空间中 2×2 矩阵，虽然 $\boldsymbol{B}$ 是定义在斯托克斯空间里。$\boldsymbol{B}\cdot\boldsymbol{\sigma}$ 也可以称为琼斯空间中的算符。 $$\begin{aligned}\boldsymbol{B}\cdot\boldsymbol{\sigma}&=B_1\sigma_1+B_2\sigma_2+B_3\sigma_3\\&=\begin{pmatrix}B_1&B_2-\mathrm{j}B_3\\B_2+\mathrm{j}B_3&-B_1\end{pmatrix}\end{aligned}$$
$\boldsymbol{\tau}$	斯托克斯空间中定义的偏振模色散矢量，对于一阶偏振模色散其方向是慢主态方向 $\hat{\boldsymbol{p}}$，长度是 DGD。$\boldsymbol{\tau}=\Delta\tau\hat{\boldsymbol{p}}$
$\boldsymbol{\tau}\cdot\boldsymbol{\sigma}$	琼斯空间中 2×2 矩阵，虽然$\boldsymbol{\tau}$ 是定义在斯托克斯空间里。 $$\begin{aligned}\boldsymbol{\tau}\cdot\boldsymbol{\sigma}&=\tau_1\sigma_1+\tau_2\sigma_2+\tau_3\sigma_3\\&=\begin{pmatrix}\tau_1&\tau_2-\mathrm{j}\tau_3\\\tau_2+\mathrm{j}\tau_3&-\tau_1\end{pmatrix}\end{aligned}$$

8.2 基于狄拉克符号的基本运算

8.2.1 右矢和左矢表示偏振态[6]

琼斯空间最重要的量就是琼斯矢量,用琼斯矢量可以描述任意一个偏振态。狄拉克为了描述量子态引入了狄拉克符号,即右矢$|a\rangle$和左矢$\langle a|$的符号。偏振光学里借用了狄拉克符号,在偏振光学里右矢代表一个二维列矢量,可以描述一个偏振态。在 x-y 表象里,任意偏振态可以表示为如下的右矢[6]:

$$|a\rangle=\begin{pmatrix}a_x\\a_y\end{pmatrix}\tag{8.2.1}$$

其中 a_x 和 a_y 是 x-y 表象中沿 x 方向线偏振和沿 y 方向线偏振这一对偏振基矢量上的分量。a_x、a_y 一般是复数。

还可以定义偏振态的左矢,它是右矢偏振态的厄米共轭,即转置后再共轭

$$\langle a|=(|a\rangle)^{\dagger}=(a_x^*\quad a_y^*)\tag{8.2.2}$$

由于 a_x 和 a_y 一般是复数,偏振光学里右矢和左矢一般包含 4 个独立变量——振幅和相角分别用 2 个分量来描述

$$|a\rangle=\begin{pmatrix}|a_x|\mathrm{e}^{\mathrm{j}\phi_x}\\|a_y|\mathrm{e}^{\mathrm{j}\phi_y}\end{pmatrix}=\frac{\mathrm{e}^{\mathrm{j}\theta}}{\sqrt{|a_x|^2+|a_y|^2}}\begin{pmatrix}\cos\alpha\\\sin\alpha\,\mathrm{e}^{\mathrm{j}\delta}\end{pmatrix}\tag{8.2.3}$$

相位分量的共同相角 θ 不反映偏振态性质,只有相位差 $\delta=\phi_y-\phi_x$ 反映偏振态的性质,因此归一化的偏振态的表示就只有 2 个独立变量 α 和 δ,这就是 2.2 节所说的(α,δ)描述。

8.2.2 偏振态的内积

有了右矢和左矢的概念,可以定义两个偏振态$|a\rangle$和$|b\rangle$之间的内积

$$\begin{cases}\langle a|b\rangle=(a_x^*\quad a_y^*)\begin{pmatrix}b_x\\b_y\end{pmatrix}=a_x^*b_x+a_y^*b_y\\\langle b|a\rangle=(b_x^*\quad b_y^*)\begin{pmatrix}a_x\\a_y\end{pmatrix}=b_x^*a_x+b_y^*a_y=(\langle a|b\rangle)^*\end{cases}\tag{8.2.4}$$

可见内积是左矢和右矢的直接相乘,形象上像是一个封闭的尖括号。

另外偏振态$|a\rangle$的幅度(矢量的长度)是

$$\sqrt{\langle a|a\rangle}=\sqrt{|a_x|^2+|a_y|^2}\tag{8.2.5}$$

如果$|a\rangle$描述的是归一化偏振态，则$\sqrt{\langle a|a\rangle}=1$。

8.2.3 偏振态的正交

如果两个非零偏振态$|a\rangle$和$|b\rangle$是正交的，则它们的内积为零

$$\langle a|b\rangle=\langle b|a\rangle=0 \tag{8.2.6}$$

8.2.4 偏振态的外积

上面定义了偏振态的内积，偏振态的内积结果是一个复数。还可以定义$|a\rangle$和$|b\rangle$之间的外积

$$\begin{cases}|a\rangle\langle b|=\begin{pmatrix}a_x\\a_y\end{pmatrix}(b_x^* \quad b_y^*)=\begin{pmatrix}a_xb_x^* & a_xb_y^*\\a_yb_x^* & a_yb_y^*\end{pmatrix}\\|b\rangle\langle a|=\begin{pmatrix}b_x\\b_y\end{pmatrix}(a_x^* \quad a_y^*)=\begin{pmatrix}b_xa_x^* & b_xa_y^*\\b_ya_x^* & b_ya_y^*\end{pmatrix}=(|a\rangle\langle b|)^\dagger\end{cases} \tag{8.2.7}$$

可见偏振态$|a\rangle$和$|b\rangle$之间的外积构成一个琼斯空间的矩阵，或者说$|a\rangle\langle b|$构成一个算符，将这个算符(或者说是矩阵)作用在偏振态$|s\rangle$上得到

$$|a\rangle\langle b|s\rangle=c|a\rangle \tag{8.2.8}$$

其中$\langle b|s\rangle=c$是一个复系数。

利用外积可以定义一个投影算符$|p\rangle\langle p|$，将它作用在一个偏振态$|a\rangle$之上，可以得到偏振态$|a\rangle$在偏振态$|p\rangle$方向上的投影

$$|p\rangle\langle p|a\rangle=c|p\rangle \tag{8.2.9}$$

其中，$c=\langle p|a\rangle$是偏振态$|a\rangle$在偏振态$|p\rangle$方向上的投影系数。

8.2.5 完备正交偏振基

偏振态矢量一般是二维的，一对正交归一偏振态构成一组完备的正交偏振基。如果一组归一化偏振态$|a_1\rangle$和$|a_2\rangle$构成一组完备正交偏振基，则

$$\begin{cases}\langle a_m|a_n\rangle=\delta_{mn}\\\sum\limits_{n=1}^{2}|a_n\rangle\langle a_n|=|a_1\rangle\langle a_1|+|a_2\rangle\langle a_2|=\boldsymbol{I}\end{cases} \tag{8.2.10}$$

其中δ_{mn}是克罗内克δ函数，$\boldsymbol{I}$是2×2单位矩阵。

满足式(8.2.10)的偏振态$|a_1\rangle$和$|a_2\rangle$构成琼斯空间里一组完备正交归一偏振基，任何一个偏振态$|s\rangle$都可以用这一组偏振基展开为

$$\begin{aligned}|s\rangle&=\left(\sum_{n=1}^{2}|a_n\rangle\langle a_n|\right)|s\rangle=\sum_{n=1}^{2}\langle a_n|s\rangle|a_n\rangle=\sum_{n=1}^{2}c_n|a_n\rangle\\&=\langle a_1|s\rangle|a_1\rangle+\langle a_2|s\rangle|a_2\rangle=c_1|a_1\rangle+c_2|a_2\rangle\end{aligned} \tag{8.2.11}$$

其中 $c_1=\langle a_1|s\rangle$ 和 $c_2=\langle a_2|s\rangle$ 是偏振态 $|s\rangle$ 用正交归一完备基 $|a_1\rangle$ 和 $|a_2\rangle$ 展开的投影系数，可以看成投影算符 $|a_1\rangle\langle a_1|$ 和 $|a_2\rangle\langle a_2|$ 分别作用在偏振态 $|s\rangle$ 上的结果。另外，在式(8.2.11)的计算中用到了由归一化的完备正交基 $|a_1\rangle$ 和 $|a_2\rangle$ 可以构成单位矩阵 $\boldsymbol{I}$ 的式(8.2.10)

8.3 特征矢量、厄米矩阵和幺正矩阵

8.3.1 特征矢量和特征值[5]

一般情况下，一个方矩阵 $\boldsymbol{X}$ 作用在一个矢量 $|a\rangle$ 上，会产生一个新的矢量 $|b\rangle$，即

$$|b\rangle=\boldsymbol{X}|a\rangle \text{ 和 } \langle a|\boldsymbol{X}^{\dagger}=\langle b| \tag{8.3.1}$$

如果存在某一个矢量 $|a_1\rangle$，使矩阵 $\boldsymbol{X}$ 作用在它身上，不产生新的矢量，而只是使矢量产生伸缩 $a_1|a_1\rangle$，就称 $|a_1\rangle$ 是矩阵 $\boldsymbol{X}$ 的一个特征矢量，其对应的特征值是 a_1[5]，有

$$\boldsymbol{X}|a_1\rangle=a_1|a_1\rangle \text{ 和 } \langle a_1|\boldsymbol{X}^{\dagger}=a_1^{*}\langle a_1| \tag{8.3.2}$$

一般一个特征矢量对应一个特征值，在特定条件下，方矩阵 $\boldsymbol{X}$ 的维度是多少($n\times n$)，就会有多少个特征值(n 个)和多少个特征矢量(n 个)。比如根据普尔的理论[7]，由传输矩阵 $\boldsymbol{U}$ 组合形成的 2×2 矩阵 $\mathrm{j}\boldsymbol{U}_{\omega}\boldsymbol{U}^{\dagger}$ 有 2 个特征值 $+\Delta\tau/2$ 和 $-\Delta\tau/2$，与它们相对应的特征矢量是 $|\varepsilon_{b+}\rangle$ 和 $|\varepsilon_{b-}\rangle$，$|\varepsilon_{b+}\rangle$ 和 $|\varepsilon_{b-}\rangle$ 构成完备正交偏振基(7.3 节)。

偏振光学里出现的矩阵很多都是幺正矩阵和厄米矩阵。可以证明，厄米矩阵和幺正矩阵对应不同特征值的特征矢量之间是正交的，可以构成完备正交偏振基。厄米矩阵的特征值是实数，幺正矩阵的特征值具有 $\mathrm{e}^{\mathrm{j}\phi}$ 的形式。

假如一个厄米矩阵或者幺正矩阵有 N 个特征矢量 $|a_1\rangle,|a_2\rangle,\cdots,|a_N\rangle$，相应的特征值为 $a_1,a_2,\cdots,a_N$，则有

$$\langle a_m|\boldsymbol{X}^{\dagger}\boldsymbol{X}|a_n\rangle=a_m^{*}a_n\delta_{mn} \tag{8.3.3}$$

还有

$$\det(\boldsymbol{X})=a_1a_2\cdots a_N \tag{8.3.4}$$

$$\mathrm{Tr}(\boldsymbol{X})=a_1+a_2+\cdots+a_N \tag{8.3.5}$$

既然厄米矩阵的特征值为实数，则其行列式和迹均为实数。

8.3.2 厄米矩阵

厄米矩阵定义为[5]

$$\boldsymbol{H}^{\dagger}=\boldsymbol{H} \tag{8.3.6}$$

即厄米矩阵的厄米共轭为它自己。

设$|a_n\rangle$和$|a_m\rangle$是厄米矩阵 $\boldsymbol{H}$ 的 2 个特征矢量，特征值为 a_n 和 a_m，则由式(8.3.6)得

$$\langle a_n \mid \boldsymbol{H}^{\dagger}-\boldsymbol{H} \mid a_m\rangle=0 \Rightarrow (a_n^*-a_m)\langle a_n \mid a_m\rangle=0 \tag{8.3.7}$$

如果$|a_n\rangle$和$|a_m\rangle$都不是零矢量，且$|a_n\rangle$和$|a_m\rangle$是对应同一特征值的特征矢量，必然有$\langle a_n|a_n\rangle\neq 0$，只有$(a_n^*-a_n)=0$，即 a_n 是实数。若$|a_n\rangle$和$|a_m\rangle$是对应不同特征值的特征矢量，则$(a_n^*-a_m)=(a_n-a_m)\neq 0$，只有$\langle a_n|a_m\rangle=0$。所以厄米矩阵的特征值为实数，对应于不同特征值的特征矢量之间是正交的。由 7.3 节知，$\mathrm{j}\boldsymbol{U}_{\omega}\boldsymbol{U}^{\dagger}$ 和 $\mathrm{j}\boldsymbol{U}^{\dagger}\boldsymbol{U}_{\omega}$ 都是厄米矩阵，它们的特征值都是实数$+\Delta\tau/2$ 和$-\Delta\tau/2$，相对应的特征矢量$|\varepsilon_{b+}\rangle$和$|\varepsilon_{b-}\rangle$、$|\varepsilon_{a+}\rangle$和$|\varepsilon_{a-}\rangle$之间是正交的。

对于厄米矩阵，公式(8.3.3)变为

$$\langle a_m \mid \boldsymbol{H}^{\dagger}\boldsymbol{H} \mid a_n\rangle=a_m a_n\delta_{mn} \tag{8.3.8}$$

因为厄米矩阵 $\boldsymbol{H}$ 的特征值$a_1,a_2,\cdots,a_N$ 为实数，经过相似变换，可以将 $\boldsymbol{H}$ 变换为一个对角矩阵 $\boldsymbol{\Lambda}$，$\boldsymbol{\Lambda}$ 对角线上的元素就是这些特征值$a_1,a_2,\cdots,a_N$，即

$$\boldsymbol{S}^{-1}\boldsymbol{H}\boldsymbol{S}=\boldsymbol{\Lambda}\ \text{和}\ \boldsymbol{H}=\boldsymbol{S}\boldsymbol{\Lambda}\boldsymbol{S}^{-1} \tag{8.3.9}$$

其中，矩阵 $\boldsymbol{S}$ 的各个列组成了 $\boldsymbol{H}$ 的特征矢量$|a_1\rangle,|a_2\rangle,\cdots,|a_N\rangle$。利用矩阵 $\boldsymbol{H}$ 特征矢量的完备性，有

$$\begin{aligned}\boldsymbol{H}&=\sum_n\sum_m \mid a_m\rangle\langle a_m \mid \boldsymbol{H} \mid a_n\rangle\langle a_n \mid=\sum_m a_m \mid a_m\rangle\langle a_m \mid \\ &=a_1 \mid a_1\rangle\langle a_1 \mid+a_2 \mid a_2\rangle\langle a_2 \mid\end{aligned} \tag{8.3.10}$$

上式最后一行假定 $\boldsymbol{H}$ 是 2×2 的，就落实到琼斯空间了。令

$$\mid a_1\rangle=\begin{pmatrix}v_1'\\ v_2'\end{pmatrix}\ \text{和}\ \mid a_2\rangle=\begin{pmatrix}v_1''\\ v_2''\end{pmatrix} \tag{8.3.11}$$

式(8.3.10)可以写成

$$\boldsymbol{H}=a_1\begin{pmatrix}|v_1'|^2 & v_1'v_2'^*\\ v_2'v_1'^* & |v_2'|^2\end{pmatrix}+a_2\begin{pmatrix}|v_1''|^2 & v_1''v_2''^*\\ v_2''v_1''^* & |v_2''|^2\end{pmatrix} \tag{8.3.12}$$

可以看出此时

$$\boldsymbol{S}=\begin{pmatrix}v_1' & v_1''\\ v_2' & v_2''\end{pmatrix}\ \text{和}\ \boldsymbol{\Lambda}=\begin{pmatrix}a_1 & 0\\ 0 & a_2\end{pmatrix} \tag{8.3.13}$$

且 $\boldsymbol{S}\boldsymbol{\Lambda}\boldsymbol{S}^{-1}$ 与式(8.3.12)完全一样。

8.3.3　幺正矩阵

在光纤通信的偏振光学中，如果不考虑偏振相关损耗，传输矩阵 $\boldsymbol{U}$ 都是幺正

的[5]，即满足

$$U^{\dagger}U = I \tag{8.3.14}$$

即幺正矩阵的厄米共轭矩阵是它的逆矩阵。

将 U 作用在正交归一的特征矢量基 $|a_n\rangle$ 上，则有

$$\langle a_m | U^{\dagger}U | a_n\rangle = \langle a_m | a_n\rangle = \delta_{mn} \tag{8.3.15}$$

由式(8.3.14)，有

$$\det(U^{\dagger}U) = \det(U^{\dagger})\det(U) = 1 \Rightarrow \det(U) = e^{j\theta} \tag{8.3.16}$$

根据方阵的行列式是其所有特征值的乘积的性质，且考虑式(8.3.14)和式(8.3.15)，U 的特征值的模为1，且具有复指数形式

$$U | a_n\rangle = e^{-j\phi_n} | a_n\rangle \tag{8.3.17}$$

厄米矩阵 H 的特征值是实数，它位于实数轴上，如图8-3-1(a)所示。从式(8.3.17)看，幺正矩阵 U 的特征值应该位于复平面半径为1的单位圆上，如图8-3-1(b)所示。

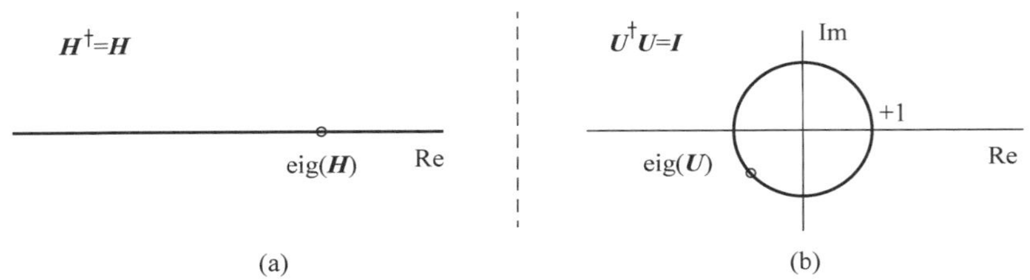

图 8-3-1 厄米矩阵和幺正矩阵特征值图示

(a) 厄米矩阵的特征值位于实数轴上；(b) 幺正矩阵特征值位于复平面半径为1的单位圆上

与式(8.3.10)类似，假定 U 的特征矢量为 $|a_1\rangle, |a_2\rangle, \cdots, |a_N\rangle$，利用矩阵 U 特征矢量的完备性，有

$$\begin{aligned} U &= \sum_m \sum_n | a_m\rangle\langle a_m | U | a_n\rangle\langle a_n | = \sum_m e^{-j\phi_m} | a_m\rangle\langle a_m | \\ &= e^{-j\phi_1} | a_1\rangle\langle a_1 | + e^{-j\phi_2} | a_2\rangle\langle a_2 | \end{aligned} \tag{8.3.18}$$

式中第二行落实到琼斯空间。

类似厄米矩阵 H，幺正矩阵 U 也可以对角化变为对角矩阵 $S^{-1}US = \Lambda$，或者 $U = S\Lambda S^{-1}$，其中

$$\Lambda = \begin{pmatrix} e^{-j\phi_1} & & & \\ & e^{-j\phi_2} & & \\ & & \ddots & \\ & & & e^{-j\phi_N} \end{pmatrix} \tag{8.3.19}$$

其中矩阵 $\boldsymbol{S}$ 取值与式(8.3.9)一样。落实到琼斯空间的 2×2 幺正矩阵为

$$\boldsymbol{U}=\mathrm{e}^{-\mathrm{j}\phi_1}\begin{pmatrix}v'_1\\v'_2\end{pmatrix}(v'^*_1\quad v'^*_2)+\mathrm{e}^{-\mathrm{j}\phi_2}\begin{pmatrix}v''_1\\v''_2\end{pmatrix}(v''^*_1\quad v''^*_2)$$

$$=\mathrm{e}^{-\mathrm{j}\phi_1}\begin{pmatrix}|v'_1|^2 & v'_1v'^*_2\\v'_2v'^*_1 & |v'_2|^2\end{pmatrix}+\mathrm{e}^{-\mathrm{j}\phi_2}\begin{pmatrix}|v''_1|^2 & v''_1v''^*_2\\v''_2v''^*_1 & |v''_2|^2\end{pmatrix}\tag{8.3.20}$$

8.4　借助泡利矩阵描述算符

8.4.1　泡利矩阵和泡利矢量

泡利矩阵是泡利在描述自旋时引入的。自旋是电子的内禀属性，在自旋内禀空间，自旋只有朝上和朝下两种状态，但是自旋角动量又是三维空间的矢量，所以泡利引入了 3 个泡利矩阵，分别表示对应于 x、y、z 方向的 3 个矩阵，表示自旋角动量在 3 个方向分量的作用算符(或者说矩阵)。泡利矩阵的原始表述是[6]

$$\boldsymbol{\sigma}_x=\begin{pmatrix}0&1\\1&0\end{pmatrix},\quad\boldsymbol{\sigma}_y=\begin{pmatrix}0&-\mathrm{j}\\\mathrm{j}&0\end{pmatrix},\quad\boldsymbol{\sigma}_z=\begin{pmatrix}1&0\\0&-1\end{pmatrix}\tag{8.4.1}$$

泡利矩阵将三维空间与自旋内禀二维空间建立起联系。偏振光学中借用泡利矩阵，在二维琼斯空间与三维斯托克斯空间之间建立起联系。为了与斯托克斯空间的分量 s_1、s_2、s_3 的排序一致，偏振光学将引入的泡利矩阵的排序做了如下调整[4]：

$$\boldsymbol{\sigma}_1=\begin{pmatrix}1&0\\0&-1\end{pmatrix},\quad\boldsymbol{\sigma}_2=\begin{pmatrix}0&1\\1&0\end{pmatrix},\quad\boldsymbol{\sigma}_3=\begin{pmatrix}0&-\mathrm{j}\\\mathrm{j}&0\end{pmatrix}\tag{8.4.2}$$

显然，泡利矩阵既是厄米矩阵，又是幺正矩阵，有

$$\boldsymbol{\sigma}_k^\dagger=\boldsymbol{\sigma}_k\text{ 以及 }\boldsymbol{\sigma}_k^\dagger\boldsymbol{\sigma}_k=\boldsymbol{\sigma}_k\boldsymbol{\sigma}_k^\dagger=\boldsymbol{I},\quad k=1,2,3\tag{8.4.3}$$

泡利矩阵的行列式均为−1，它们的迹均为 0：

$$\det(\boldsymbol{\sigma}_k)=-1,\quad\mathrm{Tr}(\boldsymbol{\sigma}_k)=0,\quad k=1,2,3\tag{8.4.4}$$

另外泡利矩阵还满足如下的轮换规律：

$$\boldsymbol{\sigma}_i\boldsymbol{\sigma}_j=\begin{cases}\boldsymbol{I}, & i=j\\-\boldsymbol{\sigma}_j\boldsymbol{\sigma}_i=\mathrm{j}\boldsymbol{\sigma}_k, & i\neq j\neq k\end{cases},\quad i,j,k=1,2,3\tag{8.4.5}$$

在偏振光学里，将 3 个泡利矩阵形式上组成一个三维矢量——泡利矢量

$$\boldsymbol{\sigma}=\begin{pmatrix}\boldsymbol{\sigma}_1\\\boldsymbol{\sigma}_2\\\boldsymbol{\sigma}_3\end{pmatrix}\tag{8.4.6}$$

8.4.2 借助泡利矢量进行琼斯矢量和斯托克斯矢量之间的互换

1. 琼斯矢量变换到斯托克斯矢量

泡利矢量可以看成是一个 3×1 的矢量，每个分量又都是 2×2 的矩阵，在三维斯托克斯空间和二维琼斯空间之间可以建立联系。

有了泡利矢量，可以将琼斯空间的偏振矢量$|s\rangle$变换到斯托克斯空间的斯托克斯矢量 $\hat{\boldsymbol{s}}$[4]

$$\begin{pmatrix} s_1 \\ s_2 \\ s_3 \end{pmatrix} = \begin{pmatrix} \langle s \mid \boldsymbol{\sigma}_1 \mid s\rangle \\ \langle s \mid \boldsymbol{\sigma}_2 \mid s\rangle \\ \langle s \mid \boldsymbol{\sigma}_3 \mid s\rangle \end{pmatrix}, \text{或者简写为 } \hat{\boldsymbol{s}} = \langle s \mid \boldsymbol{\sigma} \mid s\rangle \tag{8.4.7}$$

2. 斯托克斯矢量变换到琼斯矢量

从斯托克斯矢量变换到琼斯矢量有些麻烦。先考察一个任意的琼斯矩阵怎样利用泡利矩阵来表述。可以证明任意一个琼斯矩阵 $\boldsymbol{J}$ 可以用泡利矩阵展开[8]

$$\begin{aligned} \boldsymbol{J} &= \begin{pmatrix} j_{xx} & j_{xy} \\ j_{yx} & j_{yy} \end{pmatrix} = c_0\boldsymbol{I} + c_1\boldsymbol{\sigma}_1 + c_2\boldsymbol{\sigma}_2 + c_3\boldsymbol{\sigma}_3 = c_0\boldsymbol{I} + \boldsymbol{c}\cdot\boldsymbol{\sigma} \\ &= \begin{pmatrix} c_0 + c_1 & c_2 - \mathrm{j}c_3 \\ c_2 + \mathrm{j}c_3 & c_0 - c_1 \end{pmatrix} \end{aligned} \tag{8.4.8}$$

其中 c_0、c_1、c_2、c_3 是复系数，它们由下式决定

$$\begin{aligned} c_0 &= \frac{j_{xx} + j_{yy}}{2}, \quad c_1 = \frac{j_{xx} - j_{yy}}{2}, \\ c_2 &= \frac{j_{xy} + j_{yx}}{2}, \quad c_3 = \mathrm{j}\,\frac{(j_{xy} - j_{yx})}{2} \end{aligned} \tag{8.4.9}$$

或者改写为

$$c_0 = \frac{1}{2}\mathrm{Tr}(\boldsymbol{J}), \quad \boldsymbol{c} = \frac{1}{2}\mathrm{Tr}(\boldsymbol{J}\boldsymbol{\sigma}) \tag{8.4.10}$$

当 c_k 均为实数时($k=0,1,2,3$)，$\boldsymbol{J}$ 矩阵为厄米矩阵 $\boldsymbol{H}$，

$$\boldsymbol{H}^{\dagger} = (c_0\boldsymbol{I} + \boldsymbol{c}\cdot\boldsymbol{\sigma})^{\dagger} = c_0\boldsymbol{I} + \boldsymbol{c}\cdot\boldsymbol{\sigma} = \boldsymbol{H} \tag{8.4.11}$$

此时，

$$\det(\boldsymbol{H}) = c_0^2 - (c_1^2 + c_2^2 + c_3^2) \tag{8.4.12}$$

进一步，如果厄米矩阵 $\boldsymbol{H}$ 的迹为 0，即要求 $\mathrm{Tr}(\boldsymbol{H})=0$，则

$$\boldsymbol{H}_{\mathrm{Tr}=0} = \boldsymbol{c}\cdot\boldsymbol{\sigma} \tag{8.4.13}$$

因为

$$\mathrm{Tr}(\boldsymbol{c}\cdot\boldsymbol{\sigma})=\mathrm{Tr}\begin{pmatrix} c_1 & c_2-\mathrm{j}c_3 \\ c_2+\mathrm{j}c_3 & -c_1 \end{pmatrix}=0 \tag{8.4.14}$$

显然，一个由斯托克斯空间的矢量 $\hat{\boldsymbol{s}}$ 构成的琼斯空间的算符 $\hat{\boldsymbol{s}}\cdot\boldsymbol{\sigma}$ 是迹为 0 的厄米矩阵。

考虑一个琼斯空间的归一化矢量 $|s\rangle$ 构成的投影算符 $|s\rangle\langle s|$ 的迹 $\mathrm{Tr}(|s\rangle\langle s|)=\langle s|s\rangle=1$，这个投影算符可以用算符 $\hat{\boldsymbol{s}}\cdot\boldsymbol{\sigma}$ 表示成[4-5]

$$|s\rangle\langle s|=\frac{1}{2}(\boldsymbol{I}+\hat{\boldsymbol{s}}\cdot\boldsymbol{\sigma}) \tag{8.4.15}$$

将式(8.4.15)右乘一个矢量 $|s\rangle$，可得

$$|s\rangle\langle s|s\rangle=|s\rangle=\frac{1}{2}(|s\rangle+\hat{\boldsymbol{s}}\cdot\boldsymbol{\sigma}|s\rangle) \tag{8.4.16}$$

整理得

$$\hat{\boldsymbol{s}}\cdot\boldsymbol{\sigma}|s\rangle=|s\rangle \tag{8.4.17}$$

式(8.4.17)表明，如果要由斯托克斯空间的归一化矢量 $\hat{\boldsymbol{s}}$ 变换得到相应的琼斯空间矢量 $|s\rangle$，实际上是求算符 $\hat{\boldsymbol{s}}\cdot\boldsymbol{\sigma}$ 的对应特征值 $\lambda=+1$ 的特征矢量，这与式(2.6.7)是一致的。

8.4.3　包含泡利矢量的矢量运算公式

将泡利矩阵组成矢量后，将遇到泡利矢量与其他“正常矢量”在一起的运算，比如式(8.4.8)里的 $\boldsymbol{c}\cdot\boldsymbol{\sigma}$。比较简单的运算会如同一般矢量运算一样，比如对于一般矢量的点乘有 $\boldsymbol{a}\cdot\boldsymbol{b}=\boldsymbol{b}\cdot\boldsymbol{a}$，同样地 $\boldsymbol{a}\cdot\boldsymbol{\sigma}=\boldsymbol{\sigma}\cdot\boldsymbol{a}$，运算中只包含 1 次 $\boldsymbol{\sigma}$ 的运算时，没有区别。但是遇到 2 次及以上的 $\boldsymbol{\sigma}$ 的运算时，跟正常矢量的运算还是有差别的，比如对于正常矢量的运算 $\boldsymbol{a}\cdot(\boldsymbol{b}\times\boldsymbol{a})=0$，这是因为矢量 $\boldsymbol{a}$ 与矢量 $\boldsymbol{b}\times\boldsymbol{a}$ 是垂直的，然而 $\boldsymbol{\sigma}\cdot(\boldsymbol{a}\times\boldsymbol{\sigma})=-2\mathrm{j}(\boldsymbol{a}\cdot\boldsymbol{\sigma})$，所以遇到高次幂 $\boldsymbol{\sigma}$ 运算时需要小心。

下面列出包含不同次幂 $\boldsymbol{\sigma}$ 运算时的运算公式，其中 $\boldsymbol{a}$ 和 $\boldsymbol{b}$ 是正常矢量[4-5]。

包含 1 次幂 $\boldsymbol{\sigma}$ 的运算：

$$\boldsymbol{a}\cdot\boldsymbol{\sigma}=\boldsymbol{\sigma}\cdot\boldsymbol{a} \tag{8.4.18}$$

$$\boldsymbol{a}(\boldsymbol{a}\cdot\boldsymbol{\sigma})=(\boldsymbol{a}\cdot\boldsymbol{\sigma})\boldsymbol{a} \tag{8.4.19}$$

包含 2 次幂 $\boldsymbol{\sigma}$ 的运算：

$$\boldsymbol{\sigma}\cdot\boldsymbol{\sigma}=3\boldsymbol{I} \tag{8.4.20}$$

$$\boldsymbol{\sigma}(\boldsymbol{a}\cdot\boldsymbol{\sigma})=\boldsymbol{a}\boldsymbol{I}+\mathrm{j}\boldsymbol{a}\times\boldsymbol{\sigma} \tag{8.4.21}$$

$$(\boldsymbol{a}\cdot\boldsymbol{\sigma})\boldsymbol{\sigma}=\boldsymbol{a}\boldsymbol{I}-\mathrm{j}\boldsymbol{a}\times\boldsymbol{\sigma} \tag{8.4.22}$$

$$(\boldsymbol{a}\cdot\boldsymbol{\sigma})(\boldsymbol{a}\cdot\boldsymbol{\sigma})=a^2\boldsymbol{I} \tag{8.4.23}$$

$$(\boldsymbol{a}\cdot\boldsymbol{\sigma})(\boldsymbol{b}\cdot\boldsymbol{\sigma})=(\boldsymbol{a}\cdot\boldsymbol{b})\boldsymbol{I}+(\mathrm{j}\boldsymbol{a}\times\boldsymbol{b})\cdot\boldsymbol{\sigma} \tag{8.4.24}$$

$$\boldsymbol{\sigma}\cdot(\mathrm{j}\boldsymbol{a}\times\boldsymbol{\sigma})=2(\boldsymbol{a}\cdot\boldsymbol{\sigma})\tag{8.4.25}$$

$$(\mathrm{j}\boldsymbol{a}\times\boldsymbol{\sigma})\cdot\boldsymbol{\sigma}=-2(\boldsymbol{a}\cdot\boldsymbol{\sigma})\tag{8.4.26}$$

$$(\mathrm{j}\boldsymbol{a}\times\boldsymbol{\sigma})(\boldsymbol{a}\cdot\boldsymbol{\sigma})=a^2\boldsymbol{\sigma}-\boldsymbol{a}(\boldsymbol{a}\cdot\boldsymbol{\sigma})\tag{8.4.27}$$

$$(\boldsymbol{a}\cdot\boldsymbol{\sigma})(\mathrm{j}\boldsymbol{a}\times\boldsymbol{\sigma})=\boldsymbol{a}(\boldsymbol{a}\cdot\boldsymbol{\sigma})-a^2\boldsymbol{\sigma}\tag{8.4.28}$$

$$[(\boldsymbol{a}\cdot\boldsymbol{\sigma}),\boldsymbol{\sigma}]=2\boldsymbol{a}\boldsymbol{I}\tag{8.4.29}$$

$$[(\boldsymbol{a}\cdot\boldsymbol{\sigma}),(\boldsymbol{b}\cdot\boldsymbol{\sigma})]=2(\mathrm{j}\boldsymbol{a}\times\boldsymbol{b})\cdot\boldsymbol{\sigma}\tag{8.4.30}$$

$$\{(\boldsymbol{a}\cdot\boldsymbol{\sigma}),(\boldsymbol{b}\cdot\boldsymbol{\sigma})\}=2(\boldsymbol{a}\cdot\boldsymbol{b})\boldsymbol{I}\tag{8.4.31}$$

其中 a 是矢量 $\boldsymbol{a}$ 的模。另外，最后 3 个式子是关于算符是否对易和反对易的计算，其中 $[\boldsymbol{A},\boldsymbol{B}]=\boldsymbol{AB}-\boldsymbol{BA}$ 在量子力学中叫作对易子，它考察算符 $\boldsymbol{A}$ 和 $\boldsymbol{B}$ 是否对易，即 $\boldsymbol{A}$ 和 $\boldsymbol{B}$ 的乘法是否可以交换。而 $\{\boldsymbol{A},\boldsymbol{B}\}=\boldsymbol{AB}+\boldsymbol{BA}$ 叫作反对易子，它考察 $\boldsymbol{A}$ 和 $\boldsymbol{B}$ 的乘法是否交换后反号。

包含 3 次幂 $\boldsymbol{\sigma}$ 的运算：

$$\boldsymbol{\sigma}\cdot((\boldsymbol{a}\cdot\boldsymbol{\sigma})\boldsymbol{\sigma})=(\boldsymbol{\sigma}(\boldsymbol{a}\cdot\boldsymbol{\sigma}))\cdot\boldsymbol{\sigma}=-(\boldsymbol{a}\cdot\boldsymbol{\sigma})\tag{8.4.32}$$

$$\boldsymbol{\sigma}\cdot(\boldsymbol{\sigma}(\boldsymbol{a}\cdot\boldsymbol{\sigma}))=((\boldsymbol{a}\cdot\boldsymbol{\sigma})\boldsymbol{\sigma})\cdot\boldsymbol{\sigma}=3(\boldsymbol{a}\cdot\boldsymbol{\sigma})\tag{8.4.33}$$

$$(\boldsymbol{a}\cdot\boldsymbol{\sigma})\boldsymbol{\sigma}(\boldsymbol{a}\cdot\boldsymbol{\sigma})=2\boldsymbol{a}(\boldsymbol{a}\cdot\boldsymbol{\sigma})-a^2\boldsymbol{\sigma}\tag{8.4.34}$$

包含 n 次幂 $\boldsymbol{\sigma}$ 的运算：

$$(\boldsymbol{a}\cdot\boldsymbol{\sigma})^n=\begin{cases}a^n\boldsymbol{I}, & n\ 为偶数\\ a^{n-1}(\boldsymbol{a}\cdot\boldsymbol{\sigma}), & n\ 为奇数\end{cases}\tag{8.4.35}$$

与内积相关的运算公式：

$$\langle s|\boldsymbol{a}\cdot\boldsymbol{\sigma}|s\rangle=\boldsymbol{a}\cdot\langle s|\boldsymbol{\sigma}|s\rangle=\boldsymbol{a}\cdot\hat{\boldsymbol{s}}\tag{8.4.36}$$

$$\langle s|\boldsymbol{a}\times\boldsymbol{\sigma}|s\rangle=\boldsymbol{a}\times\langle s|\boldsymbol{\sigma}|s\rangle=\boldsymbol{a}\times\hat{\boldsymbol{s}}\tag{8.4.37}$$

$$\langle s|\boldsymbol{R}\boldsymbol{\sigma}|s\rangle=\boldsymbol{R}\langle s|\boldsymbol{\sigma}|s\rangle=\boldsymbol{R}\hat{\boldsymbol{s}}\tag{8.4.38}$$

其中 $\boldsymbol{R}$ 是斯托克斯空间的 3×3 旋转矩阵，式(8.4.38)写成矩阵形式为

$$\begin{aligned}\langle s|\boldsymbol{R}\boldsymbol{\sigma}|s\rangle&=\begin{pmatrix}\langle s|r_{11}\boldsymbol{\sigma}_1+r_{12}\boldsymbol{\sigma}_2+r_{13}\boldsymbol{\sigma}_3|s\rangle\\ \langle s|r_{21}\boldsymbol{\sigma}_1+r_{22}\boldsymbol{\sigma}_2+r_{33}\boldsymbol{\sigma}_3|s\rangle\\ \langle s|r_{31}\boldsymbol{\sigma}_1+r_{32}\boldsymbol{\sigma}_2+r_{33}\boldsymbol{\sigma}_3|s\rangle\end{pmatrix}=\boldsymbol{R}\hat{\boldsymbol{s}}\\ &=\begin{pmatrix}r_{11}&r_{12}&r_{13}\\ r_{21}&r_{22}&r_{23}\\ r_{31}&r_{32}&r_{33}\end{pmatrix}\begin{pmatrix}\langle s|\boldsymbol{\sigma}_1|s\rangle\\ \langle s|\boldsymbol{\sigma}_2|s\rangle\\ \langle s|\boldsymbol{\sigma}_3|s\rangle\end{pmatrix}\end{aligned}\tag{8.4.39}$$

8.5 e 指数算符

8.5.1 什么是 e 指数算符

如果 e 指数上是函数 x，则其可以展开成泰勒级数

$$\mathrm{e}^x=1+x+\frac{x^2}{2!}+\frac{x^3}{3!}+\cdots=\sum_{n=0}^{\infty}\frac{x^n}{n!} \tag{8.5.1}$$

将这个概念推广，如果 e 指数上是一个矩阵 $\boldsymbol{M}$，也可以形式上将其展开成泰勒级数[5,8]

$$\mathrm{e}^{\boldsymbol{M}}=\exp(\boldsymbol{M})=\boldsymbol{I}+\boldsymbol{M}+\frac{\boldsymbol{M}^2}{2!}+\frac{\boldsymbol{M}^3}{3!}+\cdots=\sum_{n=0}^{\infty}\frac{\boldsymbol{M}^n}{n!} \tag{8.5.2}$$

8.5.2　e 指数算符的例子[8]

例 8-5-1　e 指数上是单位矩阵

$$\mathrm{e}^{\boldsymbol{I}}=\boldsymbol{I}\left(1+1+\frac{1}{2!}+\frac{1}{3!}+\cdots\right)=\boldsymbol{I}\sum_{n=0}^{\infty}\frac{1}{n!}=\begin{pmatrix}\mathrm{e}&0\\0&\mathrm{e}\end{pmatrix} \tag{8.5.3}$$

例 8-5-2　零方位角线相位延迟器

在斯托克斯空间，零方位角线相位延迟器相当于绕 S_1 轴的旋转，旋转轴为 $\hat{\boldsymbol{c}}=(1\quad 0\quad 0)^{\mathrm{T}}$，判断泡利矩阵中只有$\boldsymbol{\sigma}_1$ 起作用，且与算符 $\hat{\boldsymbol{c}}\cdot\boldsymbol{\sigma}$ 有关，假如相位延迟为 Δ，则

$$\mathrm{e}^{\mathrm{j}\Delta\hat{\boldsymbol{c}}\cdot\boldsymbol{\sigma}}=\sum_{n=0}^{\infty}\frac{(\mathrm{j}\Delta\boldsymbol{\sigma}_1)^n}{n!}=\boldsymbol{I}+\mathrm{j}\Delta\boldsymbol{\sigma}_1+\frac{(\mathrm{j}\Delta\boldsymbol{\sigma}_1)^2}{2!}+\frac{(\mathrm{j}\Delta\boldsymbol{\sigma}_1)^3}{3!}+\cdots \tag{8.5.4}$$

考虑

$$\boldsymbol{\sigma}_1^n=\begin{cases}\boldsymbol{I}, & n\text{ 为偶数}\\ \boldsymbol{\sigma}_1, & n\text{ 为奇数}\end{cases} \tag{8.5.5}$$

有

$$\begin{aligned}\mathrm{e}^{\mathrm{j}\Delta\hat{\boldsymbol{c}}\cdot\boldsymbol{\sigma}}&=\boldsymbol{I}\left(1-\frac{\Delta^2}{2!}+\frac{\Delta^4}{4!}+\cdots\right)+\mathrm{j}\boldsymbol{\sigma}_1\left(\Delta-\frac{\Delta^3}{3!}+\frac{\Delta^5}{5!}+\cdots\right)\\&=\boldsymbol{I}\cos\Delta+\mathrm{j}\boldsymbol{\sigma}_1\sin\Delta=\begin{pmatrix}\cos\Delta+\mathrm{j}\sin\Delta&0\\0&\cos\Delta-\mathrm{j}\sin\Delta\end{pmatrix}\\&=\begin{pmatrix}\mathrm{e}^{\mathrm{j}\Delta}&0\\0&\mathrm{e}^{-\mathrm{j}\Delta}\end{pmatrix}\end{aligned} \tag{8.5.6}$$

可见，e 指数算符表述非常简洁，尤其是讨论级联器件的递推公式时非常好用。

例 8-5-3　偏振相关损耗矩阵

零方位角的偏振相关损耗的琼斯矩阵使 x、y 两个偏振方向的损耗不同，损耗系数分别 α_x 和 α_y，其琼斯矩阵为

$$\begin{pmatrix}\mathrm{e}^{-\alpha_x}&0\\0&\mathrm{e}^{-\alpha_y}\end{pmatrix}=\mathrm{e}^{-(\alpha_x+\alpha_y)/2}\begin{pmatrix}\mathrm{e}^{(\alpha_y-\alpha_x)/2}&0\\0&\mathrm{e}^{-(\alpha_y-\alpha_x)/2}\end{pmatrix}$$

$$=\mathrm{e}^{-(\alpha_x+\alpha_y)/2}\begin{pmatrix}\mathrm{e}^{\alpha/2} & 0\\ 0 & \mathrm{e}^{-\alpha/2}\end{pmatrix} \tag{8.5.7}$$

忽略公式中矩阵前面的公共因子 $\mathrm{e}^{-(\alpha_x+\alpha_y)/2}$，令 $\alpha=(\alpha_y-\alpha_x)$，假定 $\alpha_y>\alpha_x$。在斯托克斯空间定义损耗矢量，$\boldsymbol{\alpha}=\alpha\hat{\boldsymbol{\alpha}}$，其中 α 是损耗矢量的模，$\hat{\boldsymbol{\alpha}}$ 是斯托克斯空间的单位矢量，指向透射系数大的方向。琼斯空间中的零方位角意味着 $\hat{\boldsymbol{\alpha}}=(1\quad 0\quad 0)^{\mathrm{T}}$，尝试下面的指数算符

$$\begin{aligned}\exp(\boldsymbol{\alpha}\cdot\boldsymbol{\sigma})&=\exp(\alpha\boldsymbol{\sigma}_1)=\sum_{n=0}^{\infty}\frac{(\alpha\boldsymbol{\sigma}_1)^n}{n!}=\boldsymbol{I}+\alpha\boldsymbol{\sigma}_1+\frac{(\alpha\boldsymbol{\sigma}_1)^2}{2!}+\frac{(\alpha\boldsymbol{\sigma}_1)^3}{3!}+\cdots\\&=\boldsymbol{I}\left(1+\frac{\alpha^2}{2!}+\frac{\alpha^4}{4!}+\cdots\right)+\boldsymbol{\sigma}_1\left(\alpha+\frac{\alpha^3}{3!}+\frac{\alpha^5}{5!}+\cdots\right)\\&=\boldsymbol{I}\cosh\alpha+\boldsymbol{\sigma}_1\sinh\alpha\\&=\begin{pmatrix}\cosh\alpha+\sinh\alpha & 0\\ 0 & \cosh\alpha-\sinh\alpha\end{pmatrix}=\begin{pmatrix}\mathrm{e}^{\alpha/2} & 0\\ 0 & \mathrm{e}^{-\alpha/2}\end{pmatrix}\end{aligned} \tag{8.5.8}$$

可见利用 e 指数算符表示偏振相关损耗矩阵也是非常简洁的。

8.5.3 表述相位延迟器、偏振模色散和偏振相关损耗的普遍 e 指数算符[5]

1. 相位延迟器的 e 指数算符

在 4.2 节讨论过最普遍的相位延迟器是椭圆相位延迟器，其琼斯矩阵为式(4.2.22)。为了讨论方便，再次写在这里

$$\begin{pmatrix}\cos\alpha & -\sin\alpha\,\mathrm{e}^{-\mathrm{j}\delta}\\ \sin\alpha\,\mathrm{e}^{\mathrm{j}\delta} & \cos\alpha\end{pmatrix}\begin{pmatrix}\mathrm{e}^{\mathrm{j}\Delta/2} & 0\\ 0 & \mathrm{e}^{-\mathrm{j}\Delta/2}\end{pmatrix}\begin{pmatrix}\cos\alpha & -\sin\alpha\,\mathrm{e}^{-\mathrm{j}\delta}\\ \sin\alpha\,\mathrm{e}^{\mathrm{j}\delta} & \cos\alpha\end{pmatrix}^{-1} \tag{8.5.9}$$

其中第一个矩阵的两列恰好是两正交的椭圆偏振基，最后的矩阵是第一个矩阵的逆矩阵，中间的矩阵表示在两正交椭圆偏振基之间有相位延迟 Δ。当 $\delta=0$ 时式(8.5.9)表示线相位延迟器，而当 $\alpha=45°$，$\delta=\pi/2$ 时，式(8.5.9)表示圆相位延迟器。

椭圆相位延迟器的作用在斯托克斯空间中等价为绕着旋转轴 $\hat{\boldsymbol{p}}=(\cos2\alpha\quad \sin2\alpha\cos\delta\quad \sin2\alpha\sin\delta)$ 旋转角度 Δ，如图 8-5-1 所示。

显然，斯托克斯空间中的单位矢量 $\hat{\boldsymbol{p}}$ 和 $-\hat{\boldsymbol{p}}$ 对应到琼斯空间中为椭圆相位延迟器的两个正交椭圆偏振基 $|p_+\rangle$ 和 $|p_-\rangle$，则式(8.5.9)可以改写为

$$(|p_+\rangle\quad |p_-\rangle)\begin{pmatrix}\mathrm{e}^{\mathrm{j}\Delta/2} & 0\\ 0 & \mathrm{e}^{-\mathrm{j}\Delta/2}\end{pmatrix}(|p_+\rangle\quad |p_-\rangle)^{-1} \tag{8.5.10}$$

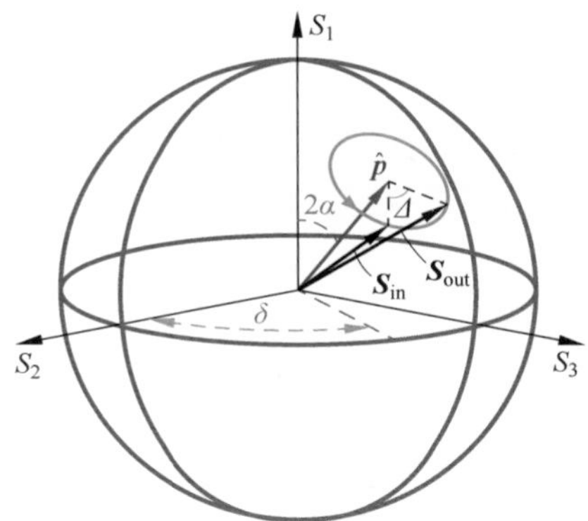

图 8-5-1 在斯托克斯空间双折射等价为绕$\hat{\boldsymbol{p}}$旋转角Δ

参照例 8-5-2,考察如下的 e 指数算符：

$$\begin{aligned}\exp\left(\mathrm{j}\,\frac{\Delta}{2}\hat{\boldsymbol{p}}\cdot\boldsymbol{\sigma}\right)&=\boldsymbol{I}\left(1-\frac{(\Delta/2)^2}{2!}+\frac{(\Delta/2)^4}{4!}+\cdots\right)+\\&\quad\mathrm{j}(\hat{\boldsymbol{p}}\cdot\boldsymbol{\sigma})\left((\Delta/2)-\frac{(\Delta/2)^3}{3!}+\frac{(\Delta/2)^5}{5!}+\cdots\right)\\&=\boldsymbol{I}\cos\frac{\Delta}{2}+\mathrm{j}(\hat{\boldsymbol{p}}\cdot\boldsymbol{\sigma})\sin\frac{\Delta}{2}\end{aligned}\tag{8.5.11}$$

其中用到了恒等式(8.4.35),是关于($\hat{\boldsymbol{p}}\cdot\boldsymbol{\sigma}$)偶次幂和奇次幂的公式。显然参照式(8.5.6)可以证明上式与式(8.5.10)是等价的。与式(8.5.11)相比不同的是,式(8.5.10)中的参量均定义在琼斯空间,而式(8.5.11)虽然是琼斯空间的 2×2 矩阵,然而式中的参量$\hat{\boldsymbol{p}}$是定义在斯托克斯空间的(其实Δ也可以认为是定义在斯托克斯空间的),这在某些场景应用起来更方便。

2. 一阶偏振模色散的 e 指数算符

一阶偏振模色散在斯托克斯空间中定义为$\boldsymbol{\tau}=\Delta\tau\hat{\boldsymbol{p}}$,其中$\Delta\tau$代表 DGD,$\hat{\boldsymbol{p}}$是慢主态,输入的偏振态$|s\rangle$与输出偏振态$|t\rangle$之间由下面的$\boldsymbol{U}$矩阵进行变换

$$(|p_-\rangle\quad|p_+\rangle)\begin{pmatrix}\mathrm{e}^{\mathrm{j}\omega\Delta\tau/2}&0\\0&\mathrm{e}^{-\mathrm{j}\omega\Delta\tau/2}\end{pmatrix}(|p_-\rangle\quad|p_+\rangle)^{-1}\tag{8.5.12}$$

在斯托克斯空间的等价操作是将输入偏振态$\hat{\boldsymbol{s}}$绕慢轴旋转角$\varphi=\omega\Delta\tau$变为$\hat{\boldsymbol{t}}$,其 e 指数算符为

$$\begin{aligned}\exp\left(-\mathrm{j}\,\frac{\varphi}{2}\hat{\boldsymbol{p}}\cdot\boldsymbol{\sigma}\right)&=\exp\left(-\mathrm{j}\,\frac{\omega}{2}\boldsymbol{\tau}\cdot\boldsymbol{\sigma}\right)=\boldsymbol{I}\cos\frac{\varphi}{2}-\mathrm{j}\,\frac{\boldsymbol{\tau}\cdot\boldsymbol{\sigma}}{\Delta\tau}\sin\frac{\varphi}{2}\\&=\boldsymbol{I}\cos\left(\frac{\omega\Delta\tau}{2}\right)-\mathrm{j}\,\frac{\boldsymbol{\tau}\cdot\boldsymbol{\sigma}}{\Delta\tau}\sin\left(\frac{\omega\Delta\tau}{2}\right)\end{aligned}\tag{8.5.13}$$

这就是式(7.3.34)。

3. 偏振相关损耗的 e 指数算符

参照例 8-5-3,在斯托克斯空间定义损耗矢量$\boldsymbol{\alpha}=\alpha\hat{\boldsymbol{\alpha}}$,其中$\alpha$是损耗矢量的模,$\hat{\boldsymbol{\alpha}}$是斯托克斯空间的单位矢量,则偏振相关损耗的 e 指数算符为

$$\begin{aligned}
\mathrm{e}^{-\frac{\alpha}{2}}\exp\left(\frac{\boldsymbol{\alpha}\cdot\boldsymbol{\sigma}}{2}\right)&=\mathrm{e}^{-\frac{\alpha}{2}}\left[\boldsymbol{I}\cosh\frac{\alpha}{2}+\frac{(\boldsymbol{\alpha}\cdot\boldsymbol{\sigma})}{\alpha}\sinh\frac{\alpha}{2}\right]\\
&=(|\alpha_+\rangle\quad|\alpha_-\rangle)\begin{pmatrix}1&0\\0&\mathrm{e}^{-\alpha}\end{pmatrix}(|\alpha_+\rangle\quad|\alpha_-\rangle)^{-1}
\end{aligned}\tag{8.5.14}$$

其中,$|\alpha_+\rangle$和$|\alpha_-\rangle$分别为透射系数大和透射系数小的偏振态。

8.5.4 关于 e 指数算符相乘

假如有两个同维数的矩阵 $\boldsymbol{A}$ 和 $\boldsymbol{B}$,遇到如下的 e 指数算符,是否有

$$\exp(\boldsymbol{A})\cdot\exp(\boldsymbol{B})\overset{?}{=}\exp(\boldsymbol{A}+\boldsymbol{B})\tag{8.5.15}$$

仔细考察上式左边

$$\begin{aligned}
\exp(\boldsymbol{A})\cdot\exp(\boldsymbol{B})&=\sum_{n=0}^{\infty}\frac{\boldsymbol{A}^n}{n!}\sum_{n=0}^{\infty}\frac{\boldsymbol{B}^n}{n!}\\
&=\boldsymbol{I}+(\boldsymbol{A}+\boldsymbol{B})+\left(\frac{\boldsymbol{A}^2}{2!}+\boldsymbol{AB}+\frac{\boldsymbol{B}^2}{2!}\right)+\\
&\quad\left(\frac{\boldsymbol{A}^3}{3!}+\frac{\boldsymbol{A}^2\boldsymbol{B}}{2!}+\frac{\boldsymbol{AB}^2}{2!}+\frac{\boldsymbol{B}^3}{3!}\right)+\cdots
\end{aligned}\tag{8.5.16}$$

其中,第三个括号中的 $\boldsymbol{A}^2\boldsymbol{B}$ 和 $\boldsymbol{AB}^2$ 一般是不相等的,即 $\boldsymbol{A}$ 和 $\boldsymbol{B}$ 一般是不对易的,所以一般情况式(8.5.15)中的等号是不成立的[8]。

可以证明,当 $\boldsymbol{A}$ 和 $\boldsymbol{B}$ 可以对易时,即当$[\boldsymbol{A},\boldsymbol{B}]=\boldsymbol{AB}-\boldsymbol{BA}=0$ 时,有

$$\exp(\boldsymbol{A})\cdot\exp(\boldsymbol{B})=\exp(\boldsymbol{A}+\boldsymbol{B})\tag{8.5.17}$$

参考文献

[1] ASO O, OHSHIMA I, OGOSHI H. Unitary-conserving construction of the Jones matrix and its applications to polarization-mode dispersion [J]. J. Opt. Soc. Am. A, 1997, 14(8): 1988-2005.

[2] FRIGO N. A generalized geometric representation of coupled mode theory [J]. IEEE J. Quantum Electron., 1986, 22(11): 2131-2140.

[3] GISIN N, HUTTNER B. Combined effects of polarization mode dispersion and polarization dependent losses in optical fibers [J]. Opt. Commun., 1997, 142: 119-125.

[4] GORDON J P, KOGELNIK H. PMD fundamentals: polarization mode dispersion in optical

fibers [J]. Proc. Natl. Acad. Sci. ,2000,97(9): 4541-4550.

[5] DAMASK J N. Polarization optics in telecommunications [M]. New York: Springer,2005.

[6] 曾谨言. 量子力学导论[M]. 2 版. 北京: 北京大学出版社,1998.

[7] POOLE C D,WAGNER R E. Phenomenological approach to polarization dispersion in long single-mode fibers [J]. Electron. Lett. ,1986,22(19): 1029-1030.

[8] CHIPMAN R A,LAM W T,YANG G. Polarized light and optical system [M]. Boca Raton: CRC Press,2019.

第9章

偏振相关损耗

光纤通信系统中还有一种偏振效应是偏振相关损耗(polarization dependent loss,PDL),它来源于光在通过光学材料时,两个偏振模式的光经历的损耗不同产生的效应。比如3.1节里讨论的电气石晶体的二向色性,就存在在两个垂直的偏振方向,一个是损耗大的方向,一个是损耗小的方向。当入射光的偏振方向与损耗小的方向一致时,经历较小的光损耗,而当其偏振方向与损耗大的方向一致时,则要经历较大的光损耗。4.1节中讨论的部分起偏器也是一种偏振相关损耗器件。

光纤通信系统中,光纤和一些光器件都存在着偏振相关损耗现象。这一现象对光纤通信系统产生影响,需要进行研究,本章讨论偏振相关损耗现象及其数学描述和建模等内容。

微弯的光纤使得其中传输的光在两个垂直偏振方向(平行和垂直于弯曲平面的方向)产生不同的损耗值,熔融制备的光纤耦合器因为偏振相关的耦合系数产生偏振相关损耗,聚合物薄膜波导器件由于材料本身分子的二向色性也会引起偏振相关损耗。另外光放大器可以在两个垂直方向产生与偏振相关的增益,称为偏振相关增益(polarization dependent gain, PDG)。

表9-0-1列出了常用光纤通信器件的偏振相关损耗典型值[1]。

表9-0-1　常用光纤通信器件的偏振相关损耗典型值

光　器　件	偏振相关损耗典型值
1m单模光纤	< 0.02dB
10km单模光纤	< 0.05dB
PC型光纤连接头	0.005～0.02dB

续表

光　器　件	偏振相关损耗典型值
APC 型光纤连接头	0.02～0.06dB
起偏器	30～50dB
50/50 耦合器	0.15～0.3dB
90/10 耦合器(直通)	0.02dB
隔离器	0.05～0.3dB
3 端环形器	～0.2dB
DWDM 波分复用器	0.05～0.15dB
波长选择开关	< 0.6dB[2]
掺铒光纤放大器	< 0.4dB (PDG)

9.1　偏振相关损耗器件的数学描述

不同的光学器件产生偏振相关损耗的物理机制或来源不同，但可以用形式相同的数学公式来描述。本节将详细介绍偏振相关损耗的定义及各种数学表述[3]。

一个偏振相关损耗器件在两个垂直偏振方向上产生不同的、与偏振相关的损耗，比如对于在 x 方向偏振的光波损耗因子为 $\mathrm{e}^{-\alpha_x}$，在 y 方向偏振的光波损耗因子为 $\mathrm{e}^{-\alpha_y}$，总的光信号经过该器件满足关系

$$\begin{pmatrix} E_{\mathrm{out},x} \\ E_{\mathrm{out},y} \end{pmatrix} = \begin{pmatrix} \mathrm{e}^{-\alpha_x} & 0 \\ 0 & \mathrm{e}^{-\alpha_y} \end{pmatrix} \begin{pmatrix} E_{\mathrm{in},x} \\ E_{\mathrm{in},y} \end{pmatrix} = \boldsymbol{P}_0 \begin{pmatrix} E_{\mathrm{in},x} \\ E_{\mathrm{in},y} \end{pmatrix} \tag{9.1.1}$$

其中 $\boldsymbol{P}_0$ 就是式(4.1.1)表示的零方位角部分起偏器矩阵，其幅度透射系数为 $p_x = \mathrm{e}^{-\alpha_x}$ 和 $p_y = \mathrm{e}^{-\alpha_y}$。此时 x 方向偏振的光强透射率为 $T_x = |p_x|^2 = \mathrm{e}^{-2\alpha_x}$，$y$ 方向偏振的光强透射率为 $T_y = |p_y|^2 = \mathrm{e}^{-2\alpha_y}$。

一般认为，偏振相关损耗是相对于 x 方向来比较的，因此 x 方向的幅度透过系数需要归一化，设为 1，则 y 方向的幅度透过系数为 $\mathrm{e}^{-\alpha}$。这样，零方位角偏振相关损耗矩阵表示成下面的形式

$$\boldsymbol{P}_0 = \begin{pmatrix} 1 & 0 \\ 0 & \mathrm{e}^{-\alpha} \end{pmatrix} \tag{9.1.2}$$

或者

$$\boldsymbol{P}_0 = \mathrm{e}^{-\alpha/2} \begin{pmatrix} \mathrm{e}^{\alpha/2} & 0 \\ 0 & \mathrm{e}^{-\alpha/2} \end{pmatrix} \tag{9.1.3}$$

此时，两个偏振方向的强度透射率分别为 1 和 $e^{-2\alpha}$。式(9.1.3)是对称矩阵的表示形式。

可见 $\boldsymbol{P}_0$ 矩阵不是幺正矩阵，而是厄米矩阵。

国际上两个标准组织，国际电工委员会(International Electrotechnical Commission，IEC)和电信行业协会(Telecommunications Industry Association，TIA)以标准的形式定义了偏振相关损耗，其中以分贝(dB)形式定义的 PDL 如下：

$$\Gamma_{\mathrm{dB}} = 10\lg\frac{T_{\max}}{T_{\min}} \tag{9.1.4}$$

其中 $T_{\max}$ 和 $T_{\min}$ 分别是最大和最小光强透射率。另外，还有非 dB 形式的 PDL 定义，如下：

$$\Gamma = \frac{T_{\max}}{T_{\min}} \tag{9.1.5}$$

根据偏振相关损耗的矩阵表示式(9.1.2)或式(9.1.3)及偏振相关损耗的定义式(9.1.4)和式(9.1.5)，可以得到偏振相关损耗系数与 PDL 定义之间的关系为

$$\Gamma = e^{2\alpha} \quad 和 \quad \Gamma_{\mathrm{dB}} = \alpha(20\lg e) \approx 8.69\alpha \tag{9.1.6}$$

实际应用中，对于 $\boldsymbol{P}_0$ 矩阵的描述还有下面的形式：

$$\boldsymbol{P}_0 = \begin{pmatrix} 1 & 0 \\ 0 & \sqrt{\dfrac{T_{\min}}{T_{\max}}} \end{pmatrix} = \begin{pmatrix} 1 & 0 \\ 0 & \dfrac{1}{\sqrt{\Gamma}} \end{pmatrix} \tag{9.1.7}$$

定义 $T_{\max}$ 和 $T_{\min}$ 的相对差

$$\gamma = \frac{T_{\max} - T_{\min}}{T_{\max} + T_{\min}}, \qquad 0 \leqslant \gamma \leqslant 1 \tag{9.1.8}$$

则 $\boldsymbol{P}_0$ 矩阵还可以写为

$$\boldsymbol{P}_0 = \begin{pmatrix} 1 & 0 \\ 0 & \dfrac{\sqrt{1-\gamma}}{\sqrt{1+\gamma}} \end{pmatrix} = \frac{1}{\sqrt{1+\gamma}}\begin{pmatrix} \sqrt{1+\gamma} & 0 \\ 0 & \sqrt{1-\gamma} \end{pmatrix} \tag{9.1.9}$$

这样有

$$\Gamma = \frac{1+\gamma}{1-\gamma} \quad 和 \quad \Gamma_{\mathrm{dB}} = 10\lg\frac{1+\gamma}{1-\gamma} \tag{9.1.10}$$

显然有

$$\frac{1+\gamma}{1-\gamma} = e^{2\alpha} \quad 或者 \quad \gamma = \tanh\alpha \tag{9.1.11}$$

可以利用式(4.5.12)，将偏振相关损耗的琼斯矩阵式(9.1.2)和式(9.1.9)转换成斯托克斯空间的米勒矩阵

$$\boldsymbol{M}_{\mathrm{PDL}}=\frac{1}{1+\gamma}\begin{pmatrix}1 & \gamma & 0 & 0\\ \gamma & 1 & 0 & 0\\ 0 & 0 & \sqrt{1-\gamma^2} & 0\\ 0 & 0 & 0 & \sqrt{1-\gamma^2}\end{pmatrix}$$

$$=\frac{1}{1+\tanh\alpha}\begin{pmatrix}1 & \tanh\alpha & 0 & 0\\ \tanh\alpha & 1 & 0 & 0\\ 0 & 0 & \mathrm{sech}\alpha & 0\\ 0 & 0 & 0 & \mathrm{sech}\alpha\end{pmatrix} \tag{9.1.12}$$

以上讨论的情况是最大和最小透射率对应的输入偏振态是 x、y 线偏振态时偏振相关损耗器件对应的琼斯矩阵和米勒矩阵，我们把它们叫作零方位角的偏振相关损耗矩阵，属于特殊情况下的偏振相关损耗矩阵。

实际上，一般情况下，对应偏振相关损耗器件最大和最小透射率的偏振态不一定是 x 方向或 y 方向的线偏振光，可能是其他两个垂直方向上的线偏振态、正交的左圆和右圆偏振态、任意正交的两椭圆偏振态 $(\cos\phi,\sin\phi\,\mathrm{e}^{\mathrm{j}\delta})^{\mathrm{T}}$ 和 $(-\sin\phi\,\mathrm{e}^{-\mathrm{j}\delta},\cos\phi)^{\mathrm{T}}$（这种正交椭圆偏振态包含了上述所有正交偏振态），称其为偏振相关损耗器件对应最大和最小透射率的偏振模式。在这种更一般情况下，零方位角的 $\boldsymbol{P}_0$ 矩阵将变成

$$\boldsymbol{P}=\begin{pmatrix}\cos\phi & -\sin\phi\,\mathrm{e}^{-\mathrm{j}\delta}\\ \sin\phi\,\mathrm{e}^{\mathrm{j}\delta} & \cos\phi\end{pmatrix}\begin{pmatrix}1 & 0\\ 0 & \mathrm{e}^{-\alpha}\end{pmatrix}\begin{pmatrix}\cos\phi & -\sin\phi\,\mathrm{e}^{-\mathrm{j}\delta}\\ \sin\phi\,\mathrm{e}^{\mathrm{j}\delta} & \cos\phi\end{pmatrix}^{-1} \tag{9.1.13}$$

式(9.1.13)给出了一般情况下，特征偏振态（偏振模式）为任意正交椭圆偏振态（而不是只限于相互垂直的线偏振态）时的偏振相关损耗的琼斯矩阵描述，而式(9.1.2)中的矩阵 $\boldsymbol{P}_0$ 是特征偏振态为 x 和 y 线偏振的特例。

就像一阶偏振模色散可以用 e 指数算符（式(8.5.13)）表达一样，偏振相关损耗也可以有 e 指数算符表达。参照式(8.5.14)，偏振相关损耗

$$\boldsymbol{P}=\mathrm{e}^{-\alpha/2}\exp\frac{\boldsymbol{\alpha}\cdot\boldsymbol{\sigma}}{2}=\mathrm{e}^{-\alpha/2}\left(\boldsymbol{I}\cosh\frac{\alpha}{2}+\frac{\boldsymbol{\alpha}\cdot\boldsymbol{\sigma}}{\alpha}\sinh\frac{\alpha}{2}\right)$$

$$=(|\alpha_+\rangle\quad|\alpha_-\rangle)\begin{pmatrix}1 & 0\\ 0 & \mathrm{e}^{-\alpha}\end{pmatrix}(|\alpha_+\rangle\quad|\alpha_-\rangle)^{-1} \tag{9.1.14}$$

其中 $\boldsymbol{\alpha}=\alpha\hat{\boldsymbol{\alpha}}$ 为斯托克斯空间里表示的偏振相关损耗矢量，单位矢量 $\hat{\boldsymbol{\alpha}}$ 代表斯托克斯空间指向透射系数大的偏振方向。对比式(9.1.13)，有 $|\alpha_+\rangle=(\cos\phi,\sin\phi\,\mathrm{e}^{\mathrm{j}\delta})^{\mathrm{T}}$ 和 $|\alpha_-\rangle=(-\sin\phi\,\mathrm{e}^{-\mathrm{j}\delta},\cos\phi)^{\mathrm{T}}$。

9.2 光波经过偏振相关损耗器件后的强度变化

9.1 节介绍了偏振相关损耗的标准定义、琼斯空间的矩阵表示和 e 指数算符表示。下面利用第 8 章引入的基于自旋矢量的数学运算方法来讨论光波经过偏振相关损耗器件后的强度变化。

假设输入偏振态$|s\rangle$经过偏振相关损耗器件以后，得到输出偏振态$|t\rangle$，则有

$$|t\rangle=\boldsymbol{P}|s\rangle \tag{9.2.1}$$

假设入射偏振态已经归一化，即$\langle s|s\rangle=1$，则有对应 $\boldsymbol{P}$ 矩阵的强度透射率

$$T_{\boldsymbol{P}}=\langle t|t\rangle=\langle s|\boldsymbol{P}^{\dagger}\boldsymbol{P}|s\rangle \tag{9.2.2}$$

由于 $\boldsymbol{P}$ 的对角矩阵对角元的指数部分是实的，则有 $\boldsymbol{P}^{\dagger}\boldsymbol{P}=\boldsymbol{P}^2$，因此有

$$\begin{aligned}T_{\boldsymbol{P}}&=\langle t|t\rangle=\mathrm{e}^{-\alpha}\langle s|\exp(\boldsymbol{\alpha}\cdot\boldsymbol{\sigma})|s\rangle\\&=\mathrm{e}^{-\alpha}\langle s|\boldsymbol{I}\cosh(\alpha)+(\hat{\boldsymbol{\alpha}}\cdot\boldsymbol{\sigma})\sinh(\alpha)|s\rangle\\&=\mathrm{e}^{-\alpha}[\cosh(\alpha)+(\hat{\boldsymbol{\alpha}}\cdot\hat{\boldsymbol{s}})\sinh(\alpha)]\\&=\mathrm{e}^{-\alpha}\cosh(\alpha)[1+(\hat{\boldsymbol{\alpha}}\cdot\hat{\boldsymbol{s}})\tanh(\alpha)]\\&=\frac{1}{1+\tanh\alpha}[1+(\hat{\boldsymbol{\alpha}}\cdot\hat{\boldsymbol{s}})\tanh\alpha]\end{aligned} \tag{9.2.3}$$

其中用到了式(8.4.36)。显然光强透射率不仅与损耗系数 α 有关，也与在斯托克斯空间入射偏振态方向与偏振相关损耗的特征偏振方向之间的相对方位$(\hat{\boldsymbol{\alpha}}\cdot\hat{\boldsymbol{s}})$有关。

如果偏振相关损耗用如同式(9.1.10)中的$(1+\gamma)/(1-\gamma)$形式描述，则式(9.2.3)还可以写成

$$T_{\boldsymbol{P}}=\frac{1}{1+\gamma}[1+\gamma(\hat{\boldsymbol{\alpha}}\cdot\hat{\boldsymbol{s}})] \tag{9.2.4}$$

当入射偏振态方向恰好与偏振相关损耗器件的最大透射系数的特征偏振态一致时，在斯托克斯空间有$\hat{\boldsymbol{\alpha}}\cdot\hat{\boldsymbol{s}}=1$，则 $T_{\boldsymbol{P}}=1$；如果入射偏振态方向恰好与最小透射系数的特征偏振态对齐时，有$\hat{\boldsymbol{\alpha}}\cdot\hat{\boldsymbol{s}}=-1$，则 $T_{\boldsymbol{P}}=\mathrm{e}^{-2\alpha}$，写成下列公式

$$T_{\boldsymbol{P}}=\begin{cases}1, & \hat{\boldsymbol{\alpha}}\cdot\hat{\boldsymbol{s}}=1\\ \mathrm{e}^{-2\alpha}=\dfrac{1-\gamma}{1+\gamma}, & \hat{\boldsymbol{\alpha}}\cdot\hat{\boldsymbol{s}}=-1\end{cases} \tag{9.2.5}$$

如果在斯托克斯空间画 $T_{\boldsymbol{P}}(\boldsymbol{\alpha}\cdot\hat{\boldsymbol{s}})$函数，可以几何直观地描述光波经过偏振相关损耗器件的强度透射率。图 9-2-1 显示了各种偏振光经过某一偏振相关损耗器件后的强度透射率的情况，其中入射偏振光为完全偏振光，其斯托克斯矢量端点位于半径为 1 的圆球上，表示 $T_{\boldsymbol{P}}(\boldsymbol{\alpha}\cdot\hat{\boldsymbol{s}})$的曲面偏向$\boldsymbol{\alpha}$ 矢量的一侧，$\boldsymbol{\alpha}$ 指向的曲面端点与表示偏振态的单位圆球相切。图中还画出了与赤道平面相交的 $T_{\boldsymbol{P}}(\boldsymbol{\alpha}\cdot\hat{\boldsymbol{s}})$曲

线的投影情况。图 9-2-1(a)显示了光波经过一个高透射方向为 45°线偏振、PDL 为 3dB 的器件后光强透射率 $T_P(\boldsymbol{\alpha}\cdot\hat{\boldsymbol{s}})$ 曲面；而图 9-2-1(b)显示了同样取向，但是 PDL 为 30dB 的情况。可见，$T_P(\boldsymbol{\alpha}\cdot\hat{\boldsymbol{s}})$ 曲面均偏向$\boldsymbol{\alpha}$ 矢量指向的一侧(琼斯空间的 45°线偏振方向对应斯托克斯空间的 S_2 轴)，且 PDL 越大，偏向越严重，PDL 特别大的 $T_P(\boldsymbol{\alpha}\cdot\hat{\boldsymbol{s}})$ 曲面在$\hat{\boldsymbol{\alpha}}\cdot\hat{\boldsymbol{s}}=-1$ 的一侧(此时$\boldsymbol{\alpha}$ 与 $\hat{\boldsymbol{s}}$ 成 180°，对应入射光偏振态与高强度透射偏振方向正交)曲面内凹严重。

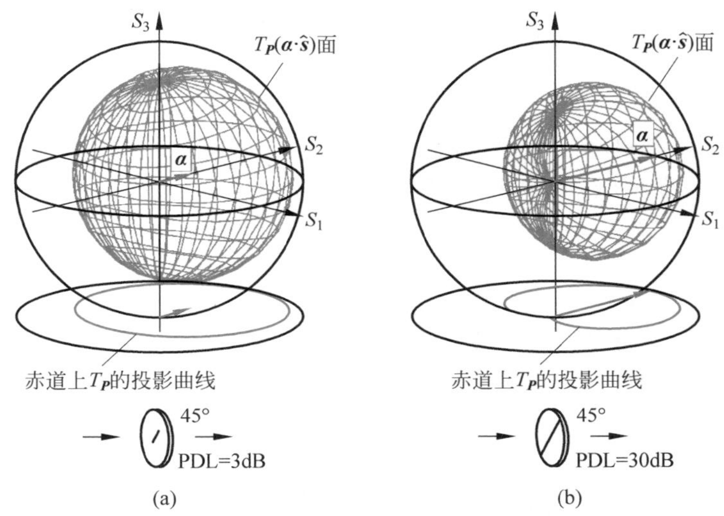

图 9-2-1　不同入射偏振态经过偏振相关损耗器件后强度透射率曲面

(a) PDL＝3dB，高透射偏振方向为 45°线偏振；(b) PDL＝30dB，高透射偏振方向亦为 45°线偏振

如果入射光不是完全偏振光，而是自然光，可以看成各个方向的偏振态均匀分布的情况，此时$\hat{\boldsymbol{\alpha}}\cdot\hat{\boldsymbol{s}}$ 的平均值为零，即$\langle\hat{\boldsymbol{\alpha}}\cdot\hat{\boldsymbol{s}}\rangle=0$，此时

$$T_P=T_{\text{自然光}}=\frac{1}{1+\gamma} \tag{9.2.6}$$

则式(9.2.4)可以表示成

$$T_P=T_{\text{自然光}}\left[1+\gamma(\hat{\boldsymbol{\alpha}}\cdot\hat{\boldsymbol{s}})\right] \tag{9.2.7}$$

还有

$$\begin{cases}T_{\max}=T_{\text{自然光}}(1+\gamma)\\ T_{\min}=T_{\text{自然光}}(1-\gamma)\end{cases} \tag{9.2.8}$$

如果偏振光连续经过两个级联的偏振相关损耗器件，那么二者合成的 PDL 是多少？光强透射率是多少？合成的 PDL 是不是二者的 PDL 直接相加？总光强透射率是不是二者直接相乘？

考察两个器件级联的情况，表示其偏振相关损耗的矩阵分别为 $\boldsymbol{P}_1$ 和 $\boldsymbol{P}_2$，则

$$|t\rangle = \boldsymbol{P}_2\boldsymbol{P}_1 |s\rangle \tag{9.2.9}$$

偏振光通过这两个级联的器件后强度透射率为

$$T_{\boldsymbol{P}12} = \langle t|t\rangle = \langle s|\boldsymbol{P}_1^{\dagger}\boldsymbol{P}_2^{\dagger}\boldsymbol{P}_2\boldsymbol{P}_1|s\rangle \overset{一般}{\neq} T_{\boldsymbol{P}2}T_{\boldsymbol{P}1} \tag{9.2.10}$$

显然有

$$\begin{aligned}\boldsymbol{P}_2\boldsymbol{P}_1 &= \mathrm{e}^{-\alpha_2/2}\exp\left(\frac{\boldsymbol{\alpha}_2\cdot\boldsymbol{\sigma}}{2}\right)\mathrm{e}^{-\alpha_1/2}\exp\left(\frac{\boldsymbol{\alpha}_1\cdot\boldsymbol{\sigma}}{2}\right)\\ &= \mathrm{e}^{-(\alpha_1+\alpha_2)/2}\exp\left[\frac{(\boldsymbol{\alpha}_1+\boldsymbol{\alpha}_2)\cdot\boldsymbol{\sigma}}{2}\right]\end{aligned} \tag{9.2.11}$$

显然，$\boldsymbol{P}_1$ 和 $\boldsymbol{P}_2$ 级联以后，总的 PDL 由 $(\boldsymbol{\alpha}_1+\boldsymbol{\alpha}_2)$ 决定。当两器件 $\boldsymbol{P}_1$ 和 $\boldsymbol{P}_2$ 的高透射率方向一致，即 $\boldsymbol{\alpha}_1=\alpha_1\hat{\boldsymbol{\alpha}}$ 和 $\boldsymbol{\alpha}_2=\alpha_2\hat{\boldsymbol{\alpha}}$ 的方向一致时，合成偏振相关损耗矢量为 $\boldsymbol{\alpha}_1+\boldsymbol{\alpha}_2=(\alpha_1+\alpha_2)\hat{\boldsymbol{\alpha}}$。比如两高透射率方向均为 45°线偏振，PDL 均为 3dB 的器件级联，强度透射率曲面如图 9-2-2(a)所示。而如果两器件高透射率方向一个为 45°线偏振、一个为 −45°线偏振，且 PDL 均为 3dB(对应的 α_1 和 α_2 为 0.5)，则强度透射率面为半径 0.5 的球面，意味着级联后总的 PDL＝0(相当于 $\boldsymbol{\alpha}_2=-\boldsymbol{\alpha}_1$，$\boldsymbol{\alpha}_1+\boldsymbol{\alpha}_2=0$)，只是存在整体的器件插入损耗 3dB(相当于 $(\alpha_1+\alpha_2)/2=0.5$)，如图 9-2-2(b)所示。

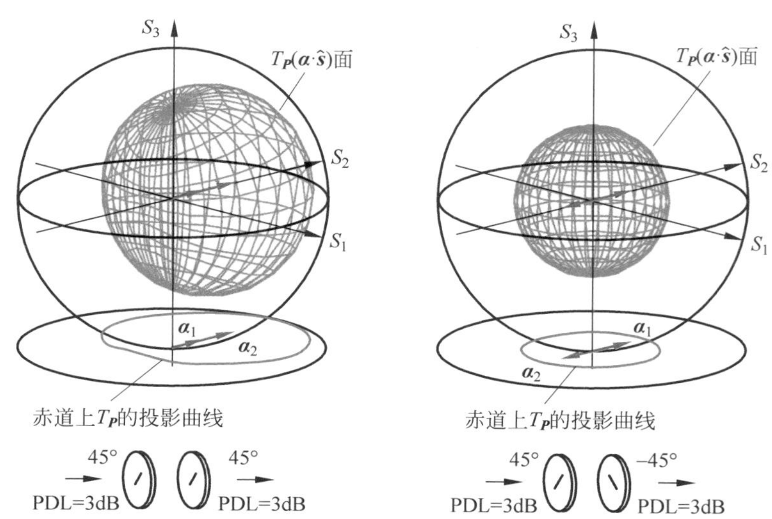

图 9-2-2 不同入射偏振态经过两级联的偏振相关损耗器件后强度透射率曲面

(a) 两器件均有 PDL＝3dB，高透射偏振方向均为 45°线偏振；

(b) 两器件均有 PDL＝3dB，高透射偏振方向分别为 45°线偏振和 −45°线偏振

9.3 光波经过偏振相关损耗器件后偏振态的变化

光波经过偏振相关损耗器件后，不仅光强会发生改变，偏振态亦会发生改变。在斯托克斯空间观察偏振态的改变更直观，几何图像也更生动。下面将在斯托克斯空间考察光波经过偏振相关损耗器件后偏振态的变化。

设经过偏振相关损耗器件后的偏振态在琼斯空间和斯托克斯空间分别记为 $|t\rangle$ 和 $\hat{\boldsymbol{t}}$，则有

$$\hat{\boldsymbol{t}} = \frac{\langle t \mid \boldsymbol{\sigma} \mid t\rangle}{\langle t \mid t\rangle} \tag{9.3.1}$$

其中用到式(2.6.6)，又考虑到偏振光经过偏振相关损耗器件后光强会损失，而如果要求在斯托克斯空间偏振态归一化，则在式(9.3.1)中用分母 $\langle t|t\rangle$ 实现归一化。

为了求解式(9.3.1)，先计算分子的 $\langle t|\boldsymbol{\sigma}|t\rangle = \langle s|\boldsymbol{P}^{\dagger}\boldsymbol{\sigma}\boldsymbol{P}|s\rangle$。利用式(9.1.14)，有

$$\begin{aligned}\langle t \mid \boldsymbol{\sigma} \mid t\rangle = \mathrm{e}^{-\alpha}\langle s \mid \Big\{\Big[\boldsymbol{I}\cosh\frac{\alpha}{2} + (\hat{\boldsymbol{\alpha}}\cdot\boldsymbol{\sigma})\sinh\frac{\alpha}{2}\Big]\cdot \\ \boldsymbol{\sigma}\Big[\boldsymbol{I}\cosh\frac{\alpha}{2} + (\hat{\boldsymbol{\alpha}}\cdot\boldsymbol{\sigma})\sinh\frac{\alpha}{2}\Big]\Big\} \mid s\rangle\end{aligned} \tag{9.3.2}$$

利用式(2.6.6)，考虑输入偏振态为归一化的矢量，有

$$\langle s \mid \boldsymbol{\sigma} \mid s\rangle = \hat{\boldsymbol{s}} \tag{9.3.3}$$

利用 $\boldsymbol{\sigma}$ 的 2 次幂运算式(8.4.21)和式(8.4.22)，有

$$\begin{aligned}\langle s \mid \boldsymbol{\sigma}(\hat{\boldsymbol{\alpha}}\cdot\boldsymbol{\sigma}) + (\hat{\boldsymbol{\alpha}}\cdot\boldsymbol{\sigma})\boldsymbol{\sigma} \mid s\rangle &= \langle s \mid \hat{\boldsymbol{\alpha}}\boldsymbol{I} - \mathrm{j}\hat{\boldsymbol{\alpha}}\times\boldsymbol{\sigma} + \hat{\boldsymbol{\alpha}}\boldsymbol{I} + \mathrm{j}\hat{\boldsymbol{\alpha}}\times\boldsymbol{\sigma} \mid s\rangle \\ &= 2\hat{\boldsymbol{\alpha}}\end{aligned} \tag{9.3.4}$$

利用 $\boldsymbol{\sigma}$ 的 3 次幂运算式(8.4.34)，以及内积相关式(8.4.36)有

$$\begin{aligned}\langle s \mid (\hat{\boldsymbol{\alpha}}\cdot\boldsymbol{\sigma})\boldsymbol{\sigma}(\hat{\boldsymbol{\alpha}}\cdot\boldsymbol{\sigma}) \mid s\rangle &= \langle s \mid 2\hat{\boldsymbol{\alpha}}(\hat{\boldsymbol{\alpha}}\cdot\boldsymbol{\sigma}) - |\hat{\boldsymbol{\alpha}}|^2\boldsymbol{\sigma} \mid s\rangle \\ &= 2\langle s \mid \hat{\boldsymbol{\alpha}}(\hat{\boldsymbol{\alpha}}\cdot\boldsymbol{\sigma}) \mid s\rangle - \langle s \mid \boldsymbol{\sigma} \mid s\rangle \\ &= 2\hat{\boldsymbol{\alpha}}(\hat{\boldsymbol{\alpha}}\cdot\hat{\boldsymbol{s}}) - \hat{\boldsymbol{s}}\end{aligned} \tag{9.3.5}$$

因而有

$$\begin{aligned}\langle t \mid \boldsymbol{\sigma} \mid t\rangle &= \mathrm{e}^{-\alpha}\Big\{\hat{\boldsymbol{s}} + \sinh\alpha\Big[1 + \tanh\frac{\alpha}{2}(\hat{\boldsymbol{\alpha}}\cdot\hat{\boldsymbol{s}})\Big]\hat{\boldsymbol{\alpha}}\Big\} \\ &= \sqrt{\frac{1-\gamma}{1+\gamma}}\Big\{\hat{\boldsymbol{s}} + \frac{\gamma}{\sqrt{1-\gamma^2}}\Big[1 + \frac{1-\sqrt{1-\gamma^2}}{\gamma}(\hat{\boldsymbol{\alpha}}\cdot\hat{\boldsymbol{s}})\Big]\hat{\boldsymbol{\alpha}}\Big\}\end{aligned} \tag{9.3.6}$$

其中用到公式

$$\sinh\alpha = \cosh\alpha\tanh\alpha = \frac{\gamma}{\operatorname{sech}\alpha} = \frac{\gamma}{\sqrt{1-\tanh^2\alpha}} = \frac{\gamma}{\sqrt{1-\gamma^2}} \tag{9.3.7}$$

$$\tanh\frac{\alpha}{2} = \frac{\cosh\alpha - 1}{\sinh\alpha} = \frac{1-\operatorname{sech}\alpha}{\tanh\alpha} = \frac{1-\sqrt{1-\tanh^2\alpha}}{\tanh\alpha} = \frac{1-\sqrt{1-\gamma^2}}{\gamma} \tag{9.3.8}$$

将式(9.3.6)除以式(9.2.2)，代入式(9.3.1)，得

$$\begin{aligned}\hat{t} = &\frac{\sqrt{1-\gamma^2}}{1+[\gamma(\hat{\boldsymbol{\alpha}}\cdot\hat{s})]}\hat{s} + \frac{1}{1+[\gamma(\hat{\boldsymbol{\alpha}}\cdot\hat{s})]}\cdot \\ &\left\{\gamma + \gamma^{-1}\left(1-\sqrt{1-\gamma^2}\right)[\gamma(\hat{\boldsymbol{\alpha}}\cdot\hat{s})]\right\}\hat{\boldsymbol{\alpha}}\end{aligned} \tag{9.3.8}$$

可见，当输入光偏振态为 $\hat{s}$ 时，经过偏振相关损耗的器件（损耗矢量为$\boldsymbol{\alpha}$）以后，透射光的偏振态是由 $\hat{s}$ 方向和 $\hat{\boldsymbol{\alpha}}$ 方向按比例叠加而成。总的来看，输出偏振态 $\hat{t}$ 位于 $\hat{s}$ 和 $\boldsymbol{\alpha}$ 组成的平面内，由 $\hat{s}$ 拉向 $\boldsymbol{\alpha}$ 方向一侧。图 9-3-1(a)显示了各种偏振态 $\hat{s}$ 经过一个损耗矢量为$\boldsymbol{\alpha}_1$ 的偏振相关损耗器件后输出偏振态 $\hat{t}$ 分布的情况；图 9-3-1(b)显示了输出偏振态矢量相对于输入偏振态变化矢量 $\hat{t}$-$\hat{s}$ 的分布情况；图 9-3-1(c)显示了相对于一个特定输入偏振态 $\hat{s}$，输出偏振态 $\hat{t}$ 相对于输入偏振态的变化矢量 $\hat{t}$-$\hat{s}$ 的情况。显然，偏振相关损耗$\boldsymbol{\alpha}_1$ 将输出偏振态 $\hat{t}$ 从 $\hat{s}$ 拉向了$\boldsymbol{\alpha}_1$ 的一侧。

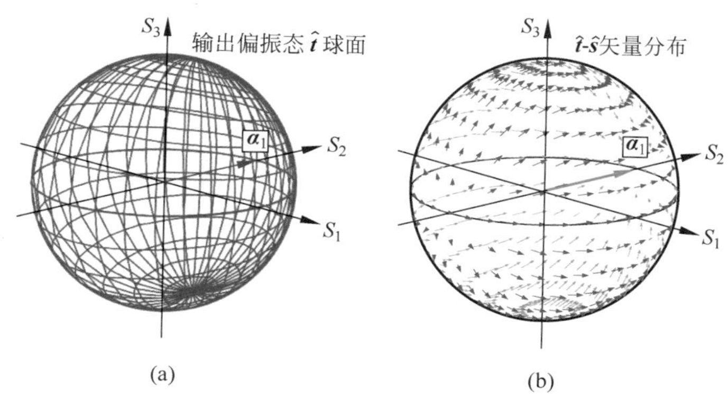

图 9-3-1 偏振相关损耗如何影响输出偏振态示意图

(a) 各种偏振态$\hat{s}$ 经过一损耗矢量为$\boldsymbol{\alpha}_1$ 的偏振相关损耗器件后输出偏振态$\hat{t}$ 的分布；(b) 输出偏振态相对于输入偏振态的变化矢量$\hat{t}$-$\hat{s}$ 分布；(c) 其中一个偏振态变化矢量$\hat{t}$-$\hat{s}$ 的情况。总之偏振相关损耗$\boldsymbol{\alpha}_1$ 将输出偏振态$\hat{t}$ 由$\hat{s}$ 拉向$\boldsymbol{\alpha}_1$ 的一侧

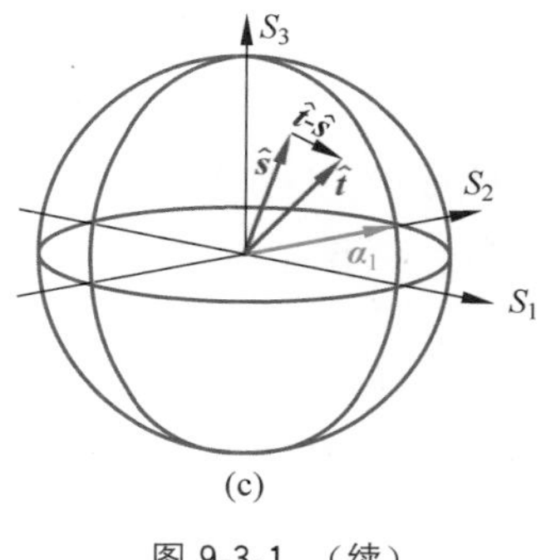

(c)

图 9-3-1 （续）

9.4 偏振相关损耗器件的级联与偏振相关损耗的统计分布

9.4.1 偏振相关损耗器件的级联

在光纤通信系统中有许多器件，甚至光纤本身都会引起偏振相关损耗，可以将它们级联，去看整个系统总体显示出的偏振相关损耗。

图 9-4-1 是偏振相关损耗的级联模型，有 N 个偏振相关损耗分别为$\boldsymbol{\alpha}_i$（$i=1,2,\cdots,N$）的器件相级联，其中$\boldsymbol{\alpha}_i$ 表示第 i 个器件偏振相关损耗在斯托克斯空间的矢量。

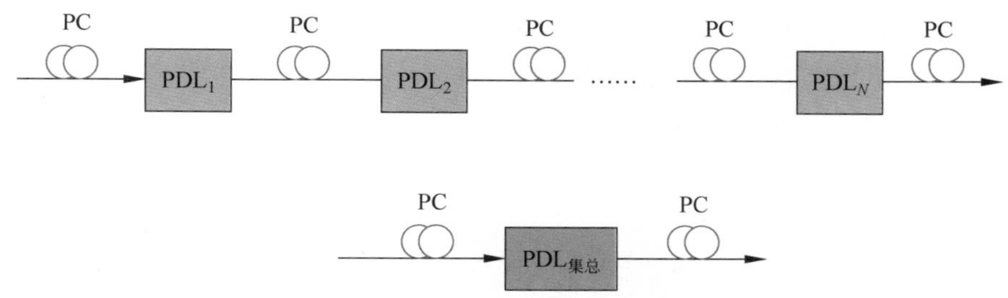

图 9-4-1　N 个偏振相关损耗器件相级联

利用 e 指数表示第 i 个器件偏振相关损耗琼斯矩阵为

$$\boldsymbol{P}_i=\mathrm{e}^{-\alpha_i/2}\exp\frac{\boldsymbol{\alpha}_i\cdot\boldsymbol{\sigma}}{2} \tag{9.4.1}$$

则 N 个偏振相关损耗器件级联后，总的传输矩阵为

$$\boldsymbol{P}_{总}=\exp\left[-\frac{1}{2}(\alpha_1+\alpha_2+\cdots+\alpha_N)\right]\exp\left[\frac{1}{2}(\boldsymbol{\alpha}_1+\boldsymbol{\alpha}_2+\cdots+\boldsymbol{\alpha}_N)\cdot\boldsymbol{\sigma}\right]$$

$$\propto \exp\left[\frac{1}{2}(\boldsymbol{\alpha}_1+\boldsymbol{\alpha}_2+\cdots+\boldsymbol{\alpha}_N)\cdot\boldsymbol{\sigma}\right]=\exp\left(\frac{\boldsymbol{\alpha}_{总}\cdot\boldsymbol{\sigma}}{2}\right) \tag{9.4.2}$$

在光纤通信系统中考察偏振相关损耗时,有两种考察方式:一种是 N 个偏振相关损耗器件级联(可以叫作分布式模型);另一种是将全链路的 PDL 等价集中体现(可以叫作集总式模型)。显然集总式模型是简单化了的模型,好处是模型简单,易于模拟实现,缺点是没有反映偏振相关损耗更深入的细节。

数值仿真分布式偏振相关损耗时利用级联式(9.4.2)。有时候利用它的另一种表达形式更简捷。我们知道式(9.1.13)和式(9.1.14)是等价的,因此式(9.4.2)也可以表示成

$$\begin{aligned}\boldsymbol{P}_{总}&=\prod_{i=1}^{N}\begin{pmatrix}\cos\phi_i & -\sin\phi_i\mathrm{e}^{-\mathrm{j}\delta_i}\\ \sin\phi_i\mathrm{e}^{\mathrm{j}\delta_i} & \cos\phi_i\end{pmatrix}\begin{pmatrix}\sqrt{1+\gamma_i} & 0\\ 0 & \sqrt{1-\gamma_i}\end{pmatrix}\cdot\\ &\quad\begin{pmatrix}\cos\phi_i & -\sin\phi_i\mathrm{e}^{-\mathrm{j}\delta_i}\\ \sin\phi_i\mathrm{e}^{\mathrm{j}\delta_i} & \cos\phi_i\end{pmatrix}^{-1}\\ &=\prod_{i=1}^{N}\boldsymbol{R}_i\boldsymbol{\Lambda}_i\boldsymbol{R}_i^{-1}\end{aligned} \tag{9.4.3}$$

其中 $\boldsymbol{\Lambda}_i$ 是对角矩阵,表示第 i 段偏振相关损耗器件的 PDL,它是厄米矩阵,而不是幺正矩阵。$\boldsymbol{R}_i$ 是幺正矩阵,代表连接第 i 段偏振相关损耗器件的光纤的双折射(有时用偏振控制器代替它的作用)。如果近似认为 $\boldsymbol{R}_i$ 矩阵与频率无关,可以将其处理为偏振旋转(RSOP)效应。

如果将 $\boldsymbol{P}_{总}$ 进行奇异值分解,可以分解为下面的形式[4]:

$$\boldsymbol{P}_{总}=\boldsymbol{U}\boldsymbol{\Lambda}\boldsymbol{V}^{-1} \tag{9.4.4}$$

其中 $\boldsymbol{U}$ 和 $\boldsymbol{V}$ 是幺正矩阵,而 $\boldsymbol{\Lambda}$ 是对角的厄米矩阵

$$\boldsymbol{\Lambda}=\begin{pmatrix}\sqrt{\lambda_{\max}} & 0\\ 0 & \sqrt{\lambda_{\min}}\end{pmatrix} \tag{9.4.5}$$

其中 $\lambda_{\max}$ 和 $\lambda_{\min}$ 是 $\boldsymbol{P}_{总}\boldsymbol{P}_{总}^{\dagger}$ 的特征值,它们对应着式(9.1.4)中的最大和最小透射率 $T_{\max}$ 和 $T_{\min}$,$T_{\max}/T_{\min}=\lambda_{\max}/\lambda_{\min}$。依据它们,可以计算偏振相关损耗器件级联后的等效偏振相关损耗

$$\Gamma_{\mathrm{dB},等效}=10\lg\frac{\lambda_{\max}}{\lambda_{\min}} \tag{9.4.6}$$

另外,对应 $\boldsymbol{P}_{总}\boldsymbol{P}_{总}^{\dagger}$ 的特征值 $\lambda_{\max}$ 和 $\lambda_{\min}$ 的特征矢量分别描述了总的偏振相关损耗的最大透射率和最小透射率的偏振态,且两个偏振态相互正交[4]。可以证明将 $\boldsymbol{U}$ 矩阵和 $\boldsymbol{V}$ 矩阵的两列分别写成矢量形式

$$\boldsymbol{U}=(|u_1\rangle \quad |u_2\rangle),\quad \boldsymbol{V}=(|v_1\rangle \quad |v_2\rangle) \tag{9.4.7}$$

则 $\boldsymbol{P}_{总}$ 描述的偏振相关损耗器件输入端的最大透射率和最小透过率两个偏振主模式为 $|v_1\rangle$ 和 $|v_2\rangle$，输出端的最大透射率和最小透过率两个偏振主模式为 $|u_1\rangle$ 和 $|u_2\rangle$，且 $|v_1\rangle$ 和 $|v_2\rangle$ 以及 $|u_1\rangle$ 和 $|u_2\rangle$ 之间是正交的。

9.4.2　光纤通信系统中偏振相关损耗的统计规律

有了偏振相关损耗的级联关系，可以仿真得到它的统计规律。

分析表明，当光纤通信系统中平均等效的偏振相关损耗不太大时（小于25dB），偏振相关损耗用分贝表示时近似遵从麦克斯韦分布[3,5]，分布的近似形式与偏振模色散的麦克斯韦分布式(7.8.1)一样

$$P(x=\Gamma_{\mathrm{dB},等效})=\frac{32x^2}{\pi\langle\Gamma_{\mathrm{dB},等效}\rangle^3}\exp\left(-\frac{4x^2}{\pi\langle\Gamma_{\mathrm{dB},等效}\rangle^2}\right) \tag{9.4.8}$$

其中 $\langle\Gamma_{\mathrm{dB},等效}\rangle$ 是系统的平均等效偏振相关损耗，且也是利用分贝定义的形式。像偏振模色散一样，其平均值和均方根值之间满足的关系也是一样的

$$\langle\Gamma_{\mathrm{dB},等效}\rangle=\sqrt{\frac{8}{3\pi}}\sqrt{\langle\Gamma^2_{\mathrm{dB},等效}\rangle} \tag{9.4.9}$$

图 9-4-2 给出了光纤通信系统中偏振相关损耗的统计分布图[3]，其中画出了严格的统计分布和近似的麦克斯韦分布。

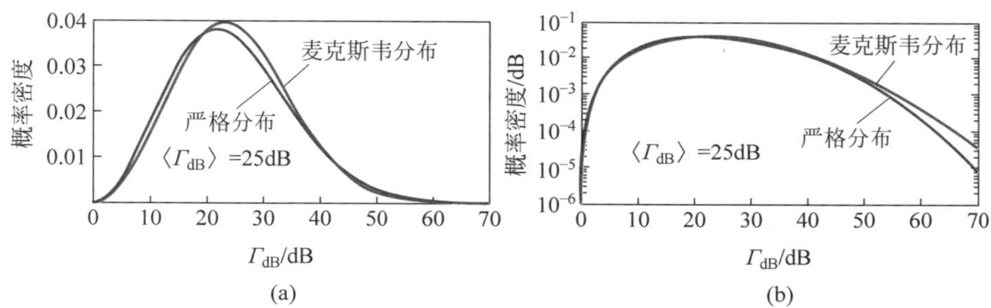

图 9-4-2　偏振相关损耗的统计分布图[3]

(a) 概率密度用线性单位标注；(b) 概率密度用分贝单位标注

下面利用式(9.4.3)～式(9.4.6)仿真得到偏振相关损耗的统计分布。

首先给定光纤通信系统中的平均偏振相关损耗 $\langle\Gamma_{\mathrm{dB},等效}\rangle$，确定分成的级联小段段数 N，然后根据下面的公式分配每一段的偏振相关损耗值 γ_i：

$$\Gamma_i=\sqrt{\frac{3\pi}{8N}}(1+\sigma x_i)\langle\Gamma_{\mathrm{dB},等效}\rangle \tag{9.4.10}$$

其中 $\Gamma_i=10\lg[(1+\gamma_i)/(1-\gamma_i)]$，$x_i$ 取均值为 0、方差为 σ 的高斯分布的 N 个随机数。接下来在$[0, 2\pi]$范围内随机取一组角度值(ϕ_i,δ_i)，根据式(9.4.3)计算

一个 $\boldsymbol{P}_{总}$ 作为一个样本，再根据式(9.4.4)～式(9.4.6)计算一个 $\Gamma_{\mathrm{dB},等效}$ 样本。

接下来，给出下一组(ϕ_i,δ_i)，进行重复计算，直到积累到足够的 $\Gamma_{\mathrm{dB},等效}$ 样本，就可以得到如图 9-4-3 的统计分布图。

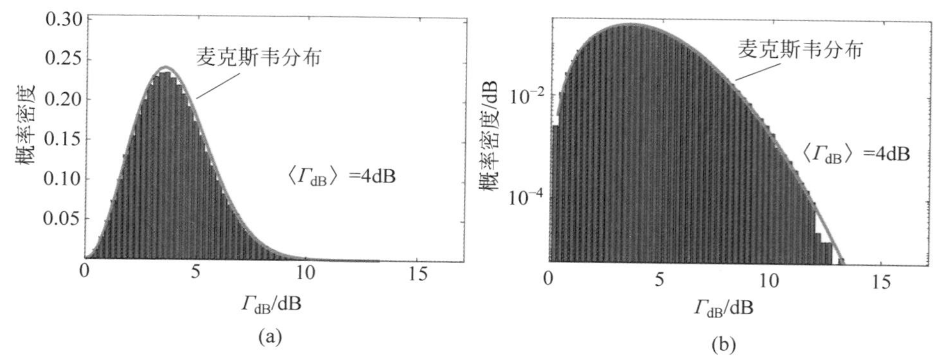

图 9-4-3　12 段级联得到的偏振相关损耗统计分布图(〈Γ_{dB}〉= 4dB)

(a) 概率密度用线性单位标注；(b) 概率密度用分贝单位标注

9.5　光纤中偏振相关损耗的演化方程

前面提到过，光纤通信光纤链路中存在许多偏振相关损耗的器件。前面的分析(不管是级联模型，还是集总模型)均将每个偏振相关损耗器件处理成分立式的器件，而不是一个分布式的情况。显然，前面描述偏振相关损耗的参数 $\Gamma=T_{\max}/T_{\min}$ 或者在斯托克斯空间定义的矢量 $\boldsymbol{\alpha}=\alpha\hat{\boldsymbol{\alpha}}$ 均为分立参量，而不是随距离 z 分布变化的参量。7.10 节得到了描述偏振模色散矢量 $\boldsymbol{\tau}(z)$ 随 z 变化的演化方程(7.10.5)，其实我们有时同样希望得到偏振相关损耗随 z 变化的演化方程。只要光纤链路中的每一个偏振相关损耗器件的 Γ 不是太大时，可以将其理解为随距离 z 变化的 $\Gamma(z)$(相应地有将 γ 变为 $\gamma(z)$)，有时将 $\Gamma(z)$ 或者 $\gamma(z)$ 称为积累的偏振相关损耗参量，描述了把 0～z 距离内看成一个整体的偏振相关损耗器件的参量，这个整体器件的范围随着 z 的增大而增大。

另外需要将式(9.1.14)中的矢量(定义在斯托克斯空间)$\boldsymbol{\alpha}$ 变为整个链路的局部矢量 $\boldsymbol{\alpha}(z)$，满足下面的公式：

$$\boldsymbol{P}(z)=\exp\left[\frac{1}{2}\int_0^z \boldsymbol{\alpha}(z)\cdot\boldsymbol{\sigma}\,\mathrm{d}z\right] \tag{9.5.1}$$

其中 $\boldsymbol{P}(z)$ 表示链路在 0～z 范围内的偏振相关损耗传输矩阵，并注意式(9.5.1)中的局部偏振相关损耗 $\boldsymbol{\alpha}(z)$ 矢量的量纲与式(9.1.14)中的 $\boldsymbol{\alpha}$ 是不一样的，式(9.1.14)

中的$\boldsymbol{\alpha}$是量纲归一化的量，而$\boldsymbol{\alpha}(z)$矢量的量纲是“L^{-1}”。

做这样的改变后，参考式(9.2.1)，位于z处的输出偏振态$|t(z)\rangle$与输入偏振态$|s\rangle$的关系可以表示成

$$|t(z)\rangle=\boldsymbol{A}(z)\boldsymbol{P}(z)|s\rangle \tag{9.5.2}$$

其中$\boldsymbol{A}(z)$表示式(9.4.2)中第一个e指数描述的两个偏振模式共有的损耗，而$\boldsymbol{P}(z)$是直接描述偏振相关损耗的。下面可以参考9.1节写出位于z处的强度透射率[3]（式(9.2.4)）

$$T(z)=\langle t(z)|t(z)\rangle=T_{自然光}(z)[1+\hat{\boldsymbol{\gamma}}(z)\cdot\hat{\boldsymbol{s}}] \tag{9.5.3}$$

其中$\hat{\boldsymbol{\gamma}}(z)$是描述积累偏振相关损耗的矢量。

理论证明$\hat{\boldsymbol{\gamma}}(z)$满足的演化方程为[3]

$$\frac{\mathrm{d}\hat{\boldsymbol{\gamma}}(z)}{\mathrm{d}z}=\boldsymbol{\alpha}(z)-(\boldsymbol{\alpha}(z)\cdot\hat{\boldsymbol{\gamma}}(z))\hat{\boldsymbol{\gamma}}(z) \tag{9.5.4}$$

其中$\hat{\boldsymbol{\gamma}}(z)$是积累的整体矢量，而$\boldsymbol{\alpha}(z)$是描述局部偏振相关损耗的矢量。

9.6 光纤中偏振相关损耗与偏振模色散共存时的分析方法

实际上，偏振相关损耗与偏振模色散会同时存在于光纤链路当中。本节讨论当考虑偏振相关损耗和偏振模色散同时存在时，将如何进行分析。本节采用的分析方法是与单独存在偏振模色散时进行类比的方法。

9.6.1 偏振模色散分析方法回顾

当只考虑偏振模色散时，在琼斯空间采用幺正矩阵$\boldsymbol{U}$描述偏振模色散（式(7.3.25)）

$$\boldsymbol{U}(\omega)=\boldsymbol{R}_{\mathrm{PSP}}\boldsymbol{\Lambda}\boldsymbol{R}_{\mathrm{PSP}}^{-1}=(|p_{+}\rangle\quad|p_{-}\rangle)\cdot\begin{pmatrix}\mathrm{e}^{\mathrm{j}\Delta\omega\Delta\tau/2} & 0\\ 0 & \mathrm{e}^{-\mathrm{j}\Delta\omega\Delta\tau/2}\end{pmatrix}(|p_{+}\rangle\quad|p_{-}\rangle)^{-1} \tag{9.6.1}$$

与式(7.3.25)相比，这里用$|p_{+}\rangle$和$|p_{-}\rangle$表示两个正交的输出主态，替换了$|\varepsilon_{b+}\rangle$和$|\varepsilon_{b-}\rangle$表示的输出主态。且有以输出主态表示的本征值方程

$$\mathrm{j}\boldsymbol{U}_{\omega}\boldsymbol{U}^{\dagger}|p_{\pm}\rangle=\pm\frac{\Delta\tau}{2}|p_{\pm}\rangle \tag{9.6.2}$$

说明两输出主态$|p_{+}\rangle$和$|p_{-}\rangle$分别是矩阵$\mathrm{j}\boldsymbol{U}_{\omega}\boldsymbol{U}^{\dagger}$对应本征值$\pm\Delta\tau/2$的本征矢量。利用斯托克斯空间的偏振模色散矢量$\boldsymbol{\tau}$和泡利矩阵矢量，可以将矩阵$\mathrm{j}\boldsymbol{U}_{\omega}\boldsymbol{U}^{\dagger}$表示为

$$\mathrm{j}\boldsymbol{U}_{\omega}\boldsymbol{U}^{\dagger}=\frac{1}{2}\boldsymbol{\tau}\cdot\boldsymbol{\sigma} \tag{9.6.3}$$

参见式(7.3.37)。其中偏振模色散矢量为$\boldsymbol{\tau}=\Delta\tau\hat{\boldsymbol{p}}_{-}$，$\hat{\boldsymbol{p}}_{-}$为琼斯空间中慢主态

$|p_-\rangle$在斯托克斯空间的对应单位矢量，它在斯托克斯空间反向的矢量为 $\hat{\boldsymbol{p}}_+$。$\hat{\boldsymbol{p}}_-$与 $\hat{\boldsymbol{p}}_+$ 在斯托克斯空间夹角为 180°，因为在琼斯空间对应的两主态 $|p_+\rangle$和 $|p_-\rangle$是相互正交的。

$$\hat{\boldsymbol{p}}_- = \langle p_- | \boldsymbol{\sigma} | p_- \rangle, \quad \hat{\boldsymbol{p}}_+ = \langle p_+ | \boldsymbol{\sigma} | p_+ \rangle, \quad \hat{\boldsymbol{p}}_+ \cdot \hat{\boldsymbol{p}}_- = -1 \tag{9.6.4}$$

另外，$\boldsymbol{U}$ 矩阵除了有式(9.6.1)的纯琼斯空间的表示，还可以借助斯托克斯空间偏振模色散矢量$\boldsymbol{\tau}$ 和泡利矩阵矢量用 e 指数算符的形式表示为(式(8.5.13))

$$\boldsymbol{U}(\omega) = \exp\left(-\mathrm{j}\Delta\omega \frac{\boldsymbol{\tau} \cdot \boldsymbol{\sigma}}{2}\right) = \boldsymbol{I}\cos\frac{\Delta\omega\Delta\tau}{2} - \mathrm{j}\frac{\boldsymbol{\tau} \cdot \boldsymbol{\sigma}}{\Delta\tau}\sin\frac{\Delta\omega\Delta\tau}{2} \tag{9.6.5}$$

9.6.2 偏振模色散与偏振相关损耗共存时的类比分析方法

为了研究偏振模色散与偏振相关损耗共存的情况，用类比法给出下列结论，希望进一步了解细节的读者请阅读参考文献[3]和参考文献[6]。所有类比也列在表 9-6-1 中。

表 9-6-1 只有偏振模色散存在和偏振模色散与偏振相关损耗共同存在时分析方法的类比

PMD	PMD+PDL
$\mathrm{j}\boldsymbol{U}_\omega\boldsymbol{U}^\dagger = \frac{1}{2}(\boldsymbol{\tau} \cdot \boldsymbol{\sigma})$	$\mathrm{j}\boldsymbol{T}_\omega\boldsymbol{T}^{-1} = \frac{1}{2}(\boldsymbol{\Omega} \cdot \boldsymbol{\sigma}) + \frac{a_0}{2}\boldsymbol{I}$
$\mathrm{j}\boldsymbol{U}_\omega\boldsymbol{U}^\dagger \vert p_\pm\rangle = \pm\frac{\Delta\tau}{2}\vert p_\pm\rangle$	$\mathrm{j}\boldsymbol{T}_\omega\boldsymbol{T}^{-1}\vert p_\pm\rangle = \pm\frac{\lambda}{2}\vert p_\pm\rangle + \frac{a_0}{2}\vert p_\pm\rangle$
$\boldsymbol{\tau}$ 和 $\Delta\tau$→实数	$\boldsymbol{\Omega}$ 和 λ→复数
$\Delta\tau$→DGD	$\lambda=\Delta\tau+\mathrm{j}\eta$→DGD+DAS*
$\hat{\boldsymbol{p}}_\pm = \langle p_\pm \vert \boldsymbol{\sigma} \vert p_\pm\rangle$→PSP	$\hat{\boldsymbol{p}}_\pm = \langle p_\pm \vert \boldsymbol{\sigma} \vert p_\pm\rangle$→PSP
$\hat{\boldsymbol{p}}_+ \cdot \hat{\boldsymbol{p}}_- = -1$，夹角 180°	$\hat{\boldsymbol{p}}_+ \cdot \hat{\boldsymbol{p}}_- \overset{\text{不一定}}{=} -1$，相对于 180°有分布
$\frac{\partial\boldsymbol{\tau}}{\partial z} = \frac{\partial\boldsymbol{B}}{\partial\omega} + \boldsymbol{B}\times\boldsymbol{\tau}$	$\frac{\partial\boldsymbol{\Omega}}{\partial z} = \frac{\partial\boldsymbol{B}}{\partial\omega} + (\boldsymbol{B}+\mathrm{j}\boldsymbol{\alpha})\times\boldsymbol{\tau}$

* DAS 是 differential attenuation slope 的缩写，表示差分损耗斜率，是差分损耗相对于角频率的导数。

当偏振模色散与偏振相关损耗共存时，定义传输矩阵 $\boldsymbol{T}$，它由幺正矩阵 $\boldsymbol{U}$ 和厄米矩阵 $\boldsymbol{P}$ 共同组成，表示为

$$\boldsymbol{T} = \boldsymbol{UP} \propto \exp\left(-\mathrm{j}\Delta\omega\frac{\boldsymbol{\tau}\cdot\boldsymbol{\sigma}}{2}\right)\exp\left(\frac{\boldsymbol{\alpha}\cdot\boldsymbol{\sigma}}{2}\right) = \exp\left(\frac{\boldsymbol{\Omega}\cdot\boldsymbol{\sigma}}{2}\right) \tag{9.6.6}$$

相比于偏振模色散单独存在时，定义一个斯托克斯空间的复数矢量

$$\boldsymbol{\Omega} = \boldsymbol{\Omega}_r + \mathrm{j}\boldsymbol{\Omega}_i = \boldsymbol{\alpha} - \mathrm{j}\Delta\omega\boldsymbol{\tau} \tag{9.6.7}$$

其中$\boldsymbol{\Omega}_r$和$\boldsymbol{\Omega}_i$是斯托克斯空间的实矢量，它们与光纤链路中的双折射以及差分损耗有关。

经过类比，有

$$\mathrm{j}\boldsymbol{T}_{\omega}\boldsymbol{T}^{-1}=\frac{1}{2}\boldsymbol{\Omega}\cdot\boldsymbol{\sigma}+\frac{a_0}{2}\boldsymbol{I} \tag{9.6.8}$$

其中 a_0 是复数，其实部对应双折射的公共相位因子，虚部对应公共的损耗因子。还有

$$\mathrm{j}\boldsymbol{T}_{\omega}\boldsymbol{T}^{-1}\mid p_{\pm}\rangle=\pm\frac{\lambda}{2}\mid p_{\pm}\rangle+\frac{a_0}{2}\mid p_{\pm}\rangle,\quad \boldsymbol{\Omega}\cdot\boldsymbol{\sigma}\mid p_{\pm}\rangle=\pm\lambda\mid p_{\pm}\rangle \tag{9.6.9}$$

其中本征值 λ 是复数

$$\lambda=\Delta\tau+\mathrm{j}\eta \tag{9.6.10}$$

此时仍有输出主态 $|p_+\rangle$ 和 $|p_-\rangle$ 的概念，它们分别对应本征值 $\pm\lambda$，且它们在斯托克斯空间分别对应 $\hat{\boldsymbol{p}}_+$ 和 $\hat{\boldsymbol{p}}_-$。但是会发现一般情况下 $\hat{\boldsymbol{p}}_+$ 和 $\hat{\boldsymbol{p}}_-$ 的夹角不再是 $180°$，即输出主态 $|p_+\rangle$ 和 $|p_-\rangle$ 不再相互正交。

9.6.3　偏振模色散与偏振相关损耗共同存在时的级联计算

实际上当一个光纤链路共同存在偏振模色散和偏振相关损耗时，可以分成 N 个小段，每个小段都包含一个 PMD 小段和 PDL 小段。第 i 小段有 e 算符表示

$$\boldsymbol{U}_i\boldsymbol{P}_i=\exp\left(-\mathrm{j}\omega\frac{\boldsymbol{\tau}_i\cdot\boldsymbol{\sigma}}{2}\right)\exp\frac{\boldsymbol{\alpha}_i\cdot\boldsymbol{\sigma}}{2}=\exp\frac{\boldsymbol{\Omega}_i\cdot\boldsymbol{\sigma}}{2} \tag{9.6.11}$$

其中 $\boldsymbol{\Omega}=-\mathrm{j}\omega\boldsymbol{\tau}+\boldsymbol{\alpha}$。为了简单起见，在式(9.6.11)里的圆频率偏移 $\Delta\omega$ 简写为 ω。

级联后的传输矩阵的递推公式为

$$\boldsymbol{T}_N=\boldsymbol{U}_N\boldsymbol{P}_N\boldsymbol{T}_{N-1}=\boldsymbol{U}_N\boldsymbol{P}_N\boldsymbol{U}_{N-1}\boldsymbol{P}_{N-1}\boldsymbol{T}_{N-2}=\cdots \tag{9.6.12}$$

然后计算 $\mathrm{j}\dfrac{\partial\boldsymbol{T}_N}{\partial\omega}\boldsymbol{T}_N^{-1}$，满足

$$\mathrm{j}\frac{\partial\boldsymbol{T}_N}{\partial\omega}\boldsymbol{T}_N^{-1}\mid p_{\pm}\rangle=\pm\frac{\lambda}{2}\mid p_{\pm}\rangle \tag{9.6.13}$$

其中由于式(9.6.11)中忽略了对应双折射的公共相位因子和对应公共的损耗因子，所以认为 $a_0=0$。

利用式(9.6.11)得到 N 段级联的传输矩阵 $\boldsymbol{T}_N$，再利式(9.6.13)计算 $\mathrm{j}\dfrac{\partial\boldsymbol{T}_N}{\partial\omega}\boldsymbol{T}_N^{-1}$ 的本征值 $\pm\lambda$ 和对应的本征矢量 $|p_+\rangle$ 和 $|p_-\rangle$。其中

$$\lambda=\Delta\tau+\mathrm{j}\eta \tag{9.6.14}$$

式(9.6.14)中的 $\Delta\tau$ 是 N 段级联后总的差分群时延，η 与总的偏振相关损耗有关。

另外，在斯托克斯空间，两偏振主态 $\hat{\boldsymbol{p}}_+$ 和 $\hat{\boldsymbol{p}}_-$ 之间的夹角由下式给出：

$$\cos\theta_{\mathrm{PSP}}=\hat{\boldsymbol{p}}_+\cdot\hat{\boldsymbol{p}}_-,\quad \hat{\boldsymbol{p}}_{\pm}=\langle p_{\pm}\mid\boldsymbol{\sigma}\mid p_{\pm}\rangle \tag{9.6.15}$$

图 9-6-1 给出了当 PMD 和 PDL 共同存在时，平均 DGD 分别为 0ps、5ps、10ps 和 15ps 时 PDL 的概率分布情况(分别对应图 9-6-1(a)、(b)、(c)和(d))。可见二者共存的情况下，偏振模色散不同时，偏振相关损耗的分布基本上还是麦克斯韦分布。

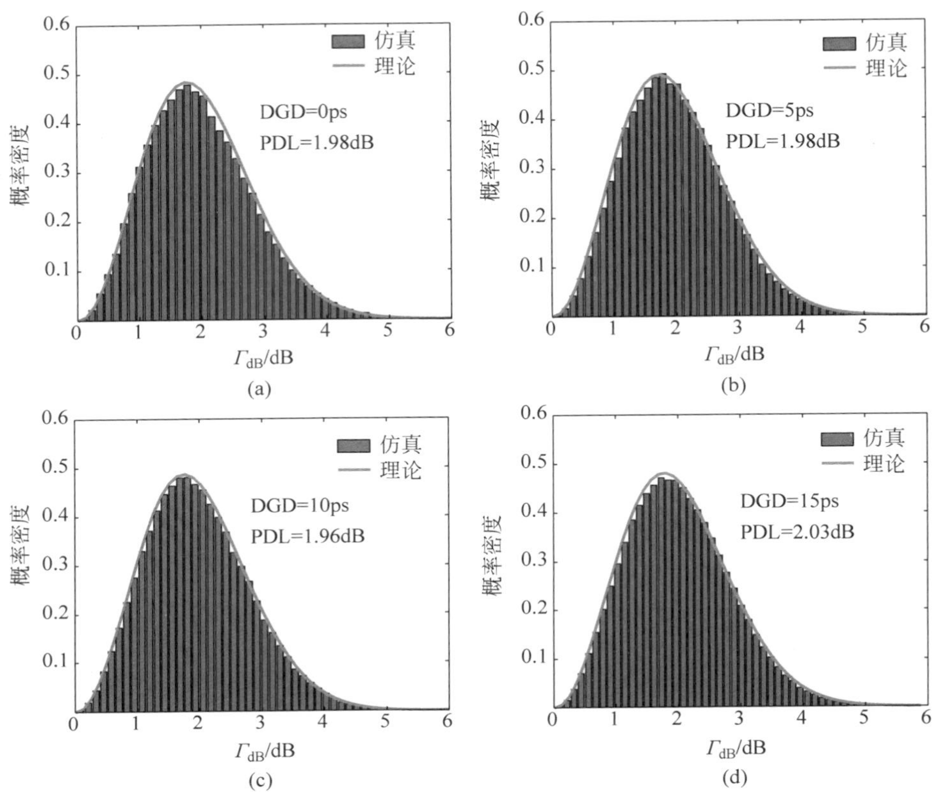

图 9-6-1　PMD 和 PDL 共同存在时，平均 DGD 分别为 0ps(a)、5ps(b)、10ps(c)、15ps(d)时 PDL 的概率分布情况

图 9-6-2 给出了当 PMD 和 PDL 共同存在时，平均 PDL 分别为 0dB、5dB、10dB 和 15dB 时 PMD 的概率分布情况(分别对应图 9-6-2(a)、(b)、(c)和(d))。可

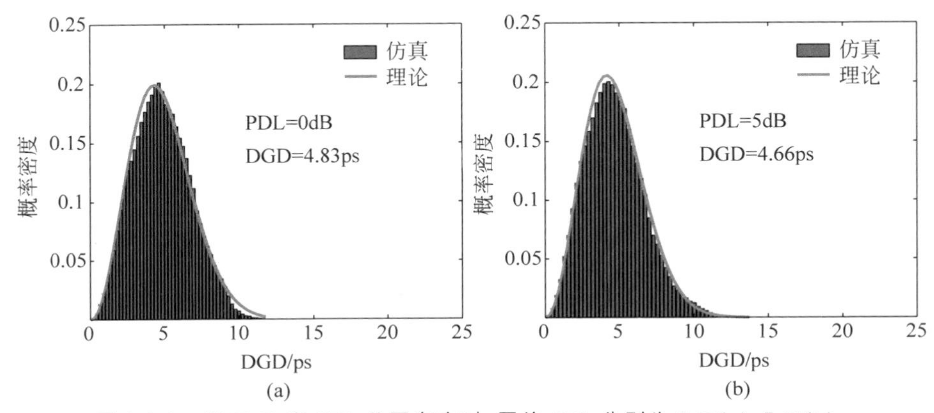

图 9-6-2　当 PMD 和 PDL 共同存在时，平均 PDL 分别为 0dB(a)、5dB(b)、10dB(c)、15dB(d)时 PMD 的概率分布情况

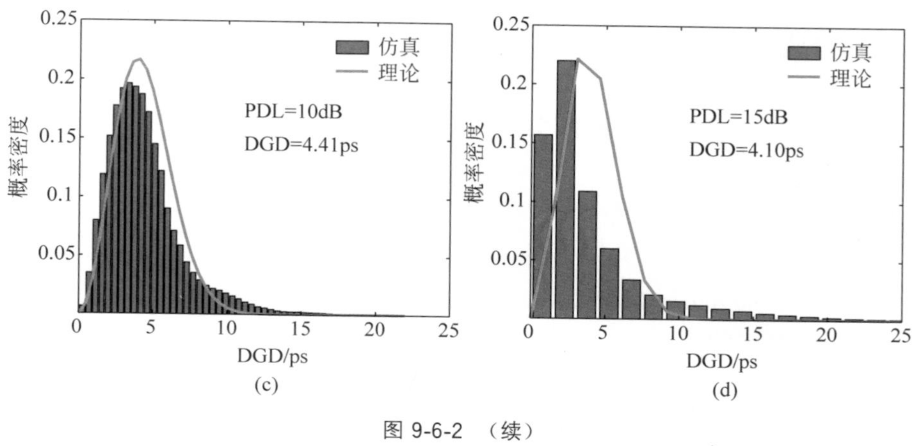

图 9-6-2 （续）

见二者共存的情况下，PDL 逐渐增大时，PMD 的分布越来越偏离麦克斯韦分布。

图 9-6-3 给出了当 PMD 和 PDL 共同存在时，平均 PDL 分别为 0dB、2dB、4dB

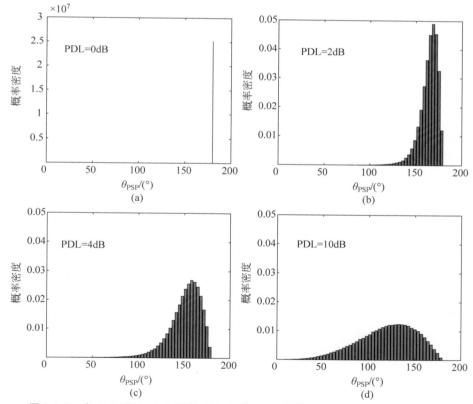

图 9-6-3 当 PMD 和 PDL 共同存在时，平均 PDL 分别为 0dB(a)、2dB(b)、4dB(c)、10dB(d)时两偏振主态在斯托克斯空间夹角的概率分布情况

和 10dB 时两偏振主态在斯托克斯空间夹角的概率分布情况(分别对应图 9-6-3(a)、(b)、(c)和(d))。可见二者共存的情况下,PDL 逐渐增大时,在斯托克斯空间两偏振主态之间的夹角概率分布越来越散,且平均夹角越来越偏离 180°。

参考文献

[1] Application note for PDL measurement. pdf (Lunainc. com)[EB/OL]. [2022-05-04]. https://lunainc. com/sites/default/files/assets/files/resource-library/Application-Note-for-PDL-Measurement. pdf.

[2] DUMENIL A, AWWAD E, MÉASSON C. PDL in optical links: a model analysis and a demonstration of a PDL-resilient modulation [J]. J. Lightw. Technol., 2020, 38(18): 5017-5025.

[3] DAMASK J N. Polarization optics in telecommunications [M]. New York: Springer, 2005.

[4] AWWAD E, JAOUËN Y, OTHMAN G R. Polarization-time coding for PDL mitigation in long-hual PolMux OFDM systems [J]. Opt. Express, 2013, 21(19): 22773-22790.

[5] MECOZZI A, SHTAIF M. The statistics of polarization-dependent loss in optical communication systems [J]. IEEE Photon. Technol. Lett., 2002, 14(3): 313-315.

[6] HUTTNER B, GEISER C, GISIN N. Polarization-induced distortions in optical fiber networks with polarization-mode dispersion and polarization-dependent losses [J]. IEEE J. Select. Topic. Quantum Electron., 2000, 6(2): 317-329.

第三篇

光纤中偏振效应的测量、建模与均衡

本篇包含第 10～12 章，介绍光纤中的各种偏振效应如何测量、如何仿真建模，以及在光纤通信系统中如何补偿和均衡偏振效应损伤。主要内容包括：

- 第 10 章介绍测量光纤偏振模色散的重要方法。
- 为了了解光纤偏振效应如何对在光纤中传输的光信号造成损伤，一个重要手段就是对于光纤中的各种偏振效应进行仿真建模。第 11 章介绍在几种光纤通信场景下如何建模仿真光纤信道中的偏振效应，并对业界对于偏振建模的一些误解进行了澄清。
- 偏振效应对于光纤通信系统中的光信号造成的损伤需要采用一些方法进行补偿和均衡。第 12 章分别介绍在直接检测光纤通信系统中的光域补偿均衡方法，和在相干检测光纤通信系统中的数字域补偿均衡方法。

第10章

偏振效应的测量方法

本章讨论光纤偏振模色散和偏振相关损耗的测量方法，并重点讨论偏振模色散的测量方法。

由于光纤偏振模色散的随机性与统计性，其测量的复杂程度远远大于光纤其他参数的测量。国际电信联盟(International Telecommunications Union，ITU)、国际电工委员会(International Electrotechnical Commission，IEC)以及电信行业协会(Telecommunications Industries Association，TIA)都为偏振模色散的测量制定了推荐标准。本章将介绍偏振模色散测量较为成熟的方法。

关于偏振模色散的测量方法有两种分类：根据测量是在时域还是在频域进行，分成时域测量(time-domain measurement)法和频域测量(frequency-domain measurement)法。这种分法是威廉姆斯(Williams)总结的[1-2]。后来达马斯克(Damask)又根据在实用中所关注的具体参量与场景将偏振模色散测量分成以下三类[3]：如果关注的是光纤平均差分群时延，这类测量方法有波长扫描(wavelength scanning，WS)法和干涉仪测量法(interferometric method，INTY)；如果关注的是差分群时延关于波长的分布，或者还关注偏振模色散的主态方向，即关注偏振模色散的矢量特性，这类测量方法有琼斯矩阵特征值分析(Jones matrix eigenanalysis，JME)法、米勒矩阵方法(Mueller matrix method，MMM)、庞加莱球分析(Poincaré sphere analysis，PSA)法等；如果关注的是光纤局部双折射的分布变化，这类测量方法有偏振时域反射计(polarization optical time domain reflectomerty，P-OTDM)法。

实际上，达马斯克分类法中的INTY法和P-OTDM法是威廉姆斯分类法中的时域测量法，而JME、MMM和PSA是频域测量法。下面按照威廉姆斯分类法，介绍一些典型的测量方法。

10.1 偏振模色散的时域测量方法

10.1.1 光脉冲延迟法[4]

光脉冲延迟法主要是基于普尔的主态理论。如图 10-1-1 所示，当光脉冲分别对准光纤的快主态和慢主态时分别得到时延 τ_f 和 τ_s，则差分群时延为 $\Delta\tau=\tau_s-\tau_f$。

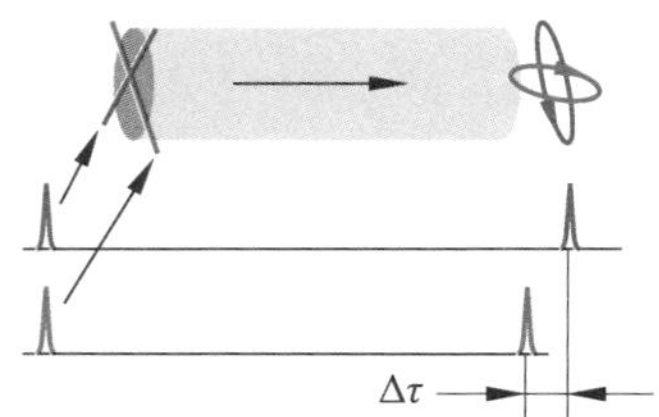

图 10-1-1 光脉冲延迟法原理图

普尔在 1988 年的实验[3]就属于这种测量方法，随后波平(Namihira)等和巴赫希(Bakhshi)等完善了这种方法[5-6]。图 10-1-2 给出了波平论文中的方法装置。由脉冲半导体激光器产生窄脉冲，经过偏振片后变成线偏振光，通过偏振控制器使入射光沿着与两个主态(PSP)成幅度等分的偏振方向入射待测光纤(fiber under test，FUT)，在其输出端由于偏振模色散在两个 PSP 之间形成差分群时延，在示波器上看到的是脉冲分裂。尽管这种方法简单、直观，但由于脉冲宽度和示波器精度的限制，该法只有在测量较大 DGD 时结果才比较准确。

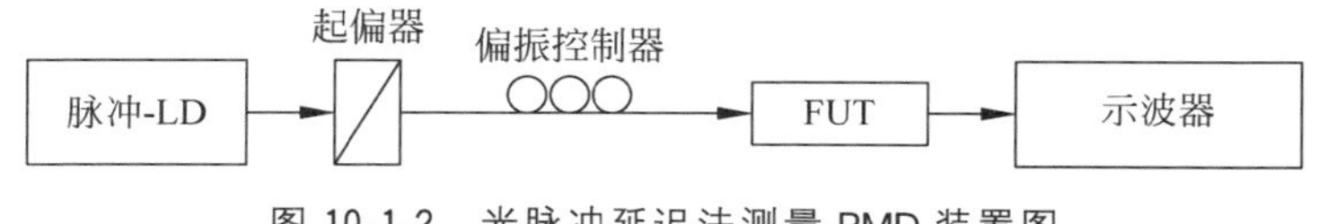

图 10-1-2 光脉冲延迟法测量 PMD 装置图

10.1.2 偏分复用孤子法[7]

鉴于光脉冲延迟法对于小 DGD 情况下测量精确度低的缺点，北京邮电大学研究组首次提出并实现了偏分复用孤子法。其测量装置如图 10-1-3 所示。

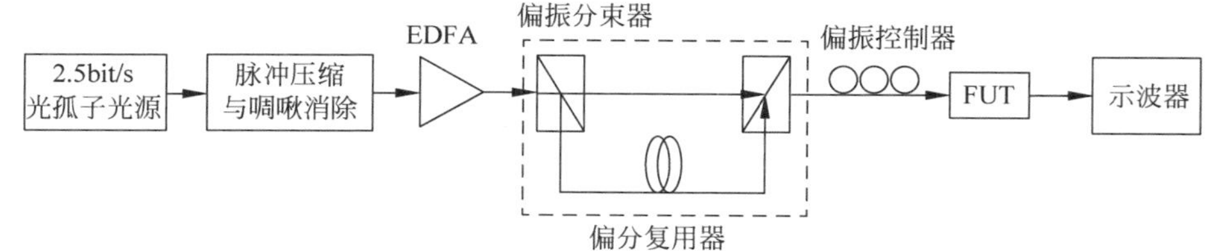

图 10-1-3 偏分复用孤子法测量 PMD 装置图

这种测量方法一方面利用了孤子所特有的抵抗色度色散而脉冲展宽不大的特点，另一方面利用偏振复用孤子偏振方向的特点，使测量更简单、更准确。

偏分复用孤子法测量 PMD 的原理如图 10-1-4 所示，孤子脉冲经偏振分束以后，产生两组正交的孤子脉冲，它们之间有 T_{in} 的延时，调整偏振控制器，使脉冲靠前的一组孤子的偏振方向与 DGD 为 $\Delta\tau$ 的待测光纤快主态重合，则靠后的另一组孤子的偏振方向必然与待测光纤的慢主态重合(图 10-1-4(a))，在终端检测时两组正交孤子之间延时将进一步扩大为

$$T_{max} = T_{in} + \Delta\tau \tag{10.1.1}$$

再调整偏振控制器，使脉冲靠前的一组孤子的偏振方向与待测光纤慢主态重合(图 10-1-4(b))，在终端检测时两组正交孤子之间延时将缩小为

$$T_{min} = T_{in} - \Delta\tau \tag{10.1.2}$$

综合式(10.1.1)和式(10.1.2)，待测光纤的差分群时延为

$$\Delta\tau = \frac{T_{max} - T_{min}}{2} \tag{10.1.3}$$

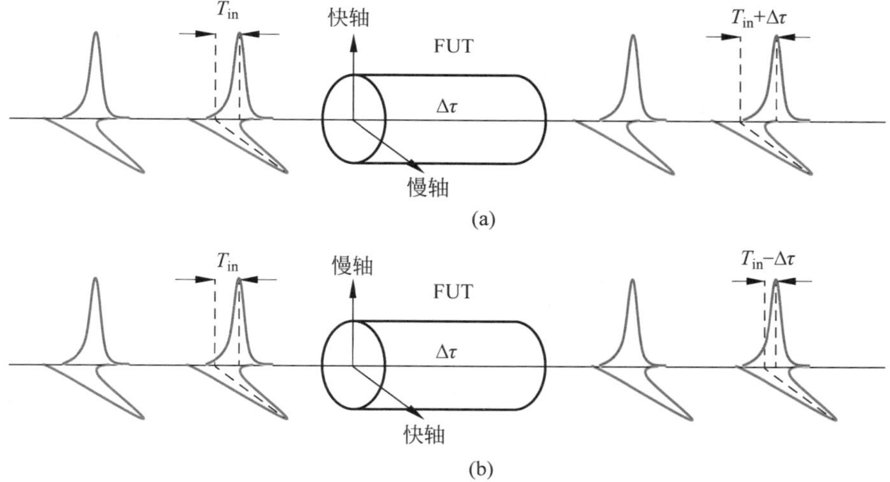

图 10-1-4　偏分复用孤子法测量 PMD 原理图

将实验室的三段色散位移光纤(DSF)连接起来测量偏振模色散，测量结果如图 10-1-5 所示。调整偏振控制器使示波器脉冲间隔最大，图 10-1-5(a)中示波器显示此时的脉冲间隔 $T_{max}=67.1\text{ps}$；调整偏振控制器使示波器脉冲间隔最小，图 10-1-5(b)中示波器显示脉冲间隔 $T_{min}=62.1\text{ps}$。则测量结果为 $\Delta\tau=2.5\text{ps}$。

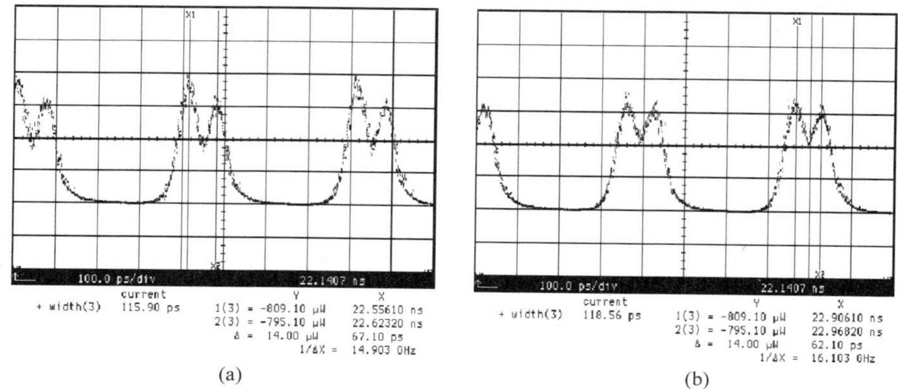

图 10-1-5　总长为 28.9km 的三段 DSF 光纤 PMD 测量结果

(a) 脉冲间隔最大时输出端的波形；(b) 脉冲间隔最小时输出端的波形

10.1.3　干涉仪测量法[1,8-11]

干涉仪测量(INTY)法是利用迈克耳孙干涉仪、马赫-曾德尔(Mach-Zehnder)干涉仪等进行的 PMD 测量，图 10-1-6(a)是一个典型的利用迈克耳孙干涉仪的干涉法测量 PMD 的实验装置。低相干性的宽带脉冲光源经过待测光纤后进入干涉仪，利用马达移动干涉仪一个臂进行扫描，从而得到时域干涉谱或自相关谱，从而得到 PMD 测量值。

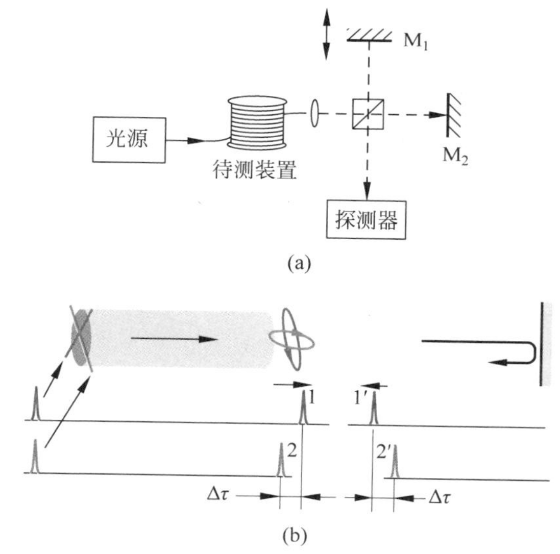

图 10-1-6　INTY 法测量非模式耦合下偏振模色散的原理[1]

(a) 装置图；(b) 脉冲分别经过快慢轴产生 DGD 后经 M_1 和 M_2 分别反射再相遇的示意图；(c) 经探测器接收后的光电流(相当于脉冲的自相关谱)变化规律

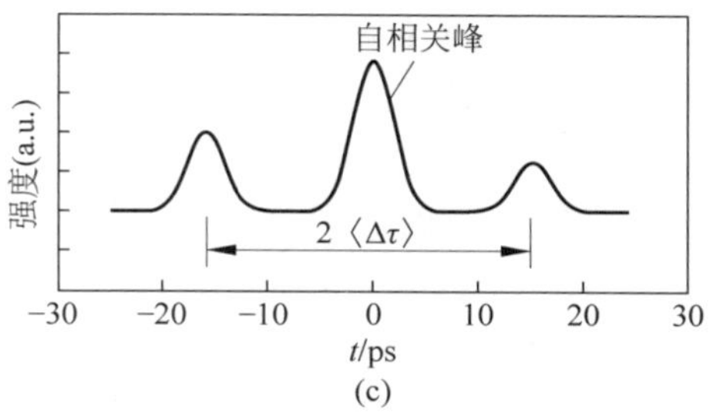

(c)

图 10-1-6 （续）

对于非模式耦合(non-mode-coupled)情景，检测到光强的自相关谱(实际测量的是探测器光电流的自相关谱)如图 10-1-6(c)所示。其原理可以用图 10-1-6(b)加以解释：当脉冲 1 与返回的脉冲 1′相遇时产生图 10-1-6(c)左边的峰；当脉冲 1 与 2′，同时也是脉冲 1′与 2 相遇时，产生图中中间的峰；当脉冲 2 与 2′相遇时产生图中右边的峰。可见左右两个峰之间的距离等于两倍的 DGD。

对于模式耦合(mode-coupled)的情景，其自相关谱如图 10-1-7 所示，可以由测量到的自相关谱计算标准差

$$\sigma_{\mathrm{I}}=\left\{\frac{\int t^{2} I(t) \mathrm{d} t}{\int I(t) \mathrm{d} t}-\left[\frac{\int t I(t) \mathrm{d} t}{\int I(t) \mathrm{d} t}\right]^{2}\right\}^{1/2} \tag{10.1.4}$$

得到

$$\langle\Delta \tau\rangle=\sqrt{\frac{2}{\pi}} \sigma_{\mathrm{I}} \simeq 0.789 \sigma_{\mathrm{I}} \tag{10.1.5}$$

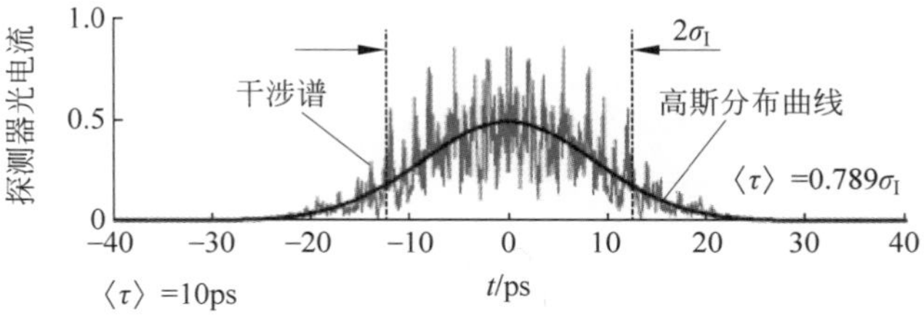

图 10-1-7　用干涉仪法测量模式耦合下偏振模色散的自相关谱

10.2　偏振模色散的频域测量方法

10.2.1　固定分析仪法和萨尼亚克干涉仪法[12-16]

固定分析仪(fixed analyser，FA)法测量 PMD 最早是由普尔于 1994 年提出来

的[13]，其装置如图 10-2-1(a)所示，其本质上就是普通物理学中的偏振光干涉。与干涉法的时域干涉不同，固定分析仪法是频域干涉。选用 EDFA 等宽带光源，经过偏振片起偏形成线偏振光入射待测光纤，再经过检偏器后由光谱分析仪显示其干涉谱，待测光纤前放置一个偏振控制器，调整它可以使干涉条纹更加清晰。待测的具有 PMD 的光纤可以看成一个波片，具有快慢主态。对于宽带光源中的某一波长，如果在波片快慢主态之间形成 2π 整数倍的相位差，则在光谱仪上形成干涉极大峰，如果形成 π 的奇数倍的相位差，在光谱仪上形成干涉极小谷。如果在光谱仪上看到 N 个极大值，第一个极大值对应波长 λ_1，由于形成相长干涉，有

$$\frac{2\pi}{\lambda_1}(n_{\text{slow}} - n_{\text{fast}})l = \frac{2\pi}{\lambda_1}\Delta nl = 2m\pi \tag{10.2.1}$$

其中 m 为整数。第 N 个极大值对应波长 λ_N，同样有

$$\frac{2\pi}{\lambda_N}\Delta nl = 2(m+N)\pi \tag{10.2.2}$$

两式相减，整理得

$$\Delta nl = \frac{N\lambda_1\lambda_N}{\lambda_N - \lambda_1} \tag{10.2.3}$$

待测光纤的 DGD 为

$$\Delta\tau = \frac{\Delta nl}{c} = \frac{N\lambda_1\lambda_N}{c(\lambda_N - \lambda_1)} \tag{10.2.4}$$

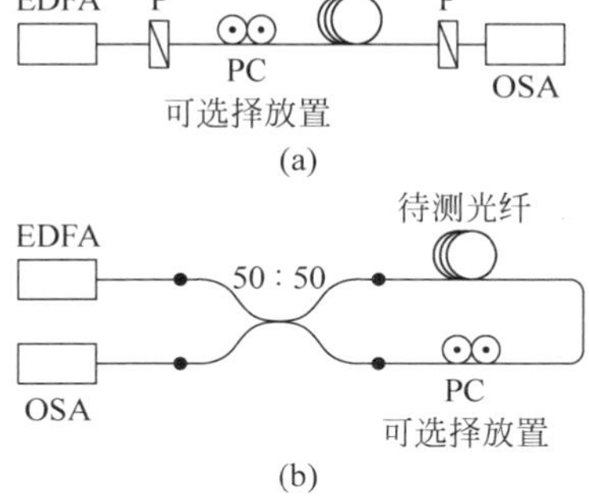

图 10-2-1 固定分析仪法(a)和萨尼亚克干涉仪法(b) PMD 测量装置

实际上式(10.2.4)只适用于非模式耦合情景(即均匀双折射情形，见 3.3.5 节)。对于模式耦合情景，还要在上式中乘以一个 $k=0.805$ 因子作纠正，这个纠正来自大量系统仿真的纠正因子。可以将两种情景用统一的公式表示成

$$\langle\Delta\tau\rangle=\frac{kN\lambda_1\lambda_N}{c(\lambda_N-\lambda_1)}\begin{cases}k=1, & \text{非模式耦合}\\ k=0.805, & \text{模式耦合}\end{cases}\tag{10.2.5}$$

普尔于1994年给出模式耦合纠正因子为$k=0.824$[13]，威廉姆斯于1998年经过更严密的计算和实验，确定纠正因子为$k=0.805$[14]。

萨尼亚克(Sagnac)干涉仪法如图10-2-1(b)所示，其原理与固定分析仪法极为相似，由两个相反方向传播的、沿两个快慢偏振主态偏振的光波经耦合器进行干涉，在光谱仪上形成干涉谱，计算DGD的公式也是式(10.2.5)。

北京邮电大学研究组于2002年利用固定分析仪法和萨尼亚克干涉仪法分别对实验室的一段14.2m保偏光纤PMF(非模式耦合$k=1$)和一段7.9km色散位移光纤DSF进行PMD测量(模式耦合$k=0.805$)[16]。

对于14.2m PMF光纤，用两种测量方法得到的光谱图如图10-2-2(a)和(b)所示，选择波长区间$\lambda_1=1542\text{nm}$，$\lambda_N=1560\text{nm}$，无论用固定分析仪法还是萨尼亚克干涉仪法，都有$N=42$，代入式(10-2-5)得$\Delta\tau=18.7\text{ps}$。两种测量方法没有差别。

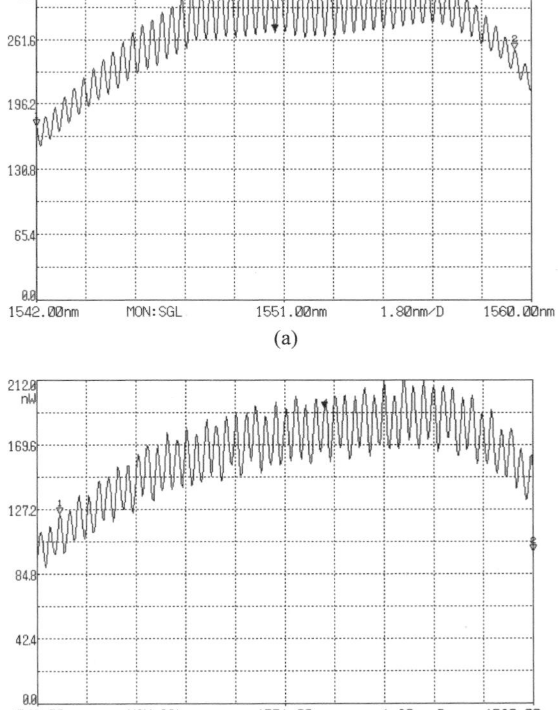

(a)

(b)

图10-2-2　用固定分析仪法(a)和萨尼亚克干涉仪法(b)对14.2m PMF光纤进行测量时的光谱图

对于 7.9km DSF 光纤，用两种测量方法得到的光谱图如图 10-2-3(a)和(b)所示，当用固定分析仪法进行测量时，两个波长($\lambda_1=1542.6\text{nm}$，$\lambda_N=1560.2\text{nm}$)主峰之间只有 2 个干涉周期，$N=2$(注：左侧第一个峰是 EDFA 的特征峰，不能用)，代入式(10.2.5)计算，$\langle\Delta\tau\rangle=0.73\text{ps}$。当用萨尼亚克干涉仪法进行测量时，两个波长($\lambda_1=1543.6\text{nm}$，$\lambda_N=1570.1\text{nm}$)主峰之间有 3 个干涉周期($N=3$)，代入式(10.2.5)计算，$\langle\Delta\tau\rangle=0.74\text{ps}$。两种方法结果几乎一致，但是用萨尼亚克干涉仪法测得的光谱显示的干涉峰更多，因此其测量可信度更高。

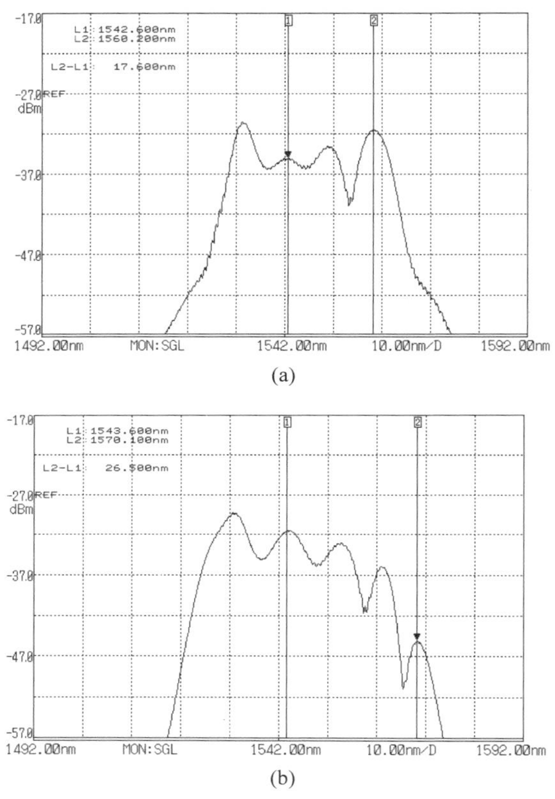

图 10-2-3 用固定分析仪法(a)和萨尼亚克干涉仪法(b)对 7.9km DSF 光纤进行测量时的光谱图

北京邮电大学研究组于 2018 年研制了基于固定分析仪法的偏振模色散测量仪，运用经验模分解去噪声[17]和小波去噪声技术[18]，提高了测量分辨率和测量精度。

总结一下固定分析仪法的优缺点。

主要优点有以下几点。

(1) 简单易行，所需设备一般实验室都具备。比如白光光源可用 EDFA 的自发光谱、LED 光源(需考虑放大)等；起偏器与检偏器可以用普通的光纤型偏振分束器；光谱仪或者功率计很常见。

(2) 很大的动态范围(>55dB,取决于发射端光源的功率与接收端光谱仪或者功率计的灵敏度)；

(3) 待测光纤链路可以含有 EDFA；

(4) 测量速度快。

主要限制与不足有以下几点：

(1) 二阶偏振模色散不能直接获得；

(2) 对于入射偏振态敏感；

(3) 对于宽带光源与光谱仪的限制,即对宽带光源总谱宽的要求以及对光谱仪分辨率(或者可调谐激光器调谐步长)的要求如下：

以式(10.2.5)作为估算依据,将它写成

$$\Delta\lambda \approx \frac{0.8N\lambda^2}{c\langle\Delta\tau\rangle} \tag{10.2.6}$$

如果测量很小的 DGD,在一定谱宽内能形成极大与极小的数量有限。比如要测量 0.1ps 的 DGD,考虑至少识别 2 个峰值,则谱宽大约需要 130nm。而 C 波段波长范围是 35nm,S、C、L 波段合在一起宽 165nm 才够用。另外,测量很大的 DGD,相邻的极大或者极小非常密集,对于光谱仪的分辨率有要求。比如测量要求一组相邻的极大与极小之间至少取 3 个点,则测量 50ps 的 DGD 需要光谱仪分辨率(可调谐激光器调谐步长)为 0.02nm。

10.2.2　琼斯矩阵特征值分析法[9,19-21]

琼斯矩阵特征值分析法测量 PMD 是赫夫纳(B. L. Heffner)于 1992 年提出来的[19],该方法基于 DGD 是传输矩阵 $2\mathrm{j}\boldsymbol{U}_\omega\boldsymbol{U}^\dagger$ 本征值的事实(7.3.2 节),图 10-2-4 是其实验装置图。利用可调谐激光器作为光源,将 0°、45°、90°放置的偏振片依次放入透镜之间,从输出端的偏振测量仪依次得到三种情况下输出场的斯托克斯分量。

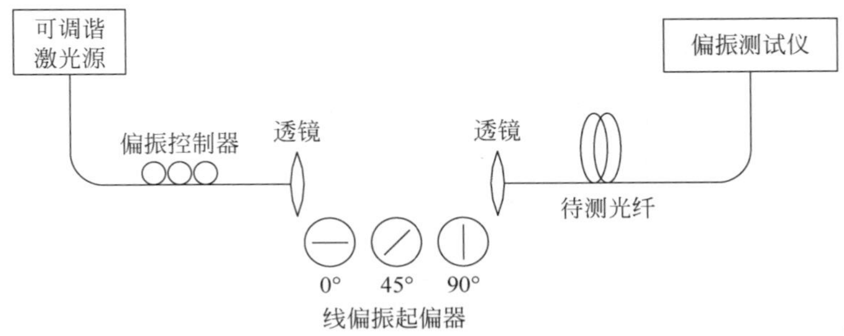

图 10-2-4　琼斯矩阵特征值分析法测量 PMD 装置图

从 4.5.2 节可知，通过设定三个输入偏振态 0°、45°、90°线偏振，分别测出相应的输出偏振态，可以由式(4.5.15)、式(4.5.16)和式(4.5.17)得到待测光纤的琼斯传输矩阵 $\boldsymbol{U}(\omega)$。有了矩阵 $\boldsymbol{U}(\omega)$，可以对每个频率，由式(7.3.16)得到向前差分的等价式

$$\mathrm{j}\,\frac{\boldsymbol{U}(\omega+\Delta\omega)-\boldsymbol{U}(\omega)}{\Delta\omega}\boldsymbol{U}^{\dagger}(\omega)\,\hat{\boldsymbol{\varepsilon}}_{b\pm}=\pm\frac{\Delta\tau(\omega)}{2}\,\hat{\boldsymbol{\varepsilon}}_{b\pm} \tag{10.2.7}$$

利用关系 $\boldsymbol{U}\boldsymbol{U}^{\dagger}=\boldsymbol{I}$，整理式(10.2.7)，得到

$$\boldsymbol{U}(\omega+\Delta\omega)\boldsymbol{U}^{\dagger}(\omega)\,\hat{\boldsymbol{\varepsilon}}_{b\pm}=\left[1\mp\mathrm{j}\,\frac{\Delta\tau(\omega)}{2}\Delta\omega\right]\hat{\boldsymbol{\varepsilon}}_{b\pm}=\rho_{\pm}\,\hat{\boldsymbol{\varepsilon}}_{b\pm} \tag{10.2.8}$$

方程的本征值为 $\rho_{\pm}=1\mp\mathrm{j}\Delta\tau(\omega)\Delta\omega/2$，则在频率 ω 下的 DGD 为

$$\Delta\tau(\omega)=\mathrm{j}\,\frac{\rho_{+}(\omega)-\rho_{-}(\omega)}{\Delta\omega} \tag{10.2.9}$$

实验中假定矩阵 $\boldsymbol{U}(\omega+\Delta\omega)\boldsymbol{U}^{\dagger}(\omega)$已经测得

$$\boldsymbol{U}(\omega+\Delta\omega)\boldsymbol{U}^{\dagger}(\omega)=\begin{pmatrix}\mu_{11} & \mu_{12}\\ \mu_{21} & \mu_{22}\end{pmatrix} \tag{10.2.10}$$

则由特征方程(10.2.8)有非零解，得到

$$\begin{vmatrix}\mu_{11}-\rho & \mu_{12}\\ \mu_{21} & \mu_{22}-\rho\end{vmatrix}=0 \tag{10.2.11}$$

可得两个特征值的解

$$\rho_{\pm}=\frac{(\mu_{11}+\mu_{22})\pm\sqrt{(\mu_{11}+\mu_{22})^{2}+4(\mu_{12}\mu_{21}-\mu_{11}\mu_{22})}}{2} \tag{10.2.12}$$

实际运算中，可以寻求更简单的表达式。

假定所取的频率间隔足够小，以致 $\Delta\tau\Delta\omega\ll 1$，则近似有

$$\begin{cases}\rho_{+}=\exp(-\mathrm{j}\Delta\tau(\omega)\Delta\omega/2)\\ \rho_{-}=\exp(+\mathrm{j}\Delta\tau(\omega)\Delta\omega/2)\end{cases} \tag{10.2.13}$$

则

$$\rho_{+}/\rho_{-}=\exp\left[-\mathrm{j}\Delta\tau(\omega)\Delta\omega\right] \tag{10.2.14}$$

得到常见的琼斯矩阵特征值法计算式为

$$\Delta\tau(\omega)=\left|\frac{\mathrm{Angle}(\rho_{+}/\rho_{-})}{\Delta\omega}\right| \tag{10.2.15}$$

其中 Angle(·)代表求复数的辐角。

利用琼斯矩阵法还可以测量 DGD 的平均值、统计分布、二阶 PMD 等。许多商用 PMD 测量仪都是按照琼斯矩阵特征值分析法设计的。

10.2.3 米勒矩阵法[21-23]

米勒矩阵(MMM)法测量装置与JME法非常相似，但是处理方法不同。JME法处理的是琼斯矩阵，MMM法直接处理斯托克斯空间的米勒矩阵。

回顾式(7.3.32)，当入射光频率变化时，输出偏振态将在庞加莱球上绕偏振模色散矢量$\boldsymbol{\tau}$旋转，满足

$$\frac{\mathrm{d}\boldsymbol{S}_{\text{out}}}{\mathrm{d}\omega}=\boldsymbol{\tau}\times\boldsymbol{S}_{\text{out}} \tag{10.2.16}$$

从图10-2-5可以看出，矢量$\boldsymbol{S}_{\text{out}}(\omega)$绕$\boldsymbol{\tau}$旋转，经一个极小的频率差$\Delta\omega$绕$\boldsymbol{\tau}$旋转$\Delta\theta$，变成矢量$\boldsymbol{S}_{\text{out}}(\omega+\Delta\omega)$。矢量$\Delta\boldsymbol{S}_{\text{out}}$由$\boldsymbol{S}_{\text{out}}(\omega)$端点指向$\boldsymbol{S}_{\text{out}}(\omega+\Delta\omega)$，且$|\Delta\boldsymbol{S}_{\text{out}}|=S_{\text{out}}\sin\phi\cdot\Delta\theta$。又$|\boldsymbol{\tau}\times\boldsymbol{S}_{\text{out}}|=\Delta\tau\cdot S_{\text{out}}\sin\phi$，因此取极限得到

$$\left|\frac{\mathrm{d}\theta}{\mathrm{d}\omega}\right|=\Delta\tau \tag{10.2.17}$$

一个输入偏振态$\boldsymbol{S}_{\text{in}}$经过待测光纤后得到输出偏振态$\boldsymbol{S}_{\text{out}}$，考察两个频率相差很近($\Delta\omega$)的输出偏振态

$$\boldsymbol{S}_{\text{out}}(\omega)=\boldsymbol{R}(\omega)\boldsymbol{S}_{\text{in}}\quad 和\quad \boldsymbol{S}_{\text{out}}(\omega+\Delta\omega)=\boldsymbol{R}(\omega+\Delta\omega)\boldsymbol{S}_{\text{in}} \tag{10.2.18}$$

由于输入偏振态$\boldsymbol{S}_{\text{in}}$与频率$\omega$无关，则由上式可得$\boldsymbol{S}_{\text{in}}=\boldsymbol{R}^{\dagger}(\omega)\boldsymbol{S}_{\text{out}}(\omega)$，以及

$$\boldsymbol{S}_{\text{out}}(\omega+\Delta\omega)=\boldsymbol{R}(\omega+\Delta\omega)\boldsymbol{R}^{\dagger}(\omega)\boldsymbol{S}_{\text{out}}(\omega)=R_{\Delta}\boldsymbol{S}_{\text{out}}(\omega) \tag{10.2.19}$$

这恰好描述了图10-2-5中输出偏振态在庞加莱球上的旋转过程，当频率由ω增加到$\omega+\Delta\omega$时，输出偏振态旋转了$\Delta\theta=\Delta\omega\Delta\tau$，旋转矩阵是$\boldsymbol{R}_{\Delta}=\boldsymbol{R}(\omega+\Delta\omega)\boldsymbol{R}^{\dagger}(\omega)$。则由4.4.2节可知，它满足式(4.4.8)

$$\begin{aligned}\boldsymbol{R}_{\Delta}&=\boldsymbol{R}(\omega+\Delta\omega)\boldsymbol{R}^{\dagger}(\omega)\\&=(\cos\Delta\theta)\boldsymbol{I}+(1-\cos\Delta\theta)(\hat{\boldsymbol{p}}\hat{\boldsymbol{p}}\cdot)+\sin\Delta\theta(\hat{\boldsymbol{p}}\times)\end{aligned} \tag{10.2.20}$$

其中$\hat{\boldsymbol{p}}$为偏振模色散矢量$\boldsymbol{\tau}$方向的单位矢量，$\boldsymbol{\tau}=\Delta\tau\hat{\boldsymbol{p}}$。

下面我们将测量归结为两个问题，问题一是如何求出相对于任意一个输入偏振态，对应于两个相邻频率ω和$\omega+\Delta\omega$的输出偏振态$\boldsymbol{S}_{\text{out}}(\omega)$和$\boldsymbol{S}_{\text{out}}(\omega+\Delta\omega)$之间的旋转矩阵$\boldsymbol{R}_{\Delta}=\boldsymbol{R}(\omega+\Delta\omega)\boldsymbol{R}^{\dagger}(\omega)$，也归结为在不同的频率$\omega$下求得输入偏振态$\boldsymbol{S}_{\text{in}}$经过待测光纤后转变为输出偏振态$\boldsymbol{S}_{\text{out}}(\omega)$的米勒变换矩阵$\boldsymbol{R}(\omega)$。问题二是如何由$\boldsymbol{R}_{\Delta}=\boldsymbol{R}(\omega+\Delta\omega)\boldsymbol{R}^{\dagger}(\omega)$求出旋转角$\Delta\theta$和单位矢量$\hat{\boldsymbol{p}}$，从而得到偏振模色散矢量

$$\boldsymbol{\tau}=\Delta\tau\hat{\boldsymbol{p}}=\left|\frac{\Delta\theta}{\Delta\omega}\right|\begin{pmatrix}p_1\\p_2\\p_3\end{pmatrix} \tag{10.2.21}$$

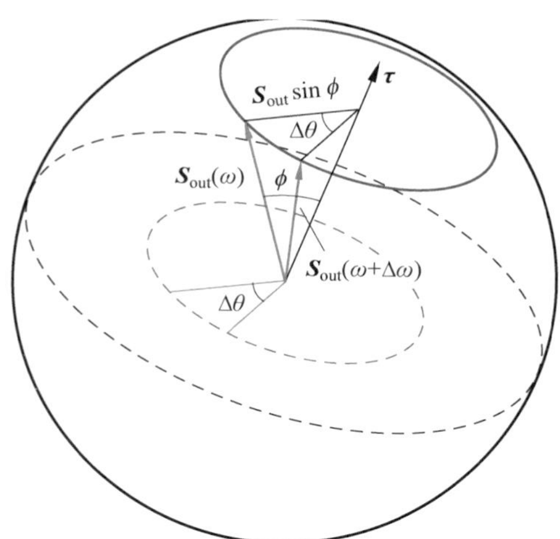

图 10-2-5　输出偏振态随频率变化的情况

先讨论问题二。假定待测光纤的 $\boldsymbol{R}_{\Delta}$ 已经获得，如何通过它求得$\boldsymbol{\tau}$（包括$\boldsymbol{\tau}$ 的大小 $\Delta\tau=|\Delta\theta/\Delta\omega|$和方向 $\hat{\boldsymbol{p}}$）。可以证明 $\Delta\theta$ 由下式求出

$$\cos\Delta\theta=\frac{1}{2}\left[\operatorname{Tr}(\boldsymbol{R}_{\Delta})-1\right] \tag{10.2.22}$$

Tr(·)表示矩阵的迹。则$\boldsymbol{\tau}$ 的大小为

$$\Delta\tau(\omega)=\frac{\arccos\left\{\frac{1}{2}\left[\operatorname{Tr}(\boldsymbol{R}_{\Delta})-1\right]\right\}}{\Delta\omega} \tag{10.2.23}$$

而$\boldsymbol{\tau}$ 方向的单位矢量 $\hat{\boldsymbol{p}}$ 也可以由 $\boldsymbol{R}_{\Delta}$ 的矩阵元 $R_{\Delta ij}$ 求得

$$\begin{cases} p_1=\dfrac{R_{\Delta23}-R_{\Delta32}}{2\sin\Delta\theta} \\ p_2=\dfrac{R_{\Delta31}-R_{\Delta13}}{2\sin\Delta\theta} \\ p_3=\dfrac{R_{\Delta12}-R_{\Delta21}}{2\sin\Delta\theta} \end{cases} \tag{10.2.24}$$

再说问题一。得到变换矩阵 $\boldsymbol{R}(\omega)$，就可以得到 $\boldsymbol{R}_{\Delta}=\boldsymbol{R}(\omega+\Delta\omega)\boldsymbol{R}^{\dagger}(\omega)$。

测量待测光纤变换矩阵 $\boldsymbol{R}(\omega)$，可利用与 JME 法类似的装置，激光器调到某个频率 ω，设置三个垂直的输入偏振态 $\boldsymbol{S}_{\text{in}}^{a}=(1,0,0)^{\mathrm{T}}$、$\boldsymbol{S}_{\text{in}}^{b}=(0,1,0)^{\mathrm{T}}$ 和 $\boldsymbol{S}_{\text{in}}^{c}=(0,0,1)^{\mathrm{T}}$，分别测得输出的偏振态 $\boldsymbol{S}_{\text{out}}^{a}(\omega)=\boldsymbol{R}(\omega)\boldsymbol{S}_{\text{in}}^{a}$、$\boldsymbol{S}_{\text{out}}^{b}(\omega)=\boldsymbol{R}(\omega)\boldsymbol{S}_{\text{in}}^{b}$ 和 $\boldsymbol{S}_{\text{out}}^{c}(\omega)=\boldsymbol{R}(\omega)\boldsymbol{S}_{\text{in}}^{c}$。将其写成矩阵形式

$$\begin{pmatrix} S_{\text{out1}}^{a} \\ S_{\text{out2}}^{a} \\ S_{\text{out3}}^{a} \end{pmatrix} = \begin{pmatrix} R_{11} & R_{12} & R_{13} \\ R_{21} & R_{22} & R_{23} \\ R_{31} & R_{32} & R_{33} \end{pmatrix} \begin{pmatrix} S_{\text{in1}}^{a} \\ S_{\text{in2}}^{a} \\ S_{\text{in3}}^{a} \end{pmatrix} \tag{10.2.25a}$$

$$\begin{pmatrix} S_{\text{out1}}^{b} \\ S_{\text{out2}}^{b} \\ S_{\text{out3}}^{b} \end{pmatrix} = \begin{pmatrix} R_{11} & R_{12} & R_{13} \\ R_{21} & R_{22} & R_{23} \\ R_{31} & R_{32} & R_{33} \end{pmatrix} \begin{pmatrix} S_{\text{in1}}^{b} \\ S_{\text{in2}}^{b} \\ S_{\text{in3}}^{b} \end{pmatrix} \tag{10.2.25b}$$

$$\begin{pmatrix} S_{\text{out1}}^{c} \\ S_{\text{out2}}^{c} \\ S_{\text{out3}}^{c} \end{pmatrix} = \begin{pmatrix} R_{11} & R_{12} & R_{13} \\ R_{21} & R_{22} & R_{23} \\ R_{31} & R_{32} & R_{33} \end{pmatrix} \begin{pmatrix} S_{\text{in1}}^{c} \\ S_{\text{in2}}^{c} \\ S_{\text{in3}}^{c} \end{pmatrix} \tag{10.2.25c}$$

由上面输入偏振态 $\boldsymbol{S}_{\text{in}}^{a}$、$\boldsymbol{S}_{\text{in}}^{b}$ 和 $\boldsymbol{S}_{\text{in}}^{c}$ 的选择，可得

$$\begin{pmatrix} S_{\text{out1}}^{a} & S_{\text{out1}}^{b} & S_{\text{out1}}^{c} \\ S_{\text{out2}}^{a} & S_{\text{out2}}^{b} & S_{\text{out2}}^{c} \\ S_{\text{out3}}^{a} & S_{\text{out3}}^{b} & S_{\text{out3}}^{c} \end{pmatrix} = \begin{pmatrix} R_{11} & R_{12} & R_{13} \\ R_{21} & R_{22} & R_{23} \\ R_{31} & R_{32} & R_{33} \end{pmatrix} \begin{pmatrix} 1 & 0 & 0 \\ 0 & 1 & 0 \\ 0 & 0 & 1 \end{pmatrix} \tag{10.2.26}$$

可见米勒变换矩阵 $\boldsymbol{R}(\omega)$的第一列元素与 $\boldsymbol{S}_{\text{out}}^{a}(\omega)$的三个分量相同，其第二列和第三列元素分别由测量的 $\boldsymbol{S}_{\text{out}}^{b}(\omega)$和 $\boldsymbol{S}_{\text{out}}^{c}(\omega)$获得。再依次调谐激光器到 ω_2，ω_3，…，重复上述过程，最后得到不同频率下的 $\boldsymbol{R}(\omega)$和 $\boldsymbol{R}_{\Delta}=\boldsymbol{R}(\omega+\Delta\omega)\boldsymbol{R}^{\dagger}(\omega)$。

实际上，可证用两个独立的输入偏振态 $\boldsymbol{S}_{\text{in}}^{a}$ 和 $\boldsymbol{S}_{\text{in}}^{r}$，就可以构造三个（在庞加莱球上）垂直的输出偏振态 $\boldsymbol{S}_{\text{out}}^{a}$、$\boldsymbol{S}_{\text{out}}^{b}$ 和 $\boldsymbol{S}_{\text{out}}^{c}$。其方法是测出 $\boldsymbol{S}_{\text{in}}^{a}$ 和 $\boldsymbol{S}_{\text{in}}^{r}$ 的输出偏振态 $\boldsymbol{S}_{\text{out}}^{a}$ 和 $\boldsymbol{S}_{\text{out}}^{r}$，构造出垂直于 $\boldsymbol{S}_{\text{out}}^{a}$ 的归一化输出态

$$\boldsymbol{S}_{\text{out}}^{c}=\frac{\boldsymbol{S}_{\text{out}}^{a}\times\boldsymbol{S}_{\text{out}}^{r}}{|\boldsymbol{S}_{\text{out}}^{a}\times\boldsymbol{S}_{\text{out}}^{r}|}\perp\boldsymbol{S}_{\text{out}}^{a} \tag{10.2.27}$$

再构造同时垂直于 $\boldsymbol{S}_{\text{out}}^{a}$ 和 $\boldsymbol{S}_{\text{out}}^{b}$ 的归一化输出态

$$\boldsymbol{S}_{\text{out}}^{b}=\frac{\boldsymbol{S}_{\text{out}}^{c}\times\boldsymbol{S}_{\text{out}}^{a}}{|\boldsymbol{S}_{\text{out}}^{c}\times\boldsymbol{S}_{\text{out}}^{a}|}\perp\boldsymbol{S}_{\text{out}}^{a},\boldsymbol{S}_{\text{out}}^{c} \tag{10.2.28}$$

最后由式(10.2.26)得到待测光纤的米勒变换矩阵 $\boldsymbol{R}(\omega)$。

利用米勒矩阵法测量 PMD 的实验装置如图 10-2-6 所示。

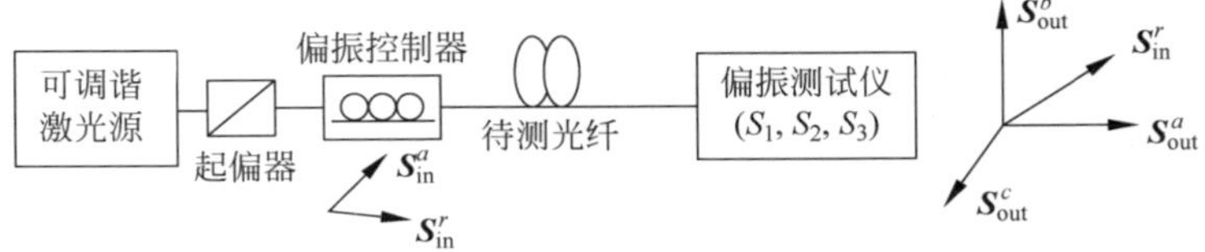

图 10-2-6　米勒矩阵法测量 PMD 的实验装置图

下面总结一下米勒矩阵法的测量步骤。

(1) 将可调谐激光器调节到一个特定频率 ω_1，分别输入三个特定偏振态 $\boldsymbol{S}_{\text{in}}^a=(1,0,0)^{\text{T}}$、$\boldsymbol{S}_{\text{in}}^b=(0,1,0)^{\text{T}}$ 和 $\boldsymbol{S}_{\text{in}}^c=(0,0,1)^{\text{T}}$，测得输出的偏振态 $\boldsymbol{S}_{\text{out}}^a(\omega_1)$、$\boldsymbol{S}_{\text{out}}^b(\omega_1)$ 和 $\boldsymbol{S}_{\text{out}}^c(\omega_1)$。由式(10-2-26)计算变换米勒矩阵 $\boldsymbol{R}(\omega_1)$。实际处理上，用两个独立的输入偏振态 $\boldsymbol{S}_{\text{in}}^a$ 和 $\boldsymbol{S}_{\text{in}}^r$ 就可以得到米勒变换矩阵 $\boldsymbol{R}(\omega_1)$，方法是由式(10.2.27)和式(10.2.28)构造三个归一化的、在庞加莱球上垂直的输出偏振态 $\boldsymbol{S}_{\text{out}}^a$、$\boldsymbol{S}_{\text{out}}^b$ 和 $\boldsymbol{S}_{\text{out}}^c$，从而得到 $\boldsymbol{R}(\omega_1)$。

(2) 间隔一个频率间隔输出 $\omega_2=\omega_1+\Delta\omega$ 的激光，重复步骤(1)，得到米勒矩阵 $\boldsymbol{R}(\omega_2)$。

(3) 计算得到旋转矩阵 $\boldsymbol{R}_\Delta=\boldsymbol{R}(\omega_2)\boldsymbol{R}^\dagger(\omega_1)$，利用式(10.2.23)和式(10.2.24)得到 PMD 矢量 $\boldsymbol{\tau}$ 的大小(DGD)和慢主态方向 $\hat{\boldsymbol{p}}=(p_1,p_2,p_3)^{\text{T}}$。

(4) 间隔 $\Delta\omega$，依次求得 $\boldsymbol{\tau}(\omega_1)$，$\boldsymbol{\tau}(\omega_2)$，…以及 $\Delta\tau(\omega_1)$，$\Delta\tau(\omega_2)$，…，可以计算得到平均 DGD 以及二阶 PMD。

10.2.4 庞加莱球法[8-9]

庞加莱球法与 JME 法和 MMM 法有所不同，不是利用旋转变换矩阵来计算，而是直接利用庞加莱球上 PMD 矢量来计算。其测量装置图与 JME 法相同，仍然是图 10-2-4。仍然是设置三个输入偏振态 $\boldsymbol{S}_a=(1,0,0)^{\text{T}}$、$\boldsymbol{S}_b=(0,1,0)^{\text{T}}$ 和 $\boldsymbol{S}_c=(0,0,1)^{\text{T}}$，分别测量出它们的输出偏振态 $\boldsymbol{H}$、$\boldsymbol{V}$、$\boldsymbol{Q}$。为了使测量与输入偏振态无关，构造一组新的正交偏振态

$$\boldsymbol{h}=\boldsymbol{H},\quad \boldsymbol{q}=\frac{(\boldsymbol{H}\times\boldsymbol{Q})\times\boldsymbol{H}}{|\boldsymbol{H}\times\boldsymbol{Q}|},\quad \boldsymbol{c}=\boldsymbol{h}\times\frac{\boldsymbol{q}}{|\boldsymbol{q}|} \tag{10.2.29}$$

当频率经历一个小变化 $\Delta\omega$，计算

$$\begin{cases}\Delta\boldsymbol{h}=\boldsymbol{h}(\omega+\Delta\omega)-\boldsymbol{h}(\omega)\\ \Delta\boldsymbol{q}=\boldsymbol{q}(\omega+\Delta\omega)-\boldsymbol{q}(\omega)\\ \Delta\boldsymbol{c}=\boldsymbol{c}(\omega+\Delta\omega)-\boldsymbol{c}(\omega)\end{cases} \tag{10.2.30}$$

则 DGD 由下式得

$$\Delta\tau=\frac{2}{\Delta\omega}\arcsin\left[\frac{1}{2}\sqrt{\frac{1}{2}(|\Delta\boldsymbol{h}|^2+|\Delta\boldsymbol{q}|^2+|\Delta\boldsymbol{c}|^2)}\right] \tag{10.2.31}$$

慢主态方向

$$\hat{\boldsymbol{p}}\equiv\frac{\boldsymbol{\tau}}{|\boldsymbol{\tau}|}=\frac{\boldsymbol{u}}{|\boldsymbol{u}|} \tag{10.2.32}$$

其中，

$$\boldsymbol{u}=(\boldsymbol{c}\cdot\Delta\boldsymbol{q})\boldsymbol{h}+(\boldsymbol{h}\cdot\Delta\boldsymbol{c})\boldsymbol{q}+(\boldsymbol{q}\cdot\Delta\boldsymbol{h})\boldsymbol{c} \tag{10.2.33}$$

10.3　偏振相关损耗的测量方法

本节讨论偏振相关损耗的测量方法。根据 9.1 节偏振相关损耗定义为偏振器件对应两个正交偏振模式最大和最小光功率透射率的比值

$$\Gamma=\frac{T_{\max}}{T_{\min}}=\frac{P_{\max}}{P_{\min}} \tag{10.3.1}$$

其中 $T_{\max}$ 和 $T_{\min}$ 是最大和最小光功率透射率，$P_{\max}$ 和 $P_{\min}$ 是保证入射光功率不变的条件下透射的最大和最小光强。以分贝形式的定义是

$$\Gamma_{\mathrm{dB}}=10\lg\frac{T_{\max}}{T_{\min}}=10\lg\frac{P_{\max}}{P_{\min}} \tag{10.3.2}$$

显然，测量偏振相关损耗的关键，一是找到透射最大和最小的两个偏振模式，二是保持输入光功率不变，分别以最大透射偏振模式和最小透射偏振模式入射偏振光，测量透射光功率。

10.3.1　偏振态扫描法[24]

偏振态扫描法的装置如图 10-3-1 所示。激光器产生线偏振光，经过偏振控制器，将线偏振光转换成各种可能的偏振态，即通过偏振控制器产生的偏振态可以均匀分布在庞加莱球上，然后利用功率计测量光输出功率，选出最大和最小的输出光功率，利用式(10.3.1)和式(10.3.2)计算偏振相关损耗。

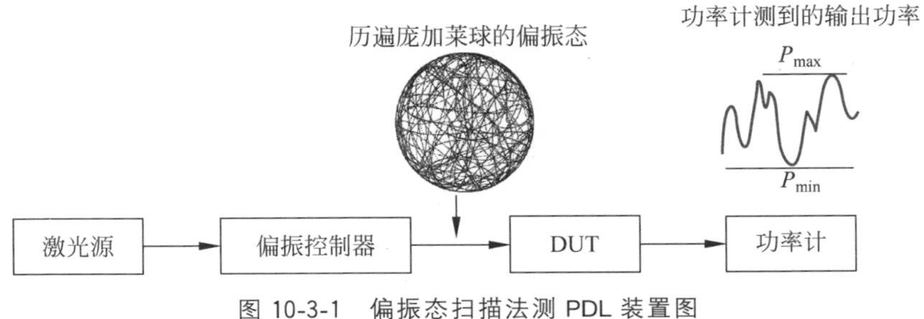

图 10-3-1　偏振态扫描法测 PDL 装置图

有些看法认为：由于随机模式耦合和光纤的双折射特性，在测量 PDL 时，光纤通信系统比一个简单光器件更复杂；而且将随机偏振态均匀地分布在庞加莱球上也相对麻烦。对于较复杂的光纤通信系统，常用的方法是最早由尼曼(Nyman)提出来的米勒矩阵法。

10.3.2 米勒矩阵法[21,24-26]

第2章介绍过斯托克斯空间的米勒矩阵变换。当偏振变换器件没有损耗时，可以用3×3米勒矩阵 $\boldsymbol{R}$ 表示这个偏振器件的作用，其变换等价于一个斯托克斯空间的旋转 $\boldsymbol{S}_{\text{out}}=\boldsymbol{R}\boldsymbol{S}_{\text{in}}$。但是当考虑偏振相关损耗时，要用4矢量表示斯托克斯空间的偏振态，用4×4米勒矩阵 $\boldsymbol{M}$ 表示偏振器件的旋转

$$\boldsymbol{S}_{\text{out}}=\boldsymbol{M}\boldsymbol{S}_{\text{in}} \tag{10.3.3}$$

用矩阵表示，有

$$\begin{pmatrix} S_{\text{out0}} \\ S_{\text{out1}} \\ S_{\text{out2}} \\ S_{\text{out3}} \end{pmatrix} = \begin{pmatrix} m_{11} & m_{12} & m_{13} & m_{14} \\ m_{21} & m_{22} & m_{23} & m_{24} \\ m_{31} & m_{32} & m_{33} & m_{34} \\ m_{41} & m_{42} & m_{43} & m_{44} \end{pmatrix} \begin{pmatrix} S_{\text{in0}} \\ S_{\text{in1}} \\ S_{\text{in2}} \\ S_{\text{in3}} \end{pmatrix} \tag{10.3.4}$$

其中输入光功率可以用 S_{in0} 表示，输出光功率可以用 S_{out0} 表示，它们之间有关系

$$S_{\text{out0}}=m_{11}S_{\text{in0}}+m_{12}S_{\text{in1}}+m_{13}S_{\text{in2}}+m_{14}S_{\text{in3}} \tag{10.3.5}$$

则光器件的透射率为

$$T=\frac{S_{\text{out0}}}{S_{\text{in0}}}=\frac{m_{11}S_{\text{in0}}+m_{12}S_{\text{in1}}+m_{13}S_{\text{in2}}+m_{14}S_{\text{in3}}}{S_{\text{in0}}} \tag{10.3.6}$$

S_{in0} 代表输入光功率，偏振态与它无关。因此透射率是参数 S_{in1}、S_{in2}、S_{in3} 的函数，这些参数有一个约束方程

$$S_{\text{in0}}^2=S_{\text{in1}}^2+S_{\text{in2}}^2+S_{\text{in3}}^2 \tag{10.3.7}$$

下面的问题是求 $T(S_{\text{in1}},S_{\text{in2}},S_{\text{in3}})$ 函数的最大和最小值。

我们利用拉格朗日乘数法(Lagrange multiplier method)[24,27]来求解。如果有一个函数 $f(x,y,z)$，并有约束条件 $g(x,y,z)=0$，引入函数

$$L=f(x,y,z)+\lambda g(x,y,z) \tag{10.3.8}$$

其中 λ 是待定常数，则函数 $f(x,y,z)$ 的极值由下列方程组解出

$$\begin{cases} \dfrac{\partial L}{\partial x}=\dfrac{\partial L}{\partial y}=\dfrac{\partial L}{\partial z}=0 \\ g(x,y,z)=0 \end{cases} \tag{10.3.9}$$

本问题中，令

$$L=m_{11}S_{\text{in0}}+m_{12}S_{\text{in1}}+m_{13}S_{\text{in2}}+m_{14}S_{\text{in3}}+\lambda(S_{\text{in0}}^2-S_{\text{in1}}^2-S_{\text{in2}}^2-S_{\text{in}}^3) \tag{10.3.10}$$

则根据式(10.3.9)和式(10.3.10)，有

$$\begin{cases}\dfrac{\partial L}{\partial S_{\text{in1}}}=m_{12}-2\lambda S_{\text{in1}}=0\\ \dfrac{\partial L}{\partial S_{\text{in2}}}=m_{13}-2\lambda S_{\text{in2}}=0\\ \dfrac{\partial L}{\partial S_{\text{in3}}}=m_{14}-2\lambda S_{\text{in3}}=0\end{cases}\tag{10.3.11}$$

得

$$\begin{cases}m_{12}=2\lambda S_{\text{in1}}\\ m_{13}=2\lambda S_{\text{in2}}\\ m_{14}=2\lambda S_{\text{in3}}\end{cases}\tag{10.3.12}$$

代入约束条件式(10.3.7)，得

$$\lambda=\pm\frac{1}{2}\frac{\sqrt{m_{12}^2+m_{13}^2+m_{14}^2}}{S_{\text{in0}}}\tag{10.3.13}$$

将式(10.3.12)和式(10.3.13)代入式(10.3.6)，得到最大和最小透射率

$$\begin{cases}T_{\max}=m_{11}+\sqrt{m_{12}^2+m_{13}^2+m_{14}^2}\\ T_{\min}=m_{11}-\sqrt{m_{12}^2+m_{13}^2+m_{14}^2}\end{cases}\tag{10.3.14}$$

可见，如果可以测得 $\boldsymbol{M}$ 变换矩阵第一行的矩阵元，就可以得到偏振相关损耗

$$\Gamma_{\text{dB}}=10\lg\left(\frac{m_{11}+\sqrt{m_{12}^2+m_{13}^2+m_{14}^2}}{m_{11}-\sqrt{m_{12}^2+m_{13}^2+m_{14}^2}}\right)\tag{10.3.15}$$

米勒矩阵法的测量装置与偏振态扫描法类似，只是偏振控制器不再产生历遍庞加莱球的偏振态，而只需产生四个特定偏振态，分别为偏振态 a：水平线偏振光；偏振态 b：垂直线偏振光；偏振态 c：45°线偏振光；偏振态 d：右旋圆偏振光，如图 10-3-2 所示。它们的输入功率分别为 P_a、P_b、P_c 和 P_d。在输出端利用功率计分别测量在上述输入偏振态 a、b、c、d 下的输出功率 P_1、P_2、P_3 和 P_4。具体输入偏振态与输出功率的关系见表 10-3-1。

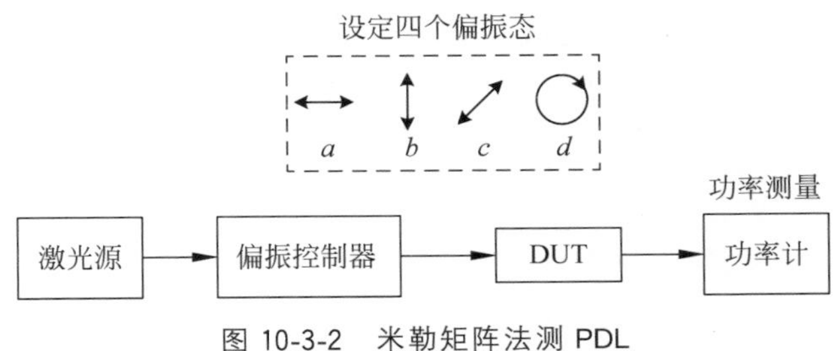

图 10-3-2　米勒矩阵法测 PDL

表 10-3-1　米勒矩阵法的输入偏振态与输出功率关系

输入偏振态	输入偏振态的斯托克斯参量	输出端测量的功率
水平线偏振光	$\boldsymbol{S}_{\mathrm{in},a}=(P_a,P_a,0,0)^{\mathrm{T}}$	$P_1=m_{11}P_a+m_{12}P_a$
垂直线偏振光	$\boldsymbol{S}_{\mathrm{in},b}=(P_b,-P_b,0,0)^{\mathrm{T}}$	$P_2=m_{11}P_b-m_{12}P_b$
45°线偏振光	$\boldsymbol{S}_{\mathrm{in},c}=(P_c,0,P_c,0)^{\mathrm{T}}$	$P_3=m_{11}P_c+m_{13}P_c$
右旋圆偏振光	$\boldsymbol{S}_{\mathrm{in},d}=(P_d,0,0,P_d)^{\mathrm{T}}$	$P_4=m_{11}P_d+m_{14}P_d$

上述米勒矩阵的相应矩阵元可以由下列公式求出：

$$\begin{cases} m_{11}=\dfrac{1}{2}\left(\dfrac{P_1}{P_a}+\dfrac{P_2}{P_b}\right) \\ m_{12}=\dfrac{1}{2}\left(\dfrac{P_1}{P_a}-\dfrac{P_2}{P_b}\right) \\ m_{13}=\dfrac{P_3}{P_c}-\dfrac{1}{2}\left(\dfrac{P_1}{P_a}+\dfrac{P_2}{P_b}\right) \\ m_{14}=\dfrac{P_4}{P_d}-\dfrac{1}{2}\left(\dfrac{P_1}{P_a}+\dfrac{P_2}{P_b}\right) \end{cases} \tag{10.3.16}$$

将求得的矩阵元代入式(10.3.15)，可以得到待测的偏振相关损耗。

参考文献

[1] WILLIAMS P A. PMD measurement techniques avoiding measurement pitfalls [C]. Venice, Italy: Venice Summer School on Polarization Mode Dispersion, 2002: 24-26.

[2] WILLIAMS P A. PMD measurement techniques and how to avoid the pitfalls, in polarization mode dispersion [M]. New York: Springer, 2005.

[3] DAMASK J N. Polarization optics in telecommunications [M]. New York: Springer, 2005.

[4] POOLE C D, GILES C R. Polarization-dependent pulse compression and broadening due to polarization dispersion in dispersion-shifted fiber [J]. Opt. Lett., 1988, 13(2): 155-157.

[5] NAMIHIRA Y, MAEDA J. Polarization mode dispersion measurement in optical fibers [C]. The Seventh Symposium of Optical Fiber Measurement, NIST, Boulder, Co., 1992: 145-150.

[6] BAKHSHI B, HANSRYD J, ANDREKSON P A, et al. Measurement of the differential group delay in installed optical fibers using polarization multiplexed solitons [J]. IEEE Photon. Technol. Lett., 1999, 11(5): 593-595.

[7] 刘秀敏，李朝阳，李荣华，等. 偏分复用孤子测量差分群时延 [J]. 半导体光电，2001, 22(5): 331-334.

[8] Polarization-mode dispersion measurement for single-mode optical fibers by interferometry method: telecommunications industry association Std. TIA/EIA-455-124: 1999. [S/OL].

http://www. tiaonline. org/standards/.

[9] Optical fibers—Part 1-48: measurement methods and test procedures—polarization mode dispersion: IEC 60793-1-48: 2007. [S/OL]. http://www. iec. ch/standardsdev/publications/is. htm.

[10] VILLUENDAS F, PELAYO J, BLASCO P. Polarization-mode transfer function for the analysis of interferometric PMD measurements [J]. IEEE Photon. Technol. Lett., 1995, 7(7): 807-809.

[11] OBERSON P, JULLIARD K, GISIN N, et al. Interferometric polarization mode dispersion measurements with femtosecond sensitivity [J]. J. Lightw. Technol., 1997, 15(10): 1852-1857.

[12] Polarization-mode dispersion measurement for single-mode optical fibers by the fixed analyzer method: telecommunications industry association Std. TIA/EIA-455-113: 2001. [S/OL]. http://www. tiaonline. org/standards/.

[13] POOLE C D, FAVIN D L. Polarization-mode dispersion measurements based on transmission spectra through a polarizer [J]. J. Lightw. Technol., 1994, 12(6): 917-929.

[14] WILLIAMS P A, WANG C M. Corrections to fixed analyzer measurements of polarization mode dispersion [J]. J. Lightw. Technol., 1998, 16(4): 534-554.

[15] OLSSON B-E, KARLSSON M, ANDREKSON P A. Polarization mode dispersion measurement using a Sagnac interferometer and a comparison with the fixed analyzer method [J]. IEEE Photon. Technol. Lett., 1998, 10(7): 997-999.

[16] 刘秀敏,李朝阳,李荣华,等. 用 Sagnac 干涉法和固定分析法测量光纤偏振模色散 [J]. 中国激光,2002, 29(5): 455-458.

[17] 潘潘,席丽霞,张晓光,等. 基于经验模态分解的偏振模色散测量实验研究 [J]. 中国激光, 2018, 45(1): 0106002.

[18] 沙宇阳,席丽霞,张晓光,等. 基于小波阈值去噪的偏振模色散测量 [J]. 中国激光,2018, 45(11): 1106006.

[19] HEFFNER B L. Automated measurement of polarization mode dispersion using Jones matrix eigenanalysis [J]. IEEE Photon. Technol. Lett., 1992, 4(9): 1066-1069.

[20] HEFFNER B L. Accurate, automated measurement of differential group delay and principal states variation using Jones matrix eigenanalysis [J]. IEEE Photon. Technol. Lett., 1993, 5(7): 814-817.

[21] HUI R, MAURICE O. Fiber optic measurement techniques [M]. Burlington: Elsevier Academic Press, 2009.

[22] Polarization mode dispersion measurement for single-mode optical fibers by stokes parameter evaluation: telecommunications industry association Std. TIA/EIA-455-122: 2002. [S/OL]. http://www. tiaonline. org/standards/.

[23] ANDRESCIANI D, CURTI F, MATERA F, et al. Measurement of the group-delay difference between the principal states of polarization on a low birefringence terrestrial fiber cable [J]. Opt. Lett., 1987, 12(10): 844-846.

[24] POOLE C D, BERGANO N S, WAGNER R E, et al. Polarization dispersion and

principal states in a 147-km undersea lightwave cable [J]. J. Lightw. Technol., 1988, 6(7): 1185-1190.

[25] NYMAN B. Automatic system for measuring polarization-dependent loss [C]. San Jose, CA: OFC 1994, 1994, ThK6: 230.

[26] DERICKSON D. Fiber optic test and measurement [M]. Upper Saddle River: Prentice Hall, 1998.

[27] HEATH M T. Scientific computing: an introductory survey [M]. 2nd ed. New York: McGraw-Hill, 1997.

[28] COLLETT E. Polarized light in fiber optics [M]. Lincroft: The PolaWave Group, 2003.

第11章

光纤通信系统中偏振效应建模

由前面几章的讨论可知，偏振效应会对光纤链路中传输的光信号造成影响，产生信号损伤，进而对光纤通信系统产生影响，使系统运行效率下降，有时可能造成通信中断。光纤通信系统有许多种，如果按照传输距离，可以分成短距、长距和超长距光纤通信系统。短距包括数据中心之间的光互联、光纤到用户的接入光纤系统，长距包括城域网和省级骨干网之间的光纤通信系统，超长距一般指跨洋的海缆光纤通信系统。如果按照通信方式分，大致分为直接检测光纤通信系统和相干检测光纤通信系统。光纤通信系统的通信方式不同、传输距离不同、传输码率不同，偏振效应的影响也不同。本章先简单介绍光纤通信的直接检测系统和相干检测系统，然后讨论 RSOP、PMD 和 PDL 三种偏振效应如何在光纤通信系统中建模，以及在光纤信道中如何对传输光信号产生损伤。

11.1　光纤通信系统简介

11.1.1　光纤通信概览

目前光纤通信已经与大众息息相关。以一般用户从北京到深圳的通信为例来加以说明，图 11-1-1 显示了通信的大致过程。北京某用户可以利用手机与相邻的基站连接，将无线信号接入到北京的城域网。另一用户可以利用光纤到户系统或者通过园区或工厂的局域网接入北京市的城域网。城域网承载着大量的用户新息，目前采用的是单波长 100Gbit/s 非相干检测或者相干检测光纤通信系统。北京市大量用户的信息再通过骨干网进行省际传输，进入深圳城域网。省际骨干网汇集了更加海量的信息，目前多采用单波长 200Gbit/s 或者 400Gbit/s

的相干检测光纤通信系统，正在向 800G 系统演进。由深圳城域网经接入网向无线基站、家庭和园区或工厂传送信息，到达最终用户。当然这个网络也可以完成深圳市到北京市的通信。

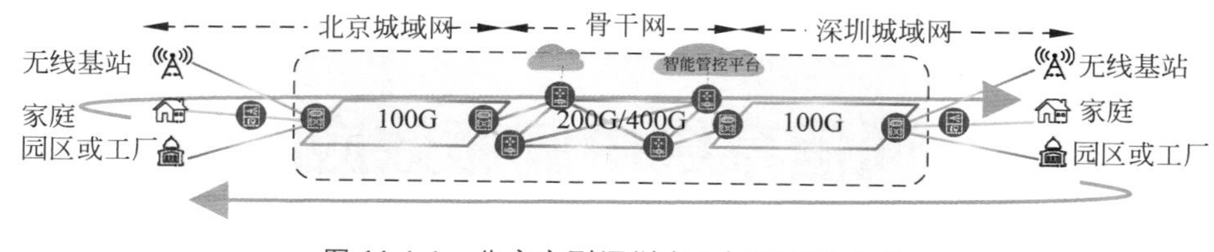

图 11-1-1　北京市到深圳市之间通信的架构

11.1.2　光纤通信的基本概念与传输系统

光纤通信系统包括发射机、传输信道——光纤信道、接收机三大部分。首先介绍光纤传输信道。光纤的损耗极低，在 1310nm 和 1550nm 附近有两个低损耗窗口，特别是在 1550nm 波段的损耗可达 0.2dB/km，如图 11-1-2(a)所示。光信号的功率在光纤传输中会因损耗而逐渐降低，比如光信号传输 100km 会有大约 20dB 的功率损失，此时需要对光信号进行放大。掺铒光纤放大器(EDFA)可以提供十几到二十几分贝的放大增益，已经成为光纤通信系统中最常用的光放大器。光放大器能够补偿光纤损耗的传输距离称为光信号传输的一个跨段。光信号在跨段之初，信号被放大，然后在一个跨段的传输过程中光功率以指数形式下降。从下一个跨段开始光信号再一次被光放大器放大，以便使光信号长距离地传输，如图 11-1-2(b)所示。根据光纤损耗随波长的分布以及光纤放大器覆盖的波长范围，将光纤通信波段分为 O、E、S、C、L、U 波段，如图 11-1-2(a)所示。其中 C 波段和 L 波段光纤损耗最低，并且是 EDFA 能够覆盖的波长范围，目前 C+L 波段被长距离光纤通信系统广泛采用。当前光纤通信系统普遍采用密集波分复用技术(dense wavelength division multiplexing，DWDM)，发射端有 N 个发射机，在 N 个波长为 $\lambda_1,\lambda_2,\cdots,\lambda_N$ 的激光光束上分别加载不同的光信号，然后利用合波器将这 N 个波长的光信号同时耦合入一根光纤进行传输。由于不同波长的光信号(波长间隔足够宽)之间没有干涉作用，它们会在光纤中独立传输，之间不会产生串扰。在接收端，利用分波器将 N 个波长的光信号分离出来，送往不同的接收机，如图 11-1-2(b)所示。国际电信联盟 ITU-T 规定 DWDM 的波长间隔为 0.8nm 和 0.4nm，在 1550nm 波长处折合 100GHz 和 50GHz 的频率间隔。目前往往采用 0.4nm(50GHz)作为波分复用的间隔，即在一个波长间隔 0.4nm 内承载一个波分复用信号，在 C 波段大约可以容纳 80 个波长的通信信道，按照一个信道 50GHz 计算，共有 4THz 的带宽。在 L 波段大约能容纳 120 个波长信道，约合 6THz 的带宽，如图 11-1-2(a)所示。

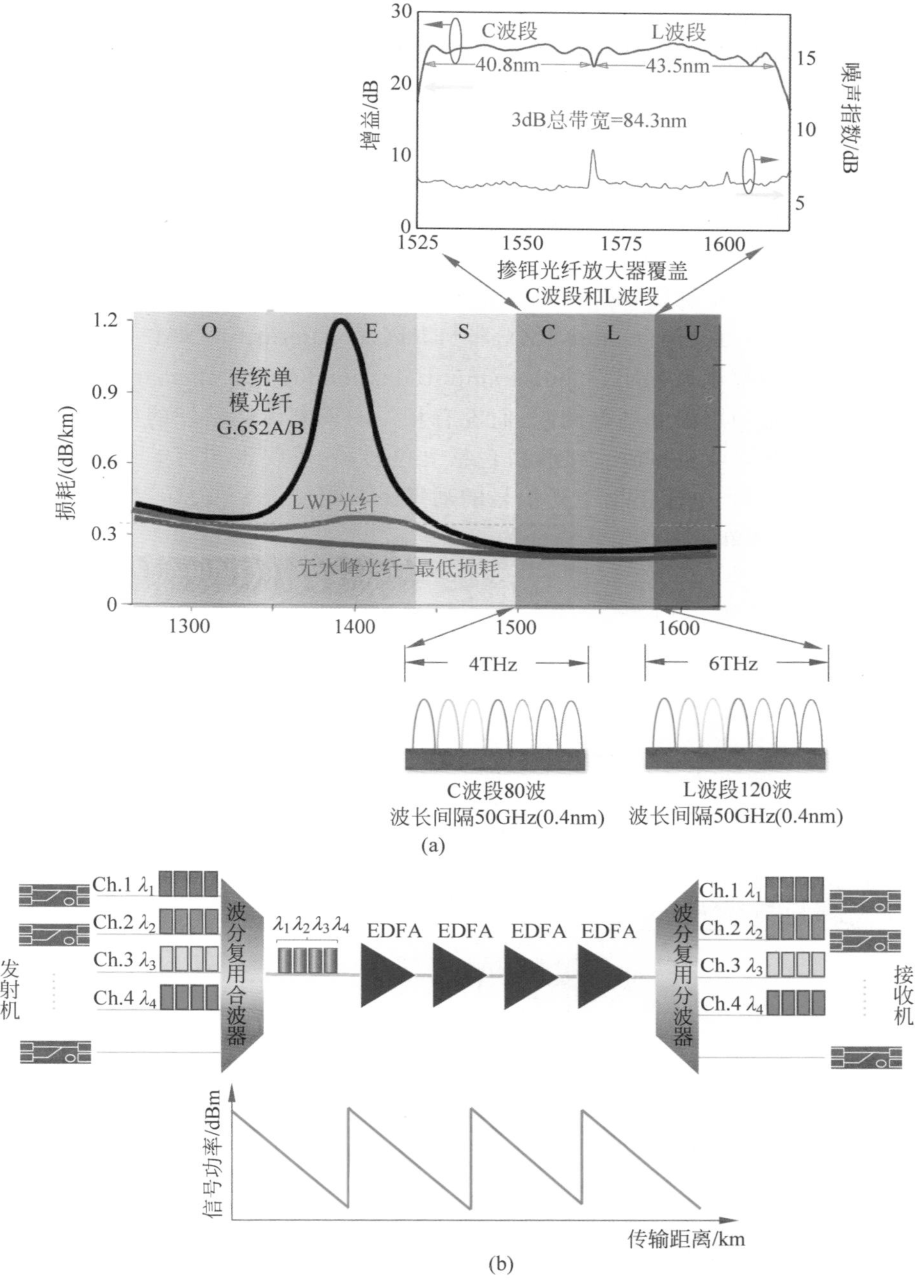

图 11-1-2　光纤损耗谱与波分复用系统的关系

(a) 单模光纤的损耗曲线和波段划分，其中 C+L 波段是最常用的波分复用波段；

(b) 波分复用光纤通信系统示意图，下面的插图显示了各个传输跨段光信号功率的变化情况

下面介绍直接检测和相干检测光纤通信系统。图 11-1-3(a)和(b)分别给出了直接检测(或称非相干检测)和相干检测光纤通信系统框图。

如图 11-1-3(a)所示,直接检测系统一般用在较低码率、较短距离的光纤通信系统,比如数据中心之间的光互连系统、有些城域网系统等。发射机将输入的电信号经过发射机的 DSP 单元进行处理,经过驱动、加载、调制在激光源发出的激光光束上,一般采用结构简单、经济的激光器,信号可以直接加载在激光器的控制电流上,也可以是让激光器输出连续光(continouse wave,CW),再通过廉价的光调制器加载光信号。一般调制信号格式为开关键控码(on-off-keying,OOK),包括 2 电平的归零码(return-to-zero format,RZ)、非归零码(non-return-to-zero format,NRZ)和 4 电平的脉冲幅度调制码(4 pulse amplitudes modulation format,PAM4)。它们共同的特点是利用幅度进行调制,而没有相位的调制。调制好的光脉冲经过光纤链路传输后被接收机接收。接收机包括光电检测,将幅度调制的光信号进行平方检测(即接收的光电流正比于光信号的功率——幅度的平方)后,经电放大器送入接收机的 DSP 单元进行信号损伤均衡和解码。

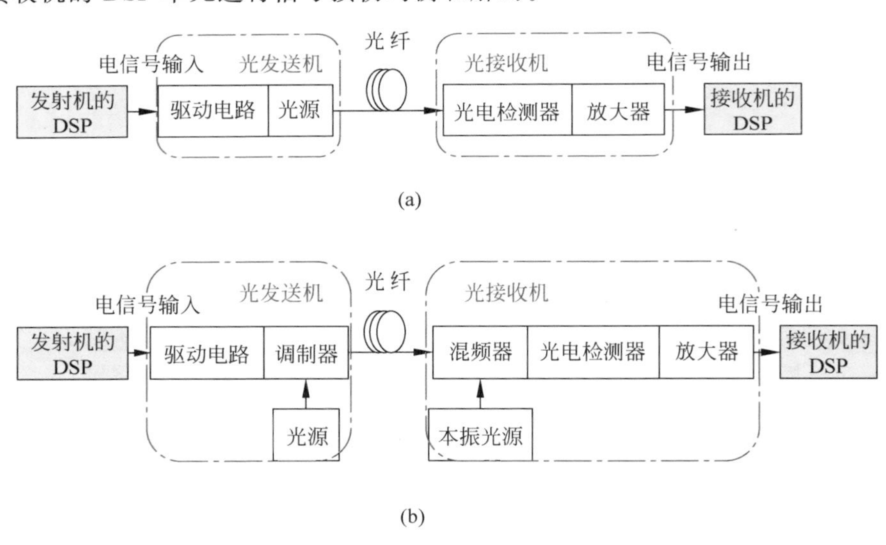

图 11-1-3 非相干检测和相干检测光通信系统框图

(a) 非相干检测光纤通信系统(直接检测);(b) 相干检测光纤通信系统

相干检测光纤通信系统常用在高码率、长距离传输中,经济因素考虑得少,所用器件性能更好。比如光调制器一般使用 IQ 调制器,发射激光源和本地激光源采用线宽较窄且稳定的外腔式激光器。由于系统器件性能较好,可以采用相位调制(比如 BPSK、QPSK 格式)或者幅度相位同时调制的正交幅度调制格式(m-QAM 格式),可以同时传输更多路的电信号(比如 QPSK 是 2 路电信号的复用,16-

QAM 是 4 路电信号的复用)。与直接检测系统最大的区别是相干检测系统采用一个本地激光光源与传输过来的信号光进行相干检测,可同时记录信号光的幅度和相位信息。其优点在于:一方面,因为采用了幅度和相位同时调制的信号格式,大大增加了频谱利用率;另一方面,由于使用了本地激光器,大大提高了接收机的灵敏度,可以接收长距离传输的光信号。另外,相干检测光纤通信系统普遍采用偏分复用技术,将正交偏振的两路光信号耦合后在一根光纤中同时传输,使频谱效率增加 1 倍。

11.2　光纤中偏振旋转效应的三参量建模

从第 6 章和第 7 章的讨论知道,光纤中存在双折射,6.1.1 节讨论了光纤中双折射的产生机制。这些机制可以是纤芯不完美而使纤芯形成椭圆状从而导致双折射,也可以是横向受到挤压、扭转、弯曲造成双折射,当然也可以是光纤轴向存在磁场产生法拉第旋光效应等。由于传输光纤很长,整条光纤链路有可能遇到不同的振动源,比如附近有火车经过,光纤有可能以架空的 OPGW 光缆形式穿过雷雨区,其他的随机事件均可以引发光纤中的随机双折射。

第 7 章介绍了这种双折射可以造成光纤中的偏振模色散(PMD),而 PMD 的传输 $\boldsymbol{U}$ 矩阵是频率相关的,且光纤中的 PMD 大小由 PMD 系数 D_{PMD} 表征,它的单位为皮秒每平方根千米,ps/km$^{1/2}$,显然光纤越长,PMD 越大。如果光纤长度不长(短距通信),或者光纤的 PMD 系数很小,则光纤的 PMD 并不大。比如 G.652 光纤,PMD 系数一般小于 0.2ps/km$^{1/2}$。假如光纤长度为 100km(数据中心光互连的距离均小于 100km),差分群时延 DGD 仅为 2ps,在 28Gbaud 波特率的光纤通信系统中,DGD 占符号周期 35.7ps 的不到 6%,这是可以忽略的。当光纤中的 PMD 可以忽略时,就只需要考虑与频率近似无关的双折射效应,它可以造成光信号偏振态(SOP)的改变,一般笼统地将其称为偏振旋转(rotation of state of polarization,RSOP)机制,虽然这种机制不只是字面上的意思——使偏振态旋转,而是使偏振态发生任意变化的意思。比如光纤通信用的半导体激光器的激光由尾纤跳线引出,有些尾纤就是保偏光纤,这样从尾纤出来的激光偏振态可以保持不变,不会随尾纤的晃动而改变。但是大多数尾纤是普通单模光纤,尾纤只要一晃动,输出的激光偏振态就会有相当大的变化,这就是光纤信道的 RSOP 使在其中传输的光信号偏振态发生变化的原因。因此在实验室中所有光纤,包括尾纤和跳线都要用胶条固定在光学平台上,使 RSOP 固定,以免偏振态发生变化,或者说不使 RSOP 产生作用。

11.2.1 偏振旋转的描述矩阵是二参量的还是三参量的讨论

首先要明确两个概念，偏振态(state of polarization，SOP)和偏振旋转(RSOP)。偏振态指的是传输的光信号的偏振状态，是光信号的属性。而偏振旋转指的是光纤中的双折射造成偏振态改变的过程，是光纤信道的属性。因此光信号偏振态在琼斯空间由二维矢量描述，在斯托克斯空间用四维矢量或者三维矢量(SOP 为完全偏振态时)描述；而偏振旋转在琼斯空间由 2×2 的琼斯矩阵，在斯托克斯空间由 4×4 或者 3×3 的米勒矩阵描述。

2.2 节指出，偏振态由 2 个独立参量描述，或者说 SOP 的描述是二自由度的。比如 2.2.2 节中给出的(α,δ)描述和(θ,β)描述都是 2 个独立参量的描述。其中α是y方向和x方向振动的振幅比角($\tan\alpha=A_y/A_x$)，δ是y方向和x方向振动的相位差角($\delta=\phi_y-\phi_x$)，θ是偏振态本征坐标系相对于实验室坐标系之间的方位角，β描述了椭圆率($\tan\beta=\pm B_\eta/B_\xi$)。对于偏振态的$(\alpha,\delta)$描述和$(\theta,\beta)$描述分别对应到斯托克斯空间是可视偏振态球和庞加莱球的描述(2.5 节)。总之描述偏振态，用 2 个独立参量就够了。

接下来要问，描述光纤信道属性的偏振旋转矩阵需要几个独立参量？或者说需要几个自由度？

可以利用图 11-2-1 来说明一下人们一般思考 RSOP 矩阵应该如何构造的思维逻辑。大家知道，某一偏振态进入光纤后，由于随机双折射，光信号的偏振态随着传输一直在变化，如图 11-2-1 中上面插图所示意的情况。对于偏分复用的光纤通信系统，人们在发射端同时耦合入两个垂直的偏振态——x偏振和y偏振，并在上面分别加载独立的信号，称作偏分复用信号。这一对偏分复用信号在光纤中传输到接收端，一般情况其偏振态均将发生变化。由于这一对偏分复用光信号经历了相同的双折射，虽然它们的偏振态均发生变化，但是不会破坏它们之间的正交性，到了接收端最一般的状态是一对正交的椭圆偏振态。

在图 11-2-1 下半部列举了两个例子。如果发射端注入一对x偏振和y偏振的偏分复用信号，它们的偏振态分别表示为$(1\quad 0)^{\mathrm{T}}$和$(0\quad 1)^{\mathrm{T}}$。到了接收端一般变为一对正交的椭圆偏振态。如果用(α,δ)描述，则这一对正交偏分复用椭圆偏振态可以表示成$|E_1(\alpha,\delta)\rangle=(\cos\alpha\quad \sin\alpha\,\mathrm{e}^{\mathrm{j}\delta})^{\mathrm{T}}$和$|E_2(\alpha,\delta)\rangle=(-\sin\alpha\,\mathrm{e}^{-\mathrm{j}\delta}\quad \cos\alpha)^{\mathrm{T}}$，用 2 个独立参量就可以描述。顺着这个思维逻辑，可以推测光纤信道的 RSOP 矩阵可以表示为

$$\boldsymbol{J}_{\mathrm{RSOP}}(\alpha,\delta)=\begin{pmatrix}\cos\alpha & -\sin\alpha\,\mathrm{e}^{-\mathrm{j}\delta}\\ \sin\alpha\,\mathrm{e}^{\mathrm{j}\delta} & \cos\alpha\end{pmatrix}\tag{11.2.1}$$

因为有

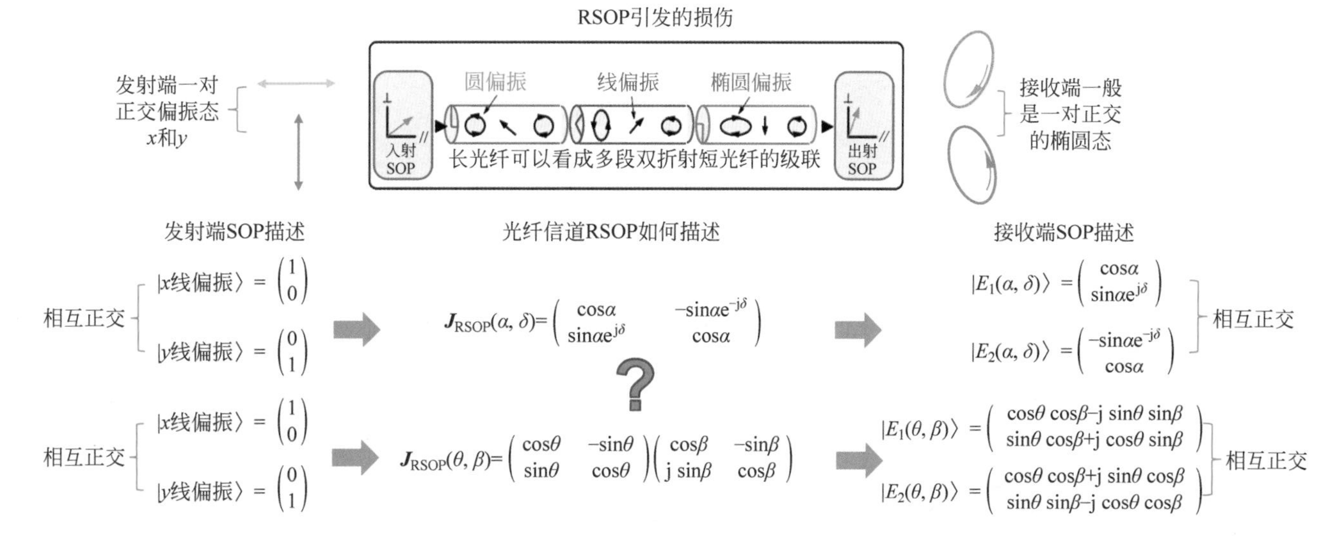

图 11-2-1 光纤中偏振态的变化，以及 RSOP 矩阵应该如何表示逻辑图

$$\begin{cases}\begin{pmatrix}\cos\alpha & -\sin\alpha\,\mathrm{e}^{-\mathrm{j}\delta}\\ \sin\alpha\,\mathrm{e}^{\mathrm{j}\delta} & \cos\alpha\end{pmatrix}\begin{pmatrix}1\\0\end{pmatrix}=\begin{pmatrix}\cos\alpha\\ \sin\alpha\,\mathrm{e}^{\mathrm{j}\delta}\end{pmatrix}\\ \begin{pmatrix}\cos\alpha & -\sin\alpha\,\mathrm{e}^{-\mathrm{j}\delta}\\ \sin\alpha\,\mathrm{e}^{\mathrm{j}\delta} & \cos\alpha\end{pmatrix}\begin{pmatrix}0\\1\end{pmatrix}=\begin{pmatrix}-\sin\alpha\,\mathrm{e}^{-\mathrm{j}\delta}\\ \cos\alpha\end{pmatrix}\end{cases}\tag{11.2.2}$$

恰好得到接收端的正交椭圆偏振态$|E_1(\alpha,\delta)\rangle$和$|E_2(\alpha,\delta)\rangle$。

另外，如果用(θ,β)描述，则接收端的一对正交偏分复用椭圆偏振态可以表示成$|E_1(\theta,\beta)\rangle=(\cos\theta\cos\beta-\mathrm{j}\sin\theta\sin\beta\quad \sin\theta\cos\beta+\mathrm{j}\cos\theta\sin\beta)^{\mathrm{T}}$ 和 $|E_2(\theta,\beta)\rangle=(\cos\theta\sin\beta+\mathrm{j}\sin\theta\cos\beta\quad \sin\theta\sin\beta-\mathrm{j}\cos\theta\cos\beta)^{\mathrm{T}}$，也是用 2 个独立参量描述。顺着这个思维逻辑，可以推测光纤信道的 RSOP 矩阵可以表示为

$$\boldsymbol{J}_{\mathrm{RSOP}}(\theta,\beta)=\begin{pmatrix}\cos\theta & -\sin\theta\\ \sin\theta & \cos\theta\end{pmatrix}\begin{pmatrix}\cos\beta & \mathrm{j}\sin\beta\\ \mathrm{j}\sin\beta & \cos\beta\end{pmatrix}\tag{11.2.3}$$

因为有

$$\begin{cases}\begin{pmatrix}\cos\theta & -\sin\theta\\ \sin\theta & \cos\theta\end{pmatrix}\begin{pmatrix}\cos\beta & \mathrm{j}\sin\beta\\ \mathrm{j}\sin\beta & \cos\beta\end{pmatrix}\begin{pmatrix}1\\0\end{pmatrix}=\begin{pmatrix}\cos\theta\cos\beta-\mathrm{j}\sin\theta\sin\beta\\ \sin\theta\cos\beta+\mathrm{j}\cos\theta\sin\beta\end{pmatrix}\\ \begin{pmatrix}\cos\theta & -\sin\theta\\ \sin\theta & \cos\theta\end{pmatrix}\begin{pmatrix}\cos\beta & \mathrm{j}\sin\beta\\ \mathrm{j}\sin\beta & \cos\beta\end{pmatrix}\begin{pmatrix}0\\1\end{pmatrix}=\mathrm{j}\begin{pmatrix}\cos\theta\sin\beta+\mathrm{j}\sin\theta\cos\beta\\ \sin\theta\sin\beta-\mathrm{j}\cos\theta\cos\beta\end{pmatrix}\end{cases}\tag{11.2.4}$$

恰好得到接收端的正交椭圆偏振态$|E_1(\theta,\beta)\rangle$和$|E_2(\theta,\beta)\rangle$。

总结一下，人们可能的思维逻辑是：无论采用(α,δ)描述还是(θ,β)描述，式(11.2.1)和式(11.2.3)中的$\boldsymbol{J}_{\mathrm{RSOP}}(\alpha,\delta)$和$\boldsymbol{J}_{\mathrm{RSOP}}(\theta,\beta)$都是可能的 RSOP 描述矩阵，而它们都是二参量的 RSOP 描述矩阵。那么能否得出结论：光纤信道的 RSOP 描述矩阵就是二自由度的？或者说，光纤信道 RSOP 的二参量描述矩阵是否是完备的？是否覆盖了所有 RSOP 的可能情况？

我们可以考察一下以往文献中出现的 RSOP 描述矩阵都采取了什么形式。参考文献[1]的公式(20)给出了 RSOP 最简单的描述矩阵，是与式(4.1.8)一样的旋转矩阵，只是旋转角采用了随时间变化的$\theta=\omega t$的形式，ω是旋转角频率。这属于 1 自由度的 RSOP 矩阵描写，它可以是上述$\boldsymbol{J}_{\mathrm{RSOP}}(\alpha,\delta)$和$\boldsymbol{J}_{\mathrm{RSOP}}(\theta,\beta)$的一种特殊形式，是$\boldsymbol{J}_{\mathrm{RSOP}}(\alpha,\delta)$中$\delta=0$的特殊形式，也是$\boldsymbol{J}_{\mathrm{RSOP}}(\theta,\beta)$中$\beta=0$的特殊形式。显然它不是完备 RSOP 矩阵。

参考文献[2]的公式(19)给出了与式(11.2.1)$\boldsymbol{J}_{\mathrm{RSOP}}(\alpha,\delta)$等价的二参量 RSOP 矩阵。参考文献[3]里的公式(9)和参考文献[4]里的公式(7)给出了同样的基于(α,δ)描述的 RSOP 矩阵

$$\boldsymbol{J}'_{\mathrm{RSOP}}(\alpha,\delta)=\begin{pmatrix}\cos\alpha\,\mathrm{e}^{-\mathrm{j}\delta/2} & -\sin\alpha\,\mathrm{e}^{-\mathrm{j}\delta/2}\\ \sin\alpha\,\mathrm{e}^{\mathrm{j}\delta/2} & \cos\alpha\,\mathrm{e}^{\mathrm{j}\delta/2}\end{pmatrix}\tag{11.2.5}$$

这个 RSOP 矩阵得到的逻辑是：接收端得到的正交椭圆态用 $|E_1'(\alpha,\delta)\rangle = (\cos\alpha\,\mathrm{e}^{-\mathrm{j}\delta/2} \quad \sin\alpha\,\mathrm{e}^{\mathrm{j}\delta/2})^{\mathrm{T}}$ 和 $|E_2'(\alpha,\delta)\rangle = (-\sin\alpha\,\mathrm{e}^{-\mathrm{j}\delta/2} \quad \cos\alpha\,\mathrm{e}^{\mathrm{j}\delta/2})^{\mathrm{T}}$ 描述。这里 α 和 δ 的含义与 $|E_1(\alpha,\delta)\rangle$ 和 $|E_2(\alpha,\delta)\rangle$ 中的一样，只是相位差 δ 被拆分一半分别对称地放在 x 分量和 y 分量上。这样

$$
\begin{cases}
\begin{pmatrix} \cos\alpha\,\mathrm{e}^{-\mathrm{j}\delta/2} & -\sin\alpha\,\mathrm{e}^{-\mathrm{j}\delta/2} \\ \sin\alpha\,\mathrm{e}^{\mathrm{j}\delta/2} & \cos\alpha\,\mathrm{e}^{\mathrm{j}\delta/2} \end{pmatrix} \begin{pmatrix} 1 \\ 0 \end{pmatrix} = \begin{pmatrix} \cos\alpha\,\mathrm{e}^{-\mathrm{j}\delta/2} \\ \sin\alpha\,\mathrm{e}^{\mathrm{j}\delta/2} \end{pmatrix} \\
\begin{pmatrix} \cos\alpha\,\mathrm{e}^{-\mathrm{j}\delta/2} & -\sin\alpha\,\mathrm{e}^{-\mathrm{j}\delta/2} \\ \sin\alpha\,\mathrm{e}^{\mathrm{j}\delta/2} & \cos\alpha\,\mathrm{e}^{\mathrm{j}\delta/2} \end{pmatrix} \begin{pmatrix} 0 \\ 1 \end{pmatrix} = \begin{pmatrix} -\sin\alpha\,\mathrm{e}^{-\mathrm{j}\delta/2} \\ \cos\alpha\,\mathrm{e}^{\mathrm{j}\delta/2} \end{pmatrix}
\end{cases}
\tag{11.2.6}
$$

对比 $\boldsymbol{J}'_{\mathrm{RSOP}}(\alpha,\delta)$ 和 $\boldsymbol{J}_{\mathrm{RSOP}}(\alpha,\delta)$，发现虽然逻辑上一样，但是两个矩阵并不等价。

大家看到，以往文献给出的 RSOP 矩阵也是五花八门的描述，问题是它们之间是否等价？二自由度 RSOP 描述是否完备？

大家知道，如果一个 RSOP 矩阵 $\boldsymbol{J}_{\mathrm{RSOP}}$ 对传输的光信号造成了损伤，则其逆矩阵 $\boldsymbol{J}_{\mathrm{RSOP}}^{-1}$ 应该可以用来恢复这样的损伤。即如果发射端的偏振态 $(E_{\mathrm{in},x} \quad E_{\mathrm{in},y})^{\mathrm{T}}$ 经过光纤信道 RSOP 矩阵后，得到接收端偏振态 $(E_{\mathrm{out},x} \quad E_{\mathrm{out},y})^{\mathrm{T}}$。有

$$
\begin{pmatrix} E_{\mathrm{out},x} \\ E_{\mathrm{out},y} \end{pmatrix} = \boldsymbol{J}_{\mathrm{RSOP}} \begin{pmatrix} E_{\mathrm{in},x} \\ E_{\mathrm{in},y} \end{pmatrix} \tag{11.2.7}
$$

逆矩阵恢复偏振态的过程为

$$
\begin{pmatrix} E_{\mathrm{in},x} \\ E_{\mathrm{in},y} \end{pmatrix} = \boldsymbol{J}_{\mathrm{RSOP}}^{-1} \begin{pmatrix} E_{\mathrm{out},x} \\ E_{\mathrm{out},y} \end{pmatrix} \tag{11.2.8}
$$

所谓上述二自由度 RSOP 矩阵是否等价，即考察当一个 RSOP 矩阵 $\boldsymbol{J}_{\mathrm{RSOP}}$ 将信号损伤后，另一个 RSOP 矩阵 $\boldsymbol{J}'_{\mathrm{RSOP}}$ 的逆矩阵 $\boldsymbol{J}'^{-1}_{\mathrm{RSOP}}$ 是否可以恢复损伤的信号？我们发现上述二参量 RSOP 矩阵 $\boldsymbol{J}_{\mathrm{RSOP}}(\alpha,\delta)$、$\boldsymbol{J}'_{\mathrm{RSOP}}(\alpha,\delta)$ 和 $\boldsymbol{J}_{\mathrm{RSOP}}(\theta,\beta)$ 都不相互等价，即它们之间不能相互补偿恢复信号。

下面从以下三个方面说明表征光纤信道的 RSOP 矩阵必须包含三个独立的参量，而不是两个自由度[5]。

(1) 不考虑 PDL 的 RSOP 变换矩阵必须是幺正矩阵。

在前面的章节多次提及，对于光纤信道，如果不考虑 PDL 等有损器件，其输入偏振态和输出偏振态之间的变换可以用一个 2×2 的琼斯矩阵 $\boldsymbol{U}$ 表示，$\boldsymbol{U}$ 满足幺正矩阵特性并且有如下的表达形式(式(4.5.5))：

$$
\boldsymbol{U} = \begin{pmatrix} A - \mathrm{j}B & -C - \mathrm{j}D \\ C - \mathrm{j}D & A + \mathrm{j}B \end{pmatrix} \tag{11.2.9}
$$

其中，A、B、C、D 均为实数，且满足

$$A^2+B^2+C^2+D^2=1 \tag{11.2.10}$$

可以看出，在幺正矩阵 $\boldsymbol{U}$ 中只有三个参量是独立的。

(2) RSOP 效应可以看作斯托克斯空间偏振态的一个旋转操作。

RSOP 对于光信号偏振态的作用相当于偏振态之间的变换。在斯托克斯空间其变换米勒矩阵 $\boldsymbol{R}$ 使输入偏振态 $\boldsymbol{S}_{\text{in}}$ 变换成 $\boldsymbol{S}_{\text{out}}$，即

$$\boldsymbol{S}_{\text{out}}=\boldsymbol{R}\boldsymbol{S}_{\text{in}} \tag{11.2.11}$$

4.4 节指出，这个 3×3 的变换米勒矩阵 $\boldsymbol{R}$ 是旋转矩阵。$\boldsymbol{R}\boldsymbol{S}_{\text{in}}$ 的作用相当于使矢量 $\boldsymbol{S}_{\text{in}}$ 在庞加莱球上绕旋转轴 $\hat{\boldsymbol{r}}=(r_1,r_2,r_3)^{\mathrm{T}}$（单位矢量，满足 $r_1^2+r_2^2+r_3^2=1$）旋转一个角度 φ，参见式(4.4.8)。可以看出，旋转轴需要两个独立的参量描述其方位，旋转角 φ 是另一个描述参量。因此，描述光纤信道的 RSOP 矩阵确实需要三个自由度。

(3) 实验室里应用的偏振控制器都是三自由度的。

在 5.3.4 节关于偏振控制器自由度的讨论中，笔者通过理论分析和实验验证，证明了至少需要三个自由度(即需要三个波片，也可以视为需要三个独立参量)，而不是两个，才能使庞加莱球上的任意偏振状态变换到其他任意偏振状态。图 11-2-2 分别展示了光纤信道的 RSOP 效应过程和偏振控制器对输入偏振态改变的过程，从改变偏振态的角度看它们是等价的过程。可以看出，光纤信道的 RSOP 效应是将输入偏振态通过一个 2×2 的矩阵的作用转变为任意的输出偏振态，偏振控制器的作用也是一样。由 5.3.4 节的讨论可知，至少需要三个自由度的偏振控制器，才可以完成覆盖整个庞加莱球的偏振态变换。类似地，表征光纤信道的 RSOP 矩阵也必须是三自由度的，即包含三个独立的参量。

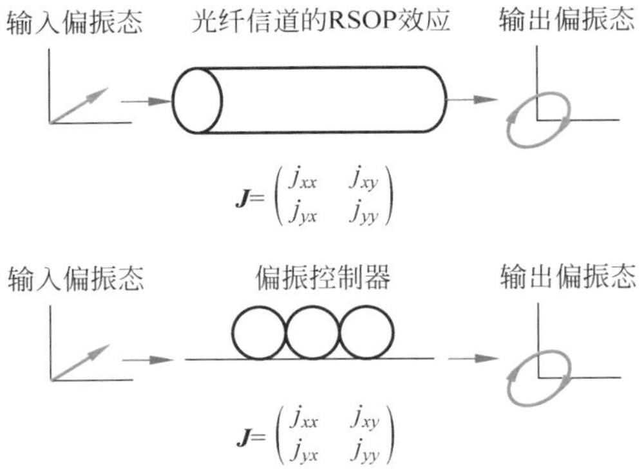

图 11-2-2 光纤信道的 RSOP 效应过程和偏振控制器对输入偏振态的等价作用示意图

综上所述，表征光纤信道的 RSOP 矩阵应该是三参量的，并且满足幺正矩阵的形式。

11.2.2　三参量偏振旋转矩阵形式

可以用下面的方法确定完备的 RSOP 矩阵形式[6]。设 2×2 的 RSOP 矩阵 $\boldsymbol{J}_{\text{RSOP}}$ 的四个复元素为

$$\boldsymbol{J}_{\text{RSOP}}=\begin{pmatrix} a\,\mathrm{e}^{\mathrm{j}\alpha} & b\,\mathrm{e}^{\mathrm{j}\beta} \\ c\,\mathrm{e}^{\mathrm{j}\gamma} & d\,\mathrm{e}^{\mathrm{j}\eta} \end{pmatrix} \tag{11.2.12}$$

其中，a、b、c、d、α、β、γ、η 均为实数。由于 $\boldsymbol{J}_{\text{RSOP}}$ 为幺正矩阵，$\boldsymbol{J}_{\text{RSOP}}\boldsymbol{J}_{\text{RSOP}}^{\dagger}=\boldsymbol{J}_{\text{RSOP}}^{\dagger}\boldsymbol{J}_{\text{RSOP}}=\boldsymbol{I}$，且取 $\det(\boldsymbol{J}_{\text{RSOP}})=+1$，则有

$$a^2+b^2=1,\quad a^2=d^2,\quad b^2=c^2 \tag{11.2.13}$$

$$ac\,\mathrm{e}^{-\mathrm{j}(\alpha-\gamma)}+bd\,\mathrm{e}^{-\mathrm{j}(\beta-\eta)}=0,\quad ad\,\mathrm{e}^{\mathrm{j}(\alpha+\eta)}-bc\,\mathrm{e}^{\mathrm{j}(\beta+\gamma)}=1 \tag{11.2.14}$$

令

$$a=\cos\kappa,\quad b=-\sin\kappa \tag{11.2.15}$$

则

$$\mathrm{e}^{\mathrm{j}(\alpha+\eta)}=\mathrm{e}^{\mathrm{j}(\beta+\gamma)},\quad \mathrm{e}^{\mathrm{j}\alpha}=\mathrm{e}^{-\mathrm{j}\eta},\quad \mathrm{e}^{\mathrm{j}\gamma}=\mathrm{e}^{-\mathrm{j}\beta} \tag{11.2.16}$$

这样光纤信道的 RSOP 通用矩阵如下[5-6]：

$$\boldsymbol{J}_{\text{RSOP}}(\xi,\eta,\kappa)=\begin{pmatrix} \cos\kappa\,\mathrm{e}^{\mathrm{j}\xi} & -\sin\kappa\,\mathrm{e}^{\mathrm{j}\eta} \\ \sin\kappa\,\mathrm{e}^{-\mathrm{j}\eta} & \cos\kappa\,\mathrm{e}^{-\mathrm{j}\xi} \end{pmatrix} \tag{11.2.17}$$

其中 ξ、η 和 κ 表示 RSOP 的三个独立参量（这里为了下面的讨论方便起见，将式(11.2.12)～式(11.2.16)中的角度作了重新定义）。

式(11.2.17)中的三参量矩阵就是完备的 RSOP 矩阵，它包含了式(12.2.1)表述的 $\boldsymbol{J}_{\text{RSOP}}(\alpha,\delta)$、式(12.2.5)描述的 $\boldsymbol{J}'_{\text{RSOP}}(\alpha,\delta)$ 以及式(12.2.3)描述的 $\boldsymbol{J}_{\text{RSOP}}(\theta,\beta)$。事实上，如果设置 $\xi=-\delta/2$，$\eta=-\delta/2$，$\kappa=\alpha$，$\boldsymbol{J}_{\text{RSOP}}(\xi,\eta,\kappa)$ 就退化成了 $\boldsymbol{J}'_{\text{RSOP}}(\alpha,\delta)$ 模型。如果设置 $\xi=0$，$\kappa=\alpha$，$\boldsymbol{J}_{\text{RSOP}}(\xi,\eta,\kappa)$ 就退化成了 $\boldsymbol{J}_{\text{RSOP}}(\alpha,\delta)$ 模型。如果设置 $\xi=-\arctan(\tan\theta\tan\beta)$，$\eta=-\arctan(\tan\beta\cot\theta)$，$\sin\kappa=\pm\sqrt{\sin^2\theta\cos^2\beta+\sin^2\beta\cos^2\theta}$，$\boldsymbol{J}_{\text{RSOP}}(\xi,\eta,\kappa)$ 就退化成了 $\boldsymbol{J}_{\text{RSOP}}(\theta,\beta)$ 模型。说明二参量的 RSOP 矩阵是三参量 RSOP 建模的特例，三参量的 RSOP 模型才是完备的[5]。

11.3　偏振旋转效应造成光信号损伤的讨论

本节讨论偏振旋转效应对偏分复用光信号传输的影响，只选择偏分复用的 QPSK 信号（PDM-QPSK）进行考察，考察 QPSK 信号经过 RSOP 矩阵以后的变化，以及不同的 RSOP 矩阵互相补偿的问题。

下面从两个空间进行考察。在没有 RSOP 效应时，参见 12.2.3 节，偏分复用的 QPSK 信号在斯托克斯空间的星座点位于 S_2-S_3 平面内，如图 11-3-1(a)所示。如果从星座图空间来看，x 偏振支路和 y 偏振支路的星座图如图 11-3-1(b)所示。

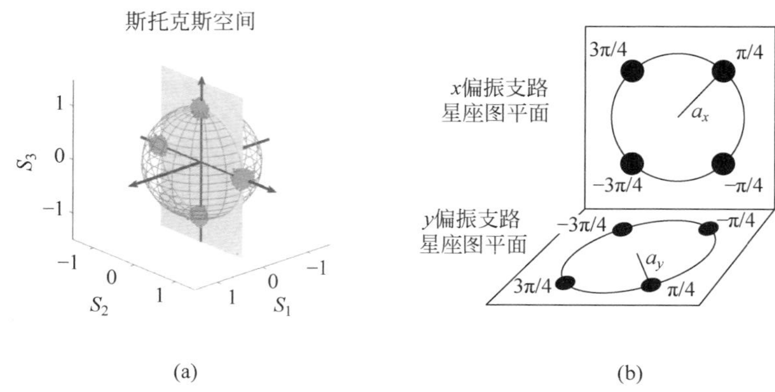

图 11-3-1　没有偏振旋转作用时，偏分复用的 QPSK 信号在斯托克斯空间的星座点位于 S_2-S_3 平面内(a)，偏分复用的 QPSK 信号在 x 偏振支路和 y 偏振支路的星座图平面的分布(b)

11.3.1　不同的二参量偏振旋转矩阵造成信号损伤的情况考察[5]

下面考察偏分复用 QPSK 光信号分别经过 $\boldsymbol{J}_{\mathrm{RSOP}}(\alpha,\delta)$、$\boldsymbol{J}'_{\mathrm{RSOP}}(\alpha,\delta)$ 和 $\boldsymbol{J}_{\mathrm{RSOP}}(\theta,\beta)$ 造成的损伤是否相同。

如图 11-3-2 所示，图中第一列是 $\boldsymbol{J}_{\mathrm{RSOP}}(\alpha,\delta)$ 矩阵对应的损伤，第二列是 $\boldsymbol{J}'_{\mathrm{RSOP}}(\alpha,\delta)$ 矩阵对应的损伤，第三列是 $\boldsymbol{J}_{\mathrm{RSOP}}(\theta,\beta)$ 矩阵对应的损伤。第一行是静态损伤，第二行是动态损伤。

首先考察信号经历静态 RSOP 损伤的情况，所谓静态影响，即设置旋转角 $\alpha=-\pi/6$，$\delta=-\pi/3$，相应的 $\theta=\arctan(-\sqrt{3}/2)/2$，$\beta=\arcsin(3/4)/2$ 为定值，查看结果，结果如图 11-3-2(a)～(c)所示。可以看出，经过三种二参量 RSOP 矩阵后，在斯托克斯空间，偏分复用的 QPSK 信号的星座点不再位于 S_2-S_3 平面内，星座点位于的平面方位发生了变化。对应三个 RSOP 矩阵，尽管星座点所在平面在经过损伤后的法线指向均相同，都为 $\hat{\boldsymbol{n}}=[0.50\ \ -0.43\ \ 0.75]^{\mathrm{T}}$，然而在星座图平面内，对应三种损伤，星座点分布的变化均不相同。下面考察信号经过动态损伤如何变化，所谓动态考察，即设置二参量中一个角度参量固定，另一个角度随时间线性增加。比如对于(α,δ)描述，设置 α 为定值，δ 从 0 开始随时间线性增加；对于(θ,β)描述，设置 θ 为定值，β 从 0 开始随时间线性增加。图 11-3-2(d)～(f)显示，对应三

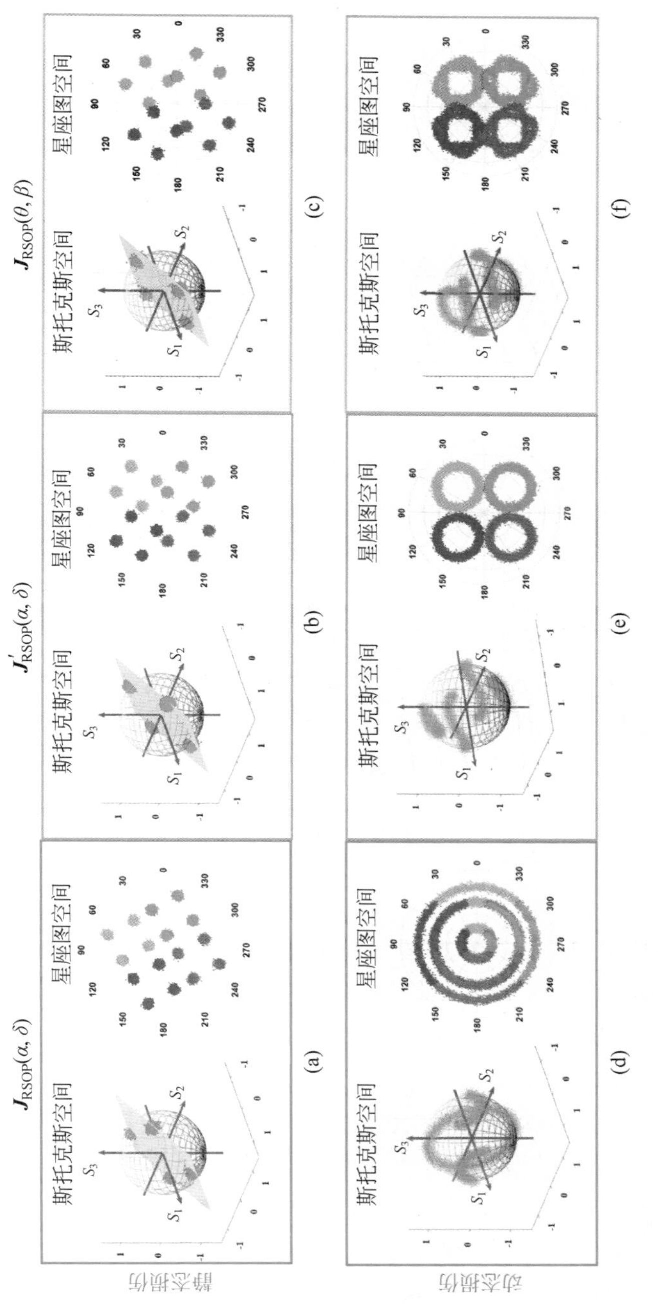

图 11-3-2　在斯托克斯空间和星座图空间考察三种二参量的 RSOP 模型对信号的影响

种损伤，接收信号的星座点在斯托克斯空间和在星座图平面的变化轨迹均不相同。由此可以得出结论，上述三种不同的二参量 RSOP 矩阵模型 $\boldsymbol{J}_{\mathrm{RSOP}}(\alpha,\delta)$、$\boldsymbol{J}'_{\mathrm{RSOP}}(\alpha,\delta)$和$\boldsymbol{J}_{\mathrm{RSOP}}(\theta,\beta)$对信号的影响是不同的，换句话说以二参量的矩阵来描述信道的 RSOP 矩阵是不充分的。

11.3.2 不同偏振旋转矩阵之间相互补偿的问题[5]

在前面的讨论中，已经得到了至少 4 种 RSOP 矩阵 $\boldsymbol{J}_{\mathrm{RSOP}}(\alpha,\delta)$、$\boldsymbol{J}'_{\mathrm{RSOP}}(\alpha,\delta)$、$\boldsymbol{J}_{\mathrm{RSOP}}(\theta,\beta)$和$\boldsymbol{J}_{\mathrm{RSOP}}(\xi,\eta,\kappa)$。前面看到二参量 RSOP 矩阵引起的信号损伤有所不同，这里再考察一下这些 RSOP 矩阵之间互相补偿的问题。

假定发射信号由$|r_{\mathrm{Tx}}\rangle$表示，接收信号由$|r_{\mathrm{Rx}}\rangle$表示，经过光纤信道的 RSOP 矩阵 $\boldsymbol{J}_{i,\mathrm{RSOP}}$ 后有：

$$|r_{\mathrm{Rx}}\rangle=\boldsymbol{J}_{i,\mathrm{RSOP}}|r_{\mathrm{Tx}}\rangle \tag{11.3.1}$$

其中，$\boldsymbol{J}_{i,\mathrm{RSOP}}$ 表示上面任意一种 RSOP 矩阵，$i=1,2,3,4$。如果在接收机的 DSP 单元对经 RSOP 损伤的接收信号$|r_{\mathrm{Rx}}\rangle$进行均衡，均衡后的信号由$|r_{\mathrm{Eq}}\rangle$表示，则有

$$|r_{\mathrm{Eq}}\rangle=\boldsymbol{J}_{j,\mathrm{RSOP}}^{-1}|r_{\mathrm{Rx}}\rangle \tag{11.3.2}$$

其中，$\boldsymbol{J}_{j,\mathrm{RSOP}}^{-1}$ 是上述任意 RSOP 矩阵的逆矩阵，$j=1,2,3,4$，其中 j 可以等于 i，也可以不等于 i。$i=j$，意味着 RSOP 效应对应哪个矩阵，就用那个矩阵的逆矩阵去均衡接收信号，显然这是没有问题的。可是在接收端很难知晓光纤信道是哪一种 RSOP 效应起作用。我们希望上述 RSOP 矩阵之间可以互相均衡补偿，即 RSOP 的损伤与均衡补偿之间是否满足如下关系：

$$|r_{\mathrm{Eq}}\rangle\overset{?}{=}\boldsymbol{J}_{j,\mathrm{RSOP}}^{-1}|r_{\mathrm{Rx}}\rangle,\quad j\neq i \tag{11.3.3}$$

在这里，采用基于斯托克斯空间的 RSOP 均衡方法进行考察，该算法的具体过程将在 12.4.1 节详细介绍。

对于理想的 QPSK 信号，其在斯托克斯空间中的星座点对称平面位于 S_2-S_3 平面，平面的法线指向 S_1 轴方向。星座点对称平面法线与庞加莱球的交点代表与星座点相对应的一对偏振态，此时为水平和垂直线偏振，用 $\boldsymbol{H}=(1,0,0)^{\mathrm{T}}$ 和 $\boldsymbol{V}=(-1,0,0)^{\mathrm{T}}$ 点表示，如图 11-3-3 (a)所示，且四个星座点位于$(0,0,\pm1)^{\mathrm{T}}$ 和$(0,\pm1,0)^{\mathrm{T}}$ 四个点上。经过 RSOP 损伤后，斯托克斯空间的星座点对称平面整体发生旋转，相应的法线与庞加莱球的交点也变为了 $\boldsymbol{G}_1=(a,b,c)^{\mathrm{T}}$ 和 $\boldsymbol{G}_2=(-a,-b,-c)^{\mathrm{T}}$，如图 11-3-3 (b)所示。如果某均衡矩阵 $\boldsymbol{J}_{j,\mathrm{RSOP}}^{-1}$ 可以成功地均衡掉信号的损伤，则得到恢复的信号在斯托克斯空间的星座点满足：①星座点对称平面法线指向回到 $\boldsymbol{H}=(1,0,0)^{\mathrm{T}}$ 和 $\boldsymbol{V}=(-1,0,0)^{\mathrm{T}}$；②四个星座点恢复到$(0,0,\pm1)^{\mathrm{T}}$ 和$(0,\pm1,0)^{\mathrm{T}}$ 四个点上。

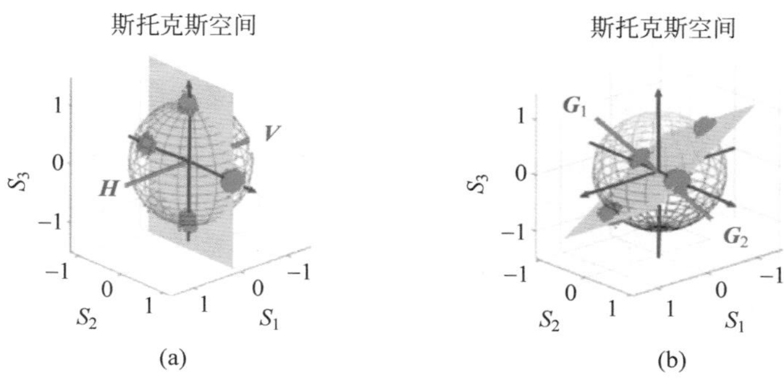

图 11-3-3　偏分复用 QPSK 信号在斯托克斯空间星座点示意图

(a) 没受到 RSOP 损伤；(b) 受到 RSOP 损伤

如果选择 $\boldsymbol{J}'_{\mathrm{RSOP}}(\alpha,\delta)$作为 RSOP 损伤矩阵，并且在接收端选择自身的逆矩阵 $\boldsymbol{J}'^{-1}_{\mathrm{RSOP}}(\alpha,\delta)$作为补偿矩阵，那么信号可以被完美补偿。然而，如果应用 $\boldsymbol{J}_{\mathrm{RSOP}}(\alpha,\delta)$和 $\boldsymbol{J}_{\mathrm{RSOP}}(\theta,\beta)$作为补偿矩阵，则补偿得并不完全。如图 11-3-4 所示，图(a)为未经过 RSOP 损伤的情况。图(b)显示信号经过 $\boldsymbol{J}'_{\mathrm{RSOP}}(\alpha,\delta)$矩阵的 RSOP 损伤，星座点对称平面整体发生旋转。图(c)和图(d)分别是用 $\boldsymbol{J}^{-1}_{\mathrm{RSOP}}(\alpha,\delta)$和 $\boldsymbol{J}^{-1}_{\mathrm{RSOP}}(\theta,\beta)$矩阵对信号进行补偿后的结果。可以看出采用不同模型互补出现了问题。补偿后的信号虽然星座图对称平面已经回到 S_2-S_3 平面，相应的法线也回到了$(1,0,0)^{\mathrm{T}}$ 和$(-1,0,0)^{\mathrm{T}}$，但是星座点整体有一个相角的旋转，这意味着对 RSOP 的均衡(偏分解复用)没有完全实现。图(e)是利用 $\boldsymbol{J}^{-1}_{\mathrm{RSOP}}(\xi,\eta,\kappa)$矩阵对信号进行补偿的结果，补偿得非常完美，说明三参量 $\boldsymbol{J}_{\mathrm{RSOP}}(\xi,\eta,\kappa)$是描述 RSOP 效应的完备矩阵。

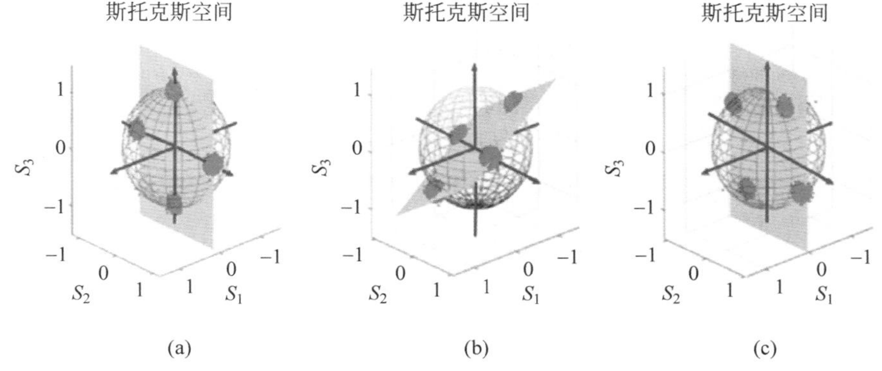

图 11-3-4　斯托克斯空间中 RSOP 损伤均衡过程

(a) 未受损伤信号；(b) 信号经过 $\boldsymbol{J}'_{\mathrm{RSOP}}(\alpha,\delta)$矩阵的 RSOP 损伤；

(c) 均衡补偿矩阵为 $\boldsymbol{J}^{-1}_{\mathrm{RSOP}}(\alpha,\delta)$；(d) 均衡补偿矩阵为 $\boldsymbol{J}^{-1}_{\mathrm{RSOP}}(\theta,\beta)$；

(e) 均衡补偿矩阵为 $\boldsymbol{J}^{-1}_{\mathrm{RSOP}}(\xi,\eta,\kappa)$

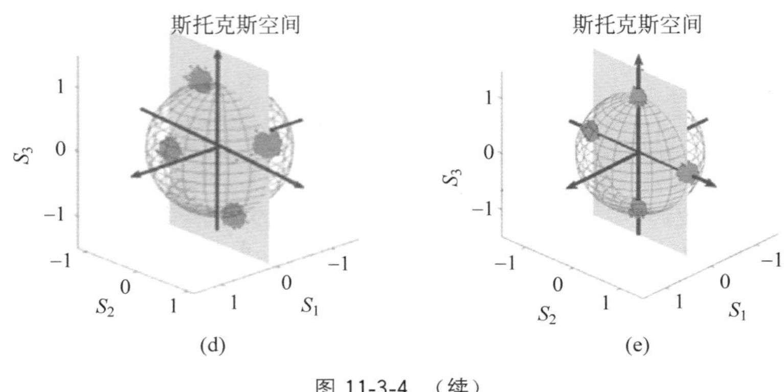

图 11-3-4 （续）

11.4 偏振旋转的时间演化模型建模

光纤通信系统对于静态偏振旋转的均衡一般并不是难题，难的是光纤信道中的动态偏振旋转效应。前面说过如果光缆附近有扰动，比如附近有列车经过会受到振动影响，再比如架空光缆经历大风而摆动，或者经历雷雨天气中的雷击，都会在光纤信道中引发随时间变化的偏振旋转效应 RSOP。目前的光纤通信系统对于较慢变化的 RSOP 进行偏振稳定还不太困难，但是对于像雷击引发的 RSOP，光纤通信系统有可能无法跟踪这样快的 RSOP，进而进行偏振稳定处理[7-11]。

要研究光纤通信系统中的偏振稳定，首先要对不同场景的 RSOP 随时间变化进行建模。建模的原则是至少要求：①RSOP 矩阵随时间变化使输出的偏振态显示一定的随机性，且 RSOP 变化速率的统计分布满足瑞利分布（这将在 11.6 节讨论）；②作用于光信号后使前后输出的偏振态变化是连续的，不能有突然的跳跃。

本节介绍两种 RSOP 时间演化模型：①三参量时域演化 RSOP 模型；②维纳过程 RSOP 模型。

11.4.1 三参量时域演化 RSOP 模型[12]

基于 11.2 节介绍的三参量 RSOP 模型，可以建立时域演化的 RSOP 模型。在式(11.2.17)的 $\boldsymbol{J}_{\mathrm{RSOP}}(\xi,\eta,\kappa)$矩阵中，如果令

$$\begin{cases}\xi=\omega_{\xi}t+\varepsilon_{\xi}\\ \eta=\omega_{\eta}t+\varepsilon_{\eta}\\ \kappa=\omega_{\kappa}t+\varepsilon_{\kappa}\end{cases} \tag{11.4.1}$$

其中 ω_{ξ}、ω_{η}、ω_{κ} 决定了输出偏振态的变化快慢的角频率，ε_{ξ}、ε_{η}、ε_{κ} 为 3 个角度的起始相位。为了随时间变化的输出偏振态能够在短时间内尽快布满庞加莱球，将 ω_{ξ}、ω_{η}、$2\omega_{\kappa}$ 设置为围绕某转速附近的相互不成倍数的值，比如欲需要大约 1Mrad/s 的转速，可以取 $\omega_{\xi}=0.9$Mrad/s，$\omega_{\eta}=1.0$Mrad/s，$2\omega_{\kappa}=1.1$Mrad/s。这样在庞加莱球上真实测到的偏振态变化角频率为 $\omega_{庞加莱球}=\sqrt{\omega_{\xi}^{2}+\omega_{\eta}^{2}+4\omega_{\kappa}^{2}}=1.74$Mrad/s。另外 ε_{ξ}、ε_{η}、ε_{κ} 取值是在$(0,2\pi)$区间的随机数，作为起始相位。

显然三参量时域演化的 RSOP 模型满足第二条原则，前后输出的偏振态是连续的，且布满庞加莱球（图 11-4-1）。但是其随机性以及是否满足瑞利分布有待检验。

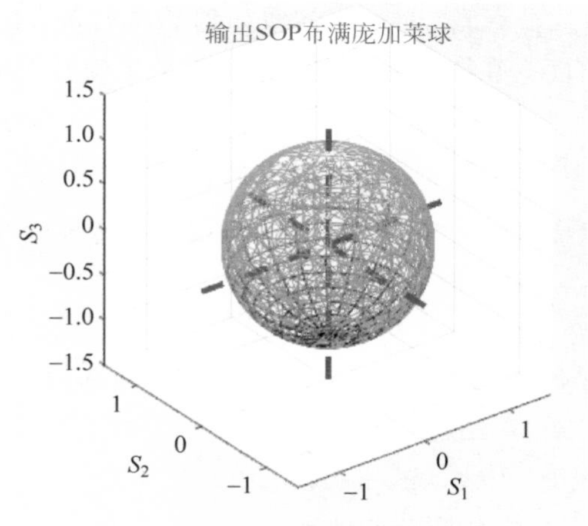

图 11-4-1　三参量 RSOP 模型下输出偏振态分布

11.4.2　基于维纳过程的 RSOP 模型[13]

维纳过程用于描述布朗运动，布朗运动是轨迹随机、无规且连续的运动过程。根据维纳过程的定义：如果一个随机过程$\{X(t),t>0\}$满足：①$X(t)$是独立增量过程；②$X(t)$是 t 的连续函数；③在任意时刻 $t>0$，都有 $X(t+\Delta t)-X(t)=\Delta X(t)$满足均值为零的高斯分布，方差为 σ^2，即 $\Delta X(t)\sim\mathcal{N}(0,\sigma^2)$。

光纤通信中将激光器相位噪声处理成维纳过程，让相位变化表现出随机的连续变化。假定激光器的谱线宽度（简称线宽）为 $\Delta\nu$，光纤通信传输的符号周期为 T，则

从第 $k-1$ 个符号过渡到第 k 个符号时，其相位的增加为

$$\phi_k=\phi_{k-1}+\dot{\phi}_k \tag{11.4.2}$$

其中 ϕ_{k-1}、ϕ_k 和 $\dot{\phi}_k$ 分别代表第 $k-1$ 个符号、第 k 个符号的相位和相位增量，其中相位增量 $\dot{\phi}_k$ 服从均值为零、方差为 $\sigma^2=2\pi\Delta\nu T$ 的高斯分布，即

$$\dot{\phi}_k \sim \mathcal{N}(0,\sigma^2) \tag{11.4.3}$$

这样相位变化造成的符号变化是复变函数的变化，且相位增加是连续增加的

$$\mathrm{e}^{\mathrm{j}\phi_k}=\mathrm{e}^{\mathrm{j}\dot{\phi}_k}\mathrm{e}^{\mathrm{j}\phi_{k-1}} \tag{11.4.4}$$

瑞典查尔莫斯大学的切格莱迪(C. Czegledi)和卡尔松(M. Karlsson)仿造相位噪声的处理方法，提出了基于维纳过程的 RSOP 模型[13]。由于偏振态在庞加莱球上的变化是三维空间的旋转，他们提出了三维的维纳过程模型。

设光纤信道发射端的输入偏振态为 $|r_{\mathrm{Tx}}\rangle$，到了 $k-1$ 时刻，RSOP 变换矩阵为 $\boldsymbol{J}_{k-1}$，接收端有 $|r_{\mathrm{Rx},k-1}\rangle=\boldsymbol{J}_{k-1}|r_{\mathrm{Tx}}\rangle$。假如到了 k 时刻，相比于 $k-1$ 时刻偏振态又旋转了一个小角度。在斯托克斯空间定义这个小旋转矢量 $\dot{\boldsymbol{\alpha}}_k=\theta_k\hat{\boldsymbol{a}}_k$，其中 $\hat{\boldsymbol{a}}_k=(a_{1,k},a_{2,k},a_{3,k})^{\mathrm{T}}$ 为单位矢量($a_{1,k}^2+a_{2,k}^2+a_{3,k}^2=1$)，表示旋转轴，$\theta_k$ 表示旋转角，对应小旋转的 RSOP 矩阵为 $\boldsymbol{J}(\dot{\boldsymbol{\alpha}}_k)$。假设有

$$|r_{\mathrm{Rx},k}\rangle=\boldsymbol{J}(\dot{\boldsymbol{\alpha}}_k)|r_{\mathrm{Rx},k-1}\rangle=\boldsymbol{J}(\dot{\boldsymbol{\alpha}}_k)\boldsymbol{J}_{k-1}|r_{\mathrm{Tx}}\rangle=\boldsymbol{J}_k|r_{\mathrm{Tx}}\rangle \tag{11.4.5}$$

这样

$$\boldsymbol{J}_k=\boldsymbol{J}(\dot{\boldsymbol{\alpha}}_k)\boldsymbol{J}_{k-1} \tag{11.4.6}$$

对比描述相位噪声的式(11.4.2)、式(11.4.3)和式(11.4.4)，小旋转矢量 $\dot{\boldsymbol{\alpha}}_k$ 服从一个三维均值为零、方差为 $\sigma^2\boldsymbol{I}_3$ 的高斯分布

$$\dot{\boldsymbol{\alpha}}_k \sim \mathcal{N}(0,\sigma^2\boldsymbol{I}_3) \tag{11.4.7}$$

其中 $\sigma^2=2\pi\Delta pT$，Δp 是模仿相位噪声中的线宽 $\Delta\nu$ 的参数，称为偏振线宽，表示 RSOP 变化的快慢。

$\dot{\boldsymbol{\alpha}}_k=\theta_k\hat{\boldsymbol{a}}_k$ 代表一个小旋转，这样参照式(8.5.11)，$\boldsymbol{J}(\dot{\boldsymbol{\alpha}}_k)$ 可以写成

$$\boldsymbol{J}(\dot{\boldsymbol{\alpha}}_k)=\exp\left(\mathrm{j}\frac{\theta_k}{2}\hat{\boldsymbol{a}}_k\cdot\boldsymbol{\sigma}\right)=\boldsymbol{I}\cos\frac{\theta_k}{2}+\mathrm{j}(\hat{\boldsymbol{a}}_k\cdot\boldsymbol{\sigma})\sin\frac{\theta_k}{2} \tag{11.4.8}$$

图 11-4-2 显示基于维纳过程的 RSOP 模型下，输出偏振态在庞加莱球上的分布。可见，相比于三参量的 RSOP 时域演化模型，基于维纳过程的 RSOP 模型造成输出偏振态变化更加无规(图中 SOP 的变化有许多转向和回头的过程)，但是布满庞加莱球所需的时间更长。

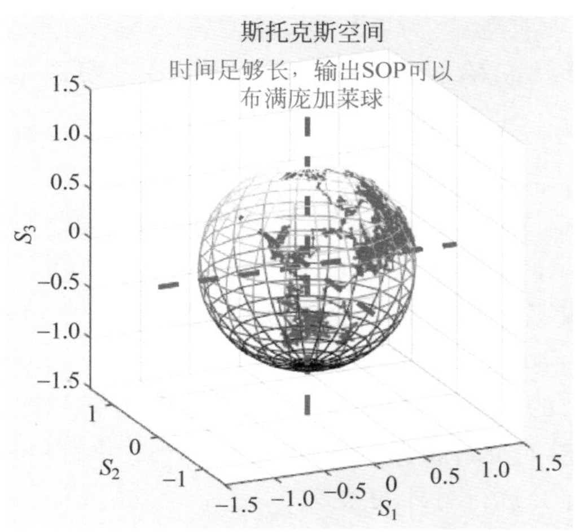

图 11-4-2　维纳过程 RSOP 模型下输出偏振态在庞加莱球上的分布

11.5　一阶偏振模色散和偏振旋转同时存在时的光纤信道建模[14]

11.2～11.4 节讨论了偏振旋转的建模。下面讨论偏振模色散 PMD 与偏振旋转 RSOP 同时存在时如何建模。本节讨论一阶偏振模色散与偏振旋转共同存在时的建模，11.6 节讨论高阶偏振模色散与偏振旋转共同存在时的建模。

当光纤的 PMD 系数比较小，或者传输距离不是太长时，光纤信号的平均 DGD 比较小，此时可以将偏振模色散处理为一阶偏振模色散。在这样的光纤通信系统中，如果还存在偏振旋转效应（光纤中的双折射随时间改变），将如何建模？

数学上可以将一阶偏振模色散与偏振旋转共存的场景建模成下面的样子：

$$\boldsymbol{H}_{总}=\boldsymbol{J}_{\mathrm{RSOP2}}\boldsymbol{U}_{\mathrm{PMD}}(\omega)\boldsymbol{J}_{\mathrm{RSOP1}} \tag{11.5.1}$$

其中 $\boldsymbol{U}_{\mathrm{PMD}}(\omega)$ 代表一阶偏振模色散矩阵，按照式（7.3.25），一般可以写成

$$\begin{aligned}\boldsymbol{U}_{\mathrm{PMD}}(\omega)&=(\hat{\boldsymbol{\varepsilon}}_{b+}\quad\hat{\boldsymbol{\varepsilon}}_{b-})\begin{pmatrix}\mathrm{e}^{\mathrm{j}\Delta\omega\Delta\tau/2} & 0\\ 0 & \mathrm{e}^{-\mathrm{j}\Delta\omega\Delta\tau/2}\end{pmatrix}(\hat{\boldsymbol{\varepsilon}}_{b+}\quad\hat{\boldsymbol{\varepsilon}}_{b-})^{-1}\\ &=\boldsymbol{R}_{\mathrm{PSP}}\boldsymbol{\Lambda}_{\mathrm{DGD}}\boldsymbol{R}_{\mathrm{PSP}}^{-1}\end{aligned} \tag{11.5.2}$$

其中 $\boldsymbol{R}_{\mathrm{PSP}}$ 中的 $\hat{\boldsymbol{\varepsilon}}_{b+}$ 和 $\hat{\boldsymbol{\varepsilon}}_{b-}$ 代表矩阵 $\boldsymbol{U}_{\mathrm{PMD}}(\omega)$ 的两个正交输出主态。

假定矩阵 $\boldsymbol{U}_{\mathrm{PMD}}(\omega)$ 不随时间变化（即 DGD 和 PSP 都不随时间变化），而光纤链路双折射随时间的变化来自 $\boldsymbol{J}_{\mathrm{RSOP2}}$ 和 $\boldsymbol{J}_{\mathrm{RSOP1}}$ 矩阵，则将式（11.5.2）代入式（11.5.1），并进行整理

$$
\begin{aligned}
\boldsymbol{H}_{\text{总}} &= \boldsymbol{J}_{\text{RSOP2}} \boldsymbol{R}_{\text{PSP}} \boldsymbol{\Lambda}_{\text{DGD}} \boldsymbol{R}_{\text{PSP}}^{-1} \boldsymbol{J}_{\text{RSOP1}} \\
&= (\boldsymbol{J}_{\text{RSOP2}} \boldsymbol{R}_{\text{PSP}}) \boldsymbol{\Lambda}_{\text{DGD}} (\boldsymbol{J}_{\text{RSOP2}} \boldsymbol{R}_{\text{PSP}})^{-1} (\boldsymbol{J}_{\text{RSOP2}} \boldsymbol{J}_{\text{RSOP1}}) \\
&= (\boldsymbol{R}'_{\text{PSP}} \boldsymbol{\Lambda}_{\text{DGD}} \boldsymbol{R}'^{-1}_{\text{PSP}}) \boldsymbol{J}'_{\text{RSOP}} \\
&= \boldsymbol{U}'_{\text{PMD}}(\omega, t) \boldsymbol{J}'_{\text{RSOP}}(t)
\end{aligned}
\tag{11.5.3}
$$

显然，由于 $\boldsymbol{J}_{\text{RSOP2}}$ 和 $\boldsymbol{J}_{\text{RSOP1}}$ 矩阵的作用，最后 $\boldsymbol{H}_{\text{总}}$ 可以等价地分解为一个新的 RSOP 矩阵 $\boldsymbol{J}'_{\text{RSOP}}(t)$ 和一个新的 PMD 矩阵 $\boldsymbol{U}'_{\text{PMD}}(\omega, t)$。且 $\boldsymbol{U}'_{\text{PMD}}(\omega, t)$ 的两个输出主态就是 $\boldsymbol{R}'_{\text{PSP}}$ 矩阵的两个列向量，也是光纤链路的总矩阵 $\boldsymbol{H}_{\text{总}}$ 的两个输出主态。解读式(11.5.3)，由于随时间变化的 RSOP 矩阵 $\boldsymbol{J}_{\text{RSOP2}}$ 和 $\boldsymbol{J}_{\text{RSOP1}}$ 的参与，光纤链路的偏振模色散的 DGD 可以不变，但是其输出主态 PSP 已经变了，由 $\boldsymbol{R}'_{\text{PSP}}$ 矩阵的两个列向量决定，且光纤链路的两个正交的 PSP 开始随时间变化。

如果将式(11.5.3)进行另外的整理

$$
\begin{aligned}
\boldsymbol{H}_{\text{总}} &= \boldsymbol{J}_{\text{RSOP2}} \boldsymbol{R}_{\text{PSP}} \boldsymbol{\Lambda}_{\text{DGD}} \boldsymbol{R}_{\text{PSP}}^{-1} \boldsymbol{J}_{\text{RSOP1}} \\
&= \boldsymbol{J}_{\text{RSOP2}} \boldsymbol{J}_{\text{RSOP1}} (\boldsymbol{J}_{\text{RSOP1}}^{-1} \boldsymbol{R}_{\text{PSP}}) \boldsymbol{\Lambda}_{\text{DGD}} (\boldsymbol{J}_{\text{RSOP1}}^{-1} \boldsymbol{R}_{\text{PSP}})^{-1} \\
&= \boldsymbol{J}''_{\text{RSOP}} (\boldsymbol{R}''_{\text{PSP}} \boldsymbol{\Lambda}_{\text{DGD}} \boldsymbol{R}''^{-1}_{\text{PSP}}) \\
&= \boldsymbol{J}''_{\text{RSOP}}(t) \boldsymbol{U}''_{\text{PMD}}(\omega, t)
\end{aligned}
\tag{11.5.4}
$$

这样整理后，最后的 $\boldsymbol{H}_{\text{总}}$ 也可以等价地理解为一个新的 RSOP 矩阵 $\boldsymbol{J}''_{\text{RSOP}}(t)$ 和一个 PMD 矩阵 $\boldsymbol{U}''_{\text{PMD}}(\omega, t)$ 的组合。此时 $\boldsymbol{U}''_{\text{PMD}}(\omega, t)$ 的两个输入主态就是 $\boldsymbol{R}''_{\text{PSP}}$ 矩阵的两个列向量，也是整个光纤链路总矩阵 $\boldsymbol{H}_{\text{总}}$ 的两个输入主态。同样，由于随时间变化的 RSOP 矩阵 $\boldsymbol{J}_{\text{RSOP2}}$ 和 $\boldsymbol{J}_{\text{RSOP1}}$ 的参与，光纤链路的偏振模色散的 DGD 可以不变，但是其输入主态 PSP 已经随时间变了，其输入主态由 $\boldsymbol{R}''_{\text{PSP}}$ 矩阵的两个列向量决定，且光纤链路的两 PSP 开始随时间变化了。

综合起来有如下结论：

(1) $\text{RSOP}_2(t)+\text{PMD}(\omega)+\text{RSOP}_1(t)$ 结构是一阶 PMD 与 RSOP 共同存在时的普遍建模形式；

(2) 上述结构可以解耦成 $\text{PMD}'(\omega, t)+\text{RSOP}'(t)$（输出 PSP 的形式），也可以解耦成 $\text{RSOP}''(t)+\text{PMD}''(\omega, t)$（输入 PSP 的形式）；

(3) 光纤链路中某处 RSOP 随时间的变化会导致链路的 PSP 也随时间变化，其 PSP 随时间变化速率与该 RSOP 变化速率同量级；

(4) PSP 和 DGD 任意一个发生变化，都意味着 PMD 发生变化，而人们似乎经常将 PMD 的变化归于 DGD 的变化；

(5) 实际上，PMD 和 RSOP 均归因于光纤中的随机双折射，笔者认为之所以加以区分是数学描述上简化的需要，这在 7.6 节也讨论过。

11.6 高阶偏振模色散和偏振旋转同时存在时的光纤信道建模

在长途光纤链路中，或者 PMD 系数较大的光纤链路中，光纤偏振模色散不能近似为一阶 PMD，需要进行全阶 PMD 描述。另外整个光纤链路在某处或者某几处会发生 RSOP 随时间连续变化，引起整条光纤链路的有效 PMD（或者称为折合 PMD）也随时间变化。这样的光纤链路如何建模？

11.6.1 光纤链路偏振模色散建模遵循的原则

这种光纤链路建模的关键是既要显示双折射产生的随机性，又要显示这种随机性变化的连续性。图 11-6-1 给出一个真实光纤链路的 PMD 测试结果，这是瑞典查尔莫斯大学科学家于 1999 年在瑞典延雪平省一根 127km 光纤链路的测试结果[15]。该链路由 2 根约 58km 的色散位移光纤接续而成，PMD 系数分别为 $0.24\text{ps/km}^{1/2}$ 和 $0.26\text{ps/km}^{1/2}$，2 根光纤的平均 DGD 分别为 2.75ps 和 2.89ps，2 根光纤合在一起，平均 DGD 约为 3.99ps。测量波长范围为 1505～1565nm，波长间隔 0.1nm。整个测量时间为 36d，大约间隔 2.2h 测量一次。测量方法采用琼斯矩阵特征值分析法。可以看出测量结果 PMD 是波长（频率）的函数，而且随波长变化是无规的，显示有高阶 PMD 存在；同时 PMD 也随时间变化（漂移），且变化是连续的。测量结果还显示，DGD 的测量值符合麦克斯韦分布，其二阶 PMD 乃至二阶 PMD 的分量（平行分量 PCD 和垂直分量去偏振项）的统计分布符合理论分布，如同 7.8 节描述的那样。

另外，理论上为了更为详尽地描述 RSOP 和 PMD 的统计规律，还可以利用自相关函数，比如 RSOP 的时间自相关函数、PMD 的时间自相关函数和频率自相关函数等。

统计物理量的自相关函数到底反映了什么？这里借助 11.4.2 节的基于维纳过程 RSOP 模型来加以说明。看一下图 11-6-2(a)和(b)描述的类比——随机行走和偏振态随机连续变化的类比：当一个醉汉随机行走时，他迈出的第 k 步，与他迈出的第 $k+1$ 步、第 $k+2$ 步相关性比较大，而与第 $k+l$ 步($l\gg1$)的相关性就非常低，可以用自相关函数 $\text{ACF}_{\text{随机行走}}=\text{E}[(\text{第}\,k\,\text{步})\cdot(\text{第}\,k+l\,\text{步})]$ 来衡量步子间的相关性。显然当 $l=0$ 时，$\text{ACF}_{\text{随机行走}}=1$，而当 $l\gg1$ 时，$\text{ACF}_{\text{随机行走}}\to0$。

类比随机行走，可以讨论 RSOP 的自相关函数。假定第 k 时刻和第 $k+l$ 时刻的光纤链路输出的偏振态分别用 $\boldsymbol{S}_k$ 和 $\boldsymbol{S}_{k+l}$ 表示，则可以证明基于维纳过程

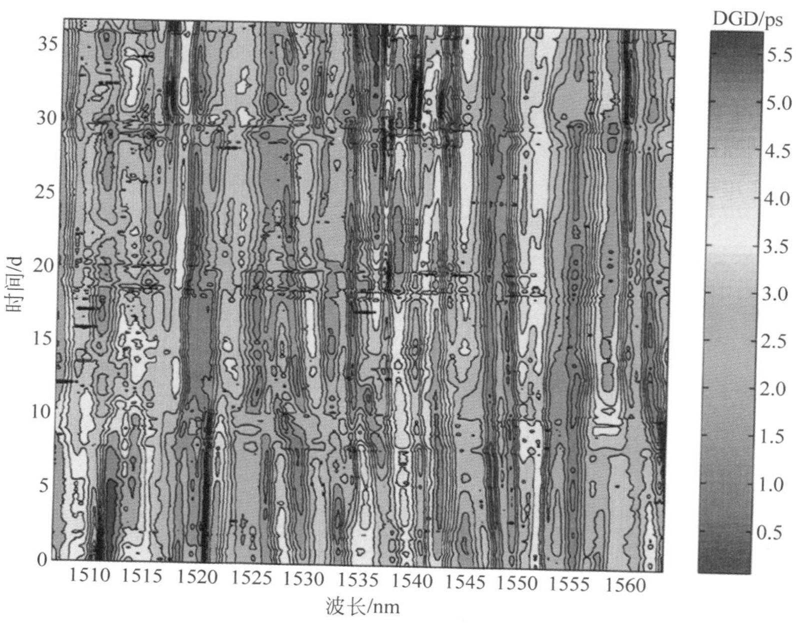

图 11-6-1　查尔莫斯大学科学家 1999 年测量位于瑞典延雪平省的一根 127km 光纤链路的偏振模色散随波长和时间的演化结果[15]

RSOP 建模的自相关函数为[13]

$$
\begin{cases}
\mathrm{ACF}_{\mathrm{RSOP}}(l)=\mathrm{E}(\boldsymbol{S}_k\cdot\boldsymbol{S}_{k+l})=\dfrac{1}{N}\sum\limits_{k=1}^{N}\boldsymbol{S}_k\cdot\boldsymbol{S}_{k+l}\approx\exp(-4\sigma^2 l)\\
\sigma^2=2\pi\Delta pT
\end{cases}
\tag{11.6.1}
$$

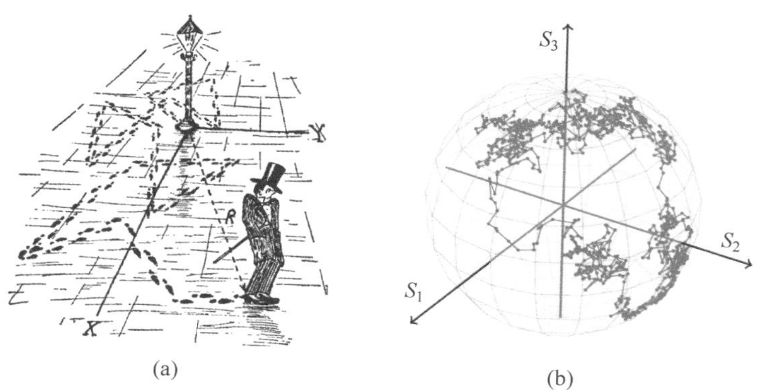

图 11-6-2　随机行走(a)与偏振态随机演化(b)的比较

实际上理论分析表明[15]，光纤链路的 RSOP 的时间自相关函数满足

$$\mathrm{ACF}_{\mathrm{RSOP}}(\Delta t)=\mathrm{E}[\boldsymbol{S}(t_k)\cdot\boldsymbol{S}(t_k+\Delta t)]=\frac{1}{N}\sum_{k=1}^{N}\boldsymbol{S}(t_k)\cdot\boldsymbol{S}(t_k+\Delta t)$$
$$=\exp\left(-\frac{|\Delta t|}{t_{\mathrm{d}}}\right) \tag{11.6.2}$$

其中 t_{d} 为自相关函数的特征时间，t_{d} 长意味着 RSOP 变化慢，且更有规律；t_{d} 短意味着 RSOP 变化快，且更无规律。图 11-6-3 显示两种场景下（$t_{\mathrm{d}}=2\mathrm{ms}$ 和 $t_{\mathrm{d}}=5\mathrm{ms}$）光纤链路中 RSOP 的自相关函数曲线。经验表明[16]，在实验室环境 t_{d} 大约等于 30min 至 3h，地埋光缆 t_{d} 大约等于 20min 至 3～19h，架空光缆 t_{d} 等于 5～90min。说明架空光缆受环境影响最大，大风、雷雨都会造成光缆中的光纤的 RSOP 随机变化。

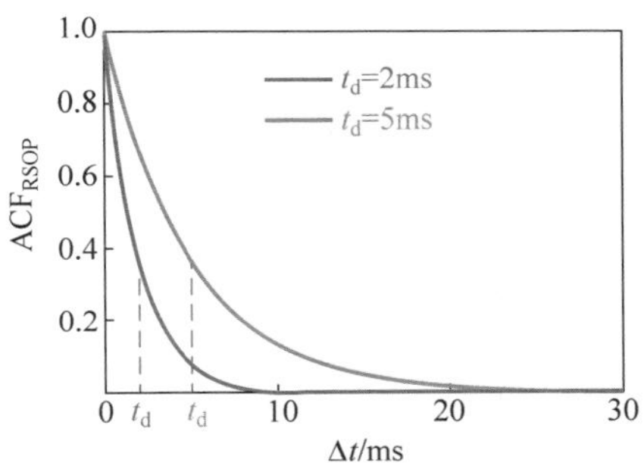

图 11-6-3　特征时间分别为 2ms 和 5ms 的光纤链路的 RSOP 自相关曲线

另外，研究表明[17-19]，光纤链路中随机的 RSOP 的变化速率（输出 SOP 在庞加莱球上的变化速率 ω_{SOP}，单位为 rad/s）统计分布为瑞利分布

$$P(x=\omega_{\mathrm{SOP}})=\frac{x}{\sigma^2}\mathrm{e}^{-\frac{x^2}{2\sigma^2}},\sigma=\frac{\langle x\rangle}{\sqrt{\pi/2}} \tag{11.6.3}$$

其中 σ 为标准差，$\langle\omega_{\mathrm{SOP}}\rangle$ 是平均变化速率。

如果用自相关函数描述光纤链路的 PMD，可以考察时域自相关函数 $\mathrm{ACF}_{\mathrm{PMD}}(\Delta t)$ 和频域自相关函数 $\mathrm{ACF}_{\mathrm{PMD}}(\Delta\omega)$。理论证明，光纤链路的上述两自相关函数分别为[15，20-21]

$$\mathrm{ACF}_{\mathrm{PMD}}(\Delta t)=\frac{\mathrm{E}[\boldsymbol{\tau}(t)\cdot\boldsymbol{\tau}(t+\Delta t)]}{\mathrm{E}[\Delta\tau^2]}=\frac{1}{N\mathrm{E}[\Delta\tau^2]}\sum_{k=1}^{N}\boldsymbol{\tau}(t_k)\cdot\boldsymbol{\tau}(t_k+\Delta t)$$
$$=\frac{1-\exp\left(-\frac{|\Delta t|}{t_{\mathrm{d}}}\right)}{\frac{|\Delta t|}{t_{\mathrm{d}}}} \tag{11.6.4}$$

$$\mathrm{ACF_{PMD}}(\Delta\omega)=\frac{\mathrm{E}[\boldsymbol{\tau}(\omega)\cdot\boldsymbol{\tau}(\omega+\Delta\omega)]}{\mathrm{E}[\Delta\tau^2]}=\frac{1}{N\mathrm{E}[\Delta\tau^2]}\sum_{k=1}^{N}\boldsymbol{\tau}(\omega_k)\cdot\boldsymbol{\tau}(\omega_k+\Delta\omega)$$
$$=\frac{1-\exp\left(-\dfrac{\Delta\omega^2}{3}\mathrm{E}[\Delta\tau^2]\right)}{\dfrac{\Delta\omega^2}{3}\mathrm{E}[\Delta\tau^2]} \tag{11.6.5}$$

其中 t_d 仍为自相关特征时间，$\mathrm{E}[\Delta\tau^2]=\langle\Delta\tau^2\rangle$ 是 DGD 的平方平均值。

11.6.2 光纤链路偏振模色散的时-频域演化建模[12]

本节介绍的是如何建立反映全阶 PMD 和时变 RSOP 共同存在时的光纤链路的模型，结果能对应上实际光纤链路的测量，比如对应如图 11-6-1 所示的测量结果，PMD 既是频率(波长)的函数，也是时间的连续函数。建模要满足下面几个原则。

(1) 模型所得的 DGD 统计分布应该满足麦克斯韦分布，且平均 DGD $\langle\Delta\tau\rangle$ 恰好是所要建模的光纤链路的事先给定值；所得的二阶 PMD(包括二阶 PMD 的模值、平行分量 PCD、垂直分量去偏振项)应该满足其理论分布(满足式(7.8.4)、式(7.8.5)、式(7.8.6))。

(2) 任意两个频率点的 PMD 频域自相关曲线符合式(11.6.4)，任意两时间点的 PMD 时域自相关曲线符合式(11.6.5)。

(3) 光纤链路 RSOP 变化速率的统计分布满足瑞利分布，任意两时间点的输出偏振态时域自相关曲线符合式(11.6.2)。

(4) 如果建立的模型需要硬件实现(作为真实光纤链路的仿真链路)，则要求所包括的双折射段数尽可能少，容易硬件实现；另外要防止硬件插入损耗过高。

基于上述考虑原则，可以建立如图 11-6-4 所示的光纤链路时-频域 PMD 演化模型。它由 N 段双折射小段组成，它们中间和前后由 $N+1$ 个 RSOP 矩阵相连，其中双折射小段由下面的矩阵描述

$$\boldsymbol{B}_i(\omega)=\begin{pmatrix}\mathrm{e}^{\mathrm{j}\Delta\omega\Delta\tau_i/2} & 0\\ 0 & \mathrm{e}^{-\mathrm{j}\Delta\omega\Delta\tau_i/2}\end{pmatrix} \tag{11.6.6}$$

其中每一段的差分群时延选择 $\Delta\tau_i$ 的方式为：当链路的平均 DGD $\langle\Delta\tau\rangle$ 给定时

$$\Delta\tau_i=\sqrt{\frac{3\pi}{8N}}(1+\sigma x_i)\langle\Delta\tau\rangle \tag{11.6.7}$$

是均值为 0、标准差为 σ 的随机数。如果链路的 PMD 系数 D_PMD 给定，第 i 小段长度为 l_i 时

$$\Delta\tau_i=\sqrt{\frac{3\pi l_i}{8}}D_\mathrm{PMD} \tag{11.6.8}$$

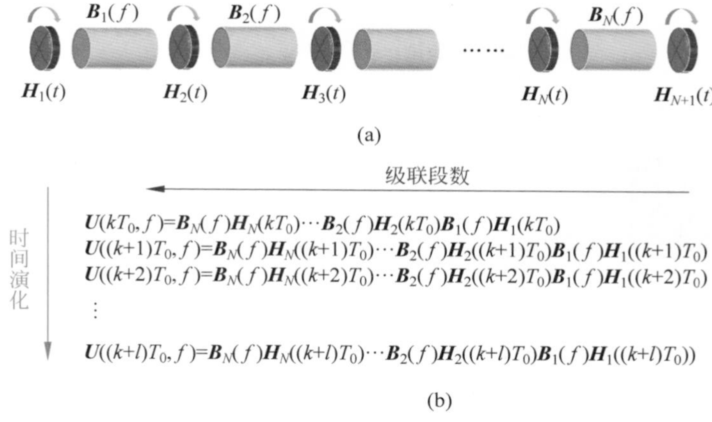

图 11-6-4　光纤链路时-频域 PMD 演化模型

再讨论衔接矩阵 RSOP 矩阵 $\boldsymbol{H}_i(t)$，可以选取 11.4.1 节给出的三参量时域演化 RSOP 模型(式(11.2.17)和式(11.4.1))，也可以选取 11.4.2 节给出的基于维纳过程的 RSOP 模型(式(11.4.6)、式(11.6.1)、式(11.6.2))。

这个模型中，双折射小段 $\boldsymbol{B}_i(f)$ 的作用是构架整个光纤链路的 DGD，而 RSOP $\boldsymbol{H}_i(t)$ 的作用是构架光纤的 DGD、PSP 以及输出 SOP 随时间的演化。

根据上面描述的过程所建立的光纤链路 PMD 模型就是满足上述(1)、(2)、(3)原则的时-频域 PMD 演化模型。下面举例说明。

比如模型选择 12 段的结构，$\boldsymbol{H}_i(t)$ 取三参量 RSOP 模型，每一段 RSOP 变化速率选为 $\omega_i=200\text{krad/s}$，这个光纤链路总的 RSOP 的平均变化速率为 $\sqrt{N+1}\,\omega_i=\sqrt{13}\times 200\text{krad/s}=720\text{krad/s}$。则输出 SOP 在庞加莱球上的分布、统计分布和自相关函数如图 11-6-5 的(a)、(b)和(c)所示。显然输出偏振态能够布满庞加莱球，统计分布近似为瑞利分布，且自相关曲线也近似满足理论式(11.6.2)。

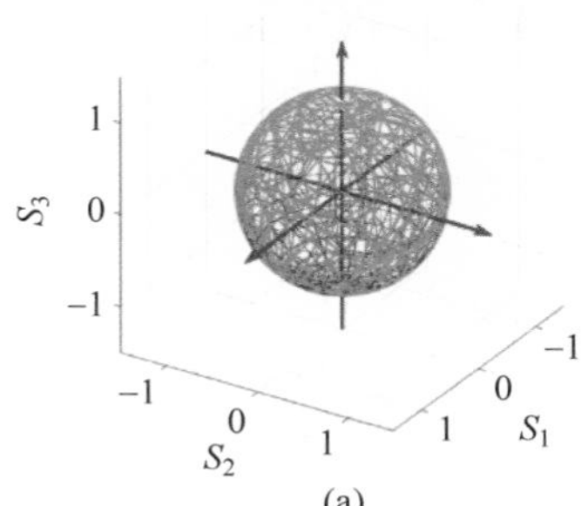

图 11-6-5　三参量 RSOP 模型

(a) 输出 SOP 均匀覆盖庞加莱球；(b) SOP 变化速率近似符合瑞利分布；(c) 任意 2 个时间点的自相关曲线

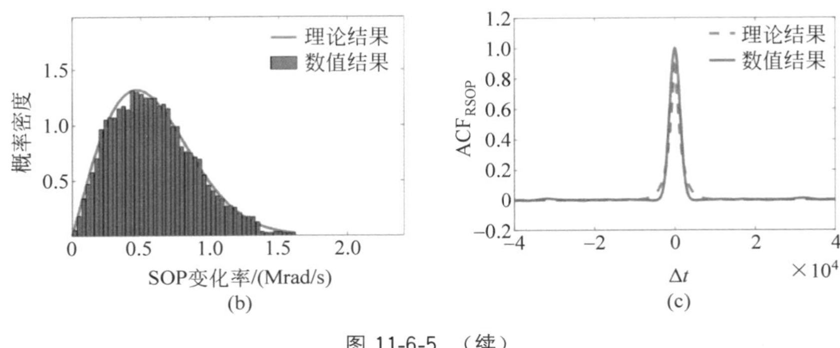

图 11-6-5 （续）

如果利用上述 12 段的结构仿真平均 DGD 为 3ps 的光纤链路，选择仿真波长范围 1530～1594nm，以 0.1nm 为波长间隔，经过时间间隔 $\Delta t=0.1$ns，1000 个时间间隔后的仿真结果如图 11-6-6 所示。可见该模型的 DGD 随着波长而变化，并且随着时间连续变化，结果与图 11-6-1 显示的实测光纤链路的 PMD 演化图类似。

下面考察这个模型是否满足前面所提的几个建模原则。图 11-6-7 显示了该模型的一阶和二阶 PMD 的统计分布情况。显然其 DGD 近似符合麦克斯韦分布；其二阶 PMD 模值、平行分量和垂直分量的统计分布均近似符合理论分布。

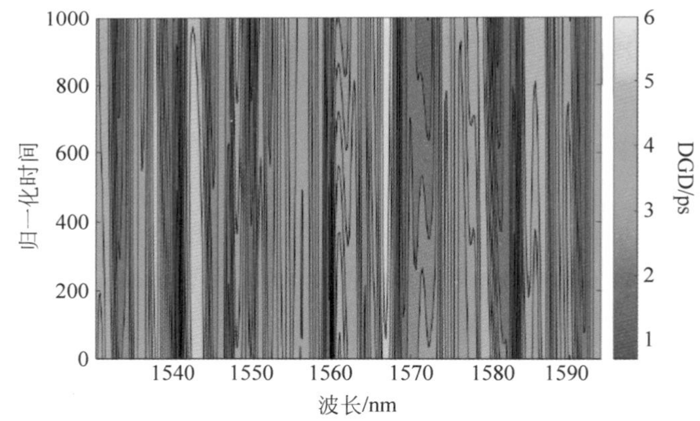

图 11-6-6 光纤链路时-频域 PMD 演化模型的输出结果（PMD 地图）

下面考察一下模型的时域自相关性。式(11.6.4)显示，当两时间差 $\Delta t=t_d$ 时，$ACF_{PMD}(\Delta t=t_d)=0.632$，显示了 PMD 在时间上相关或者无关的一个临界点。图 11-6-8 显示了相关特征时间分别为 86ns、26.4ns、14ns、4.6ns 的情况，分别对应 RSOP 变化速率是 1.5Mrad/s、5Mrad/s、10Mrad/s、30Mrad/s。图 11-6-8(a)显示了四种特征时间下的 PMD 时间相关曲线。图 11-6-8(b)～(e)分别显示了相关特征时间分别为 86ns、26.4ns、14ns、4.6ns 的 PMD 随波长和时间的演化图，当特

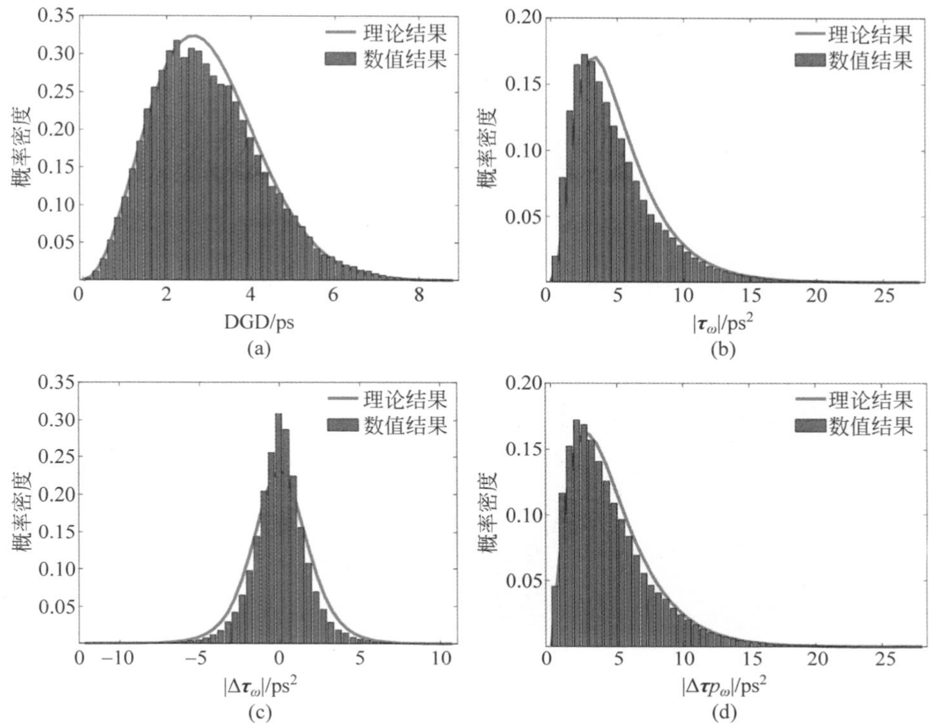

图 11-6-7　光纤链路时-频域 PMD 演化模型的一阶和二阶 PMD 统计分布

(a) DGD 符合麦克斯韦分布；(b) 二阶 PMD 模值的统计分布；

(c) 平行分量 PCD 的统计分布；(d) 垂直分量去偏振项的统计分布

征时间很长时(比如 $t_d=86$ns,对应 $\omega_{SOP}=1.5$Mrad/s),PMD 随时间变化远不如随波长变化剧烈。随着 t_d 的减小,PMD 随时间的变化程度逐渐与随波长变化一样的剧烈(比如 $t_d=4.6$ns,对应 $\omega_{SOP}=30$Mrad/s),此时光纤通信的接收机将面临很大的 PMD 跟踪压力。

下面需要考察一下模型的频域自相关性。式(11.6.5)显示,存在一个特征频率间隔,当两频率差为 $\Delta\omega_c=\sqrt{3/\langle\Delta\tau^2\rangle}$ 时,$\mathrm{ACF_{PMD}}(\Delta\omega=\Delta\omega_c)=0.632$,显示了 PMD 在频率上相关或者无关的一个临界点。显然这个特征频率间隔由平均 DGD $\langle\Delta\tau\rangle$决定,因为$\langle\Delta\tau^2\rangle=3\pi/8\langle\Delta\tau\rangle^2$。对应平均 DGD 分别为 1.5ps 和 12.1ps 的光纤信道,其特征频率间隔 Δf_c 分别为 170GHz 和 21.3GHz,如图 11-6-9(a)所示。显然,PMD 的频域自相关函数以及特征频率间隔 $\Delta\omega_c(\Delta f_c)$反映了光纤信道 PMD 的大小,也反映了 PMD 随频率变化剧烈的程度。图 11-6-9(b)和(c)显示了 RSOP 速率为 10Mrad/s 情况下,平均 DGD 分别为 1.5ps 和 12.1ps 的 DGD 地图。显然

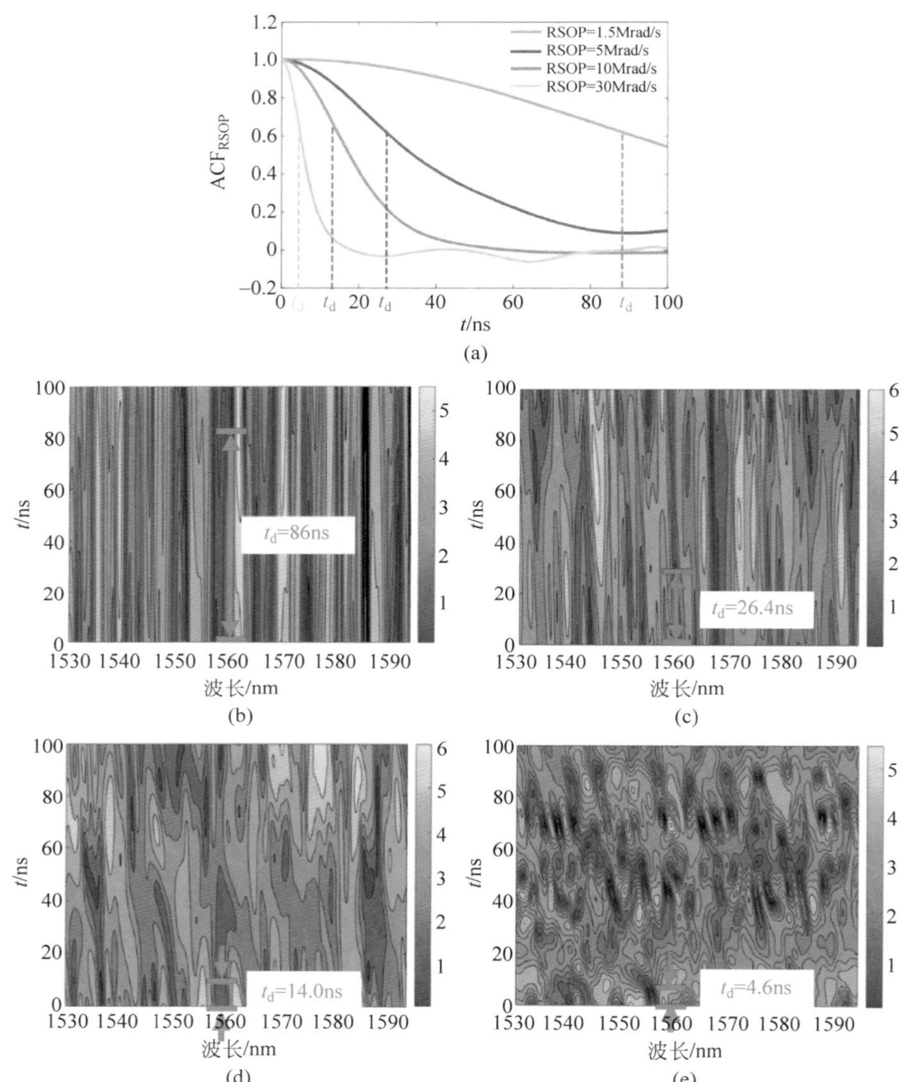

图 11-6-8　不同相关特征时间下的 PMD 地图以及 RSOP 自相关曲线

(a) 不同相关特征时间下，RSOP 的自相关函数曲线；(b)～(e) PMD 随时间和波长的演化图

(b) $t_d = 86$ns，对应 $\omega_{SOP} = 1.5$Mrad/s；(c) $t_d = 26.4$ns，对应 $\omega_{SOP} = 5$Mrad/s；

(d) $t_d = 14$ns，对应 $\omega_{SOP} = 10$Mrad/s；(e) $t_d = 4.6$ns，对应 $\omega_{SOP} = 30$Mrad/s

两图的 PMD 随时间变化的剧烈程度几乎一样，但是平均 DGD 为 1.5ps 的地图 PMD 随频率的变化剧烈程度较平缓，特征频率间隔大约 170GHz；而平均 DGD 为 12.1ps 的地图 PMD 随频率变化更加剧烈，特征频率间隔只有约 21.3GHz。密集波分复用DWDM的波长信道间隔为50GHz(小于特征频率间隔170GHz)，此时平均DGD为1.5ps的光纤，频带内两个频点的PMD的相关性很强，可作为一阶PMD处理。而对于平均DGD为12.1ps的光纤，50GHz的信道间隔(大于特征频率间隔21.3GHz)内必须考虑高阶PMD效应。

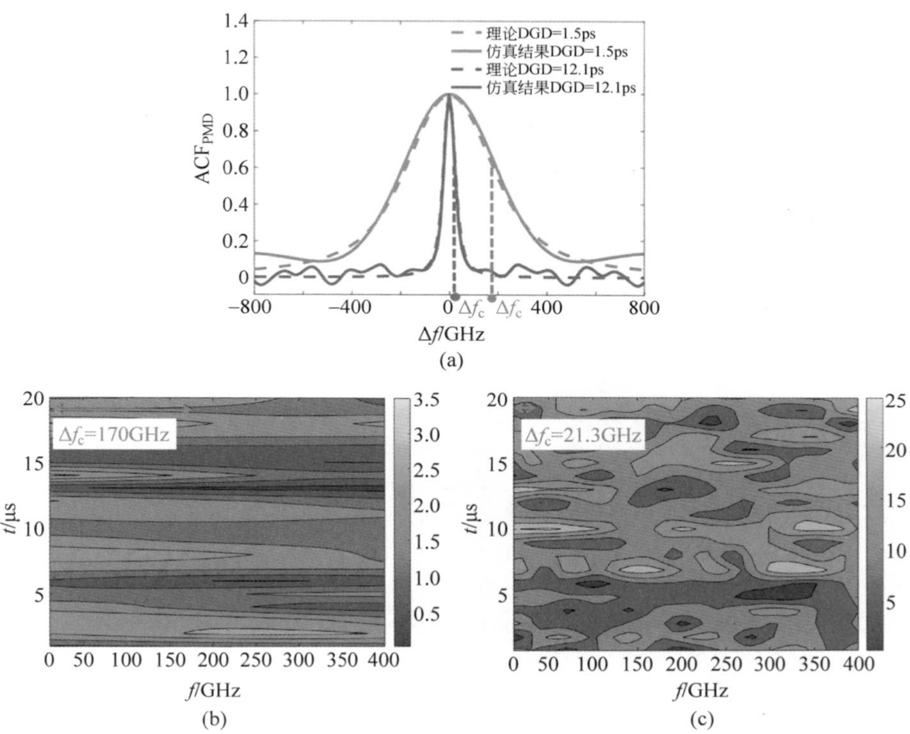

图 11-6-9　不同平均DGD下的PMD频域自相关

(a) 对应不同平均DGD的PMD频域自相关曲线，橙色线：$\langle\Delta\tau\rangle=1.5$ps，$\Delta f_c=170$GHz；蓝色线：$\langle\Delta\tau\rangle=12.1$ps，$\Delta f_c=21.3$GHz。(b)和(c)相应于平均DGD分别为1.5ps和12.1ps的PMD地图，相应的RSOP速率为10Mrad/s

总之，利用多段小PMD单元(双折射单元)进行级联，且小PMD单元之间用随时间变化的RSOP单元进行连接的形式，可以建立光纤信道PMD随波长(频率)和时间的演化模型，该模型基本能够仿真真实光纤链路的PMD和RSOP共存时的情况，利用此模型可以建立软件仿真平台和硬件仿真平台。从上面的讨论可以看出，利用12段小PMD单元级联就足以描述全阶的偏振模色散以及满足瑞利分布的随机RSOP的变化情况。在硬件仿真时，为了减少插入损耗，级联段数还可以尽可能少。有文献指出[22]，最少也要4段小PMD单元进行级联才能满足要求。在短距光纤通信系统中，实际上用一阶PMD单元与前后的RSOP单元级联就行了(式(11.5.1))。面对更特殊的场景，用一个三参量 RSOP 单元就能仿真短距光纤通信系统的光纤信道的偏振效应。

参考文献

[1] SAVORY S J. Digital filters for coherent optical receivers [J]. Opt. Express, 2008, 16(2): 804-817.

[2] SAVORY S J. Digital coherent optical receivers: algorithms and subsystems [J]. IEEE Select. Topic Quantum Electron., 2010, 16(5): 1164-1179.

[3] SZAFRANIEC B, NEBENDAHL B, MARSHALL T. Polarization demultiplexing in Stokes space [J]. Opt. Express, 2010, 18(17): 17928-17939.

[4] MUGA N J, PINTO A N. Adaptive 3-D Stokes space-based polarization demultiplexing algorithm [J]. J. Lightw. Technol., 2014, 32(19): 3290-3298.

[5] CUI N, ZHANG X, ZHENG Z, et al. Two-parameter-SOP and three-parameter-RSOP fiber channels: problem and solution for polarization demultiplexing using Stokes space [J]. Opt. Express, 2018, 26(16): 21170-21183.

[6] DAMASK J N. Polarization optics in telecommunications [M]. New York: Springer, 2005.

[7] KUSCHEROV M, HERRMANN M. Lightning affects coherent optical transmission in aerial fiber[EB/OL]. [2016-01-01]. http://www.lightwaveonline.com/articles/2016/03/lightning-affects-coherent-optical-transmission-in-aerial-fiber.html.

[8] YAFFE H. Are ultrafast SOP events affecting your coherent receivers[EB/OL]. [2016-01-01]. https://newridgetech.com/are-ultrafast-sop-events-affecting-your-receivers.

[9] PIETRALUNGA S M, COLOMBELLI J, FELLEGARA A, et al. Fast polarization effects in optical aerial cables caused by lightning and impulse current [J]. IEEE Photonics Technology Letters, 2004, 16(11): 2583-2585.

[10] KRUMMRICH P M, RONNENBERG D, SCHAIRER W, et al. Demanding response time requirements on coherent receivers due to fast polarization rotations caused by lightning events [J]. Optics Express, 2016, 24(11): 12442-12457.

[11] CHARLTON D, CLARKE S, DOUCET D, et al. Field measurements of SOP transients in OPGW, with time and location correlation to lightning strikes [J]. Optics Express, 2017, 25(9): 9689-9696.

[12] CUI N, ZHANG X G, ZHANG Q, et al. Narrow- or wide-band channel for a high baud rate fiber communication system: a judgment based on a temporal and spectral evolution PMD model [J]. Opt. Express, 2021, 29(23): 38497-38511.

[13] CZEGLEDI C B, KARLSSON M, AGRELL E, et al. Polarization drift channel model for coherent fibre-optic systems [J]. Sci. Rept., 2016, 6: 21217-1-10.

[14] ZHENG Z, CUI N, XU H, et al. Window-split structured frequency domain Kalman equalization scheme for large PMD and ultra-fast RSOP in an optical coherent PDM-QPSK system [J]. Opt. Express, 2018, 26(6): 7211-7226.

[15] KARLSSON M, BRENTEL J, ANDREKSON P A. Long-term measurement of PMD and polarization drift in installed fibers [J]. J. Lightw. Technol. , 2000, 18(7): 941-951.

[16] ALLEN C T, KONDAMURI P K, RICHARDS D L, et al. Measured temporal and spectral PMD characteristics and their implications for network-level mitigation approaches [J]. J. Lightw. Technol. , 2003, 21(1): 79-86.

[17] LEO P J, GRAY G R, SIMER G J, et al. State of polarization changes: classification and measurement [J]. J. Lighw. Technol. , 2003, 21(10): 2189-2193.

[18] PETERSON D L, LEO P J, ROCHFORD K B. Field measurements of state of polarization and PMD from a tier-1 carrier [C]. Cos Angeles, CA, USA: OFC 2004, 2004, paper FI1.

[19] XIE C, WERNER D, HAUNSTEIN H. Dynamic performance and speed requriement of polarization mode dispersion compensator [J]. J. Lightw. Technol. , 2006, 24(11): 3968-3975.

[20] KARLSSON M, BRENTEL. Autocorrelation function of the polarization-mode dispersion vector [J]. Opt. Lett. , 1999, 24(14): 939-941.

[21] SHTAIF M, MECOZZI A. Study of the frequency autocorrelation of the differential group delay in fibers with polarization mode dispersion [J]. 2000, 25(10): 707-709.

[22] NOÉ R, KOCH B. Structure and needed properties of reasonable polarization mode dispersion emulators for coherent optical fiber transmission [R/OL]. (2019-03-12). [2022-05-06]https://arxiv.org/ftp/arxiv/papers/1903/1903.05248.pdf.

光纤通信系统中偏振效应的均衡技术

从前几章的介绍我们知道，偏振效应对高速光纤通信系统有很大影响，可以使光纤中传输的光信号产生畸变，造成误码。这就需要研究光纤偏振效应的补偿技术。由于实际光纤链路中偏振效应具有统计特性，它是随时间随机变化的，因此要求采用的补偿方法可以自适应光纤中偏振效应的变化，这就对偏振效应补偿技术提出了更高的要求。目前光纤通信系统主要分为直接检测系统与相干检测系统，本章将分两节分别介绍在直接检测系统和相干检测系统中偏振效应补偿的一些有效技术。

12.1 直接检测光纤通信系统中偏振模色散的均衡技术

直接检测是利用光电探测器将光信号转变为光电流信号，这是一个平方检测过程，光电探测器的光电流正比于光信号幅度模的平方。因此所转变的电信号只含有光信号的幅度信息，没有包含相位信息，适合非归零码(NRZ)、归零码(RZ)和载波抑制归零码(CS-RZ)的探测。如果在接收端利用非对称马赫-曾德尔干涉仪等自相干器件，可以检测差分相移键控的码型，如 DPSK 和 DQPSK 信号。直接检测系统造价低、操作简单，适合于低速、简单码型的接收。由于直接检测不能提取相位信息，因此不能接收 m-QAM 等高级调制格式信号。相干检测系统利用一个本地激光器与接收的光信号相干，可以同时提取光信号的幅度和相位，因此可以接收高级调制格式。还可以将光信号在光纤信道经历的各种损伤转换到电域系统，利用数字信号处理(DSP)技术进行均衡。另外本地激光器的利用，可以提升接收机的灵敏度。

本节介绍在直接检测光纤通信系统中偏振模色散均衡的典型技术。偏振模色散均衡技术是在接收端实施，利用电域的技术或者光域的技术，以及光电混合的技术，对受到偏振模色散损伤的信号进行恢复。下面介绍主要的电域补偿技术和光域补偿技术。

12.1.1　电域补偿技术

1. 电均衡器[1-2]

电均衡器对 PMD 的补偿是在光电转换之后，对转换后的电信号进行处理完成的，偏振模色散对单偏振信号造成的损伤可以看成是码间干扰(inter-symbol interference, ISI)。一阶 PMD 和高阶 PMD 在光域中对信号造成的损伤是线性损伤，在转换到电域后，有时还能保持为线性损伤，但有时会转变成非线性损伤。光纤信道的作用可以用一个复变函数 $H(f)$表示，如果光电转换是线性的，电均衡器就像一个自适应滤波器，产生一个补偿函数 $H_{\text{comp}}(f)$，它接近逆函数 $H^{-1}(f)$，使得 $H(f)\times H^{-1}(f)=1$，于是信号损伤得以恢复(图 12-1-1)。对于非线性损伤，每个传输信道可以近似按照线性损伤处理。

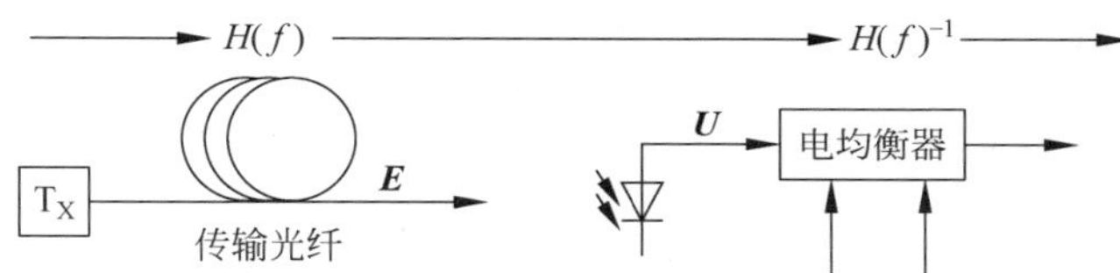

图 12-1-1　电均衡器补偿 PMD 的原理图

电均衡器主要有三种结构：前馈均衡器(feed forward equalizer, FFE)、判决反馈均衡器(decision feedback equalizer, DFE)和最大似然系列估计器(maximum likelihood sequence estimation, MLSE)。其中 FFE 和 DFE 属于码元均衡器，即对受到码间干扰的单个码元进行均衡和判决输出，而 MLSE 是对一个序列的码元作整体的判决输出。

FFE 是一种简单的线性滤波器，其结构如图 12-1-2(a)所示。它利用延迟抽头单元横向排列构成的横向滤波器来实现。FFE 的输入信号被多级延迟，每级延迟 1bit 时延(同步间隔情况)或者小于 1bit 时延(分数间隔情况)，各级延迟后的信号被抽取出来，并乘上权重系数 C_n(抽头系数)送入求和器求和。通过调节不同的延迟抽头系数实现所要的滤波函数 $H_{\text{comp}}(f)$。

DFE 是一种非线性滤波器，可以处理比较严重的信号损伤。如图 12-1-2(b)所示，它包括前向支路中的判决电路和前馈均衡支路中的前向均衡器。基于对前面比特码元的判决，DFE 将已经判决的比特码元乘上权重(权重系数 B_m)叠加到当前比特码元中，这样 DFE 可以消除损伤信号的后达响应(拖尾)。

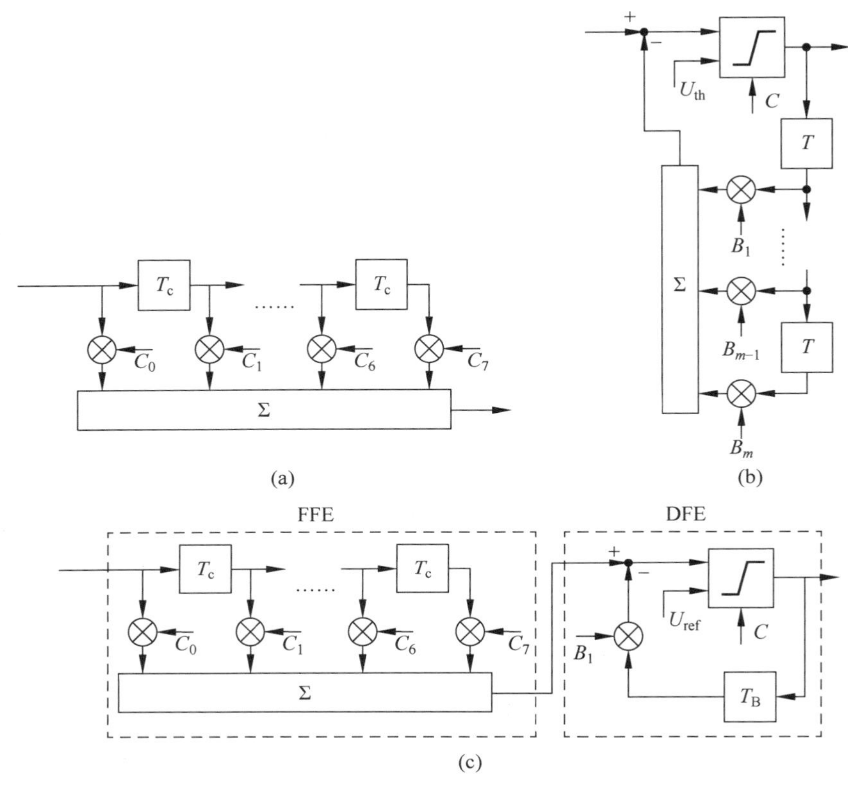

图 12-1-2　不同电均衡器的结构

(a) 前馈均衡器；(b) 判决反馈均衡器；(c) 联合使用 FFE 和 DFE 的均衡器

将 FFE 与 DFE 联合使用可以将二者的优势都发挥出来(图 12-1-2(c))。FFE 处理小损伤的高效率与 DFE 处理大损伤的高效率相结合，使得整体处理信号损伤的效率提高。实际上，FFE 的主要任务是处理探测比特码元的上升沿，而由于比特码元的拖尾造成的 ISI 则由 DFE 解决。图 12-1-3 显示了使用上述不同电均衡器进行 PMD 补偿时的效果。

利用最大似然系列估计器(MLSE) 对 PMD 进行补偿也时有报道[2]。从结构上看(图 12-1-4)，它与 FFE 和 DFE 最大的区别是利用 DSP 的巨大运算能力来处理信号损伤。由于 DSP 的巨大运算能力，它是电均衡器的发展方向。

2. 前向纠错技术[3]

前向纠错(forward error correction，FEC)技术是在数字通信系统中应用的基本差错控制方式之一，其原理是：发射端在信息比特后附加冗余的校验比特进行编码，接收端在译码的同时，在纠错能力范围内自动纠正传输中的错误，而无需信

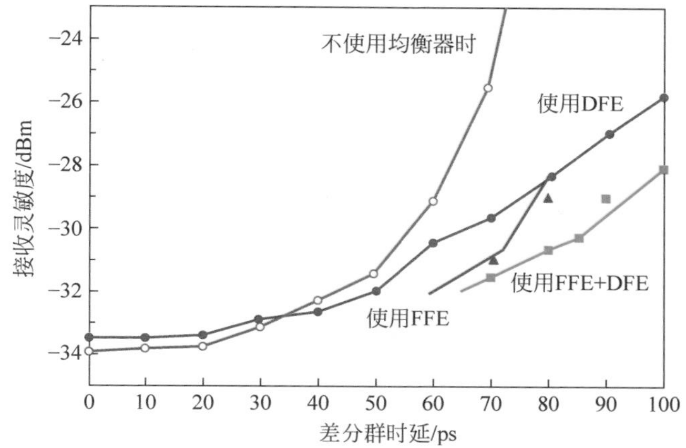

图 12-1-3 不同电均衡器无误码传输（BER＝10^{-9}）的接收器灵敏度比较

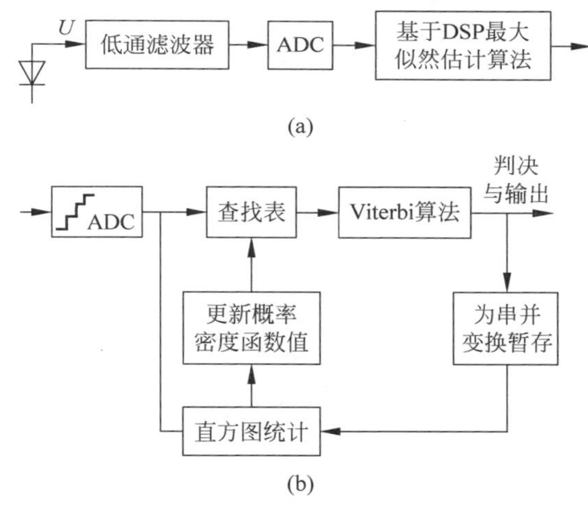

图 12-1-4 最大似然系列估计器

(a) MLSE 处理信号损伤的示意图；(b) 基于维特比算法的一种 MLSE 结构

息的重发。在早先的光纤通信系统中，一方面由于光纤以及与系统相关的光电子器件的发展，系统性能优于一般电缆及无线通信方式，因而无需采用 FEC 技术；另一方面由于光传输信息速率相对较高，没有与其匹配的纠错编译码器。直到 20 世纪 80 年代末，光传输速率提高到吉比特每秒，并且光放大器的诞生与应用延长了无中继传输距离，一些在短距离、低速系统中表现不出来的信号损伤因素，如色散、偏振模色散、非线性效应开始显现，限制了系统性能的进一步改善，于是才开始了将 FEC 技术应用于光通信系统的研究。同时，随着现代科学技术的发展，尤其是集成电路技术的进步,商用的光通信系统 FEC 纠错编译码器已出现,从而使得 FEC 在实际系统中的应用成为可能,它可以纠正由色度色散、偏振模色散、非线性效应引起的误码,并由此实现了太比特容量的传输。光纤通信中常用的 FEC 编码类型主要有 RS 码(reed-solomon code)、级联码(concatenated code)、分组 Turbo 码(block turbo code, BTC)、低密度奇偶校验码(low density parity check, LDPC)等。下面举两个直接检测系统中应用 FEC 补偿 PMD 造成信号损伤的例子。

在欧洲光纤通信 2002 大会(ECOC2002)上,报道了石田(Ishida)等将 FEC 技术应用于 PMD 的补偿实验[4]。他们的实验系统如图 12-1-5(a)所示,实验将 42×22.8Gbit/s,50GHz 间隔的 DWDM 信号传输了 3540km,其中每个放大间隔内都插入一段 1.4ps 的双折射光纤,以增加链路 PMD。

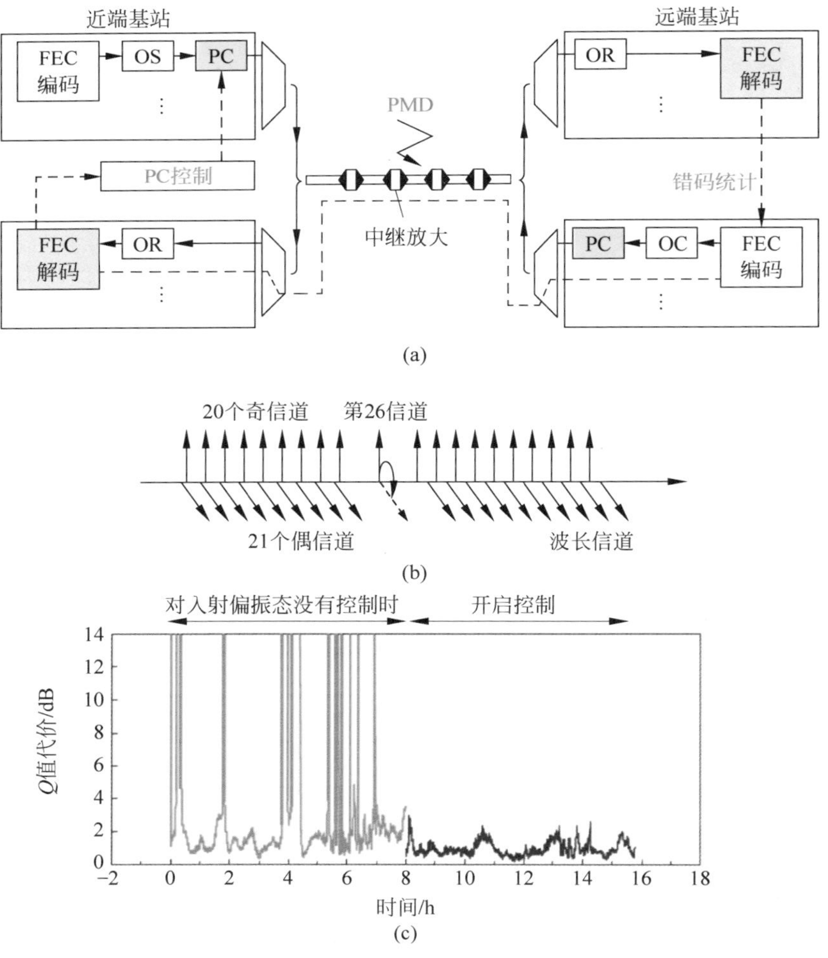

图 12-1-5 ECOC2002 上报道利用 FEC 技术补偿 PMD

(a) 实验装置;(b) 各个波长信道的偏振情况;(c) 补偿效果

目前大多数 FEC 系统提供错码计数函数，以及“0”“1”码电平判决阈值 V_{th} 调整功能。该实验采用主态(PSP)传输法补偿 PMD，即利用发射端的偏振控制器(PC)将发射光信号调整在整个光纤链路的主态方向，则传输中不会产生 PMD 效应。DWDM 系统将 21 个奇数信道和 20 个偶数信道的偏振态正交地耦合进偏振合波器，第 26 信道加入一个可控 PC 与其他 41 个信道结合到一起调整入纤的偏振态(SOP)(图 12-1-5(b))。远端基站在接收机后进行 FEC 纠错，并进行纠错比特计数，随即将纠错技术耦合入远端基站的发射机的 FEC 编码帧中，然后马上反馈到近端基站，通过无需重置的算法去不断控制调整 PC 使错误比特的数量减小到最少。实验效果通过每 2s 检测一次误码率来检验。图 12-1-5(c)是实验检验效果(将误码率换算成 Q 值代价)。可见在偏振控制器启动调整之前，Q 值代价随机性地变得很大，开启偏振控制器的动态调整后，Q 值代价持续保持在低位，PMD 得到补偿。

2004 年 OFC2004 大会报道了贝尔实验室刘翔等利用分布式快速偏振扰动结合 FEC 技术补偿偏振模色散的方案[5]，实验装置如图 12-1-6(a)所示。在 FEC 纠错时，如果码流错误能比较均匀地分布在 FEC 的帧结构中，纠错正确率高；如果光

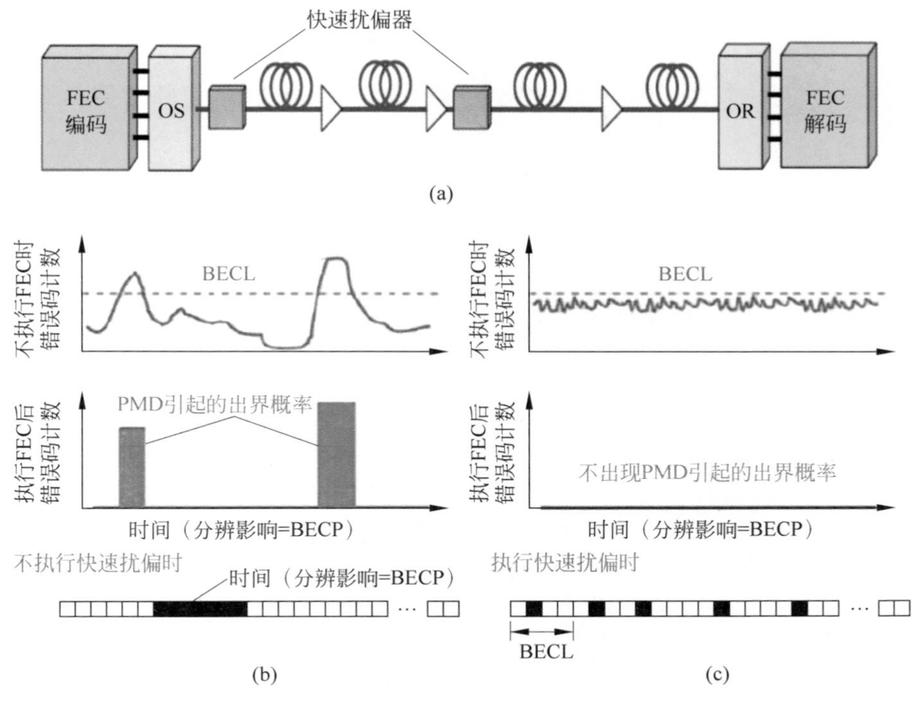

图 12-1-6　分布式快速扰偏结合 FEC 技术补偿 PMD 的方案

(a) 实验装置；(b) 分布式快速扰偏器不工作时；(c)分布式快速扰偏工作时

纤链路中遇到间歇性突发的扰动,码流错误就会集中在 FEC 的帧结构的一处,纠错正确率就会降低。如图 12-1-6(b)所示,光纤链路中的 PMD 是具有间歇突发性的,PMD 引起的突发错误码流长过 FEC 的突发误码纠正周期(burst error correction period, BECP, 毫秒量级),或者说码流错误长度与 FEC 帧结构中的突发误码纠正长度(burst error correction length, BECL)可以相比拟,从而造成 FEC 无法纠正时,出界概率就会间歇性突发出现。刘翔的想法是把几个扰偏器分布式放置在光纤链路中。当扰偏速率足够快时,可以使 PMD 引起的码流错误被平均化,突发错误码长始终远小于 BECL,或者说将突发错误分散到各个 FEC 帧结构中,则 FEC 就可以长时间地不断完成纠错任务(图 12-1-6(c))。利用这一方案实现了 43Gbit/s DPSK 传输系统 PMD 的补偿。

12.1.2 光域补偿技术

1. 光域偏振模色散补偿器的结构[2]

在光域对偏振模色散进行补偿是在接收端光电转换之前,利用光学手段补偿偏振模色散。如图 12-1-7 所示,光传输链路的 PMD 可以用光传输函数 $M(\omega)$ 表示,调节光域 PMD 补偿器,使补偿器具有补偿函数 $M_{\text{comp}}(\omega)=M^{-1}(\omega)$,则信号损伤得到补偿。

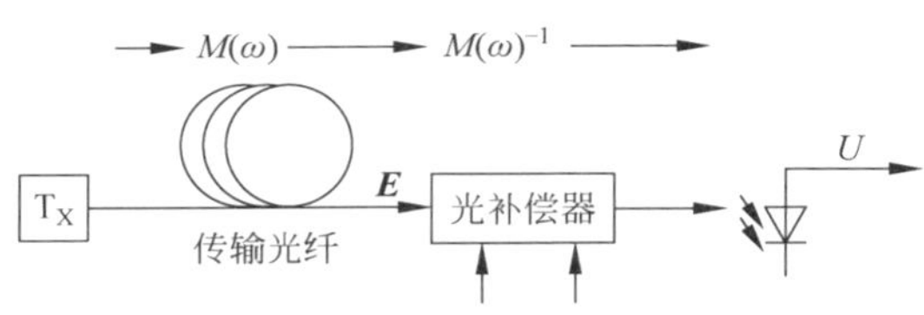

图 12-1-7 光域 PMD 补偿的示意图

反馈式光 PMD 补偿器是由补偿单元、反馈信号提取单元以及逻辑控制单元三部分组成。逻辑控制单元中的控制算法根据反馈信号调整补偿单元的元器件,搜索到最佳补偿点。补偿单元由一系列子单元组成。一个子单元包括一个偏振控制器(PC)和一个时延线(DGD)。只有一个子单元的补偿器叫作一阶段补偿器(图 12-1-8(a)),它可以补偿链路中的一阶 PMD;含有两个子单元的补偿器叫作二阶段补偿器(图 12-1-8(b)),它可以补偿链路中的一阶 PMD 以及二阶 PMD 中的垂直分量(去偏振分量);含有三个子单元的补偿器称为三阶段补偿器,可以完全补偿一阶及二阶 PMD。一个 PC 需要三个自由度可调,固定时延线不可调,可变时延线有一个自由度可调。因此一阶段补偿器有 3 个或 4 个自由度,两阶段补偿器有 6 个或 7 个自由度,三阶段补偿器有 9 个或 10 个自由度。子单元段数越多,补偿效果越好,然而自由度相应增多,补偿器响应时间变慢。因此一般系统中只用一阶段补偿器或二阶段补偿器补偿 PMD,这是因为 20 世纪 90 年代中期以后铺设的光缆 PMD 都比较小,二阶 PMD 可以忽略;即使存在二阶 PMD,其垂直分量(去偏振分量)是统计上的大分量,而平行分量(PCD 分量)是统计上的小分量。因而只考虑补偿到二阶 PMD 的垂直分量即可。

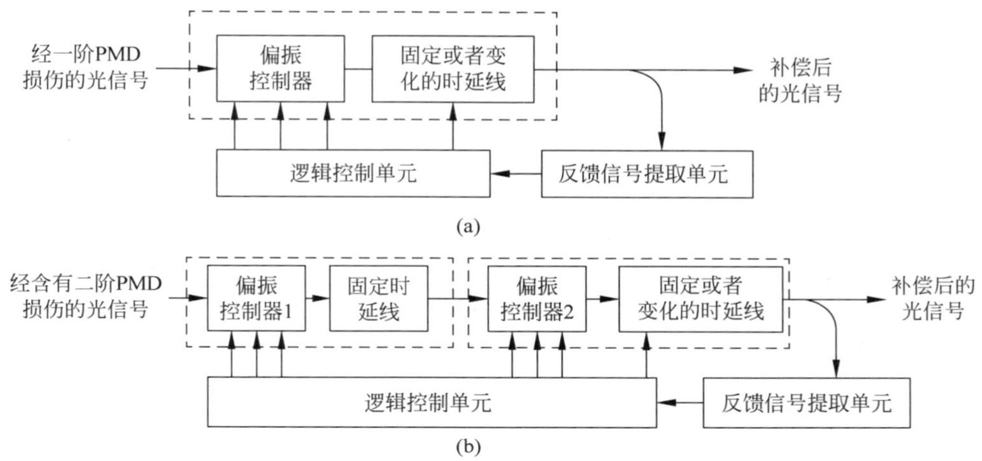

图 12-1-8　光域 PMD 补偿器结构

(a) 一阶段补偿器；(b) 二阶段补偿器

图 12-1-9 显示一阶段与二阶段补偿器补偿效果的比较[1]。纵轴表示模拟器上千次变化并让补偿器进行补偿后积累的出界概率，横轴代表光功率代价。可见，在 1%出界概率时，一阶段补偿器使得功率代价下降了 3.5dB，而二阶段补偿器改善的功率代价为 4.3dB。

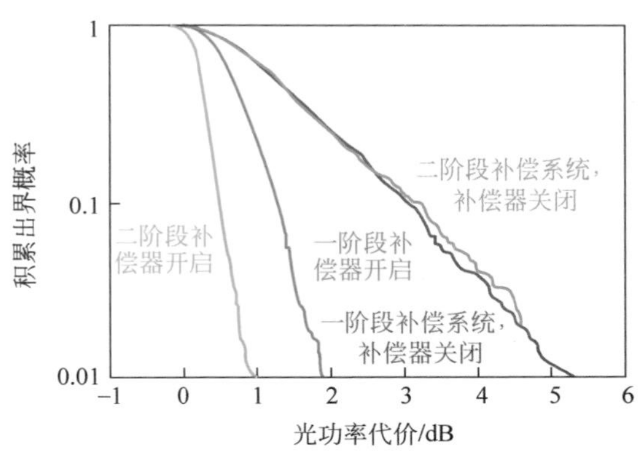

图 12-1-9　一阶段与二阶段补偿器效果

在光域 PMD 补偿器中，关键器件有偏振控制器和可变时延线。商用偏振控制器已经在第 5 章做过介绍，这里不再赘述。商用可变时延线有 General Photonic 公司的 DynaDelay™，其插入损耗小于 1.5dB，DGD 分辨率为 1.36ps，变化响应时间约为 500μs。

2．反馈监测信号的提取

偏振模色散 PMD 补偿器的取样监测方法应该具有以下特点：①灵敏性，取样信号能够反映PMD的微小变化；②与误码率的相关性，与误码率相关性越紧密越好；③响应速度，取样信号的提取应该跟得上PMD的变化。

目前实用的偏振模色散取样监测方法有：①偏振度(degree of polarization, DOP)法[6]（图12-1-10(a)）；②电域频率分量电功率法(the power of data's spectral frequency components)[7]（图12-1-10(b)）；③眼图代价法(eye-opening penalty)[8]（图12-1-10(c)）。

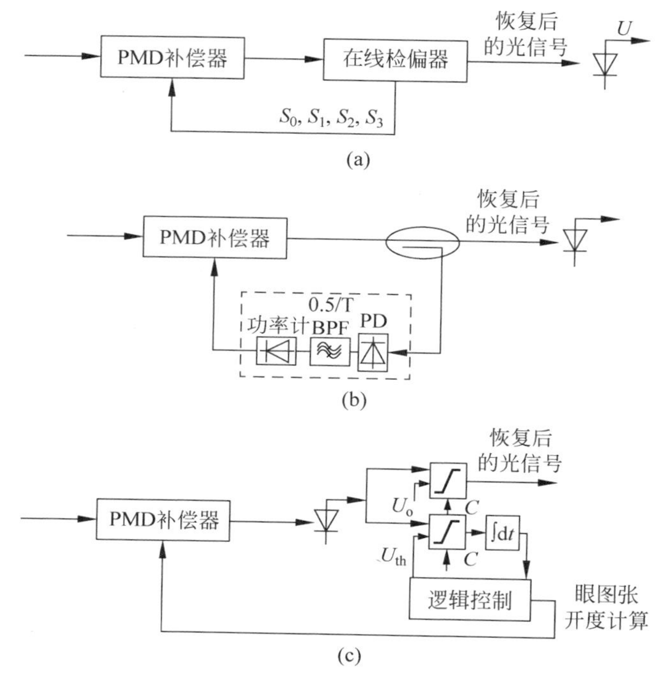

图12-1-10　三种PMD监测反馈信号提取方法

偏振光的偏振度(degree of polarization, DOP)定义为完全偏振光光功率在整个光光功率的比例，用斯托克斯参量S_0、S_1、S_2、S_3表示为

$$\mathrm{DOP}=\frac{\sqrt{S_1^2+S_2^2+S_3^2}}{S_0} \tag{12.1.1}$$

由于斯托克斯参量是测量光强而得，因而以DOP作为监测反馈信号对码率透明。用一个在线检偏器提取DOP，响应速度快，可以监测大于一个比特周期的DGD反馈信号。图12-1-11为参考文献[9]和参考文献[10]报道提取的DOP-DGD实验曲线。可见DOP反馈信号只与信号脉宽有关，与码速率无关，这使得以DOP作为反馈信号的补偿器使用范围更广。另外，参考文献[9]报道的实验表明，该补偿器与调制码型类型也无关。

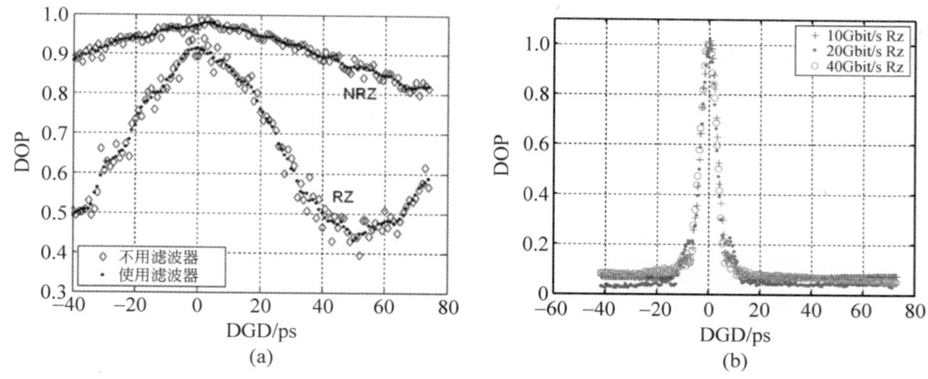

图 12-1-11　DOP-DGD 实验曲线

(a) 10Gbit/s 的 NRZ 与 RZ 信号曲线；(b) 脉宽约 8ps 的 10GHz 脉冲源信号得到的 10Gbit/s 信号曲线与复用到 20Gbit/s、40Gbit/s 信号曲线

电域频率分量电功率法也可以用来进行偏振模色散的在线取样监测，为补偿器提供反馈信号，如图 12-1-10(b)所示。在接收端耦合出部分信号经 PD 光电转换成微波信号，利用微波带通滤波器(band-pass filter，BPF)提取光传输信号速率的 1/2、1/4、1/8 频谱分量的电功率信号，送入逻辑控制单元作为反馈信号。假如光纤链路中光信号具有 $\Delta\tau$ 的偏振模色散，在两个偏振主态 PSP 上的分光比为 $\gamma:1-\gamma$，则在光电检测以前两个 PSP 方向的脉冲时域信号分别用 $\gamma F(t)$ 和 $(1-\gamma)F(t+\Delta\tau)$ 表示，则对于平方检测的光接收机接收到的电功率谱密度为

$$P(f) \propto 1 - 4\gamma(1-\gamma)\sin^2(\pi f \Delta\tau) \tag{12.1.2}$$

图 12-1-12 是本章参考文献[11]中实验提取的电域频率分量电功率-DGD 曲线。电域频率分量电功率监测取样法响应速度快，但是不能监测反映大于一个比特周期 DGD 的信号，另外它与比特码率有关，补偿器普适性差。但是如果在偏分复用系统中进行 PMD 补偿，接收到的 x、y 两路垂直信号是非相关的，属于非相干

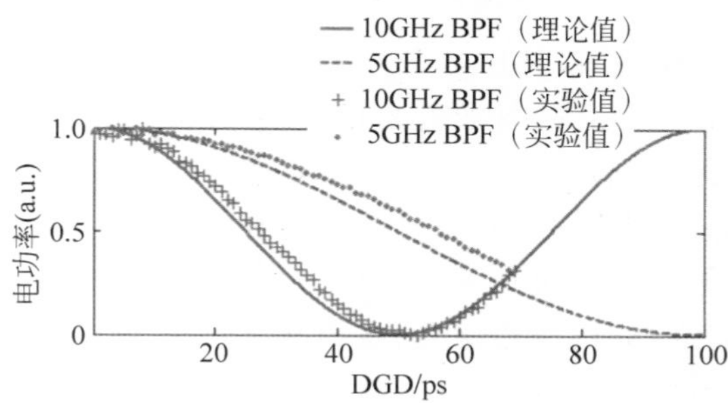

图 12-1-12　使用不同带通滤波器，电域频率分量电功率-DGD 的理论和实验结果($\gamma=0.5$)

叠加，DOP 不能反映链路中 PMD 的变化。采用电域频率分量电功率监测取样法是一个比较好的选择。

眼图代价法是在接收器光电检测后监测眼图张开度作为反馈信号(图 12-1-10(c))，它与误码率密切相关，但是电路相对复杂。

3. 自适应控制算法

光域 PMD 补偿器中最关键的部分是自适应控制算法。实际光纤链路中的偏振模色散具有统计特性，随时间不断变化，图 12-1-13 显示 2003 年在美国斯普林特公司的一条光缆 86d 内 PMD 的变化[12]。因此要求补偿器是自适应的，能够随 PMD 变化而不断跟踪变化。

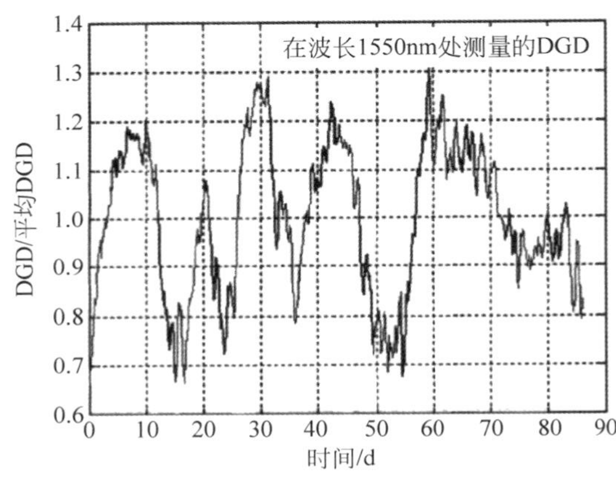

图 12-1-13 美国斯普林特公司的一条光缆 86d 内 PMD 的测量值

控制算法的重要性如同人的大脑支配着人体的行动一样，控制算法控制着补偿器的行动。利用反馈控制算法，调整各个自由度的可调参量，在多维空间中搜索目标函数(反馈信号)的全局最大值(也可以是全局最小值)，数学上表示为

$$\underset{\text{parameters}\in P}{\text{MAX}} \quad (\text{function}) \tag{12.1.3}$$

其中 function 是目标函数，在 PMD 补偿中就是反馈信号(DOP 信号或者电域频率分量功率信号等)；parameters 是所有自由度的可调参量；P 是 parameters 所在范围。以如图 12-1-8(b)所示的二阶段固定时延线补偿器为例，是 6 自由度补偿器。补偿器的目的是找到偏振控制器 6 个控制电压的最佳组合(V_1、V_2、V_3、V_4、V_5、V_6)，即找到最佳补偿点，完成最佳补偿。如果没有任何算法，将 6 组电压逐一历遍，即历遍整个 6 维空间的电压组合，从而找到最佳补偿点，假定每个电压在其变化范围内分 100 个间隔，将有 100^6 个组合，运算量相当大，难以适应偏振模色散的随机变化。

优秀的控制算法应该具备以下特点：①能够快速收敛到最佳补偿点；②能够

避免陷入目标函数的局部极值,而不是全局最佳值;③能够抵抗噪声。对于光域PMD补偿器,一阶段补偿器具有3个或4个自由度可调参数,二阶段补偿器具有6个或7个自由度可调参数。一般来讲,可调自由度越多,目标函数(即反馈信号函数)出现局部极值的数量越多。图12-1-14显示了北京邮电大学研究组搭建的PMD补偿系统中,DOP反馈信号随偏振控制器控制电压变化时,目标函数DOP的实验测量曲面。由图中可见,在控制电压范围内除了全局最大值,还存在多个局部极值,并且显示系统有较大噪声。

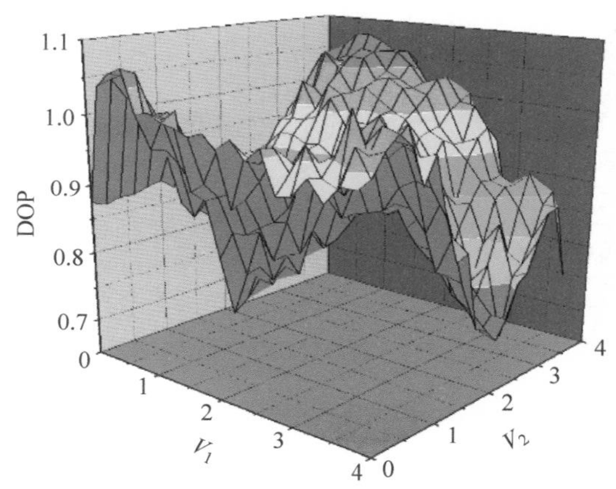

图12-1-14 北京邮电大学研究组测量的DOP反馈信号函数曲面

常用的控制算法有粒子群优化算法(particle swarm optimization,PSO)、遗传算法(genetic algorithm, GA)、爬山算法(hill-climbing method)[13]等。北京邮电大学研究组首先将PSO算法用于PMD补偿控制[14],取得了相当好的效果。2005年,德国汉堡大学的基克布施(Kieckbusch)等在德国电信柏林段进行了160Gbit/s DPSK的传输现场实验[15],其中用到PMD补偿器(图12-1-15(a))。他们在参考文献[15]中评价参考文献[16]提出的算法"解决了补偿陷入局部极值问题"。2008年,日本OKI电气公司的甘田(Kanda)等在东京都到大阪的光通信线路上做了160Gbit/s CS-RZ的传输现场实验[17](图12-1-15(b)),其补偿的搜索算法用的就是参考文献[18]介绍的PSO算法。下面简单介绍一下PSO算法在PMD补偿中的应用[18]。

粒子群优化算法是由肯尼迪(Kennedy)和埃伯哈特(Eberhart)于1955年提出的[19],它是模仿鸟群或鱼群搜索捕食的行为而设计的一种优化算法。PSO算法利用由个体或粒子(individual or particle)组成的社会群体(swarm)搜索最佳解。每个个体或粒子抽象成多维空间中的一个交汇点,每个粒子通过迭代更新(或移动)自己在多维空间中的位置,以寻找最佳点。在每次迭代中,粒子对自己过去的最佳位置有信息记忆,同时它与社会群体中每个邻居粒子相互分享最佳位置的信息。

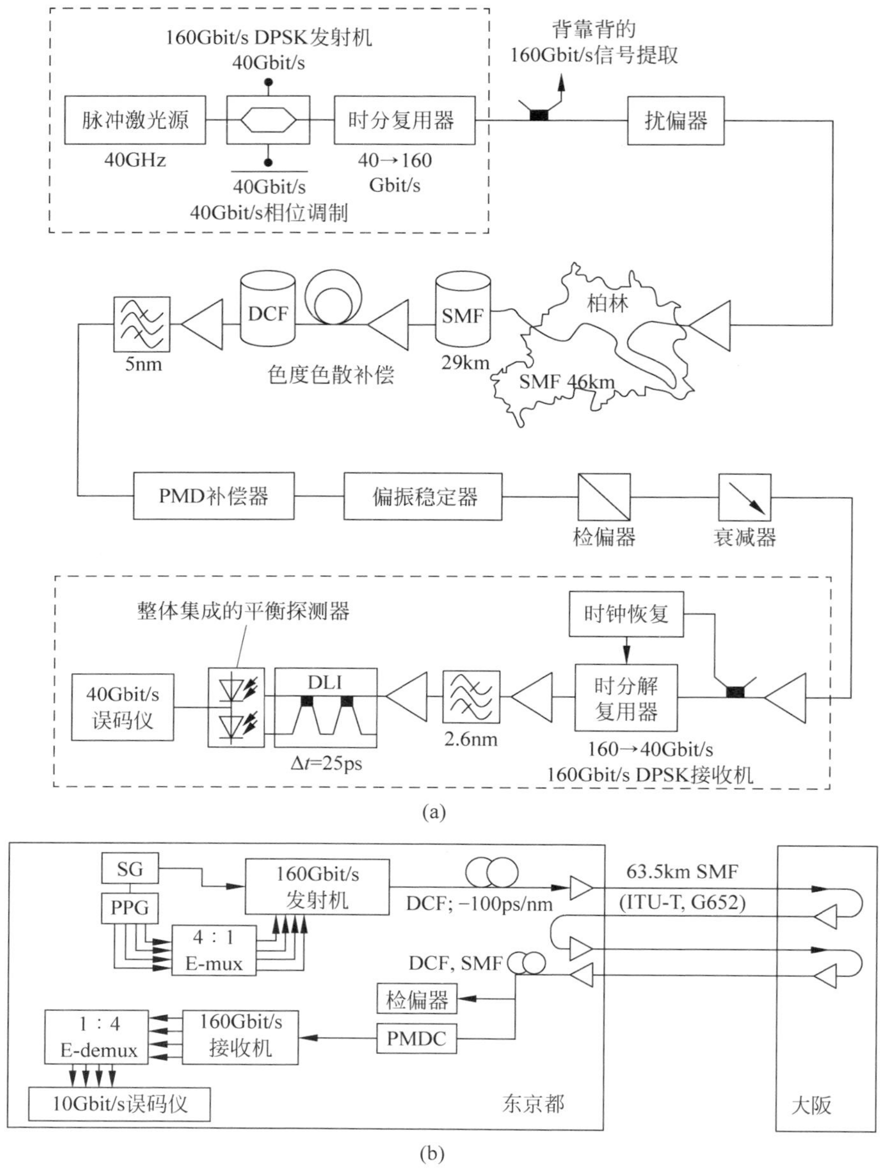

图 12-1-15　使用光域 PMD 补偿器的现场实验

(a) 2005 年，德国汉堡大学在德国电信柏林段进行的 160Gbit/s DPSK 传输 PMD 补偿实验；
(b) 2008 年，日本 OKI 电气公司在东京都到大阪的传输线上进行的 160Gbit/s CS-RZ 传输 PMD 补偿实验

每个粒子同时评价这两个信息以决定自己下一步的移动。当群体中的任何一个粒子离最佳目标位置足够近，或者说离最佳目标位置的距离小于事先规定的误差时，

则认为群体已经找到了最佳位置。

PSO算法定义第 i 个粒子为 D 维空间中的位置矢量，表示为 $\boldsymbol{x}_i=(x_{i1},x_{i2},\cdots,x_{id},\cdots,x_{iD})^{\mathrm{T}}$。又定义这个粒子的移动速度矢量表示为 $\boldsymbol{v}_i=(v_{i1},v_{i2},\cdots,v_{id},\cdots,v_{iD})^{\mathrm{T}}$，假定PSO算法采用 N 个粒子组成全部群体。PSO搜索开始时，首先随机初始化 N 个粒子的位置和速度，使 N 个粒子均匀分布在搜索空间。然后粒子们通过迭代来更新自己的位置，逐渐趋向最优化目标。在每一步迭代中，每个粒子通过评价自己以前曾经找到的最好位置，把这个位置记忆为个体最佳位置pbest，其中第 i 个粒子的pbest记为 $\overrightarrow{\mathrm{pbest}_i}=(\mathrm{pbest}_{i1},\mathrm{pbest}_{i2},\cdots,\mathrm{pbest}_{id},\cdots,\mathrm{pbest}_{iD})^{\mathrm{T}}$，并结合评价整个粒子种群目前共同找到的最好位置，这个位置记忆为全局最佳位置gbest，$\overrightarrow{\mathrm{gbest}}=(\mathrm{gbest}_1,\mathrm{gbest}_2,\cdots,\mathrm{gbest}_d,\cdots,\mathrm{gbest}_D)^{\mathrm{T}}$，来调整决定该粒子下一步的移动速度方向 $\boldsymbol{v}_i$，并计算粒子新的位置。在粒子调整下一步移动速度方向的过程中，考虑自身以前最好位置对下一步的影响称为“个体认知”，而考虑整个种群找到的最好位置对其下一步的影响称为“群体学习”。PSO算法之所以具有很强的优化（或搜索）能力、抗干扰能力，正是将社会学中“个体认知”和“群体学习”两个必要的组成部分有机结合的结果。

PSO算法在每一步迭代时用下面的公式来更新每个粒子（比如第 i 个粒子）的速度和位置：

$$\begin{cases} v_{id}=v_{id}+\underbrace{c_1\times\mathrm{rand}()\times(\mathrm{pbest}_{id}-x_{id})}_{\text{“个体认知”项}}+\underbrace{c_2\times\mathrm{rand}()\times(\mathrm{gbest}_d-x_{id})}_{\text{“群体学习”项}} \\ x_{id}=x_{id}+v_{id} \end{cases} \tag{12.1.4}$$

其中rand()是[0，1]区间的随机数。式中第二项对应“个体认知”项，第三项对应“群体学习”项。c_1 和 c_2 分别是“个体认知”和“群体学习”系数，决定了“个体认知”和“群体学习”对于粒子更新影响的比重。

图12-1-16说明了PSO算法中第 i 个粒子在空间中如何更新自身位置的矢量示意图。其中 $\boldsymbol{x}_i$ 为第 i 个粒子当前的位置矢量，它的下一步更新方向 $\boldsymbol{v}_i$ 由“个体认知”与“群体学习”共同决定。假如该粒子的 pbest_i 位置在该粒子当前位置的左上方，位置矢量是 $\boldsymbol{x}_{i,\mathrm{pbest}}$，“个体认知”的方向发展是 $\boldsymbol{x}_{i,\mathrm{pbest}}-\boldsymbol{x}_i$，通过系数 $c_1\times\mathrm{rand}()$ 调整

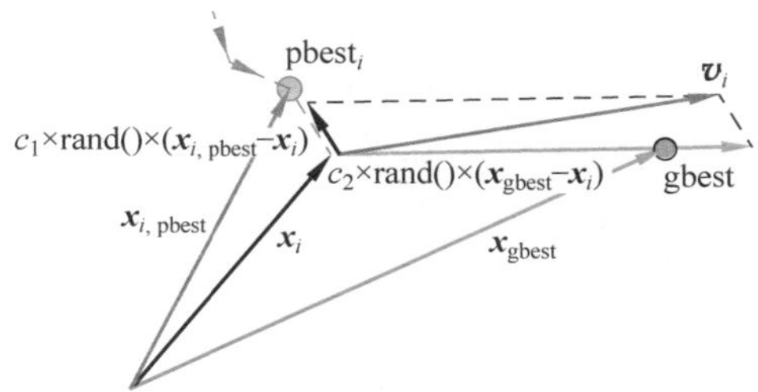

图12-1-16　PSO算法中第 i 个粒子在空间中更新位置的矢量示意图

“个体认知”的比重大小。再假定其他粒子的 gbest 位置在该粒子的右方，位置矢量为 $\boldsymbol{x}_{\text{gbest}}$，“群体学习”的发展方向是 $\boldsymbol{x}_{\text{gbest}}-\boldsymbol{x}_i$，通过系数 $c_2\times\text{rand}()$ 调整“群体学习”的比重大小。最后“个体认知”与“群体学习”的两个矢量共同决定了更新方向$\boldsymbol{v}_i$。

图 12-1-17 形象地说明了 PSO 算法 N 个粒子搜索全局最大值的全过程。图 12-1-17(a)显示 20 个粒子在搜索空间中进行位置与速度的随机初始化；图 12-1-17(b)显示每个粒子按照式(12.1.4)更新自己的速度与位置，搜索全局最大值；图 12-1-17(c)显示某些粒子找到全局最大值的情形，搜索结束。

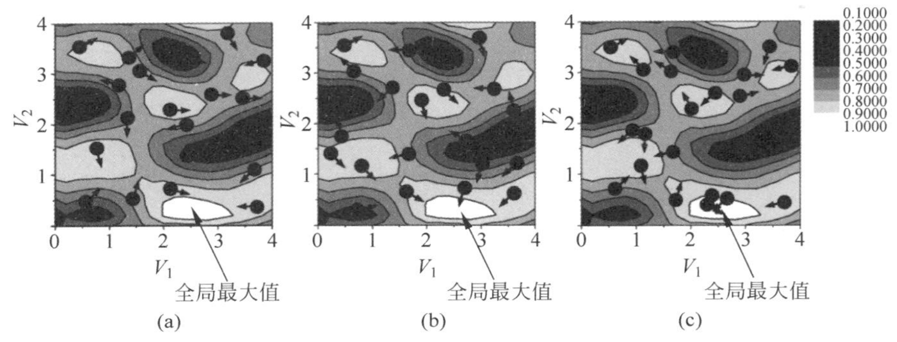

图 12-1-17　PSO 算法搜索全局最大值全过程示意图

(a) 起始阶段的初始化；(b) 执行搜索的粒子状态；(c) 全局 DOP 最大值被找到

链路中 PMD 是随机动态变化的，最佳补偿点在随时动态变化，图 12-1-18 显示了参考文献[20]实验测量到最佳补偿点随时间游动变化的情况。因此作为自适应 PMD 补偿不仅需要搜索算法在瞬间实现对系统的 PMD 补偿，还需要一个跟踪算法继搜索算法之后不断动态地跟踪补偿 PMD 的微小变化。图 12-1-15(b)日本 OKI 电气公司 2008 所做的 PMD 补偿实验中，起始阶段搜索算法采用 PSO 算法搜索全局最佳补偿点，随后跟踪这一不断变化的补偿点时，采用了围绕前一个补偿最佳点附近抖动的算法。而参考文献[20]和参考文献[16]则在 PSO 搜索到最佳补偿点之后，跟踪算法依然采用了少粒子的 PSO 算法。其思想如下：抖动算法在原最佳点左右抖动而跟踪游动的最佳点，控制一个自由度需要左右两方向的抖动，对于两个自由度的抖动则需要 8 个方向(正东南西北 4 个方向与斜着 45°的 4 个方向)，对于 D 个自由度，在 3^D-1 个方向上需要抖动。显然对于多自由度控制，抖动算法跟不上最佳点游动的速度。我们考虑到 PSO 算法处理高维自由度的上佳本领，利用 5 个粒子在原最佳点附近小范围实施 PSO 搜索，来跟踪游动的最佳点变化，取得了出人意料的上佳表现。图 12-1-19 显示采用 20 个粒子的 PSO 全局搜索算法与 5 个粒子局部范围跟踪算法实施的实验结果。实验结果显示，起初 PMD 补偿器未开启时，可变 PMD 模拟器造成反馈 DOP 信号随机变化，启动 PMD 补偿器后，PSO 搜索算法使 DOP 迅速达到接近 1 的高位

(图中位置①处),预示补偿器搜索到了最佳补偿点。随后局部 PSO 跟踪算法跟踪这个游动的最佳点,DOP 始终保持在高位。有时遇到光纤链路中的剧烈扰动时,跟踪算法无法跟踪跳动的最佳点,此时 DOP 急速下降(图中位置②处),而系统及时再次启动 PSO 搜索算法,使得 DOP 再次达到高位……这样持续下去,链路中的 PMD 得到持续补偿。

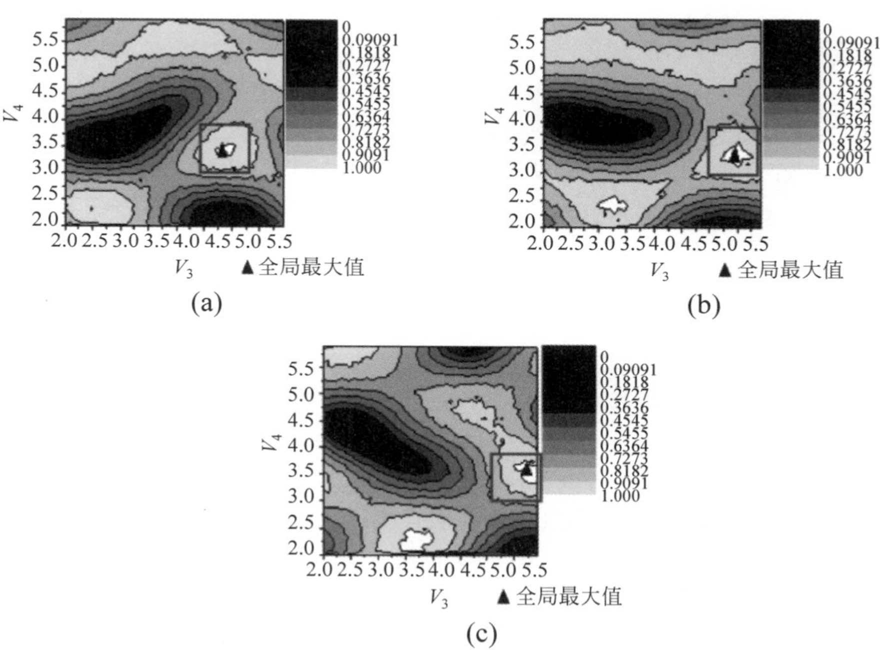

图 12-1-18　实验测量到达最佳补偿点随时间游动情况与 PSO 跟踪算法的实施

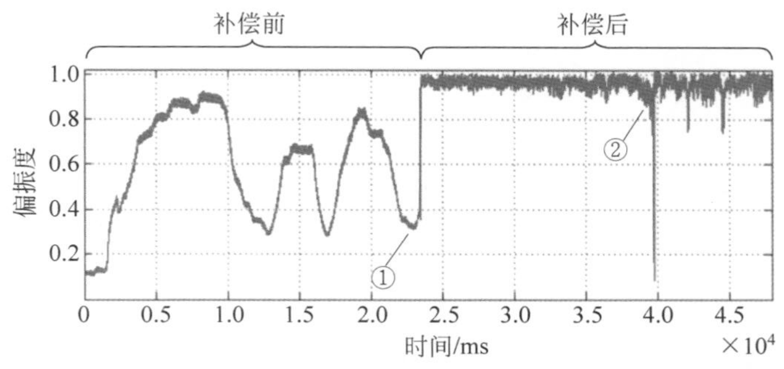

图 12-1-19　利用 PSO 的搜索与跟踪算法进行 PMD 实验,其反馈 DOP 信号的变化

4. 光域偏振模色散补偿样机

关于光域 PMD 补偿器产品,早在 2000 年前后,Corning 公司推出了补偿

10Gbit/s 系统的 PMD 补偿器；2000 年年初 YAFO Network 公司推出的 Yafo10 也属于 10Gbit/s 系统的 PMD 补偿器。在 OFC2001 会议上，YAFO Network 公司演示了 40Gbit/s 系统的 PMD 补偿器 Yafo40，随后于 2002 年在德国电信的网络上进行了现场实验[21]。

2001 年以美国纳斯达克指数疯狂下跌为标志，世界科技泡沫破灭，使 40Gbit/s 系统的上马拖后了约 6 年。PMD 补偿的商业化进程随之停止，在此期间没有公司推出新的商用 PMD 补偿器。2006 年前后，随着人们对信息容量的需求迅速增大，世界各国逐步上马 40Gbit/s 系统，PMD 的问题由此逐渐引起了人们的关注。2007 年，Stratalight 公司（后被 Opnext 公司收购）推出了 OTS 4540 PMD 补偿器[22]，标志着 PMD 补偿商业化解决方案的又一次启动。

2008—2010 年，北京邮电大学研究组受华为技术有限公司的委托，研制成功中国第一台实用化 PMD 自适应补偿样机，该样机在华为的 40×43Gbit/s 密集波分复用(DWDM) RZ-DQPSK 1200km 的传输实验平台上通过了多项测试，其指标达到了商用的要求[23]。测试平台如图 12-1-20 所示。将 40×43Gbit/s DWDM RZ-DQPSK 的发射信号经过波分复用进入一个扰偏器（polarization scrambler, PS)，然后经过一个 PMD 模拟器（PMD emulator, PMDE)，将信号引入 1200km 的 G.652 光纤链路，该链路每个跨段为 75km，每一个跨段含有掺铒光纤放大器（EDFA）与色散补偿模块（dispersion compensation module, DCM）。解复用后在一路波长（193.1THz）信道放置 PMD 补偿样机，补偿后的信号进入接收机。PMD 补偿器属于一阶段结构（图 12-1-20(a)中的插入图），包含一个电控的偏振控制器和一段 30ps 的固定时延线。由一个检偏器监测 DOP 反馈信号，基于 DSP 的控制单元采用 PSO 算法和十字跟踪算法完成搜索与跟踪。经测试，一个反馈搜索循环平均响应时间约为 40μs，一个跟踪循环响应时间约为 25μs。

PMD 补偿样机的背靠背性能测试如图 12-1-21 所示。在背靠背环境下，在 PMD 模拟器分别给出 0ps、15ps、30ps、45ps 的偏振模色散条件下，分别测试不同光信噪比（optical signal to noise ratio, OSNR）下的误码率。图中可见，在前向纠错的阈值（$BER=1\times10^{-3}$）下，所需 OSNR 在 13dB 到 13.8dB 之间，变化小于 1dB。如图 12-1-22 所示，由于系统采用 RZ-DQPSK 调制格式，有一定的 PMD 容忍度。在 1dB 光信噪比余量下，不使用补偿样机，系统可以容忍的 DGD 为 17ps；使用补偿样机后，系统 DGD 容忍度提高了 26ps，达 43ps。

在测试补偿样机的动态特性时，将 PMD 模拟器设置成 5ps PMD 的跳变模式，测试样机的性能从图 12-1-23 可见，可容忍约 5ps/s 的 DGD 跳变。

在如图 12-1-20 所示的 1200km 传输平台上，将扰偏器设置成 85rad/s 的偏振态不间断变化，期间还伴随敲击光纤架与 DCM 模块，以提供随机性的扰动（图 12-1-20(b)）。测试试验持续了 12h，试验表明在 2dB OSNR 的余量下 12h 没有出现误码（图 12-1-24）。

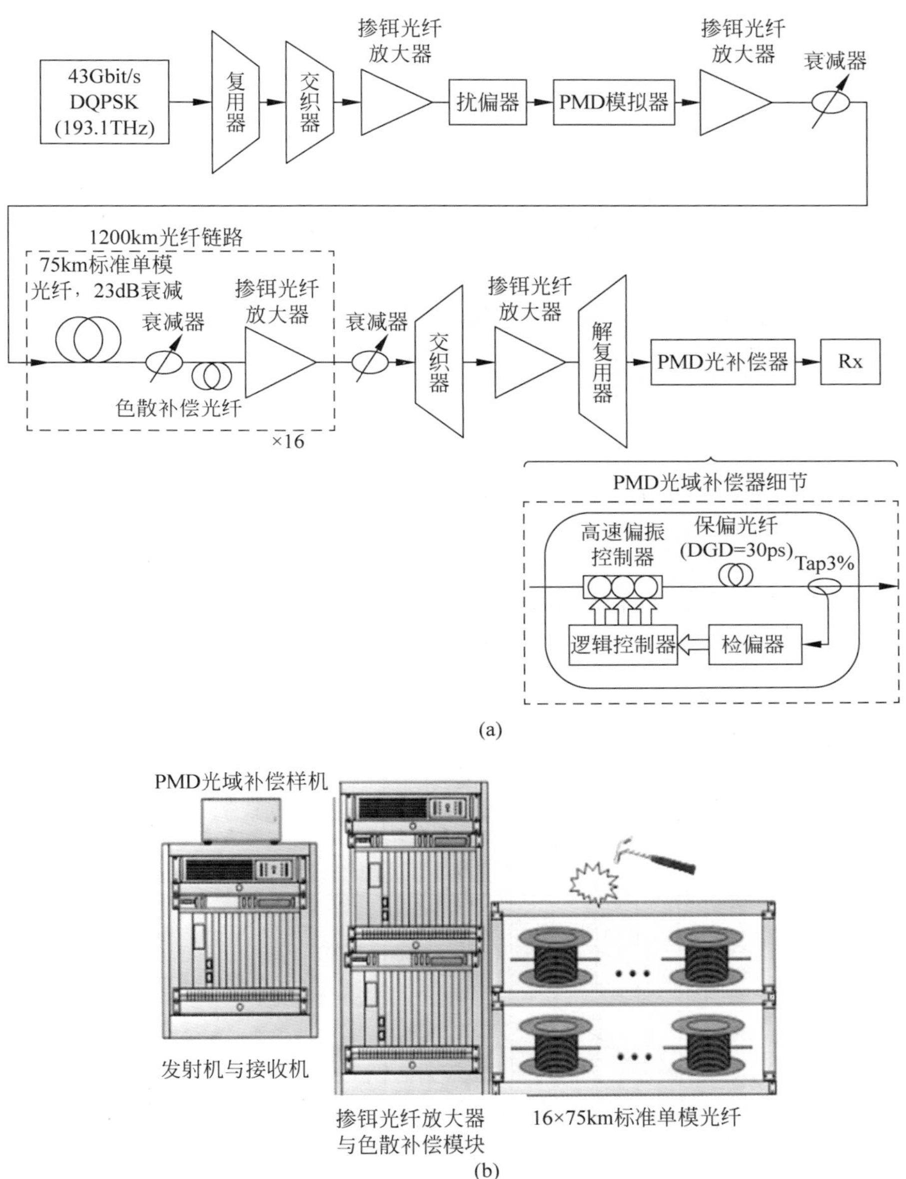

图 12-1-20　北京邮电大学-华为 PMD 补偿样机的结构与 40×43Gbit/s DWDM RZ-DQPSK 1200km 测试平台

(a) 40×43Gbit/s DWDM RZ-DQPSK 1200km 测试平台框图，以及 PMD 补偿样机的具体结构；(b) 测试平台的实体分布

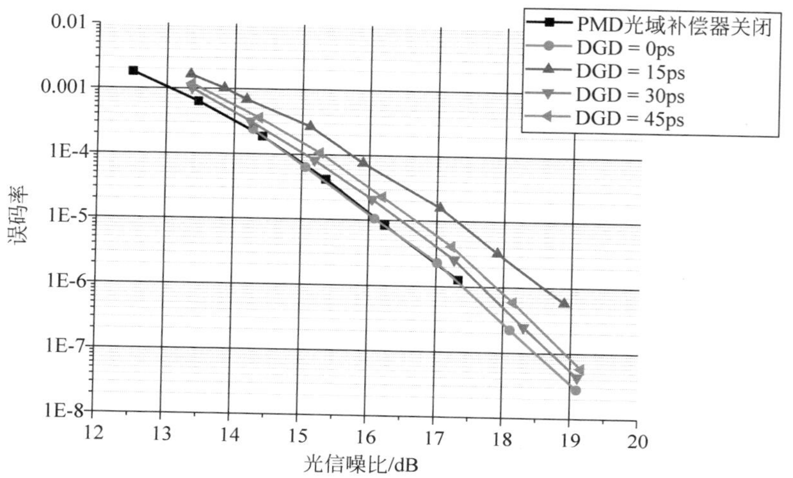

图 12-1-21　PMD 补偿样机的背靠背性能表现

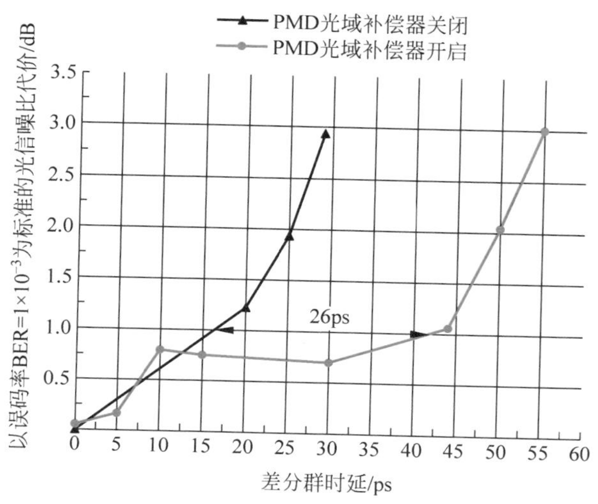

图 12-1-22　使用 PMD 补偿样机前后，系统可以容忍的 DGD 范围

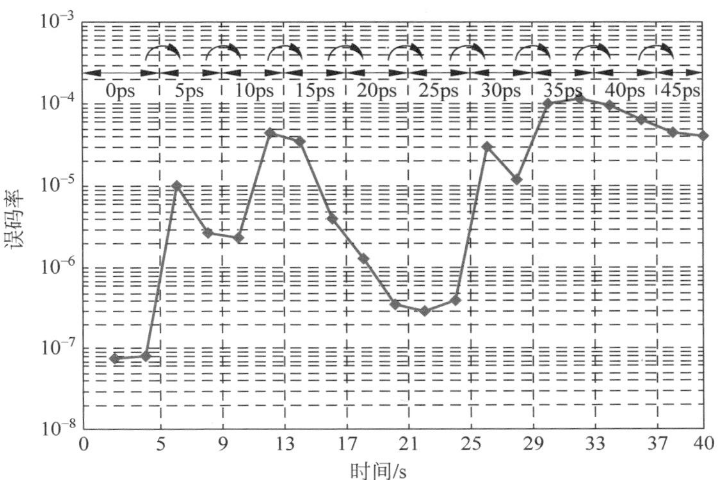

图 12-1-23　补偿样机对于 DGD 跳变的适应性

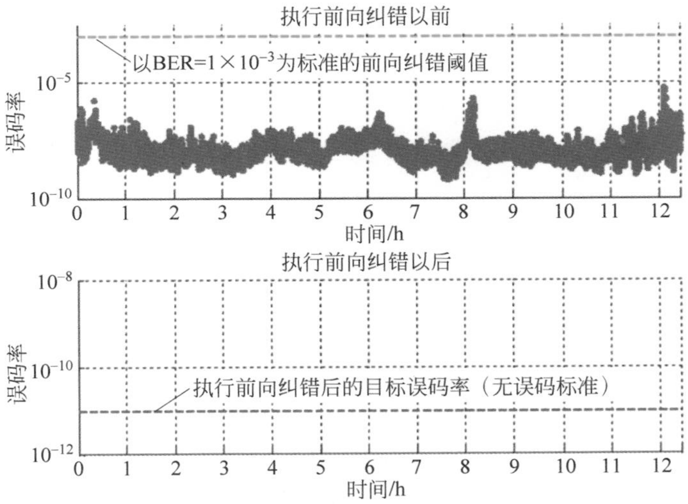

图 12-1-24　在 40×43Gbit/s DWDM RZ-DQPSK 1200km 测试平台上，扰偏器产生 85rad/s 的偏振态不间断变化，补偿样机在 2dB OSNR 余量下性能表现(12h 无误码)

12.2 相干检测光纤通信系统中偏振效应的均衡技术

12.2.1 相干检测光纤通信系统中偏振效应均衡概述

相干检测光纤通信系统是近年来骨干网光纤通信的主要系统，是波分复用光纤通信系统从单波长 10Gbit/s 升级到单波长 100Gbit/s 普遍采用的系统，目前单波长 800Gbit/s 的相干检测光纤通信系统已经开始布署。利用相干接收技术，一方面可以提高接收灵敏度，另一方面还可以将光场的幅度、相位和偏振的信息提取出来，并转换到电的数字域，再用数字信号处理(DSP)技术对信号在光纤链路中受到的损伤进行数字均衡或补偿。对于不同的调制格式，相干检测系统接收机的硬件架构基本相同，只是在处理不同调制格式时相应的均衡算法、恢复算法和解调算法不同，因此相干接收系统可以适用于任意调制格式信号的接收，可以说是一种软件定义的接收机架构，因此得到广泛应用。

相干接收机的架构如图 12-2-1 所示。光信号经过偏振分束器(polarization beam splitter, PBS)，可以预先被粗略地进行 x、y 偏振分集，再经过光学 90°混频器和平衡探测器分别得到 x、y 分量的实部和虚部的电信号 I_x、Q_x 和 I_y、Q_y，然后经模/数转换器(ADC)进行量化变成数字信号 $x_{\text{in}}(n)$ 和 $y_{\text{in}}(n)$，最后输入到 DSP 模块中进行各种数字域均衡。

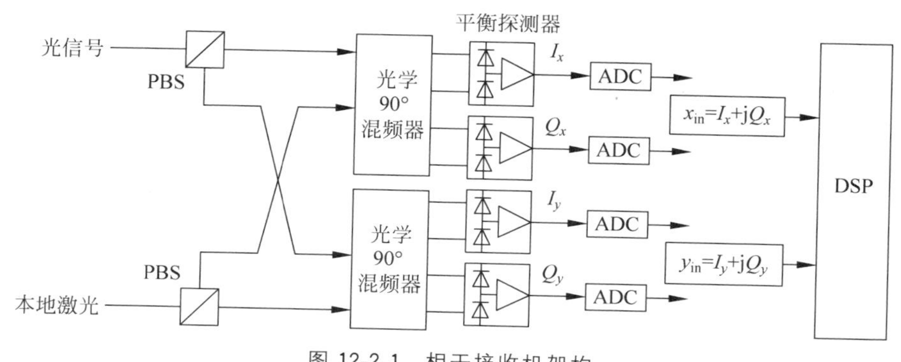

图 12-2-1 相干接收机架构

在 DSP 中专门为偏振效应的均衡设计了均衡模块，它是一个二端输入(x_{in} 和 y_{in})和二端输出的模块(x_{out} 和 y_{out})，与多输入多输出(multiple input multiple output, MIMO)处理系统十分相似。MIMO 系统是无线通信 4G 系统(以及现在的 5G 系统)里的重要技术之一，4G 的无线通信系统用到多天线发射和多天线接收。如图 12-2-2(a)所示，是无线通信的一个两发两收系统，发射天线与接收天线都是两个。这样，接收天线 1 不仅接收发射天线 1 的信号，同时也接收发射天线 2 的信号，接收天线 2 的情况类似。则在接收机中如何将接收到的两路信号完全分开尤为重要，即第一路信号只能包含发射天线 1 发出的信号，不能混有发射天线 2 的信号，对第二路信号的要求也一样。如果发射天线 1 和天线 2 发射的信号分别为 S_1 和 S_2，接收天线 1 和天线 2 接收到的信号分别为 R_1 和 R_2，与 S_1 和 S_2 之间由一个 $\boldsymbol{M}$ 矩阵联系：

$$\begin{pmatrix} R_1 \\ R_2 \end{pmatrix} = \begin{pmatrix} m_{11} & m_{12} \\ m_{21} & m_{22} \end{pmatrix} \begin{pmatrix} S_1 \\ S_2 \end{pmatrix} \tag{12.2.1}$$

MIMO 技术寻求 $\boldsymbol{M}$ 矩阵的逆矩阵 $\boldsymbol{M}^{-1}$ 还原信号 S_1 和 S_2。

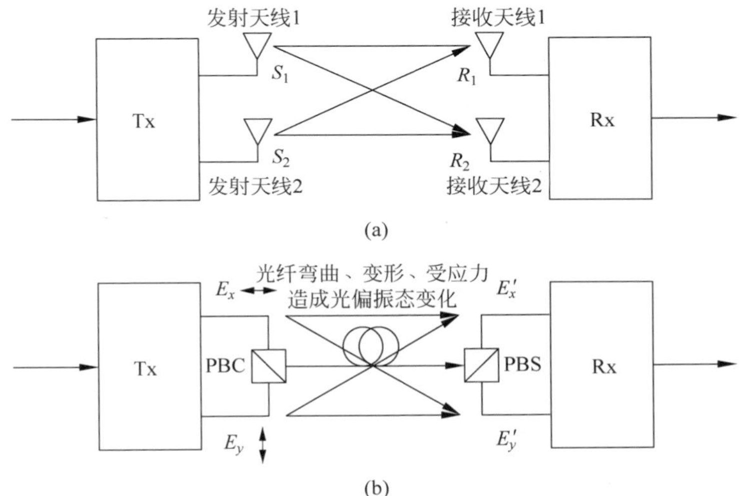

图 12-2-2　偏振效应均衡与无线通信 MIMO 技术的类比

（a）无线通信系统的 MIMO；（b）偏分复用光纤通信系统中的 MIMO

偏分复用光纤通信系统与上述无线通信系统十分相似。如图 12-2-2(b)所示，发射端的两个偏振态信号 E_x 和 E_y 经过偏振合束器（polarization beam combiner，PBC）耦合到一根光纤中，经过光纤传输到接收端，通过偏振分束器分开成两路信号 E'_x 和 E'_y。由于光纤中存在的弯曲、变形以及受应力影响，输入的两个正交线偏振态 E_x 和 E_y 经光纤传输后会发生很大变化，且这种变化是时变的，仅用 PBS 很难将两个偏振态分离。偏振态在光纤中传输时发生的变化可以用一个琼斯矩阵 $\boldsymbol{J}$ 来表示：

$$\begin{pmatrix} E'_x \\ E'_y \end{pmatrix} = L \begin{pmatrix} J_{xx} & J_{xy} \\ J_{yx} & J_{yy} \end{pmatrix} \begin{pmatrix} E_x \\ E_y \end{pmatrix} \tag{12.2.2}$$

其中，L 表示光信号在光纤中的损耗或者放大。

偏振效应均衡等价于寻找 $\boldsymbol{J}$ 矩阵的逆矩阵，以还原两个偏振态信号 E_x 和 E_y。其中可以形成光信号损伤的偏振效应有：偏振态旋转(RSOP)造成的偏振混叠、偏振模色散(PMD)和偏振相关损耗(PDL)。下面将介绍在 DSP 模块中解决偏振效应损伤的几种典型的均衡算法。

12.2.2 基于两入两出的偏振效应均衡方法

在介绍相干接收机 DSP 单元中偏振效应均衡算法之前，先简要介绍一下 DSP 单元中各个均衡、补偿和解码模块。如图 12-2-3 所示是一个典型偏分复用系统 DSP 单元流程图，它给出了图 12-2-1 中 DSP 的具体组成部分。

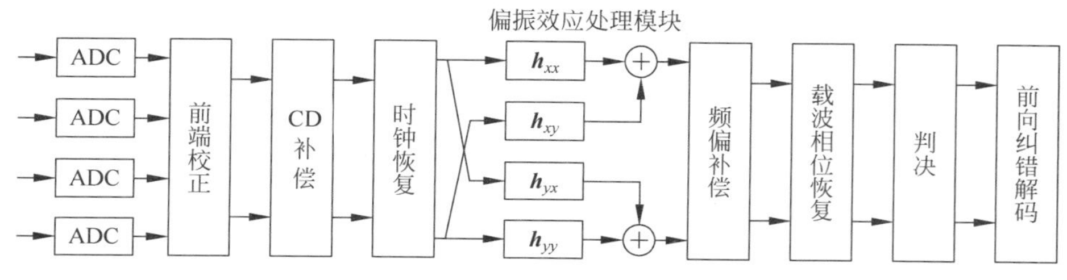

图 12-2-3　数字信号处理单元内的流程图

经 ADC 出来的信号组成两路 x 偏振和 y 偏振的复数信号分别经过前端校正、色度色散(chromatic dispersion, CD)补偿、时钟恢复，然后进入偏振效应处理模块进行偏分解复用和偏振效应均衡，随后进行频偏补偿、载波相位恢复、判决以及前向纠错解码。其中前端校正解决由于前端器件不对称和不匹配造成的幅度及相位失配，并将信号归一化。色度色散补偿模块对光纤信道中信号受到的色度色散的损伤进行补偿。所谓频偏是发射激光器与本地激光器频率的偏差，频偏可以造成信号在复平面上随时间旋转，需要进行频偏估计及补偿。由于激光器都有一定的线宽，激光器线宽在时域上等效于一个随机相位起伏或相位噪声，需要进行载波相位估计和补偿，这就是载波相位恢复模块的功能。

如前所述，光信号在光纤中受到的偏振效应包括偏振态旋转造成的偏振混叠、偏振模色散以及偏振相关损耗造成的信号损伤。偏振效应处理模块需要解决的问题是偏分解复用、偏振模色散补偿以及偏振相关损耗补偿。偏振效应处理实际上是一个 MIMO 均衡器(MIMO 的意思是多入多出，偏振均衡用到的是两入两出均衡器，根据习惯在这里仍然称为 MIMO 均衡器)，在 DSP 中以一个蝶形滤波器加以实现(图 12-2-3)，具体均衡算法主要有恒模(constant modulus algorithm, CMA)算法[24]、判决导引最小均方(decision-directed least-mean square, DD-LMS)算法[25]以及独立成分分析(independent component analysis, ICA)算法[26-28]等。下面我们分别对其进行介绍。

1. 恒模算法

如前所述，偏振效应均衡等价于寻找 $\boldsymbol{J}$ 矩阵的逆矩阵，设这个逆矩阵用下面的 $\boldsymbol{H}$ 矩阵表示，其矩阵元就是图 12-2-3 中蝶形滤波器的系数 h_{xx}、h_{xy}、h_{yx} 和 h_{yy}。

$$\boldsymbol{H}=\boldsymbol{J}^{-1}=\begin{pmatrix} h_{xx} & h_{xy} \\ h_{yx} & h_{yy} \end{pmatrix} \tag{12.2.3}$$

更细致地说，如图 12-2-4 所示的蝶形均衡器实际上包含四个有限冲击响应(finite impulse response, FIR)滤波器，假定抽头数为 N，其结构如图 12-2-4 所示。

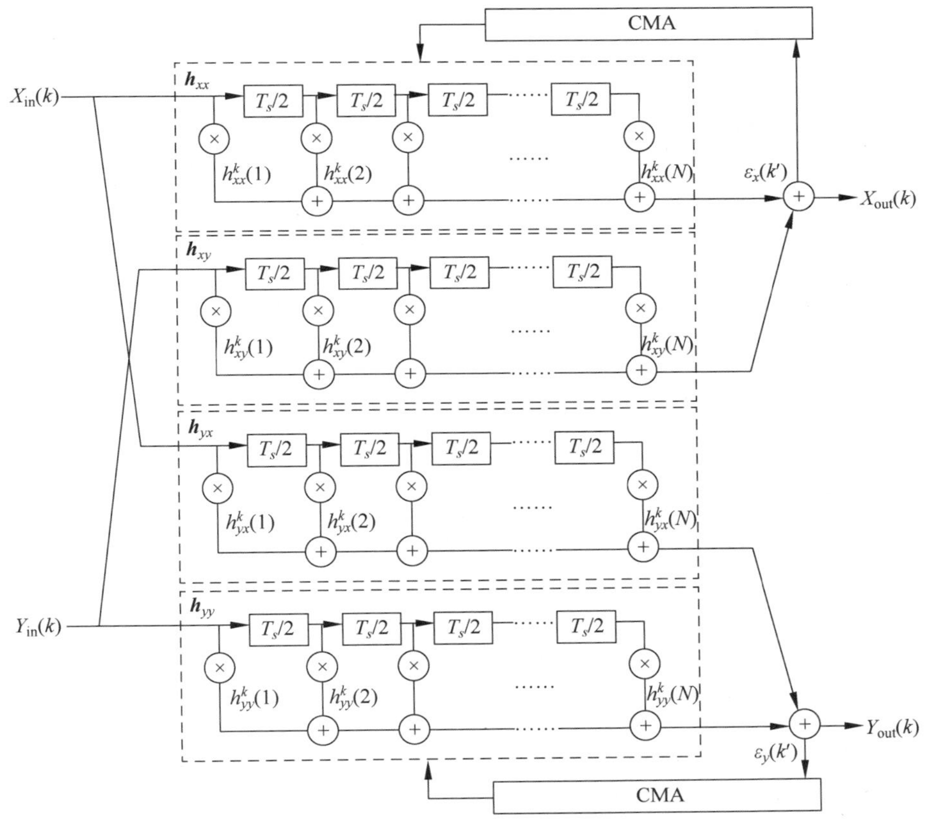

图 12-2-4　蝶形 FIR 滤波器结构图

设输入蝶形滤波器的归一化 x 偏振和 y 偏振符号分别为 X^k_{in} 和 Y^k_{in}，经过 N 个抽头的 2×2 MIMO 均衡，输出的第 k 个均衡后的符号表示为

$$\begin{cases} X_{\text{out}}(k)=\boldsymbol{h}_{xx}^{k,\text{T}}\cdot\boldsymbol{X}_{\text{in}}^{k}+\boldsymbol{h}_{xy}^{k,\text{T}}\cdot\boldsymbol{Y}_{\text{in}}^{k} \\ Y_{\text{out}}(k)=\boldsymbol{h}_{yx}^{k,\text{T}}\cdot\boldsymbol{X}_{\text{in}}^{k}+\boldsymbol{h}_{yy}^{k,\text{T}}\cdot\boldsymbol{Y}_{\text{in}}^{k} \end{cases} \tag{12.2.4}$$

其中 $\boldsymbol{h}_{ij}^{k}(i,j=x,y)$是式(12.2.3)$\boldsymbol{H}$ 矩阵的四个矩阵元组成的 1 维矢量，每个 $\boldsymbol{h}$ 是长度为 N 的 FIR 滤波器的抽头系数，$(\cdot)^{\text{T}}$ 代表取转置。式(12.2.4)右边的量实际上是矢量，各个量具体含义是

$$\begin{cases} \boldsymbol{X}_{\text{in}}^{k}=(X_{\text{in}}(k),X_{\text{in}}(k-1),\cdots,X_{\text{in}}(k-N+1))^{\text{T}} \\ \boldsymbol{Y}_{\text{in}}^{k}=(Y_{\text{in}}(k),Y_{\text{in}}(k-1),\cdots,Y_{\text{in}}(k-N+1))^{\text{T}} \\ \boldsymbol{h}_{xx}^{k}=(h_{xx}^{k}(1),h_{xx}^{k}(2),\cdots,h_{xx}^{k}(N))^{\text{T}} \\ \boldsymbol{h}_{xy}^{k}=(h_{xy}^{k}(1),h_{xy}^{k}(2),\cdots,h_{xy}^{k}(N))^{\text{T}} \\ \boldsymbol{h}_{yx}^{k}=(h_{yx}^{k}(1),h_{yx}^{k}(2),\cdots,h_{yx}^{k}(N))^{\text{T}} \\ \boldsymbol{h}_{yy}^{k}=(h_{yy}^{k}(1),h_{yy}^{k}(2),\cdots,h_{yy}^{k}(N))^{\text{T}} \end{cases} \tag{12.2.5}$$

基于最速下降法，其抽头系数的更新如下(这里只以 $\boldsymbol{h}_{xx}$ 的更新为例)：

$$\boldsymbol{h}_{xx}^{k+1}=\boldsymbol{h}_{xx}^{k}-\mu\,\nabla_{h_{xx}}G=\boldsymbol{h}_{xx}^{k}-\frac{\mu}{2}\frac{\partial}{\partial\boldsymbol{h}_{xx}^{k}}G \tag{12.2.6}$$

其中 μ 是更新步长，复数微商定义为

$$\frac{\partial}{\partial\boldsymbol{h}}=\frac{\partial}{\partial\text{Re}\{\boldsymbol{h}\}}+\text{j}\frac{\partial}{\partial\text{Im}\{\boldsymbol{h}\}} \tag{12.2.7}$$

G 是与均衡器收敛准则相关的误差函数(也叫作目标函数)。对于恒模准则的误差函数，即 CMA 的误差函数为

$$G_{\text{CMA}}=\text{E}[(R^2-|A_{\text{out}}^{k}|^2)^2] \tag{12.2.8}$$

其中 A_{out}^{k} 代表 x 偏振和 y 偏振的 X_{out}^{k} 和 Y_{out}^{k}，E 代表求期望值，R^2 为接收的 QAM 星座点的归一化平均功率，对于 QPSK 调制格式信号 R^2 为 1。由于误差函数式(12.2.8)中考察的是信号的模方与常数 R^2 的比较，因此称为恒模算法。在动态均衡器的迭代收敛过程中，一般使用瞬时误差函数值而不是期望值，因此式(12.2.8)的 CMA 误差函数改写为

$$\begin{cases} \varepsilon_x^2=(R^2-|X_{\text{out}}(k')|^2)^2 \\ \varepsilon_y^2=(R^2-|Y_{\text{out}}(k')|^2)^2 \end{cases} \tag{12.2.9}$$

实际上，在更新中，并不是每次更新误差函数都要变。一般每隔两个符号，误差函数更新一次，其中 k'是选定更新的符号顺序数。则更新式(12.2.6)变为

$$\begin{cases} \boldsymbol{h}_{xx}^{k+1}=\boldsymbol{h}_{xx}^{k}+\mu\varepsilon_x(k')X_{\text{out}}(k)(\boldsymbol{X}_{\text{in}}^{k})^{*} \\ \boldsymbol{h}_{xy}^{k+1}=\boldsymbol{h}_{xy}^{k}+\mu\varepsilon_x(k')X_{\text{out}}(k)(\boldsymbol{Y}_{\text{in}}^{k})^{*} \\ \boldsymbol{h}_{yx}^{k+1}=\boldsymbol{h}_{yx}^{k}+\mu\varepsilon_y(k')Y_{\text{out}}(k)(\boldsymbol{X}_{\text{in}}^{k})^{*} \\ \boldsymbol{h}_{yy}^{k+1}=\boldsymbol{h}_{yy}^{k}+\mu\varepsilon_y(k')Y_{\text{out}}(k)(\boldsymbol{Y}_{\text{in}}^{k})^{*} \end{cases} \tag{12.2.10}$$

由于 QPSK 信号具有恒模特性，因此利用 CMA 法处理 QPSK 信号的偏振效应的均衡，可以获得很好的效果。图 12-2-5 显示了偏分复用的 QPSK 信号分别经过 DSP 单元归一化、CD 补偿、偏振效应均衡、载波相位恢复各模块以后的星座图，其中第一行为 x 偏振，第二行为 y 偏振，偏振效应均衡所用的是 CMA 算法。可以看出 CMA 很好地完成了偏分解复用的任务，并消除了偏振效应损伤，最后得到清晰的 x、y 偏振的 QPSK 星座图。

然而 CMA 存在奇异性问题，即使得补偿后的两路偏振输出信号在一定概率上会收敛到同一个偏振支路上。这在实际光纤通信系统中会出现问题。

对于高阶调制格式信号，如 16-QAM 信号，其不同星座点会有不同的模值，通常会用 CMA 的扩展算法——多模算法(multi-modulus algorithm，MMA)进行处理。MMA 算法与 CMA 算法的不同在于误差函数的选取：

$$\begin{cases}\varepsilon_x^2 = (R_\mathrm{d}^2 - |X_\mathrm{out}(k')|^2)^2 \\ \varepsilon_y^2 = (R_\mathrm{d}^2 - |Y_\mathrm{out}(k')|^2)^2\end{cases} \tag{12.2.11}$$

其中 R_d 对应 16-QAM 的多个模值，归一化后 R_d 满足

$$R_\mathrm{d}^2 = \begin{cases}0.2, & r < \sqrt{0.6} \\ 1.0, & \sqrt{0.6} \leqslant r < \sqrt{1.4} \\ 1.8, & r > \sqrt{1.4}\end{cases} \tag{12.2.12}$$

图 12-2-6 显示了偏分复用的 16-QAM 信号分别经过 DSP 单元归一化、CD 补偿、偏振效应均衡、载波相位恢复各模块以后的星座图，其中第一行为 x 偏振，第二行为 y 偏振，偏振效应均衡所用的是 CMA 的扩展算法——MMA。可见 CMA-MMA 对于 16-QAM 格式信号也很有效，可以得到清晰的星座图。

2. 判决导引最小均方算法

下面简单介绍判决导引最小均方算法。算法使用理想星座点判决来进行误差计算

$$\begin{cases}\varepsilon_x = X_\mathrm{out}(k') - d_x(k') \\ \varepsilon_y = Y_\mathrm{out}(k') - d_y(k')\end{cases} \tag{12.2.13}$$

其中 d_x、d_y 分别为载波相位恢复以后判决的 x、y 偏振分量的目标星座点坐标(复数)，即目标信号。DD-LMS 算法可以进一步改善偏振效应的均衡效果，但是由于在运行偏振效应均衡模块之后，在判决反馈之间还有频偏估计和载波相位恢复需要运行，会引入较大的反馈时延。当光纤链路中偏振旋转效应随时间变化非常快时，这样大的反馈时延会引起很大问题，均衡过程跟不上偏振旋转的变化。

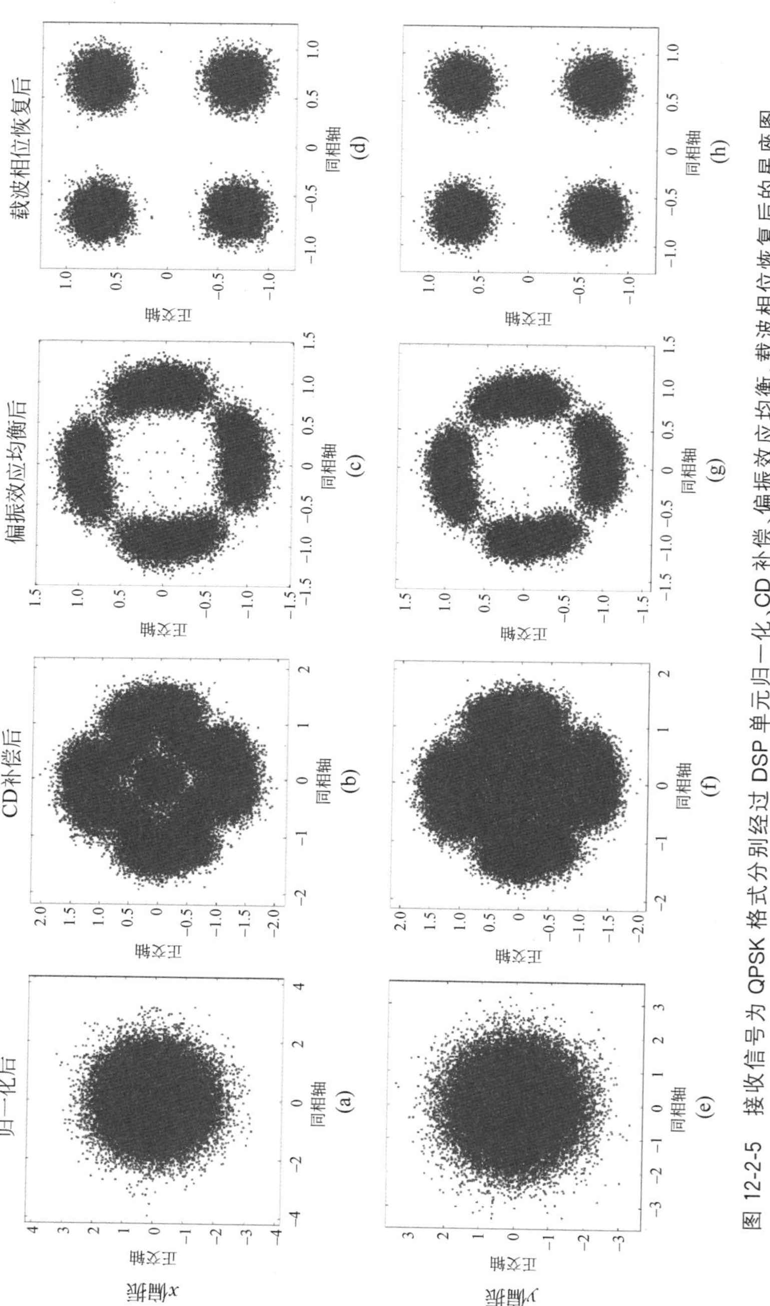

图 12-2-5　接收信号为 QPSK 格式分别经过 DSP 单元归一化、CD 补偿、偏振效应均衡、载波相位恢复后的星座图

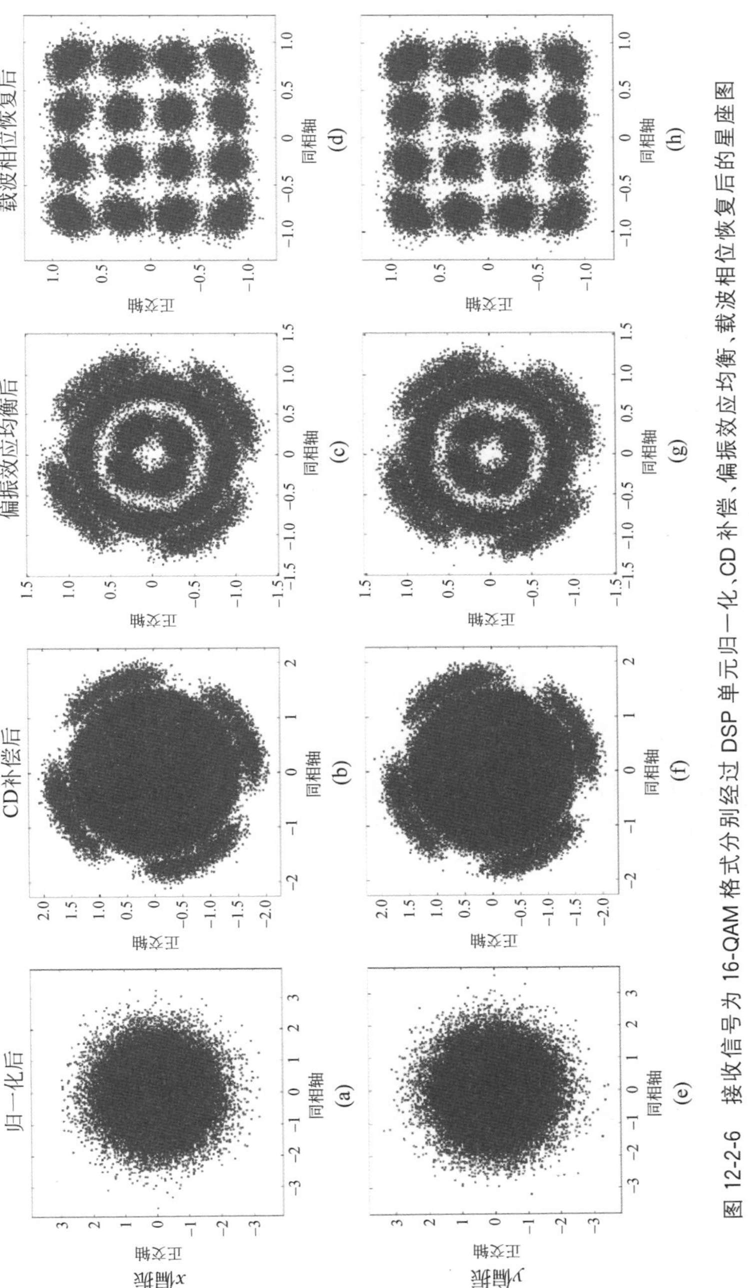

图 12-2-6　接收信号为 16-QAM 格式分别经过 DSP 单元归一化、CD 补偿、偏振效应均衡、载波相位恢复后的星座图

对于 DD-LMS 算法，其更新公式为

$$\begin{cases} \boldsymbol{h}_{xx}^{k+1} = \boldsymbol{h}_{xx}^{k} + \mu\varepsilon_x(\boldsymbol{X}_{\text{in}}^{k})^* \\ \boldsymbol{h}_{xy}^{k+1} = \boldsymbol{h}_{xy}^{k} + \mu\varepsilon_x(\boldsymbol{Y}_{\text{in}}^{k})^* \\ \boldsymbol{h}_{yx}^{k+1} = \boldsymbol{h}_{yx}^{k} + \mu\varepsilon_y(\boldsymbol{X}_{\text{in}}^{k})^* \\ \boldsymbol{h}_{yy}^{k+1} = \boldsymbol{h}_{yy}^{k} + \mu\varepsilon_y(\boldsymbol{Y}_{\text{in}}^{k})^* \end{cases} \tag{12.2.14}$$

3. 独立成分分析算法

从前面的讨论可知，CMA 是一种广泛使用的盲均衡算法，然而存在奇异性问题。为了避免 CMA 存在的奇异性问题，下面介绍另一种偏分解复用算法——独立成分分析（independent component analysis，ICA）算法。ICA 算法是利用统计特性从接收到的混合信号中分离信号的线性混叠的算法[26]。它已经广泛应用于神经网络和图像处理等领域。ICA 算法以信号的独立性作为分离信号的依据，从这点上它能避免奇异性问题的产生。

ICA 算法是自适应算法的一种，由目标函数和优化算法两部分组成。根据实际处理问题的不同，算法有多种设计方式。为了实现光纤通信系统中的偏分解复用，参考文献[27]选择最大似然估计作为针对偏分解复用 ICA 算法的目标函数，选择自然梯度法[26]作为 ICA 算法的优化算法，具体设计如下。

设第 i 个发射信号 $\boldsymbol{s}_i$ 经过信道 $\boldsymbol{J}_i$（以 2×2 矩阵 $\boldsymbol{J}_i$ 代表光纤信道的偏振损伤）传输，在接收端收到的信号为 $\boldsymbol{r}_i = \boldsymbol{J}_i\boldsymbol{s}_i$。设已知 $\boldsymbol{s}_i$ 的分布为 $p_s(\boldsymbol{s}_i)$，则接收信号 $\boldsymbol{r}_i$ 的分布为

$$p_r(\boldsymbol{r}_i \mid \boldsymbol{J}_i) = |\det\boldsymbol{J}_i^{-1}|^2 p_s(\boldsymbol{s}_i) = |\det\boldsymbol{J}_i^{-1}|^2 p_s(\boldsymbol{J}_i^{-1}\boldsymbol{r}_i) \tag{12.2.15}$$

ICA 算法的目的就是通过自适应的学习，找到均衡矩阵 $\boldsymbol{K}_i = \boldsymbol{J}_i^{-1}$，即找到偏振损伤的逆矩阵，从而达到补偿偏振损伤的目的。将 $\boldsymbol{K}_i = \boldsymbol{J}_i^{-1}$ 代入上式右侧，得

$$p_r(\boldsymbol{r}_i \mid \boldsymbol{K}_i) = |\det\boldsymbol{K}_i|^2 p_s(\boldsymbol{s}_i) = |\det\boldsymbol{K}_i|^2 p_s(\boldsymbol{K}_i\boldsymbol{r}_i) \tag{12.2.16}$$

这样就得到了似然函数，ICA 算法设计找到合适的 $\boldsymbol{K}_i$，使得似然函数最大。对上式取对数，得对数形式的似然函数

$$\Lambda(\boldsymbol{K}_i) = \lg|\det\boldsymbol{K}_i|^2 + \lg p_s(\boldsymbol{K}_i\boldsymbol{r}_i) \tag{12.2.17}$$

由式(12.2.17)可知，当系统的输出产生奇异性，即输出信号的两支收敛到同一个偏振支路时，矩阵的行列式趋于 0（矩阵 $\boldsymbol{K}_i$ 至少一列均趋于 0），此时目标函数不可能取到极大值，因而从原理上就杜绝了奇异性问题的产生。

采用自然梯度法作为优化算法，算法更新公式为

$$\boldsymbol{K}_{i+1} = \boldsymbol{K}_i + \mu\boldsymbol{G}(\boldsymbol{K}_i)\boldsymbol{K}_i^{\text{H}}\boldsymbol{K}_i \tag{12.2.18}$$

其中，$(\cdot)^{\text{H}}$ 表示矩阵的共轭转置，μ 为学习速率（步长）。参考文献[26]已经证明，$\boldsymbol{G}$ 可简化为如下形式：

$$\boldsymbol{G}(\boldsymbol{K}_i)=[\boldsymbol{I}-\boldsymbol{z}_i\boldsymbol{z}_i^{\mathrm{H}}+\phi(\boldsymbol{z}_i)\boldsymbol{z}_i^{\mathrm{H}}-\boldsymbol{z}_i\phi(\boldsymbol{z}_i)^{\mathrm{H}}]\boldsymbol{K}_i^{-\mathrm{H}} \tag{12.2.19}$$

$$\phi(\boldsymbol{z}_i)=\frac{1}{p_s(\boldsymbol{z}_i)}\frac{\partial p_s(\boldsymbol{z}_i)}{\partial s^*} \tag{12.2.20}$$

其中，$\boldsymbol{z}$ 代表补偿后的信号。

式(12.2.18)～式(12.2.20)一起定义了 ICA 算法的实现。但是我们依然需要知道 $p_s(\boldsymbol{z})$，即补偿后信号的概率分布，这部分是与调制格式有关的。此外，考虑到对于两个偏振支路信号是独立的，它们的联合概率密度可以看成两个支路边缘概率分布的乘积，即

$$p_s(\boldsymbol{s})\approx p_s(\boldsymbol{s}^{(X)})p_s(\boldsymbol{s}^{(Y)}) \tag{12.2.21}$$

此处的 X 和 Y 分别代表两个偏振支路。

考虑边缘概率密度。设第一个符号携带的信号为 c_l，受到高斯白噪声 n 和相位噪声的影响，即

$$\boldsymbol{s}_l=(c_l+n)\mathrm{e}^{\mathrm{j}\varphi} \tag{12.2.22}$$

经推导(详细的推导过程见参考文献[27]的附录 B)，可得

$$p(s\mid c)=\frac{1}{2\pi\sigma^2}\exp\left(-\frac{|c|^2+|s|^2}{2\sigma^2}\right)\mathrm{I}_0\left(\frac{|cs|}{\sigma^2}\right) \tag{12.2.23}$$

其中，I_0 为 0 阶贝塞尔函数。从上式可以看出，$p(s|c)$的分布与$|c|$有关，即与信号的模长有关。对于 QPSK，由于为恒定模长，其分布只有一项，因此有 $p(s)=p(s|c)$。对于模长不唯一的调制格式，例如 16-QAM，它的分布可表示为

$$p(s)=\frac{1}{M}\sum_{l=1}^{M}p(s\mid c_l) \tag{12.2.24}$$

其中，$M=3$。

将上式中的 s 替换为 z，再代入式(12.2.20)，可以给出式(12.2.20)的一般表达式

$$\phi(\boldsymbol{z})=\frac{1}{2\sigma^2}\frac{\sum_{l=1}^{M}p(z\mid c_l)\left[\dfrac{\mathrm{I}_1\left(\dfrac{|c_l z|}{\sigma^2}\right)}{\mathrm{I}_0\left(\dfrac{|c_l z|}{\sigma^2}\right)}|c_l|\mathrm{e}^{\mathrm{j}[\arg(z)]}-z\right]}{\sum_{l=1}^{M}p(z\mid c_l)} \tag{12.2.25}$$

式(12.2.25)十分复杂，且包含贝塞尔函数，可以化简为[28]

$$\phi(z_i^n)=D\mathrm{e}^{\mathrm{j}(\arg[z_i^n])}-z_i^n,\quad n=1,2 \tag{12.2.26}$$

其中，$n=1,2$ 表示两个偏振，$\arg[z_i^n]$表示取复变量 z_i^n 的辐角，D 代表 QPSK 星座图的模长。对于 16-QAM 信号，其星座图的模长有三个不同的值，这里 D 的取

值为最外侧环的半径和中间环的半径的平均值。

学习速率是影响ICA算法收敛快慢和性能的重要因素，固定的学习速率可能会导致算法在最佳点附近波动而无法收敛到最佳点。自适应变化的学习速率可以通过调节学习速率的大小，在接近最佳点时减小步长，从而使算法实现更好的收敛。参考文献[28]提出了改进的独立成分分析(modified independent component analysis, MICA)算法，即利用补偿后的信号在星座图上的位置与理想信号位置的距离衡量算法的收敛程度，自适应改变信号速率以达到最好的收敛效果。

补偿后的信号与理想星座环之间的距离为

$$\text{QPSK}: h_i^n = \left| D - \left| z_i^n \right| \right|, \quad n=1,2 \tag{12.2.27}$$

$$\text{16-QAM}: h_i^n = \left| \left| z_i^n \right| - r_{im}^n \right|, \quad n=1,2, \quad m=1,2,3 \tag{12.2.28}$$

其中，$m=1,2,3$ 表示16-QAM的三个模长，$|\cdot|$为求模运算，r_{im}^n 是对应输出信号距离最短的环的半径。之后对两个偏振支路的距离进行平均

$$h_i = \text{mean}(h_i^n), \quad n=1,2 \tag{12.2.29}$$

其中，mean是对 h_i 的两偏振支路的距离求平均，自适应学习速率定义为

$$\mu_i = \mu_0 \cdot h_i \tag{12.2.30}$$

其中，μ_0 为系统初始的学习速率，它可以通过一系列测试后选取误码率性能最好的值。

在图12-2-7中，给出了MICA算法的流程图。首先是对 μ_0 及 $\boldsymbol{K}_i$ 进行初始化。之后通过迭代运算，首先对受损信号进行补偿，得到补偿后的信号为 $\boldsymbol{z}_i$。接着求出 h_i 及 $\phi(z_i^n)$，利用式(12.2.30)求出学习速率 μ_i，最后利用式(12.2.19)及式(12.2.18)完成 $\boldsymbol{K}_i$ 的更新。

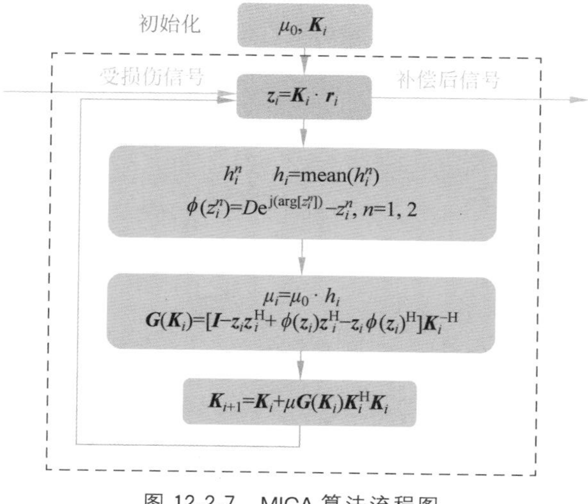

图12-2-7 MICA算法流程图

参考文献[28]搭建了一个 40G baud/s 的光传输系统来验证 MICA 的性能。信号受由光放大器引入的加性高斯白噪声、相位噪声及 RSOP 的影响，不考虑色度色散和偏振模色散的影响。RSOP 建模采用两参量的模型，如下：

$$\boldsymbol{J}_{\text{RSOP}}(\alpha,\delta)=\begin{pmatrix}\cos\alpha & -\sin\alpha\,\mathrm{e}^{-\mathrm{j}\delta}\\ \sin\alpha\,\mathrm{e}^{\mathrm{j}\delta} & \cos\alpha\end{pmatrix}\tag{12.2.31}$$

首先考察 MICA 算法抵抗奇异性问题的能力。通过测试所有可能的偏振态情况比较了 CMA 算法和 MICA 算法的性能。α 和 δ 的取值范围是 $\left[-\frac{\pi}{2},\frac{\pi}{2}\right]$，测试时 OSNR 为 20dB。结果如图 12-2-8(a)和(b)所示(白色方格表示没有奇异性问题，黑色方格表示发生了奇异性问题)。结果表明 CMA 算法在 $\alpha=\pm\frac{\pi}{4}$ 附近(黑色方格部分)会发生奇异性问题，但 MICA 算法不会发生奇异性问题。

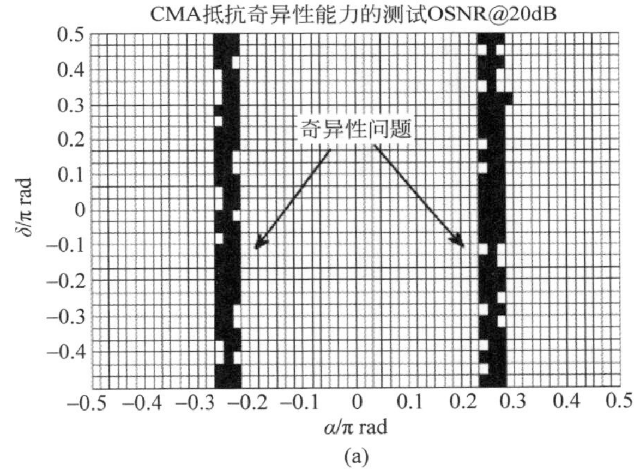

(a)

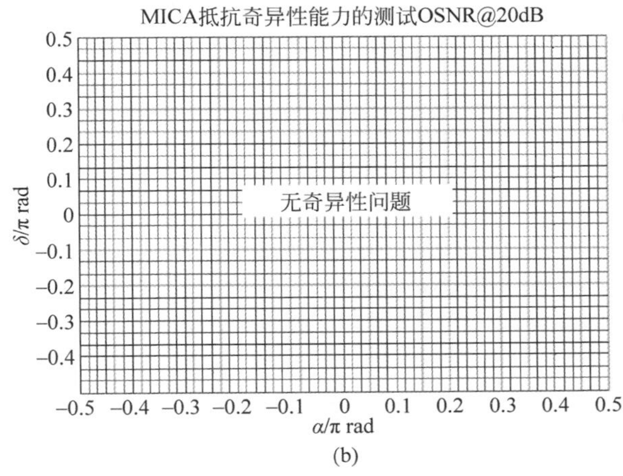

(b)

图 12-2-8　抵抗奇异性能力测试

(a) CMA 算法结果；(b) MICA 算法结果

偏振相关损耗(PDL)会加重奇异性问题。图 12-2-9(a)和(b)讨论了光纤中还存在不同 PDL 的情形下,CMA 算法和 MICA 算法的性能。结果表明 PDL 会加重 CMA 算法的奇异性问题:发生奇异性的角度范围和概率都随着 PDL 的增大而增大;而 MICA 算法则始终没受到 PDL 的影响,在 PDL 高达 6dB 时仍能保证系统性能。可见,MICA 算法具有非常强的抵抗奇异性问题的能力。

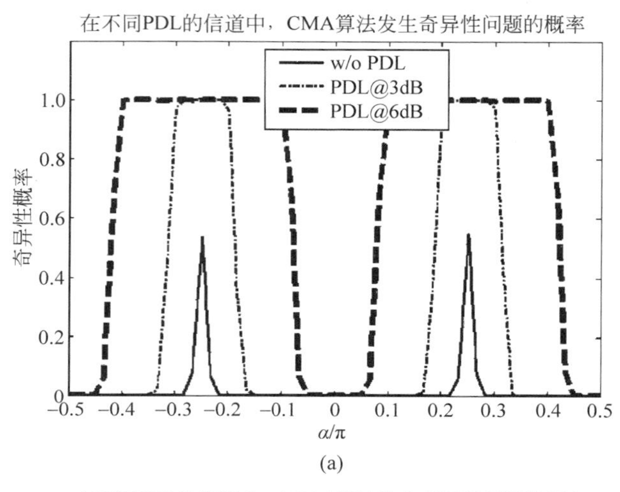

(a)

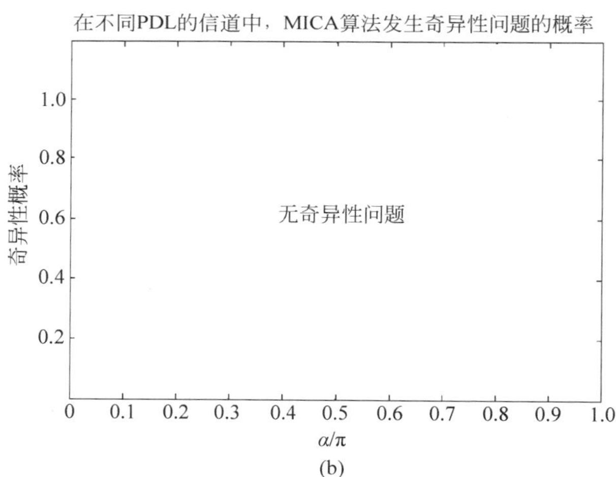

(b)

图 12-2-9　PDL 对于 CMA 算法和 MICA 算法偏分解复用性能的影响

(a) PDL 对于 CMA 算法的影响;(b) PDL 对于 MICA 算法的影响;

12.2.3　基于斯托克斯空间的偏振效应均衡算法

高阶调制信号可以在琼斯空间进行处理,也可以将星座点映射到斯托克斯空间去处理。由于斯托克斯空间是研究偏振效应的非常直观的空间,因此利用斯托克斯空间研究偏振效应均衡非常有效[29]。

在琼斯空间中，高阶调制信号矢量可以表示成

$$|E\rangle=\frac{1}{\sqrt{2}}\begin{pmatrix}e_x\\e_y\end{pmatrix}=\frac{1}{\sqrt{2}}\begin{pmatrix}a_x\exp(\mathrm{j}\phi_x)\\a_y\exp(\mathrm{j}\phi_y)\end{pmatrix}\tag{12.2.32}$$

其中，a_x 和 a_y 是 x 偏振和 y 偏振信号的振幅，ϕ_x 和 ϕ_y 是相位。对于 QPSK 信号，ϕ_x 和 ϕ_y 分别取 $\pi/4$、$-\pi/4$、$3\pi/4$、$-3\pi/4$，如图 12-2-10(a)所示。如果映射到斯托克斯空间，转换公式为

$$\boldsymbol{S}=\begin{pmatrix}S_0\\S_1\\S_2\\S_3\end{pmatrix}=\frac{1}{2}\begin{pmatrix}e_xe_x^*+e_ye_y^*\\e_xe_x^*-e_ye_y^*\\e_x^*e_y+e_xe_y^*\\-\mathrm{j}e_x^*e_y+\mathrm{j}e_xe_y^*\end{pmatrix}=\frac{1}{2}\begin{pmatrix}a_x^2+a_y^2\\a_x^2-a_y^2\\2a_xa_y\cos\Delta\phi\\2a_xa_y\sin\Delta\phi\end{pmatrix}\tag{12.2.33}$$

其中，$\Delta\phi=\phi_y-\phi_x$。对于 QPSK 信号，$\Delta\phi$ 取$\pm\pi/2$ 和$\pm\pi$。在光强没有损失的情况下，定义的矢量点$(S_1, S_2, S_3)^{\mathrm{T}}$ 形成斯托克斯空间的一系列星座点。如果偏分解复用完成以后，对于理想的 QPSK 信号，$a_x=a_y$，$S_1\propto a_x^2-a_y^2=0$，其在斯托克斯空间形成的星座点位于 S_2-S_3 平面内，该平面的法线指向 S_1 轴，法线与庞加莱球的交点 $\boldsymbol{H}=(1,0,0)^{\mathrm{T}}$，$\boldsymbol{V}=(-1,0,0)^{\mathrm{T}}$ 代表水平和垂直线偏振态，如图 12-2-10(b)所示。如果没有进行偏分解复用，由于偏振旋转的作用，其星座点组成的平面不再是 S_2-S_3 平面，而是旋转了一个角度，但是保持整体形状不变，如图 12-2-10(c)所示。这一点在 11.3 节已经讨论过。

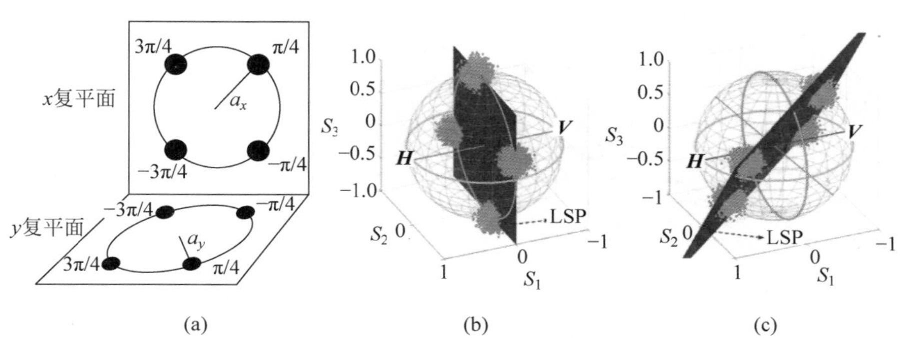

图 12-2-10　在 x、y 偏振复平面和斯托克斯空间考察偏分复用信号的星座点

(a) 偏分复用的 QPSK 信号在 x、y 偏振复平面内的星座点；
(b) 映射到斯托克斯空间的星座点；(c) 有偏振旋转的斯托克斯空间星座点

对于偏分复用16-QAM信号，乃至更高阶的调制信号，其复平面内的星座点分布在不同半径 r_m 的圆环上(对于16-QAM信号，所有星座点位于半径比值为 $1:\sqrt{5}:\sqrt{9}$ 的三个圆环上)，如图12-2-11(a)所示。其在琼斯空间表示成

$$|E\rangle=\frac{1}{\sqrt{2}}\begin{pmatrix}e_x\\e_y\end{pmatrix}=\frac{1}{\sqrt{2}}\begin{pmatrix}r_m\exp(\mathrm{j}\phi_x)\\r_n\exp(\mathrm{j}\phi_y)\end{pmatrix}\tag{12.2.34}$$

则在斯托克斯空间映射为

$$\boldsymbol{S}=\begin{pmatrix}S_0\\S_1\\S_2\\S_3\end{pmatrix}=\frac{1}{2}\begin{pmatrix}r_m^2+r_n^2\\r_m^2-r_n^2\\2r_mr_n\cos\Delta\phi\\2r_mr_n\sin\Delta\phi\end{pmatrix}\tag{12.2.35}$$

其中，

$$S_1\propto r_m^2-r_n^2\begin{cases}=0, r_m=r_n\\>0, r_m>r_n\\<0, r_m<r_n\end{cases}\tag{12.2.36}$$

即如果琼斯空间中星座点在 x、y 复平面处于同一半径上，其斯托克斯空间星座点位于 S_2-S_3 平面。否则处于该平面靠 S_1 轴正向一侧($r_m>r_n$)或者负向一侧($r_m<r_n$)，并且是对称分布的。因此所有星座点整体构成一个垂直于 S_1 轴的对称圆饼状，如图12-2-11(b)所示。

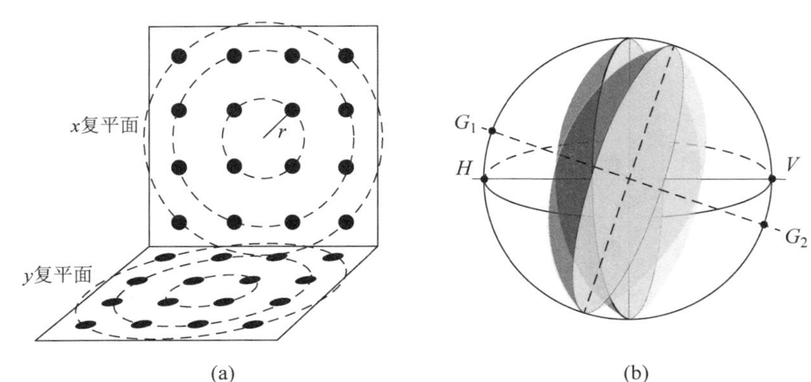

图12-2-11　在 x、y 偏振复平面和斯托克斯空间考察偏分复用16-QAM的星座点

(a) 偏分复用16-QAM信号在 x、y 偏振复平面内的星座点；(b) 映射到斯托克斯空间，星座点更加密集，所有星座点整体构成一个垂直于 S_1 轴的对称圆盘形状，其两个对称面法线方向为水平线偏振 H 与垂直线偏振 V。经过偏振旋转后，对称圆盘整体旋转了，其两个对称面法线也由 H 与 V 转到 G_1 和 G_2

从上面的分析可见，偏振旋转造成斯托克斯空间里星座点的整体旋转。再叠加上偏振模色散以后，星座点在原来的位置上散得更开，如图 12-2-12 所示。

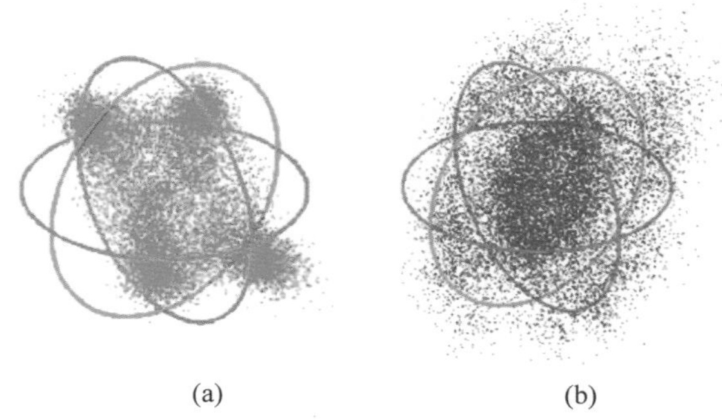

图 12-2-12　在斯托克斯空间中偏振模色散对于星座点的影响
(a) 只有偏振旋转作用下的星座点；(b) 叠加上偏振模色散以后，星座点散得更开

基于上述理论，2010 年安捷伦的萨夫拉尼斯(Szafranies)等提出了基于斯托克斯空间的偏分解复用方法，其思路为当 x、y 偏振复平面中所有星座点映射到斯托克斯空间后，这些星座点整体构成一个对称圆饼形。这个圆饼的对称面可以由最小二乘法等拟合出来(也可以用其他数学方法)，找到对称面法线与庞加莱球的两个交点 G_1 和 G_2，即找到接收信号的偏振态信息。把偏振态从任意椭圆偏振变为水平和垂直线偏振，相应的 G_1 和 G_2 点转回 H 点和 V 点，圆饼对称面将旋转到 S_2-S_3 平面，如图 12-2-11(b)所示，以实现光信号的偏分解复用。

下面建立上述过程的变换关系。假设发射端的两个正交偏振态为$(1,\ 0)^{\mathrm{T}}$ 和 $(0,\ 1)^{\mathrm{T}}$，在光纤中经过偏振旋转分别变为$|g_1\rangle$和$|g_2\rangle$两个偏振态，它们之间也是正交的。由第 2 章可知，对于任意椭圆偏振$|g_1\rangle$和$|g_2\rangle$有两种描述，$|g_1(\alpha,\delta)\rangle$和$|g_2(\alpha,\delta)\rangle$，以及$|g_1(\theta,\beta)\rangle$和$|g_2(\theta,\beta)\rangle$。相应地，RSOP 变换矩阵分别为

$$\boldsymbol{J}_{\mathrm{RSOP}}(\alpha,\delta)=\begin{pmatrix}\cos\alpha\,\mathrm{e}^{-\mathrm{j}\delta/2} & -\sin\alpha\,\mathrm{e}^{-\mathrm{j}\delta/2}\\ \sin\alpha\,\mathrm{e}^{\mathrm{j}\delta/2} & \cos\alpha\,\mathrm{e}^{\mathrm{j}\delta/2}\end{pmatrix}\tag{12.2.37}$$

或

$$\boldsymbol{J}_{\mathrm{RSOP}}(\theta,\beta)=\begin{pmatrix}\cos\theta\cos\beta-\mathrm{j}\sin\theta\sin\beta & -\sin\theta\cos\beta+\mathrm{j}\cos\theta\sin\beta\\ \sin\theta\cos\beta+\mathrm{j}\cos\theta\sin\beta & \cos\theta\cos\beta+\mathrm{j}\sin\theta\sin\beta\end{pmatrix}\tag{12.2.38}$$

这两个 RSOP 变换矩阵恰好是 11.2 节讨论过的两种 RSOP 模型(式(11.2.5)和式(11.2.3))。式(12.2.37)中的 RSOP 矩阵将发射端两个正交的偏振态$(1,\ 0)^{\mathrm{T}}$ 和 $(0,\ 1)^{\mathrm{T}}$ 变换成

$$\begin{cases} |g_1\rangle = \begin{pmatrix} \cos\alpha\,\mathrm{e}^{-\mathrm{j}\delta/2} & -\sin\alpha\,\mathrm{e}^{-\mathrm{j}\delta/2} \\ \sin\alpha\,\mathrm{e}^{\mathrm{j}\delta/2} & \cos\alpha\,\mathrm{e}^{\mathrm{j}\delta/2} \end{pmatrix} \begin{pmatrix} 1 \\ 0 \end{pmatrix} = \begin{pmatrix} \cos\alpha\,\mathrm{e}^{-\mathrm{j}\delta/2} \\ \sin\alpha\,\mathrm{e}^{\mathrm{j}\delta/2} \end{pmatrix} \\ |g_2\rangle = \begin{pmatrix} \cos\alpha\,\mathrm{e}^{-\mathrm{j}\delta/2} & -\sin\alpha\,\mathrm{e}^{-\mathrm{j}\delta/2} \\ \sin\alpha\,\mathrm{e}^{\mathrm{j}\delta/2} & \cos\alpha\,\mathrm{e}^{\mathrm{j}\delta/2} \end{pmatrix} \begin{pmatrix} 0 \\ 1 \end{pmatrix} = \begin{pmatrix} -\sin\alpha\,\mathrm{e}^{-\mathrm{j}\delta/2} \\ \cos\alpha\,\mathrm{e}^{\mathrm{j}\delta/2} \end{pmatrix} \end{cases} \tag{12.2.39}$$

式(12.2.38)的 RSOP 矩阵将发射端两个正交偏振态$(1,0)^{\mathrm{T}}$和$(0,1)^{\mathrm{T}}$变换成

$$\begin{cases} |g_1\rangle = \begin{pmatrix} \cos\theta\cos\beta - \mathrm{j}\sin\theta\sin\beta & -\sin\theta\cos\beta + \mathrm{j}\cos\theta\sin\beta \\ \sin\theta\cos\beta + \mathrm{j}\cos\theta\sin\beta & \cos\theta\cos\beta + \mathrm{j}\sin\theta\sin\beta \end{pmatrix} \begin{pmatrix} 1 \\ 0 \end{pmatrix} \\ \qquad = \begin{pmatrix} \cos\theta\cos\beta - \mathrm{j}\sin\theta\sin\beta \\ \sin\theta\cos\beta + \mathrm{j}\cos\theta\sin\beta \end{pmatrix} \\ |g_2\rangle = \begin{pmatrix} \cos\theta\cos\beta - \mathrm{j}\sin\theta\sin\beta & -\sin\theta\cos\beta + \mathrm{j}\cos\theta\sin\beta \\ \sin\theta\cos\beta + \mathrm{j}\cos\theta\sin\beta & \cos\theta\cos\beta + \mathrm{j}\sin\theta\sin\beta \end{pmatrix} \begin{pmatrix} 0 \\ 1 \end{pmatrix} \\ \qquad = \begin{pmatrix} -\sin\theta\cos\beta + \mathrm{j}\cos\theta\sin\beta \\ \cos\theta\cos\beta + \mathrm{j}\sin\theta\sin\beta \end{pmatrix} \end{cases} \tag{12.2.40}$$

从斯托克斯空间求出 G_1 和 G_2 的坐标$\pm(S_1, S_2, S_3)^{\mathrm{T}}$后，就可由下式反算出$(\alpha,\delta)$或$(\theta,\beta)$。

$$\begin{cases} \cos2\alpha = \dfrac{S_1}{S_0}, \quad 0 \leqslant \alpha \leqslant 90^\circ \\ \tan\delta = \dfrac{S_3}{S_2}, \quad 0 \leqslant \delta \leqslant 2\pi \end{cases} \tag{12.2.41}$$

$$\begin{cases} \tan2\theta = \dfrac{S_2}{S_1}, \quad 0 \leqslant \theta \leqslant 180^\circ \\ \sin2\beta = \dfrac{S_3}{S_0}, \quad -45^\circ \leqslant \beta \leqslant 45^\circ \end{cases} \tag{12.2.42}$$

根据上述理论，偏分解复用的步骤如下：

(1) 将 x、y 偏振复平面中的所有星座点映射到斯托克斯空间；

(2) 利用最小二乘等拟合方法，求所有星座点组成的圆饼形的对称平面；

(3) 求得这个对称平面的法线在庞加莱球上的两个端点 G_1 与 G_2 的斯托克斯坐标$\pm(S_1, S_2, S_3)^{\mathrm{T}}$。

(4) 利用 G_1 和 G_2 点的坐标，通过式(12.2.41)反算出振幅比角 α 和相位差 δ，或者通过式(12.2.42)，反求出方位角 θ 和椭圆率 β。

$$\cos2\alpha = \frac{S_1}{\sqrt{S_1^2 + S_2^2 + S_3^2}}, \quad \tan\delta = \frac{S_3}{S_2} \tag{12.2.43}$$

$$\tan 2\theta = \frac{S_2}{S_1}, \quad \sin 2\beta = \frac{S_3}{\sqrt{S_1^2 + S_2^2 + S_3^2}} \tag{12.2.44}$$

利用上述所求得的参数，求得逆矩阵 $\boldsymbol{J}_{\mathrm{RSOP}}^{-1}(\alpha,\delta)$ 或 $\boldsymbol{J}_{\mathrm{RSOP}}^{-1}(\theta,\beta)$，利用逆矩阵 $\boldsymbol{J}_{\mathrm{RSOP}}^{-1}$ 反变换偏振态 $|g_1\rangle$ 和 $|g_2\rangle$，得到原始的正交偏振态。

值得注意的是，对 RSOP 的补偿应该与建模方式无关。即以式(12.2.37)的建模 $\boldsymbol{J}_{\mathrm{RSOP}}(\alpha,\delta)$ 既可以用自身的逆矩阵 $\boldsymbol{J}_{\mathrm{RSOP}}^{-1}(\alpha,\delta)$ 补偿，也可以用式(12.2.38)的 $\boldsymbol{J}_{\mathrm{RSOP}}^{-1}(\theta,\beta)$ 来补偿。然而第 11 章已经讨论过，运用上述算法来补偿 RSOP，对 RSOP 的补偿只能用自身的逆矩阵，不同种建模之间不能互补。这在实际系统中显然不可行。

下面介绍如何在斯托克斯空间解决偏振相关损耗的均衡问题[30]。偏振相关损耗 PDL 的作用等价于下面的矩阵

$$\boldsymbol{J}_{\mathrm{PDL}}(\rho) = \begin{pmatrix} \sqrt{1-\rho} & 0 \\ 0 & \sqrt{1+\rho} \end{pmatrix} \tag{12.2.45}$$

其中 $0<\rho<1$ 是 PDL 参量，相应的偏振相关损耗为

$$\Gamma_{\mathrm{dB}} = 10\lg\left(\frac{1+\rho}{1-\rho}\right) \tag{12.2.46}$$

首先考察只有 PDL 作用而没有偏振旋转时，信号在斯托克斯空间如何变化。以偏分复用的 QPSK 信号为例，输入信号为 $|E_{\mathrm{in}}\rangle = (a_x, a_y \mathrm{e}^{\mathrm{j}\phi_{km}})^{\mathrm{T}}, k, m = 1, 2, 3, 4$，输出信号为

$$|E_{\mathrm{out}}\rangle = \boldsymbol{J}_{\mathrm{PDL}}(\rho)\,|E_{\mathrm{in}}\rangle = \begin{pmatrix} a_x\sqrt{1-\rho} \\ a_y\sqrt{1+\rho}\,\mathrm{e}^{\mathrm{j}\phi_{km}} \end{pmatrix} \tag{12.2.47}$$

这样，在斯托克斯空间各个星座点的坐标为

$$\begin{cases} S_{0,km} = 2a_{xy}^2 \\ S_{1,km} = -2\rho a_{xy}^2 \\ S_{2,km} = 2a_{xy}^2\sqrt{1-\rho}\sqrt{1+\rho}\cos\phi_{km} \\ S_{3,km} = 2a_{xy}^2\sqrt{1-\rho}\sqrt{1+\rho}\sin\phi_{km} \end{cases} \tag{12.2.48}$$

其中，$a_{xy}^2 = a_x a_y$。

如果对各个斯托克斯分量求平均 $\langle S_{i,km}\rangle = (1/16)\sum_{k=1}^{4}\sum_{m=1}^{4} S_{i,km}, i=1,2,3$，则

$$\begin{cases} \langle S_{1,km}\rangle = -2\rho a_{xy}^2 = d \\ \langle S_{2,km}\rangle = 0 \\ \langle S_{3,km}\rangle = 0 \end{cases} \tag{12.2.49}$$

这样，星座点的重心移到$(S_1,S_2,S_3)=(-2\rho a_{xy}^2,0,0)$处，且对称平面平行于$S_2$-$S_3$平面，对称平面的法线方向为$\hat{\boldsymbol{n}}=(1,0,0)^{\mathrm{T}}$，如图 12-2-13(b)所示。根据式(12.2.49)，得到估计的 PDL 参量

$$\rho_d=-\frac{d}{2a_{xy}^2} \tag{12.2.50}$$

其中d是所有星座点重心的斯托克斯矢量在S_1轴上的分量，也可以看成星座点重心离开坐标原点的距离。在琼斯空间中，将偏分复用信号乘以矩阵$\boldsymbol{J}_{\mathrm{PDL}}(-\rho_d)$，就可以补偿 PDL。

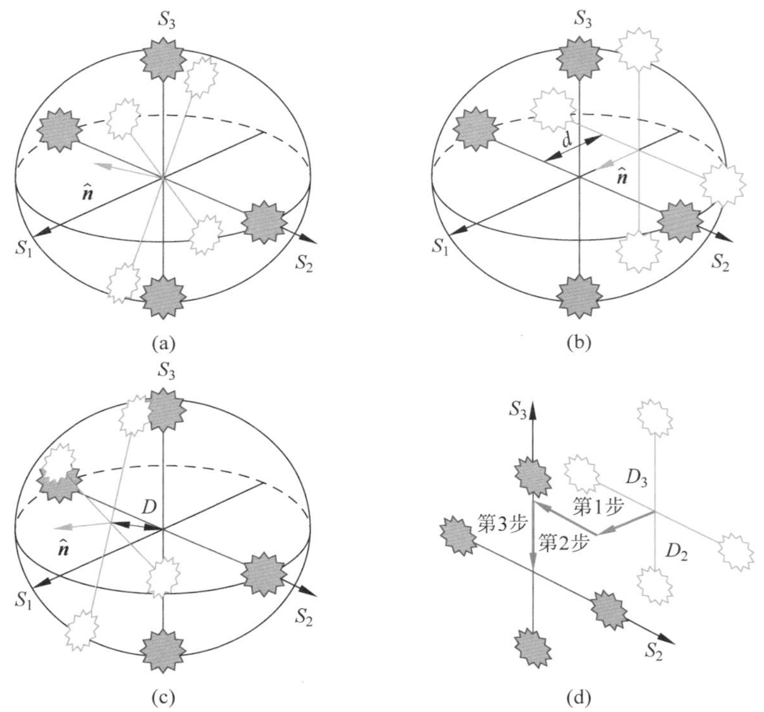

图 12-2-13 PDL 对于斯托克斯空间中星座点的影响

(a) 只有偏振旋转时星座点的变化；(b) 只有 PDL 时星座点的变化；(c) 既有偏振旋转，又有 PDL 时星座点的变化；(d) 在图(c)的情况下，先进行偏分解复用，随后执行第 1 步、第 2 步和第 3 步补偿 PDL

其次考察偏振相关损耗和偏振态旋转同时存在时的 PDL 补偿。如图 12-2-13(c)所示，当 PDL 与 RSOP 共同作用时，星座点的重心离开坐标中心一个D的距离，且星座点对称平面不再平行于S_2-S_3平面，其法线方向不再是$\hat{\boldsymbol{n}}=(1,0,0)^{\mathrm{T}}$，而是变化到$\hat{\boldsymbol{n}}=(S_1,S_2,S_3)^{\mathrm{T}}$。

假定将 N 个采样符号一起处理，先求得它们所有星座点的重心坐标 $(\langle S_{1,km}\rangle,\langle S_{2,km}\rangle,\langle S_{3,km}\rangle)$，其中 $\langle S_{i,km}\rangle=(1/N)\sum_{j}^{N} S_{i,km,j}$，$i=1,2,3$。这里星座点重心作为位置矢量是 $\boldsymbol{D}=(D_1,D_2,D_3)^{\mathrm{T}}$，其模值为

$$D=\sqrt{\langle S_{1,km}\rangle^2+\langle S_{2,km}\rangle^2+\langle S_{3,km}\rangle^2} \tag{12.2.51}$$

此时估计得到的 PDL 为

$$|\rho_D|=\frac{D}{2a_{xy}^2} \tag{12.2.52}$$

PDL 和 RSOP 同时存在时的均衡方法如下。

(1) 进行偏分解复用。

(2) 偏分解复用以后对称平面法线已经转向 $\hat{\boldsymbol{n}}=(1,0,0)^{\mathrm{T}}$，随后在 S_1 轴上平移对称平面到 S_2-S_3 平面，这就相当于图 12-2-13(d)中实施的第 1 步，此时对称平面重心位置变化到$(0,D_2,D_3)$。这在琼斯空间相当于乘以 $\boldsymbol{J}_{\mathrm{PDL}}(-\rho_1)$矩阵$(\rho_1=-D_1/2a_{xy}^2)$。

(3) 将星座点整体绕 S_3 轴旋转 $\chi=\pi/2$，对称平面转到了 S_1-S_3 平面。这在琼斯空间相当于乘以矩阵

$$\boldsymbol{U}_3(\chi)=\begin{pmatrix}\cos\chi/2 & -\sin\chi/2\\ \sin\chi/2 & \cos\chi/2\end{pmatrix} \tag{12.2.53}$$

随后在 S_2 轴上整体平移星座点，使得重心变为$(0,0,D_3)$，在琼斯空间相当于乘以 $\boldsymbol{J}_{\mathrm{PDL}}(-\rho_2)$矩阵$(\rho_2=-D_2/2a_{xy}^2)$。此时星座点重心位于 S_3 轴上。为了使星座点复原，还要再旋转$-\pi/2$，使对称平面再次回到 S_2-S_3 平面，相对于在琼斯空间乘以 $\boldsymbol{U}_3(-\pi/2)$。整个过程相当于图 12-2-13(d)中实施的第 2 步。

(4) 将星座点整体绕 S_2 轴旋转 $\sigma=\pi/2$，相应地，对称平面转到 S_1-S_2 平面。这在琼斯空间相当于乘以矩阵

$$\boldsymbol{U}_2(\sigma)=\begin{pmatrix}\cos\sigma/2 & \mathrm{j}\sin\sigma/2\\ \mathrm{j}\sin\sigma/2 & \cos\sigma/2\end{pmatrix} \tag{12.2.54}$$

在 S_3 轴上整体平移星座点，使得重心变为$(0,0,0)$，在琼斯空间相当于乘以 $\boldsymbol{J}_{\mathrm{PDL}}(-\rho_3)$矩阵$(\rho_3=-D_3/2a_{xy}^2)$。为了使星座点复原，还要再旋转$-\pi/2$，使对称平面再次回到 S_2-S_3 平面，相对于在琼斯空间乘以 $\boldsymbol{U}_2(-\pi/2)$。整个过程相当于图 12-2-13(d)中实施的第 3 步。

上述过程写成一个整体变换公式，表示为

$$|E_{\mathrm{out}}\rangle=\underbrace{\boldsymbol{U}_2(-\pi/2)\boldsymbol{J}_{\mathrm{PDL}}(-\rho_3)\boldsymbol{U}_2(\pi/2)}_{\text{第3步}}\underbrace{\boldsymbol{U}_3(-\pi/2)\boldsymbol{J}_{\mathrm{PDL}}(-\rho_2)\boldsymbol{U}_3(\pi/2)}_{\text{第2步}}\times$$

$$\underbrace{\boldsymbol{J}_{\mathrm{PDL}}(-\rho_1)}_{\text{第1步}}\underbrace{\boldsymbol{J}_{\mathrm{RSOP}}^{-1}}_{\text{偏分解复用}}|E_{\mathrm{in}}\rangle \tag{12.2.55}$$

12.3 相干检测光纤通信系统中基于卡尔曼滤波器的偏振效应均衡技术

12.3.1 卡尔曼滤波器概述

本节介绍基于卡尔曼滤波器的偏振效应均衡算法。该算法可以联合处理超快的偏振态旋转(可以达兆弧度每秒)和大的偏振模色散(几倍符号周期)造成的信号损伤,可以补偿光纤链路中的残余色散(residual chromatic dispersion,RCD),并且能将频偏估计和载波相位恢复也纳入基于卡尔曼滤波器的联合算法中。

卡尔曼滤波器是匈牙利科学家鲁道夫·卡尔曼提出的,1960 年他发表名为 *A New Approach to Linear Filtering and Prediction Problems* 的论文[31]。

卡尔曼滤波器是一种在噪声背景下恢复数据的信息处理算法,它采用状态空间对所研究的系统进行描述,通过测量空间中的测量量来构造均衡收敛判据,采用递推方式实现系统的状态估计并更新。而以 CMA 为代表的偏振均衡算法采用多抽头的 FIR 结构,一次需处理多个符号的计算(符号数为抽头数),需要存储量大、收敛速度慢。卡尔曼滤波器应用递推计算,根据前一个符号的状态以及与测量量的差距估计目前符号的偏差,从而实现更新,一次只处理一个符号,所需存储量小、运算量不大,收敛速度快,非常适合于实时信号处理。因此,可以将卡尔曼滤波器引入光纤通信系统的损伤均衡中。本节将对卡尔曼滤波算法进行详细介绍。

卡尔曼滤波算法处理的离散线性动态系统可由描述状态矢量的过程方程

$$\boldsymbol{x}_k = \boldsymbol{F}_{k-1}\boldsymbol{x}_{k-1} + \boldsymbol{w}_{k-1} \tag{12.3.1}$$

和描述可测量矢量的测量方程

$$\boldsymbol{z}_k = \boldsymbol{H}_k\boldsymbol{x}_k + \boldsymbol{v}_k \tag{12.3.2}$$

描述。

在过程方程中,$\boldsymbol{x}_k$ 表示状态量,一般是不可测量的。$\boldsymbol{F}_{k-1}$ 表示状态转移矩阵,$\boldsymbol{w}_{k-1}$ 表示过程更新中引入的噪声,服从$\mathcal{N}(0,\boldsymbol{Q}_{k-1})$,$\boldsymbol{Q}_{k-1}$ 是过程噪声协方差矩阵。下标 k 和 $k-1$ 表示时序。在测量方程中,$\boldsymbol{z}_k$ 表示测量量,是可以观测的,$\boldsymbol{H}_k$ 为测量矩阵,建立了状态量与测量量之间的关系。$\boldsymbol{v}_k$ 表示观测噪声,服从$\mathcal{N}(0,\boldsymbol{R}_k)$,$\boldsymbol{R}_k$ 是测量噪声协方差矩阵。

卡尔曼滤波器通过迭代运算,求得状态量 $\boldsymbol{x}_k$ 的最优估计(也叫作后验估计)$\hat{\boldsymbol{x}}_k$。假设已知 $k-1$ 时刻状态量的后验估计 $\hat{\boldsymbol{x}}_{k-1}$ 以及其误差协方差矩阵 $\boldsymbol{P}_{k-1}$。首先根据过程方程(12.3.1),计算得到 k 时刻状态量的先验估计

$$\hat{\boldsymbol{x}}_k^- = \mathrm{E}[\boldsymbol{F}_{k-1}\hat{\boldsymbol{x}}_{k-1} + \boldsymbol{w}_{k-1}] = \boldsymbol{F}_{k-1}\hat{\boldsymbol{x}}_{k-1} \tag{12.3.3}$$

以及先验估计的误差协方差矩阵

$$\begin{aligned}\boldsymbol{P}_k^- &= \mathrm{E}[\boldsymbol{e}_k^- \cdot (\boldsymbol{e}_k^-)^{\mathrm{T}}] \\ &= \mathrm{E}[(\boldsymbol{x}_k - \hat{\boldsymbol{x}}_k^-)(\boldsymbol{x}_k - \hat{\boldsymbol{x}}_k^-)^{\mathrm{T}}] \\ &= \mathrm{E}[(\boldsymbol{F}_{k-1}(\boldsymbol{x}_{k-1} - \hat{\boldsymbol{x}}_{k-1}) + \boldsymbol{w}_{k-1})(\boldsymbol{F}_{k-1}(\boldsymbol{x}_{k-1} - \hat{\boldsymbol{x}}_{k-1}) + \boldsymbol{w}_{k-1})^{\mathrm{T}}] \\ &= \boldsymbol{F}_{k-1}\boldsymbol{P}_{k-1}\boldsymbol{F}_{k-1}^{\mathrm{T}} + \boldsymbol{Q}_{k-1}\end{aligned} \tag{12.3.4}$$

其中，$\boldsymbol{e}_k^-$ 表示先验估计误差，E[·]表示取数学期望运算。

随后根据测量方程(12.3.2)，利用测量值对状态量的先验估计 $\hat{\boldsymbol{x}}_k^-$ 进行纠正，以得到 k 时刻的最优估计值 $\hat{\boldsymbol{x}}_k$，计算公式如下：

$$\hat{\boldsymbol{x}}_k = \hat{\boldsymbol{x}}_k^- + \boldsymbol{K}_k(\boldsymbol{z}_k - \boldsymbol{H}_k \cdot \hat{\boldsymbol{x}}_k^-) \tag{12.3.5}$$

其中，$\Delta_k = \boldsymbol{z}_k - \boldsymbol{H}_k \cdot \hat{\boldsymbol{x}}_k^-$，称为测量值的残差或新息，用来对先验估计 $\hat{\boldsymbol{x}}_k^-$ 进行纠正。$\boldsymbol{K}_k$ 称为卡尔曼增益，用来放大或者缩小测量残差对 $\hat{\boldsymbol{x}}_k^-$ 进行纠正时的比例。

为了确定卡尔曼增益 $\boldsymbol{K}_k$ 矩阵，根据式(12.3.5)，可计算出状态量的后验估计误差

$$\begin{aligned}\boldsymbol{e}_k &= \boldsymbol{x}_k - \hat{\boldsymbol{x}}_k \\ &= \boldsymbol{x}_k - \hat{\boldsymbol{x}}_k^- - \boldsymbol{K}_k(\boldsymbol{z}_k - \boldsymbol{H}_k\hat{\boldsymbol{x}}_k^-) \\ &= (\boldsymbol{I} - \boldsymbol{K}_k\boldsymbol{H}_k)\boldsymbol{e}_k^- - \boldsymbol{K}_k\boldsymbol{v}_k\end{aligned} \tag{12.3.6}$$

相应的后验估计误差协方差为

$$\begin{aligned}\boldsymbol{P}_k &= \mathrm{E}[\boldsymbol{e}_k\boldsymbol{e}^{\mathrm{T}}{}_k] \\ &= \mathrm{E}[((\boldsymbol{I} - \boldsymbol{K}_k\boldsymbol{H}_k)\boldsymbol{e}_k^- - \boldsymbol{K}_k\boldsymbol{v}_k)((\boldsymbol{I} - \boldsymbol{K}_k\boldsymbol{H}_k)\boldsymbol{e}_k^- - \boldsymbol{K}_k\boldsymbol{v}_k)^{\mathrm{T}}] \\ &= (\boldsymbol{I} - \boldsymbol{K}_k\boldsymbol{H}_k)\boldsymbol{P}_k^-(\boldsymbol{I} - \boldsymbol{K}_k\boldsymbol{H}_k)^{\mathrm{T}} + \boldsymbol{K}_k\boldsymbol{R}_k\boldsymbol{K}^{\mathrm{T}}{}_k\end{aligned} \tag{12.3.7}$$

定义误差函数为

$$\begin{aligned}J_k &= \mathrm{E}[(x_{1,k} - \hat{x}_{1,k})^2] + \cdots + E[(x_{n,k} - \hat{x}_{n,k})^2] \\ &= \mathrm{E}[e_{1,k}^2 + \cdots + e_{n,k}^2] \\ &= \mathrm{E}[\mathrm{Tr}(\boldsymbol{e}_k\boldsymbol{e}_k^{\mathrm{T}})] \\ &= \mathrm{Tr}\boldsymbol{P}_k\end{aligned} \tag{12.3.8}$$

式(12.3.8)中，Tr(·)为求迹运算。更新 $\hat{\boldsymbol{x}}_k$ 的目标是使误差函数 J_k 最小，令

$$\frac{\partial J_k}{\partial \boldsymbol{K}_k} = 0 \tag{12.3.9}$$

求得 $\boldsymbol{K}_k$ 矩阵

$$\boldsymbol{K}_k = \boldsymbol{P}_k^-\boldsymbol{H}_k^{\mathrm{T}}(\boldsymbol{H}_k\boldsymbol{P}_k^-\boldsymbol{H}_k^{\mathrm{T}} + \boldsymbol{R}_k)^{-1} \tag{12.3.10}$$

显然，卡尔曼增益 $\boldsymbol{K}_k$ 矩阵可以使 $\hat{\boldsymbol{x}}_k$ 更新后误差最小。

最后将计算出的 $\boldsymbol{K}_k$ 代入式(12.7)，可求出协方差矩阵 $\boldsymbol{P}_k$ 的更新方式

$$\boldsymbol{P}_k = (\boldsymbol{I} - \boldsymbol{K}_k \boldsymbol{H}_k)\boldsymbol{P}_k^- \tag{12.3.11}$$

至此，得到了线性卡尔曼滤波器的迭代方程。总结一下：线性卡尔曼滤波器包括 2 个过程，5 个重要公式，都图示在图 12-3-1 中。①预测过程：在这一过程中，状态矢量通过状态预估方程 $\hat{\boldsymbol{x}}_k^- = \boldsymbol{F}\hat{\boldsymbol{x}}_{k-1}$ 继承 $k-1$ 时刻的状态，得到 k 时刻的先验估计 $\hat{\boldsymbol{x}}_k^-$。同时通过协方差预估方程继承 $k-1$ 时刻的状态协方差矩阵，其中包含预估过程中引入的噪声协方差矩阵 $\boldsymbol{Q}$。②校正过程：在这一过程中最核心的方程是基于测量的状态更新方程 $\hat{\boldsymbol{x}}_k = \hat{\boldsymbol{x}}_k^- + \boldsymbol{K}_k(\boldsymbol{z}_k - \boldsymbol{H}\hat{\boldsymbol{x}}_k^-)$，它在先验估计 $\hat{\boldsymbol{x}}_k^-$ 的基础上，再考虑利用先验估计 $\hat{\boldsymbol{x}}_k^-$ 引发的测量值 $\boldsymbol{H}\hat{\boldsymbol{x}}_k^-$ 与理想测量值 $\boldsymbol{z}_k$ 的差别对先验估计值 $\hat{\boldsymbol{x}}_k^-$ 进行纠正，得到后验估计 $\hat{\boldsymbol{x}}_k$，这样状态矢量得到更新。在校正过程中还需要计算卡尔曼增益矩阵 $\boldsymbol{K}_k$，对测量差$(\boldsymbol{z}_k - \boldsymbol{H}\hat{\boldsymbol{x}}_k^-)$进行放大或者缩小。当然状态协方差矩阵也需要同时更新。在一开始，还需要引入初始化的 $\hat{\boldsymbol{x}}_0$ 和 $\boldsymbol{P}_0$。

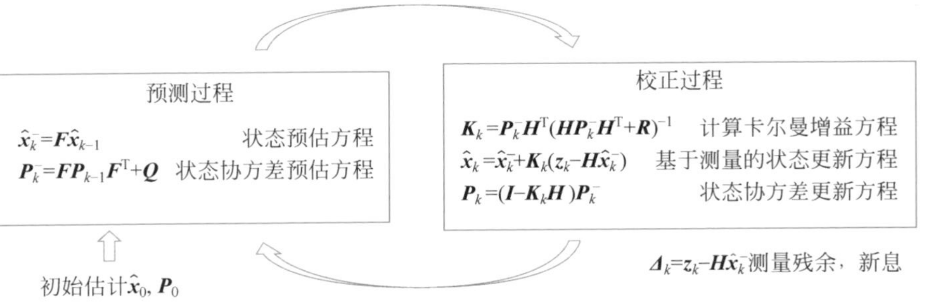

图 12-3-1 线性卡尔曼滤波器递归过程

在实际系统中，状态转移或状态量与测量量之间的关系通常不是线性的，线性卡尔曼滤波器就不再适用。为了使卡尔曼滤波器可以在非线性系统中使用，人们提出了扩展的卡尔曼滤波器(extended Kalman filter，EKF)。EKF 的思想是基于一阶泰勒展开，将非线性函数进行线性近似，以转化成线性系统来处理。

非线性系统下的过程方程以及测量方程可以表示为

$$\boldsymbol{x}_k = f(\boldsymbol{x}_{k-1}) + \boldsymbol{w}_{k-1} \tag{12.3.12}$$

$$\boldsymbol{z}_k = h(\boldsymbol{x}_k) + \boldsymbol{v}_k \tag{12.3.13}$$

其中，$f(\cdot)$和 $h(\cdot)$都是非线性函数。将 $f(\cdot)$和 $h(\cdot)$分别在 $k-1$ 时刻的后验估计和 k 时刻的先验估计处进行一阶泰勒展开

$$f(\boldsymbol{x}_{k-1}) \approx f(\hat{\boldsymbol{x}}_{k-1}) + \frac{\partial f(\hat{\boldsymbol{x}}_{k-1})}{\partial \boldsymbol{x}}(\boldsymbol{x}_{k-1} - \hat{\boldsymbol{x}}_{k-1}) \tag{12.3.14}$$

$$h(\boldsymbol{x}_k) \approx h(\hat{\boldsymbol{x}}_k^-) + \frac{\partial h(\hat{\boldsymbol{x}}_k^-)}{\partial \boldsymbol{x}}(\boldsymbol{x}_k - \hat{\boldsymbol{x}}_k^-) \tag{12.3.15}$$

并定义

$$\boldsymbol{F}_{k-1} = \left.\frac{\partial f(\boldsymbol{x}_{k-1})}{\partial \boldsymbol{x}}\right|_{x=\hat{x}_{k-1}} \tag{12.3.16}$$

$$\boldsymbol{H}_k = \left.\frac{\partial h(\boldsymbol{x}_k)}{\partial \boldsymbol{x}}\right|_{x=\hat{x}_k^-} \tag{12.3.17}$$

则针对非线性系统，EKF 的 5 个递归公式为

$$\hat{\boldsymbol{x}}_k^- = f(\hat{\boldsymbol{x}}_{k-1}) \tag{12.3.18}$$

$$\boldsymbol{P}_k^- = \boldsymbol{F}_{k-1}\boldsymbol{P}_{k-1}\boldsymbol{F}_{k-1}^{\mathrm{T}} + \boldsymbol{Q}_{k-1} \tag{12.3.19}$$

$$\boldsymbol{K}_k = \boldsymbol{P}_k^-\boldsymbol{H}_k^{\mathrm{T}}(\boldsymbol{H}_k\boldsymbol{P}_k^-\boldsymbol{H}_k^{\mathrm{T}} + \boldsymbol{R}_k)^{-1} \tag{12.3.20}$$

$$\hat{\boldsymbol{x}}_k = \hat{\boldsymbol{x}}_k^- + \boldsymbol{K}_k(\boldsymbol{z}_k - h(\hat{\boldsymbol{x}}_k^-)) \tag{12.3.21}$$

$$\boldsymbol{P}_k = (\boldsymbol{I} - \boldsymbol{K}_k\boldsymbol{H}_k)\boldsymbol{P}_k^- \tag{12.3.22}$$

EKF 的递归过程如图 12-3-2 所示，分为初始化、预测过程和校正过程。

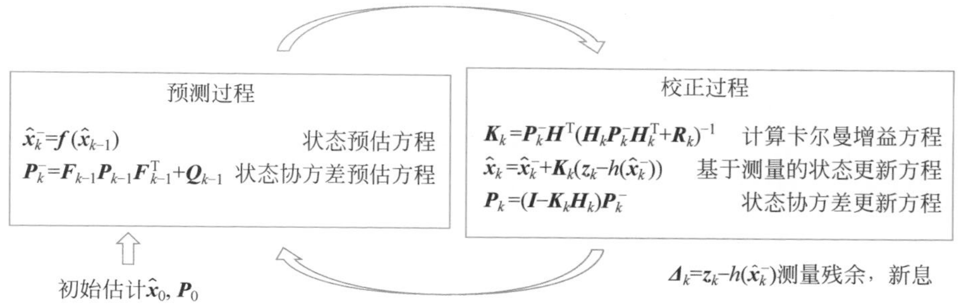

图 12-3-2　扩展卡尔曼滤波器递归过程

在初始化过程中，对状态量以及误差协方差进行初始化，分别记为 $\hat{\boldsymbol{x}}_0$ 和 $\boldsymbol{P}_0$。

在预测过程中，根据式(12.3.18)，利用上一时刻状态量的后验估计值 $\hat{\boldsymbol{x}}_{k-1}$，预测当前时刻的先验估计值 $\hat{\boldsymbol{x}}_k^-$。之后由式(12.3.19)计算先验估计的误差协方差矩阵 $\boldsymbol{P}_k^-$。并将 $\hat{\boldsymbol{x}}_k^-$ 和 $\boldsymbol{P}_k^-$ 送入校正过程。

在校正过程中，首先通过式(12.3.20)计算卡尔曼增益。之后根据式(12.3.21)，利用先验估计值 $\hat{\boldsymbol{x}}_k^-$、测量值的残差 $\Delta_k = \boldsymbol{z}_k - h(\hat{\boldsymbol{x}}_k^-)$，以卡尔曼增益来放大或缩小后，更新状态矢量，得到后验估计值 $\hat{\boldsymbol{x}}_k$，最后由式(12.3.22)计算 $\boldsymbol{P}_k$。这样卡尔曼滤波算法的一次迭代就完成了。在下一次时刻迭代开始时，由式(12.3.21)及式(12.3.22)所得的状态量的最佳估计 $\hat{\boldsymbol{x}}_k$ 以及误差协方差 $\boldsymbol{P}_k$ 又被送入下一时刻的预测过程，作为下一时刻的先验估计。

由卡尔曼滤波器理论，可以总结出卡尔曼滤波算法的三个优点：①卡尔曼滤

波器对系统状态量的更新只与前一时刻的状态信息有关，这种逐符号的迭代更新方式所需的存储量小、收敛速度快；②卡尔曼算法对状态量的更新是在先验估计的基础上，引入先验估计传递的测量，不只有新息作为更新收敛的判据，还有乘上卡尔曼增益作为收敛速度的缩放因子，使算法朝着正确的方向快速收敛；③卡尔曼滤波器利用状态空间的状态矢量来描述系统，用可测量的测量量帮助状态更新。对状态空间中状态量的选择，不只可以是信号本身，也可以是需要追踪的物理量。同时对测量量的选择也可以是任意可以测量的量。所以卡尔曼滤波算法非常灵活。在实际应用中，可以根据不同的场景进行相应状态量和测量量的设计，以达到好的均衡效果。

12.3.2 基于卡尔曼滤波器的偏振效应均衡算法概述

安捷伦公司（现名为是德科技公司）的萨夫拉尼斯（Bogdan Szafraniec）等于2010年首先将卡尔曼滤波器引入光纤通信系统的损伤均衡中，以期解决CMA算法失效后的偏振损伤的均衡问题[32]。但是笔者认为，由于没有充分考虑卡尔曼滤波器的结构与偏振造成的光信号损伤物理机制的有机结合，虽然一定程度上解决了偏振态快速变化的跟踪问题，然而又引发出另外一些难以解决的问题，比如不能补偿大PMD的问题[33]。此外安捷伦公司提出的卡尔曼算法对剩余色度色散（residual chromatic dispersion，RCD）几乎没有容忍度，容忍一定程度的RCD损伤是偏分解复用算法必须具备的能力。之后又有不少研究人员对卡尔曼滤波算法进行了改进。葡萄牙科学家穆加（Muga）提出了在斯托克斯空间中，基于卡尔曼滤波器的RSOP均衡算法[34]。然而，由于对于RSOP损伤产生机理没有深入研究，选择了两参量的RSOP补偿矩阵（光纤信道的RSOP矩阵应该包含三个独立的参量，参见11.2节），导致所提出的均衡算法对RSOP的补偿依赖于信道的RSOP模型，即不同的RSOP损伤与建模之间不能互补（11.3节），这在实际的通信系统中显然无法应用。2013年，安捷伦公司提出了基于卡尔曼滤波器的PMD均衡算法[35]，该补偿算法对PMD的补偿设计在时域进行，然而PMD是一种频域损伤，在时域只能完成部分补偿。因此该算法对PMD的容忍度小，无法补偿超过符号周期1/2的DGD。这对于极端的偏振损伤场景，无法适用。基于以上原因，上述基于卡尔曼滤波器的偏振损伤均衡算法并没有被业界所接受。

北京邮电大学研究组于2015年开始研究基于卡尔曼滤波器的损伤均衡算法，取得了一些突破性进展，例如提出了完备的三参量RSOP模型[36]，在此基础上设计了一些新架构的卡尔曼滤波算法，大大提高了卡尔曼算法追踪偏振态变化的性能；提出了时-频两域的卡尔曼滤波器架构，使卡尔曼算法具备同时均衡大PMD、超快RSOP和残余色散（RCD）的能力[37-38]；设计了基于卡尔曼滤波器的偏振效应、残余色散、频偏估计和载波相位恢复一体化均衡方案[39]，以及提出低复杂度的协方差矩阵对角化的卡尔曼滤波器架构[40]。

笔者在偏振效应损伤均衡算法的研究当中，特别赞赏美国信号处理专家西蒙·赫金(Simon Haykin，他撰写了一系列我们耳熟能详的专著)的一段话[41]：

"面对所要处理的问题，只有成功地将所运用数学的独特能力，与物理洞察力，以及与从问题背后的物理机制中提炼出来的信息充分结合起来，才能使信号处理的算法达到最佳效果。"

笔者认为，应用好卡尔曼滤波器，需要精心设计它的架构，其中最重要的是做好下面三个要素。在算法设计过程中，根据具体的应用场景，在这三个步骤里将偏振的物理机制、数学表达与算法进行有机的结合，恰当设计卡尔曼滤波器架构，以使卡尔曼滤波算法达到最佳的性能。

(1) 根据损伤产生的物理机制及统计特性，选择正确的损伤均衡算符或矩阵；

(2) 选择恰当状态空间以及该空间里面的状态矢量作为卡尔曼滤波器的监测参量；

(3) 选择合适的测量空间，构建该测量空间里面合适的测量量和新息，以作为卡尔曼滤波算法更新收敛的判据。

下面依据上述三个设计要素，首先介绍国内外其他团队对基于卡尔曼滤波器的偏振损伤均衡的研究，然后在 12.4 节介绍北京邮电大学研究组的工作。

12.3.3 国际上研究团队利用卡尔曼滤波器进行偏分解复用的案例

1. 萨夫拉尼斯团队解偏分解复用的卡尔曼滤波器架构

安捷伦公司的萨夫拉尼斯(B. Szafraniec)团队继 2010 年首次提出利用卡尔曼滤波器进行偏分解复用之后[32]，又在 2013 年发表的论文中[35]，提出了基于卡尔曼滤波器的 RSOP 与相位噪声联合均衡方案，算法设计如下。

(1) 损伤补偿均衡算符(矩阵)的选择：对于 RSOP 的补偿，考虑在不包含 PDL 损伤的前提下，其偏振损伤矩阵和补偿矩阵都应该是幺正的(7.3.1 节和 11.2.1 节)，因此选择如下矩阵：

$$\boldsymbol{B}=\begin{pmatrix} a+\mathrm{j}b & c+\mathrm{j}d \\ -c+\mathrm{j}d & a-\mathrm{j}b \end{pmatrix} \tag{12.3.23}$$

参考第 11 章中 RSOP 建模的内容，要保证这个矩阵是幺正的需要有如下的约束：

$$a^2+b^2+c^2+d^2=1 \tag{12.3.24}$$

对于相位噪声的补偿，选择如下补偿算符：

$$M = \exp(\mathrm{j}\theta) \tag{12.3.25}$$

(2) 状态量的选择。根据 RSOP 和相位噪声的补偿算符,选择状态参量和状态矢量如下:

$$\boldsymbol{x} = (a, b, c, d, \theta)^{\mathrm{T}} \tag{12.3.26}$$

(3) 选择测量量与新息。他们选择的测量量与新息如下:

$$\begin{pmatrix} \hat{z}_{x,\mathrm{out}} \\ \hat{z}_{y,\mathrm{out}} \end{pmatrix} = \boldsymbol{H}\boldsymbol{x}_k = \begin{pmatrix} z_x & \mathrm{j}z_x & z_y & \mathrm{j}z_y & \mathrm{j}(az_x + \mathrm{j}bz_x + cz_y + \mathrm{j}dz_y) \\ z_y & -\mathrm{j}z_y & -z_x & \mathrm{j}z_x & \mathrm{j}(-cz_x + \mathrm{j}dz_x + az_y - \mathrm{j}bz_y) \end{pmatrix} \begin{pmatrix} a \\ b \\ c \\ d \\ \theta \end{pmatrix}$$

$$= (1 + \mathrm{j}\theta) \begin{pmatrix} a + \mathrm{j}b & c + \mathrm{j}d \\ -c + \mathrm{j}d & a - \mathrm{j}b \end{pmatrix} \begin{pmatrix} z_{x,\mathrm{in}} \\ z_{y,\mathrm{in}} \end{pmatrix} \tag{12.3.27}$$

$$\Delta_k = \begin{pmatrix} z_{xk} \\ z_{yk} \end{pmatrix} - \mathrm{e}^{\mathrm{j}\theta} \begin{pmatrix} a + \mathrm{j}b & c + \mathrm{j}d \\ -c + \mathrm{j}d & a - \mathrm{j}b \end{pmatrix} \begin{pmatrix} z_{x,\mathrm{in}} \\ z_{y,\mathrm{in}} \end{pmatrix} \tag{12.3.28}$$

从式(12.3.27)来看,他们选择了接收的偏振复用信号$(\hat{z}_{x,\mathrm{out}}, \hat{z}_{y,\mathrm{out}})^{\mathrm{T}}$作为测量量,对标测量方程(12.3.2)。式(12.3.27)的第一行显示了从状态参量$(a, b, c, d, \theta)^{\mathrm{T}}$到测量量的变换,变换 $\boldsymbol{H}$ 矩阵是 2×5 的矩阵。式(12.3.27)的第二行显示,这个测量方程实际上是补偿算符 $\boldsymbol{B}$ 和 $\boldsymbol{M}$ 的合集,它们共同作用在输入信号$(z_{x,\mathrm{in}}, z_{y,\mathrm{in}})^{\mathrm{T}}$上。换句话说,测量方程与补偿算符是一体的。在图 12-3-3 中给出了卡尔曼滤波器成功补偿 40Gbit/s 双偏 QPSK 信号的 RSOP 和 PN 损伤的结果。然而在实际的通信系统中,由于符号本身振幅和相位与发射信息有关,接收端不可能预先知道传递来的符号是什么,尤其是经过偏振损伤后,符号的不确定性增强,因此将符号本身选择成测量量并不合理,会使均衡出现问题。

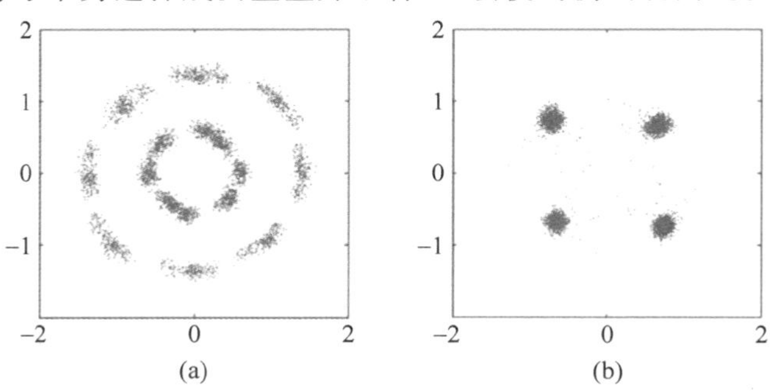

图 12-3-3　40Gbit/s 双偏 QPSK 信号

(a) 经历了 RSOP 和 PN 损伤的信号;(b) 卡尔曼滤波器补偿 RSOP 和 PN 后的信号[33]

此外，所提卡尔曼算法对于大 PMD 和 RCD 几乎没有容忍度。这是因为 PMD 和 RCD 属于频域损伤，而卡尔曼滤波器从发明那天起就是在时域运行的，因此如果没有新的卡尔曼滤波器架构，它对大 PMD 和 RCD 没有容忍度是顺理成章的。从上述论述当中可以进一步体会和理解西蒙·赫金对于算法的论述(参见 P349)。

2. 吴永洲解偏分解复用的卡尔曼滤波器架构

加拿大拉瓦尔大学的吴永洲(Wing-Chau Ng)于 2014 年提出了基于卡尔曼滤波器的 RSOP 均衡方案[42]，设计如下。

(1) 偏振损伤补偿算符(矩阵)的选择。对于 RSOP 的补偿，选择如下矩阵：

$$\boldsymbol{B}=\begin{pmatrix} a+\mathrm{j}b & c+\mathrm{j}d \\ -c+\mathrm{j}d & a-\mathrm{j}b \end{pmatrix} \tag{12.3.29}$$

满足幺正矩阵形式。

(2) 状态量的选择。按照 RSOP 补偿算符式(12.3.29)选择如下状态量：

$$\boldsymbol{x}=(a,b,c,d)^{\mathrm{T}} \tag{12.3.30}$$

(3) 选择测量量与新息。考虑均衡后的 x、y 信号强度相等，并且 RSOP 补偿矩阵应满足 $a^2+b^2+c^2+d^2=1$ 的约束，因此设计新息如下：

$$\boldsymbol{\Delta}_k=\begin{pmatrix}0\\1\end{pmatrix}-\begin{pmatrix}\langle |X_{\mathrm{out}}|^2-|Y_{\mathrm{out}}|^2\rangle \\ a^2+b^2+c^2+d^2\end{pmatrix} \tag{12.3.31}$$

与安捷伦公司团队的做法有一些区别，拉瓦尔大学团队对于 RSOP 补偿矩阵里面的 a、b、c、d 元素给了约束。补偿结果如图 12-3-4 所示，可以看出，补偿后的信号在斯托克斯空间构成的拟合平面成功回到 S_2-S_3 平面，说明 RSOP 得到补偿。

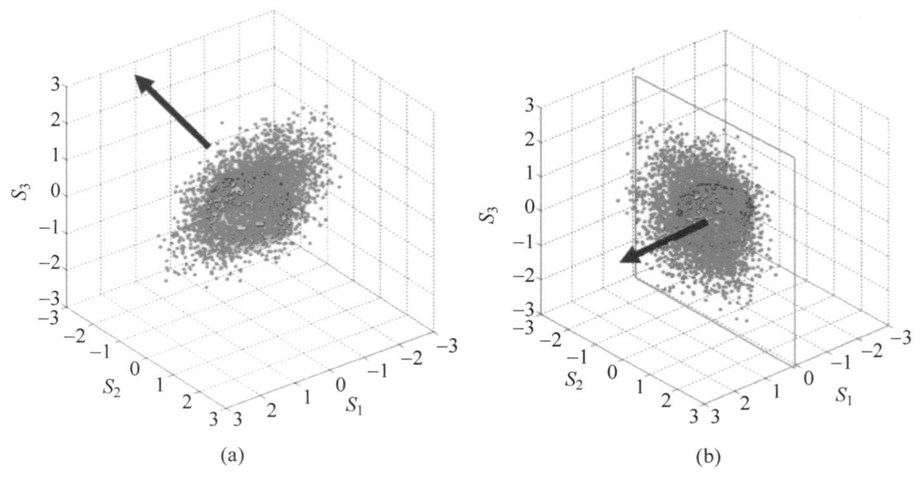

图 12-3-4　经历 RSOP 的信号(a)和补偿 RSOP 后的信号(b)[42]

3. 葡萄牙阿威罗大学穆加团队解偏分解复用的卡尔曼滤波器架构

葡萄牙阿威罗大学的穆加(Muga)在2015年发表的论文中，提出了基于卡尔曼滤波器的RSOP均衡方案[34]。

大家知道，对于偏分复用QPSK信号，在RSOP均衡以后，其在斯托克斯空间中的星座点将位于S_2-S_3平面，同时平面的法线方向指向水平偏振$\boldsymbol{H}=(1,0,0)^{\mathrm{T}}$和垂直偏振$\boldsymbol{V}=(-1,0,0)^{\mathrm{T}}$方向。设信号经历RSOP后，星座点位于某平面：

$$as_1+bs_2+cs_3+d=0 \tag{12.3.32}$$

其中，s_1、s_2、s_3是斯托克斯参量，a、b、c是平面法向量的三个分量，d是平面到原点的距离。为了保证能够得到唯一一组a、b、c、d的值，对a、b、c做如下限制：

$$a^2+b^2+c^2=1 \tag{12.3.33}$$

星座点所在平面的法线在庞加莱球上的坐标$\hat{\boldsymbol{n}}=(a,b,c)^{\mathrm{T}}$可以代表某偏振态，可以想象它与光信号经历了同样的RSOP损伤，一旦QPSK光信号的RSOP损伤得到补偿，即光信号的星座点回到S_2-S_3平面，则平面法线$\hat{\boldsymbol{n}}=(a,b,c)^{\mathrm{T}}$所代表的偏振态将回到水平偏振$\boldsymbol{H}=(1,0,0)^{\mathrm{T}}$。这样追踪星座点是否回到$S_2$-$S_3$平面等价于追踪$\hat{\boldsymbol{n}}=(a,b,c)^{\mathrm{T}}$是否回到水平偏振$\boldsymbol{H}=(1,0,0)^{\mathrm{T}}$。

设计利用卡尔曼滤波算法追踪法线向量$\hat{\boldsymbol{n}}=(a,b,c)^{\mathrm{T}}$，从而均衡RSOP。

(1) 均衡算符的选择。对于RSOP的补偿，选择如下矩阵：

$$\boldsymbol{R}_{\mathrm{eq}}=\begin{pmatrix}\cos\alpha\,\mathrm{e}^{\mathrm{j}\delta/2} & \sin\alpha\,\mathrm{e}^{-\mathrm{j}\delta/2}\\ -\sin\alpha\,\mathrm{e}^{\mathrm{j}\delta/2} & \cos\alpha\,\mathrm{e}^{-\mathrm{j}\delta/2}\end{pmatrix} \tag{12.3.34}$$

补偿矩阵中的两个参量(α,δ)与法线向量的3个参量之间的关系为(式(2.5.17))

$$\alpha=\frac{1}{2}\arctan\frac{\sqrt{b^2+c^2}}{a},\quad \delta=\arctan\frac{c}{b} \tag{12.3.35}$$

(2) 状态量的选择。设计算法追踪斯托克斯空间平面，选择状态量如下：

$$\boldsymbol{x}=(a,b,c,d)^{\mathrm{T}} \tag{12.3.36}$$

实际上其中参量d与偏振相关损耗PDL相关。在不存在PDL时，$d=0$。

(3) 选择测量量与新息。选择测量量与新息如下：

$$\boldsymbol{\Delta}_k=\begin{pmatrix}0\\1\end{pmatrix}-\begin{pmatrix}a_k s_{1,k}+b_k s_{2,k}+c_k s_{3,k}+d_k\\ a_k^2+b_k^2+c_k^2\end{pmatrix} \tag{12.3.37}$$

在图12-3-5中给出了仿真系统中利用卡尔曼滤波法成功追踪到法向量的结果。然而，算法所选的均衡矩阵为两参量的RSOP矩阵。由第11章的讨论可知，光纤信道中真实的RSOP应为三参量的，选择二参量的RSOP均衡矩阵就会出现不同建模不能互补的情况，在实际系统中无法使用。

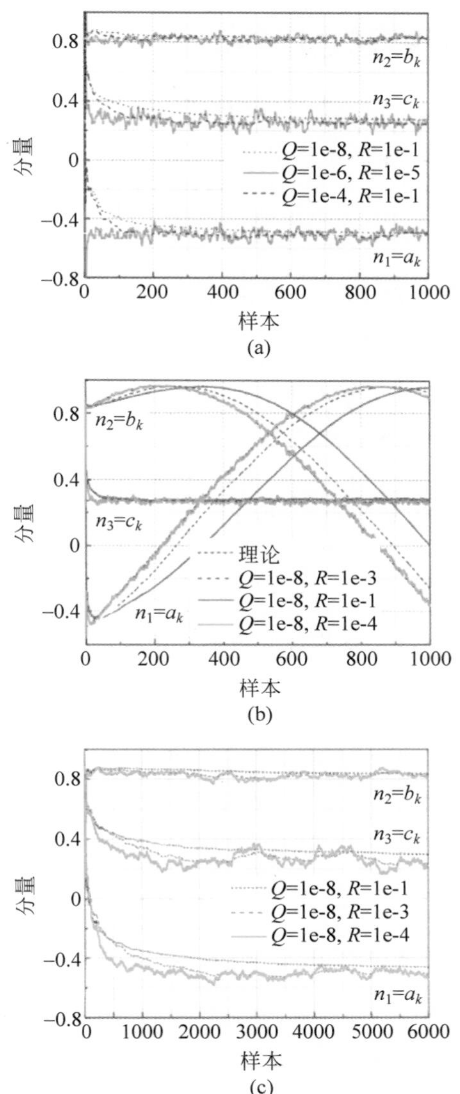

图 12-3-5　利用卡尔曼滤波法仿真追踪到的法向量的结果

(a) 经历静态 RSOP 的 QPSK 信号；(b) 经历动态 RSOP 的 QPSK 信号；(c) 经历静态 RSOP 的 16-QAM 信号[34](图中 Q 和 R 分别表示过程噪声协方差和测量噪声协方差)

12.4 北京邮电大学研究组基于卡尔曼滤波器偏振效应均衡算法的研究

本节介绍北京邮电大学研究组从2015年以来基于卡尔曼滤波器实现光通信系统损伤均衡的研究工作,包括超快RSOP的追踪、大PMD和超快RSOP的联合均衡、偏振损伤与RCD的联合均衡、线性损伤一体化均衡以及协方差矩阵对角化的卡尔曼滤波算法。

12.4.1 基于卡尔曼滤波器和三参量补偿矩阵的超快RSOP均衡[36]

首先介绍基于卡尔曼滤波器的RSOP均衡算法。

(1) 选择正确的损伤均衡矩阵。在11.2节已经证实,RSOP的建模矩阵应该是三参量的,所以对RSOP的均衡矩阵也应该包含三个独立的参量,因此选择式(11.2.17)的逆矩阵作为均衡矩阵,即

$$\boldsymbol{R}_{\mathrm{eq}}(\xi,\eta,\kappa)=\boldsymbol{U}^{-1}(\xi,\eta,\kappa)=\begin{pmatrix}\cos\kappa\mathrm{e}^{-\mathrm{j}\xi} & \sin\kappa\mathrm{e}^{\mathrm{j}\eta}\\ -\sin\kappa\mathrm{e}^{-\mathrm{j}\eta} & \cos\kappa\mathrm{e}^{\mathrm{j}\xi}\end{pmatrix} \tag{12.4.1}$$

(2) 选择合适的状态量。将均衡矩阵式(12.4.1)中的三个参量作为卡尔曼滤波器追踪的状态量,状态矢量表示为

$$\boldsymbol{x}=(\xi,\eta,\kappa)^{\mathrm{T}} \tag{12.4.2}$$

(3) 选择合适的测量空间,构造合适的新息。选择斯托克斯空间为测量空间。对于补偿完成后的QPSK信号,其斯托克斯空间中的星座点应该位于S_2-S_3平面上,有$s_{1,k}=0$,星座点还应该处于S_2轴和S_3轴上,离庞加莱球球心的长度为$s_{0,k}$。所以构建的新息如下:

$$\boldsymbol{\Delta}_k=\boldsymbol{z}_k-h(\hat{\boldsymbol{x}}_k^-)=\begin{pmatrix}0\\0\end{pmatrix}-\begin{pmatrix}s_{1,k}\\ (s_{2,k}^2-s_{0,k}^2)(s_{3,k}^2-s_{0,k}^2)\end{pmatrix} \tag{12.4.3}$$

图12-4-1给出了基于三参量卡尔曼滤波器的RSOP均衡算法的总体构架图。图中右边显示信号经历的通道,信号在信号通道里经过均衡矩阵式(12.4.1)得到均衡。图中左侧是卡尔曼滤波器运用预测过程和校正过程为均衡矩阵提供参量(ξ,η,κ)。经过若干迭代,输出均衡后的信号。

下面将上述方案在28Gbaud偏分复用相干通信系统中进行了验证。在发射端产生28Gbaud偏分复用信号。随后信号分别经过第11章中的$\boldsymbol{J}'_{\mathrm{RSOP}}(\alpha,\delta)$、$\boldsymbol{J}_{\mathrm{RSOP}}(\alpha,\delta)$、$\boldsymbol{J}_{\mathrm{RSOP}}(\theta,\beta)$和$\boldsymbol{J}_{\mathrm{RSOP}}(\xi,\eta,\kappa)$四种RSOP损伤矩阵,在接收端对信号进行补偿。接收端的DSP算法如图12-4-2所示。在偏分解复用阶段,用基于卡尔

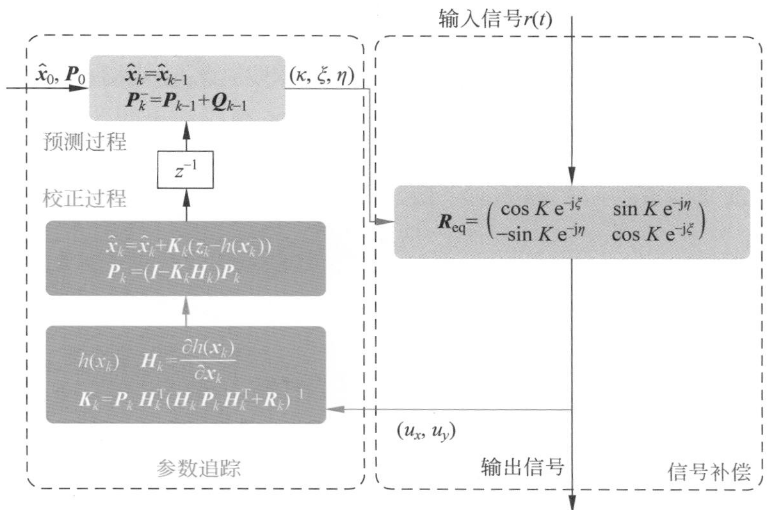

图 12-4-1　基于三参量卡尔曼滤波器的 RSOP 均衡算法的总体构架图

曼滤波器的三参量 RSOP 均衡算法(补偿矩阵为 $\boldsymbol{U}^{-1}(\xi,\eta,\kappa)$)对上述四种经过不同 RSOP 损伤的信号进行补偿,并与 CMA 及参考文献[34]提出的基于 $\boldsymbol{J}'_{\mathrm{RSOP}}(\alpha,\delta)$ 的追踪斯托克斯空间平面的卡尔曼均衡算法(记为 Stokes method)进行比较。

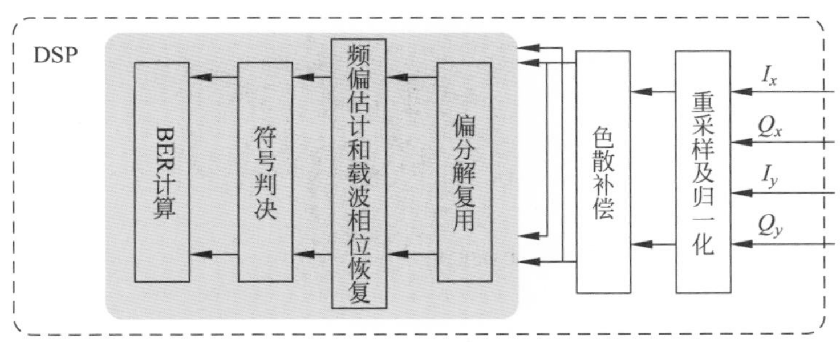

图 12-4-2　接收端 DSP 流程图

对于基于三参量的卡尔曼均衡算法,需要对过程噪声协方差矩阵及测量噪声协方差矩阵赋初值。在此,设置 $\boldsymbol{Q}=\mathrm{diag}(10^{-5},10^{-5},10^{-5})$,$\boldsymbol{R}=\mathrm{diag}(200,200)$。对于 CMA,设置抽头数为 11,步长为 5×10^{-4}。对于 QPSK 信号,光纤链路中 OSNR 设置为 15dB。仿真结果如图 12-4-3(a)～(d)所示,图中(a)、(b)、(c)和(d)分别为对 $\boldsymbol{J}'_{\mathrm{RSOP}}(\alpha,\delta)$、$\boldsymbol{J}_{\mathrm{RSOP}}(\alpha,\delta)$、$\boldsymbol{J}_{\mathrm{RSOP}}(\theta,\beta)$ 和 $\boldsymbol{J}_{\mathrm{RSOP}}(\xi,\eta,\kappa)$ 四种损伤模型的补偿情况。可以看出,基于三参量的均衡算法对上述四种 RSOP 模型是普遍适用的,所以这是一种通用的方法。此外,面对光纤信道中超快的 RSOP,所提均衡算法显示出了卓越的追踪性能,对 $\boldsymbol{J}'_{\mathrm{RSOP}}(\alpha,\delta)$、$\boldsymbol{J}_{\mathrm{RSOP}}(\alpha,\delta)$、$\boldsymbol{J}_{\mathrm{RSOP}}(\theta,\beta)$ 和 $\boldsymbol{J}_{\mathrm{RSOP}}(\xi,\eta,\kappa)$

四种 RSOP 模型的追踪速度分别达到了 170Mrad/s、170Mrad/s、160Mrad/s 和 130Mrad/s。CMA 因为是一种盲均衡算法，所以对损伤的补偿不依赖于建模方式，然而无法应对超快 RSOP 场景。Stokes method 由于采用的补偿矩阵是基于两参量的 $\boldsymbol{J}'_{\mathrm{RSOP}}(\alpha,\delta)$，所以无法对 $\boldsymbol{J}_{\mathrm{RSOP}}(\theta,\beta)$ 和 $\boldsymbol{J}_{\mathrm{RSOP}}(\xi,\eta,\kappa)$ 模型引起的损伤进行均衡，也就是说 Stokes method 对 RSOP 的补偿依赖于损伤的建模方式，所以在实际通信系统中，Stokes method 是不适用的。

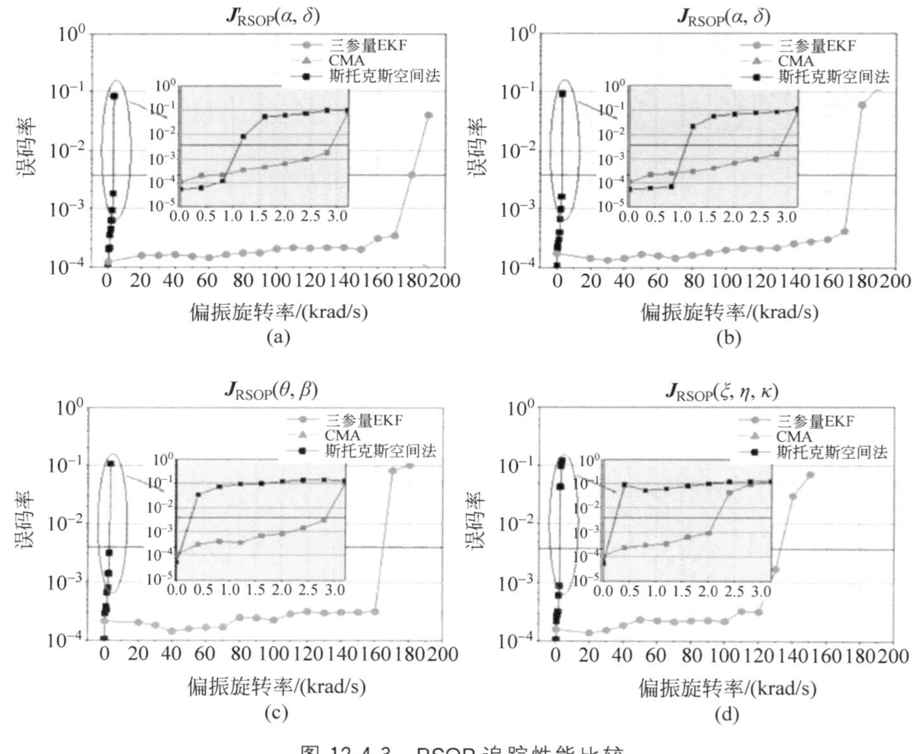

图 12-4-3　RSOP 追踪性能比较

(a) $\boldsymbol{J}'_{\mathrm{RSOP}}(\alpha,\delta)$建模；(b) $\boldsymbol{J}_{\mathrm{RSOP}}(\alpha,\delta)$建模；(c) $\boldsymbol{J}_{\mathrm{RSOP}}(\theta,\beta)$建模；(d) $\boldsymbol{J}_{\mathrm{RSOP}}(\xi,\eta,\kappa)$建模

12.4.2　基于卡尔曼滤波器的大 PMD 和超快 RSOP 联合均衡[37]

在现有的 100G 相干偏分复用光纤通信系统中，CMA 算法是最常用的 MIMO 算法，它能解决一定程度的偏振效应的均衡问题，但是对于一些极端场景下的偏振效应影响，恒模算法将失效。这些极端的场景之一是作为传输系统一部分的架空光缆，甚至埋地光缆遭到雷击时产生的快速偏振旋转和偏振模色散的快速变化，以

及雷击产生的强磁场造成的瞬间法拉第偏振旋转效应。研究光纤偏振效应的专家、New Ridge公司的总裁亚菲(Henry Yaffe)博士曾经透露[43]："我私下接到过许多的电话和电子邮件，报告了一些瞬间SOP的快速变化造成的相干接收机失锁的情况，这些瞬间的变化可以在十几毫秒内达到每秒几十万甚至是几百万弧度变化，随后经历几毫秒的慢速弛豫过程才恢复。"另外一些老旧光纤的PMD非常大，DGD可达200ps，对于28Gbaud符号速率的光纤通信系统，DGD相当于5倍多的符号周期。当大DGD的PMD和快速RSOP结合在一起时，通常的MIMO算法对于偏振效应的均衡几乎无能为力。

针对光纤通信系统中雨天雷电场景下大偏振模色散与快速偏振态变化联合损伤造成接收机失锁导致通信中断的问题，北京邮电大学研究组给出了基于卡尔曼滤波器的解决方案。研究组首先分析了偏振模色散与偏振态变化的特点与联系，数学上进行了光纤信道中联合效应的模型简化。在此基础上，构建了时-频域的卡尔曼滤波器架构，使新构建的卡尔曼滤波器可以在时域和频域运行，在频域里补偿PMD，在时域里均衡RSOP。提出的方案可以补偿超过200ps的偏振模色散和几兆弧度每秒的偏振态变化。下面对该方案进行介绍。

1. PMD+RSOP损伤模型的简化

在实际的光纤信道中，RSOP和PMD总是同时存在的。对于RSOP+PMD的联合效应，普遍采用的模型是RSOP1+PMD+RSOP2，即在PMD矩阵两端分别乘以各自独立变化的RSOP矩阵，

$$\boldsymbol{H}_{总}=\boldsymbol{J}_{\mathrm{RSOP2}}\boldsymbol{U}_{\mathrm{PMD}}(\omega)\boldsymbol{J}_{\mathrm{RSOP1}} \tag{12.4.4}$$

其中，$\boldsymbol{U}_{\mathrm{PMD}}(\omega)$为一阶偏振模色散琼斯矩阵，形式如下：

$$\begin{aligned}\boldsymbol{U}_{\mathrm{PMD}}(\omega)&=(|\varepsilon_{b+}\rangle\quad|\varepsilon_{b-}\rangle)\begin{pmatrix}\mathrm{e}^{\mathrm{j}\Delta\omega\Delta\tau} & 0\\ 0 & \mathrm{e}^{-\mathrm{j}\Delta\omega\Delta\tau}\end{pmatrix}(|\varepsilon_{b+}\rangle\quad|\varepsilon_{b-}\rangle)^{-1}\\&=\boldsymbol{R}_{\mathrm{PSP}}\boldsymbol{\Lambda}_{\mathrm{DGD}}\boldsymbol{R}_{\mathrm{PSP}}^{-1}\end{aligned} \tag{12.4.5}$$

其中，$|\varepsilon_{b+}\rangle=\begin{pmatrix}\sin\alpha\,\mathrm{e}^{\mathrm{j}\delta}\\ -\cos\alpha\end{pmatrix}$和$|\varepsilon_{b-}\rangle=\begin{pmatrix}\cos\alpha\\ \sin\alpha\,\mathrm{e}^{\mathrm{j}\delta}\end{pmatrix}$代表矩阵$\boldsymbol{U}_{\mathrm{PMD}}(\omega)$的两个正交输出主态。

上述公式表明RSOP和PMD两种损伤是混在一起的。根据第11章的内容，重写式(12.4.4)，最终得到如下结果：

$$\begin{aligned}\boldsymbol{H}_{总}&=\boldsymbol{J}_{\mathrm{RSOP2}}\boldsymbol{R}_{\mathrm{PSP}}\boldsymbol{\Lambda}_{\mathrm{DGD}}\boldsymbol{R}_{\mathrm{PSP}}^{-1}\boldsymbol{J}_{\mathrm{RSOP1}}\\&=(\boldsymbol{J}_{\mathrm{RSOP2}}\boldsymbol{R}_{\mathrm{PSP}})\boldsymbol{\Lambda}_{\mathrm{DGD}}(\boldsymbol{J}_{\mathrm{RSOP2}}\boldsymbol{R}_{\mathrm{PSP}})^{-1}(\boldsymbol{J}_{\mathrm{RSOP2}}\boldsymbol{J}_{\mathrm{RSOP1}})\\&=\boldsymbol{R}'_{\mathrm{PSP}}\boldsymbol{\Lambda}_{\mathrm{DGD}}\boldsymbol{R}'^{-1}_{\mathrm{PSP}}\cdot\boldsymbol{J}'_{\mathrm{RSOP}}\\&=\boldsymbol{U}'_{\mathrm{PMD}}(\omega,t)\cdot\boldsymbol{J}'_{\mathrm{RSOP}}(t)\\&=\text{new-PMD}\cdot\text{new-RSOP}\end{aligned} \tag{12.4.6}$$

其中,RSOP2 结合 $\boldsymbol{R}_{PSP}$ 构成了 PMD 的新主态(具有新主态的 PMD 记为 new-PMD)。RSOP1 结合 RSOP2 构成了新的 RSOP(记为 new-RSOP)。这时联合损伤模型 RSOP1＋PMD＋RSOP2 被简化为了 new-RSOP＋new-PMD,如图 12-4-4 所示。

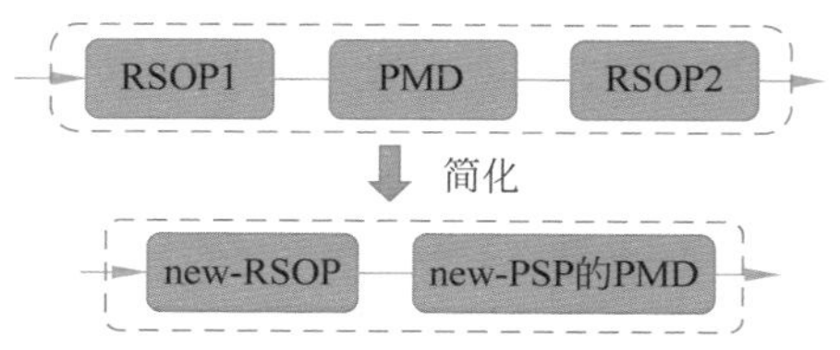

图 12-4-4 简化 PMD＋RSOP 损伤示意图

2. 滑窗式结构的卡尔曼滤波算法架构

卡尔曼滤波器一提出,其最初的数学逻辑就是在时域中进行递归计算的,而 PMD 损伤实际上是发生在频域的,如果利用为时域设计的卡尔曼滤波器补偿 PMD,其在时域补偿的 DGD 不会太大,不会超过一个符号周期(对于 100G 系统,一个符号周期约为 36ps,对于 64G 波特率的超 100G 系统,一个符号周期为 16ps)。为了能够解决 RSOP 和 PMD 同时存在时的均衡问题,研究组提出了滑窗结构的卡尔曼滤波算法架构,这是一个时-频域的算法架构,使卡尔曼滤波算法具备同时在频域均衡大 PMD 和在时域跟踪超快 RSOP 的能力,初步解决了雷击造成均衡算法失效的问题。

滑窗式结构如图 12-4-5 所示,一次将 L 个符号放到滑窗中(L 为 2 的幂次),将这些符号进行快速傅里叶变换,在频域中进行 PMD 补偿。再利用快速傅里叶逆变换将其变换回时域进行 RSOP 均衡。二者均衡完毕,将窗整体滑动 ΔS 个符号,进行下一个循环的计算。

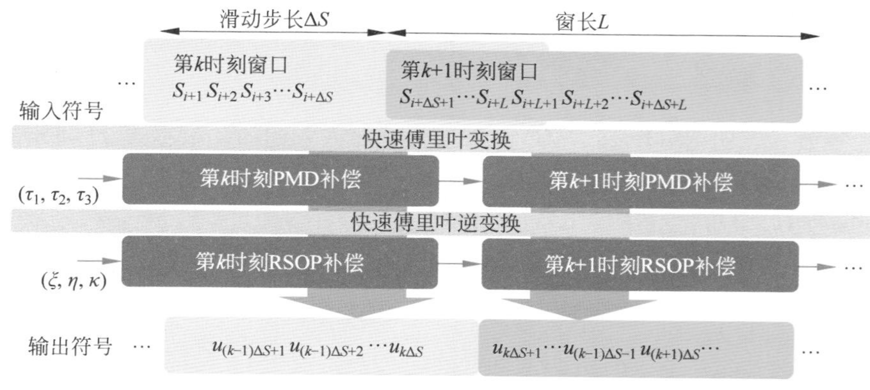

图 12-4-5 频域补偿的滑窗式结构

3. 关于卡尔曼滤波三要素的算法设计三要素

我们考虑卡尔曼滤波算法设计的三个要素(参见 P349)。

首先,确定损伤补偿矩阵。对于 RSOP 的补偿,依然选择式(12.4.1)中三参量 RSOP 矩阵的逆矩阵。对于 PMD 损伤,可以选择 PMD 在斯托克斯空间定义的琼斯矩阵的形式(式(7.3.38))。大家知道,如果在琼斯空间中定义一阶偏振模色散(仔细分析式(12.4.5)),需要 3 个独立参量,即正交快慢主态的两个角度参量 α、δ,以及差分群时延参量 $\Delta\tau$,这 3 个参量都是定义在琼斯空间中的。但是角度大小的量级是 2π,而 $\Delta\tau$ 的量级是皮秒,3 个参量分属不同的量级,以它们作为元素构造矩阵时可能使矩阵各个元素处于不同数量级,造成病态矩阵。而在斯托克斯空间定义偏振模色散矢量$\boldsymbol{\tau}$,也需要 3 个独立参量,它们是$\boldsymbol{\tau}$ 的 3 个分量 τ_1、τ_2、τ_3,3 个参量大体是同数量级的。考虑偏振均衡一般都在琼斯空间进行,因此选择 PMD 矢量在斯托克斯空间定义的琼斯矩阵

$$\boldsymbol{U}_{\mathrm{PMD}}(\omega)=\cos\left(\frac{\omega\Delta\tau}{2}\right)\boldsymbol{I}-\mathrm{j}\,\frac{(\boldsymbol{\tau}\cdot\boldsymbol{\sigma})}{\Delta\tau}\sin\frac{\omega\Delta\tau}{2} \tag{12.4.7}$$

其中 $\Delta\tau$ 是 PMD 矢量的大小($\Delta\tau=\sqrt{\tau_1^2+\tau_2^2+\tau_3^2}$,$\tau_1$、$\tau_2$、$\tau_3$ 是 PMD 在斯托克斯空间的 3 个分量)。用(τ_1,τ_2,τ_3)3 个参量描述一阶偏振模色散。这 3 个参量都是皮秒量级的。选择式(12.4.7)作为偏振模色散的补偿矩阵。

其次,选择恰当的状态矢量作为卡尔曼滤波器的监测参量。由 RSOP 的补偿矩阵 (12.4.1)和 PMD 的补偿矩阵(12.4.7),我们选择状态量为

$$\boldsymbol{x}=(\tau_1,\tau_2,\tau_3,\xi,\eta,\kappa)^{\mathrm{T}} \tag{12.4.8}$$

最后,选择合适的测量空间,构造合适的新息。选择斯托克斯空间为测量空间。对于补偿完成后的 QPSK 信号,其斯托克斯空间中的星座点应该位于 S_2-S_3 轴上($s_{1,k}=0,s_{0,k}=$常数),所以构建的新息如下:

$$\boldsymbol{\Delta}_k=\begin{pmatrix}\text{constant}\\0\end{pmatrix}-\begin{pmatrix}u_{x,k}u_{x,k}^{*}+u_{y,k}u_{y,k}^{*}\\u_{x,k}u_{x,k}^{*}-u_{y,k}u_{y,k}^{*}\end{pmatrix} \tag{12.4.9}$$

其中,u 和 u^* 分别表示均衡后的信号及其复共轭,下标代表 x 偏振和 y 偏振支路的脚标。

在图 12-4-6 中给出了滑窗时-频域卡尔曼滤波算法的总体构架图。图中还与前面一样,右侧为信号均衡通道,使信号分别在频域补偿 PMD、时域均衡 RSOP;左侧为卡尔曼滤波器的预测和校正过程,为右侧信号均衡通道的均衡矩阵提供每次迭代更新的参量。

在卡尔曼算法开始运行之前,需要对参数进行初始化,之后开始进行迭代运算。在算法迭代过程中,首先通过滑窗结构,截取一段分段信号。利用卡尔曼滤波

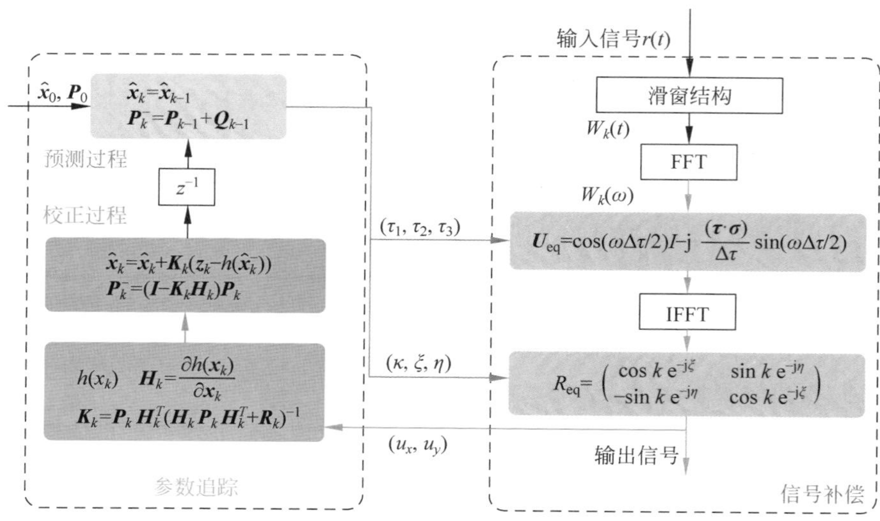

图 12-4-6　卡尔曼滤波算法总体构架图

器提供的状态参量对这段信号进行补偿,本次迭代补偿好的信号送入卡尔曼滤波器判断测量残差,进而更新状态参量用于算法的下一次迭代。

在初始化阶段,需要对状态量 $\boldsymbol{x}_0$、误差协方差矩阵 $\boldsymbol{P}_0$ 以及噪声协方差矩阵 $\boldsymbol{Q}$、$\boldsymbol{R}$ 赋初值。在预测过程模块,通过后验估计 $\hat{\boldsymbol{x}}_{k-1}$ 得到状态量的先验估计 $\hat{\boldsymbol{x}}_k^-$ 及其误差协方差 $\boldsymbol{P}_k^-$。在右侧的补偿模块,接收信号 $\boldsymbol{r}(t)$经过滑窗处理后,通过快速傅里叶变换变换到频域,利用先验估计 $\hat{\boldsymbol{x}}_k^-$ 中的参量,根据 PMD 补偿矩阵(12.4.7),在频域对分段信号进行 PMD 补偿。之后,再通过快速傅里叶逆变换,将信号变换回时域,根据 RSOP 补偿矩阵(12.4.1),对分段信号进行 RSOP 补偿,以得到本次迭代补偿完成的信号 u_x 和 u_y。在校正模块,利用状态量的先验估计、新息和卡尔曼增益计算出状态参量的最佳后验估计以及误差协方差 $\boldsymbol{P}_k$。这样一次迭代就完成了。

为了验证所提出的均衡算法的有效性,我们搭建了 28Gbaud 偏分复用四相相移键控(polarization multiplexing-quadrature phase shift keying,PDM-QPSK)相干光通信仿真系统,如图 12-4-7 所示。在发射机中,由两个 *IQ* 调制器生成的 28Gbaud PDM-QPSK 信号流的两个分支构成了两路相互正交的偏振信号。其中,滚降系数设置为 0.1。在光纤信道中,考虑 RSOP、PMD 及放大器的自发辐射(amplified spontaneous emission,ASE)噪声。此外,我们假设由于激光器的线宽而引入了 300kHz 对应的载波相位噪声。在接收端,接收到的信号通过相干接收机进入数字信号处理(DSP)模块。在 DSP 模块内所提出的基于卡尔曼滤波器的均衡方法用来从 PMD 和 RSOP 损伤中恢复接收到的信号,并且与 CMA 算法进行比较。另外,我们使用 VVPE 算法来实现 PDM-QPSK 信号的载波相位恢复。信号恢复后进行误码率的计算,最后,计算误码率(bit error rate,BER)。

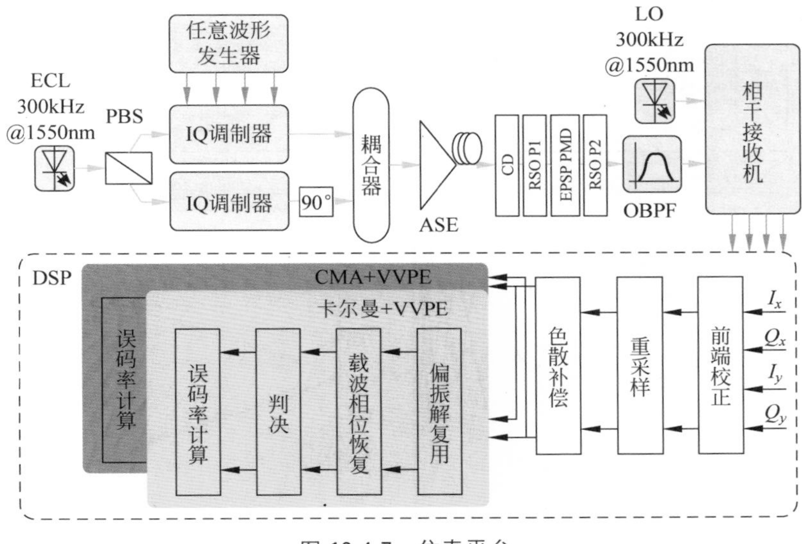

图 12-4-7　仿真平台

结果如图 12-4-8 (a)展示了算法补偿效果随 OSNR 变化的情况。设置 DGD=100ps,RSOP 转速从 200krad/s 到 2Mrad/s。可以看出,CMA 仅仅能补偿 200krad/s 的 RSOP,且需要 OSNR=15dB(BER 为 3.8×10^{-3} 的 FEC 阈值)。而基于卡尔曼滤波器的均衡方案可以跟踪从 200krad/s 到 2Mrad/s 的 RSOP 结合 200ps 的 DGD。且与无偏振损伤相比,其 OSNR 代价小于 0.5dB。在图 12-4-8 (b)中,设置 OSNR=14dB,讨论不同 RSOP(200krad/s 到 2Mrad/s)和 DGD(20ps 到 190ps)损伤下均衡方案的补偿效果。可以看出,随着 RSOP 速度的增加,基于卡尔曼滤波器的均衡方法始终保持着卓越的性能。图 12-4-8 (c)展示了卡尔曼滤波器算法对 PMD 的追踪能力。设置损伤环境为 190ps 的 PMD 变化,2Mrad/s 的 RSOP, 14dB 的 OSNR。可以看出,在 310 个符号内(大约 11μs),卡尔曼滤波器算法就可追踪到真实的 PMD 变化。图 12-4-8 (d)展示了卡尔曼滤波器算法对 RSOP 的追踪能力。设置损伤环境为 190ps 的 PMD,2Mrad/s 的 RSOP, 17dB 的 OSNR。可以看出,卡尔曼算法对 RSOP 的追踪准确性好,收敛快,稳定性强。

此外,我们还搭建了一个 28Gbaud 偏振复用 QPSK 相干光传输系统的实验平台来验证所提出的卡尔曼滤波算法的性能,如图 12-4-9 所示。在发射端,利用采样

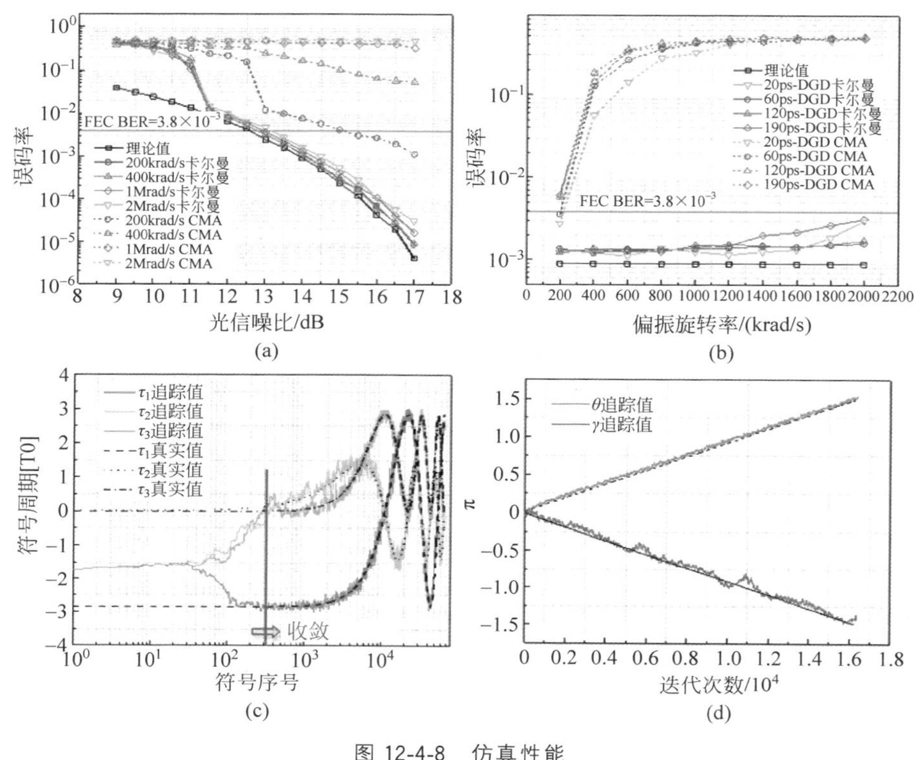

图 12-4-8 仿真性能

率为 65GS/s 的任意波形发生器产生 28Gbaud QPSK 信号。此外，使用商用软件 Keysight 81195A 生成 RSOP 和 PMD。在接收端，光信号经过平衡光电检测后，使用每通道 80GS/s 采样率的实时示波器进行数据采集，送入 DSP 模块进行后续离线处理。离线 DSP 包括前端校正、重采样、归一化、CD 补偿以及基于所提出的卡尔曼滤波器方案或 CMA 补偿偏振效应、频偏及载波相位恢复。最后通过计算 Q 因子来评估算法的均衡效果。

图 12-4-10 展示了 Q 因子随 RSOP 转速及 DGD 的变化情况，设置 OSNR 为 17dB，RSOP 转速从 200krad/s 到 2Mrad/s，DGD 由 61.54ps 和 215.39ps。可以看出，当 RSOP 转速大于 500krad/s 时，运用 CMA 补偿后信号的 Q 因子低于 7% FEC 阈值。而所提出的卡尔曼算法在 RSOP＝2Mrad/s，DGD＝215.39ps 的极端偏振损伤条件下，依然表现出卓越的性能，补偿后信号的 Q 因子高于 7% FEC 阈值。此外，我们在插图中显示了在 RSOP＝2Mrad/s，DGD＝215.39ps 条件下，采用 CMA 和卡尔曼均衡算法补偿偏振损伤，再经过 VVPE 后信号的星座图。很明显，采用卡尔曼算法均衡后信号的星座图呈现出了清晰的四个点，而采用 CMA 补偿后信号未能正确恢复。

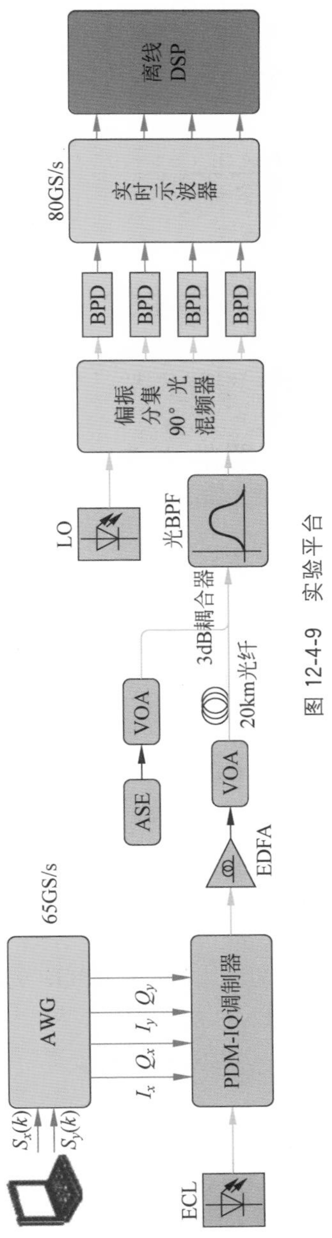

$S_x(k)$
$S_y(k)$
AWG
65GS/s
I_x
Q_x
I_y
Q_y
ECL
PDM-IQ调制器
EDFA
ASE
VOA
VOA
20km光纤
3dB耦合器
LO
光BPF
偏振分集90°光混频器
BPD
BPD
BPD
BPD
80GS/s
实时示波器
离线DSP

图 12-4-9　实验平台

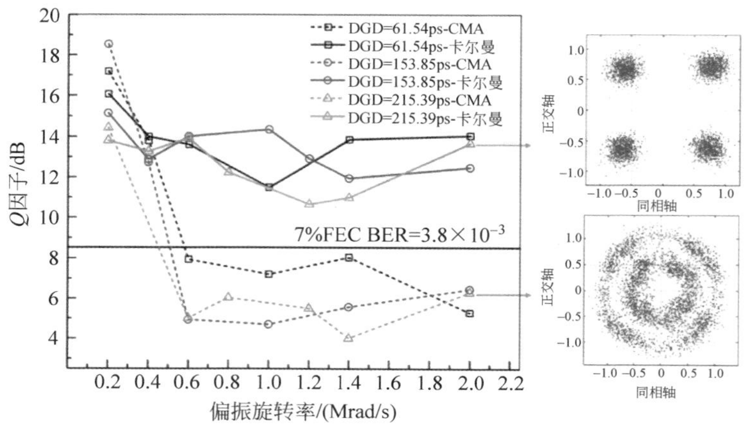

图 12-4-10 Q 因子随 RSOP 转速及 DGD 的变化

12.4.3 基于卡尔曼滤波器的大 PMD、超快 RSOP 及 RCD 联合均衡方案[38]

在实际的光纤通信系统中，由于光信号在传输过程中的实际累积色散值与基于 DSP 的数字域补偿算法的色散补偿估计值之间存在着误差，这就导致色散补偿后仍然存在着大约 300ps/nm 以内的残余色散(residual chromatic dispersion, RCD)。RCD 与其他损伤的混合作用将可能使得后续算法失效。因此，算法要容忍一定程度的 RCD 损伤是偏分解复用算法必须具备的能力。CMA 的优势之一是其对于 RCD 有一定的容忍度，反之，以往文献报道中所设计的卡尔曼滤波架构(比如安捷伦架构)对于 RCD 几乎没有容忍度。这就导致该架构的卡尔曼滤波算法在实际的通信系统中无法应用。北京邮电大学研究组利用卡尔曼滤波算法的灵活性，在算法的状态矢量中加入了表征 RCD 的参量，以实现对 RCD 的监测与均衡。具体算法设计如下。

首先，选择正确的损伤均衡算符(矩阵)。对于 RSOP 的补偿，依然选择三参量 RSOP 的逆矩阵，如式(12.4.1)；对于 PMD 的补偿，选择的补偿矩阵如式(12.4.7)。由于 CD 损伤也是在频域发生的，其补偿也需要在频域进行(或者使用 FIR 滤波器结构)。设计 RCD 的补偿算符如下：

$$\boldsymbol{g}_{\mathrm{eq}}(\omega)=\exp\left(\mathrm{j}\,\frac{\rho\lambda^{2}\omega^{2}}{4\pi c}\right) \tag{12.4.10}$$

其中，λ 表示光波长，ρ 表示的就是光纤链路中累积的 RCD，单位为 ps/nm。

其次，选择合适的状态参量。考虑所设计的卡尔曼滤波架构能补偿大 PMD 和快速 RSOP，并能够对剩余 CD 有容忍度，最终状态矢量为

$$\boldsymbol{x}=(\tau_1,\tau_2,\tau_3,\xi,\eta,\kappa,\rho)^{\mathrm{T}} \tag{12.4.11}$$

最后,选择合适的测量空间,构造合适的新息。在偏振损伤均衡之后,在星座图平面QPSK信号的星座点会收敛到一个半径为 r_1 的圆上。对于16-QAM信号来说,偏振损伤均衡之后的信号,在星座图平面星座点会收敛到半径为 r_1、r_2、r_3 的三个圆上,因此,对于一个偏分复用信号系统,设计新息如下:

$$\boldsymbol{\Delta}_k=\begin{pmatrix}0\\0\end{pmatrix}-\begin{pmatrix}\prod\limits_{i=1}^{m}(u_{x,k}u_{x,k}^{*}-r_i^2)\\ \prod\limits_{i=1}^{m}(u_{y,k}u_{y,k}^{*}-r_i^2)\end{pmatrix} \tag{12.4.12}$$

其中,u 和 u^* 分别表示经过卡尔曼滤波算法均衡之后的信号以及它的复共轭。当 $m=1$ 时对应着QPSK信号,而 $m=3$ 时对应着16-QAM信号。

由于RCD和PMD都是在频域产生的损伤,也应该在频域对其补偿。而RSOP损伤需要在时域进行跟踪。依然采用滑窗结构的卡尔曼滤波架构,如图12-4-11所示。设定合适的窗长 L,将长度为 L 的信号序列经快速傅里叶变换,变换到频域上,先利用式(12.4.10)进行RCD补偿,再利用式(12.4.7)进行PMD补偿,接下来将均衡后的信号由快速傅里叶逆变换,变换回时域信号,再利用式(12.4.1)进行RSOP补偿。这是一次卡尔曼滤波算法的递归。接下来,滑动步长 Δs,进行下一次递归。

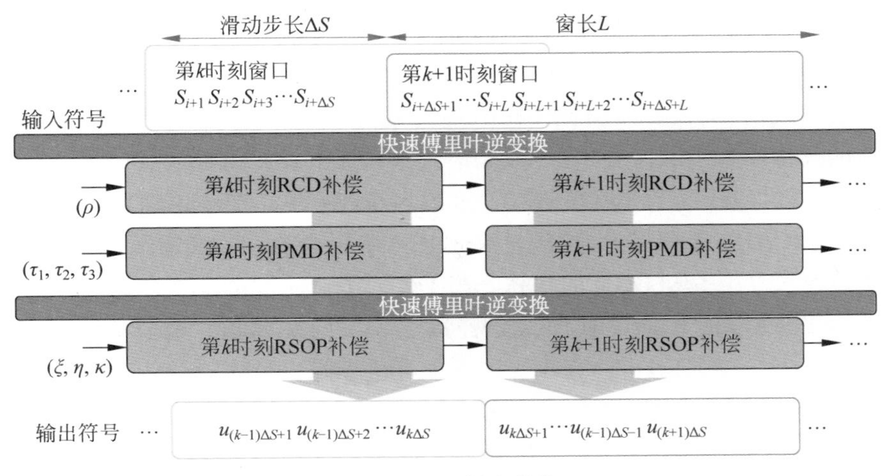

图12-4-11　滑窗结构

在28Gbaud的PDM-QPSK/16-QAM相干通信系统中对所提出的卡尔曼滤波算法进行了验证,接收端的DSP模块如图12-4-12所示,CD补偿在CD补偿模块中进行。利用所提出的卡尔曼滤波方案均衡 RCD、PMD 和 RSOP 损伤，并且与 CMA 和 CMA-MMA 进行性能比较。另外，采用 M 次方的方法来进行 PDM-QPSK 或 PDM-16-QAM 信号中的载波频偏恢复，然后使用盲相位搜索算法（blind phase search，BPS）来实现 PDM-QPSK 和 PDM-16-QAM 信号的载波相位恢复。最后，计算 BER。

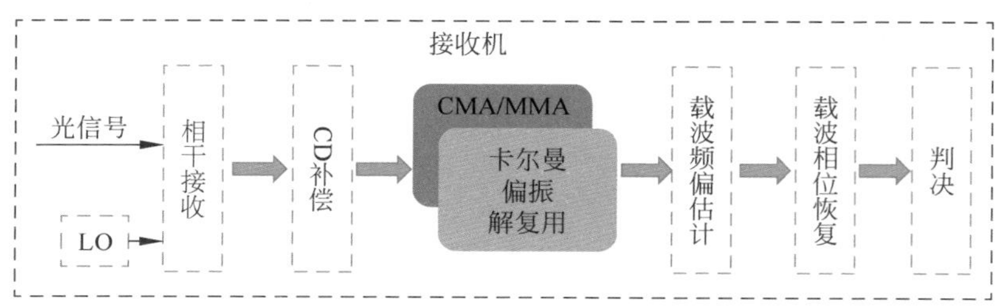

图 12-4-12 接收端 DSP 平台

对于 QPSK 信号，如图 12-4-13(a)和(c)所示，设置 PMD 为 200ps，RCD 为 300ps/nm，RSOP 的转速从 100krad/s 变化到 3Mrad/s。当 RSOP 的转速为 100krad/s 时，CMA 可以在 OSNR 大于 14dB 的情况下正常工作（BER 在 7%FEC 阈值以下）。但是，当 RSOP 速度大于 500krad/s 时，对应于 CMA 的 BER 都高于 7%FEC 阈值。相反，所提出的卡尔曼滤波方案在 100krad/s 至 3Mrad/s 的 RSOP 范围内，同时存在 200ps 的 DGD 和 300ps/nm 的 RCD 的情况下，都表现出出色而稳定的性能。对于 16-QAM 信号来说，如图 12-4-13(b)和(d)所示，与 QPSK 信号相比，在相同的损伤情况下，要使 BER 在 7%FEC 阈值水平下 16-QAM 所需的 OSNR 范围仅从 21.2dB 提升到 22dB，提升量并不大。与没有损伤的情况相比，OSNR 的代价仅为 1dB。

图 12-4-14(a)展示了当 OSNR 为 15dB 且 RCD 为 300ps/nm，DGD 由 30ps 至 200ps 变化时，QPSK 信号的 BER 与 RSOP 转速的关系。可以看出，CMA 可以补偿具有缓变 RSOP+大 DGD 的损伤。当 DGD 范围为 30ps 至 200ps，以及 RSOP 转速为 300krad/s 时，CMA 的 BER 已经接近 7% FEC 阈值。随着 RSOP 转速的进一步提高（大于 800krad/s），CMA 的性能严重下降。另外，所提出的卡尔曼滤波方案表现始终优秀，即使在 200ps 的大 DGD、3Mrad/s 的超快 RSOP 损伤场景下，均衡后信号的 BER 都低于 7%FEC 阈值。对于 16-QAM 信号，如图 12-4-14(b)所示，卡尔曼滤波算法也表现出了优秀的性能。图 12-4-14(c)展示了当 OSNR 为 15dB，DGD 为 200ps，RSOP 转速从 100krad/s 变化到 3Mrad/s 场景下，QPSK 信号的 BER 性能与 RCD 的关系。可以看出对于 CMA，当 RSOP 转速

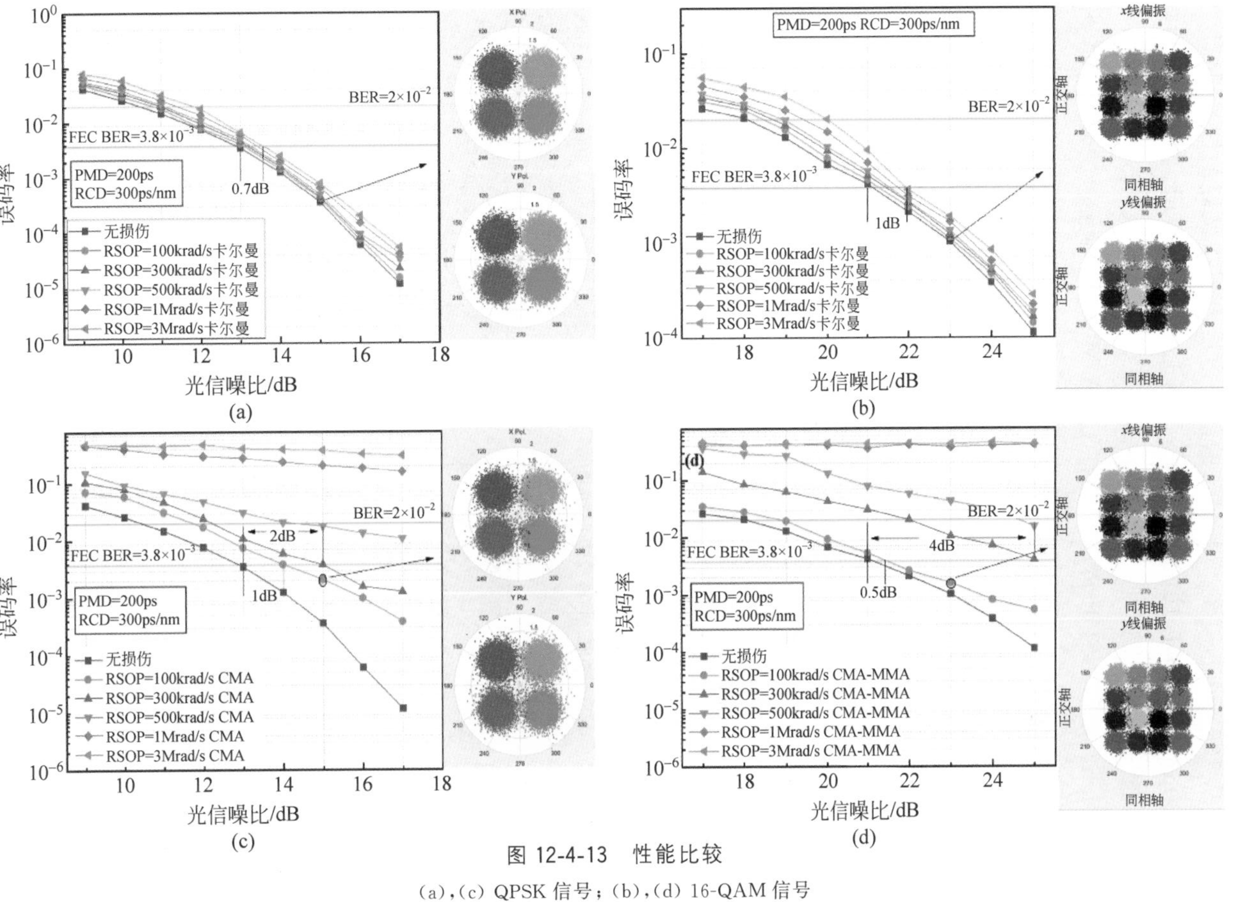

图 12-4-13　性能比较

(a),(c) QPSK 信号；(b),(d) 16-QAM 信号

较低时(100krad/s),CMA 可以容忍大约±400ps/nm 的 RCD。当 RSOP 转速超过 500krad/s 时,CMA 几乎不能容忍 RCD。相反,所提出的卡尔曼滤波方案对于 RSOP 转速从 100krad/s 变到 3Mrad/s 的范围内均表现出良好的性能,RCD 容忍值高达±820ps/nm。对于 16-QAM 信号,如图 12-4-14(d)所示,当 OSNR 为 22dB 时,在较低的 RSOP 转速下(100krad/s)下,CMA-MMA 的 RCD 容忍值约为±300ps/nm。随着 RSOP 转速的增加,CMA-MMA 的性能会急剧下降。另外,当 RSOP 转速为 100krad/s 时,所提出的卡尔曼滤波方案的 RCD 容忍值约为±700ps/nm。增大 RSOP 转速,卡尔曼滤波算法对 RCD 的容忍能力有所降低。然而,当 RSOP 转速提高到 3Mrad/s 时,对 RCD 的容忍值降低可达到大约±500ps/nm。

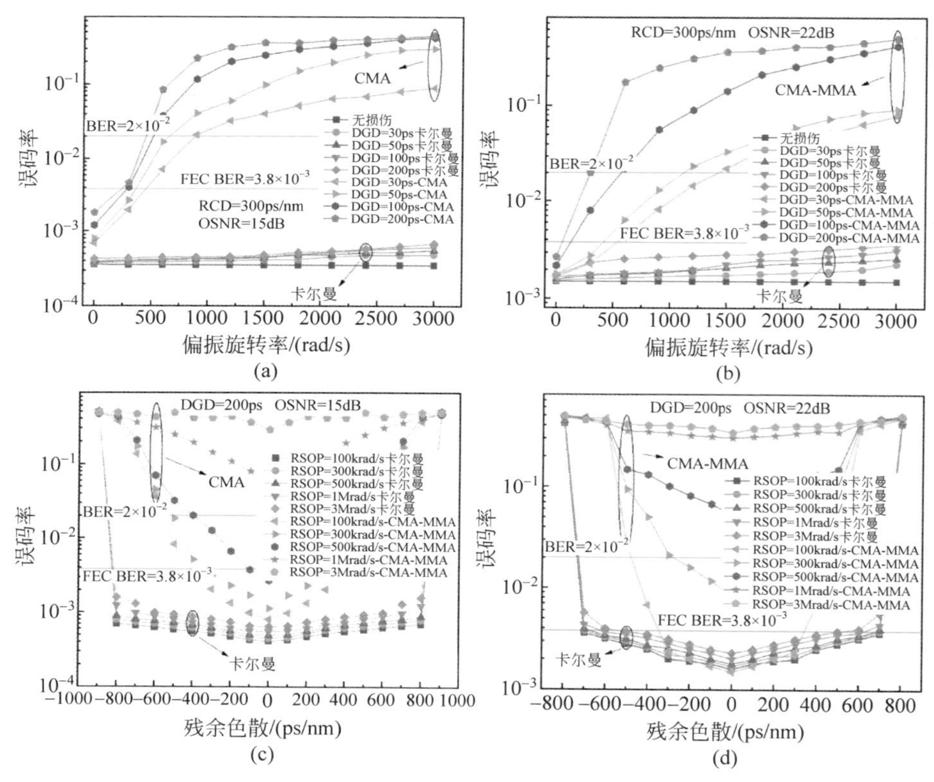

图 12-4-14 算法性能比较

(a)、(c) QPSK 信号;(b)、(d) 16-QAM 信号

此外,图 12-4-15 研究了所提出的卡尔曼滤波算法对 RCD 的跟踪能力。对 QPSK 信号,设置损伤为 200ps 的 PMD,3Mrad/s 的 RSOP,15dB 的 OSNR 和 820ps/nm 的 RCD。可以看出,RCD 跟踪曲线大约在 500 个符号处迅速跟踪到

RCD的真实值,并且误差值约为±5ps/nm。对于16-QAM信号,设置损伤为200ps的PMD,3Mrad/s的RSOP,22dB的OSNR和500ps/nm的RCD。可以看出,在大约400个符号之后,算法可以追踪到真实RCD值,误差值约为±8ps/nm。

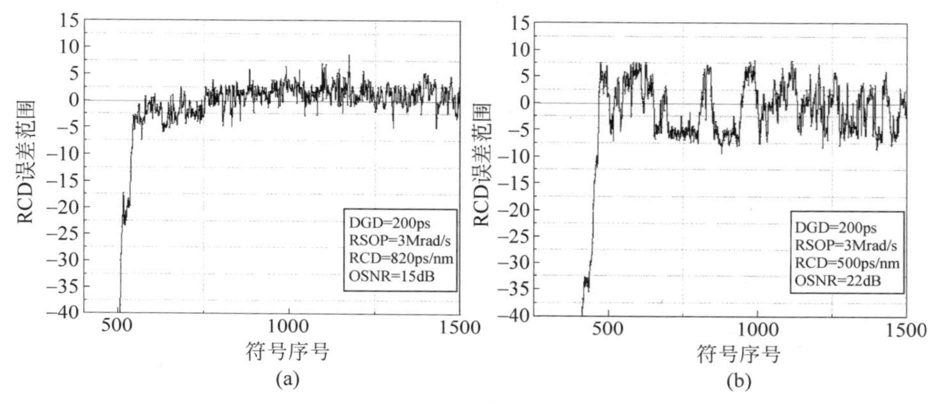

图 12-4-15　利用卡尔曼算法追踪 RCD

(a) QPSK 信号；(b) 16-QAM 信号

12.4.4　基于卡尔曼滤波器的线性损伤一体化均衡方案[39]

在相干检测的偏分复用高速光纤通信系统中,除偏振效应引入的信号损伤,色度色散、频率偏移及激光器相位噪声也会造成信号的损伤。目前流行的DSP模块针对不同损伤设计均衡算法,而且不同损伤均衡算法根据的数学架构均不相同,算法数学架构的不同造成实现的算法逻辑也不同,属于"各自为政"的状态,在硬件实现的过程中彼此之间难免有相互抵触、资源浪费之处。北京邮电大学研究组利用卡尔曼滤波器状态量与测量量选择的灵活性,设计了在卡尔曼滤波器统一框架下实现对残余色散、偏振效应、频率偏移及激光相位噪声造成的损伤进行一体化的联合均衡方案,从而在一定程度上降低了系统复杂度,也利于硬件执行,为超100G系统提供高性能的算法打下基础。

一体化均衡方案采用两阶段卡尔曼滤波器架构,如图12-4-16所示。第一阶段卡尔曼滤波器用来进行残余色散和偏振效应均衡,具体设计原理在12.4.3节已经介绍过。第二阶段卡尔曼滤波器用来同时补偿频率偏移(carrier frequency offset,CFO)与相位噪声(carrier phase noise, CPN)。下面依然根据卡尔曼滤波算法设计的三个要素,对第二阶段均衡方案进行说明。

首先,选择损伤均衡算符。对于经过离散采样的信号(用 $t=kT_s$ 离散化,T_s 为采样间隔),当只考虑CFO和CPN损伤时,其信号表达式为

$$q_k = a_k \mathrm{e}^{\mathrm{j}(2\pi\Delta f k T_s + \theta_k)} \tag{12.4.13}$$

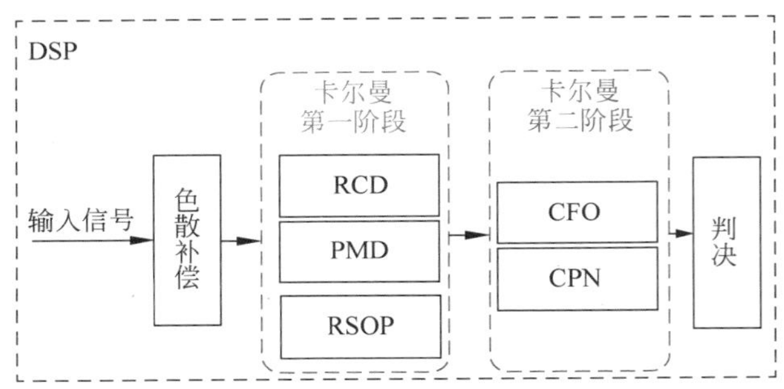

图 12-4-16 两阶段卡尔曼均衡算法架构

其中，a_k 为发射的原始信号，q_k 为受损信号，Δf 为发射端激光器与接收端本振激光器之间的 CFO，θ_k 为激光器的 CPN。因此，对于 CFO 和 CPN 的补偿，可以用如下补偿因子：

$$\hat{\boldsymbol{M}} = \exp\left[-\mathrm{j}(2\pi\Delta f k T_s + \theta_k)\right] \tag{12.4.14}$$

其次，选择合适的状态量。为了追踪和补偿 CFO 和 CPN，由 CFO 和 CPN 的补偿因子式(12.4.14)，定义第二阶段的卡尔曼算法的状态量如下：

$$\boldsymbol{x}_2 = (\Delta f, \theta)^{\mathrm{T}} \tag{12.4.15}$$

最后，选择合适的测量空间，构造合适的新息。QPSK 信号的星座图在 CFO 和 CPN 补偿完以后，星座图平面上的星座点会位于标准位置的 4 个点，具有信号的实部平方等于虚部平方的特点；对于 16-QAM 信号，星座图平面的星座点中的最外环和最内环的星座点也具有实部平方等于虚部平方的特点。基于以上理论，测量量设计为

$$\boldsymbol{\Delta}_{2,k} = \begin{pmatrix} 0 \\ 0 \end{pmatrix} - \begin{pmatrix} [\mathrm{Re}(u_{x,k})]^2 - [\mathrm{Im}(u_{x,k})]^2 \\ [\mathrm{Re}(u_{y,k})]^2 - [\mathrm{Im}(u_{y,k})]^2 \end{pmatrix} \tag{12.4.16}$$

其中，u 为第二阶段卡尔曼滤波器算法均衡后的输出信号。

图 12-4-17 展示了提出的基于两阶段卡尔曼滤波器均衡方案的整体流程。两阶段卡尔曼架构有上、中、下三组虚线长方框，信号经历的损伤补偿过程所走的通道为中间的两级虚线长方框，首先经历第一阶段卡尔曼滤波器进行频域 RCD、PMD 补偿和时域 RSOP 补偿，然后经历第二阶段卡尔曼滤波器进行频偏和相噪补偿。上面的长方框为第一阶段卡尔曼的更新过程，而下面长方框是第二阶段卡尔曼的更新过程。这样一体化架构的结构非常清晰，易于整体设计。

在 28Gbaud PDM-QPSK 相干光通信系统实验平台中验证了所提出的基于卡尔曼滤波器一体化的算法的有效性，并且与采用 CMA-IMP-BPS 均衡方案进行比较。通过 Q 因子随 RSOP 变化来评估实验系统中算法的性能，损伤设置为 RSOP

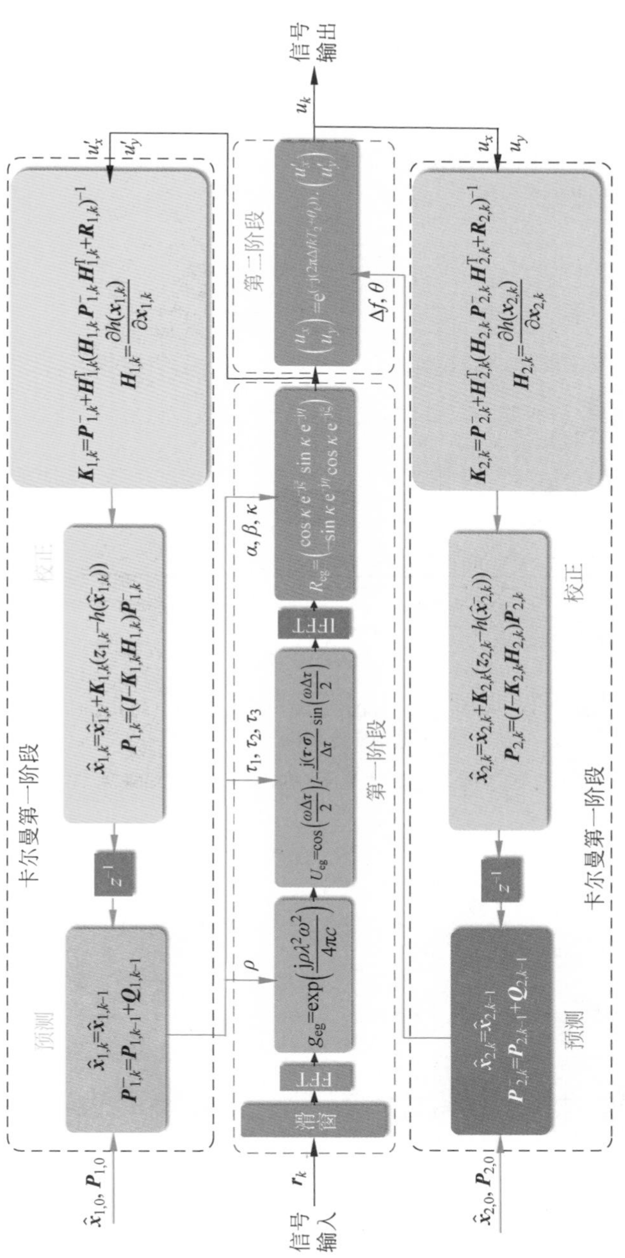

图 12-4-17　两阶段的卡尔曼均衡方案流程示意图

从 200krad/s 到 2Mrad/s 变化，DGD 分别为 61.54ps 和 215.39ps。显然，从图 12-4-18 可以看出提出的两阶段卡尔曼滤波器方案或者 Q 因子比 CMA-IMP-BPS 的高，尤其是在 RSOP 速度超过 550krad/s 的情况下。图 12-4-19 给出了分别采用提出的两阶段卡尔曼方案或者 CMA-IMP-BPS 方案补偿后的 QPSK 信号星座图示例，其中损伤设置为：RSOP 为 400krad/s，DGD 为 61.54ps。可以看出，提出的两阶段卡尔曼滤波器算法方案可以很好地恢复 QPSK 信号，而 CMA-IMP-BPS 方案显示了相对差的信号恢复性能。

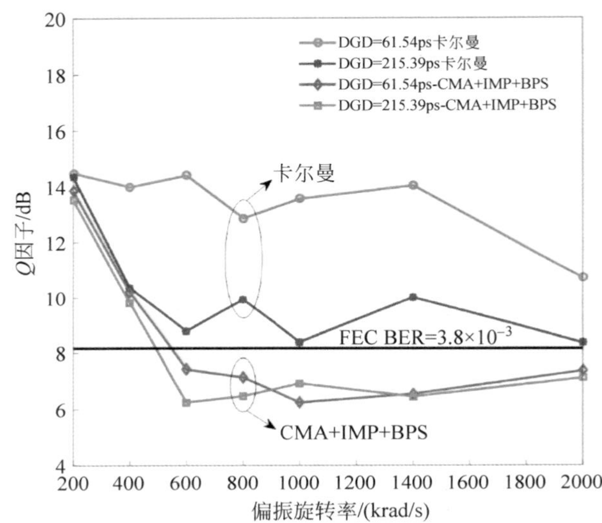

图 12-4-18　Q 因子随 RSOP 的变化(QPSK 信号，OSNR＝17dB)

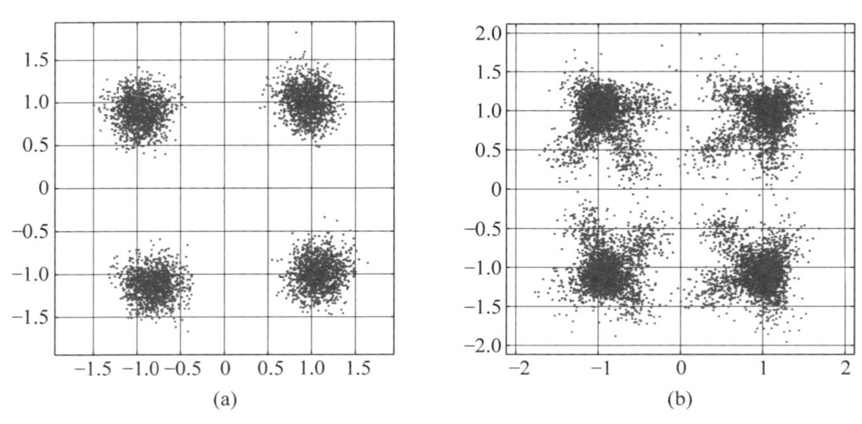

图 12-4-19　恢复 QPSK 信号星座的例子

(a) 两阶段卡尔曼方案；(b) CMA-IMP-BPS 方案(RSOP 转速＝400krad/s，DGD＝61.54ps)

12.4.5 协方差矩阵对角化的卡尔曼滤波器架构[40]

在实际的通信系统中，算法复杂度也是一个重要的考虑因素。由于卡尔曼滤波算法的运行过程多以矩阵乘加的形式进行迭代，故其良好的算法性能需要以高的复杂度为代价。根据卡尔曼滤波器的数学原理，对状态误差协方差矩阵 $\boldsymbol{P}$ 的计算是算法迭代过程中的重要部分，它的计算复杂度对算法的复杂度有重要影响。对于 n 维的状态矢量，其误差协方差矩阵 $\boldsymbol{P}$ 就是 $n\times n$ 的。如果 n 很大，卡尔曼滤波算法在迭代过程中将会有大量的高维矩阵运算，使得算法的复杂度很高。北京邮电大学研究组基于卡尔曼滤波器的迭代原理，将误差协方差矩阵 $\boldsymbol{P}$ 近似地处理成对角矩阵，提出对角化处理的卡尔曼滤波器(diagonalized Kalman filter，DKF)架构，将部分高维矩阵之间的运算改为对角矩阵的运算，在保证卡尔曼滤波算法性能的前提下降低了运算的复杂度。

下面以三维状态矢量为例说明 DKF 的原理。假设 k 时刻，有一个三维状态矢量 $\boldsymbol{x}_k=[x_{k1},x_{k2},x_{k3}]^{\mathrm{T}}$，其后验估计为 $\hat{\boldsymbol{x}}_k=[\hat{x}_{k1},\hat{x}_{k2},\hat{x}_{k3}]^{\mathrm{T}}$，相应的后验估计误差协方差矩阵

$$\begin{aligned}\boldsymbol{P}_k&=\mathrm{E}[(\boldsymbol{x}_k-\hat{\boldsymbol{x}}_k)(\boldsymbol{x}_k-\hat{\boldsymbol{x}}_k)^{\mathrm{T}}]\\&=\begin{bmatrix}\mathrm{E}[(x_{k1}-\hat{x}_{k1})^2] & \mathrm{E}[(x_{k1}-\hat{x}_{k1})(x_{k2}-\hat{x}_{k2})] & \mathrm{E}[(x_{k1}-\hat{x}_{k1})(x_{k3}-\hat{x}_{k3})]\\ \mathrm{E}[(x_{k2}-\hat{x}_{k2})(x_{k1}-\hat{x}_{k1})] & \mathrm{E}[(x_{k2}-\hat{x}_{k2})^2] & \mathrm{E}[(x_{k2}-\hat{x}_{k2})(x_{k3}-\hat{x}_{k3})]\\ \mathrm{E}[(x_{k3}-\hat{x}_{k3})(x_{k1}-\hat{x}_{k1})] & \mathrm{E}[(x_{k3}-\hat{x}_{k3})(x_{k2}-\hat{x}_{k2})] & \mathrm{E}[(x_{k3}-\hat{x}_{k3})^2]\end{bmatrix}\end{aligned}\tag{12.4.17}$$

假设状态矢量中各个分量之间相互独立，利用两个相互独立随机变量乘积的期望值等于它们各自数学期望值的乘积，式(12.4.17)中的非对角线元素可以简化，这里以第一行第二列元素为例：

$$\begin{aligned}\mathrm{E}[(x_{k1}-\hat{x}_{k1})(x_{k2}-\hat{x}_{k2})]&=\mathrm{E}(x_{k1}-\hat{x}_{k1})\mathrm{E}(x_{k2}-\hat{x}_{k2})\\&=[\mathrm{E}(x_{k1})-\hat{x}_{k1}][\mathrm{E}(x_{k2})-\hat{x}_{k2}]\end{aligned}\tag{12.4.18}$$

当算法达到收敛时，有 $\hat{x}_{k1}\approx\mathrm{E}(x_{k1})$，$\hat{x}_{k2}\approx\mathrm{E}(x_{k2})$，$\hat{x}_{k3}\approx\mathrm{E}(x_{k3})$，此时误差协方差矩阵 $\boldsymbol{P}$ 近似为对角矩阵。利用上述性质，为了降低算法复杂度，在卡尔曼滤波算法的初始化阶段，就将 $\boldsymbol{P}$ 矩阵设为对角矩阵，并且在卡尔曼滤波算法的迭代过程中，使其始终保持为对角矩阵。即 $\hat{x}_{k1}=\mathrm{E}(x_{k1})$，$\hat{x}_{k2}=\mathrm{E}(x_{k2})$，$\hat{x}_{k3}=\mathrm{E}(x_{k3})$，矩

阵 $\boldsymbol{P}$ 的形式如下：

$$
\begin{aligned}
\boldsymbol{P}_k &= \mathrm{E}[(\boldsymbol{x}_k - \hat{\boldsymbol{x}}_k)(\boldsymbol{x}_k - \hat{\boldsymbol{x}}_k)^{\mathrm{T}}] \\
&= \begin{bmatrix} \mathrm{E}[(x_{k1} - \hat{x}_{k1})^2] & 0 & 0 \\ 0 & \mathrm{E}[(x_{k2} - \hat{x}_{k2})^2] & 0 \\ 0 & 0 & \mathrm{E}[(x_{k3} - \hat{x}_{k3})^2] \end{bmatrix}
\end{aligned} \tag{12.4.19}
$$

为了保证 $\boldsymbol{P}$ 矩阵在迭代过程中一直为对角矩阵，根据卡尔曼滤波器原理，将迭代式(12.3.22)由

$$
\boldsymbol{P}_k = (\boldsymbol{I} - \boldsymbol{K}_k \boldsymbol{H}_k)\boldsymbol{P}_k^- \tag{12.4.20}
$$

变为

$$
\boldsymbol{P}_k = \mathrm{Diag}[(\boldsymbol{I} - \boldsymbol{K}_k \boldsymbol{H}_k)]\boldsymbol{P}_k^- \tag{12.4.21}
$$

其中，Diag(·)操作表示只保留矩阵的对角线元素，非对角线元素均被强制设置为零。这样就可使 $\boldsymbol{P}$ 保持为对角矩阵。

这里大家可能会有疑问，强制将 $\boldsymbol{P}$ 矩阵设为对角矩阵，会对算法产生影响吗？事实上，上述的对角操作只是使卡尔曼滤波算法稍微减慢了收敛速度，而算法性能并没有明显下降。下面将以 DKF 联合补偿 RSOP、PMD 及 RCD 损伤为例，对该算法的性能进行验证。

为了进行验证，搭建了 64Gbaud PDM-QPSK 和 PDM-16-QAM 相干接收机仿真平台。接收端的 DSP 模型如图 12-4-20 所示，利用所提出的 DKF 算法联合均衡 RCD、PMD 和 RSOP 损伤，设置滑窗窗长 $L=16$，窗滑动步长 $\Delta S=4$。并且与 12.4.3 节提出的卡尔曼滤波算法(简称 KF 算法)进行比较。另外，采用 M 次方的方法来估计频率偏移 CFO，然后使用 BPS 来实现载波相位恢复。最后，计算 BER。

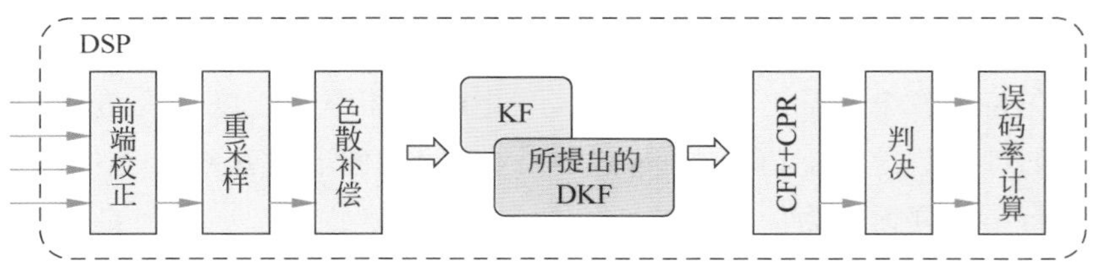

图 12-4-20　接收端 DSP 平台

仿真结果如图 12-4-21 所示，图(a)、(c)、(e)为 64Gbaud PDM-QPSK 信号的结果，图(b)、(d)、(f)为 PDM-16-QAM 信号的结果。图 12-4-21(a)和(b)展示了算法补偿效果随 OSNR 变化的情况，设置 DGD=45ps，RCD=100ps/nm。可以看出，DKF 算法和 KF 算法的性能大致相同。在相同损伤条件下，以误码率 3.8×10^{-3}

为标准，DKF 相比于 KF，对于 QPSK 信号，需要的 OSNR 代价小于 0.05dB。对于 16-QAM 信号，需要的 OSNR 代价小于 0.1dB。图 12-4-21(c)和(d)展示了算法性能随 RSOP 转速变化的情况。设置 RCD＝100ps/nm，DGD 从 15ps 到 75ps。图 12-4-21(c)中 OSNR＝18dB，图 12-4-21(d)中 OSNR＝26dB。可以看出，DKF 和 KF 算法的性能依然大致相同。图 12-4-21(e)和(f)展示了算法性能与 RCD 的关系。图 12-4-21(e)中设置 DGD＝45ps，RSOP 转速从 1Mrad/s 到 10Mrad/s 变化，OSNR＝18dB。图 12-4-21(f)中设置 DGD＝45ps，RSOP 转速从 1Mrad/s 到 5Mrad/s 变化，OSNR＝26dB。可以看出，对于 QPSK 信号，以误码率 3.8×10^{-3} 为标准，当 RSOP 转速为 5Mrad/s 时，KF 对 RCD 的容忍度为 170ps/nm，DKF 对 RCD 的容忍度为 150ps/nm。对于 16-QAM 信号，以误码率 2.0×10^{-2} 为标准，当 RSOP 转速为 5Mrad/s 时，KF 对 RCD 的容忍度为 120ps/nm，DKF 对 RCD 的容忍度为 110ps/nm。

图 12-4-22 比较了 DKF 和 KF 算法对状态参量的追踪及算法的收敛情况。以 QPSK 信号为例，设置 OSNR ＝18dB，RSOP speed ＝10Mrad/s，DGD ＝45ps，RCD ＝100ps/nm。图 12-4-22(a)和(b)为 KF 算法对 PMD 矢量(τ_1,τ_2,τ_3)追踪及对 RCD 矢量$\boldsymbol{\rho}$ 的追踪结果。图 12-4-22(c)和(d)为 DKF 算法的结果。可以看出，KF 算法对于 PMD 的追踪大约需要 400 个符号收敛，对于 RCD 的追踪大约需要 150 个符号收敛。DKF 算法对于 PMD 的追踪大约需要 450 个符号收敛，对于 RCD 的追踪大约需要 320 个符号收敛。即由于对角化矩阵 $\boldsymbol{P}$ 的操作，使得 KF 比 DKF 收敛速度慢了 12.5%。

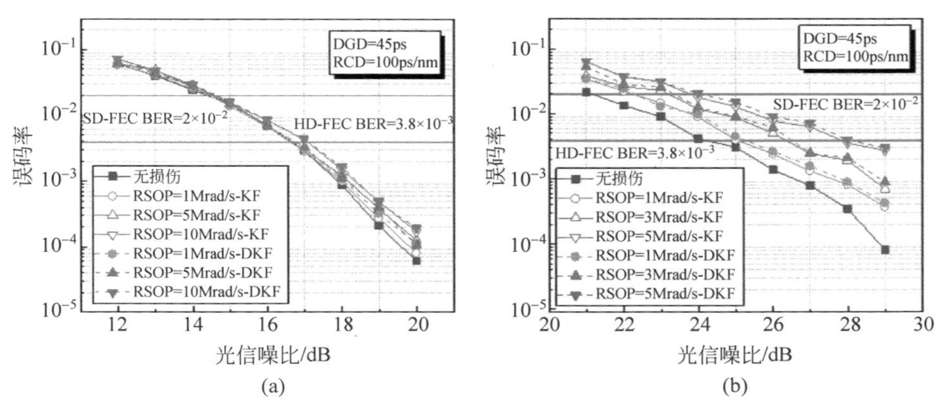

图 12-4-21　性能比较

(a)，(c)，(e) QPSK；(b)，(d)，(f) 16-QAM

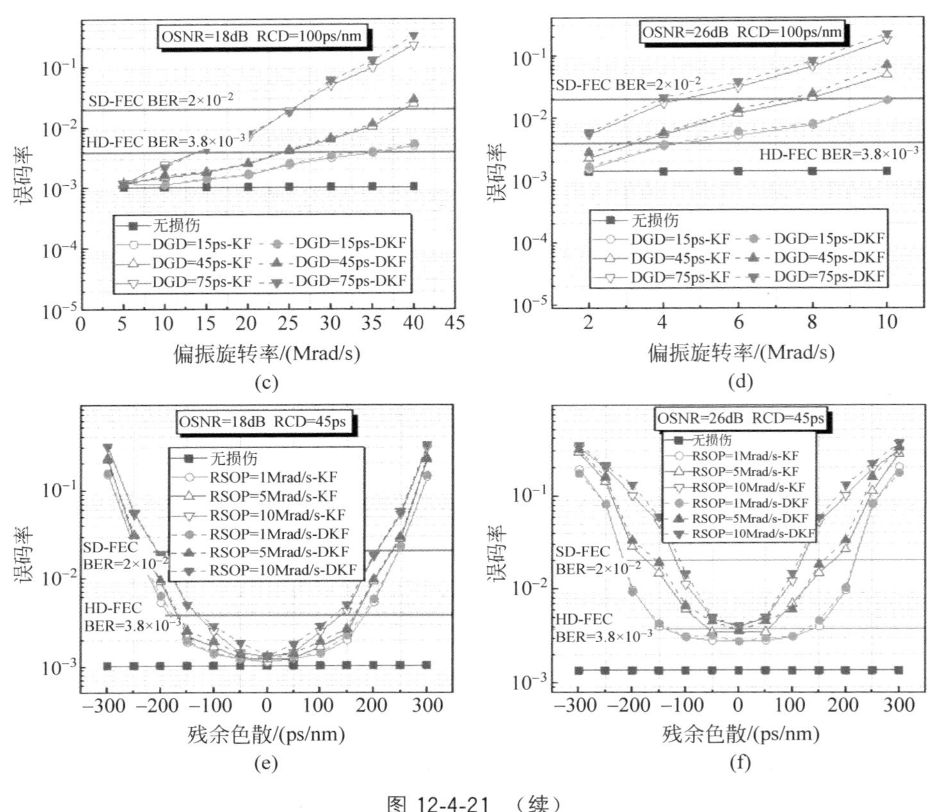

图 12-4-21 （续）

下面比较 DKF 算法与 KF 算法的复杂度。由于乘法运算比加法运算消耗更多的计算资源并且所占比例大，因此在复杂度分析中以乘法运算作为对比指标。算法复杂度与状态矢量的维度密切相关，当联合均衡 RCD、RSOP 和 PMD 时，状态矢量为 7 维，即 $n=7$。当联合均衡 RSOP 和 PMD 时，$n=6$。若只追踪 RSOP，$n=3$。表 12-4-1 详细给出了算法复杂度的计算公式，表 12-4-2 和表 12-4-3 则分别给出了算法补偿 QPSK 及 16-QAM 信号复杂度的具体值。可以看出，对于 RCD、RSOP 和 PMD 的联合补偿，DKF 比 KF 降低约 30％的复杂度，对于 RSOP 和 PMD 的联合补偿，DKF 比 KF 降低约 25％的复杂度，对于只补偿 RSOP，DKF 比 KF 降低复杂度 22％以上。

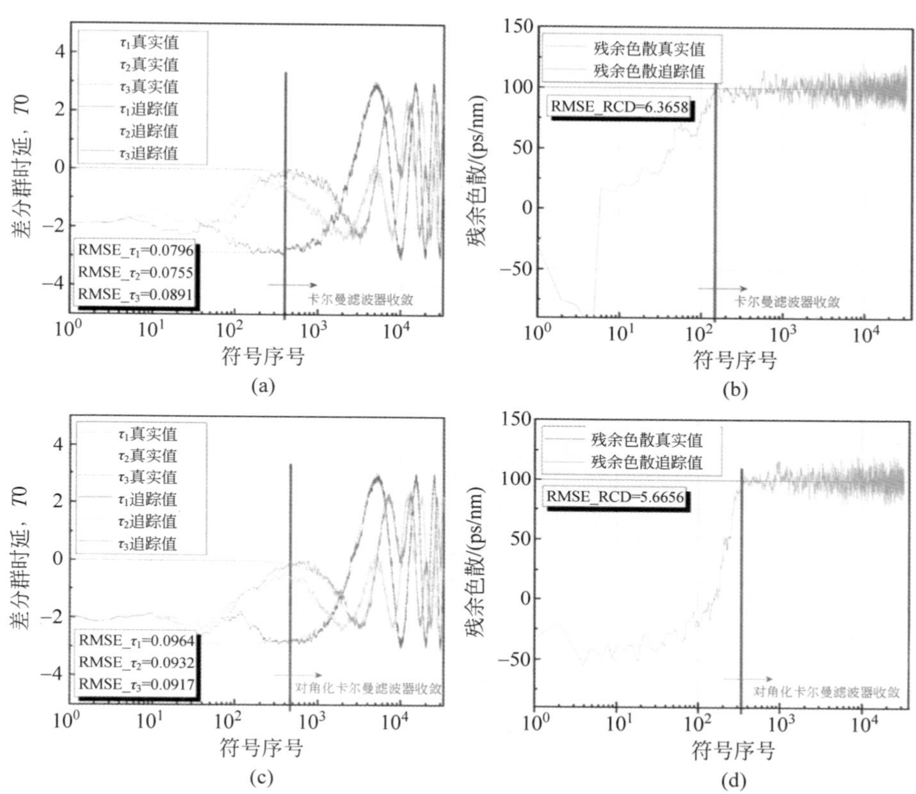

图 12-4-22　DKF 和 KF 跟踪性能比较

表 12-4-1　DKF 和 KF 算法复杂度对比(每符号)

调制格式	$m=1$，QPSK　　$m=3$，16-QAM			
损伤	RSOP＋PMD＋RCD/RSOP＋PMD		RSOP	
状态矢量维度	$n=7，6$		$n=3$	
算法	KF	DKF	KF	DKF
每次迭代的更新复杂度	$C_{KF\_i}=n^3+6n^2+10n$	$C_{DKF\_i}=17n$	$C_{DKF\_i}=17n$	$C_{DKF\_i}=17n$
雅可比矩阵复杂度	$C_{JM\_w}=[4L+(2m-1)\times m+2]\times n+m^2$		$C_{JM}=[4\times 2+(2m-1)\times m+2]\times n+m^2$	
均衡矩阵复杂度	$C_{EM\_w}=(4\log_2^{2L}+18)L$		$C_{EM}=24n$	
每符号的复杂度	$\dfrac{(C_{KF\_i}+C_{JM\_w}+C_{EM\_w})}{\Delta s}$	$\dfrac{(C_{DKF\_i}+C_{JM\_w}+C_{EM\_w})}{\Delta s}$	$C_{KF\_i}+C_{JM}+C_{EM}$	$C_{KF\_i}+C_{JM}+C_{EM}$

表 12-4-2 QPSK 信号 DKF 和 KF 算法复杂度对比(每符号)

调制格式	$m=1$，QPSK									
损伤	RSOP+PMD+RCD		RSOP+PMD		RSOP+PMD+RCD		RSOP+PMD		RSOP	
滑窗结构	$L_w=16$，$\Delta s=4$				$L_w=16$，$\Delta s=2$				N/A	
状态矢量维度	$n=7$		$n=6$		$n=7$		$n=6$		$n=3$	
算法	KF	DKF	KF	DKF	KF	DKF	KF	DKF	KF	DKF
每符号的复杂度	446.25	299.25	375.25	278.25	892.5	598.5	751.5	556.5	217	157
复杂度降低比例	32.94%		25.95%		32.94%		25.95%		27.65%	

表 12-4-3 16-QAM 信号 DKF 和 KF 算法复杂度对比(每符号)

调制格式	$m=3$，16-QAM									
损伤	RSOP+PMD+RCD		RSOP+PMD		RSOP+PMD+RCD		RSOP+PMD		RSOP	
滑窗结构	$L_w=16$，$\Delta s=4$				$L_w=16$，$\Delta s=2$				N/A	
状态矢量维度	$n=7$		$n=6$		$n=7$		$n=6$		$n=3$	
算法	KF	DKF	KF	DKF	KF	DKF	KF	DKF	KF	DKF
每符号的复杂度	472.25	325.75	398.75	301.25	945.5	651.5	797.5	602.5	267	207
复杂度降低比例	31.10%		24.45%		31.10%		24.45%		22.47%	

参考文献

[1] BUCHALI F, BÜLOW H. Adaptive PMD compensation by electrical and optical techniques [J]. Journal of Lightwave Technology, 2004, 22(4): 1116-1126.

[2] BINH L N, JUYNH T L, PANG K K. MLSE equalizers for frequency discrimination receiver of MSK Optical transmission system [J]. Journal of Lightwave Technology, 2008, 26(12): 1586-1595.

[3] MIZUOCHI T. Next generation FEC for optical communication [C]. San Diego, California, USA: Proceeding Optical Fiber Communication Conference/National Fiber Optic Engineers Conference (OFC/NFOEC), 2008, paper OTuE5.

[4] ISHIDA K, MIZUOCHI T, SUGIHARA T. Demonstration of PMD mitigation in long-haul WDM transmission using automatic control of input state of polarization [C]. Copenhagen,

Denmark: Proceedings of European Conference on Optical Communication 2002, Paper session: Polarization mode dispersion2 11. 1. 157.

[5] LIU X, XIE C, WIJNGGAARDEN A J. Multichannel PMD mitigation through forward-error-correction with distributed fast PMD scrambling [C]. Los Angeles, California, USA: Proceeding Optical Fiber Communication Conference, 2004, Paper WE2.

[6] FRANCIA C, BRUYERE F, THIERY J P, et al. Simple dynamic polarization mode dispersion compensator [J]. Electronics Letters, 1999, 35(5): 414-415.

[7] NOÉ R, SANDEL D, YOSHIDA-DIEROLF M, et al. Polarization mode dispersion compensation at 10Gb/s, 20Gb/s, and 40Gb/s with various optical equalizers[J]. Journal of Lightwave Technology, 1999, 17(9): 1602-1616.

[8] BUCHALI F, BAUMERT W, BÜLOW H, et al. A 40Gb/s eye monitor and its application to adaptive PMD compensation [C]. Anaheim, California, USA: Proceeding Optical Fiber Communication Conference (OFC), 2002, Paper WE6: 202-204.

[9] ZHANG X G, YU L, ZHENG Y, et al. Two-stage adaptive PMD compensation in a 10Gbit/s optical communication system using particle swarm optimization algorithm [J]. Optics Communications, 2004, 231(1-6): 233-242.

[10] ZHANG X G, XI L X, YU L, et al. Two-stage adaptive PMD compensation in 40-Gb/s OTDM optical communication system [J]. Chinese Optics Letters, 2004, 2(6): 316-319.

[11] 张晓光，于丽，郑远，等. 光纤通信系统中偏振模色散自适应补偿实验研究 [J]. 光子学报，2003, 32(12): 1474-1478.

[12] ALLEN C T, KONDAMURI P K, RICHARDS D L, et al. Measured temporal and spectral PMD characteristics and their implications for network-level mitigation approaches [J]. Journal of Lightwave Technology, 2003, 21(1): 79-86.

[13] TANIZAWA K, HIROSE A. Optical control of tunable PMD compensator using random step size hill-climbing method [C]. San Diego, California, USA: Proceeding Optical Fiber Communication Conference and National Fiber Optic Engineers Conference, 2008, Paper JThA75.

[14] ZHENG Y, ZHANG X G, ZHOU G T, et al. Automatic PMD compensation experiment with particle swarm optimization and adaptive dithering algorithms for 10Gb/s NRZ and RZ formats [J]. IEEE Journal of Quantum Electronics, 2004, 40(4): 427-435.

[15] KIECKBUSCH S, FERBER S, ROSENFELDT H. Automatic PMD compensator in a 160Gb/s OTDM transmission over deployed fiber using RZ-DPSK modulation format [J]. Journal of Lightwave Technology, 2005, 23(1): 165-171.

[16] ZHANG X G, YU L, ZHENG Y, et al. Adaptive PMD compensation using PSO algorithm [C]. LosAngeles, California: Proceeding Optical Fiber Communication Conference, 2004, Paper ThFl.

[17] KANDA Y, MURAI H, KAGAWA M. Highly stable 160Gb/s filed transmission employing adaptive PMD compensator with ultra high time-resolution variable DGD generator [C]. Tokyo, Japan: Proceedings ofEuropean Conference on Optical Communication, 2008, Paper We3E6.

[18] ZHANG X G,ZHENG Y,SHEN Y,et al. Particle swarm optimization used as a control algorithm for adaptive PMD compensation [J]. IEEE Photonics Technology Letters,2005,17(1):85-87.

[19] KENNEDY J,EBERHART R C. Particle swarm optimization [C]. Piscataway,NJ,USA:Proceedings of IEEE International Conference on Neural Networks,1995,1942-1948.

[20] 张晓光.光纤偏振模色散自适应补偿系统的研究 [D].北京:北京邮电大学博士论文,2004.

[21] http://www.lightwaveonline.com/articles/2002/05/deutsche-telekom-trials-first-40gbits-pmd-compensation-system-54834602.html.(2002-05-13)[2022-11-23].

[22] http://www.opnext.com/products/subsys/OTS4540.cfm(2016-05-08)[2022-5-8].

[23] ZHANG X G,WENG X,TIAN F,et al. Demonstration of PMD compensation by using a DSP-based OPMDC prototype in a 43-Gb/s RZ-DQPSK,1200km DWDM transmission [J]. Optics Communications,2011,284(18):4156-4160.

[24] SAVORY S J. Digital coherent optical receivers: algorithms and subsystems [J]. IEEE Journal of Selected Topics in Quantum Electronics,2010,16(5):1164-1179.

[25] LITWIN L R,ZOLTOWSKI M D,ENDRES T J, et al. Blended CMA: smooth,adaptive transfer from CMA to DD-LMS [C]. New Orleans, LA, USA: 1999 IEEE Wireless Communications and Networking Conference,1999.

[26] HYVÄRINEN A,KARHUNEN J,OJA E. Independent component analysis [M]. New York: John Wiley & sons,2001.

[27] JOHANNISSON P, WYMEERSCH H, SJÖDIN M. et al. Convergence comparison of the CMA and ICA for blind polarization demultiplexing[J]. J. Opt. Commun. Netw,2011,3:493-501.

[28] 张晓光,童程,席丽霞,等.一种光偏分复用16-QAM相干通信系统解复用的方法:CN201210331039.2[P],2016-04-06.

[29] SZAFRANIEC B, NEBENDAHL B, MARSHALL T. Polarization demultiplexing in Stokes space [J]. Optics Express,2010,18(17):17928-17939.

[30] MUGA N J,PINTO A N. Digital PDL compensation in 3D Stokes space [J]. Journal of Lightwave Technology,2013,31(13):2122-2130.

[31] KALMAN R E. A new approach to linear filtering and prediction problems [J]. Transactions of the ASME-Journal of Basic Engineering,1960,82(D):35-45.

[32] MARSHALL T, SZAFRANIEC B, NEBENDAHL B. Kalman filter carrier and polarization-state tracking [J]. Optics Letters,2010,35(13):2203-2205.

[33] MUGA N,PINTO A. PMD tolerance in Stokes space based polarizationde-multiplexing algorithms [J]. Optical and Quantum Electronics,2017,215:49.

[34] MUGA N,PINTO A. Extended Kalman filter vs. geometrical approach for Stokes space-based polarization demultiplexing[J]. Journal of Lightwave Technology,2015,33(23):4826-4833.

[35] SZAFRANIEC B, MARSHALL T, NEBENDAHL B. Performance monitoring and measurement techniques for coherent optical systems [J]. Journal of Lightwave

Technology,2013,31(4): 648-663.

[36] CUI N, ZHANG X, ZHENG Z, et al. Two-parameter-SOP and three-parameter-RSOP fiber channels: problem and solution for polarization denultiplexing using Stokes space [J]. Optics Express,2018,26(16): 21170-21183.

[37] ZHENG Z, CUI N, XU H, et al. Window-split structure frequency domain Kalman equalization scheme for large PMD and ultra-fast RSOP in an optical coherent PDM-QPSK system [J]. Optics Express,2018,26(6): 7211-7226.

[38] YI W, ZHENG Z, CUI N, et al. Joint equalization scheme of ultra-fast RSOP and large PMD compensation in presence of residual chromatic dispersion[J]. Optics Express,2019, 27(15): 21896-21913.

[39] ZHANG N, YI W, ZHENG Z, et al. Joint equalization of linear impairments using two-stage cascade Kalman filter structure in coherent optical communication systems[J]. Optics Communications,2019,453: 124398.

[40] ZHANG Q, CUI N, LI X, et al. Kalman filter polarization demultiplexing algorithm based on diagonalized matrix treatment[J]. Optics Express,2022,30(2): 2803-2816.

[41] HAYKIN S. Signal processing: where physics and mathematics meet[J]. IEEE Signal Processing Magazine,2001,18: 6-7.

[42] WING-CHAN N G. Digital signal processing algorithms in single-carrier optical coherent communications[D]. Québec, Canada: Université Laval,2015.

[43] YAFFE H. Are ultrafast SOP events affecting your coherent receivers[EB/OL]. (2016-02-16)[2022-05-08]. https://newridgetech. com/are-ultrafast-sop-events-affecting-your-receivers.

索 引